미용사 네일 필기

1권 · 이론편

민방경 · 심예원 · 최인희 · 설은희 · 김재철
이희정 · 김동미 · 손정아 · 김옥인 · 김혜영

미용사 네일 필기

1권 · 이론편

민방경 · 심예원 · 최인희 · 설은희 · 김재철
이희정 · 김동미 · 손정아 · 김옥인 · 김혜영

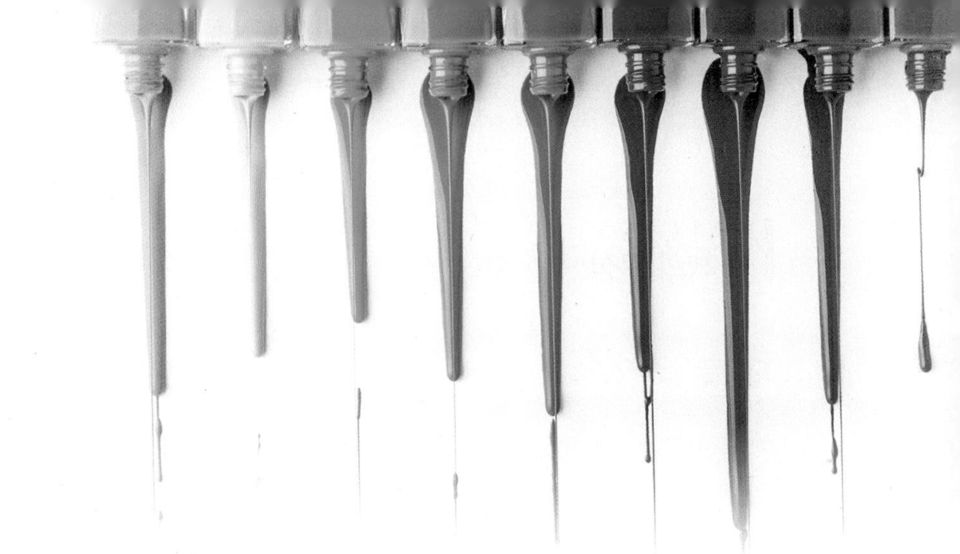

머리말

이전까지의 네일산업은 미용사자격증이라는 통합된 틀 아래 독립되지 못하고 있었으나 미용사(네일) 국가자격제도를 통하여 하나의 독립된 학문 분야로 자리잡아가고 있으며, 국가기술자격기준법 시행규칙의 개정으로 업계의 많은 변화와 발전이 이루어지고 있어 추후 네일 자격증은 명실공히 전망 있는 자격증 중 하나로 발돋움할 것이라 예상됩니다.

이런 상황에서 필자는 오랜 기간 네일숍을 운영한 현장 경험과 대학 및 각종 기관에서의 교육활동, 그리고 해외유학을 통한 폭넓은 경험을 토대로 네일의 전반적인 기술과 이론을 쉽고 정확하게 파악할 수 있는 이론서의 필요성을 느껴 이 책을 기획하게 되었습니다.

이 책에 사용되는 모든 용어들은 국립국어원 외래어 표기법에 근거하여 명명하였으며, 업계 최고의 집필위원들의 감수를 거쳤습니다.

앞으로는 네일 분야의 지식만으로 간단하게 풀 수 있는 문제보다는 좀 더 복합적이고 심도 깊은 문제가 출제될 것으로 예상되며, 따라서 자격시험의 수준도 높아질 것이므로 단순하게 문제와 답만 외우는 것보다는 전체적인 이론에 대한 이해와 개념 파악이 이루어진 토대 위에 시험 준비를 해야 할 것입니다.

따라서 본서의 구성에서 가장 역점을 둔 부분은 문제 따로, 이론 따로가 아니라 이론을 정리하면서 문제에 대한 기본적인 지식을 갖추게 되고 문제를 풀면서 다시 한 번 자연스럽게 이론을 정리하게 되는 것이었습니다.

부디 이 책이 네일 국가자격증을 준비하는 수험자들에게 요긴하게 활용되어 합격의 길잡이가 되길 바라며, 출판을 위해 애써 주신 도서출판 예문사에 감사의 뜻을 전합니다.

누구나 할 수 있지만 아무나 될 수 없다!
네일미용사의 입문을 축하드리며, 진정으로 가치있고 멋진 네일인이 되길 바랍니다.

저 자 일동

NAILIST
이 책의 **구성**

이론 + 문제

'핵심이론'과 수험생에게 꼭 필요한 문제들로 엄선한 '핵심문제집' 총 2권으로 구성하였습니다.

핵심이론
최신 출제기준을 반영한 핵심이론서

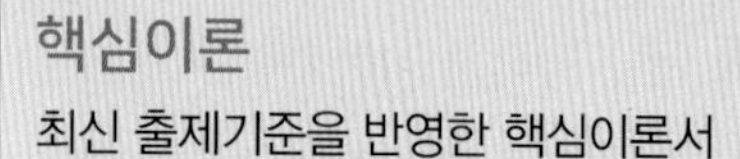

출제예상문제
기출문제를 완벽 분석한 출제 예상문제 제공

모의고사
합격에 대비한 모의고사 제공

기출문제
1회부터 최신 기출문제까지 완벽 반영

NAILIST
미용사(네일) 필기시험 **출제비율**

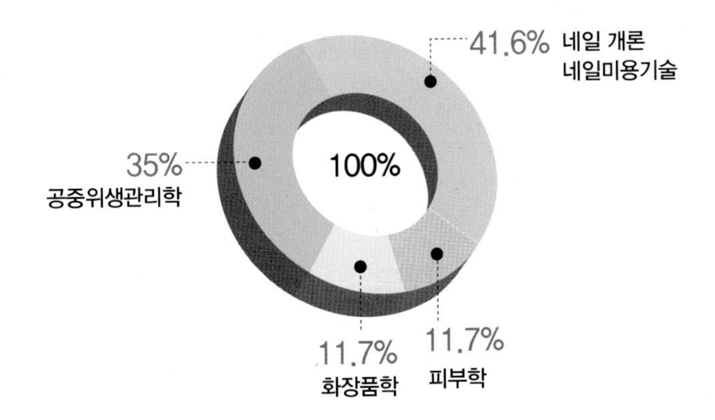

총 60문제		
	25문제	네일 개론 + 네일미용기술
	7문제	피부학
	7문제	화장품학
	21문제	공중위생관리학

NAILIST
학습방법

네일 개론 + 네일미용기술

가장 출제 빈도가 높은
네일 개론, 네일미용기술을
1~2편으로 구성

화장품학 + 피부학

비교적 난도가 낮은
피부학, 화장품학을
3~4편으로 구성

공중위생관리학

가장 어렵고 집중적인
학습이 요구되는
공중위생관리학을
5편으로 구성

NAILIST
CBT 시험방법

※ **한국산업인력공단에서는 자격검정 CBT 웹 체험을 제공하고 있습니다. (큐넷 참고)**

수험자 정보 확인

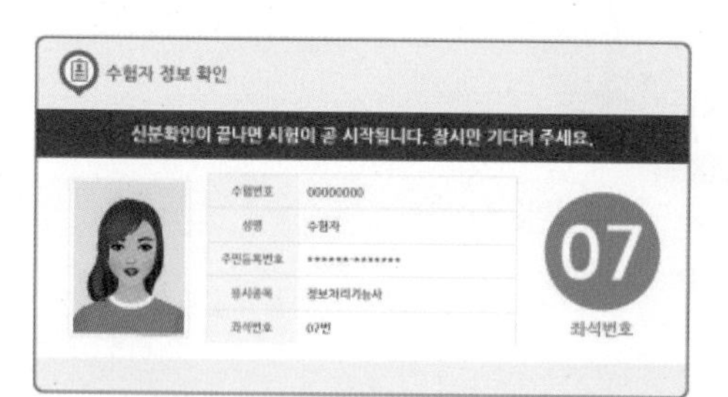

시험장의 감독위원이 컴퓨터에 나온 수험자 정보와 신분증이 일치하는지를 확인하는 단계입니다. 수험번호, 성명, 주민등록번호, 응시종목, 좌석번호를 확인합니다.

안내사항

시험에 관련된 안내사항이므로 꼼꼼히 읽어보시기 바랍니다.

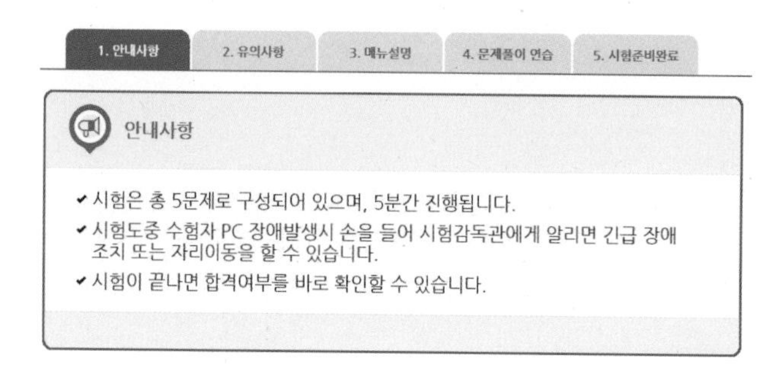

유의사항

부정행위는 절대 안 된다는 점, 잊지 마세요!

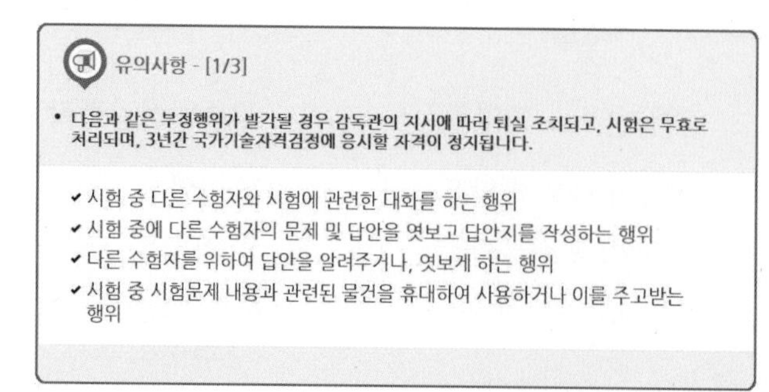

문제풀이 메뉴 설명

문제풀이 메뉴에 대한 주요 설명입니다. CBT에 익숙하지 않다면 꼼꼼한 확인이 필요합니다. (글자크기/화면배치, 전체/안 푼 문제 수 조회, 남은 시간 표시, 답안 표기 영역, 계산기 도구, 페이지 이동, 안 푼 문제 번호 보기/답안 제출)

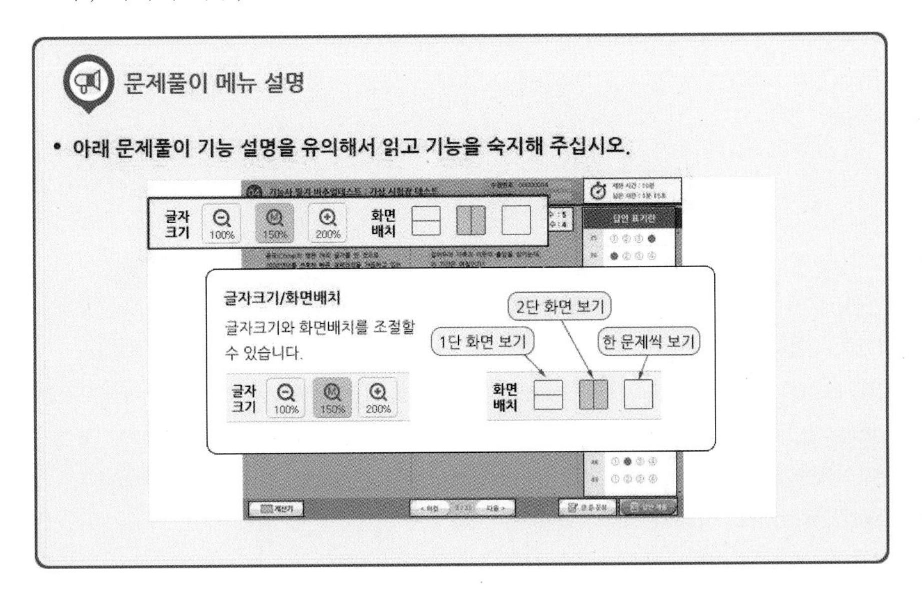

시험준비 완료!

이제 시험에 응시할 준비를 완료합니다.

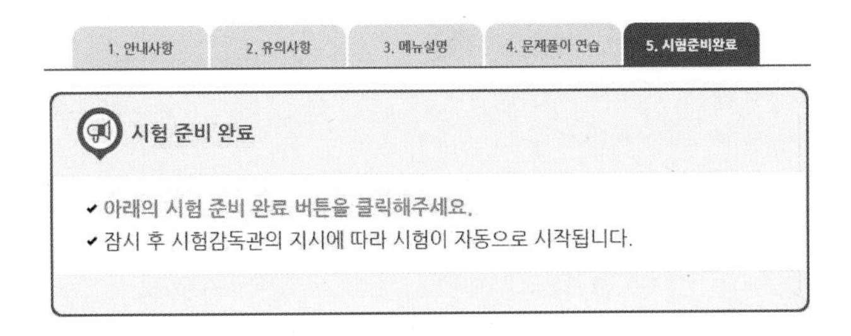

시험화면

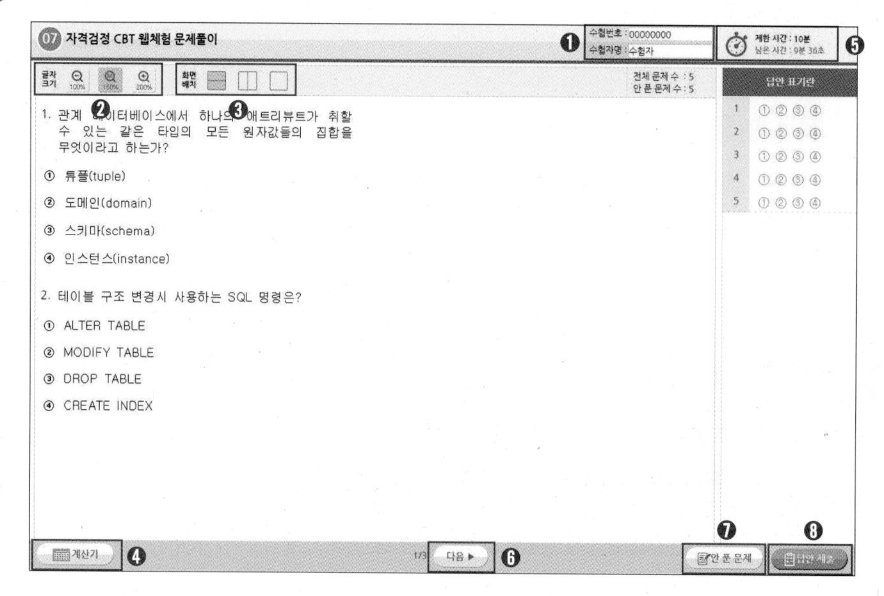

❶ **수험번호, 수험자명 :** 본인이 맞는지 확인합니다.

❷ **글자크기 :** 100%, 150%, 200%로 조정 가능합니다.

❸ **화면배치 :** 2단 구성이나 1단 구성으로 변경합니다.

❹ **계산기 :** 계산이 필요할 경우 사용합니다.

❺ **제한 시간, 남은 시간 :** 시험시간을 표시합니다.

❻ **다음 :** 다음 페이지로 넘어갑니다.

❼ **안 푼 문제 :** 답안 표기가 되지 않은 문제를 확인합니다.

❽ **답안 제출 :** 최종답안을 제출합니다.

답안 제출

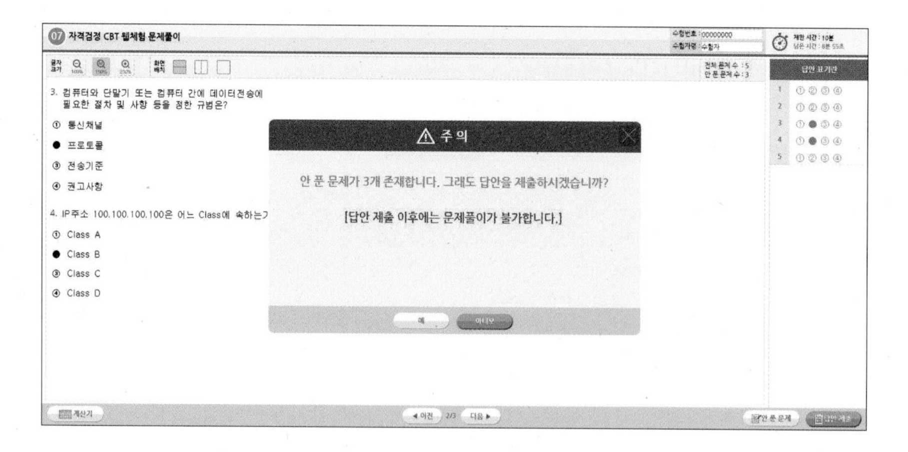

문제를 다 푼 후 답안 제출을 클릭하면 위와 같은 메시지가 출력됩니다.
여기서 '예'를 누르면 답안 제출이 완료되며 시험을 마칩니다.

NAILIST
미용사(네일) 자격시험 소개

❶ 직무내용

네일에 관한 이론과 기술을 바탕으로 고객의 건강하고 아름다운 네일을 유지 · 보호하고 다양한 기능과 아트기법을 수행하여 고객에게 서비스를 제공하는 직무를 수행한다.

❷ 필기시험 안내

1) 시행기관 : 한국산업인력공단(www.hrdkorea.or.kr)
2) 원서접수 : 큐넷(www.q-net.or.kr)
3) 필기검정방법 : 객관식 4지선다형, 60문항(1시간)
4) 합격기준 : 100점 만점에서 60점 이상(36문항 이상 정답 시)
5) 검정과목 : 네일 개론, 피부학, 공중위생관리학, 화장품학, 네일미용기술
6) 필기시험 유효기간 : 2년

❸ 시험일정(2020년)

미용사(네일) 상시시험

* 2020년 상반기 상시시험 시행계획 안내

원서접수 기간 : [필기] 2020. 1. 11(금) ~ 6. 17(월)   [실기] 2020. 1. 10(목) ~ 6. 14(금)

※ 접수시간은 회별 원서접수 첫날 10:00부터 마지막 날 18:00까지임

※ 상시시험 원서접수는 정기시험과 같이 공고한 기간에만 접수 가능하며, 선착순 방식이므로 회별 접수기간 종료 전에 마감될 수도 있음

* 합격자 발표

1) 필기시험

구분	1 ~ 8부	비고
합격자 발표일	시험 종료 즉시	CBT 필기시험 시행('16.1.23 부터)
	– CBT 필기시험은 시험 종료 즉시 합격여부를 확인이 가능하므로 별도의 ARS 발표 없음	

2) 실기시험 : 목요일(09:00) 발표

* 지역별 시행종목

필기시험 : 전지역

실기시험(상시시험 실시지역 및 지역별 시행종목은 시험장 설치 상황에 따라 변경될 수 있음)

④ 출제기준

미용사(네일) 필기시험 출제기준

직무 분야	이용 · 숙박 · 여행 · 오락 · 스포츠	중직무 분야	이용 · 미용	자격 종목	미용사(네일)	적용 기간	2016.7.1 ~ 2020.12.31

직무내용 : 네일에 관한 이론과 기술을 바탕으로 고객의 건강하고 아름다운 네일을 유지 · 보호하고 다양한 기능과 아트기법을 수행하여 고객에게 서비스를 제공하는 직무 수행

필기검정방법	객관식	문항 수	60	시험시간	1시간

필기과목명	문제 수	주요항목	세부항목	세세항목
네일 개론, 피부학, 화장품학, 공중위생 관리학, 네일미용 기술	60	1. 네일 개론	1. 네일미용의 역사	1. 한국의 네일미용 2. 외국의 네일미용
			2. 네일미용 개론	1. 네일미용의 위생 및 안전 2. 네일 미용인의 자세 3. 네일의 구조와 이해 4. 네일의 특성과 형태 5. 네일의 병변 6. 고객응대 및 상담
			3. 손 · 발의 구조와 기능	1. 뼈(골)의 형태 및 발생 2. 손과 발의 뼈대(골격) 구조 · 기능 3. 손과 발의 근육 형태 및 기능 4. 손 · 발의 신경 조직과 기능
		2. 피부학	1. 피부와 피부 부속기관	1. 피부구조 및 기능 2. 피부 부속기관의 구조 및 기능
			2. 피부유형 분석	1. 정상피부의 성상 및 특징 2. 건성피부의 성상 및 특징 3. 지성피부의 성상 및 특징 4. 민감성피부의 성상 및 특징 5. 복합성피부의 성상 및 특징 6. 노화피부의 성상 및 특징
			3. 피부와 영양	1. 3대 영양소, 비타민, 무기질 2. 피부와 영양 3. 체형과 영양
			4. 피부장애와 질환	1. 원발진과 속발진 2. 피부질환
			5. 피부와 광선	1. 자외선이 미치는 영향 2. 적외선이 미치는 영향
			6. 피부면역	1. 면역의 종류와 작용
			7. 피부노화	1. 피부노화의 원인 2. 피부노화현상
		3. 공중위생 관리학	1. 공중보건학	1. 공중보건학 총론 2. 질병관리 3. 가족 및 노인보건 4. 환경보건

필기과목명	문제수	주요항목	세부항목	세세항목
네일 개론, 피부학, 화장품학, 공중위생 관리학, 네일미용 기술	60	3. 공중위생 관리학	1. 공중보건학	5. 식품위생과 영양 6. 보건행정
			2. 소독학	1. 소독의 정의 및 분류 2. 미생물 총론 3. 병원성 미생물 4. 소독방법 5. 분야별 위생 · 소독
			3. 공중위생관리법규 (법, 시행령, 시행규칙)	1. 목적 및 정의 2. 영업의 신고 및 폐업 3. 영업자 준수사항 4. 면허 5. 업무 6. 행정지도감독 7. 업소 위생등급 8. 위생교육 9. 벌칙 10. 시행령 및 시행규칙 관련 사항
		4. 화장품학	1. 화장품학 개론	1. 화장품의 정의 2. 화장품의 분류
			2. 화장품 제조	1. 화장품의 원료 2. 화장품의 기술 3. 화장품의 특성
			3. 화장품의 종류와 기능	1. 기초 화장품 2. 메이크업 화장품 3. 모발 화장품 4. 보디(Body)관리 화장품 5. 네일 화장품 6. 방향 화장품 7. 에센셜(아로마) 오일 및 캐리어 오일 8. 기능성 화장품
		5. 네일미용기술	1. 손톱, 발톱관리	1. 재료와 도구의 활용 2. 매니큐어 3. 매니큐어 컬러링 4. 페디큐어 5. 페디큐어 컬러링
			2. 인조 네일관리	1. 재료와 도구의 활용 2. 네일 팁 3. 네일 랩 4. 아크릴 네일 5. 젤 네일 6. 인조 네일(손톱, 발톱)의 보수와 제거
			3. 네일 제품의 이해	1. 용제의 종류와 특성 2. 네일 트리트먼트의 종류와 특성 3. 네일 폴리시의 종류와 특성 4. 인조 네일 재료의 종류와 특성 5. 네일기기의 종류와 특성

NAILIST
이 책의 차례

제1권
이론편

PART 03 피부학

PART 04 화장품학

PART 05 공중위생관리학

제2권

핵심문제

PART

01

네일 개론

네일미용의 역사

SECTION 01 한국의 네일미용

1 고려시대(918~1392년) 한국 네일미용의 기원

고려 26대 충선왕(1275~1325) 때에 부녀자와 처녀들 사이에서 '염지갑화'라고 하는 봉숭아 꽃물들이기 풍습이 있었다고 전해진다.

2 조선시대(1392~1910년)

세시풍속집 '동국세시기'에는 젊은 각시와 어린이들이 신분에 관계없이 손톱에 봉숭아꽃물을 들이는 풍속이 유행하였다는 기록이 있다. 조선시대에는 '손은 마치 봄에 솟아난 죽순 같으며 손바닥에 혈색이 붉어야 한다.'는 미인의 기준이 생겨났다.

3 1990년대

- 1989년 : 국내 최초의 정식 네일숍인 '그리피스'가 서울 이태원에 개업하였다.
- 1995년 : 최초의 네일전문 아카데미(조옥희 네일)가 서울 압구정동에 개원하였다.
- 1996년 : 백화점 네일 코너의 입점으로 네일숍의 본격적인 도입기가 시작되었다.
- 1997년 : 최초로 한국네일협회가 창립하였고 인기스타들이 네일미용을 하면서 네일아트의 대중화가 시작되었다.
- 1998년 : 한국네일협회에서 최초의 네일 민간 자격시험제도가 도입되고 시행(4월 19일)되었다. 대학에서 네일 관련 수업이 신설되었다.

4 2000년대

- 2000년 : 미용 관련 대학에서 네일미용사가 배출되기 시작하였다.
- 2002년 : 네일 제품의 전문화가 이루어졌고 네일 산업의 호황기를 맞게 되었다.
- 2009년 : 네일 산업은 8,000여 억 원의 시장 규모로 성장하였다.
- 2013년 : 160여 개의 미용 관련 대학에서 네일 관련 과목의 학사과정을 운영하였다.
- 2014년 : 미용사(네일) 국가 자격증 제도화가 시작되고 제1회 네일 미용기능사 필기시험이 실시되었다.(11월 16일)

SECTION 02 외국의 네일미용

네일미용의 역사는 약 5000년에 이르며 매우 긴 시간 동안 변화되어 왔다.

1 고대(B.C. 3000년경)

1) 네일미용의 기원(이집트)

파라오의 무덤에서 매니큐어 제품이 발견되었고 미라의 손톱에 붉은 색을 입혀 권력을 상징하였다.

주술적인 의미로 관목에서 나오는 헤나(Henna)의 붉은 오렌지색으로 손톱을 염색하였다.

2) 중국

달걀 흰자와 벌꿀, 고무나무 수액 등을 혼합하여 오늘날의 네일 폴리시에 해당하는 액을 손톱에 발랐으며, '조홍'이라고 하는 입술연지를 만드는 홍화를 손톱에 두껍게 물들였다.

2 고대(B.C. 600년경)

고대 중국의 귀족들은 금색과 은색으로 손톱에 색을 칠하면서 신분을 과시하였다.

3 그리스 · 로마시대

상류층에서 손의 관리가 시작되었다. 손(마누스, Manus)이라는 단어와 관리(큐라, Cura)라는 단어가 합해져 '마누스 큐라'라는 단어가 생겨났고 자연스럽고 건강한 아름다움이 중시되었다. 그러나 당시는 매니큐어를 남성의 전유물로 여겼다.

4 중세시대

전쟁에 나가는 군 지휘관들은 입술과 손톱에 같은 색을 칠하여 용맹을 과시하고 승리를 기원하였다.

5 15세기

1) 중국

명나라 왕조들은 흑색과 적색을 손톱에 발라서 신분을 과시하였다.

2) 유럽

손 위생을 중요시하고 손톱이 붉고 손가락이 길고 흰 손이 아름다운 여성의 건강미 기준이 되었다. 프랑스의 왕비 '카트린 드 메디시스'는 잠자리에 들기 전에 장갑을 착용하여 손을 보호하였다고 전해진다.

6 17세기

1) 프랑스

베르사유 궁전에서는 노크를 하지 않고 한쪽 손의 손톱을 길러 문을 긁는 것으로 방문을 알렸다.

2) 중국

부의 상징으로 긴 손톱을 길렀으며 보석이나 대나무 등으로 장식하고 보호하였다.

3) 인도

네일 매트릭스에 문신용 바늘로 색소를 주입하여 상류층임을 과시하였다.

7 19세기

1) 중국

서태후가 손톱미용법을 기술하였다.

2) 영국

상류층은 손톱에 장미빛 손톱파우더를 사용하였다.(19세기 초)

8 1800년대

- 1800년 : 끝이 뾰족한 아몬드형 네일이 유행하였고 기름을 바르고 부드러운 가죽 '샤모아'로 손톱에 광택을 내었다.
- 1830년 : 발 전문의사인 시트(Sits)가 치과에서 사용하였던 도구를 고안하여 오렌지 우드스틱을 개발하였다.
- 1885년 : 네일 폴리시 필름 형성제인 니트로셀룰로오스가 개발되었다.
- 1892년 : 시트에 의해 네일 관리가 여성들의 직업으로 미국에 도입되었다.

9 1900년대

- 1900년 : 금속가위와 금속파일이 제작되어 도구를 이용한 케어가 시작되었으며 유럽에서 네일 관리가 본격적으로 시작되었다. 크림이나 기구로 광을 내거나 낙타털을 사용하여 폴리시를 칠하였다.
- 1910년 : 미국의 매니큐어 제조회사 플라워리(Flowery)가 설립되어 금속네일 파일과 사포로 된 네일 파일이 제작되었다.

- 1917년 : 보그 잡지에 닥터 코로니(Dr. Korony)가 홈 매니큐어 세트 제품을 선보였다.
- 1925년 : 네일 폴리시 산업이 본격화되었고 투명한 장밋빛 네일 폴리시가 생기면서 루눌라와 프리에지를 뺀 나머지 네일 보디에만 핑크를 바르는 'Moon Manicure'가 유행하였다.
- 1927년 : 화이트 네일 폴리시, 큐티클 크림, 큐티클 리무버가 제조되었다.
- 1930년 : 제나 연구팀에 의해 네일 폴리시 리무버, 워머로션, 큐티클 오일이 최초로 등장했다.
- 1932년 : 최초로 염료가 들어간 불투명하고 변색되지 않는 무지개 색 네일 폴리시가 제조되었고, 레블론(Revlon)사에서 최초로 립스틱과 잘 어울리는 컬러의 네일 폴리시 등 다양한 컬러의 네일 폴리시가 출시되었다.
- 1935년 : 인조 손톱(네일 팁)이 등장하였다.
- 1940년 : 여배우(리타 헤이워드)에 의해 레드 폴리시를 풀 컬러링하는 네일 패션이 유행하였고 남성들도 이발소에서 매니큐어 관리를 받았다.
- 1948년 : 미국의 노린 레호에 의해 매니큐어 관리에 도구와 기구를 사용하게 되었다.
- 1956년 : 헬렌 걸리가 최초로 미용학교에서 네일 수업을 강의하기 시작하였다.
- 1957년 : 근대적 페디큐어가 등장하게 되었다. 토마스 슬랙(Thomas Slack)이 '플렛폼'이라는 지금의 네일 폼을 개발해서 특허를 받았다. 패티네일(Pattinail)이라고 불렸던 포일(Foil)을 사용한 아크릴 네일이 최초로 행해졌다.
- 1960년 : 실크와 리넨을 이용하여 약하고 부러지기 쉬운 네일을 보강하는 작업이 시작되었다.
- 1967년 : 손과 발에 사용하는 트리트먼트 제품이 출시되고 관리에 이용되었다.
- 1970년 : 아크릴 네일 제품의 활성기로 인조 손톱은 부와 사치의 상징이 되었으며 인조 네일이 본격적으로 시작되었다. 아크릴 네일은 치과에서 사용하는 재료에서 발전하게 되었다.
- 1973년 : 미국의 네일 제조회사 IBD가 네일 접착제와 접착식 인조 손톱을 개발하였다.
- 1975년 : 미국의 식약청(FDA)에서 메틸 메탈크릴레이트(Methyl Methacrylate)의 아크릴 네일 제품 사용을 금지하였다.
- 1976년 : 스퀘어 형태의 손톱이 유행하고 파이버 랩(Fiber Wrap)이 등장함으로써 네일아트가 미국에 정착하였다.
- 1981년 : 에시(Essie), 오피아이(OPI), 스타(Star)의 네일 제조회사에서 손 관리를 위한 네일 전문 제품과 핸드 제품이 출시되었고 네일 액세서리가 등장하였다.
- 1982년 : 미국의 네일리스트인 타미 테일러(Tammy Taylor)가 파우더, 네일 프라이머, 리퀴드 등의 아크릴 네일 제품을 개발하였다.
- 1990년 : 세계 경제 성장과 더불어 네일 시장이 급성장하였다.
- 1992년 : NIA(Nails Industry Association)가 창립되어 네일 산업이 본격화되면서 정착하였다.
- 1994년 : 독일에서 라이트 큐어드 젤 시스템(Light Cured Gel System)이 등장하였고 뉴욕 주에서는 네일 테크니션 면허제도가 도입되었다.

네일미용 개론

SECTION 01 네일미용의 위생 및 안전

1 네일숍의 위생 및 안전

1) 물질안전보건자료(MSDS ; Material Safety Data Sheet)

중요화학물질을 안전하게 사용하고 관리하기 위하여 필요한 정보를 기재한 안전데이터 시트이다. 화학제품에 대한 정의, 위험한 첨가물에 대한 정보, 제조자명, 제품명, 성분과 성질, 취급상의 주의, 적용법규, 신체 적합성의 유무, 가연성이나 폭발 한계, 건강재해 데이터 등이 기입되어 있으며 보호와 예방조치에 대한 정보가 모두 포함되어 있다.

2) 전기 사용 시 주의사항

① 전기장치의 주된 사용법과 전류의 종류, 특성 등 안전수칙을 숙지해야 한다.
② 전기장치는 젖은 손으로 만지지 않으며 습기가 많은 곳을 피해서 보관한다.
③ 마모되거나 닳은 전기 코드는 교체해야 하며 수시로 전기 코드를 점검한다.
④ 하나의 콘센트 플러그에 너무 많은 전기장치를 사용하여 과부하를 주지 말아야 한다.
⑤ 사용하지 않는 전기장치는 스위치를 먼저 끄고 플러그를 뽑아서 전원을 차단한다.

3) 일반 안전관리

① 응급처치용품을 구비하고 응급상황 시 연락할 안전사고 대책기관의 연락망을 확보한다.
② 네일숍 내에 소화기를 배치하고 인화성이 강한 제품은 화재의 위험이 있는 곳에 두지 않는다.
③ 에어컨과 통풍구의 필터는 자주 교환하고 청소하며 수시로 환기시킨다.
④ 네일숍 내에서는 금연하고 음식물 섭취를 피한다.

2 화학물질의 위생 및 안전

네일미용사가 사용하는 화학물질	과다 노출 시 부작용 증상
네일 폴리시, 네일 폴리시 리무버, 시너, 아세톤, 아크릴 리퀴드, 네일 프라이머, 네일 접착제, 경화 촉진제 등	두통, 불면증, 콧물과 눈물, 목이 마르고 아픔, 피로감, 눈과 피부 충혈, 피부발진 및 염증, 호흡장애 등

[화학물질 사용 시 주의사항]

① 스프레이 형태보다 스포이트나 솔로 바르는 것을 선택한다.
② 콘택트렌즈의 사용을 피하고 보안경과 마스크를 사용한다.
③ 뚜껑이 있는 용기를 사용해야 하고 사용 후에는 뚜껑을 닫아야 한다.
④ 보관 시에는 빛을 차단하는 용기에 뚜껑을 닫아 밀봉하고 서늘한 곳에 보관한다.
⑤ 피부에 닿을 시 화상과 트러블을 일으킬 수 있으므로 피부에 닿지 않게 주의한다.
⑥ 작업대에 바로 쏟아지지 않게 재료 정리함에 보관하는 것이 적절하다.
⑦ 사용한 키친타월이나 탈지면 등은 뚜껑이 있는 쓰레기통에 폐기한다.
⑧ 먼지, 냄새를 흡입하는 흡진기 사용을 권장하며 수시로 환기해야 한다.

3 네일미용사의 위생 및 안전

① 눈의 피로를 덜어주기 위해 밝은 불빛을 작업대에 설치하고 자주 녹색을 보면서 눈 운동을 하거나 먼 곳을 응시함으로써 눈의 피로를 덜어준다.
② 계속적인 작업으로 인하여 골격과 근육에 불편감과 통증이 발생할 수 있으므로 정기적인 휴식을 취하도록 한다.
③ 간단한 스트레칭을 규칙적으로 하여 피로회복에 도움을 주도록 한다.
④ 손은 청결하게 자주 씻고 수시로 소독해야 한다.

4 고객의 위생 및 안전

① 고객에게 개인 사물함을 제공하고 귀중품은 따로 보관하여 분실이나 도난사고가 일어나지 않도록 고객의 소지품을 안전하게 관리한다.
② 네일 제품과 네일 도구의 사용 시 고객의 피부에 과민반응이 일어날 경우 즉시 작업을 중지하고 전문의에게 의뢰하도록 한다.
③ 작업 도중에 피가 날 경우에는 지혈제를 사용하여 지혈하며 과도한 출혈이 발생한 경우 이후 작업은 수행할 수 없다.
④ 고객의 사용이 끝난 네일 도구는 반드시 소독한 후 자외선 소독기에 보관한다.
⑤ 일회용품은 사용 후 반드시 폐기하고 다음 고객에게 재사용하지 않는다.

SECTION 02 네일 미용인의 자세

1 네일미용사의 올바른 작업자세

① 바르게 앉는 습관은 허리에 무리를 주지 않으며 피로를 완화할 수 있다.
② 발과 무릎은 가볍게 모으며 발과 발 사이는 무릎보다 약간 넓게 벌린다.
③ 의자 밑으로 발을 넣지 않도록 하며 발바닥이 바닥에 평면으로 닿도록 한다.
④ 허리에 부담을 주지 않게 의자의 높낮이를 조절하여 작업한다.

2 네일미용사의 자세

1) 전문가로서의 자세

① 청결하고 단정한 복장을 한다.
② 단정한 헤어스타일과 청결한 용모를 유지한다.
③ 깨끗하고 적당한 높이의 신발과 양말을 착용한다.
④ 화려한 액세서리를 피하고 껌이나 사탕을 먹지 않는다.
⑤ 자기계발을 위해 새로운 기술을 끊임없이 연구하고 노력하며 전문인으로서 자부심을 갖는다.

2) 고객에 대한 자세

① 하루일의 계획과 일정 체크는 고객관리의 시작이므로 항시 스케줄을 점검한다.
② 작업 준비는 고객이 작업 테이블에 앉기 전에 마쳐야 한다.
③ 전문가적인 용모와 복장으로 고객을 응대하며 최선의 서비스를 제공하기 위해 작업 전 충분한 상담을 한다.
④ 고객의 네일 상태를 파악하고 선택 가능한 작업방법과 관리방법을 설명한다.
⑤ 예의 바르고 친절하게 고객을 맞이하며 고객과의 시간약속은 반드시 엄수한다.
⑥ 신뢰를 형성하기 위해 숙련된 기술과 능숙한 서비스를 제공하여야 한다.
⑦ 고객에게 금전관계나 사적인 문제는 이야기하지 않는다.
⑧ 작업 중에는 개인 휴대폰 사용을 하지 않는다.

3) 고용주와 동료에 대한 자세

① 동료의 장점과 생각을 인정하고 칭찬한다.
② 고용주와 동료의 충고와 조언을 받아들이고 존중한다.
③ 성실하게 솔선수범하는 자세를 갖는다.
④ 정직하고 말보다는 실천하는 모습으로 신뢰를 형성한다.
⑤ 새로운 기술과 지식을 받아들이고 습득하려고 노력한다.
⑥ 금전관계나 사적인 문제를 의논하지 않는다.
⑦ 네일숍 내에서 일어나는 문제점과 고충은 고용주와 상의한다.

3 네일미용사의 윤리

1) 네일미용사로서의 직업적 윤리

① 정직하고 공평하며 공손한 마음을 가진다.
② 타인의 생각이나 권리를 존중한다.
③ 네일 도구에 대한 준비성을 갖도록 한다.
④ 정부의 미용업 관련 법규나 네일숍의 운영정책과 규칙을 준수하며 직업윤리에 저촉되는 행위는 하지 않는다.

2) 고객에 대한 직업적 윤리

① 모든 고객을 공평하게 대한다.
② 위생 및 안전규정을 준수해야 한다.
③ 바른 품행과 상냥한 언행으로 고객을 대한다.
④ 타인에 대한 험담을 하지 않고 언쟁을 하지 않는다.
⑤ 고객이 원하는 알맞은 서비스를 성실하게 제공하여야 한다.

3) 고용주와 동료에 대한 직업적 윤리

① 맡은 바 의무를 다해야 한다.
② 동료들과는 협조와 배려를 한다.
③ 동료들의 재능을 인정하며 존중한다.
④ 고용주와 동료 비난에 동조하지 않도록 한다.
⑤ 본인의 행동에 책임을 지고 정직하여야 한다.

SECTION 03 네일의 구조와 이해

1 네일의 구조 및 각 부위 명칭과 역할

네일은 손톱과 발톱을 의미하며 조갑(爪甲)이라고 한다.

구분	명칭	영어 표기	의미	의학
네일 자체	네일 루트	Nail Root	손 · 발톱 뿌리	조근(爪根)
	네일 보디 네일 플레이트	Nail Body Nail Plate	손 · 발톱 자체	조체(爪體)
	프리에지	Free Edge	손 · 발톱 끝 부분	자유연(自由緣)
네일 밑 피부조직	매트릭스	Matrix	손 · 발톱 바탕 질	조모(爪母)
	루눌라	Lunula	속 손 · 발톱	조반월(爪半月)
	네일 베드	Nail Bed	손 · 발톱 밑바닥	조상(爪床)
	스트레스 포인트	Stress Point	황색선 양쪽 끝 점	–
	옐로 라인	Yellow Line	황색선	–
네일을 둘러싼 피부	네일 폴드	Nail Fold	손 · 발톱 주름	조주름(爪皺)
	에포니키움	Eponychium	큐티클을 덮고 있는 피부	상조피(上爪皮)
	큐티클	Cuticle	손 · 발톱 뿌리 부분을 덮고 있는 단단한 피부 층	조소피(爪小皮) 조상막(爪床膜)
	네일 그루브	Nail Groove	손 · 발톱 홈	조구(爪區)
	네일 월	Nail Wall	손 · 발톱 성곽	조벽(爪壁)
	하이포니키움	Hyponychium	손 · 발톱 끝 밑 피부	하조피(下爪皮)

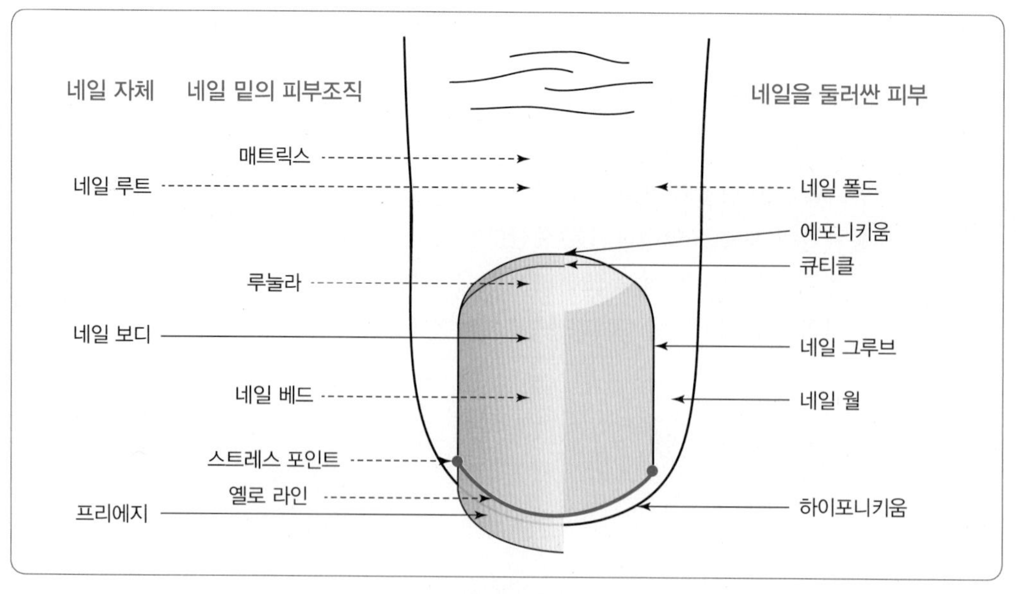

[네일의 구조]

2 네일의 구조

1) 네일 자체의 구조

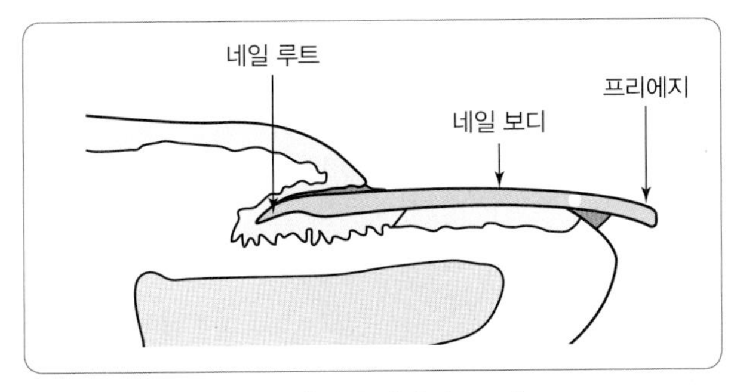

[네일 자체의 구조]

(1) 네일 루트(조근)

피부 밑에 묻혀 있는 네일의 근원이 되는 부분으로 얇고 부드러우며 네일이 자라기 시작하는 네일의 뿌리부분이다.

(2) 네일 보디(조체)

육안으로 보이는 네일을 말하며 일반적으로 손톱이라고 부르는 부분이다. 각질층이 변형된 것으로 여러 개의 얇은 겹으로 신경조직과 혈관이 없고 산소를 필요로 하지 않으며 3개의 단단한 층으로 구성되어 있다. 네일 보디는 수분 함유량에 따라 세 부분으로 구분될 수 있다.

① **루눌라 위 네일 보디** : 유백색으로 수분을 가장 많이 함유하고 있으며 외부의 충격이나 네일 도구의 사용으로 네일의 굴곡이 발생하기 쉬운 부분이다.

② **네일 베드 위 네일 보디** : 반투명으로 일정 부분에 수분을 공급받으며 일반적으로 네일의 수분 함유량을 말하는 부분이다.

③ **옐로 라인 아래 네일 보디** : 유백색으로 수분 공급이 원활히 이루어지지 않는 부분으로 프리에지로 구분된다.

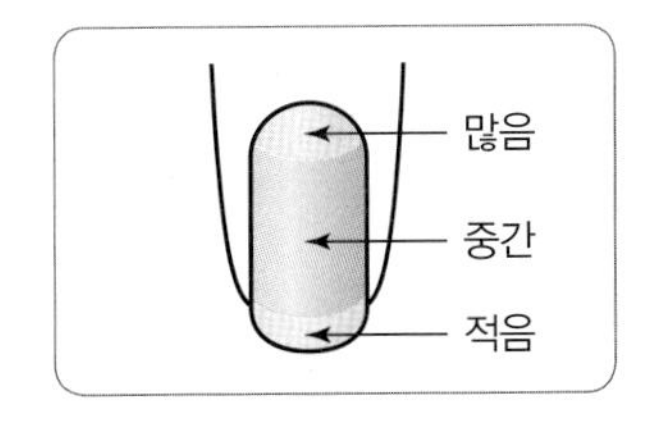

[네일 보디의 수분 함유량]

(3) 프리에지(자유연)

프리에지는 네일의 끝 단면을 지칭하나 네일 분야에서는 네일 보디가 자라 나와 네일 베드와 분리되는 옐로 라인 아랫부분부터 네일의 끝 단면까지의 전체를 지칭한다. 프리에지는 네일의 형태와 길이를 자유롭게 조절할 수 있는 부분이며 프리에지의 끝 단면으로 갈수록 수분공급이 더뎌 네일이 갈라지거나 건조해질 수 있다.

2) 네일 밑의 피부조직

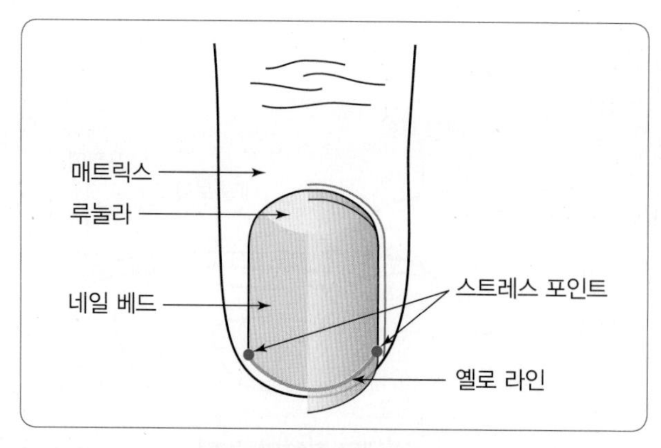

[네일 밑의 피부조직]

(1) 루눌라(조반월)

유백색의 반달 모양으로 케라틴화가 덜된 연 케라틴의 부분이다. 케라틴 세포가 저장되는 외부에서 보이는 매트릭스에 해당되며 네일 베드와 네일 루트, 네일 매트릭스를 연결해 주는 역할을 한다.

(2) 네일 베드(조상)

네일 보디 밑의 피부를 말하며 네일 보디를 받쳐주고 단단히 부착하는 역할을 한다. 모세혈관이 있어 네일이 핑크빛을 띠게 되고 신진대사와 수분을 공급하며 혈액세포, 감각세포, 멜라닌세포가 위치해 있다. 네일은 네일 베드를 따라 움직이며 네일 베드와 네일 보디 사이에는 네일의 성장 진입방향을 조력하는 네일 베드 상피(Nail Bed Epithelium)가 존재한다.

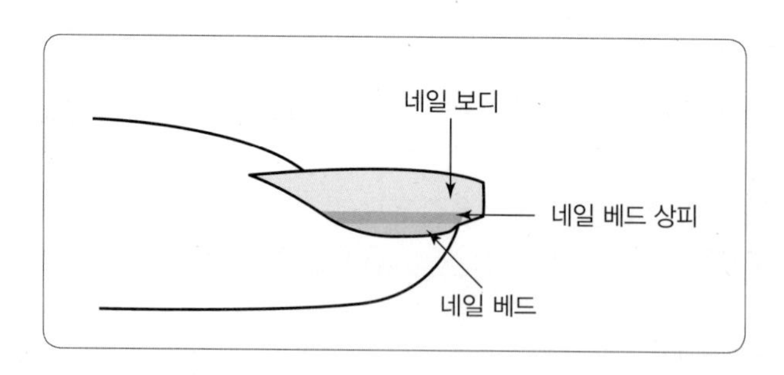

(3) 스트레스 포인트(Stress Point)

네일 보디가 네일 베드에서 분리되는 옐로 라인의 양쪽 끝 부분의 점으로 라운드와 오발 형태를 구분하는 부분이다. 외부적인 충격을 많이 받는 부분으로 쉽게 찢어질 수 있기 때문에 이 부분을 잘 커버하지 않으면 인조 네일에 손상을 가져올 수 있다.

(4) 옐로 라인(Yellow Line)

네일 보디가 네일 베드에서 분리되어 피부가 시작되는 노란 빛의 얇은 라인이다. 네일 미용사가 프렌치 라인을 그리는 부분이다.

(5) 매트릭스(조모)

네일 루트 밑에 있으며 모세혈관, 림프, 신경조직 등이 있다. 매트릭스는 네일을 만드는 세포를 생성하며 성장을 담당하는 역할을 한다. 매트릭스가 손상되면 네일이 더 이상 자라지 않거나 변형을 가져온다. 매트릭스의 세포 배열길이는 네일의 두께를 결정하며, 매트릭스의 크기와 모양은 네일의 크기나 모양과 관련이 있다. 매트릭스의 앞부분은 프리에지의 아래층을 형성하며 아래층의 각질 배열은 세로 중간층은 가로, 위층은 세로이다.

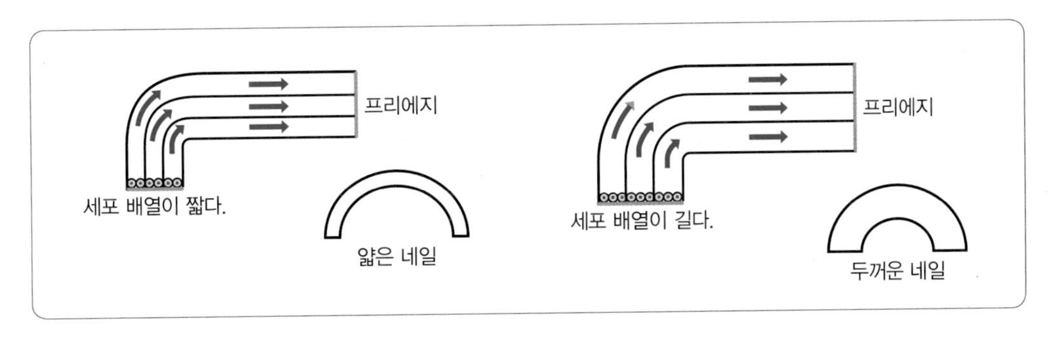

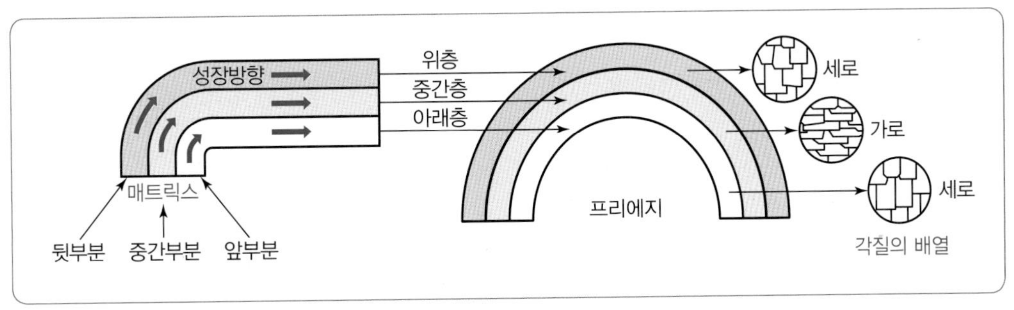

[매트릭스의 세포 배열 및 각질 배열]

3) 네일을 둘러싼 피부

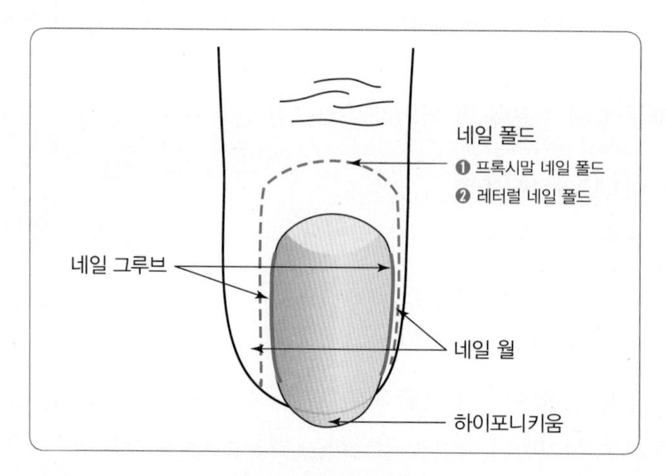

[네일 주변의 피부]

(1) 네일 폴드(조주름)

네일 맨틀이라고도 하며 네일 보디의 윗부분과 옆선에 맞추어 형성되어 있으며 네일 보디를 밀어주며 단단한 방어막을 형성하는 피부 속의 주름이다.

① **프록시말 네일 폴드(Proximal Nail Fold)** : 네일이 시작되는 중심부에서 네일 보디에 맞추어 형성되어 있는 피부 주름이다.

② **레터럴 네일 폴드(Lateral Nail Fold)** : 네일의 옆선에 맞추어 형성되어 있는 피부 주름이다.

(2) 네일 그루브(조구)

네일 보디 옆면과 네일 폴드 사이에 접혀진 홈을 말한다.

(3) 네일 월(조벽)

네일 보디 옆면과 네일 폴드 사이의 접혀진 벽으로 형성된 성곽부분이다.

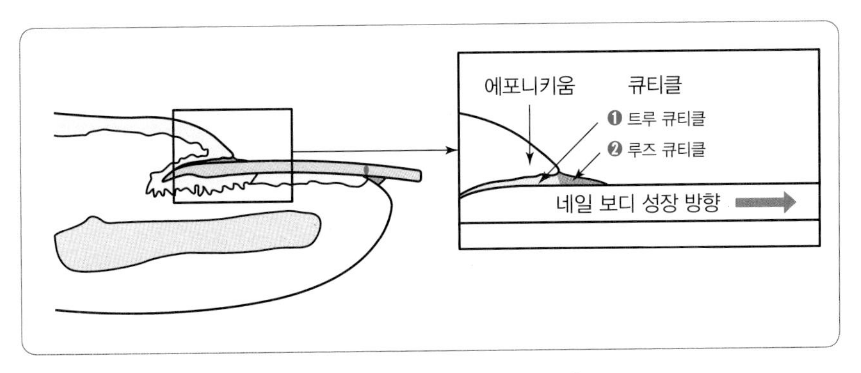

[에포니키움과 큐티클의 구분]

(4) 에포니키움(상조피)

네일 보디의 시작점에서 자라나는 피부로 큐티클 위를 덮고 있다. 에포니키움 아래는 끈적한 형질로 되어 있으며 네일 매트릭스의 보호역할을 한다. 잘못된 네일 도구의 사용으로 인한 에포니키움에 부상은 영구적인 손상을 초래하며 질병에 감염될 수 있다.

(5) 큐티클(조소피)

네일에 단단히 붙어 자라나오며 세포가 분비하는 물질이 굳어서 이루어진 얇은 각질 막이다. 네일 루트에서부터 시작되어 에포니키움과 네일 보디 사이에 있으며 루눌라를 덥고 있다. 매트릭스를 보호하고 수분의 증발을 방지하는 역할을 하므로 과도한 큐티클의 정리는 손 주변 피부를 건조하게 하고 손톱 병변에 우려가 있으므로 주의해야 한다.

① **트루 큐티클(True Cuticle)** : 외부적으로 보이지 않는 부분으로 매트릭스를 세균으로부터 보호하는 역할을 하므로 완전히 제거할 수 없다.

② **루즈 큐티클(Loose Cuticle)** : 외부적으로 보이는 부분으로 물과 외부물질 등으로 인해 느슨해진 죽은 각질이므로 네일 미용인이 미적 목적으로 제거할 수 있다.

(6) 하이포니키움(하조피)

옐로 라인 밑에 위치해 있으며, 프리에지 아래 돌출된 피부조직이다. 박테리아와 이물질의 침입으로부터 네일을 보호하는 방어막 역할을 한다. 잘못된 네일 파일과 클리퍼의 사용으로 하이포니키움에 상처가 생기면 네일 베드에서 네일 보디가 분리될 수 있으며 질병에 감염될 수 있으므로 주의해야 한다.

SECTION 04 네일의 특성과 형태

1 네일의 정의

구분	정의
네일(Nail)	손톱(핑거네일, Fingernail)과 발톱(토네일, Toenail)을 총칭하는 단어
자연 네일(Natural Nail)	네일 표면에 아무것도 도포되지 않은 내추럴한 상태의 손톱과 발톱
인조 네일(Artificial Nail)	네일 표면에 다양한 네일 재료를 사용하여 인위적으로 만든 손톱과 발톱

2 네일의 특성

① 네일은 줄무늬 사이를 뜻하는 그리스어 오니코(Onycho)에서 유래되었다.

② 각질층이 변형된 것으로 얇은 층이 겹겹으로 이루어져 있으며 윗부분은 세로형, 중간층은 가로형, 아래층은 세로형의 3개 층의 각질 배열로 구성되어 있다.

③ 반투명의 케라틴 경 단백질로 이루어져 있으며 시스테인을 포함한 아미노산 등으로 구성되어 있고 케라틴의 합성을 돕고 시스틴을 단단히 묶어주는 연결고리 역할을 하는 황이 약 3~5% 포함되어 있다.

④ 케라틴의 주요 구성성분은 글루탐산, 알기닌, 시스틴 등의 아미노산이며, 그중에서도 시스틴의 함유량이 가장 많다.

⑤ 네일의 경도는 수분의 함유량과 케라틴의 조성에 따라 다르다.

⑥ 네일은 산소를 필요로 하지 않고 땀을 배출하지 않는다.

⑦ 네일은 네일 베드에서 공급받은 일정 부분에 수분을 함유하고 수분을 통과시키는 역할을 한다. 약 8~18%의 수분과 약 0.15~0.75%의 유분을 함유하고 있으며 건강한 네일은 약 12~18%의 수분을 함유하고 있다.

⑧ 네일 폴리시를 작업해도 네일 보디에서 수분은 통과되나 수분의 증발력이 20% 정도 감소되며 젤 네일 폴리시나 인조 네일의 작업 시에는 수분 증발력이 현저히 감소된다.

네일 폴리시나 젤 폴리시 작업 후에는 네일이 숨을 쉬지 못해요!
네일은 산소를 필요로 하지 않는다. 때문에 이는 심리적으로 예민한 이유와 수분 증발이 갑자기 더뎌지기 때문에 느껴지는 현상이다.

3 네일의 태생

① 임신 9주째부터 태아의 손톱 끝마디 뼈 윗부분부터 손톱의 성장부위가 형성되어 피부가 휘어져 들어가기 시작된다.
② 임신 약 14주째부터 손톱이 나타나기 시작되며 자라는 모습을 확인할 수 있다.
③ 임신 약 20주째가 되면 완전한 손톱이 형성된다.

4 네일의 성장

① 손톱은 1일 평균 약 0.1~0.15mm, 1달에 약 3~5mm 길이로 자라난다.
② 손톱이 탈락한 후 완전히 재생하는 기간은 약 4~6개월이 소요되며, 발톱은 손톱의 1/2 정도로 늦게 자란다.
③ 네일은 매트릭스에 의해 만들어지고 계속 성장하여 자라나온다.

- 성장 속도가 빠름 : 청소년, 남성, 중지, 임신, 여름
- 성장 속도가 느림 : 노인, 여성, 소지, 비임신, 겨울

5 건강한 네일의 조건

① 네일 베드에 단단하게 부착되어 있어야 한다.
② 유연성과 탄력이 있고 강도가 있어야 한다.
③ 12~18%의 수분을 함유하고 있어야 한다.
④ 표면이 매끄럽고 광택이 나며 윤기가 있어야 한다.
⑤ 박테리아의 침범이 없고 진균의 감염이 없어야 한다.
⑥ 둥근 아치 모양을 형성하고 네일 베드가 핑크빛을 띠어야 한다.

6 네일의 기능

① 손가락 끝의 예민한 신경을 강화하고 손끝, 발끝을 보호한다.
② 감염이나 외부환경으로부터 손가락을 보호한다.
③ 물건을 긁거나, 잡고 들어올리는 기능을 한다.
④ 모양을 구별하며 섬세한 작업을 가능하게 한다.
⑤ 방어와 공격, 미용의 장식적인 기능을 갖는다.

7 네일의 형태

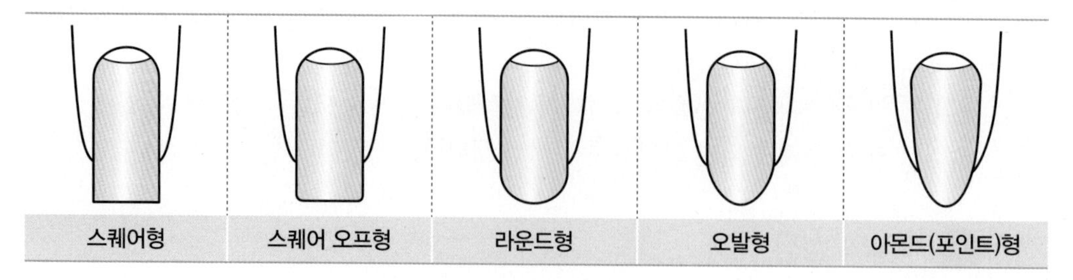

[네일의 형태별 분류]

1) 스퀘어 형태(Square Shape)

대회용으로 많이 사용되고 강한 느낌을 주며 내구성이 강하여 손끝을 많이 사용하거나 컴퓨터를 많이 사용하는 사무직에 종사하는 고객에게 어울린다. 스트레스 포인트에서부터 프리에지까지 직선이 존재하고, 끝 부분은 직선의 형태를 이루어야 하며, 모서리에 각이 존재하는 상태이다. 페디큐어 작업 시 발톱의 형태이며 정면과 측면에서의 각도가 90°의 직각으로 한 방향으로 파일링해야 한다.

2) 스퀘어 오프 형태(Square Off Shape, Over Square Shape)

세련된 느낌으로 남성과 여성에게 모두 잘 어울린다. 스퀘어 형태에서 양쪽 코너의 각만 제거한 상태이다.

3) 라운드 형태(Round Shape)

네일숍에서 많이 하는 형태이며 남성과 여성에게 모두 어울리는 형태이다. 스트레스 포인트에서부터 프리에지까지 직선이 존재하고, 끝 부분은 라운드 형태를 이루어야 하며, 프리에지의 어느 곳에서도 각이 없는 상태이다. 프리에지의 중앙을 중심으로 한 방향으로 파일링을 해야 한다.

4) 오발 형태(Oval Shape)

손이 길고 가늘어 보여 여성스러움이 가장 돋보이며 우아한 느낌을 준다. 직선이 없고 정면에서 보았을 때 스트레스 포인트부터 각이 없는 곡선의 형태이다.

5) 아몬드(포인트) 형태(Almond Shape, Point Shape)

손이 가늘게 보이는 오발과 같은 형태이나 프리에지 끝 부분이 더 뾰족하다. 가장 약하고 손상되기 쉬운 단점이 있다.

SECTION 05 네일의 병변

손 · 발톱 병(오니코시스, Onychosis)은 네일과 관련된 모든 질병을 총칭하는 용어이다. 네일미용사는 네일의 이상증세와 질병, 감염 여부를 구별하고 설명할 수 있어야 한다. 육안으로 확인하고 작업할 수 있는 네일인지 아닌지를 파악한 후 경우에 따라서는 의사의 진료를 받도록 권유해야 한다.

1 작업할 수 있는 네일의 증상

네일미용사가 작업할 수 있는 네일과 네일 주변 피부로 증상에 알맞은 관리법으로 모든 작업을 수행할 수 있다. 작업이 가능한 네일의 상태라고 하더라도 증상의 심한 정도에 따라서는 작업을 피하는 것이 적절하다.

증상	한글 독음	영어 표기
손거스러미	행 네일	Hangnail
표피조막, 조갑익상편	테리지움	Pterygium
조갑종렬증, 세로줄 네일	오니코렉시스	Onychorrhexis
조갑횡구증, 가로줄 네일	보우 라인	Beau's lines
고랑 파인 네일	퍼로우, 커러제이션	Furrow, Corrugation
교조증, 물어뜯는 네일	오니코파지	Onychophagy
숟가락 네일	스키점프 네일, 스푼 네일 코일로니키아	Sky Jump Nail, Spoon Nail koilonychia
조갑감입증, 내향성 네일	오니코크립토시스, 인그로운 네일	Onychocryptosis, Ingrown Nail
조갑연화증, 달걀껍질 네일	오니코말라시아, 에그셸 네일	Onychomalacia, Eggshell Nail
조갑위축증	오니카트로피아	Onychatrophia
조갑비대증	오니콕시스	Onychauxis
조백반증, 흰색 반점	루코니키아	Leuconychia
조갑모반, 검은 반점	니버스, 멜라노니키아	Nevus, Melanonychia
조갑청색증, 파란 네일	오니코사이아노시스	Onychocyanosis
멍든 네일, 혈종	헤마토마, 브루이즈드 네일	Hematoma, Bruised nail
변색된 네일	디스컬러드 네일	Discolored Nail

1) 큐티클과 네일 주변 피부의 이상 증상

(1) 손거스러미(행 네일)

증상	• 손거스러미가 일어나는 증상이다.
원인	• 네일 주변 피부가 건조해져 큐티클과 에포니키움의 균열로 발생할 수 있다. • 물을 많이 사용하거나 잦은 화학제품의 사용으로 발생할 수 있다. • 큐티클을 잡아떼거나 물어뜯는 버릇으로 생길 수 있으며 잘못된 큐티클 니퍼 사용으로도 발생할 수 있다.
관리	• 큐티클 니퍼로 조심스럽게 제거 후 항생연고를 사용한다. • 핫 오일 매니큐어와 파라핀 매니큐어로 관리하면 효과적이다. • 큐티클 오일, 핸드 로션 등의 보습 제품을 사용한다. • 화학제품의 사용을 자제하며, 물의 사용 시 장갑의 착용을 권장한다. • 큐티클을 잡아떼거나 물어뜯는 것을 방지하기 위해 노 바이트(No Bite) 제품 등을 권장한다.

(2) 표피조막(테리지움)

증상	• 큐티클이 과잉 성장하여 네일 보디 위로 과도하게 자라나오는 증상이다.
원인	• 과도한 큐티클 정리로 인하여 큐티클이 건조해져 발생할 수 있다. • 인체의 유해한 성분이 들어간 네일 제품과 변질된 제품의 사용으로 발생할 수 있다. • 매트릭스의 염증에 의한 파괴로 네일 폴드가 네일 보디에 유착되는 반흔이나 위축 상태로 편평태선, 말초혈류장애로 발생할 수 있다.
관리	• 조심스럽게 큐티클 푸셔로 밀어주고 조금씩 니퍼로 정리해 주며 큐티클이 딱딱한 경우에는 핑거볼 대신 크림 워머기를 사용하여 큐티클을 부드럽게 하는 핫 크림 매니큐어로 꾸준히 관리를 하는 것이 좋다. • 큐티클을 뜯지 말아야 하고 자주 매니큐어를 받는 것이 효과적이며 보습을 충분하게 유지하는 것이 좋다. • 심해질 경우 프리에지까지 자라나올 수 있으므로 조기에 전문의와 상담하는 것을 권장한다.

2) 네일 표면의 이상 증상

(1) 조갑종렬증(오니코렉시스)

구분	내용
증상	• 네일 보디의 균열이 발생하여 세로로 골이 파져 갈라지거나 부서지는 증상이다.
원인	• 네일 폴드의 감염과 매트릭스 외상으로 발생할 수 있다. • 물의 과도한 사용과 잦은 화학제품으로 인하여 손톱의 건조해져 발생할 수 있다.
관리	• 증상이 심하지 않은 경우에는 샌딩 파일로 표면을 다듬고 네일 강화제를 도포한다. • 프리에지를 사용하여 긁는 행동을 자제하고 네일과 네일 주위에 보습제품을 사용한다. • 화학제품 사용을 자제하고 물을 사용할 때는 장갑을 이용하는 것을 권장한다. • 프리에지부터 발생한 경우에는 네일 보디로 확장되지 않게 인조 네일을 작업하는 것이 효과적이며, 루눌라부터 발생한 경우에는 매트릭스나 네일 폴드의 손상일 수 있으므로 전문의에게 상담하는 것을 권장한다.

(2) 조갑횡구증(보우 라인)

구분	내용
증상	• 가로로 골이 파여 있는 증상이며 한 개 또는 모든 네일에 생길 수 있다.
원인	• 건강 악화나 질병으로 인하여 네일 매트릭스 기능의 일시적 저하로 발생할 수 있으며 기능 저하의 기간이나 심한 정도에 따라 길이나 폭이 달라질 수 있다.
관리	• 고랑이 심하지 않은 경우에는 샌딩 파일로 표면을 다듬고 네일 강화제를 도포한다. • 네일이 얇고 골이 심한 경우에는 일정기간 인조 네일을 작업하는 것이 효과적이다. • 건강관리에 유의하며 증상이 심한 경우에는 전문의와 상담하는 것을 권장한다.

(3) 고랑 파인 네일(퍼로우)

구분	내용
증상	• 네일 보디에 세로나 가로로 고랑이 파여 있는 증상이다.
원인	• 순환기 계통의 질병이나 빈혈, 고열, 임신, 홍역이나 신경성 등에 의해 발생할 수 있다. • 유전성과 아연 부족의 식습관으로도 발생할 수 있다. • 잘못된 큐티클 푸셔의 사용(각도와 힘 조절)과 손으로 긁거나 물리적인 압박으로 루눌라에 충격이 가해져 발생할 수 있다.
관리	• 샌딩 파일로 표면을 다듬고 네일 강화제를 도포한다. • 네일이 얇고 고랑이 심한 경우에는 일정기간 인조 네일을 작업하는 것이 효과적이다. • 물리적인 압박이 생기지 않게 주의하며 규칙적인 식습관과 건강관리에 주의한다. • 심한 고랑은 빈혈의 시작일 수 있으므로 조기에 전문의와 상담하는 것을 권장한다.

3) 네일 보디 자체의 이상 증상

(1) 교조증(오니코파지)

구분	내용
증상	• 네일의 크기가 작아지며 프리에지가 거의 보이지 않고 심한 경우에는 네일 프리에지 부분이 두꺼워지며 네일이 손가락 끝 살 속으로 파고 들어가기도 한다.
원인	• 심리적 불안감이나 스트레스 등의 원인으로 습관적으로 손톱을 물어뜯어서 발생할 수 있다.
관리	• 하이포니키움의 상처가 생겨 감염에 노출될 수 있으며 고객에게 감염을 인지시키고 네일의 변형에 대하여 설명한다. • 정기적인 매니큐어 관리와 인조 네일을 작업하는 것이 효과적이다. • 네일로 시선이 오지 않게 지압봉을 만지거나 물어뜯는 것을 방지하기 위해 노 바이트 제품(No Bite) 등을 권장한다. • 심리적인 안정을 찾고 스트레스를 조절하며 심한 경우 전문의와 상담하는 것을 권장한다.

(2) 숟가락 네일(스푼네일)

구분	내용
증상	• 네일 보디 옆면 부분이 바깥쪽으로 벌어지고 가운데 부분이 움푹 들어간 증상이다.
원인	• 선천성 요인이나 빈혈, 갑상샘 질병, 당뇨병 등이 원인으로 발생할 수 있다. • 습관적으로 네일 루눌라와 네일 보디를 누르는 행동도 발생 요인이 될 수 있다.
관리	• 외부 환경으로부터 네일을 보호하기 위해 인조 네일 작업을 하는 것이 효과적이다. • 인조 네일에 제거 시에도 네일 보디에 손상이 없도록 각별히 유의해야 한다. • 네일의 외부적인 충격을 과하지 않게 하고 다른 내부적 요인이 의심될 경우에는 전문의에게 상담하는 것을 권장한다.

(3) 조갑감입증(오니코크립토시스)

구분	내용
증상	• 네일의 양쪽 옆면 부분이 파고드는 증상으로 주로 엄지발톱에서 많이 볼 수 있다.
원인	• 네일 보디의 내향성 뒤틀림이나 레터럴 네일 폴드의 비후의 의해서 발생할 수 있다. • 유전적 요인과 네일을 너무 짧고 라운드 형태로 깊이 깎는 경우에도 발생할 수 있다. • 꽉 끼는 신발에 의한 지속적인 압박과 심한 운동이나 외상 등으로 발생할 수 있다.
관리	• 앞이 좁고 꽉 끼는 신발을 신지 않도록 한다. • 페디큐어 작업 시 발톱을 스퀘어 형태로 조형해야 하며 너무 짧지 않게 한다. 심하게 파고드는 발톱이거나 감염의 우려가 있는 경우에는 전문의와 상담하는 것을 권장한다.

(4) 조갑연화증(에그셸 네일)

증상	• 네일이 전체적으로 부드럽고 가늘며 하얗게 되어 네일 끝이 굴곡진 상태로 달걀껍질같이 얇게 벗겨지며 흰색을 띠는 증상이다.
원인	• 불규칙한 식습관과 다이어트 등으로 비타민과 철 결핍성의 빈혈로 발생할 수 있다. • 신경성, 내과적 질병, 신경 계통의 이상으로 발생할 수 있다.
관리	• 프리에지의 손상된 부분을 제거하고 샌딩 파일로 표면을 다듬고 네일 강화제를 도포한다. 손상된 부위가 없어질 때까지 네일의 길이를 짧게 유지하는 것이 좋다. • 손상된 부위가 확장되지 않게 인조 네일을 작업하는 것이 효과적이다. • 규칙적인 식습관을 유지하며 일상생활에서 네일 보호용 장갑을 착용하는 것을 권장한다.

(5) 조갑위축증(오니카트로피아)

증상	• 네일의 윤기와 광택이 없어지고 크기가 작아지며 두께가 얇아지고 오므라들어 감소하는 증상으로 주로 새끼발톱에 나타난다.
원인	• 선천적 요인과 편평태선(피부와 점막에 발생하는 원인 불명의 염증성 질병)이나 네일 폴드의 염증으로 매트릭스가 손상되어 발생할 수 있다. • 내과적 질병이나 잦은 화학제품 사용 등의 후천적 원인으로도 발생할 수 있다.
관리	• 증상이 심하지 않은 경우에는 조심스럽게 샌딩 파일로 표면을 다듬고 네일 강화제를 도포하여 일정 기간 경과를 지켜보며 관리한다. • 미관상 관리가 필요하면 인조 네일을 작업하는 것이 효과적이다. • 화학제품의 사용을 자제하고 내과적 질병으로 발생된 것이라면 치료한다. 치료가 끝나면 손톱은 다시 자라며 근본적인 치료를 위해서는 전문의와 상담하는 것을 권장한다.

(6) 조갑비대증(오니콕시스)

증상	• 네일의 과잉 성장으로 비정상적으로 두꺼워지고 변색된 증상으로 주로 엄지발톱에 나타난다.
원인	• 네일 밑 조직의 증식이나 내부의 손상, 감염에 의해서 발생할 수 있다. • 질병이나 상해로 발생할 수 있으며 꽉 끼는 신발을 신은 경우에도 발생할 수 있다.
관리	• 네일 파일로 조금씩 두께를 제거하거나 부석 가루를 사용하는 것도 효과적이다. • 꽉 끼는 신발을 피하고 발이 습하지 않도록 하고 정기적인 관리를 권장한다.

4) 색소성 이상 증상

(1) 조백반증(루코니키아)

증상	• 네일에 흰색 반점이 생기는 증상이다.
원인	• 선천성인 경우에는 손톱의 생성 중에 구조적 이상으로 발생할 수 있다. • 물리적인 압박에 의해 네일 보디와 루눌라 부분에 기포현상으로 발생할 수 있다.
관리	• 네일 보디 표면에 생긴 흰색 반점은 샌딩 파일로 표면을 정리하면 제거된다. • 네일 보디 아래 생긴 반점은 일정 기간 후 대부분 없어지므로 경과를 지켜본다.

(2) 조갑모반(니버스)

증상	• 네일 보디의 일부 또는 전부가 갈색이나 흑색으로 변하는 증상이다.
원인	• 단순 모반은 네일의 멜라닌 색소 증가 및 침착으로 인하여 발생할 수 있다. • 약물의 부작용과 악성흑색종으로도 발생할 수 있다.
관리	• 단순 모반은 색소가 없어질 때까지 컬러링을 하는 것이 효과적이다. • 악성흑색종의 의심될 경우에는 전문의와 상담하는 것을 권장한다.

(3) 조갑청색증(오니코사이아노시스)

증상	• 네일의 색이 푸르스름하게 변하는 증상이다.
원인	• 혈액순환이 제대로 이루어지지 않아 네일 베드의 작은 혈관에 환원혈색소가 증가하거나 산소 포화도가 떨어져서 발생할 수 있다.
관리	• 일반적인 관리가 가능하며 조기 치료를 위해서 전문의에게 상담하는 것을 권장한다.

(4) 멍든 네일(헤마토마)

증상	• 네일 베드에 피가 응결된 상태로 멍이 반점처럼 나타나는 증상이다.
원인	• 네일 베드가 외부의 충격으로 손상받았을 경우 혈액이 응고되어 발생할 수 있다.
관리	• 네일이 잘 고정되어 있다면 무리가 가지 않는 범위에서 관리가 가능하다. • 심한 경우에는 완전한 네일이 자라 나올 때까지 작업하지 않는 것이 좋다.

(5) 변색된 네일(디스컬러드 네일)

증상	• 네일의 색상이 청색, 황색, 검푸른색, 자색 등으로 나타나는 증상이다.
원인	• 혈액순환이나 심장이 좋지 못한 상태에서 발생할 수 있다. • 흡연이나 과도한 자외선 노출로 인하여 발생할 수 있다. • 네일 폴리시가 착색된 경우와 변질된 네일 제품의 사용으로 발생할 수 있다.
관리	• 네일 표면의 착색은 샌딩 파일로 표면을 정리하고 네일 표백제를 사용하면 효과적이다. • 금연을 하고 혈액순환 개선을 위해 규칙적인 운동을 한다. • 심장질병이나 근본적인 치료를 위해서는 전문의와 상담하는 것을 권장한다.

2 작업할 수 없는 네일의 증상

네일미용사가 작업할 수 없는 네일과 네일 주위 피부의 질병으로 모든 작업을 수행할 수 없는 금기사항으로 고객에게 의료 진찰을 받도록 권유해야 한다. 또한 고름, 염증으로 감염의 위험이 있거나 부어 있는 상태, 상처나 출혈이 있는 경우에도 절대로 작업을 해서는 안 된다.

인조 네일을 작업한 상태에서 고객이 몰드나 진균 등에 감염된 경우에는 즉시 인조 네일을 제거하고 사용한 네일 파일 등의 제품은 전부 폐기해야 한다. 또한 네일 도구도 위생 · 소독 처리해야 한다. 이후 작업은 수행할 수 없으며 고객은 전문의에게 의료 진찰을 받아야 한다.

증상	한글 독음	영어 표기
사마귀	워트	Warts
사상균	몰드	Mold
조갑진균증, 조갑백선	오니코마이코시스	Onychomycosis
발진균증, 발백선	티니아 페디스	Tinea Pedis
화농성 육아종	파이로제닉그래뉴로마	Pyogenic Granuloma
조갑염	오니키아	Onychia
조갑주위염	파로니키아	Paronychia
조갑박리증	오니코리시스	Onycholysis
조갑탈락증	오니콥토시스, 오니코매디시스	Onychoptosis, Onychomadesis
조갑구만증, 조갑굽음증	오니코그리포시스	Onychogryphosis

1) 바이러스에 의한 감염

(1) 사마귀(워트)

증상	• 네일 주위 피부에 구진의 형태이며 어떤 경우는 변색되거나 표면이 울퉁불퉁하다.
원인	• 피부 또는 점막이 유두종 바이러스(HPV)에 감염되어 발병한다.

2) 각종 균에 의한 감염

(1) 사상균(몰드)

증상	• 네일이 황록색으로 보이며 점차 갈색에서 검은색으로 변하는 증상이다.
원인	• 습기, 열, 공기에 의해 균이 번식되어 발생하며 23~25%의 수분을 함유하고 있다. • 전 처리 작업 시 네일 보디에 수분을 충분히 제거하지 못한 경우와 인조 네일의 보수시기가 지나 균이 번식되어 발생할 수 있다.

(2) 조갑진균증(오니코마이코시스)

증상	• 네일이 희거나 누렇게 변색되고 프리에지가 감염되어 점차 루눌라로 퍼져나가 감염된 부분이 떨어져 나가며 심한 경우에는 네일 베드가 드러나는 증상으로 네일의 무좀이다.
원인	• 프리에지로 침투하여 루눌라로 확장되며 손상된 틈을 통해 진균, 백선균의 감염이 원인으로 발생할 수 있다. • 습도가 높은 환경이 유지되거나 인조 네일의 관리 소홀로도 발생할 수 있다.

(3) 발진균증(티니아페디스)

증상	• 발바닥과 발가락 사이에 붉은색의 물집이 잡히거나 피부 사이가 부어올라 하얗고 습하게 되며 피부가 가렵고 갈라지는 증상으로 발의 무좀이다.
원인	• 신발에 습도가 높은 환경이 유지되거나 발에 생기는 진균, 백선균 감염이 원인이다.

(4) 화농성 육아종(파이로제닉그래뉴로마)

증상	• 육아조직으로 이루어진 염증성 결절상태의 증상이다.
원인	• 위생 처리가 되지 않은 네일 도구 사용으로 네일 주위 피부에 상처가 생기고 박테리아 감염으로 화농성 염증을 일으켜서 발생할 수 있다. • 외상에 의한 상처와 내향성 손 · 발톱으로 인해 발생할 수 있다.

(5) 조갑염(오니키아)

증상	• 네일 밑의 피부조직 일부가 없어지거나 함몰된 상태로 염증이 붉어지거나 부어올라 고름이 형성된 증상이다.
원인	• 네일 클리퍼로 네일을 재단할 때 하이포니키움의 상처가 생기거나 위생처리가 되지 않은 네일 도구들을 사용하여 박테리아에 감염되었을 때 발생할 수 있다.

(6) 조갑주위염(파로니키아)

증상	• 네일 주위의 피부가 빨갛게 부어오르며 살이 물러지는 증상이다.
원인	• 손거스러미를 뜯거나 위생 처리가 되지 않은 네일 도구를 사용하여 네일 주위 피부에 상처가 생겼을 경우 박테리아에 감염되어 발생할 수 있다. • 급성 손발톱 주위염은 네일 폴드의 감염으로 발생할 수 있다.

(7) 조갑박리증(오니코리시스)

증상	• 네일 프리에지에서 발생하여 네일 보디가 네일 베드에서 점차 분리되어 점차적으로 루눌라까지 번지게 되며 분리된 부분은 회백색으로 보이는 증상이다.
원인	• 잦은 하이포니키움 손상과 감염증으로 발생할 수 있다. • 빈혈, 내과적 질병, 화학제품의 과도한 사용으로 발생할 수 있다.

(8) 조갑탈락증(오니콥토시스)

증상	• 네일의 일부분 혹은 전체가 떨어져 나가는 증상이다.
원인	• 매독, 고열, 약물의 부작용, 건강 장애 등으로 인해 네일 매트릭스의 기능이 일시적으로 정지되어 네일 보디와의 연결이 끊어진 경우에 발생할 수 있다. • 네일 폴드의 염증으로 네일 베드의 일부가 소실되어 발생할 수 있다. • 심한 외상으로 발생할 수 있으며, 외상으로 인한 증상은 일정기간이 경과하면 다시 자라날 수 있다.

(9) 조갑구만증(오니코그리포시스)

증상	• 네일이 두꺼워지며 피부 속으로 파고들거나 손이나 발가락이 밖으로 심한 변형을 동반하는 증상으로 주로 발톱에 나타난다.
원인	• 치매, 정신분열증, 정신지열발달 등과 같은 질병으로 네일을 관리할 수 없는 사람에게서 발생할 수 있다.

SECTION 06 고객응대 및 상담

1 고객 상담과 진단

네일 관리를 시작하기 전에 고객과의 상담을 통하여 고객이 원하는 서비스가 어떤 것인지를 충분히 확인하고 고객의 건강 상태와 피부, 네일의 상태, 알레르기, 생활습관 등을 고려하여 고객이 원하는 가장 적합한 서비스를 제공하여야 한다.

2 고객관리카드

① 새로운 고객이 방문하면 상담 후에 동의를 얻어 고객관리카드를 작성한다.
② 개인 정보 수집 등은 사전에 동의를 구하고 이름, 주소, 연락처 등을 기재해야 한다.
③ 관리가 전부 끝난 후에 그날의 관리내용과 추가사항도 기재한다.
④ 재방문 고객도 관리를 받을 때마다 변경사항과 그날의 서비스 추가사항을 작성해야 한다.

고객관리카드에 기재할 사항

❶ 일반사항(성명, 집 주소, 직장주소, 전화번호, 휴대폰번호, 직업)
❷ 건강상태와 질병의 유무(의료기록 사항)
❸ 피부 타입과 화장품 부작용(알레르기)
❹ 손발톱의 병변 유무(전염성)
❺ 손과 손톱의 보습상태
❻ 선호하는 컬러
❼ 작업 관련 사항(가격, 제품 판매내역, 담당 네일미용사의 성명)
❽ 작업 시 주의사항
❾ 사후 관리에 대한 조언과 대처방법

3 예약접수 관리

① 전화예약 접수를 받을 때 먼저 네일숍 이름과 자신의 이름을 말한다.
② 상냥한 목소리로 응대하고 예약관리카드를 사용하여 관리한다.
③ 예약날짜, 시간, 원하는 서비스와 담당 네일미용사를 확인한다.

손 · 발의 구조와 기능

SECTION 01 뼈(골)의 형태 및 발생

뼈는 골이라고 하며 사람의 골격을 이루는 단단한 조직이다. 인체의 골격은 총 206개 관절로 연결되어 있고 체중의 약 20%를 차지한다.

[인체의 골격]

전신골격(206개)			
체간골격(80개)	두개골(22개)	체지골격(126개)	상지골(64개)
	이소골(6개)		
	설골(1개)		
	척추(26개)		하지골(62개)
	늑골(24개)		
	흉골(1개)		

1 뼈(골)의 기능

1) 지지기능

인체의 형태를 유지하고 체중을 지지한다.

2) 보호작용

기관을 둘러싸서 내부 장기를 외부의 충격으로부터 보호한다.

3) 운동기능

뼈와 관절, 골격근의 연결과 뼈에 부착된 근육의 수축을 이용하여 운동을 일으킨다.

4) 저장기능

칼슘, 인 등의 무기질 저장장소이다.

5) 조혈기능

뼈 속 적골수에서 혈액을 생산하는 조혈기능을 한다.

❷ 뼈(골)의 구조

뼈는 골막(골내막, 골외막), 골 조직(치밀골, 해면골), 골수강, 골수로 되어 있다.

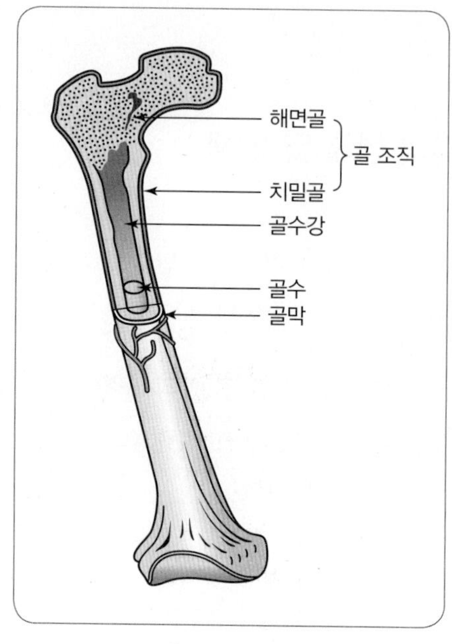

[뼈의 구조]

1) 골막(뼈막)

뼈의 표면을 감싸고 있는 이중 막으로 골내막과 골외막으로 구성된 결합조직이다. 뼈의 형성에 중요한 역할과 뼈 굵기의 성장이 일어나는 곳으로 뼈의 성장에 관여한다. 뼈를 보호하고 힘줄과 인대가 골막에 부착되어 있다.

2) 골 조직

① **치밀골** : 뼈의 바깥쪽으로 단단하며 하버스관이 있고 혈관이나 신경과 혈관의 통로이다.
② **해면골** : 뼈의 안쪽으로 스펀지와 같이 구멍이 많은 모양으로 불규칙하게 결합된 골조직이다.

3) 골수강

뼈 속 터널 같은 공간으로 안쪽에는 적골수와 황골수가 있다.

4) 골수

뼈 속 골수강 사이의 공간을 채우고 있으며 혈액세포를 만드는 조혈조직이다.

① **적골수** : 혈액을 생성하는 조혈작용을 한다.
② **황골수** : 조혈작용을 거의 하지 않는다.

3 뼈(골)의 발생과 성장

뼈는 중배엽에서 유래되었으며 골화라는 과정을 거쳐 형성되는 단단한 결합조직이다.

1) 골화

단단하지 않은 조직에서 단단하게 변화하여 뼈가 형성되는 과정이다.

(1) 연골 내 골화

완전한 뼈가 되기 전에 연골조직이 형성되고 연골이 뼈로 변하는 뼈의 골화 초기 발생 과정이다. 연골은 계속적인 성장과 혈관의 진입에 의해 골화 과정이 일어나고 골단의 연골은 계속 성장한다. 대부분 장골(대퇴골, 상완골, 요골, 척골, 경골, 비골 등)의 발생과정이다.

(2) 막성골화(막내골화, 섬유성 골화)

골막 또는 연골막에 직접 골조직이 형성되는 것으로 이 과정이 반복되어 뼈가 성장한다. 초기에는 구멍이 많은 해면골에서 단단한 치밀골이 된다. 대부분 편평골(두개골, 견갑골, 늑골)의 골화 방식이다.

2) 골단연골(성장판 연골)

성장기에 있어 뼈의 길이 성장이 일어나는 곳이다.

3) 골단판(성장판)

성장기까지 뼈의 길이 성장을 주도하는 곳이다.

4) 골단

뼈의 길이 성장에 관여하며 골단연골의 성장이 멈추면서 완전한 뼈가 형성되는 장골의 양쪽 둥근 끝 부분이다.

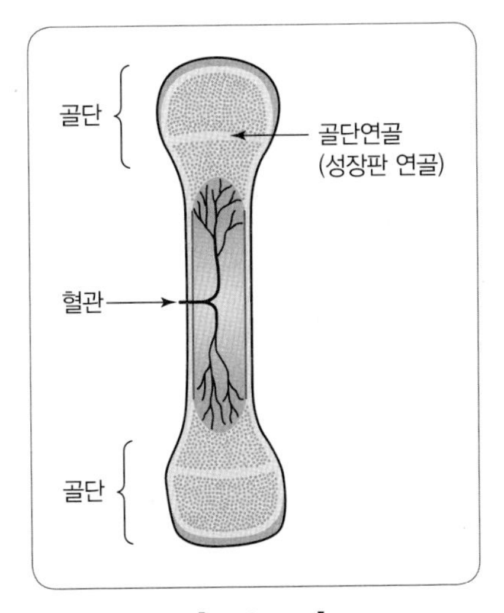

[골단 구조]

용어정리

조혈작용

혈액 속의 혈구(적혈구, 백혈구, 혈소판)가 만들어지는 과정

4 뼈(골)의 형태

뼈(골)의 형태에는 장골, 단골, 편평골, 불규칙골, 종자골, 함기골이 있다.

명칭	내용	형태
장골	• 길이가 긴 뼈의 형태 • 상지(상체 골격) : 상완골, 요골, 척골 등 • 하지(하체 골격) : 대퇴골, 경골, 비골 등	
단골	• 길이가 짧은 뼈의 형태 • 수근골, 수지골, 족근골, 족지골 등	
편평골	• 납작한 뼈의 형태 • 견갑골, 두개골, 늑골 등	
불규칙골	• 모양이 불규칙한 뼈의 형태 • 척추, 관골 등	
종자골	• 완두 크기 만한 작은 뼈의 형태 • 슬개골	
함기골	• 뼈 속에 공간이 있어 공기를 함유하고 있는 특수한 뼈의 형태 • 전두골, 상악골, 측두골, 접형골, 사골	

SECTION 02 손과 발의 뼈대(골격) 구조 · 기능

1 상지 뼈(골)

인체의 상체, 즉 상지를 구성하는 뼈이다.

• **종류** : 쇄골, 견갑골, 상완골, 척골, 요골, 수근골, 중수골, 수지골

① 쇄골(빗장뼈) : 가슴 위쪽의 양쪽 어깨에 수평으로 위치, 상완골과 견갑골을 흉골에 연결
② 견갑골(어깨뼈) : 체간과 상완의 사이에 위치하며 어깨의 기초를 만드는 뼈
③ 상완골(위팔뼈) : 어깨에서 팔꿈치까지 이어지는 긴 뼈
④ 척골(자뼈) : 팔뚝을 구성하는 2개의 뼈 중 안쪽에 있는 뼈
⑤ 요골(노뼈) : 팔뚝을 구성하는 2개의 뼈 중 바깥쪽에 위치한 뼈

2 손과 손목의 뼈(27개)

손에는 27개의 뼈가 있으며 수근골, 중수골, 수지골이 있다.

• **종류** : 수근골(손목뼈) 8개, 중수골(손허리뼈) 5개, 수지골(손가락뼈) 14개

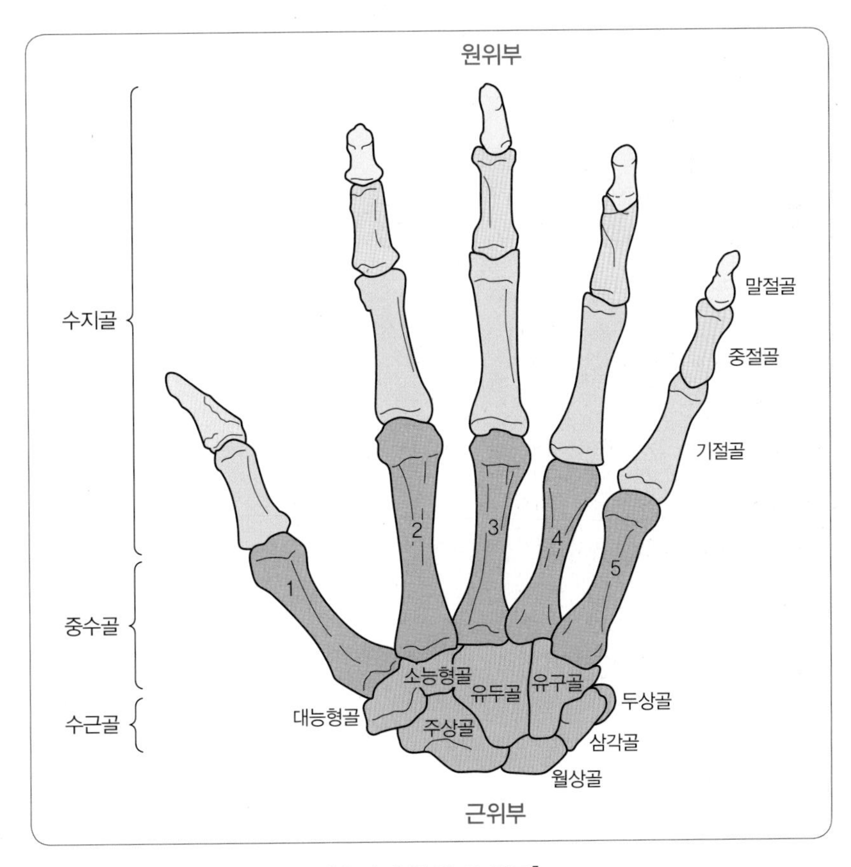

[손과 손목의 뼈 구조]

1) 수근골(손목뼈)

손목을 구성하는 8개의 단골 형태의 뼈이다.

- **종류** : 대능형골, 소능형골, 유두골, 유구골, 주상골, 월상골, 삼각골, 두상골

[손목뼈]

원위부(몸에서 먼 손목뼈)	근위부(몸에서 가까운 손목뼈)
• 대능형골(큰마름뼈) • 소능형골(작은마름뼈) • 유두골(알머리뼈) • 유구골(갈고리뼈)	• 주상골(손배뼈) • 월상골(반달뼈) • 삼각골(세모뼈) • 두상골(콩알뼈)

2) 중수골(손허리뼈)

손등과 손바닥을 구성하는 5개의 뼈이다.

① 첫째 중수골(엄지손허리뼈)

② 둘째 중수골(검지손허리뼈)

③ 셋째 중수골(중지손허리뼈)

④ 넷째 중수골(약지손허리뼈)

⑤ 다섯째 중수골(소지손허리뼈)

3) 수지골(손가락뼈)

손가락을 구성하는 14개의 단골 형태의 뼈이다. 엄지손가락의 뼈는 기절골, 말절골 2개의 손가락으로 구성되어 있다. 둘째에서 다섯째 손가락은 기절골, 중절골, 말절골로 이루어져 3개씩 네 손가락으로 12개의 뼈로 구성되어 있다.

① 기절골(첫마디 손가락뼈) : 5개

② 중절골(중간마디 손가락뼈) : 4개

③ 말절골(끝마디 손가락뼈) : 5개

3 하지 뼈(골)

인체의 하체, 즉 하지를 구성하는 뼈(골)이다.

1) 하지대

상지와 체간을 연결하는 뼈이다.

- **종류** : 관골, 대퇴골, 슬개골, 경골, 비골, 족근골, 중족골, 족지골

① 대퇴골(넙다리뼈) : 인체 중 최대의 장골로 넓적다리의 뼈이다.

② 슬개골(무릎뼈) : 슬관절의 전면에 있는 접시 모양의 편평한 뼈이다.

③ 경골(종강뼈) : 하퇴를 구성하는 2개의 뼈 가운데 안쪽에 위치하는 대퇴골 다음으로 큰 뼈이다.

④ 비골(종아리뼈) : 하퇴를 구성하는 2개의 뼈 가운데 바깥쪽에 위치하는 길고 가느다란 뼈이다.

4 발과 발목의 뼈(26개)

발에는 26개의 뼈가 있으며 족근골, 중족골, 족지골이 있다.

- **종류** : 족근골(발목뼈) 7개, 중족골(발허리뼈) 5개, 족지골(발가락뼈) 14개

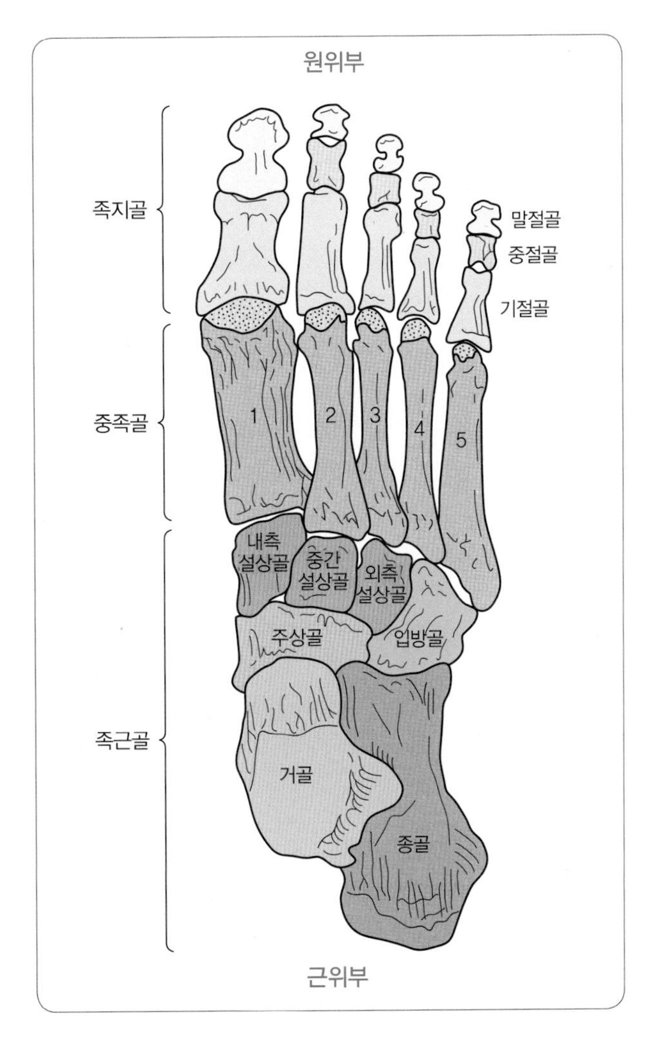

[발과 발목의 뼈 구조]

1) 족근골(발목뼈)

발목을 구성하는 7개의 뼈로, 몸의 체중을 지탱한다.

- **종류** : 내측설상골, 중간설상골, 외측설상골, 종골, 거골, 주상골, 입방골

종골은 족근골에서 걸음을 걸을 때 신체를 지탱해주며 균형을 잡게 하는 지지대로, 발뒤꿈치를 형성하여 발뒤꿈치뼈라고도 한다.

[발목뼈]

원위부(몸에서 먼 발목뼈)	근위부(몸에서 가까운 발목뼈)
• 내측 설상골(안쪽 쐐기뼈) • 중간 설상골(중간 쐐기뼈) • 외측 설상골(가쪽 쐐기뼈) • 입방골(입방뼈)	• 거골(목말뼈) • 종골(발꿈치뼈) • 주상골(발배뼈)

2) 중족골(발허리뼈)

발등과 발바닥을 이루는 5개의 뼈이다.

① 첫째 중족골(엄지발허리뼈) : 가장 굵다.

② 둘째 중족골(검지발허리뼈)

③ 셋째 중족골(중지발허리뼈)

④ 넷째 중족골(약지발허리뼈)

⑤ 다섯째 중족골(소지발허리뼈)

3) 족지골(발가락뼈)

발가락을 구성하는 14개의 뼈이다. 엄지발가락은 기절골, 말절골 2개의 뼈로 구성되어 있다. 둘째에서 다섯째 발가락은 기절골, 중절골, 말절골로 이루어져 3개씩 네 발가락으로 12개의 뼈로 구성되어 있다.

① 기절골(첫마디 발가락뼈) : 5개

② 중절골(중간마디 발가락뼈) : 4개

③ 말절골(끝마디 발가락뼈) : 5개

SECTION 03 손과 발의 근육 형태 및 기능

1 근육

근육은 근세포들이 결합한 수축성이 강한 조직으로, 근섬유의 수축을 통해 인체를 움직일 수 있도록 힘을 발휘하며 수축과 이완에 의해서 움직인다.

1) 근육의 분류

① 골격근 : 가로무늬가 있는 횡문근으로 뼈에 부착되어 뼈의 움직임이나 힘을 만드는 근육(수의근)

② 평활근(내장근) : 가로무늬가 없는 민무늬근으로 내장의 벽을 구성하는 근육 자율신경이 분포되어 있고 수축은 느리게 지속됨(불수의근)

③ 심근 : 가로무늬가 있는 횡문근으로 심장의 심장벽을 구성하고 근육 심장박동에 관여(수의근)

2) 근육의 기능

① 운동기능 : 근섬유의 수축과 이완을 통해 인체를 움직여 운동을 일으킨다.

② 열생산기능 : 근육이 수축할 때 APT 에너지가 방출하면서 열을 발생시킨다.

③ 자세유지기능 : 인체의 자세를 유지시킨다.

3) 근육의 수축

근육은 신경을 통해서 자극을 받으면 화학변화를 일으키는데, 그때 APT 에너지를 발생하고 근을 수축시키려 한다. 근육이 자극에 반응하여 수축하는 현상을 근수축이라고 한다. 인체 내의 화학물질로 액틴과 미오신은 주로 근육에 수축에 관여한다.

(1) 근수축의 장력에 따른 분류

① 정적 수축(등장성 수축) : 근육이 수축하는 동안 길이가 변하지 않는 현상

② 단축성 수축 : 근육이 수축하는 동안 길이가 짧아지는 현상

③ 신장성 수축 : 근육이 장력을 발생하는 동안 길이가 길어지는 현상

(2) 근수축의 종류

① 연축 : 한 번의 자극에 의해 근육이 순간적으로 단일 수축하는 현상

② 강축 : 연축이 합쳐져 단일수축보다 큰 힘으로 지속적으로 수축하는 현상

③ 긴장 : 계속적인 자극으로 지속적이고 약한 근수축이 유지되는 현상

④ 경련 : 근육의 의지와 관계없이 급격히 수축되거나 떠는 현상

⑤ 세동 : 아주 빠르고 비동시적으로 불규칙하게 수축하는 이상현상

⑥ 마비 : 근육이 형태의 변화 없이 기능을 잃어버리는 현상

⑦ 강직 : 근긴장도가 증가되어 있고 근육이 뻣뻣하게 움직임이 없는 현상

❷ 상지의 근육

인체의 상체를 구성하는 근육으로 견부의 근육, 상완의 근육, 전완의 근육으로 구성된다.

1) 견부의 근육(어깨의 근육)

어깨를 이루고 있는 근육으로 삼각근, 견갑하근, 극상근, 극하근, 대원근, 소원근으로 구성된다.

① 삼각근(어깨세모근) : 상완의 신전 및 굴곡에 관여
② 견갑하근(어깨밑근) : 상완의 내전과 내측 회전에 관여
③ 극상근(가시위근) : 상완의 외전과 외측 회전에 관여
④ 극하근(가시아래근) : 상완의 신전 및 외측 회전에 관여
⑤ 대원근(큰원근) : 상완의 내전 및 내측 회전에 관여
⑥ 소원근(작은원근) : 상완의 내전 및 외측 회전에 관여

2) 상완의 근육(팔의 위쪽 근육)

어깨에서 팔꿈치까지의 근육으로 상완근, 상완이두근, 상완삼두근으로 구성된다.

① 상완근(위팔근) : 전완의 굴곡에 관여
② 상완이두근(위팔두갈래근) : 전완의 굴곡에 관여
③ 상완삼두근(위팔세갈래근) : 전완의 신전에 관여

3) 전완의 근육(팔의 아래쪽 근육)

팔꿈치 아래의 근육으로 손목과 손가락 운동에 관여하며 굴근, 신근으로 구성된다.

① 굴근(굽힘근) : 정면에 위치하고 전완의 굽힘에 관여한다.
- **종류** : 장장근(긴손바닥근), 원회내근(원엎침근), 방형회내근(네모엎침근), 요측 수근굴근(노쪽 손목굽힘근), 척측 수근굴근(자쪽 손목굽힘근), 장무지굴근(긴엄지굽힘근), 천지굴근(얕은손가락굽힘근), 심지굴근(깊은손가락굽힘근)이 있다.

② 신근(벌림근) : 후면에 위치하고 손목, 손가락의 신전에 관여한다.
- **종류** : 회외근(손뒤침근), 완요골근(위팔노근), 장요측수근신근(긴노쪽 손목폄근), 단요측 수근신근(짧은노쪽 손목폄근),총지신근, 척측수근신근(자쪽 손폄근), 장무지신근(긴엄지폄근), 시지신근(검지손가락폄근), 지신근(손가락폄근), 소지신근(새끼손가락폄근)이 있다.

용어정리

근육 관련 용어

손등	• 신근(폄근) : 펴다. 관절을 뻗는 역할(늘려서 펼치는 작용) • 외전근(벌림근) : 벌리다. 관절을 벌리는 역할(엄지와 소지의 벌리는 외향에 작용)
손바닥	• 굴근(굽힘근) : 굽히다. 관절을 구부리는 역할(굴곡을 행하는 작용) • 내전근(모음근) : 모으다. 관절을 붙게 하는 역할(모으는 내향에 작용) • 대립근(맞섬근) : 대립하다. 관절을 손바닥 쪽으로 향하게 하는 역할(엄지손가락이 물건을 잡는 작용)
손가락	• 지절 : 손가락 • 지관절 : 손가락관절 • 지절간관절 : 손가락뼈사이관절 • 중수지관절 : 손허리손가락관절 • 중수지절관절 : 손목손허리관절 • 무지 : 엄지손가락(첫째 손가락) • 검지 : 집게손가락(둘째 손가락) • 중지 : 가운뎃손가락(셋째 손가락) • 약지 : 약 손가락(넷째 손가락) • 소지 : 새끼손가락(다섯째 손가락)
동작	• 굴곡 : 관절의 각도를 줄이는 것 • 신전 : 구부러진 것을 펼치는 것 • 내전 : 몸의 중심으로 가까워져가는 것 • 외전 : 몸의 중심으로부터 멀어져 나가는 것 • 내회전 : 안쪽으로 돌리는 것 • 외회전 : 바깥쪽으로 돌리는 것 • 회내 : 안쪽으로 손을 회전시켜 손등이 위, 손바닥이 아래를 향하게 작용 • 회의 : 바깥쪽으로 손을 회전시켜 손바닥이 위, 손등이 아래를 향하게 작용 • 내번 : 발바닥이 안쪽을 향하게 하는 것 • 외번 : 발바닥이 바깥쪽을 향하게 하는 것 • 회선 : 발바닥이 바깥쪽을 향하게 하는 것

정면 – 손바닥 후면 – 손등		정면 – 발등(배측) 후면 – 발바닥(저측)	
내측	외측	내측	외측
새끼손가락 방향	엄지손가락 방향	엄지발가락 방향	새끼발가락 방향

* 손의 정면은 손바닥이며, 발의 정면은 발등이다.

3 손의 근육

손의 근육은 무지구근, 중수근, 소지구근으로 구성된다.

[손 근육의 종류]

구분	내용	
무지구근 (엄지손가락의 근육)	• 단무지신근(짧은엄지폄근) • 단무지굴근(짧은엄지굽힘근) • 단무지외전근(짧은엄지 벌림근) • 무지내전근(엄지모음근)	• 장무지신근(긴엄지폄근) • 장무지굴근(긴엄지굽힘근) • 장무지외전근(긴엄지벌림근) • 무지대립근(엄지맞섬근)
중수근(중간근) (손허리뼈 사이의 근육)	• 충양근(벌레근) • 장측골간근(손바닥쪽뼈사이근) • 심지굴근(깊은손가락굽힘근) • 시지신근(검지손가락폄근)	• 배측골간근(손등쪽뼈사이근) • 천지굴근(얕은손가락굽힘근) • 지신근(손가락폄근)
소지구근 (새끼손가락의 근육)	• 소지굴근(새끼손가락굽힘근) • 소지외전근(새끼손가락벌림근)	• 소지신근(새끼손가락폄근) • 소지대립근(새끼손가락맞섬근)

1) 무지구근(엄지손가락의 근육)

근육명과 특징	형태
단무지신근(짧은엄지폄근) • 기능 : 엄지손가락을 펴고 손목을 펴는 근육(회외근의 기능이 없음) • 작용 : 무지 손허리손가락관절의 신전에 관여 • 신경지배 : 요골신경	
장무지신근(긴엄지폄근) • 기능 : 모든 엄지손가락의 관절을 지나고 엄지를 펴는 근육(회외근의 기능이 있음) • 작용 : 모든 무지 손가락관절의 신전에 관여 • 신경지배 : 요골신경	
단무지굴근(짧은엄지굽힘근) • 기능 : 엄지손가락을 구부리는 근육 • 작용 : 무지의 굴곡에 관여(무지대립근의 보조) • 신경지배 : 정중신경, 척골신경	

근육명과 특징	형태
단무지외전근(짧은엄지벌림근) • 기능 : 엄지손가락을 벌리는 근육 • 작용 : 무지의 외전에 관여 • 신경지배 : 정중신경	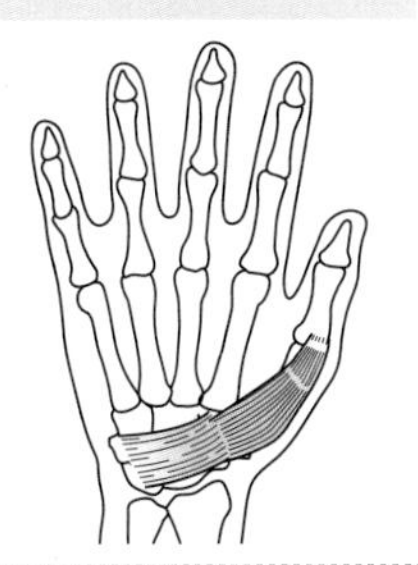
장무지굴근(긴엄지굽힘근) • 기능 : 모든 엄지손가락 관절을 지나가고 엄지를 구부리는 근육 • 작용 : 무지와 수근의 굴곡에 관여(무지대립근의 보조) • 신경지배 : 정중신경	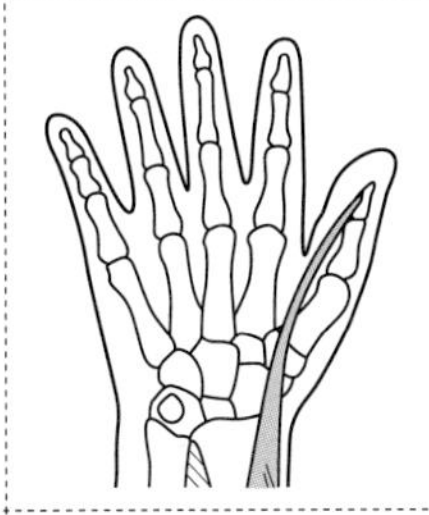
장무지외전근(긴엄지벌림근) • 기능 : 엄지손가락과 손목을 벌리는 근육 • 작용 : 무지와 수근의 외전에 관여 • 신경지배 : 요골신경	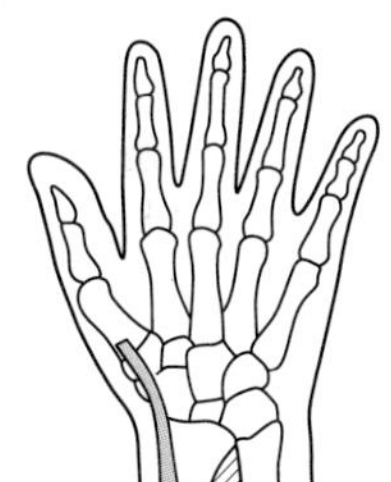
무지내전근(엄지모음근) • 기능 : 엄지손가락을 모으는 근육 • 작용 : 무지의 내전과 굴곡(무지대립근의 보조) • 신경지배 : 척골신경	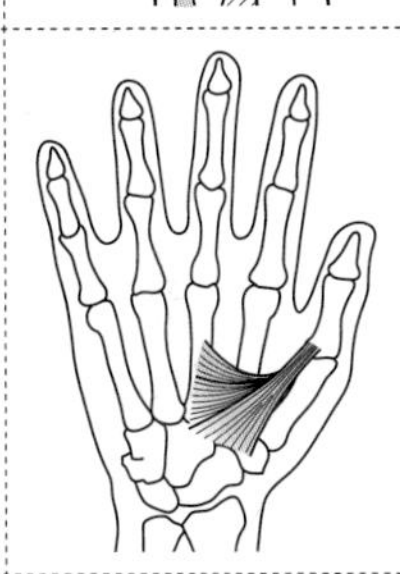
무지대립근(엄지맞섬근) • 기능 : 엄지손가락을 다른 손가락과 마주보고 물건을 잡게 하는 근육 • 작용 : 무지의 대립과 굴곡에 관여 • 신경지배 : 정중신경	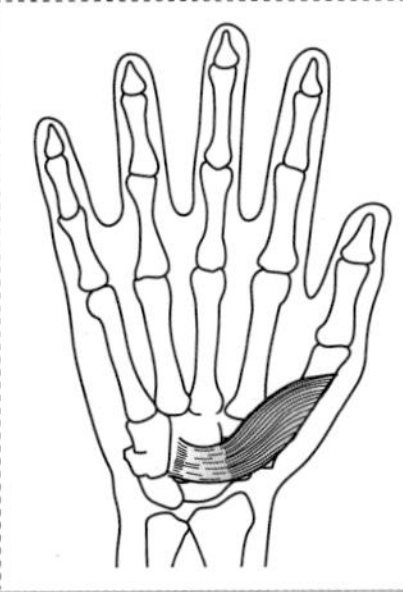

2) 중수근, 중간근(손허리뼈 사이의 근육)

근육명과 특징	형태
충양근(벌레근) • 기능 : 손 허리뼈 사이를 메워주고 글쓰기와 식사 동작에 있어 중요한 기능을 하며, 손허리손가락관절은 굽히고 손가락뼈사이관절은 펴는 근육 • 작용 : 둘째에서 다섯째 손가락뼈사이관절의 신전에 관여하고, 손허리손가락관절의 굴곡에 관여하며, 손목손허리관절의 굴곡에 관여함 • 신경지배 : 정중신경, 척골신경	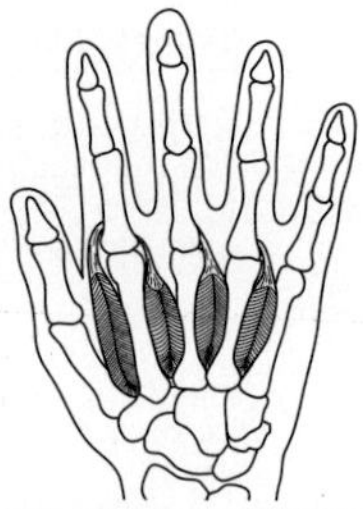
배측 골간근(손등쪽뼈사이근) • 기능 : 손 허리뼈 사이를 메워주고 가운데 손가락을 기준으로 손가락을 펴는 기능을 하며, 손목손허리관절은 굽히고 손가락뼈사이관절을 펴는 근육 • 작용 : 둘째에서 다섯째 손가락의 외전에 관여하고, 손허리손가락관절의 굴곡에 관여하며, 손가락뼈사이관절의 신전에 관여함 • 신경지배 : 척골신경	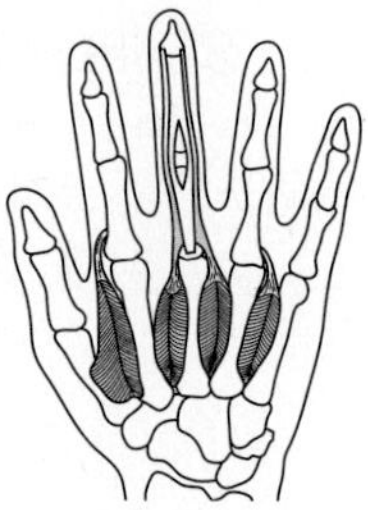
장측골간근(손바닥쪽뼈사이근) • 기능 : 검지, 약지, 소지손가락을 중지를 중심으로 모으고 손가락 사이를 좁히는 기능을 하며, 손허리손가락관절은 굽히고 손가락뼈사이관절은 펴는 근육 • 작용 : 둘째, 넷째, 다섯째 손가락의 내전에 관여하며, 손가락뼈사이관절 신전에 관여함 • 신경지배 : 척골신경	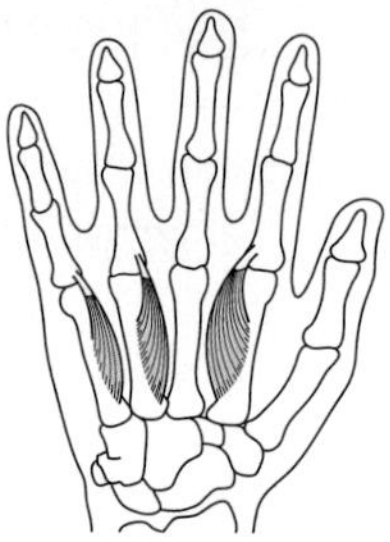
천지굴근(얕은손가락굽힘근) • 기능 : 둘째에서 다섯째 손허리손가락관절과 동일한 손가락의 손가락뼈사이관절을 굽히는 근육 • 작용 : 둘째에서 다섯째 손가락의 근위손가락관절의 굴곡에 관여하며, 손허리손가락관절의 굴곡에 관여함(손목의 굴곡을 보조) • 신경지배 : 정중신경	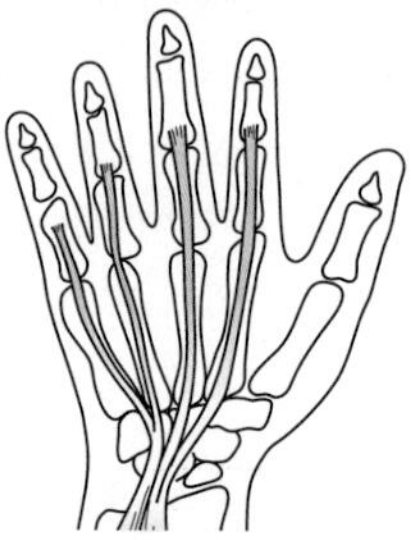
심지굴근(깊은손가락굽힘근) • 기능 : 둘째에서 다섯째 손허리손가락관절과 동일한 손가락의 손가락뼈사이관절을 굽히는 근육 • 작용 : 둘째에서 다섯째 손가락의 원위손가락관절의 굴곡에 관여하며, 손허리손가락관절의 굴곡에 관여함(손목의 굴곡을 보조) • 신경지배 : 척골신경, 정중신경	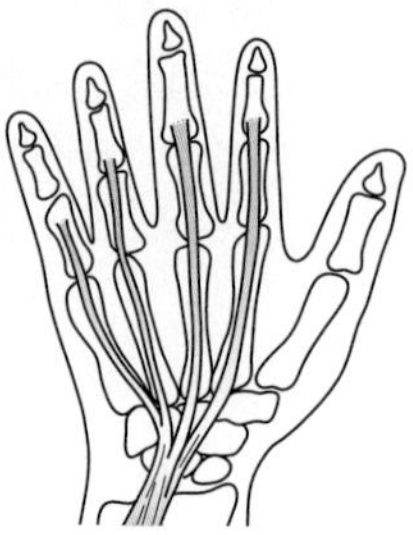

근육명과 특징	형태
지신근(손가락폄근) • 기능 : 둘째에서 다섯째 손가락을 펴는 근육 • 작용 : 둘째에서 다섯째 손가락 손허리손가락관절 신전에 관여함 • 신경지배 : 요골신경	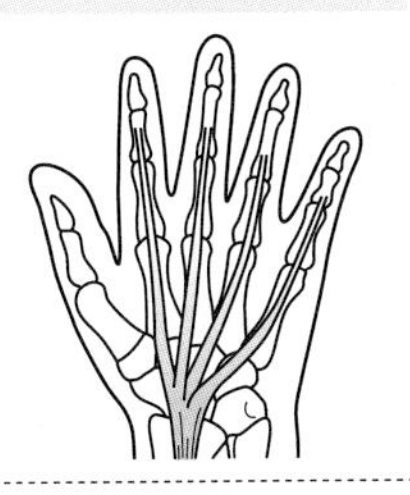
시지신근(검지손가락폄근) • 기능 : 검지손가락을 펴는 근육 • 작용 : 시지 손허리손가락관절의 신전에 관여함 • 신경지배 : 요골신경	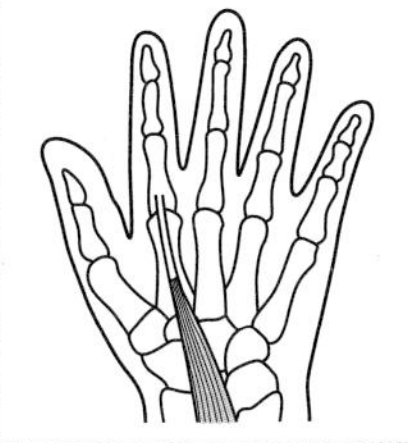

3) 소지구근(새끼손가락의 근육)

근육명과 특징	형태
소지외전근(새끼손가락벌림근) • 기능 : 새끼손가락을 벌리는 근육 • 작용 : 소지 손허리손가락관절의 외전에 관여 • 신경지배 : 척골신경	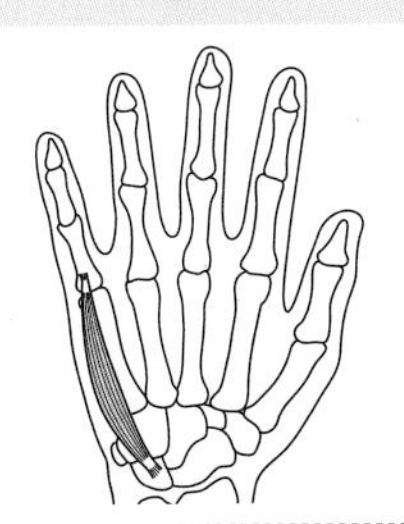
소지대립근(새끼손가락맞섬근) • 기능 : 새끼손가락을 구부리고 동시에 모아주는 근육 • 작용 : 소지의 무지에 대한 대립에 관여 • 신경지배 : 척골신경	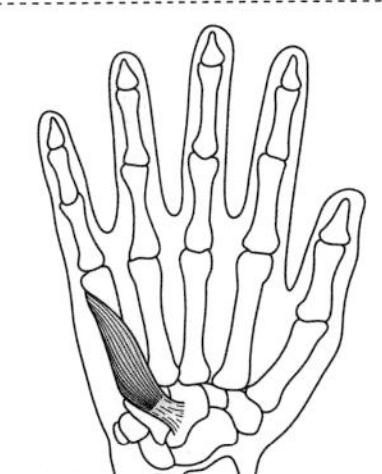
소지굴근, 단소지굴근(새끼손가락굽힘근) • 기능 : 새끼손가락을 구부리는 근육 • 작용 : 소지 손허리손가락관절의 굴곡에 관여 • 신경지배 : 척골신경	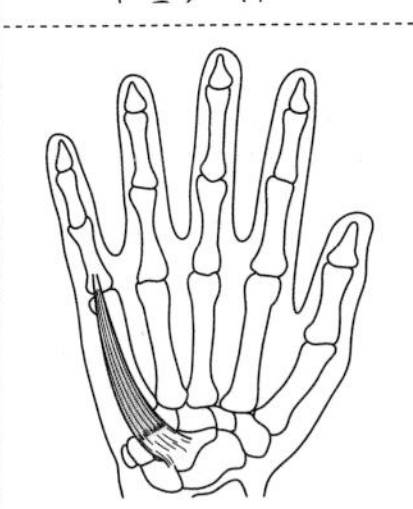
소지신근(새끼손가락폄근) • 기능 : 새끼손가락을 펴는 근육 • 작용 : 소지 손허리손가락관절의 신전에 관여 • 신경지배 : 요골신경	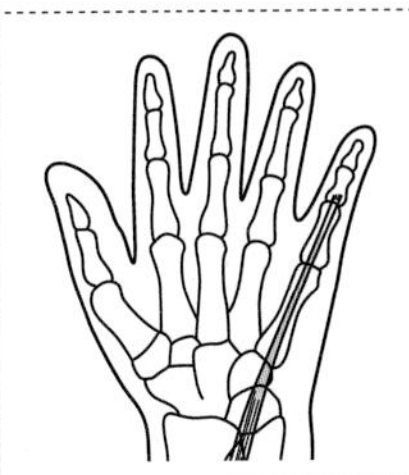

4 하지의 근육

인체의 하체를 구성하는 근육으로 둔부의 근육, 대퇴의 근육, 하퇴의 근육, 발의 근육으로 구성된다.

1) 둔부의 근육(엉덩이 근육)

엉덩이의 근육으로 대둔근, 중둔근, 소둔근, 장요근으로 구성된다.

① 대둔근(큰볼기근) : 고관절의 신전과 외회전
② 중둔근(중간볼기근) : 고관절의 외전에 관여
③ 소둔근(작은볼기근) : 고관절의 외전에 관여
④ 장요근(엉덩허리근) : 대퇴의 굴곡에 관여

2) 대퇴의 근육(허벅지 근육)

넓적다리의 근육으로 전대퇴근, 내측대퇴근, 후대퇴근으로 구성된다.

① 전대퇴근(넓적다리앞근) : 대퇴의 앞면에서 대퇴의 굴곡, 하퇴의 신에 관여
대퇴사두근(넙다리네갈래근), 봉곤근(넙다리빗근), 치골경골근(두덩정강근)
② 내측대퇴근(넓적다리안쪽근) : 대퇴골과 경골의 연결에 관여
치근골(두덩근), 대내전근(큰모음근), 장내전근(긴모음근), 단내전근(짧은모음근)
③ 후대퇴근(넓적다리뒤근) : 고관절의 신전, 슬관절의 굴곡에 관여
대퇴이두근(넙다리두갈래근), 반막근(반막모양근), 반건양근(반힘줄모양근)

3) 하퇴의 근육(종아리 근육)

정강이와 종아리의 근육으로 전하퇴근, 외측하퇴근, 후하퇴근으로 구성된다.

① 전화퇴근(신근) : 발목의 굴곡과 발가락의 신전 및 회전에 관여
전경골근(앞 정강근), 제3비골근(셋째 종아리근), 장지신근(긴발가락폄근), 장무지신근(긴 엄지폄근)
② 외측하퇴근(비골근) : 발의 굴곡과 족관절의 운동에 관여
장비골근(긴 종아리근), 단비골근(짧은 종아리근)
③ 후하퇴근(장딴지근) : 발의 굴곡과 족관절의 운동에 관여
비복근(장딴지근), 가자미근(넙치근), 후경골근(뒤 정강근), 슬와근(오금근)

5 발의 근육

발등과 발바닥의 근육으로 족배근, 중간근, 족저근으로 구성된다.

[발 근육의 종류]

구분	내용	
족배근 (발등의 근육)	• 장무지신근(긴엄지폄근) • 장지신근(긴발가락폄근)	• 단무지신근(짧은엄지폄근) • 단지신근(짧은발가락폄근)
중간근 (발허리뼈 사이의 근육)	• 충양근(벌레근) • 저측골간근(발바닥뼈사이근)	• 배측골간근(발등쪽뼈사이근)
족저근 (발바닥 근육)	• 장지굴근(긴발가락굽힘근) • 무지외전근(엄지벌림근) • 소지외전근(새끼발가락벌림근) • 장무지굴근(긴엄지굽힘근) • 단소지굴근(짧은소지굽힘근)	• 단지굴근(짧은발가락굽힘근) • 무지내전근(엄지모음근) • 족저방형근(발바닥네모근) • 단무지굴근(짧은엄지굽힘근)

1) 족배근(발등의 근육)

근육명과 특징	형태
장무지신근(긴엄지폄근) • 기능 : 엄지발가락을 펴고 발목을 펴는 근육. 걸음을 걸을 때 엄지발가락이 바르게 바닥에 닿게 해줌 • 작용 : 무지의 신전에 관여(발목, 발등의 굴곡에 보조) • 신경지배 : 심비골신경	
장지신근(긴발가락폄근) • 기능 : 둘째에서 다섯째 발가락을 펴는 근육. 걸음을 걸을 때 발가락이 바르게 바닥에 닿게 해줌 • 작용 : 둘째에서 다섯째 발가락 신전에 관여(발목, 발등의 굴곡을 보조) • 신경지배 : 심비골신경	
단무지신근(짧은엄지폄근) • 기능 : 엄지발가락을 펴게 도와주는 기능을 하는 근육 • 작용 : 무지의 신전의 보조에 관여 • 신경지배 : 심비골신경	
단지신근(짧은발가락폄근) • 기능 : 첫째에서 넷째 발가락을 펴는 근육. 장지신근을 지지하며 걸음을 걷는 것을 돕게 해줌 • 작용 : 첫째에서 넷째 발가락 신전에 관여 • 신경지배 : 심비골신경	

2) 중간근(발허리뼈 사이의 근육)

근육명과 특징	형태
충양근(벌레근) • 기능 : 발허리발가락관절은 굽히고 발가락 뼈 사이관절은 펴는 근육 • 작용 : 둘째에서 다섯째 발가락 뼈 사이관절의 신전에 관여, 발허리발가락관절의 굴곡에 관여 • 신경지배 : 경골신경	
배측골간근(발등쪽뼈사이근) • 기능 : 둘째에서 다섯째 발가락을 벌리는 근육 • 작용 : 둘째에서 다섯째 발가락의 외전에 관여 • 신경지배 : 경골신경	
저측골간근(발바닥뼈사이근) • 기능 : 셋째에서 다섯째 발가락을 모으는 근육 • 작용 : 셋째에서 다섯째 발가락의 내전에 관여 • 신경지배 : 경골신경	

3) 족저근(발바닥 근육)

근육명과 특징	형태
장지굴근(긴발가락굽힘근) • 기능 : 둘째에서 다섯째 발가락을 굽히는 근육. 균형을 잡거나 걸음을 걸을 때 발이 바닥에 단단히 닿게 함 • 작용 : 둘째에서 다섯째 발가락의 굴곡에 관여(족 관절의 저측 굴곡, 발목관절의 발바닥 굽힘을 보조) • 신경지배 : 경골신경	
단지굴근(짧은발가락굽힘근) • 기능 : 둘째에서 다섯째 발가락을 굽히는 근육 • 작용 : 둘째에서 다섯째 발가락 근위지 관절 굴곡에 관여 • 신경지배 : 경골신경	
무지외전근(엄지벌림근) • 기능 : 엄지발가락의 벌리는 근육 • 작용 : 무지의 외전에 관여 • 신경지배 : 경골신경	

근육명과 특징	형태
무지내전근(엄지모음근) • 기능 : 엄지발가락을 모으는 근육 • 작용 : 무지의 내전에 관여 • 신경지배 : 경골신경	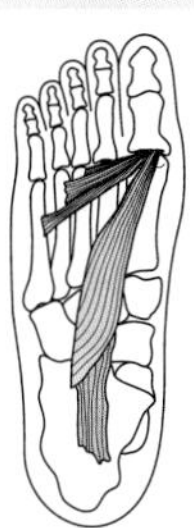
소지외전근(새끼발가락벌림근) • 기능 : 새끼발가락을 벌리는 근육 • 작용 : 소지의 외전에 관여 • 신경지배 : 경골신경	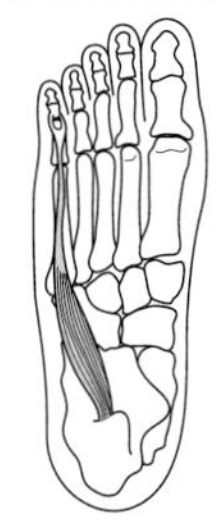
족저방형근/족척방형근(발바닥네모근) • 기능 : 발가락을 발바닥 쪽으로 구부리도록 하는 근육 • 작용 : 장지굴근의 보조에 관여 • 신경지배 : 경골신경	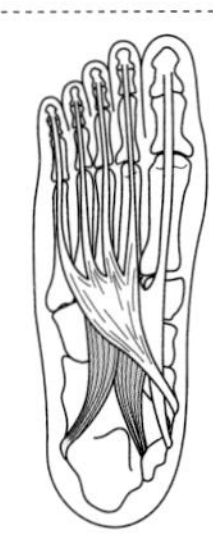
장무지굴근(긴엄지굽힘근) • 기능 : 엄지발가락과 발목관절을 굽히는 근육. 발의 안쪽 발바닥궁을 지탱함 • 작용 : 무지의 전체 굴곡에 관여(발목 저측 굴곡의 보조) • 신경지배 : 경골신경	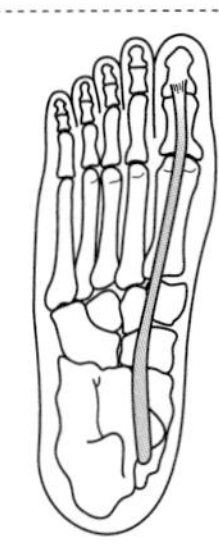
단무지굴근(짧은엄지굽힘근) • 기능 : 엄지발가락을 굽히는 근육 • 작용 : 무지의 굴곡에 관여 • 신경지배 : 경골신경	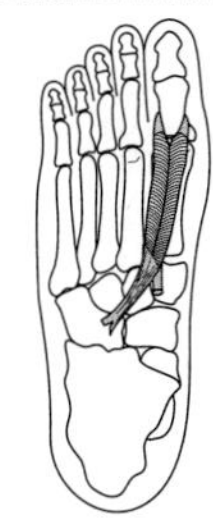
단소지굴근(짧은소지굽힘근) • 기능 : 새끼손가락을 굽히는 근육 • 작용 : 소지의 굴곡에 관여 • 신경지배 : 경골신경	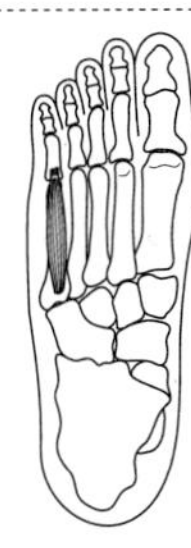

6 발의 특성

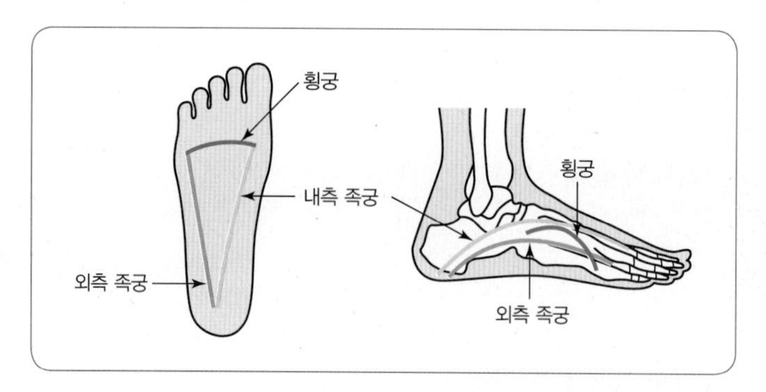

[족궁과 횡궁의 구조]

1) 족궁(아치)

족궁은 발바닥에 생기는 활 모양으로 휘어져 있는 발아치를 말한다. 걸음을 걸을 때 완충 작용을 하여 하체의 체중을 효율적으로 분산시켜 체중이 바닥에 닿는 충격을 흡수하여 발에 무리한 힘이 실리지 않도록 펌프 역할을 담당한다. 인대는 족궁을 유지하는 기본적인 역할을 한다.

① 내측 족궁 : 충격을 완화시키는 데 도움을 주는 역할을 하며 내측의 아치가 소실되면 평편족이 될 수 있다.

② 외측 족궁 : 체중을 지탱하며 걸음을 걸을 때 체중의 이동을 연결하며 도와주는 역할을 한다.

③ 횡궁 : 엄지발가락에서 소지발가락까지 가로로 연결시켜주며 발끝이 지면에 잘 닿을 수 있게 도와주는 역할을 한다.

2) 편평족(평발)

선천적 원인으로 생길 수 있으며, 후천적 원인으로는 족부의 기능 이상으로 족궁이 변형되어 발바닥의 안쪽 아치가 비정상적으로 낮아지거나 소실되는 변형이다. 평발인 사람은 발이 쉽게 피로해지거나 심한 경우 통증을 유발할 수도 있다.

① 유연성 편평족 : 체중 부하 시 편평해지고 체중을 없애면 아치가 나타난다.

② 강직성 편평족 : 체중의 부하에 상관없이 편평하다.

SECTION 04 손 · 발의 신경조직과 기능

1 신경계

신경은 신경세포의 돌기가 모인 신경세포들의 그물망으로 구성된 결합조직이다. 신경계는 신체 내부와 외부에서 일어나는 정보를 받아들이고 신체활동을 조절하는 역할을 한다. 외부나 체내에 가해진 자극과 정보를 신경계 세포들의 신호로 전달하여 반응을 일으키며 뉴런이라고 하는 신경세포가 신호전달의 기본이 된다.

1) 신경조직의 구조

신경세포는 '뉴런'이라고 하며 뉴런을 지지하고 보호하는 본체인 신경교세포로 되어 있다.

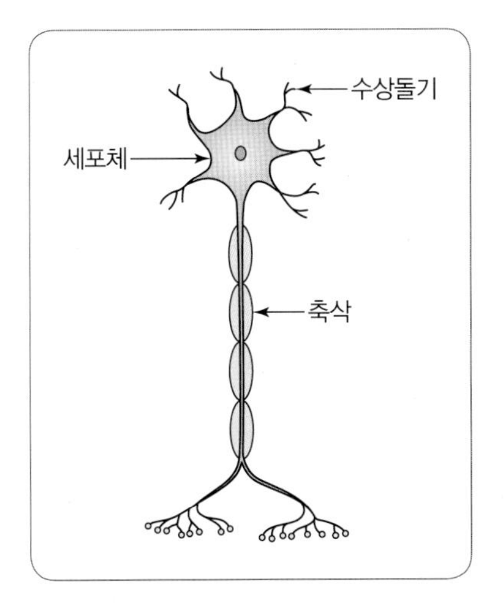

[뉴런의 구조]

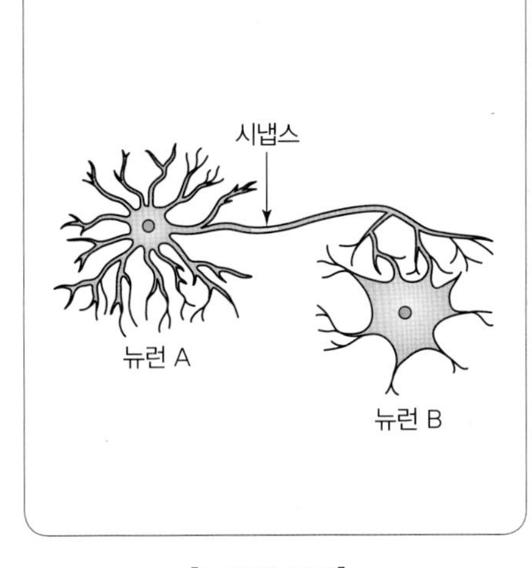

[뉴런의 연결]

(1) 뉴런(신경원)

뉴런은 구조적 최소 단위인 신경세포이며 자극을 신경세포체에 전달한다.

① 수상돌기 : 다른 뉴런에게 자극을 받는 돌기로, 받은 자극을 세포체로 전달

② 세포체 : 수상돌기를 통해 받은 자극을 축삭에 전달(핵이 있는 뉴런의 본체)

③ 축삭(축삭돌기) : 세포체에서 받은 자극을 다른 뉴런의 수상돌기로 신호를 전달

용어정리

시냅스

1개의 신경세포(뉴런)와 다른 신경세포(뉴런)를 연결해주는 접촉부위

(2) 신경교세포

뉴런을 지지하고 보호하는 역할로 신경세포 주변에서 식세포 작용을 하여 신경섬유를 보호하고 신경섬유의 재생에도 관여한다.

2) 신경계의 기능

① 운동기능 : 세포의 수축과 이완을 통한 운동기능을 한다.
② 감각기능 : 외부나 체내에 가해진 자극을 받아들인다.
③ 흥분기능 : 자극을 받은 부위는 감각기에 발생한 신경흥분으로 활동 전류가 발생한다.
④ 자극의 전달기능 : 발생된 활동 전류는 일정한 방향으로 전달하는 기능을 한다.
⑤ 통합기능 : 감지된 정보를 처리하고 조절하여 감각신경과 운동신경을 연결하고 적절한 반응을 하도록 결정한다.

3) 신경계의 분류

신경계는 뇌와 척수를 포함한 중추신경계와 뇌신경, 척수신경, 교감신경, 부교감신경으로 구성된 말초신경계로 분류한다.

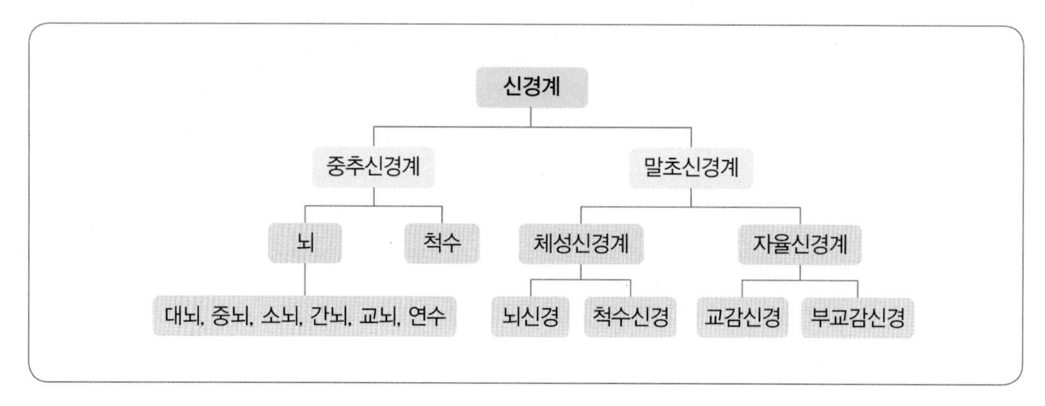

[신경계 구조도]

용어정리

신경초
말초신경섬유의 재생에 중요한 부분으로 말초신경에 있는 신경교세포

❷ 팔과 손의 신경

액와신경, 근피신경, 정중신경, 요골신경, 척골신경, 지골신경으로 구성된다.

① 액와신경(겨드랑이신경) : 겨드랑이 부위의 신경으로 삼각근과 소원근에 분포한다.

② 근피신경(근육피부신경) : 위쪽 팔 근육의 운동기능과 아래팔 일부 피부의 감각기능을 담당하는 근육, 피부신경으로 굴근에 분포한다.

③ 정중신경(중앙신경) : 일부 손바닥의 감각, 움직임, 손목의 뒤집힘 등의 운동기능을 담당하는 신경으로 팔의 중앙부를 관통해서 손가락으로 들어간다. 아래팔 앞쪽의 대부분 근육과 엄지손가락 근육 및 손바닥의 피부에 분포한다.

④ 요골신경(노뼈신경) : 팔과 손등의 외측 엄지손가락 쪽을 지배하는 혼합성 신경으로 신근에 분포한다.

⑤ 척골신경(자뼈신경) : 손바닥 안쪽의 근을 지배하고 피부감각을 주관하는 신경으로 팔꿈치를 통과하며 팔뚝과 손의 소지 쪽에 분포한다.

⑥ 지골신경(손가락신경) : 손가락의 열, 한기, 촉감, 압박감, 통증 등의 감각을 느끼는 신경으로 손과 손가락에 분포하며 특히 검지에 많이 분포한다.

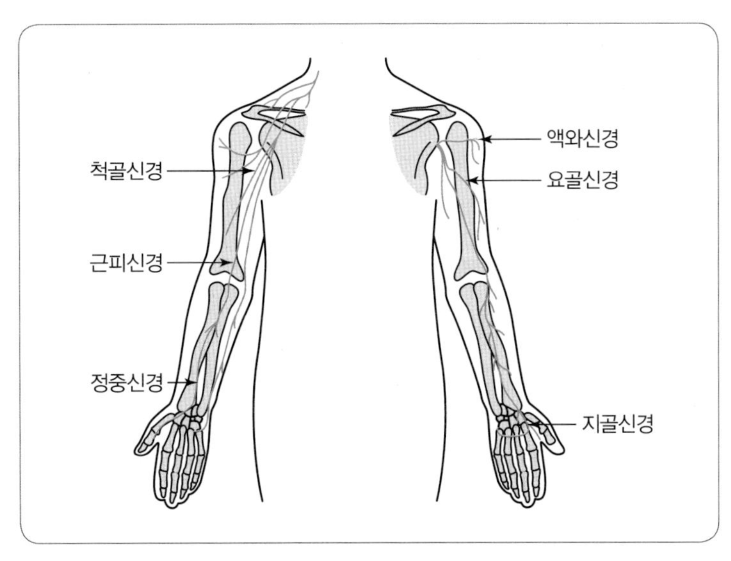

[팔과 손의 신경]

❸ 다리와 발의 신경

대퇴신경, 좌골신경, 경골신경, 총비골신경, 천비골신경, 심비골신경, 비복신경, 복재신경으로 구성된다.

① 대퇴신경(넙다리신경) : 근육을 지배하고 감각을 느끼는 신경으로 대퇴부의 신근과 하부의 피부에 분포하고 있다.

② 좌골신경(궁둥신경) : 다리의 감각을 느끼고 근육의 운동을 조절하는 신경으로 다리 뒤쪽을 따라 아래로 분포하고 있다.

③ 경골신경(정강신경) : 근육을 지배하고 피지를 하퇴의 후면과 발바닥의 피부로 보내는 기능을 하는 신경으로 정강이뼈 뒤쪽과 무릎 뒤로 발바닥과 연결되어 다리, 무릎, 종아리, 발바닥의 피부 및 발가락 밑에 분포한다.

④ 총비골신경(온종아리신경) : 궁둥신경에서 분지되어 종아리 바깥쪽과 발등으로 연결되는 종아리신경으로 좌골신경의 한 분지로, 무릎 뒤에서 경골의 머리까지 내려가 둘로 나뉜다.
- 천비골신경(얕은종아리신경) : 주로 감각을 느끼고 발 피부에 분포한다.
- 심비골신경(깊은종아리신경) : 주로 운동성으로 하퇴의 근육을 지배하고 발등에 분포한다.

⑤ 비복신경(장딴지신경) : 장딴지의 바깥 부분, 발목, 발뒤꿈치 등에 감각을 느끼고 종아리 뒤쪽으로 연결되는 장딴지에 분포한다.

⑥ 복재신경(두렁신경) : 다리 안쪽과 무릎에 신경 감각을 전하며 대퇴신경의 갈래이자 끝 부분으로 정강이 안쪽과 발등 안쪽의 피부를 다스린다.

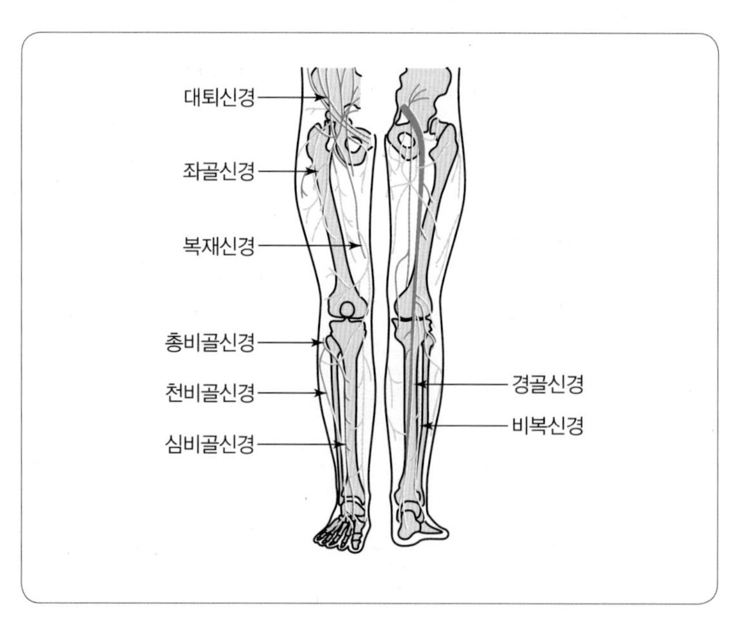

[다리와 발의 신경]

PART

02

네일미용기술

손톱 및 발톱관리

SECTION 01 매니큐어

1 매니큐어의 정의

손톱의 형태를 다듬어주고 큐티클 정리, 마사지, 컬러링 등의 전체적인 손 관리를 의미하며 손과 네일을 가꾸고 손질해 주어 청결함과 아름다움을 유지시키는 것이다.

- 매니큐어의 어원 : 라틴어의 마누스(손)와 큐라(관리)의 합성어로 '손 관리'라는 뜻
  Manus(손) + Cura(관리) = Manicure(매니큐어) 손 관리의 총체적인 의미
- 페디큐어의 어원 : 라틴어의 페누스(발)와 큐라(관리)의 합성어로 '발 관리'라는 뜻
  Penus(발) + Cura(관리) = Pedicure(페디큐어) 발 관리의 총체적인 의미

2 매니큐어의 종류

1) 습식 매니큐어

큐티클을 정리할 때 핑거볼이라는 도구에 미온수를 담가 습식으로 큐티클을 불린 후 큐티클을 정리하는 것을 말한다.

2) 건식 매니큐어

시간 관계상 또는 환경이나 여건 등의 이유로 물이나 액체 등을 사용하지 않고 큐티클을 정리하는 것을 말한다.

3) 핫 크림 매니큐어

큐티클의 과잉성장(표피조막, 테리지움) 등의 관리법으로 크림 워머기에 크림을 넣어 데우고 큐티클을 부드럽게 해주어 큐티클을 정리하는 것을 말한다.

4) 파라핀 매니큐어

파라핀은 콜라겐 성분과 비타민 E, 유칼립투스, 맨틀 및 식물성 오일 등이 첨가되어 있어 거친 피부에 유 · 수분을 공급하고 혈액순환을 촉진시켜 손과 발의 피로를 풀어준다. 뜨거워진 파라핀 용액이 네일을 녹일 수 있으므로 약하고 부드러운 네일을 가진 고객에게는 피하는 것이 좋다. 손 주위의 염증, 사마귀 등의 감염 위험이 있는 경우에도 사용을 금한다.

3 습식 매니큐어

1) 습식 매니큐어 준비사항

작업대	수건, 손목 받침대, 키친타월, 핑거볼, 위생봉지, 재료 정리함
재료 정리함	소독용기(큐티클 푸셔, 큐티클 니퍼, 네일 클리퍼, 오렌지 우드스틱, 네일 더스트 브러시), 네일 폴리시, 톱코트, 베이스코트, 소독제, 용기(탈지면, 스펀지, 멸균거즈), 파일 꽂이(자연 네일용 파일, 샌딩 파일), 네일 폴리시 리무버, 지혈제, 큐티클 연화제

2) 습식 매니큐어 작업순서

작업순서	작업방법
손 소독	소독제를 탈지면에 분사하여 수험자와 모델의 손을 소독한다.
네일 폴리시 제거	네일 폴리시 리무버를 탈지면에 적셔 네일 폴리시를 제거한다.
형태 조형	자연 네일용 파일을 사용하여 라운드 형태로 조형한다.
표면 정리	샌딩 파일을 사용하여 네일의 표면을 다듬는다.
분진 제거	네일 더스트 브러시를 사용하여 네일 주변의 분진을 제거한다.
큐티클 불리기	핑거볼에 모델의 손을 담가준다.
선택사항	큐티클 연화제를 사용할 수 있다.(큐티클 리무버 · 오일 · 크림 등)
큐티클 밀기	큐티클 푸셔를 45° 각도로 사용하여 큐티클을 밀어준다.
큐티클 정리	큐티클 니퍼를 사용하여 큐티클을 정리한다.
손 소독	모델의 손을 소독한다.
유분기 제거	네일 폴리시 리무버를 탈지면에 적셔 네일의 유분기를 제거한다.
베이스코트 도포	베이스코트를 프리에지와 네일 전체에 1회 도포한다.
네일 폴리시 도포	네일 폴리시를 프리에지와 네일 전체에 2회 도포한다.
톱코트 도포	톱코트를 프리에지와 네일 전체에 1회 도포한다.
수정	오렌지 우드스틱을 사용하여 네일 폴리시를 수정한다.

3) 습식 매니큐어 순서

손 소독 → 네일 폴리시 제거 → 형태 조형 → 표면 정리 → 분진 제거 → 큐티클 불리기 → 큐티클 밀기 → 큐티클 정리 → 손 소독 → 유분기 제거 → 베이스코트 도포 → 네일 폴리시 도포 → 톱코트 도포 → 수정

SECTION 02 페디큐어

1 페디큐어

1) 페디큐어 준비사항

작업대	수건, 손목 받침대, 키친타월, 분무기, 위생봉지, 재료 정리함
재료 정리함	소독용기(큐티클 푸셔, 큐티클 니퍼, 네일 클리퍼, 오렌지 우드스틱, 네일 더스트 브러시), 네일 폴리시, 톱코트, 베이스코트, 소독제, 용기(탈지면, 스펀지, 멸균거즈), 파일 꽂이(자연 네일용 파일, 샌딩파일), 네일 폴리시 리무버, 지혈제, 토 세퍼레이터, 분무기, 큐티클 연화제

2) 페디큐어 작업순서

작업순서	작업방법
발 소독	소독제를 탈지면에 분사하여 수험자의 손과 모델의 발을 소독한다.
네일 폴리시 제거	네일 폴리시 리무버를 탈지면에 적셔 네일 폴리시를 제거한다.
형태 조형	자연 네일용 파일을 사용하여 스퀘어 형태로 조형한다.
표면 정리	샌딩 파일을 사용하여 네일의 표면을 다듬는다.
분진 제거	네일 더스트 브러시를 사용하여 네일 주변의 분진을 제거한다.
큐티클 불리기	분무기를 사용하여 모델의 발 큐티클 부분에 물을 분사한다.
선택사항	큐티클 연화제를 사용할 수 있다.(큐티클 리무버 · 오일 · 크림 등)
큐티클 밀기	큐티클 푸셔를 45° 각도로 사용하여 큐티클을 밀어준다.
큐티클 정리	큐티클 니퍼를 사용하여 큐티클을 정리한다.
발 소독	모델의 발을 소독한다.
유분기 제거	네일 폴리시 리무버를 탈지면에 적셔 네일의 유분기를 제거한다.
토 세퍼레이터 장착	발가락 사이에 토 세퍼레이터를 끼운다.
베이스코트 도포	베이스코트를 프리에지와 발톱 전체에 1회 도포한다.
네일 폴리시 도포	네일 폴리시를 프리에지와 발톱 전체에 2회 도포한다.
톱코트 도포	톱코트를 프리에지와 발톱 전체에 1회 도포한다.
수정	오렌지 우드스틱을 사용하여 네일 폴리시를 수정한다.

3) 페디큐어 순서

손 · 발 소독 → 네일 폴리시 제거 → 형태 조형 → 표면 정리 → 분진 제거 → 큐티클 불리기 → 큐티클 밀기 → 큐티클 정리 → 발 소독 → 유분기 제거 → 토 세퍼레이터 장착 → 베이스코트 도포 → 네일 폴리시 도포 → 톱코트 도포 → 수정

SECTION 03 컬러링

1 컬러링의 종류

내용	이미지
풀 코트(Full Coat) 일반적으로 네일 전체에 네일 폴리시를 도포하는 기법	
프렌치(French) 옐로 라인을 커버해서 프리에지 부분에만 네일 폴리시를 도포하는 기법	
딥 프렌치(Deep French) 네일의 전체 길이 1/2 이상에서 루눌라를 넘지 않게 네일 폴리시를 도포하는 기법	
하프문, 루눌라(Half Moon, Lunula) 네일의 루눌라 부분을 남겨 놓고 네일 폴리시를 도포하는 기법	
프리에지(Free Edge) 프리에지 부분에 네일 폴리시를 도포하지 않는 기법	
헤어 라인 네일 팁(Hairline Tip) 네일 폴리시를 전체에 도포한 후 벗겨지기 쉬운 프리에지 부분을 얇게(약 1mm 정도) 지우는 기법	
슬림 라인, 프리 월(Slim Line, Free Wall) 네일이 길고 가늘게 보이도록 하는 방법으로 네일의 양쪽 옆면을(약 1mm 정도) 남기고 도포하는 기법	
그러데이션(Gradation) 스펀지를 사용하여 네일의 전체 길이 1/2 이상에서 루눌라를 넘지 않게 프리에지로 갈수록 컬러가 자연스럽게 진해지는 기법	

2 컬러링의 종류

컬러링 작업순서	컬러링 방법
풀 코트 컬러링 ① 베이스코트 1회 도포 ② 네일 폴리시 2회 도포 ③ 수정하기 ④ 톱코트 1회 도포	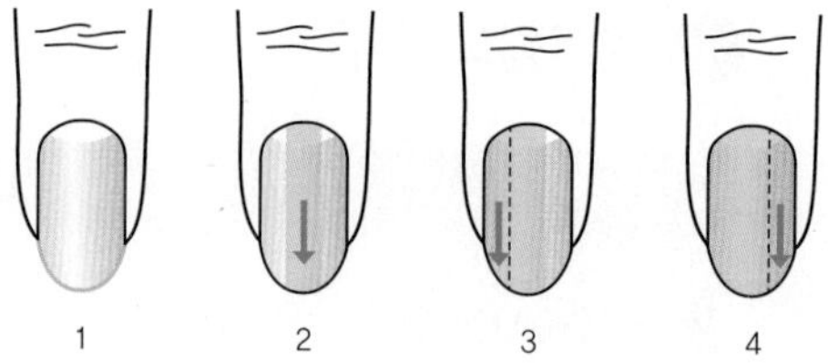 1 2 3 4
프렌치 컬러링 ① 베이스코트 1회 도포 ② 프렌치라인 2회 도포 ③ 수정하기 ④ 톱코트 1회 도포	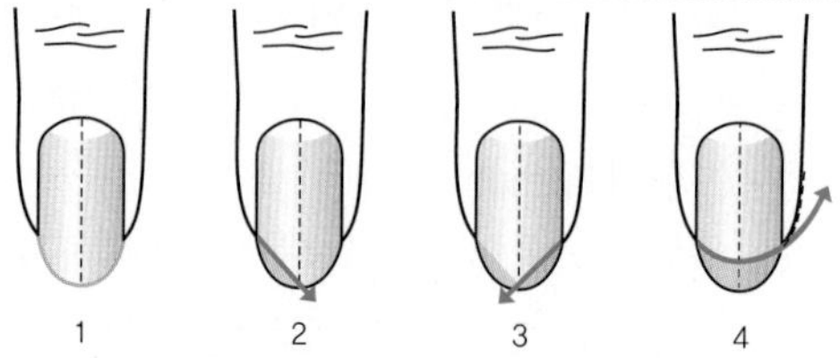 1 2 3 4
딥 프렌치 컬러링 ① 베이스코트 1회 도포 ② 딥 프렌치 2회 도포 ③ 수정하기 ④ 톱코트 1회 도포	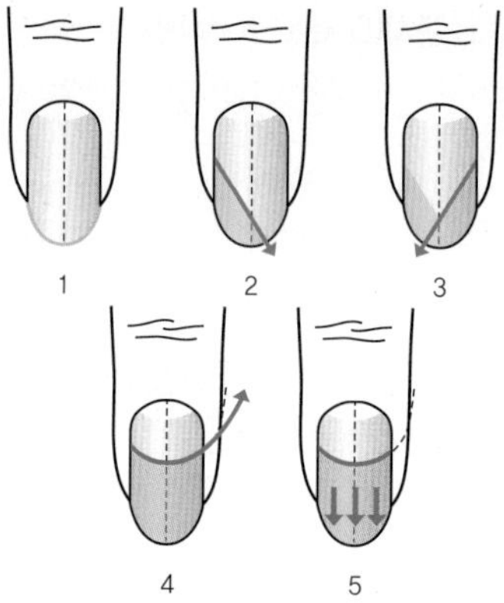 1 2 3 4 5
그러데이션 컬러링 ① 베이스코트 1회 도포 ② 스펀지 아랫부분에 진한 컬러, 윗부분에 연한 컬러 도포 ③ 진한 컬러가 프리에지 부분에, 연한 컬러가 조반월 부분에 닿게 스펀지를 가볍게 두드림 ④ 반복적으로 두드려 컬러의 경계를 없앰 ⑤ 수정하기 ⑥ 톱코트 1회 도포	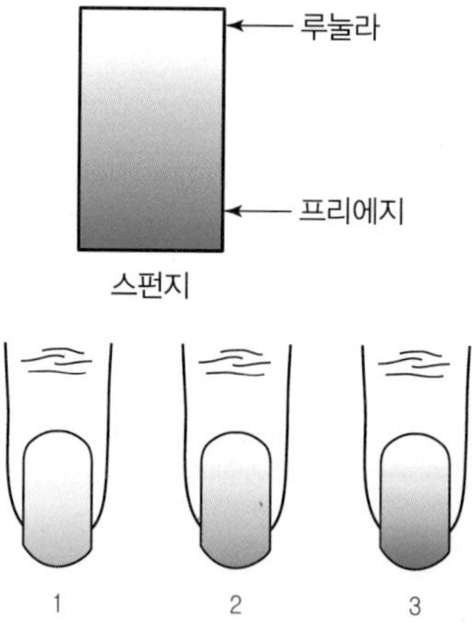 루눌라 프리에지 스펀지 1 2 3

CHAPTER 02 인조 네일 관리

SECTION 01 인조 네일의 구조

1 인조 네일의 구조

인조 네일의 구조를 조형하기 전에 각 구조에 따른 명칭을 익히고 구조에 따른 네일 파일 방법을 사용한다. 인조 네일의 구조는 크게 12개로 구분되며 프리에지의 길이, 프리에지의 형태, 정면 직선라인, C-형태의 곡선, 프리에지의 두께, 오목한 부분, 볼록한 부분, 높은 지점, 낮은 지점, 큐티클 부분, 능선 부분을 말한다.

국문 표기	영문 표기	한글 독음
프리에지의 길이	Free edge Length	프리에지 렝스
프리에지의 형태	Free edge Shape	프리에지 셰이프
정면 직선라인	Front Straight	프런트 스트레이트
옆면 직선라인	Side Straight	사이드 스트레이트
C-형태의 곡선	C-Curve	씨-커브
프리에지의 두께	Free edge Thickness	프리에지 티크니스
오목한 부분	Concave	콘케이브
볼록한 부분	Convex	콘벡스
높은 지점	High Point	하이 포인트
낮은 지점	Low Point	로우 포인트
큐티클 부분	Cuticle Area	큐티클 에어리어
능선 부분	Arch Location	아치 로케이션

2 인조 네일의 완성 포인트

국가자격제도나 네일 대회에서 가장 많이 사용하는 형태는 스퀘어 형태이다. 스퀘어 형태의 인조 네일을 조형할 때에는 각 구조의 완성 포인트를 숙지하여 구조에 따른 정확한 네일 파일링을 한다. 국가자격제도 실기시험의 경우에는 프리에지 길이 0.5~1cm 이하, 프리에지 두께 0.5~1mm 이하, 네일 팁의 곡선 20~40%로 완성한다.

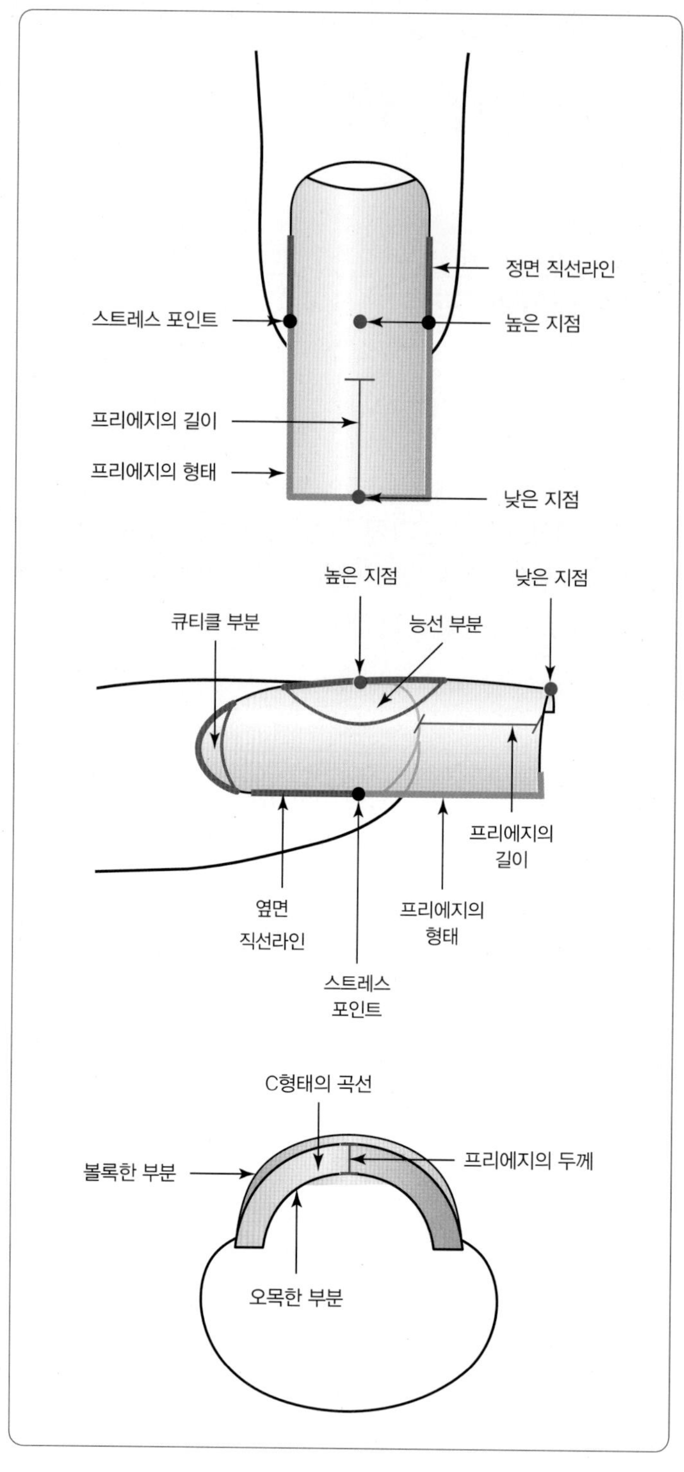
정면 직선라인
스트레스 포인트
높은 지점
프리에지의 길이
프리에지의 형태
낮은 지점
높은 지점
낮은 지점
큐티클 부분
능선 부분
프리에지의
길이
옆면
직선라인
프리에지의
형태
스트레스
포인트
C형태의 곡선
볼록한 부분
프리에지의 두께
오목한 부분

[인조 네일의 구조]

3 인조 네일의 구조에 따른 분류와 특징

1) 프리에지의 길이(프리에지 렝스)

옐로 라인 아랫부분에 연장된 인조 네일의 길이를 말한다. 과도하게 긴 프리에지의 길이는 인조 네일이 부러질 수 있으므로 유의해야 한다.

2) 프리에지의 형태(프리에지 셰이프)

스트레스 포인트 아랫부분의 프리에지 형태를 말한다. 인조 네일의 프리에지 형태는 다양하며, 프리에지의 형태에 따라 적절한 네일 파일링 방법을 선택한다.

3) 정면 직선라인(프런트 스트레이트)

정면에서 본 스트레스 포인트까지의 외관의 직선라인을 말한다. 자연 네일의 형태는 변형할 수 없으며 오버레이한 인조 네일만 네일 파일링할 수 있다. 스퀘어 형태일 경우 프리에지까지 일직선으로 연결해야 한다.

4) 옆면 직선라인(사이드 스트레이트)

옆면에서 본 스트레스 포인트까지의 직선 라인을 말한다. 자연 네일의 형태는 변형할 수 없으며 오버레이한 인조 네일만 네일 파일링할 수 있다. 스퀘어 형태일 경우 프리에지와 90°의 각도를 유지하며 일직선으로 네일 파일링한다.

5) C–형태의 곡선(씨 커브)

인조 네일의 프리에지 단면에 C–형태의 곡선을 말한다. 일반적으로 고객이 형성하고 있는 곡선과 같은 곡선을 형성해야 불편함을 줄일 수 있다. 실기 시험에서는 20~40% 사이로 한다.

6) 프리에지의 두께(프리에지 티크니스)

인조 네일의 프리에지 단면의 두께를 말한다. 고객의 생활 습관과 인조 네일의 길이에 따라 두께를 조절할 수 있다. 실기 시험에서는 0.5~1mm 이하로 한다.

7) 오목한 부분(콘벡스)

C-형태의 곡선의 안쪽 오목한 부분을 말한다. 볼록한 부분과 곡선이 동일해야 하며 일정한 두께를 형성해야 한다.

8) 볼록한 부분(콘케이브)

C-형태의 곡선의 볼록한 부분을 말한다. 오목한 부분과 곡선이 동일해야 하며 일정한 두께를 형성해야 한다.

9) 높은 지점(하이 포인트)

인조 네일에서 가장 높은 부분으로 자연 네일의 양쪽 스트레스 포인트 중앙 부분과 동일한 지점이다. 이 부분이 높아야 부러짐을 방지할 수 있으며, 높은 부분을 중심으로 완만한 곡선을 형성하며 네일 파일링한다.

10) 낮은 지점(로 포인트)

인조 네일에서 가장 낮은 프리에지의 끝 부분을 말한다. 프리에지의 두께를 고려하여 높은 지점에서 자연스럽게 연결하여 네일 파일링한다.

11) 큐티클 부분(큐티클 에어리어)

인조 네일에서 가장 얇아야 하는 큐티클 부분을 말한다. 인조 네일이 들뜨지 않도록 자연 네일의 부분과 인조 네일의 부분이 자연스럽게 연결되도록 조형해야 하며 출혈에 주의하여 조심스럽게 네일 파일링해야 한다.

12) 능선 부분(아치 로케이션)

인조 네일의 표면에 높은 지점을 중심으로 낮은 지점까지 완만하게 곡선을 형성하는 부분이다. 네일 파일을 끊어서 사용하지 말고 부드럽게 연결하여 네일 파일링한다.

4 자연 네일의 전 처리 작업

1) 자연 네일(Natural Nail)

자연 네일이란 네일 표면에 아무것도 도포되지 않은 상태의 내추럴 네일을 말한다. 인조 네일의 보존력을 유지하기 위해서는 자연 네일과 주변에 있는 불필요한 각질을 제거해야 한다.

2) 인조 네일(Artificial Nail)

인조 네일이란 아크릴, 젤, 등의 네일 재료를 사용하여 자연 네일을 보강하거나 길이를 연장하여 인위적으로 손톱 · 발톱을 만드는 것을 말한다.

3) 전 처리 작업(프레퍼레이션, Preparation)

인조 네일 작업에 앞서 반드시 작업하여야 하는 준비과정이 바로 네일의 전 처리(프레퍼레이션) 과정이다. 이 전처리 과정은 자연 네일의 광택을 없애주고 불필요한 각질을 제거함으로써 인조 네일이 들뜨거나 벗겨지는 현상을 방지하기 위한 중요한 작업이다. 경우에 따라 선택적으로 에칭(Etching) 작업이라고도 한다.

5 전 처리 작업순서

작업순서	작업방법
손 소독	소독제를 탈지면에 분사하여 수험자와 모델의 손을 소독한다.
제거	네일 화장물이 도포된 경우 네일 화장물을 제거한다.
형태 조형	자연 네일용 파일을 사용하여 라운드 또는 오발 형태로 조형한다. 프리에지 길이는 약 1mm 정도로 조형한다.
큐티클 밀기	큐티클 푸셔를 45° 각도로 사용하여 큐티클을 밀어준다.
선택사항	큐티클 니퍼를 사용하여 큐티클을 정리할 수 있다.
각질 제거	네일 파일을 사용하여 네일 주변의 불필요한 각질을 제거한다.
광택 제거	샌딩 파일을 사용하여 네일 표면의 광택을 제거한다.
분진 제거	네일 더스트 브러시를 사용하여 네일 주변의 분진을 제거한다.
전 처리제	오버레이하는 네일 재료에 따라 전 처리제를 선택하여 소량 도포할 수 있다. 작업 순서에 따라 네일 팁 턱 제거 후나 네일 폼 접착 이후에 도포할 수 있다.

SECTION 02 인조 네일의 종류와 특성

1 팁 네일

팁 오버레이는 네일 팁을 이용해서 길이를 연장해주고 네일 랩, 아크릴, 젤 등으로 네일 팁 위를 오버레이해줌으로써 튼튼하게 유지시키는 방법이다.

• **작업 종목** : 팁 위드 랩, 팁 위드 아크릴(내추럴 네일 팁, 화이트 네일 팁), 팁 위드 젤 등

2 랩 네일

랩 네일은 일반적으로 실크를 사용하며 네일을 보강해 주거나 길이를 연장하는 방법이다.

• **작업 종목** : 랩 오버레이, 랩 익스텐션 등

3 아크릴 네일

아크릴 네일은 아크릴 리퀴드와 아크릴 파우더의 적절한 혼합으로 만들어진 매우 단단한 인조 네일이다. 아크릴 스컬프처는 네일 팁을 사용하지 않고 네일 폼과 아크릴을 이용하여 길이를 연장하는 방법이다.

• **작업 종목** : 아크릴 원톤 스컬프처, 아크릴 프렌치 스컬프처(아크릴 투톤 스컬프처) 등

4 젤 네일

젤은 아크릴 소재와 화학적으로 비슷한 밀도를 가지고 있는 물질로 광중합반응으로 경화되는 올리고머로 구성되어 UV나, LED 빛을 통해 만들어진다. 젤 스컬프처는 네일 팁을 사용하지 않고 네일 폼과 젤을 이용하여 길이를 연장하는 방법이다.

• **작업 종목** : 젤 원톤 스컬프처, 젤 프렌치 스컬프처(젤 투톤 스컬프처) 등

• 팁 오버레이 : 네일 팁을 이용하여 길이를 연장
• 스컬프처 : 네일 폼을 이용하여 길이를 연장

SECTION 03 네일 팁

1 팁 위드 랩(Tip With Wrap)

1) 팁 위드 랩 준비사항

작업대	보안경, 마스크, 수건, 손목 받침대, 키친타월, 위생봉지, 재료 정리함
재료 정리함	소독용기(큐티클 푸셔, 큐티클 니퍼, 네일 클리퍼, 오렌지 우드스틱, 네일 더스트 브러시), 용기(탈지면, 멸균거즈), 파일 꽂이(자연 네일용 파일, 인조 네일용 파일, 샌딩 파일, 광택용 파일), 지혈제, 큐티클 오일, 가위, 소독제, 네일 팁, 팁 커터, 네일 접착제, 필러 파우더, 경화 촉진제, 네일 랩(실크)

2) 팁 위드 랩 작업순서

작업순서	작업방법
전 처리	자연 네일의 전 처리 작업을 실시한다.
네일 팁 접착	모델의 네일에 알맞은 사이즈의 네일 팁을 선택하여 접착한다.
네일 팁 재단	팁 커터로 네일 팁을 재단한다.
네일 팁 턱 제거	자연 네일과 매끄럽게 연결되도록 네일 팁 턱을 제거한다.
분진 제거	네일 더스트 브러시를 사용하여 네일 주변의 분진을 제거한다.
채워주기	자연 네일과 네일 팁의 굴곡이 있을 경우 필러파우더를 사용할 수 있다. 굴곡이 없는 경우에는 표면 다듬기 단계를 실시한다.
구조 조형	인조 네일용 파일을 사용하여 인조 네일의 구조를 조형한다.
표면 다듬기	샌딩 파일을 사용하여 인조 네일의 표면을 다듬는다.
분진 제거	네일 더스트 브러시를 사용하여 네일 주변의 분진을 제거한다.
네일 랩 재단	큐티클 라인에 맞게 네일 랩을 재단한다.
네일 랩 접착	네일 랩을 큐티클 라인에서 약 2mm 정도 남기고 접착시킨다.
네일 랩 고정	네일 접착제를 사용하여 네일 랩을 고정한다.
네일 랩 턱 제거	인조 네일용 파일을 사용하여 네일 랩 턱을 제거한다.
구조 조형	인조 네일용 파일을 사용하여 인조 네일의 구조를 조형한다.
표면 다듬기	샌딩 파일을 사용하여 인조 네일의 표면을 다듬는다.
광택 내기	광택용 파일을 사용하여 인조 네일의 표면에 광택을 낸다.
손 세척	큐티클 부분에 오일을 바르고 손을 세척한다.
마무리	멸균거즈를 사용하여 손 전체를 닦아 준다.

3) 팁 위드 랩 순서

전 처리 → 네일 팁 접착 → 네일 팁 재단 → 네일 팁 턱 제거 → 분진 제거 → 채워주기 → 구조 조형 → 표면 다듬기 → 분진 제거 → 네일 랩 재단 → 네일 랩 접착 → 네일 랩 고정 → 구조 조형 → 표면 다듬기 → 광택 → 손 세척 → 마무리

2 팁 위드 아크릴(Tip With Acrylic)

1) 내추럴 팁 위드 아크릴 준비사항

작업대	보안경, 마스크, 수건, 손목 받침대, 키친타월, 위생봉지, 재료 정리함
재료 정리함	소독용기(큐티클 푸셔, 큐티클 니퍼, 네일 클리퍼, 오렌지 우드스틱, 네일 더스트 브러시), 용기(탈지면, 멸균거즈), 파일 꽂이(자연 네일용 파일, 인조 네일용 파일, 샌딩 파일, 광택용 파일), 지혈제, 큐티클 오일, 가위, 소독제, 전 처리제, 내추럴 네일 팁, 팁 커터, 네일 접착제, 경화 촉진제, 아크릴 리퀴드, 아크릴 파우더(클리어)

2) 내추럴 팁 위드 아크릴 작업순서

작업순서	작업방법
전 처리	자연 네일의 전 처리 작업을 실시한다.
네일 팁 접착	모델의 네일에 알맞은 사이즈의 네일 팁을 선택하여 접착한다.
네일 팁 재단	팁 커터로 네일 팁을 재단한다.
네일 팁 턱 제거	자연 네일과 매끄럽게 연결되도록 네일 팁 턱을 제거한다.
네일 팁 광택 제거	샌딩 파일을 사용하여 네일 팁의 광택을 제거한다.
분진 제거	네일 더스트 브러시를 사용하여 네일 주변의 분진을 제거한다.
전 처리제	네일 프라이머를 자연 네일에 소량 도포할 수 있다.
아크릴 볼 올리기	① 네일 팁 턱 제거 부분에 아크릴 볼을 올려 프리에지까지 연결한다. ② 가장 높은 지점에 아크릴 볼을 올려 자연스럽게 연결한다. ③ 큐티클 부분에 얇게 아크릴 볼을 올리고 자연스럽게 연결한다.
핀치 넣기	사이드 직선라인이 평행이 되도록 핀치를 넣어준다.
구조 조형	인조 네일용 파일을 사용하여 인조 네일의 구조를 조형한다.
표면 다듬기	샌딩 파일을 사용하여 인조 네일의 표면을 다듬는다.
광택 내기	광택용 파일을 사용하여 인조 네일의 표면에 광택을 낸다.
손 세척	큐티클 부분에 오일을 바르고 손을 세척한다.
마무리	멸균거즈를 사용하여 손 전체를 닦아 준다.

3) 내추럴 네일 팁 위드 아크릴 순서

전 처리 → 네일 팁 접착 → 네일 팁 재단 → 네일 팁 턱 제거 → 네일 팁 광택 제거 → 전 처리제 → 아크릴 볼 올리기 → 핀치 넣기 → 구조 조형 → 표면 다듬기 → 광택 → 손 세척 → 마무리

4) 화이트 팁 위드 아크릴 준비사항

작업대	보안경, 마스크, 수건, 손목 받침대, 키친타월, 위생봉지, 재료 정리함
재료 정리함	소독용기(큐티클 푸셔, 큐티클 니퍼, 네일 클리퍼, 오렌지 우드스틱, 네일 더스트 브러시), 용기(탈지면, 멸균거즈), 파일 꽂이(자연 네일용 파일, 인조 네일용 파일, 샌딩 파일, 광택용 파일), 지혈제, 큐티클 오일, 가위, 소독제, 전 처리제, 화이트 네일 팁, 팁 커터, 네일 접착제, 경화 촉진제, 아크릴 리퀴드, 아크릴 파우더(클리어)

5) 화이트 팁 위드 아크릴 작업순서

작업순서	작업방법
전 처리	자연 네일의 전 처리 작업을 실시한다.
네일 팁 접착	모델의 네일에 알맞은 사이즈의 네일 팁을 선택하여 접착한다.
네일 팁 재단	팁 커터로 네일 팁을 재단한다.
네일 팁 광택 제거	샌딩 파일을 사용하여 네일 팁의 광택을 제거한다.
분진 제거	네일 더스트 브러시를 사용하여 네일 주변의 분진을 제거한다.
전 처리제	네일 프라이머를 자연 네일에 소량 도포할 수 있다.
아크릴 볼 올리기	① 네일 팁 턱 제거 부분에 아크릴 볼을 올려 프리에지까지 연결한다. ② 가장 높은 지점에 아크릴 볼을 올려 자연스럽게 연결한다. ③ 큐티클 부분에 얇게 아크릴 볼을 올리고 자연스럽게 연결한다.
핀치 넣기	사이드 직선라인이 평행이 되도록 핀치를 넣어준다.
구조 조형	인조 네일용 파일을 사용하여 인조 네일의 구조를 조형한다.
표면 다듬기	샌딩 파일을 사용하여 인조 네일의 표면을 다듬는다.
광택 내기	광택용 파일을 사용하여 인조 네일의 표면에 광택을 낸다.
손 세척	큐티클 부분에 오일을 바르고 손을 세척한다.
마무리	멸균거즈를 사용하여 손 전체를 닦아 준다.

6) 화이트 팁 위드 아크릴 순서

전 처리 → 네일 팁 접착 → 네일 팁 재단 → 네일 팁 광택 제거 → 전 처리제 → 아크릴 볼 올리기 → 핀치 넣기 → 구조 조형 → 표면 다듬기 → 광택 → 손 세척 → 마무리

화이트 네일 팁은 네일 팁 턱을 제거하지 않는다.

3 팁 위드 젤(Tip With Gel)

1) 팁 위드 젤 준비사항

작업대	보안경, 마스크, 수건, 손목 받침대, 키친타월, 위생봉지, 재료 정리함, 젤 램프기기
재료 정리함	소독용기(큐티클 푸셔, 큐티클 니퍼, 네일 클리퍼, 오렌지 우드스틱, 네일 더스트 브러시), 용기(탈지면, 멸균거즈), 파일 꽂이(자연 네일용 파일, 인조 네일용 파일, 샌딩 파일), 지혈제, 소독제, 전 처리제, 네일 팁, 팁 커터, 네일 접착제, 경화 촉진제, 젤(클리어), 베이스 젤, 톱 젤, 젤 클렌저, 젤 브러시

2) 팁 위드 젤 작업순서

작업순서	작업방법
전 처리	자연 네일의 전 처리 작업을 실시한다.
네일 팁 접착	모델의 네일에 알맞은 사이즈의 네일 팁을 선택하여 접착한다.
네일 팁 재단	팁 커터로 네일 팁을 재단한다.
네일 팁 턱 제거	자연 네일과 매끄럽게 연결되도록 네일 팁 턱을 제거한다.
분진 제거	네일 더스트 브러시를 사용하여 네일 주변의 분진을 제거한다.
전 처리제	네일 본더를 자연 네일에 소량 도포할 수 있다.
베이스 젤 + 경화	자연 네일에 베이스 젤을 도포한 후 젤 램프기기에 경화한다.
클리어 젤 + 경화	① 네일 팁 턱 제거 부분부터 클리어 젤을 올려 프리에지까지 연결한 후 경화한다. ② 가장 높은 지점에 클리어 젤을 올려 자연스럽게 연결한 후 경화한다. ③ 큐티클 부분에 얇게 클리어 젤을 올리고 자연스럽게 연결한 후 경화한다.
미경화 젤 제거	젤 클렌저를 사용하여 미경화 젤을 닦아낸다.
구조 조형	인조 네일용 파일을 사용하여 인조 네일의 구조를 조형한다.
표면 다듬기	샌딩 파일을 사용하여 인조 네일의 표면을 다듬는다.
손 세척	손을 세척한 후 멸균거즈를 사용하여 손을 닦아 준다.
톱 젤 + 경화	톱 젤을 도포한 후 경화한다. 경화 후 미경화 젤이 있는 경우 미경화 젤을 제거한다.

3) 팁 위드 젤 순서

전 처리 → 네일 팁 접착 → 네일 팁 재단 → 네일 팁 턱 제거 → 전 처리제 → 베이스 젤(경화) → 클리어 젤(경화) → 미경화 젤 제거 → 구조 조형 → 표면 다듬기 → 손 세척 → 톱 젤(경화)

SECTION 04 네일 랩

1 네일 랩 익스텐션(Nail Wrap Extension)

네일 랩은 실크의 사용이 대표적이며 실크 익스텐션(Silk Extension)이라고 한다.

1) 네일 랩 익스텐션 준비사항

작업대	보안경, 마스크, 수건, 손목 받침대, 키친타월, 위생봉지, 재료 정리함
재료 정리함	소독용기(큐티클 푸셔, 큐티클 니퍼, 네일 클리퍼, 오렌지 우드스틱, 네일 더스트 브러시), 용기(탈지면, 멸균거즈), 파일 꽂이(자연 네일용 파일, 인조 네일용 파일, 샌딩 파일, 광택용 파일), 지혈제, 큐티클 오일, 가위, 소독제, 네일 접착제, 필러 파우더, 경화 촉진제, 네일 랩(실크)

2) 네일 랩 익스텐션 작업순서

작업순서	작업방법
전 처리	자연 네일의 전 처리 작업을 실시한다.
네일 랩 재단	네일 랩의 윗부분을 큐티클 라인과 동일하게 재단하고 아랫부분을 연장하는 길이보다 넉넉하게 재단한다.
네일 랩 접착	큐티클 라인에서 약 2mm 정도 남기고 네일 랩을 접착한다.
네일 랩 고정	네일 접착제를 사용하여 실크를 고정시키고 연장하는 길이만큼 네일 접착제를 도포한다.
채워주기	네일 접착제를 도포한 부분에 필러 파우더를 뿌려준다. 네일 접착제와 필러 파우더를 반복적으로 사용하여 인조 네일의 두께를 형성한다.
구조 조형	인조 네일용 파일을 사용하여 인조 네일의 구조를 조형한다.
표면 다듬기	샌딩 파일을 사용하여 인조 네일의 표면을 다듬는다.
광택내기	광택용 파일을 사용하여 인조 네일의 표면에 광택을 낸다.
분진 제거	네일 더스트 브러시를 사용하여 네일 주변의 분진을 제거한다.
손 세척	큐티클 부분에 오일을 바르고 손을 세척한다.
마무리	멸균거즈를 사용하여 손 전체를 닦아 준다.

3) 네일 랩 익스텐션 순서

전 처리 → 네일 랩 재단 → 네일 랩 접착 → 네일 랩 고정 → 채워주기 → 구조 조형 → 표면 다듬기 → 광택 → 분진 제거 → 손 세척 → 마무리

SECTION 05 아크릴 네일

1 아크릴 원톤 스컬프처(Acrylic One Tone Sculpture)

1) 아크릴 원톤 스컬프처 준비사항

작업대	보안경, 마스크, 수건, 손목 받침대, 키친타월, 위생봉지, 재료 정리함
재료 정리함	소독용기(큐티클 푸셔, 큐티클 니퍼, 네일 클리퍼, 오렌지 우드스틱, 네일 더스트 브러시), 용기(탈지면, 멸균거즈), 파일 꽂이(자연 네일용 파일, 인조 네일용 파일, 샌딩 파일, 광택용 파일), 지혈제, 큐티클 오일, 가위, 소독제, 전 처리제, 다펜디시, 네일 폼, 아크릴 리퀴드, 아크릴 파우더(클리어)

2) 아크릴 원톤 스컬프처 작업순서

작업순서	작업방법
전 처리	자연 네일의 전 처리 작업을 실시한다.
네일 폼 접착	올바르게 네일 폼을 접착한다.
전 처리제	네일 프라이머를 자연 네일에 소량 도포할 수 있다.
아크릴 볼 올리기	① 네일 폼 접착 부분에 아크릴 볼을 올려 길이를 연장하고 스퀘어 형태를 조형한다. ② 가장 높은 지점에 아크릴 볼을 올리고 자연스럽게 연결한다. ③ 큐티클 부분에 얇게 아크릴 볼을 올리고 자연스럽게 연결한다.
네일 폼 제거	네일 폼의 끝을 모아 아래로 내려 네일 폼을 제거한다.
핀치 넣기	옆면 라인이 일직선이 되도록 핀치를 넣어준다.
구조 조형	인조 네일용 파일을 사용하여 인조 네일의 구조를 조형한다.
표면 다듬기	샌딩 파일을 사용하여 인조 네일의 표면을 다듬는다.
광택내기	광택용 파일을 사용하여 인조 네일의 표면에 광택을 낸다.
손 세척	큐티클 부분에 오일을 바르고 손을 세척한다.
마무리	멸균거즈를 사용하여 손 전체를 닦아 준다.

3) 아크릴 원톤 스컬프처 순서

전 처리 → 네일 폼 접착 → 전 처리제 → 아크릴 볼 올리기 → 네일 폼 제거 → 핀치 넣기 → 구조 조형 → 표면 다듬기 → 광택 → 손 세척 → 마무리

2 아크릴 프렌치 스컬프처(Acrylic French Sculpture)

1) 아크릴 프렌치 스컬프처 준비사항

작업대	보안경, 마스크, 수건, 손목 받침대, 키친타월, 위생봉지, 재료 정리함
재료 정리함	소독용기(큐티클 푸셔, 큐티클 니퍼, 네일 클리퍼, 오렌지 우드스틱, 네일 더스트 브러시), 용기(탈지면, 멸균거즈), 파일 꽂이(자연 네일용 파일, 인조 네일용 파일, 샌딩 파일, 광택용 파일), 지혈제, 큐티클 오일, 가위, 소독제, 전 처리제, 다펜디시, 네일 폼, 아크릴 리퀴드, 아크릴 파우더(클리어 or 핑크, 화이트)

2) 아크릴 프렌치 스컬프처 작업순서

작업순서	작업방법
전 처리	자연 네일의 전 처리 작업을 실시한다.
네일 폼 접착	올바르게 네일 폼을 접착한다.
전 처리제	네일 프라이머를 자연 네일에 소량 도포할 수 있다.
아크릴 볼 올리기	① 네일 폼 접착 부분에 화이트 볼을 올려 스마일 라인을 만들면서 길이를 연장하고 스퀘어 형태를 조형한다. ② 좌우가 대칭이 되도록 스마일 라인을 정리한다. ③ 스마일 라인 안쪽으로 핑크 볼을 올리고 스마일 라인과 자연스럽게 연결한다. ④ 큐티클 부분에 얇게 핑크 볼을 올리고 자연스럽게 연결한다. ⑤ 가장 높은 지점에 클리어 볼을 올리고 자연스럽게 연결한다.
네일 폼 제거	네일 폼의 끝을 모아 아래로 내려 네일 폼을 제거한다.
핀치 넣기	옆면 라인이 일직선이 되도록 핀치를 넣어준다.
구조 조형	인조 네일용 파일을 사용하여 인조 네일의 구조를 조형한다.
표면 다듬기	샌딩 파일을 사용하여 인조 네일의 표면을 다듬는다.
광택내기	광택용 파일을 사용하여 인조 네일의 표면에 광택을 낸다.
손 세척	큐티클 부분에 오일을 바르고 손을 세척한다.
마무리	멸균거즈를 사용하여 손 전체를 닦아 준다.

3) 아크릴 프렌치 스컬프처 포인트 순서

전 처리 → 네일 폼 접착 → 전 처리제 → 아크릴 볼 올리기 → 네일 폼 제거 → 핀치 넣기 → 구조 조형 → 표면 다듬기 → 광택 → 손 세척 → 마무리

SECTION 06 젤 네일

1 젤 원톤 스컬프처(Gel One Tone Sculpture)

1) 젤 원톤 스컬프처 준비사항

구분	내용
작업대	보안경, 마스크, 수건, 손목 받침대, 키친타월, 위생봉지, 재료 정리함, 젤 램프기기
재료 정리함	소독용기(큐티클 푸셔, 큐티클 니퍼, 네일 클리퍼, 오렌지 우드스틱, 네일 더스트 브러시), 용기(탈지면, 멸균거즈), 파일 꽂이(자연 네일용 파일, 인조 네일용 파일, 샌딩 파일), 지혈제, 가위, 소독제, 전 처리제, 네일 폼, 젤(클리어), 베이스 젤, 톱 젤, 젤 클렌저, 젤 브러시

2) 젤 원톤 스컬프처 작업순서

작업순서	작업방법
전 처리	자연 네일의 전 처리 작업을 실시한다.
네일 폼 접착	올바르게 네일 폼을 접착한다.
전 처리제	네일 본더를 자연 네일에 소량 도포할 수 있다.
베이스 젤 + 경화	자연 네일에 베이스 젤을 바른 후 젤 램프기기에 경화한다.
클리어 젤 + 경화	① 네일 폼 접착 부분에 클리어 젤을 올려 길이를 연장하고 스퀘어 형태를 조형한 후 젤 램프기기에 경화한다. ② 가장 높은 지점에 클리어 젤을 올리고 자연스럽게 연결한 후 젤 램프기기에 경화한다. ③ 큐티클 부분에 얇게 클리어 젤을 올리고 자연스럽게 연결한 후 젤 램프기기에 경화한다.
미경화 젤 제거	젤 클렌저를 사용하여 미경화 젤을 닦아낸다.
네일 폼 제거	네일 폼의 끝을 모아 아래로 내려 네일 폼을 제거한다.
구조 조형	인조 네일용 파일을 사용하여 인조 네일의 구조를 조형한다.
표면 다듬기	샌딩 파일을 사용하여 인조 네일의 표면을 다듬는다.
손 세척	손을 세척한 후 멸균거즈를 사용하여 손을 닦아 준다.
톱 젤 + 경화	톱 젤을 도포한 후 경화한다. 경화 후 미경화 젤이 있는 경우 미경화 젤을 제거한다.

3) 젤 원톤 스컬프처 포인트 순서

전 처리 → 네일 폼 접착 → 전 처리제 → 베이스 젤(경화) → 클리어 젤(경화) → 미경화 젤 제거 → 네일 폼 제거 → 구조 조형 → 표면 다듬기 → 손 세척 → 톱 젤 바르기(경화)

2 젤 프렌치 스컬프처(Gel French Sculpture)

1) 젤 프렌치 스컬프처 준비사항

작업대	보안경, 마스크, 수건, 손목 받침대, 키친타월, 위생봉지, 재료 정리함, 젤 램프기기
재료 정리함	소독용기(큐티클 푸셔, 큐티클 니퍼, 네일 클리퍼, 오렌지 우드스틱, 네일 더스트 브러시), 용기(탈지면, 멸균거즈), 파일 꽂이(자연 네일용 파일, 인조 네일용 파일, 샌딩 파일), 지혈제, 가위, 소독제, 전 처리제, 네일 폼, 젤(클리어, 화이트, 핑크), 베이스 젤, 톱 젤, 젤 클렌저, 젤 브러시

2) 젤 프렌치 스컬프처 작업순서

작업순서	작업방법
전 처리	자연 네일의 전 처리 작업을 실시한다.
네일 폼 접착	올바르게 네일 폼을 접착한다.
전 처리제	네일 본더를 자연 네일에 소량 도포할 수 있다.
베이스 젤 + 경화	자연 네일에 베이스 젤을 도포한 후 젤 램프기기에 경화한다.
핑크 젤 + 경화	자연 네일에 핑크 젤을 도포한 후 젤 램프기기에 젤을 경화한다.
화이트 젤 + 경화	① 프리에지 아랫부분에 화이트 젤을 올리고 프리에지를 넘어가지 않게 프리에지 라인을 따라 선명하게 스마일 라인을 만든다. ② 남은 젤로 길이를 연장하고 스퀘어 형태가 되도록 라인을 정리한 후 젤 램프기기에 경화한다.
클리어 젤 + 경화	① 가장 높은 지점에 클리어 젤을 올리고 전체를 자연스럽게 연결한 후 젤 램프기기에 경화한다. ② 큐티클 부분에 얇게 클리어 젤을 올리고 자연스럽게 연결한 후 젤 램프기기에 경화한다.
미경화 젤 제거	젤 클렌저를 사용하여 미경화 젤을 닦아낸다.
네일 폼 제거	네일 폼의 끝을 모아 아래로 내려 네일 폼을 제거한다.
구조 조형	인조 네일용 파일을 사용하여 인조 네일의 구조를 조형한다.
표면 다듬기	샌딩 파일을 사용하여 인조 네일의 표면을 다듬는다.
손 세척	손을 세척한 후 멸균거즈를 사용하여 손을 닦아 준다.
톱 젤 + 경화	톱 젤을 도포한 후 젤 램프기기에 경화한다. 경화 후 미경화 젤이 있는 경우 미경화 젤을 제거한다.

3) 젤 프렌치 스컬프처 포인트 순서

전 처리 → 네일 폼 접착 → 전 처리제 → 베이스 젤(경화) → 핑크 젤(경화) → 화이트 젤(경화) → 클리어 젤(경화) → 미경화 젤 제거 → 네일 폼 제거 → 구조 조형 → 표면 다듬기 → 손 세척 → 톱 젤(경화)

SECTION 07 인조 네일(손톱, 발톱)의 보수

1 보수(리페어, Repair)

인조 네일은 일정 시간이 경과하면 자연 네일 베드로부터 수분이 발생한다. 또한 큐티클에 의해 공간이 생기거나 인조 네일 자체의 손상으로 자연 네일에서 인조 네일이 들뜨는 리프팅(Lifting) 현상이 발생한다. 정기적인 보수를 하지 않으면 균열이나 부러짐의 현상을 초래할 수 있고 리프팅이 생긴 공간에서 곰팡이나 세균 등의 서식과 네일의 변색을 가져올 수 있다. 따라서 약 2~3주간의 간격을 두고 손상된 인조 네일의 표면을 정리 후 새롭게 보수를 해야 한다.

2 인조 네일 보수 시 주의사항

① 네일 폴리시가 도포된 경우에는 아세톤 성분이 함유되지 않은 논 아세톤 네일 폴리시 리무버로 제거하는 것이 적절하다. 이는 인조 네일까지 함께 용해될 수 있기 때문이다.

② 젤 네일 폴리시가 도포된 경우에는 네일 파일을 사용하여 제거하는 것이 적절하다. 논 아세톤 젤 네일 리무버의 사용도 가능하나 아세톤 성분 이외에 인조 네일이 용해될 수 있는 성분이 포함될 수 있기 때문이다.

③ 큐티클 정리 시 보수할 부분에 큐티클 오일을 바르고 큐티클을 정리하면 리프팅 현상이 조기에 발생할 수 있기 때문에 큐티클 오일은 사용하지 않는 것이 적절하다.

④ 장시간 미온수를 사용하여 큐티클을 정리하면 네일과 리프팅된 공간에 수분이 머금을 수 있으며 이를 완벽하게 제거하지 못하면 곰팡이와 각종 세균에 감염될 수 있으므로 가능하면 건식 케어를 권장한다.

⑤ 인조 네일을 작업한 후 너무 많은 시간이 경과되어 인조 네일의 30% 이상이 없어지거나 심하게 깨진 경우는 보수작업보다는 인조 네일을 제거하는 것이 적절하다.

⑥ 인조 네일과 자연 네일 사이에 곰팡이가 생긴 경우에는 보수를 할 수 없으며 인조 네일을 즉시 제거해야 한다. 제거한 후 바로 인조 네일 작업을 할 수 없으며 전문의에게 진료를 권해야 한다. 또한 사용한 네일 파일과 오렌지 우드스틱은 폐기하고 네일 도구는 소독해야 한다.

3 인조 네일의 문제점 및 조기 보수의 원인

1) 리프팅과 깨짐의 원인

① 전 처리(프레퍼레이션) 작업을 미흡하게 한 경우
② 네일 랩 턱 부분을 제거하지 않은 경우
③ 보수시기를 놓쳐 자연 네일이 과도하게 자라나올 경우
④ 과도하게 길이를 연장하여 무게 중심이 변화한 경우
⑤ 잘못된 인조 네일 구조로 조형하여 네일 파일링한 경우
⑥ 큐티클 부분과 옆면 부분이 두껍고 자연스럽게 연결하지 못한 경우
⑦ 스트레스 포인트 부분과 프리에지 부분을 미흡하게 오버레이한 경우
⑧ 일상생활에서 네일 끝부분을 과도하게 사용하거나 화학제품을 사용한 경우
⑨ 네일 접착제, 아크릴, 젤 등이 큐티클 부분과 옆면 부분에 흘렀을 경우
⑩ 큐티클 정리 시 큐티클 오일과 미온수를 사용하고 이를 충분히 제거하지 못한 경우
⑪ 네일 접착제와 필러 파우더의 혼합비율이 적절하지 않을 경우
⑫ 가까운 거리에서 과도하게 경화 촉진제를 사용하여 네일 접착제의 표면만 건조한 경우
⑬ 아크릴 네일을 너무 낮은 온도에서 작업한 경우
⑭ 아크릴파우더와 리퀴드의 사용량과 혼합비율이 적당하지 않은 경우
⑮ 젤 네일이 과도하게 두껍고 경화시간을 적절하게 지키지 않았을 경우

2) 변색의 원인

① 인조 네일의 적절한 보수시기를 놓쳐 자연 네일의 손상이 생긴 경우
② 일상생활에서 자외선에 과도하게 노출되거나 장시간 젤 램프기기에 경화한 경우
③ 유효기간이 경과한 네일 재료의 사용과 품질이 좋지 않은 네일 재료를 사용하여 작업한 경우
④ 위생 처리된 도구를 사용하지 않아 세균이 번식되어 손톱의 병변이 생긴 경우
⑤ 큐티클 정리 시 큐티클 오일과 미온수를 사용하고 이를 충분히 제거하지 못해 곰팡이나 세균 등이 생긴 경우
⑥ 외부적인 압력으로 충격이 가해진 경우

4 인조 네일의 보수

1) 네일 팁의 보수순서(팁 위드 랩)

작업순서	작업방법
보수 전 처리	자연 네일의 보수 시 전 처리 작업을 실시한다.
채워주기	필러 파우더와 네일 접착제를 사용하여 자라나온 부분과 들뜬 부분을 매끄럽게 채운다.
형태 조형	인조 네일용 파일을 사용하여 인조 네일의 형태를 조형한다.
표면 다듬기	샌딩 파일을 사용하여 인조 네일의 표면을 다듬는다.
네일 랩 재단	큐티클 라인에 맞게 네일 랩을 재단한다.
네일 랩 접착	네일 랩을 큐티클 라인에서 약 2mm 정도 남기고 접착시킨다.
네일 랩 고정	네일 접착제를 사용하여 네일 랩을 고정시킨다.
구조 조형	인조 네일용 파일을 사용하여 인조 네일의 구조를 조형한다.
표면 다듬기	샌딩 파일을 사용하여 인조 네일의 표면을 다듬는다.
광택 내기	광택용 파일을 사용하여 인조 네일의 표면에 광택을 낸다.
마무리	멸균거즈를 사용하여 손 전체를 닦아 준다.

2) 아크릴 네일 보수순서(아크릴 원톤 스컬프처)

작업순서	작업방법
보수 전 처리	자연 네일의 보수 시 전 처리 작업을 실시한다.
전 처리제	네일 프라이머를 자라나온 자연 네일에 소량 도포할 수 있다.
아크릴 볼 올리기	아크릴 볼을 자라나온 부분과 들뜬 부분에 올려 매끄럽게 채우며 자연스럽게 연결한다.
핀치 넣기	사이드 직선라인이 평행이 되도록 핀치를 넣어준다.
구조 조형	인조 네일용 파일을 사용하여 인조 네일의 구조를 조형한다.
표면 다듬기	샌딩 파일을 사용하여 인조 네일의 표면을 다듬는다.
광택내기	광택용 파일을 사용하여 인조 네일의 표면에 광택을 낸다.
마무리	멸균거즈를 사용하여 손 전체를 닦아 준다.

3) 젤 네일 보수순서

작업순서	작업방법
보수 전 처리	자연 네일의 보수 시 전 처리 작업을 실시한다.
전 처리제	네일 본더를 자라나온 자연 네일에 소량 도포할 수 있다.
베이스 젤 + 램프	베이스 젤을 도포한 후 젤 램프기기에 경화한다.
클리어 젤 + 램프	클리어 젤을 자라나온 부분과 들뜬 부분에 올려 매끄럽게 채우며 자연스럽게 연결한 후 젤 램프기기에 경화한다.
미경화 젤 제거	젤 클렌저를 사용하여 미경화 젤을 닦아낸다.
구조 조형	인조 네일용 파일을 사용하여 인조 네일의 구조를 조형한다.
표면 다듬기	샌딩 파일을 사용하여 인조 네일의 표면을 다듬는다.
톱 젤 + 램프	톱 젤을 도포한 후 경화한다. 경화 후 미경화 젤이 있는 경우 미경화 젤을 제거한다.

SECTION 08 인조 네일(네일, 발톱)의 제거

1 인조 네일의 제거

1) 인조 네일 제거 시 준비사항

작업대	보안경, 마스크, 수건, 손목 받침대, 키친타월, 위생봉지, 재료 정리함
재료 정리함	소독용기(큐티클 푸셔, 네일 클리퍼, 오렌지 우드스틱, 네일 더스트 브러시), 용기(탈지면, 멸균거즈), 파일 꽂이(자연 네일용 파일, 인조 네일용 파일, 샌딩 파일, 광택용 파일), 지혈제, 큐티클 오일, 소독제, 아세톤 또는 속 오프 전용 리무버, 알루미늄 포일

2) 인조 네일의 제거 작업순서

작업순서	작업방법
손 소독	소독제를 탈지면에 분사하여 작업자와 모델의 손을 소독한다.
길이 재단	네일 클리퍼를 사용하여 연장된 인조 네일의 길이를 재단한다.
두께 제거	인조 네일용 파일을 사용하여 인조 네일의 두께를 제거한다.
분진 제거	네일 더스트 브러시를 사용하여 네일 주변의 분진을 제거한다.
오일 바르기	네일 주변 피부를 보호하기 위해 큐티클 오일을 네일 주변 피부에 도포한다.
제거제 도포	아세톤 또는 속 오프 전용 리무버를 탈지면에 적셔 네일 위에 올린다.
포일 마감	포일을 사용하여 네일을 감싸준다. 약 10분 후 포일을 제거한다.
제거 작업	오렌지 우드스틱을 사용하여 용해된 부분을 제거한다. 인조 네일이 충분히 용해되지 않은 경우 다시 제거제를 도포할 수 있다.
표면 다듬기	샌딩 파일을 사용하여 자연 네일의 표면을 다듬는다.
선택사항	광택용 파일을 사용하여 자연 네일의 표면에 광택을 낼 수 있다.
형태 조형	자연 네일용 파일을 사용하여 자연 네일의 형태를 조형한다.
분진 제거	네일 더스트 브러시를 사용하여 네일 주변의 분진을 제거한다.
손 세척	큐티클 부분에 오일을 바르고 손을 세척한다.
마무리	멸균거즈를 사용하여 손 전체를 닦아준다.

3) 인조 네일 제거 시 포인트 순서

손 소독 → 길이 재단 → 두께 제거 → 분진 제거 → 큐티클 오일 바르기 → 제거제 도포 → 포일 마감 → 제거 → 표면 다듬기 → 형태 조형 → 분진 제거 → 손 세척 → 마무리

네일 제품의 이해

SECTION 01 용제의 종류와 특성

1 용제의 종류와 특성

용제(Solvent)란 물질을 녹이는 데 쓰는 액체를 말한다.

1) 네일 폴리시 시너(Nail Polish Thinner)

굳은 네일 폴리시를 묽게 만들어 사용하기 위해 사용하는 제품이다.

- **특성** : 네일 폴리시의 점성도를 낮추기 위하여 사용하는 혼합 용제이다.
- **사용방법** : 네일 폴리시 병에 1~2방울 넣어서 사용한다.
- **주요성분** : 톨루엔, 부틸아세테이트, 에틸아세테이트

2 제거제의 종류와 특성

제거제란 페인트나 화장품을 지우거나 제거하는 용품이다.
네일미용에서는 크게 네일 폴리시와 젤 네일 폴리시, 인조 네일을 제거할 때 사용된다.

1) 퓨어아세톤(Pure-Acetone)

네일 팁, 아크릴, 젤 등의 인조 네일을 제거할 때 사용하는 용액이다.

- **특성** : 아세톤이란 가장 간단하고 대표적인 케톤으로 독특한 냄새가 있는 무색투명한 휘발성이 강한 액체로 유기 용매에 잘 녹으며 인화성이 있는 물질이다.
- **사용방법** : 탈지면에 용액을 적셔 네일 위에 올려놓고 알루미늄 포일을 사용하여 감싸주고 약 10~20분 정도 후에 제거한다. 아세톤의 잦은 사용은 네일의 탈수와 손 주위 피부의 건조함을 유발할 수 있기 때문에 주의해서 사용해야 한다.
- **주요성분** : 아세톤

2) 속 오프 리무버(Soak Off Remover)

- 특성 : 네일 팁, 아크릴, 젤 등의 인조 네일을 제거할 때 사용하는 용액으로 일반적으로는 아세톤 성분을 포함하고 있으며 아세톤 성분 이외에 보습에 도움이 되는 성분이 포함되어 있다.
- 사용방법 : 탈지면에 용액을 적셔 네일 위에 올려놓고 알루미늄 포일을 사용하여 감싸주고 약 10~20분 정도 후에 제거한다.
- 주요성분 : 아세톤, 에틸아세테이트, 오일, 글리세롤

3) 네일 폴리시 리무버(Nail Polish Remover)

- 특성 : 네일 폴리시를 제거할 때 사용하는 용액이다. 일반적으로는 아세톤 성분을 포함하고 있으며 아세톤 성분 이외에 보습에 도움이 되는 성분이 포함되어 있다.
- 사용방법 : 탈지면에 용액을 적셔 네일 위에 올려놓고 돌려주면서 제거한다.
- 주요성분 : 아세톤, 에틸아세테이트, 오일, 글리세롤

4) 젤 네일 폴리시 리무버(Gel Nail Polish Remover)

- 특성 : 젤 네일 폴리시를 제거할 때 사용하는 용액이다. 일반적으로는 아세톤 성분을 포함하고 있으며 젤 네일 폴리시 리무버의 경우 아세톤의 함유량이 높아진다.
- 사용방법 : 알루미늄 포일을 사용하여 제거하는 방법과 네일 주변에 도포하는 방법 등 제조 회사에 따라 사용방법이 다르다.
- 주요성분 : 아세톤, 에틸아세테이트, 오일, 글리세롤

논 아세톤, 아세톤 프리(Non'-Acetone, Acetone Free)

네일 폴리시나 젤 네일 폴리시, 인조 네일을 제거할 때 사용하는 용액에 아세톤 성분이 포함되지 않은 제품을 말한다. 인조 네일 위에 네일 폴리시를 제거할 때 사용하면 효과적이다.

SECTION 02 네일 트리트먼트의 종류와 특성

1) 손 · 발 로션 & 크림(Hand · Foot Lotion & Cream)

- **특성** : 피부에 유 · 수분을 공급하여 건조를 예방하는 제품이다.
- **사용방법** : 손 · 발 전체에 골고루 도포한다.
- **주요성분** : 라놀린, 식물성 오일, 미네랄 오일, 향료, 정제수

2) 파라핀(Paraffin)

- **특성** : 거친 피부에 유 · 수분을 공급하고 혈액순환을 촉진시켜 손 · 발의 피로회복에 도움을 주는 제품이다.
- **사용방법** : 파라핀 용액을 워머기에 녹여 손 · 발을 담근 후 약 10~20분 후 제거한다.
- **주요성분** : 파라핀 왁스, 식물성 오일, 콜라겐, 유칼립투스, 맨톨, 비타민 E

3) 네일 강화제(Nail Hardner, Strengthener)

- **특성** : 네일이 약하게 되는 것을 예방하기 위해 사용하는 제품이다.
- **사용방법** : 네일에 1~2회 도포한다.
- **주요성분** : 니트로셀룰로오스, 부틸아세테이트, 에틸아세테이트, 이소프로필알코올, 토실아마이드, 칼슘판토테네이트, 비타민

4) 큐티클 오일(Cuticle Oil)

- **특성** : 큐티클 주변 피부를 보호하거나 부드럽게 해주기 위해 사용하는 제품이다.
- **사용방법** : 큐티클 부분에 떨어트려 부드럽게 문질러서 사용한다.
- **주요성분** : 라놀린, 글리세린, 식물성 오일, 비타민 A, 비타민 E

5) 큐티클 소프트너, 큐티클 리무버(Cuticle Softner, Cuticle Remover)

- **특성** : 큐티클을 부드럽게 해주기 위해 사용하는 제품이다.
- **사용방법** : 큐티클 부분에 바르고 부드럽게 문질러서 사용한다.
- **주요성분** : 수산화칼륨, 글리세롤, 소듐, 올레산, 정제수

6) 네일 표백제, 네일 화이트너(Nail Whitener, Nail Bleach)

- **특성** : 네일이 착색되거나 변색되었을 때 하얗게 보이도록 표백시키는 제품이다.
- **사용방법** : 분말타입은 용기에 네일 표백제를 넣고 약 5~10분 정도 네일을 담가준다. 네일 폴리시타입은 제품 자체를 사용하여 도포한다.
- **주요성분** : 과산화수소(Hydrogen Peroxide) 6%(20볼륨), 레몬(Lemon), 티타늄(Titanium), 티타늄디옥사이드(Titanium Dioxide)

7) 리지 필러(Ridge Filler)

- 특성 : 작은 천 조각들이 들어 있는 제품으로 굴곡진 네일의 표면을 매끄럽게 해주기 위해 사용한다.
- 사용방법 : 베이스 코트 전에 네일에 도포한다. 두께감 때문에 잘 건조되지 않는 단점이 있어 최근에는 많이 사용하지 않는다.

8) 네일 폴리시 퀵 드라이(Nail Polish Quick Dry)

- 특성 : 네일 폴리시의 건조를 빠르게 해주기 위해 사용하는 제품으로 스프레이 타입과 스포이트 타입이 있다.
- 사용방법 : 스프레이 타입은 모든 작업이 끝난 후에 약 10~15cm 거리에서 분사해야 하고 스포이트 타입은 네일 위에 떨어트려 사용한다.
- 주요성분 : 미네랄 오일, 올레산, 실리콘

9) 지혈제(Styptic Liquid, Styptic Powder)

- 특성 : 작업 시 발생할 수 있는 가벼운 출혈을 지혈해주기 위해 사용하는 제품이다.
- 사용방법 : 출혈 부위에 떨어트리거나 탈지면을 이용하여 가볍게 눌러준다. 출혈 부위를 문질러 사용하면 안 된다.
- 주요성분 : 칼슘, 트롬빈, 비타민 K, 트롬보플라스틴

10) 페디 솔트, 살균비누(Pedi Salt, Antibacterial Soap)

- 특성 : 페디큐어 시 발의 박테리아를 살균하기 위해 사용하는 제품이다.
- 사용방법 : 족욕기에 안에 넣어 사용하고 한 사람의 고객에게만 사용해야 한다.
- 주요성분 : 트리클론산, 티트리, 글리세롤, 코코넛베이스, 토코페롤아세테이트

11) 발 굳은살 소프트너, 발 굳은살 리무버(Foot Hardened Skin Softner, Foot Hardened Skin Remover)

- 특성 : 발바닥에서 제거가 어려운 발뒤꿈치 굳은 살을 부드럽게 해주는 제품이다.
- 사용방법 : 스패출러를 사용하여 굳은 각질 부위에 도포한다.
- 주요성분 : 염화나트륨, 경석, 액상 파라핀, 글리세린

SECTION 03 네일 폴리시의 종류와 특성

1 네일 폴리시

1) 네일 폴리시(Nail Polish)

네일에 컬러를 부여하기 위해 사용하는 제품으로 자연적으로 건조한다. 젤 네일 폴리시에 비해 건조가 느리고 빨리 벗겨지는 것이 단점이나 제거가 용이하다.

인화성과 휘발성이 있어 취급 시 주의해야 한다. 휘발성이 낮은 제품은 잘 굳지 않고 발림성이 용이하나 건조가 느리고, 휘발성이 높은 제품은 빨리 굳고 발림성이 용이하지 않으나 건조가 빠르다는 특징이 있다.

[네일 폴리시의 주요성분]

피막형성제	니트로셀룰로오스(대표적인 피막형성제), 로진
광택제	로진
가소제	토실아마이드
용제	톨루엔, 부틸아세테이트, 에틸아세테이트
기포방지제	이소프로필알코올
현탁화제	니트로셀룰로오스, 토실아마이드
자외선 차단제	옥시벤존
유색 착색제	안료

2) 네일 폴리시의 구비 조건

① 네일에 도포하기 적당한 점도가 있을 것
② 신속히 건조하고 균일한 막을 형성할 것
③ 일상생활로 네일 폴리시가 잘 벗겨지지 않을 것
④ 네일 폴리시 리무버로 용이하게 제거될 것
⑤ 네일을 파손시키거나 독성을 나타내지 않을 것
⑥ 안료가 균일하게 분산되고 일정한 컬러와 광택을 유지할 것

2 젤 네일 폴리시

1) 젤 네일 폴리시(Gel Nail Polish)

네일에 컬러를 부여하기 위해 사용하는 제품으로 젤 램프기기에 경화해야 한다. 경화가 빠르고 경화 전에는 수정이 가능하며 오래 유지되는 것이 장점이나 네일 폴리시에 비해 제거가 어렵다.

젤은 아크릴레이트의 올리고머라는 분자구조를 갖고 있는 액상형태의 콜로이드입자이다. 젤 네일 폴리시는 다양한 컬러를 부여하기 위해 젤에 안료를 첨가한 제품으로 접착력이 우수하여 리프팅이 쉽게 나타나지 않으며 탄력성과 지속력이 높다.

- 주요성분 : 에틸아세테이트, 아크릴레이트, 안료

2) 젤 네일 폴리시의 구비 조건

① 탄력성과 지속력 높을 것

② 제거 용액으로 제거가 용이할 것

③ 도포 시 얼룩이 없고 발림성이 용이할 것

④ 네일을 파손시키거나 독성을 나타내지 않을 것

⑤ 경화 시 수축 현상이 없고 컬러가 변색되지 않을 것

⑥ 안료가 균일하게 분산되고 일정한 컬러와 광택을 유지할 것

용어정리

네일 폴리시 건조
페인트 속에 들어 있는 희석용제(솔벤트)가 증발하여 모두 날아가고 순수한 페인트 성분만 남아 페인트가 완전히 마른 현상이다.

젤 네일 폴리시 경화
젤 램프기기에서 나오는 빛으로 젤이 딱딱하게 굳는 현상이다.

SECTION 04 인조 네일 재료의 종류와 특성

1 중합반응

1) 아크릴 네일 시스템

상온화학 중합반응 폴리머라이제이션(Polymerization)			
모노머	아크릴 리퀴드	단위체(단량체)	결합 없음
폴리머	아크릴 파우더 완성된 아크릴 네일	고중합체(다량체)	결합반응 완료
화학중합개시제	아크릴의 촉매제 물질(카탈리스트)		

(1) 모노머(Monomer)

중합체를 구성하는 단위가 되는 분자량이 작고 서로 연결되지 않은 결합이 없는 물질을 말한다.

(2) 폴리머(Polymer)

완성된 아크릴은 다수의 반복 단위를 함유하고 결합된 고분자 화합물이다. 아크릴을 분말 형태로 만든 물질로 아크릴 파우더나 완성된 아크릴 네일이 폴리머에 속한다.

(4) 화학중합개시제

카탈리스트(Catalyst)는 촉매제 역할을 한다. 카탈리스트의 함유량에 따라 굳는 속도를 조절할 수 있다.

[분자의 구조]

성분	모노머	올리고머	폴리머
내용	아주 작은 구슬 형태의 물질 (단일분자)	두 개 이상의 분자가 연결된 미세한 그물구조(저분자)	구슬이 길게 체인으로 연결된 구조 (고분자)
이미지			

2) 젤 네일 시스템

광(빛) 중합반응 포토 폴리머라이제이션(Photo-Polymerization)			
올리고머	소프트 젤(저분자), 하드 젤(중분자)	소중합체	결합 미반응
폴리머	완성된 젤 네일	고중합체	결합반응 완료
광중합개시제	광중합 반응을 개시 시키는 물질		

(1) 올리고머(Oligomer)

2개 이상의 분자 화합물이 결합한 저분자 · 중분자의 화합물로 점성이 있고 반응이 완료되지 않은 물질이다.

(2) 폴리머(Polymer)

올리고머가 빛의 반응에 의해서 고체로 변화하며 완성된 젤 네일인 고분자 화합물 폴리머가 된다. 완성된 젤 네일을 말한다.

(3) 광중합개시제

광원으로부터 에너지를 흡수하여 중합 반응을 개시시키는 물질이다. 젤에 첨가되어 있는 광중합개시제에 따라 젤 램프기기(UV, LED 램프)의 종류가 달라진다.

[아크릴 네일과 젤 네일의 비교]

아크릴 네일	젤 네일
냄새가 남 강도가 강함 광택이 있지만 젤보다는 떨어짐 아트 작업 시 수정이 어려움 작업시간이 긺 아세톤으로 제거됨	냄새가 거의 없음 강도가 약함 광택이 매우 좋음 아트 작업 시 수정이 용이함 작업시간이 짧음 아세톤으로 제거되는 젤과 제거되지 않는 젤이 있음

❷ 아크릴 네일

아크릴 네일이란 아크릴 파우더와 아크릴 리퀴드를 혼합하여 인조 네일로 만드는 것을 말한다.

• 주요성분 : 에틸메타크릴레이트, 메틸메타크릴레이트

1) 아크릴 네일의 특징

① 아크릴 네일이 굳는 시간은 약 3분이며 완벽하게 움직임 없이 굳는 시간은 약 24~48 시간이다.

② 아크릴 네일은 리바운드(Rebound) 현상으로 인해 핀치를 넣고 형태를 만들어 놓아도 원래 형태로 되돌아가려는 성질이 있다.

③ 네일의 두께를 보강하고 네일 폼을 이용하여 길이를 연장하고 네일 형태를 보정할 수 있다는 특징이 있다.

④ 모노머와 혼합된 폴리머는 처음에는 자유롭게 움직이지만 굳어지면 딱딱하게 변한다.

⑤ 온도에 매우 민감하여 온도가 높을수록 빨리 굳고 낮은 온도에서는 잘 깨지거나 들뜰 수 있다.

⑥ 아크릴 네일의 작업 시 적당한 온도는 22~25℃이며 자연 네일의 pH는 4.5~5.5가 적당하다.

2) 아크릴 네일의 종류와 특성

(1) 아크릴 파우더(Acrylic Powder)

아크릴 리퀴드와 혼합하여 사용하는 분말타입의 제품이다.

(2) 아크릴 리퀴드(Acrylic Liquid)

모노머라고 하며 아크릴 파우더와 혼합하여 사용하는 액상의 제품이다.

(3) 오더리스 모노머(Oderless Monomer)

모노머의 농도가 짙어 기화되지 않으며 냄새가 나지 않는 제품이다.

아크릴 리퀴드의 보관법

화학물질을 함유하고 있어 라벨을 붙이고 뜨거운 온도와 빛에 장시간 노출되면 변질될 우려가 있기 때문에 어두운 색 용기에 담아 서늘하고 통풍이 잘되는 공간에 보관하는 것이 좋다.

(4) 아크릴 브러시(Acrylic Brush)

아크릴 파우더와 아크릴 리퀴드를 혼합하여 네일 위에 올릴 때 사용하는 브러시이다. 브러시 모의 양에 따라 스컬프처용 브러시와 아트용 브러시로 나누어 사용한다. 단비의 털로 만든 브러시가 최상급의 브러시이다.

아크릴 브러시 보관법

- 아크릴 브러시에 아크릴의 잔여물이 남아 있지 않도록 아크릴 리퀴드로 여러 번 닦는다.
- 아크릴 브러시 끝을 가지런히 모아주고 아크릴 리퀴드가 마르지 않도록 뚜껑을 덮어 브러시 끝이 아래쪽으로 향하게 보관한다.

[아크릴 브러시의 명칭]

명칭	기능	이미지
팁(Tip)	큐티클 라인, 스마일 라인, 디자인의 미세작업	Tip Belly Back
벨리(Belly)	전체적인 표면의 형태를 균일하게 정리	
백(Back)	아크릴 볼을 펴주거나 두께, 길이 조절	

3) 아크릴 네일이 굳는 시간에 미치는 주요 요인

① 실내 온도와 습도
② 고객의 손과 네일의 온도
③ 네일의 위치(네일 위는 온도가 있어 빨리 굳음, 폼 윗부분은 조금 늦게 굳음)
④ 혼합한 볼의 양과 아크릴 두께
⑤ 아크릴 리퀴드에 비해 많은 아크릴 파우더 양(빨리 굳고 기포 유발)
⑥ 아크릴 파우더에 비해 적은 아크릴 리퀴드 양(늦게 굳고 불투명함)
⑦ 아크릴 파우더의 컬러에 따라 (빠름) 핑크 > 화이트 > 내추럴 > 클리어 (느림)
⑧ 아크릴 브러시의 터치와 압력(많이 터치하면 강하게 누르면 빨리 굳고 기포 유발)
⑨ 제품회사(회사별로 경화시간이 빠른 제품과 느린 제품이 나옴)
⑩ 제품의 상태(유통기한, 변질 등)

3 젤 네일

젤 네일이란 젤을 젤 램프기기(자외선, 가시광선)에 경화하여 인조 네일로 만드는 것을 말한다.

- 주요성분 : 아크릴레이트(Acrylate)

1) 라이트 큐어드 젤 네일의 종류와 특성

(1) 클리어 젤(Clear Gel)

점성을 가지고 있으며 네일의 보강과 길이를 연장하는 등의 다양한 인조 네일을 할 수 있는 제품이다.

① 소프트 젤(Soft Gel)

점도가 작아 스스로 고르게 퍼지며 부드러운 제품으로 내구력과 지속력이 약해 제거 용액으로 제거가 가능하나 그만큼 더 자주 제거해야 한다. 주로 네일을 보강할 때 사용하며 짧은 길이의 연장은 가능하나 긴 길이의 연장에는 적합하지 않다.

② 하드 젤(Hard Gel / Builder Gel)

점도가 커 단단한 제품으로 다루기 어려우나 내구력과 지속력이 강하다. 제거용액으로 제거가 가능한 제품도 있지만 대부분 제거가 가능하지 않다. 약한 네일에 보강하거나 주로 길이를 연장할 때 사용한다.

클리어 젤 네일의 보관법

- 젤은 온도에 따라 반응할 수 있기 때문에 적당한 온도를 유지하여 보관하는 것이 좋다.
- 딱딱한 질감으로 변한 젤은 광택이 저하될 수 있으므로 따뜻하게 데운 후 사용하는 것이 좋다.
- 빛이 투과하지 않는 재질의 케이스를 사용하여야 하며 빛이 투과하지 않는 장소에 보관하는 것이 좋다.

(2) 컬러 젤(Color Gel)

안료를 포함하고 있는 컬러 젤로 일반적으로 젤 네일 폴리시라고 부른다. 클리어 젤에 비해 경화속도가 느리며 네일 폴리시와 비슷한 느낌이지만 광택이 뛰어나고 유지기간이 오래 지속된다.

(3) 베이스 젤(Base Gel)

네일과 젤이 잘 밀착되고 젤이 균일하게 도포될 수 있도록 처음에 사용하는 제품이다. 미경화 젤의 여부에 따라서 젤 클렌저로 닦아서 사용하는 타입과 닦지 않고 사용하는 타입이 있다.

(4) 톱 젤(Top Gel)

젤을 보호하고 표면에 광택을 부여하기 위해 마지막에 사용하는 제품이다. 무광타입과 유광타입이 있고 미경화 젤의 여부에 따라서 젤 클렌저로 닦는 타입과 닦지 않고 마무리하는 타입이 있다.

2) 젤 클렌저(Gel Cleanser)

젤 와이퍼에 적셔 미경화 젤을 닦을 때 사용하는 제품으로 에탄올이 주성분이다.

3) 젤 브러시(Gel Brush)

젤을 네일에 바를 때 사용하는 브러시이다. 젤 브러시 길이, 크기, 형태에 따라 스컬프처용과 아트용으로 나누어 사용한다.

젤 브러시 보관법

- 젤 브러시에 묻은 젤은 젤 와이퍼를 사용하여 조심스럽게 닦아준다.
- 젤 브러시 끝을 가지런히 모아주고 빛이 투과하지 않는 재질의 뚜껑을 덮어준다.
- 젤 브러시케이스 안에 넣어 빛이 투과하지 않는 서랍 속에 보관하는 것이 좋다.

- 라이트 큐어드 젤(Light Cured Gel) : 가시광선과 자외선의 광선에 경화하는 젤
- 노 라이트 큐어드 젤(No Light Cured Gel) : 광선을 사용하지 않고 응고제를 사용하여 굳는 젤

❹ 전 처리제

1) 네일 프라이머(Nail Primer)

케라틴 단백질을 화학작용으로 녹임으로써 아크릴 네일의 접착효과를 높여주는 제품이다. 네일 표면의 유 · 수분을 제거하고 네일 표면의 pH(4.5~5.5) 밸런스를 맞춰주어 박테리아 성장을 억제하는 방부제 역할을 한다. 산성 제품으로 피부에 화상을 초래하고 네일을 부식시킬 수 있어 최소량을 자연 네일에만 도포한다.

- **주요성분** : 메타크릴산, 아크릴레이트, 부틸아세테이트

2) 논 애시드 프라이머(Non-acid Primer)

자연 네일의 유 · 수분을 제거하는 탈수제 작용을 하는 제품이다. 네일에 도포하며 피부에 닿아도 화상을 초래하지 않고 네일을 부식시키지 않는다.

- **주요성분** : 아크릴레이트, 부틸아세테이트

3) 네일 본더(Nail Bonder)

산성 성분을 포함한 제품과 포함하지 않은 제품으로 구분되며, 젤 네일 작업 시 자연 네일의 유 · 수분을 제거하고 젤 네일의 밀착력을 높여주는 역할을 한다.

- **주요성분** : 메타크릴산, 아크릴레이트, 부틸아세테이트

전 처리제 보관법

- 이물질에 오염되거나 빛에 노출되면 변질될 우려가 있으므로 어두운 색의 작은 유리용기를 사용한다.
- 온도로 인하여 변질될 수도 있기 때문에 서늘하고 통풍이 잘되는 공간에 보관하여야 한다.

❺ 네일 폼(Nail Form)

네일 팁을 사용하지 않고 길이를 연장하거나 인조 네일의 형태를 만들기 위해 사용하는 받침대이며 스컬프처 작업 시 사용한다.

네일 폼 접착방법

- 옐로 라인과 맞게 폼을 재단한 후 네일과 네일 폼 사이의 공간이 벌어지지 않도록 접착한다.
- 네일 밑의 하이포니키움이 손상되지 않게 너무 깊이 넣지 않도록 주의하며 접착한다.
- 네일 폼이 틀어지지 않도록 중심을 잘 잡고 균형을 맞추어가며 접착한다.
- 옆면에서도 네일 폼이 쳐지지 않도록 네일과 연결이 자연스럽게 이어지게 접착한다.

❻ 네일 랩(Wraps)

네일 랩이란 '네일을 포장한다'라는 뜻으로 오버레이라고도 한다. 네일 랩을 오려 네일 접착제를 사용하여 네일에 붙여 약한 네일의 보강이나 찢어진 네일을 덮어 단단하게 한다. 인조 네일 위에 덮어씌움으로써 튼튼하게 유지시켜주고 길이를 연장하는 데도 사용한다.

네일 랩의 재단과 접착방법

- 접착할 네일의 면적을 재고 재단한다.
- 네일 랩의 모서리와 큐티클 라인이 맞게 재단한다.
- 재단한 네일 랩을 큐티클 라인에서 약 2mm 정도 남겨 놓고 네일에 접착한다.
- 접착한 후 네일 측면까지 잘 커버되어 있는지 확인한다.

[네일 랩의 분류]

구분	내용
파이버 글라스 (Fiber Glass)	• 인조유리섬유로 짠 직물로 투명하며 매우 반짝거림 • 실크에 비해서 조직이 느슨하며 접착제가 잘 스며듦
실크(Silk)	• 명주실로 짠 직물로 부드럽고 가벼움 • 조직이 얇고 섬세하여 가장 많이 사용함
리넨(Linen)	• 아마의 실로 짠 직물로 다른 소재에 비해 강함 • 천의 조직이 비치고 두꺼우며 투박함

❼ 필러 파우더(Filler Powder)

네일 접착제와 함께 사용하는 분말타입의 제품으로 네일의 보강과 두께 조절을 위해 사용한다.

❽ 경화 촉진제(Glue Activator, Glue Dry)

경화 촉진제는 네일 접착제를 좀 더 빠르게 경화하는 역할을 하며 일반적으로 글루 드라이라고 한다. 분사타입의 제품과 스포이트 타입의 제품으로 구분되는데, 프레온 가스를 포함하고 있지 않은 스포이트 제품을 사용하는 것이 바람직하다.

- **주요성분** : 부탄(LPG), 프레온 에탄올, 아세톤
- **스프레이 타입** : 약 10~15cm 정도 거리를 유지하며 약하게 분사하여 사용한다.
- **스포이트 타입** : 용액 타입의 제품으로 인조 네일에 떨어트려 사용한다.

9 네일 팁(Nail Tip)

네일 팁은 플라스틱, 나일론, 아세테이트 등의 재질로 이미 모양이 만들어진 인조 손톱으로 네일의 길이를 연장하기 위해 사용한다. 네일의 크기에 맞게 1(0)~10단위로 분류되어 있다.

네일 팁 사이즈 선택과 접착방법

- 고객의 네일 사이즈와 형태에 알맞은 네일 팁을 선택한다.
- 만약 잘 모르겠으면 한 사이즈 큰 네일 팁을 선택하여 조절해서 사용한다.
- 네일 팁이 네일의 양쪽 옆면(스트레스 포인트)을 모두 커버해야 한다.
- 양쪽 옆면이 움푹 들어갔거나 각진 네일은 하프 웰처럼 얇은 네일 팁을 선택한다.
- 웰의 크기가 크면 갈아내거나 잘라서 사용할 수 있다.
- 자연 네일의 형태는 웰의 정지선 형태와 동일하게 조형한다.
- 네일 팁을 자연 네일의 1/2 미만으로 45°의 각도로 접착한다.
- 네일 팁과 자연 네일 부착 시 기포가 생기지 않도록 주의하며 접착한다.
- 물어뜯는 네일에는 아크릴 네일이 효과적이나 프리에지 라인이 일정한 경우라면 네일 팁을 적용할 수 있다.
- 넓적한 네일에는 끝이 좁아지는 내로 팁(Narrow Tip)을 적용한다.
- 아래로 향한 네일(Claw Nail)에는 일자 팁을 적용한다.
- 위로 솟아 오른 네일(Spoon Nail)에는 옆선에 커브가 있는 네일 팁을 적용한다.

① 웰(Well) : 네일 접착제를 바르는 곳으로 자연 네일과 네일 팁이 접착될 약간의 홈이 파여 있는 부분이다.

② 포지션 스톱(Position Stop) : 네일 팁 웰이 끝나는 부분의 경계선으로 네일 접착제가 넘치면 안 되는 웰의 정지선이다.

[웰 면적에 따른 네일 팁의 분류]

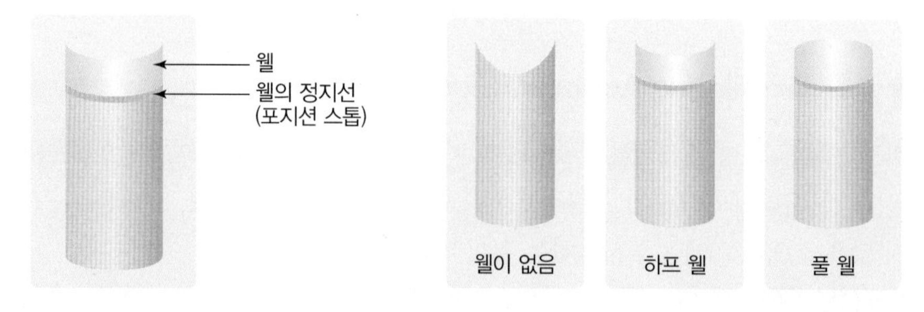

10 네일 접착제(Nail Glue)

네일 접착제는 네일 글루(Nail Glue)라고 하며, 네일 팁을 접착하거나 네일 랩 등을 고정할 때 사용한다. 공기 중의 수분을 흡수하여 굳는 성질의 이온 중합을 한다. 네일 접착제는 점성과 형태에 따라 구분되며 사용 용도에 맞추어 적절히 사용해야 한다. 점성이 작은 네일 접착제는 얇게 발리어 빠르게 건조하는 대신 유동되어 흐를 수 있다는 단점이 있고, 점성이 큰 젤 형태의 네일 접착제는 두껍게 발리어 건조가 느리며 유동되지 않아 접착력과 보존력이 우수하여 네일 액세서리 등을 부착하는 용도로 많이 사용하나 제거가 어렵다.

• **주요성분** : 시아노 아크릴레이트(Cyano Acrylate)

[점성에 따른 네일 접착제의 분류]

점성	이미지	내용
작다		**스틱 글루(Stick Glue)** 네일 팁을 접착하고 네일 랩, 라인스톤을 고정한다. 스틱타입으로 손으로 눌러 접착제를 짜서 사용하는 스퀴즈(Squeeze) 방식이다. – 라이트 글루(Light Glue) : 투명하며 액체로 가장 작은 점성을 지닌다. – 핑크 글루(Pink Glue) : 핑크 컬러로 라이트 글루보다 점성이 크다.
↕		**투웨이 글루(2Way Glue)** 투명하며 스틱 글루와 브러시 글루의 중간 정도의 점성을 지닌다. 네일 팁을 접착하고 인조 네일을 보강하며 네일 랩, 네일 스톤을 고정한다. – 사용방법 : 상단에 있는 마개를 열어 손으로 눌러 짜서 사용하는 방법과 뚜껑에 부착되어 있는 브러시를 사용하여 바르는 방법이 있다.
		브러시 글루(Brush Glue) 투명하며 젤의 형태로 액세서리 글루와 투웨이 글루의 중간 정도의 점성을 지니며, 젤 글루라고도 한다. 네일 팁을 접착하고 인조 네일을 보강하며 네일 랩, 네일 스톤을 고정한다. – 사용방법 : 뚜껑에 부착되어 있는 브러시를 사용하여 도포한다.
크다		**액세서리 글루(Accessory Glue, Part Glue)** 투명하며 끈끈한 젤의 형태로 가장 강한 점성을 지닌다. 큰 사이즈의 네일 스톤, 네일 액세서리, 네일 파츠 등을 고정한다. – 사용방법 : 튜브타입으로 손으로 눌러 짜서 사용한다.

SECTION 05 네일 도구의 종류와 특성

1) 재료정리함

- 용도 : 네일 작업에 사용되는 재료를 담아 정리하는 도구이다.
- 사용방법 : 네일 재료에는 화학물질이 포함되기 때문에 재료정리함에 넣어 사용하는 것이 적절하다.

2) 손목 받침대

- 용도 : 고객의 손목을 받쳐 작업의 편리성을 제공해 주는 도구이다.
- 사용방법 : 작업이 용이하도록 고객의 손목을 받쳐서 사용한다.

3) 용기

- 용도 : 탈지면이나 멸균거즈를 담는 뚜껑이 있는 용기이다.
- 사용방법 : 이물질이 들어가지 않게 뚜껑을 덮어 사용한다.

4) 소독용기

- 용도 : 철제 도구들을 담가서 소독할 때 사용하는 용기이다.
- 사용방법 : 바닥에 탈지면을 깔고 에탄올 수용액 70%에 10분 이상 담가둔다.

5) 핑거볼(Finger bowl)

- 용도 : 고객의 손끝을 담가서 네일 주위 각질을 불릴 때 사용하는 용기이다.
- 사용방법 : 미온수를 넣고 고객의 손끝을 담가 사용한다.

6) 디스펜서(Dispenser)

- 용도 : 네일 폴리시 리무버, 아세톤 등의 용액을 담는 용기이다.
- 사용방법 : 용액을 담가서 펌프식으로 편리하게 사용한다.

7) 다펜디시(Dappen Dish)

- 용도 : 화학물질에도 녹지 않는 재질로 뚜껑이 있는 작은 용기이다.
- 사용방법 : 아크릴 리퀴드, 브러시 클리너 등을 덜어서 사용한다.

8) 가위(Scissors)

- 용도 : 네일 작업 시 필요한 재료를 재단하는 데 사용하는 철제도구이다.
- 사용방법 : 네일 랩, 데칼, 네일 폼 등을 잘라 사용한다.

9) 네일 더스트 브러시(Nail Dust Brush)

- 용도 : 네일 주위의 분진을 제거할 때 사용하는 도구이다.
- 사용방법 : 네일 주위의 분진을 네일 끝 방향으로 털어내듯이 사용한다.

10) 팁 커터(Tip Cutter)

- **용도** : 네일 팁의 길이를 줄일 때 사용하는 철제도구이다.
- **사용방법** : 네일 팁과 팁 커터의 각도가 90°가 되도록 프리에지 길이를 재단한다.

11) 네일 클리퍼(Nail Clipper)

- **용도** : 손 · 발톱 길이를 줄일 때 사용하는 철제도구이다.
- **사용방법** : 손 · 발톱 형태에 맞게 조금씩 충격이 가하지 않도록 재단한다.

12) 큐티클 니퍼(Cuticle Nipper)

- **용도** : 큐티클과 네일 주위의 거스러미를 제거할 때 사용하는 철제도구이다.
- **사용방법** : 지저분한 큐티클을 거스러미가 일어나지 않도록 니퍼를 들어 올리지 않고 피부의 결대로 뒤로 빼듯이 사용한다. 네일 도구 중 감염의 우려가 가장 높은 제품이므로 철저한 소독이 필요하고 니퍼는 최소한 2개 이상을 가지고 사용해야 한다.

13) 큐티클 푸셔(Cuticle Pusher)

- **용도** : 큐티클을 밀어 올릴 때 사용하는 철제도구이다.
- **사용방법** : 연필을 쥐듯이 잡고 부드럽게 밀어 올리며 각도는 45°를 유지해야 한다. 큐티클 푸셔의 끝이 날카로우면 네일에 무리를 줄 수 있으므로 너무 날카롭지 않아야 하며 강한 압력으로 큐티클 푸셔를 사용하면 네일에 굴곡이 생길 수 있으므로 주의해서 사용해야 한다.

14) 오렌지 우드스틱(Orange Wood Stick)

- **용도** : 큐티클을 밀어 올릴 때나 네일의 이물질 제거 또는 컬러링의 수정 등에 다양하게 사용하는 도구이다.
- **사용방법** : 상황에 맞게 사용하고 일회용이므로 사용 후에는 폐기해야 한다.

15) 콘 커터(Corn Cutter)

- **용도** : 발바닥의 굳은 각질을 제거할 때 사용하는 도구이다.
- **사용방법** : 콘 커터의 날(면도날)을 부착한 후 피부 결(족문) 방향으로 안쪽에서 바깥쪽으로 사용해야 한다. 일회용이므로 사용한 후에는 폐기해야 한다.

16) 토 세퍼레이터(Toe Separators)

- **용도** : 발가락 사이에 끼워 발가락을 분리해주는 제품이다.
- **사용방법** : 네일 폴리시나 젤 등을 바를 때 필요한 공간을 확보하기 위해 일회용으로 사용한다. 일회용 키친타월 등으로 대신할 수 있다.

17) 페디 파일(Pedi File)

- 용도 : 콘 커터 사용 후나 발바닥의 각질을 부드럽게 밀어줄 때 사용하는 도구이다.
- 사용방법 : 피부 결(족문) 방향으로 안쪽에서 바깥쪽으로 사용해야 한다.

18) 네일 파일(Nail File)

네일 파일은 자연 네일과 인조 네일 작업 시 필요한 모든 네일 파일류를 총칭한다.

네일 파일의 특징
- 하나의 네일 파일 위에 연마재의 수를 표시하는 단위인 그릿(Grit)으로 표시되며 그릿 숫자에 따라 분류한다.
- 연마재가 많을수록 그릿 수가 높아 입자가 작아 부드럽고 그릿 수가 낮을수록 거칠다.
- 앞뒷면에 따라 그릿 수가 다르게 표시되어 사용하는 파일도 있으니 주의해서 사용해야 한다.
- 소독 후 재사용 가능한 파일은 워셔블(Washable)로 표기된 네일 파일류이다.
- 철제 파일은 열을 발생시켜 네일을 건조하고 약하게 하므로 사용하지 않는 것이 좋다.

[그릿(Grit) 숫자에 따른 적절한 네일 파일 선택방법]

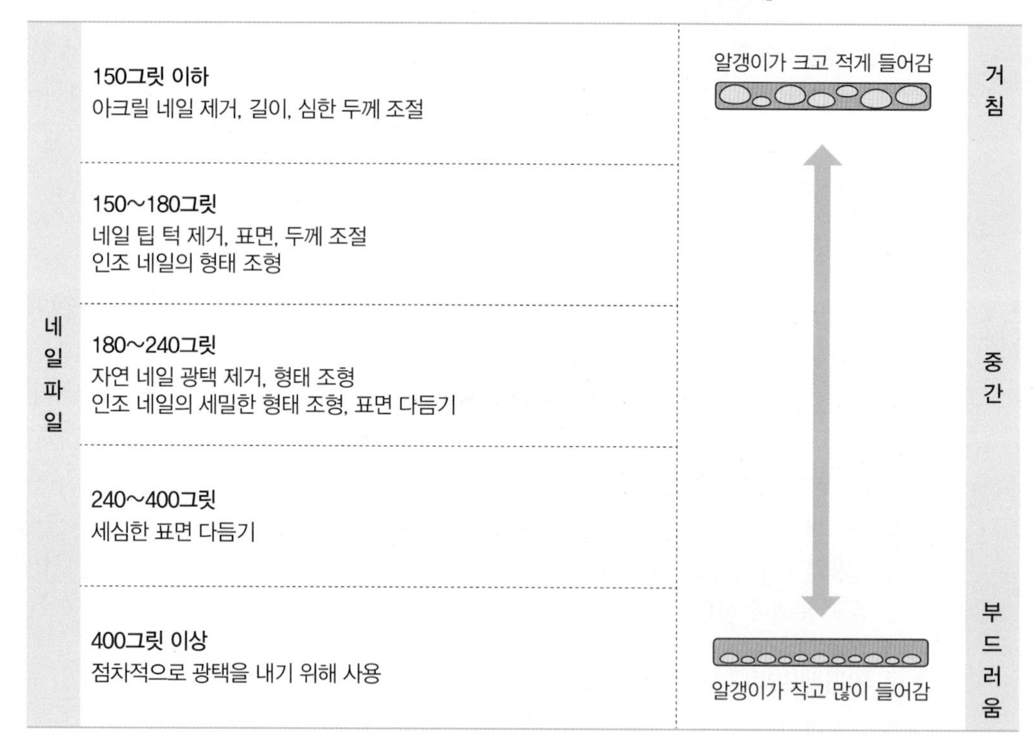

구분	그릿	용도	입자
네일 파일	150그릿 이하	아크릴 네일 제거, 길이, 심한 두께 조절	거침
	150~180그릿	네일 팁 턱 제거, 표면, 두께 조절 인조 네일의 형태 조형	
	180~240그릿	자연 네일 광택 제거, 형태 조형 인조 네일의 세밀한 형태 조형, 표면 다듬기	중간
	240~400그릿	세심한 표면 다듬기	
	400그릿 이상	점차적으로 광택을 내기 위해 사용	부드러움

(1) 자연 네일용 파일

- **용도** : 자연 네일의 길이 조절, 형태 조형, 표면 다듬는 등 자연 네일 작업 시 사용하는 네일 파일이다.
- **사용방법** : 자연 네일에는 180그릿 이상의 부드러운 우드파일을 사용해야 하며 힘을 주어서 비비거나 왕복하지 말고 한쪽 방향으로 네일 파일링해야 한다.

(2) 인조 네일용 파일

- **용도** : 인조 네일의 길이 조절, 형태 조형, 제거 등의 인조 네일의 작업 시 사용하는 네일 파일이다.
- **사용방법** : 그릿숫자에 따른 적절한 네일 파일을 선택하여 네일 주변 피부에 주의하며 네일 파일링해야 한다.

(3) 샌딩 파일(Sanding File)

- **용도** : 네일 표면의 굴곡을 제거하거나 매끄럽게 해주기 위해 사용하는 네일 파일이다.
- **사용방법**
  - 자연 네일 : 네일의 손상을 방지하기 위해 180그릿 이상의 부드러운 샌딩 파일을 사용하여 네일의 성장 방향(매트릭스에서 프리에지)인 세로로 네일 파일링한다. 네일 표면에 굴곡이 심한 경우와 인조 네일의 작업 전 부착력을 높이기 위해서는 가로로 네일 파일링한다.
  - 인조 네일 : 비비거나 문질러서 인조 네일의 표면을 매끄럽게 네일 파일링한다.

(4) 광택용 파일(Shiner File)

- **용도** : 최종 단계에서 광택을 내는 네일 파일이다.
- **사용방법** : 네일의 표면을 비비거나 문질러서 사용한다.

광택용 파일의 특징

- 네일 파일의 한 종류이며 최종단계에는 연마재가 없다.
- 최종단계에는 일반적으로 세미가죽으로 되어 있다.
- 보통 단계별로 사용하는데 면에 따라 점차 더 부드러워지며 광택이 난다.
- 2단계로 광을 내는 2way, 3단계로 광을 내는 3way 광택용 파일 등이 있다.

SECTION 06 네일 기기의 종류와 특성

1) 작업대

- **용도** : 네일미용사가 작업하는 데 사용하는 테이블이다.
- **고려사항** : 각도 조절이 가능하고 형광등으로 조명용 램프(40W)가 부착되어 있는지 흡진기 등의 설치 여부를 고려하여 선택한다. 화학물질로 변색이 일어나지 않고 부식되지 않는 재질과 서랍 부착 여부 등을 고려하여 선택한다.

2) 족욕기

- **용도** : 고객의 발을 담가 발을 세척하고 발의 각질을 불려주는 기기이다.
- **사용방법** : 족욕기의 온도는 약 40~43℃가 적당하며 살균비누를 넣어 사용한다. 피로회복 시에는 20분 정도, 각질을 불릴 때는 5~10분 정도가 적당하다.

3) 자외선 소독기

- **용도** : 자외선(UV)을 이용하여 네일 도구를 소독하는 기기이다.
- **사용방법** : 깨끗하게 세척한 네일 도구를 넣어 보관한다.

4) 네일 폴리시 건조기

- **용도** : 윗면에 선풍기와 같은 팬의 회전으로 네일 폴리시의 건조를 도와주는 기기이다.
- **사용방법** : 고객의 양쪽 엄지가 닿지 않게 조심히 넣어주고 약 20분 정도 건조한다.

5) 드릴머신 & 비트

- **용도** : 네일 작업 시 네일 파일링과 네일 케어를 도와주는 기기이다.
- **사용방법** : 드릴머신 본체에 핸드피스를 연결하고 작업에 따른 비트를 장착하여 사용한다.

6) 에어브러시

- **용도** : 네일 위에 컬러를 부여하거나 네일아트를 표현할 때 사용하는 기기이다.
- **사용방법** : 고압을 이용한 컴프레서와 에어브러시 건을 연결하고 에어브러시 건에 물감 또는 컬러 젤을 넣은 다음 네일 위에 스텐실을 올려놓고 분사하여 사용한다.

7) 파라핀 워머기, 크림 워머기

- **용도** : 파라핀 왁스와 크림을 녹이는 기기이다.
- **사용방법** : 파라핀 용액이 녹은 후 약 52~55℃(127~137℉)의 적정 온도를 유지하고 고객의 손을 담가서 파라핀 용액을 2~3회 묻혀 사용한다. 크림을 약 10~15분 정도 데우고 손끝을 담가서 사용한다.

8) 젤 램프기기

- **용도** : 젤 네일 작업 시 젤을 경화시키는 UV, LED 전구가 들어 있는 기기이다. 젤 네일에 사용되는 광선은 자외선과 가시광선이다.
- **사용방법** : 고객의 손이 젤 램프기기 입구에 닿지 않도록 주의하며 넣고 젤의 특성에 따라 적절하게 경화시간을 지켜야 한다.

[젤 네일에 사용되는 광선]

<table>
<tr><th colspan="3">자외선(UV)</th><th>가시광선(LED)</th><th>적외선</th></tr>
<tr><td>UV-C</td><td>UV-B</td><td>UV-A
320~400nm</td><td>400~700nm 정도</td><td rowspan="2">램프기기로
사용 안 됨</td></tr>
<tr><td colspan="2">램프기기로 사용 안 됨</td><td>UV 램프</td><td>LED 램프</td></tr>
</table>

[UV와 LED 젤 램프기기의 비교]

구분	UV 젤 램프기기	LED 젤 램프기기
파장	UV-A 약 320~400nm	약 400~700nm
수명	램프 교체(대부분 1,000시간)	반영구적(40,000~120,000시간)
특징	자외선 차단제 사용을 권장함	자외선 차단제를 사용하지 않음

젤 경화에 미치는 주요 요인

- 젤 램프기기의 종류(LED, UV)와 상태(사용기간, 파손상태, 잔여물 접착 등)
- 젤의 종류와 두께(하드 젤, 소프트 젤)
- 경화 시간과 네일의 위치
- 젤 투명도(클리어 젤, 컬러 젤)
- 네일 폼의 투명도(투명, 불투명) 불투명한 폼을 사용할 경우 빛이 투과하지 못할 수도 있기 때문에 연장의 경우 손을 뒤집어서 경화할 수 있다.

젤 램프기기의 사용 시 주의사항

- 적절하지 않은 장시간의 경화는 젤의 변색을 유발할 수 있다.
- 제조회사마다 램프의 사용 시간이 다르고 젤에 첨가되어 있는 광중합개시제에 따라 젤 램프기기(UV, LED 램프)의 종류가 달라지기 때문에 제품 설명서를 확인하고 사용한다.
- 경화 과정(큐어링 프로세스, Curing Process) 중에 젤을 만지게 되면 피부에 알레르기 등의 문제를 일으킬 수 있으므로 주의해서 사용하여야 한다.
- 1회에 많은 양의 젤을 경화할 경우 젤의 균열과 기포를 유발, 젤의 수축(최고 25%까지)과 내구성을 저하시킬 수 있다.
- 1회에 많은 양의 젤을 경화할 경우 조직을 태우는 히팅(Heating) 현상으로 인하여 네일 보디와 네일 베드의 뜨거움이 일어나 네일에 손상을 줄 수 있다.
- 젤이 완벽하게 경화되지 않아서 딱딱하지 않고 물렁거려 리프팅이 빨리 발생할 경우는 램프를 교체해야 한다.

PART

03

피부학

피부와 피부 부속기관

SECTION 01 피부 구조 및 기능

피부는 외배엽에서 유래되어 신체의 표면을 덮고 있는 기관으로서 외부환경으로부터 신체를 보호하는 중요한 역할을 하며 체온조절기능, 감각기능 등의 다양한 생리적 기능을 한다. 피부의 면적은 성인기준으로 약 1.6m^2, 두께는 평균 2~2.2mm, 피부가 차지하는 비중은 체중의 약 16% 정도이다.

1 피부의 구조

피부의 구조는 외측에서부터 표피, 진피, 피하조직으로 이루어져 있으며 피지선, 한선, 모발, 손톱 등의 부속기관이 존재하고 있다. 피부 표면은 삼각 또는 마름모꼴의 다각형태로 이루어져 있다.

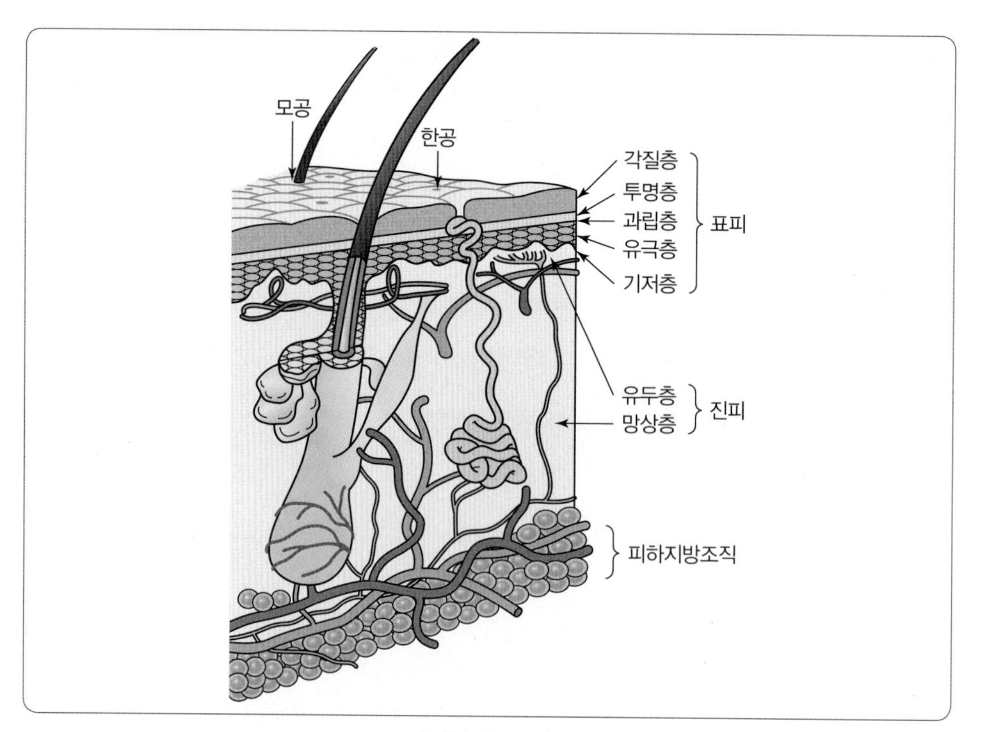

[피부의 구조]

❷ 표피(Epidermis)

중층 편평상피로 피부의 가장 바깥쪽 표면에 해당되고 라멜라 구조로 되어 있어 수분 증발 방지와 피부를 보호하는 역할을 한다. 신체 내부를 보호해주는 보호막의 기능과 자외선에 대한 방어, 외부의 오염 물질로부터 신체를 보호한다. 각질 형성 세포가 대부분을 차지하며 랑게르한스세포, 머켈세포가 존재하며 멜라닌세포가 유기적으로 결합되어 있다.

1) 표피의 구조

피부의 가장 바깥부터 각질층, 투명층, 과립층, 유극층, 기저층으로 구성된다.

(1) 각질층(Horny Layer)

피부의 가장 바깥쪽 무핵층으로 죽은 각질세포가 겹겹이 쌓여 있어 각질층이라고 한다. 각질세포는 피부 외측으로 갈수록 점점 얇아지고 비듬이나 때처럼 계속적인 박리 현상을 일으키며, 각질세포 사이는 세포 간 지질로 형성된 라멜라 구조로 되어 있다. 각질층은 케라틴이라는 단단하고 얇은 단백질과 천연보습인자, 세포 간 지질의 결합으로 수분 유지와 피부를 보호하는 장벽 역할을 한다. 10~20%의 수분을 함유하고 있으며, 수분 함유량이 10% 이하가 되면 피부가 거칠어진다.

천연보습인자 NMF(Natural Moisture Factor)
- 친수성 성분으로 피부의 수분 보유량을 조절, 수분을 유지하는 보습막을 형성
- 구성 : 아미노산(40%), 젖산염, 암모니아, 요소 등(아미노산이 가장 많음)
- 라멜라 구조 : 세라마이드, 콜레스테롤, 지방산(세라마이드의 함유량이 가장 많음)

(2) 투명층(Lucid Layer)

수분 침투를 방지하고 피부를 윤기 있게 해주는 기능을 가진 반유동성 물질인 엘라이딘이라는 단백질을 함유하고 있어 투명하게 보여 투명층이라고 한다. 무핵층으로 손바닥과 발바닥 등 피부층이 두터운 부위에 주로 분포한다.

(3) 과립층(Granular Layer)

본격적인 각질화 과정이 시작되는 층으로 케라틴의 전구물질인 과립모양의 각화유리질과립(케라토히알린)을 함유하고 있어 과립층이라고 한다. 과립을 함유하여 핵이 퇴화되면서 본격적으로 각질화 과정이 시작된다. 편평형이나 방추형의 2~5개의 무핵세포층으로 수분저지막이 있어 외부로부터 이물질의 통과와 내부의 수분증발을 막는다. 각질층과 과립층은 구강이나 눈꺼풀 뒷면 점막에는 존재하지 않는다.

레인 방어막(수분 저지막, Barrier Zone, Rein Membrane)

- 과립층에 위치하고 있으며 외부로 빠져나가는 수분의 증발을 저지하고 내부로 과잉 침투하는 수분의 흡수를 막아주어 레인 방어막이라고 함
- 표피부분 : 10~20% 수분 함유(약산성)
- 피부 아랫부분 : 70~80% 수분 함유(약알칼리성)

(4) 유극층(Spinous Layer)

표피의 대부분을 구성하는 가장 두꺼운 층이다. 유핵 세포층으로 세포의 표면에 가시 모양의 돌기가 존재하며 세포 간의 물질 및 노폐물 교환이 이루어진다. 림프관이 분포하고 면역 기능을 담당하는 랑게르한스세포가 존재한다.

(5) 기저층(Basal Layer)

표피의 가장 안쪽에 존재하는 원주형의 세포가 단층으로 이어져 있으며 피부의 새 세포를 형성하는 중요한 역할을 한다.

유핵 세포층으로 진피와 경계를 이루는 물결 모양으로 이루어져 있고 케라틴을 만드는 각질형성세포와 머켈세포, 피부색상을 결정짓는 데 주요한 요인이 되는 멜라닌세포가 주로 분포되어 있다. 모세혈관으로부터 영양을 공급받아 세포분열과 유사분열이 왕성하게 일어난다.

각화과정은 피부세포가 기저층에서 생성되어 각질층까지 분열되어 올라가 죽은 각질 세포로 되는 현상으로 약 28일 정도가 소요된다.

14일 – 각질층(각질로 탈락, 표피박리)

14일 ┌ 과립층(본격적인 각질화 과정 시작)
├ 유극층
└ 기저층(각질형성세포 형성)

2) 표피의 구성세포

(1) 랑게르한스세포

가지돌기를 가지고 있으며 대부분 유극층에 존재한다. 피부면역에 관여하고 있어 피부의 이물질을 림프구로 전달한다.

(2) 머켈세포(촉각세포)

기저층에 위치하며 촉각을 감지하는 세포이다. 불규칙한 모양의 핵이 존재하며 신경자극을 뇌에 전달하는 역할을 한다.

(3) 각질형성세포(케라티노사이트)

기저층에서 세포 분열에 의해 생성되며 피부의 각질(케라틴)을 만들어 내는 세포이다.

(4) 멜라닌세포(멜라노사이트)

피부색상을 결정짓는 데 주요한 요인이 되는 색소제조세포이다. 자외선을 받으면 왕성하게 활동하여 자외선으로부터 보호한다. 멜라닌세포 수는 민족과 피부색에 관계없이 일정하다. 피부의 색은 멜라닌과 헤모글로빈, 카로틴의 분포에 의하여 결정된다.

멜라닌	+	헤모글로빈	+	카로틴
(흑색소)		(적색소)		(황색소)

[피부 색 결정요소]

3 진피(Dermis)

표피와 피하지방 사이에 존재하며 피부의 주체를 이루는 층으로서 유두층과 망상층으로 구분된다. 피부조직 외에 부속기관인 혈관, 신경관, 림프관, 땀샘, 기름샘, 모발과 입모근을 포함하고 있다. 교원섬유와 탄력섬유, 기질로 구성되어 있으며 피부의 탄력과 주름 생성에 중요한 역할을 한다.

1) 진피의 구조

(1) 유두층

표피와 접하고 있는 물결 모양의 진피층으로 혈관유두와 신경유두가 있어 유두층이라고 한다. 진피의 10~20%를 차지하며 교원섬유와 탄력섬유가 느슨하게 구성되어 있다. 모세혈관에 분포되어 표피에 영양을 공급하고 촉각과 통각 등의 신경종말에 의해 신경을 전달한다. 혈관과 림프관 외 수많은 감각수용기가 있다.

(2) 망상층

유두층 아래에 존재하며 불규칙한 그물 모양으로 이루어져 망상층이라고 한다. 진피층의 80~90%를 차지하며 교원섬유와 탄력섬유의 단단한 결합조직으로 피부의 탄력과 팽창에 관여한다. 감각기관이 분포되어 있고 혈관, 임파관, 한선, 피지선, 입모근이 있다. 망상층에 섬유조직은 피부 표면과 평행한 배열로 일정한 방향성을 가지는 랑게르한선이 있다. 랑게르한선의 영향으로 수술 시 흉터를 최소로 해준다.

2) 진피의 구성물

교원섬유와 탄력섬유, 기질(무코다당류)로 구성되어 있고 진피의 구성 세포는 섬유아세포, 대식세포, 비만세포이다.

(1) 교원섬유(콜라겐)

진피의 섬유아세포에서 생성되며 섬유단백질인 콜라겐으로 구성된다. 피부에서 주름을 담당하고 콜라겐이 부족하면 주름이 발생하기 쉽다. 콜라겐은 우수한 보습능력을 가지고 있고 노화될수록 콜라겐의 함량이 낮아진다. 교원섬유와 함께 그물 모양으로 짜여 있어 피부에 탄력과 신축성을 부여한다.

(2) 탄력섬유(엘라스틴)

섬유아세포에서 생성되어 신축성이 강한 섬유단백질로 피부 탄력에 직접 관여한다. 화학물질에 대한 저항력이 강해 피부 파열을 방지하는 역할을 한다.

(3) 기질

세포와 섬유성분 사이를 채우고 있는 물질을 말하며 히알루론산, 헤파린황산 등으로 이루어진 무코다당류이다. 히알루론산이 40% 이상을 차지하며 피부의 수분 보유력을 높이는 역할을 한다.

(4) 섬유아세포

결합조직이 가장 중요한 세포로 콜라겐 엘라스틴 등 조직성분을 합성하는 세포이다.

(5) 대식세포

항원의 정보를 T림프구에 전달하는 작용을 하는 면역 담당 세포이다. 대식세포의 세포질에는 가수분해효소가 축적된 리소좀이 많이 있고, 백혈구를 탐식하여 소화하고 이물질의 제거와 분해를 하는 식균작용을 한다.

(6) 비만세포(마스트세포)

알레르기 반응에 관여하는 세포이다. 히스타민과 세로토닌, 헤파린이 함유되어 있어 세포 붕괴로 세포 안의 물질이 방출되면 조직에 과민반응이 일어난다.

4 피하조직

피부의 가장 아래층에 위치하며 진피에서 연결되어 섬유의 불규칙한 결합으로 수많은 지방세포로 구성되어 있다.

체온 조절 및 탄력 유지와 외부 충격으로부터 신체를 보호하고 영양분을 저장한다.

곡선미의 형성에 도움을 주나 피하지방의 축적은 주변의 결합조직과 림프관에 압박을 주어 체내의 노폐물이 배출되지 못하고 쌓이게 한다. 이로 인해 순환장애와 탄력 저하로 울퉁불퉁하게 보이는 셀룰라이트 현상을 일으킨다.

5 피부의 기능

피부의 기능으로 보호작용, 체온 조절작용, 호흡작용, 흡수작용, 감각작용, 분비작용, 영양분 교환(비타민 D 형성), 저장작용, 재생작용, 면역작용이 있다.

[피부의 기능]

구분	내용
보호작용	• 외부의 충격으로부터의 진피층과 피하조직이 완충작용을 함 • 멜라닌세포를 생성하여 광선으로부터 피부의 침입을 막음 • 외부에서 화학적 자극이 들어오면 피부는 pH 5.5의 약산성으로 돌아오려는 복원능력이 있어 피부 산성도를 유지 • 피부 표면의 산성막은 박테리아 감염과 미생물의 침입을 막음
체온조절작용	• 혈관의 수축과 이완, 한선의 땀샘의 분비를 통해 체온을 조절 • 체온 상승 : 한선과 피지선, 혈관 등이 확장되어 열을 발산 • 체온 하강 : 혈관이 수축하여 열 발산을 억제하고 체온을 높임
호흡작용	• 피부 표면을 통해 산소를 흡수하고 이산화탄소를 방출
흡수작용	• 피부는 외부의 온도를 흡수, 감지함 • 외부 물질이 피지선, 한선 등을 통해 흡수하나 친유성 물질과 소분자로 매우 제한적으로 흡수됨
지각작용	• 통각, 촉각, 냉각, 압각, 온각의 감각기관이 있어 외부자극에 대한 감각을 느낌(통각이 가장 예민하고 온각이 가장 둔함)
분비작용	• 피지선을 통해 피지를 분비하고 한선을 통해 땀을 분비하여 인체의 노폐물을 배설
영양분교환 (비타민 D 형성)	• 표피 내에서 생성되는 프로비타민 D가 자외선을 받으면 비타민 D로 전환
저장작용	• 피부는 영양 물질과 수분을 보유하며 피하조직은 지방을 저장
재생작용	• 상처가 생기면 원래의 상태로 돌아가려는 피부의 재생기능
면역작용	• 면역반응에 관련된 세포가 존재하여 생체반응기전에 관여

SECTION 02 피부 부속기관의 구조 및 기능

1 피지선(기름샘)

피지를 분비하는 선으로 진피에 위치하며 모낭에 연결되어 모공을 통해 피지를 분비한다.

① 손바닥과 발바닥에는 피지선이 존재하지 않고 코 주위에 발달
② 남성호르몬의 영향을 받아 사춘기 남성에게 집중적으로 분비
③ 성인은 하루에 약 1~2g의 피지를 분비
④ 트리글리세라이드, 왁스에스테르, 스쿠알렌, 지방산(콜레스테롤, 콜레스테롤에스테르, 인지질)으로 구성

1) 피지의 작용

① 살균작용 : 피지에 함유된 지방산의 기능으로 미생물 침입을 방어하고 병원균을 살균
② 유화작용 : 피지에 함유된 지방산의 기능으로 땀과 기름을 유화시키고 피지막을 형성
③ 수분증발 억제 : 피지막이 형성되어 피부의 수분증발을 억제

2) 피지막

① 피지와 땀이 섞여서 피부 표면의 미생물 침입을 방어, 피부 표면을 보호하는 역할
② pH 4.5~6.5의 약산성으로 W/O의 유화상태로 존재
③ 가장 이상적인 정상 피부의 pH는 5.2~5.8

3) 피지선의 종류

① 큰 피지선 : 얼굴의 T존 부위, 목, 등, 가슴
② 작은 피지선 : 손바닥, 발바닥을 제외한 전신
③ 독립 피지선 : 입술, 성기, 유두
④ 무피지선 : 손바닥, 발바닥

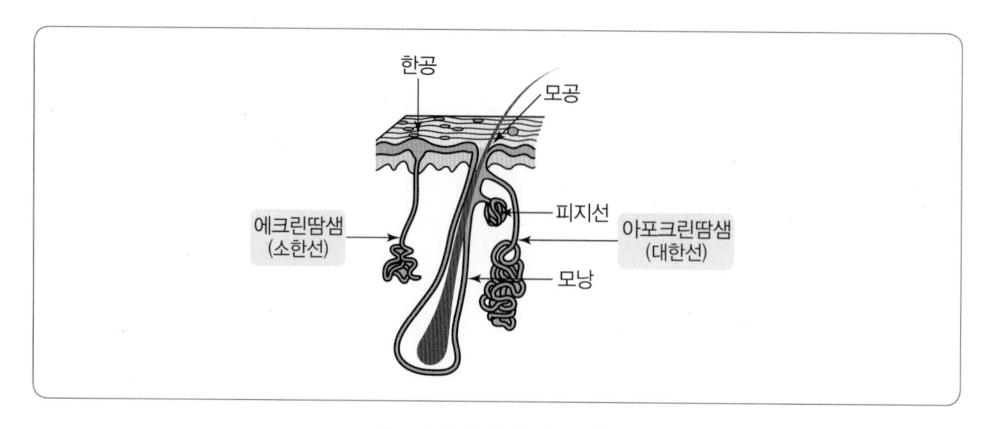

[피지선과 한선의 구조]

2 한선(땀샘)

한선은 진피와 피하조직의 경계에 위치하며 입술, 음부를 제외한 전신에 존재한다. 체내 노폐물 등의 분비물을 배출하고 땀을 분비하며 체온조절의 역할을 한다.

① 소한선(에크린땀샘)과 대한선(아포크린땀샘)으로 분류
② 성인은 하루에 약 700~900cc의 땀을 분비
③ 열 발산 방지작용을 함
④ 수분(99%), 염분, 젖산, 우로칸산(자외선 흡수작용) 등으로 구성

1) 한선(땀샘)의 분류

구분	소한선(에크린땀샘)	대한선(아포크린땀샘)
냄새	• 무색, 냄새가 거의 없음	• 본래는 무색무취, 무균성이나 표피에 배출된 후 세균의 작용을 받아 부패하여 냄새가 남 • 남성보다 여성의 생리 전과 생리 중에 냄새가 강하게 나타남
특징	• 털과 관계없이 한공을 통하여 피부 표면으로 분비	• 털과 함께 존재하며 모낭에 부착되어 모공을 통하여 분비되고 사춘기 이후에 주로 분비 • 흑인 > 백인 > 동양인 순으로 많이 분비됨
위치	• 실밥을 둥글게 한 것 같은 모양으로 진피에 존재 • 입술, 음부를 제외한 신체 전신에 분포하며 손바닥, 발바닥, 이마에 가장 많이 분포	• 에크린한선보다 더 깊숙이 존재하고 더 큼 • 겨드랑이, 배꼽, 생식기 주위, 유두 주변, 두피, 항문 주변 등 특정부위 분포

2) 땀의 이상 분비현상

① 무한증 : 땀이 분비되지 않는 증상
② 소한증 : 갑상선 기능의 저하, 신경계 질환의 원인으로 땀의 분비가 감소하는 증상
③ 다한증 : 자율신경계의 이상으로 땀이 과다하게 분비되는 증상
④ 액취증 : 대한선 분비물이 세균에 의해 부패되어 악취가 나는 증상
⑤ 땀띠(한진) : 땀의 분비통로가 막혀 땀이 쌓여 발생되는 증상

3 입모근

추위에 피부가 노출되거나 공포를 느끼면 입모근이 수축하여 모공을 닫아 체온손실을 막아주고 체온조절의 역할을 한다. 모낭의 측면에 위치하며 모근부 아래의 1/3 지점에 비스듬히 붙어 있는 근육이다. 속눈썹, 눈썹, 코털, 겨드랑이(액와)를 제외하고 전신에 분포되어 있다.

4 모발

1) 특징

케라틴이라는 경단백질로 구성되어 있으며 피부 표면을 덮고 있다. 1일 평균 약 0.34~0.35mm, 1달에 약 1~1.5cm 정도 자란다.

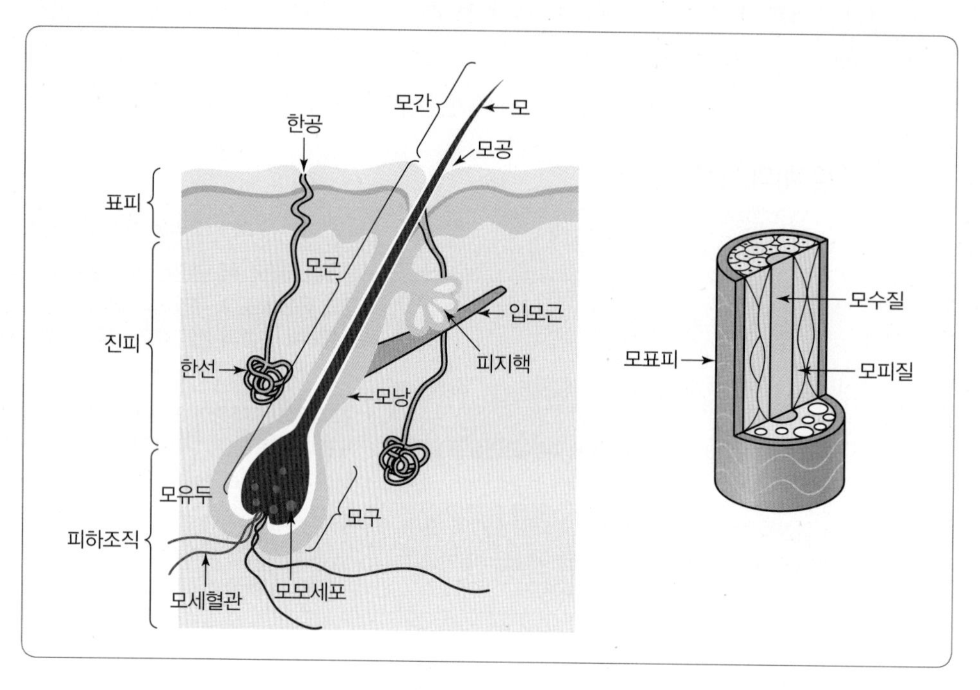

[모발의 구조]

2) 구조

(1) 모간

모간은 피부 밖으로 나와 있는 모의 부분이다.

① 모표피 : 비늘처럼 겹쳐 있는 각질세포로 모발의 바깥부분

② 모피질 : 모발의 70% 이상을 차지하며 멜라닌 색소와 섬유질을 함유

③ 모수질 : 모발의 중심부분으로 모발에 따라 수질의 크기가 다름

(2) 모근

모근은 피부 안에 있는 모의 부분이다.

① 모낭 : 모근을 감싸고 있는 부분이며 피지선과 대한선 입모근이 부착

② 모구 : 모근의 아래쪽으로 모발이 성장되는 부분

③ 모유두 : 모근의 가장 아래쪽 중심부분으로 모모세포가 있고 모세혈관이 있어 산소와 영양공급이 이루어지며 신경이 존재

④ 모모세포 : 모발의 기원이 되는 곳으로 세포의 분열증식을 통해 모발이 만들어지며 모유두와 연결되어 모발 성장을 담당

3) 성분

케라틴, 수분, 소량의 지질, 미네랄과 미량의 원소, 멜라닌 색소로 구성된다.

4) 모발의 성장 주기

모발은 주기적으로 성장기, 퇴화기, 휴지기, 발생기를 반복한다.

주기	시기	모발 양	기간
성장기	지속적인 성장 시기	전체 모발의 약 80~90%	평균 3~5년
퇴화기	성장이 멈추는 시기	전체 모발의 약 1%	평균 1~2개월
휴지기	모발이 빠지는 시기	전체 모발의 약 14~15%	평균 3~4개월
발생기	새로운 모발을 만드는 시기로 발생된 모발은 성장하고 휴지기의 모발은 빠짐		

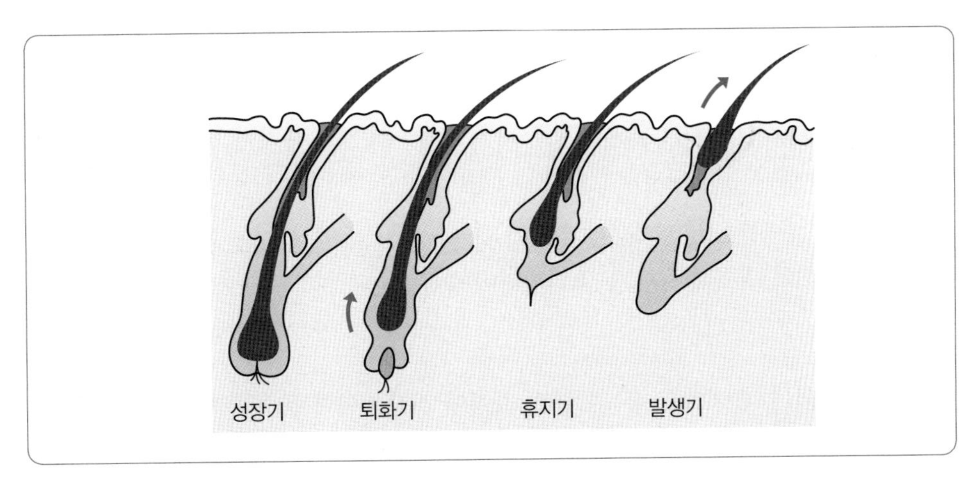

[모발의 성장 주기]

5 손톱과 발톱

반투명의 경케라틴 단백질로 구성되어 있으며 시스테인을 포함한 아미노산과 약 8~18%(건강한 손톱 12~18%)의 수분, 약 0.15~0.75%의 유분을 함유하고 있다.

손톱은 1일 평균 약 0.1~0.15mm의 길이가 자라나고 1달에 약 3~5mm의 길이로 자라난다.

피부유형 분석

SECTION 01 기본적인 피부유형의 성상 및 특징

기본적인 피부유형은 중성피부, 건성피부, 지성피부로 구분하며 가장 기본적인 피부유형의 분석기준은 피지분비 상태이다.

1) 중성 피부

가장 이상적인 피부로 한선과 피지선의 기능이 정상인 상태이다.

① 피부 표면이 매끄럽고 탄력이 있으며 촉촉함
② 세안 후 피부 당김이 거의 느껴지지 않음
③ 모공이 섬세하고 전반적으로 주름이 없음
④ 여드름이나 색소 침착이 없고 저항력이 좋음

2) 건성 피부

피지와 땀의 분비 저하로 유 · 수분의 균형이 정상적이지 못하여 피부가 건조하고 윤기가 부족한 상태이다.

① 피부결이 얇고 섬세하며 탄력 저하와 주름이 쉽게 형성됨
② 정상 피부보다 피지 분비량이 적음
③ 모공이 작고 보습능력 저하로 세안 후 이마, 볼 부위 등 피부가 당김
④ 화장이 잘 받지 않고 들뜸

[수분부족형 피부의 유형별 특징]

표피수분 부족피부	진피수분 부족피부
• 연령과 관계없이 발생 • 피부조직이 진피수분 부족 피부에 비하여 얇게 보이지 않음 • 피부조직에 표피성 잔주름이 형성 • 피부 당김이 표피에서 약하게 느껴짐	• 장기간 표피 수분부족 상태가 지속됨 • 피부조직이 얇고 거칠게 보임 • 피부조직에 굵은 주름살이 형성 • 피부 당김이 진피 내부에서 심하게 느껴짐 • 색소침착이 발생하기 쉬움

3) 지성 피부

피지선의 기능이 항진되어 피지 분비량이 많아 번들거리는 피부 상태다.

① 정상 피부보다 피지분비량이 많다.
② 모공이 크고 피부결이 거칠다.
③ 블랙헤드가 보이고 표면이 귤껍질같이 보이기 쉽다.
④ 색소침착과 트러블, 지루성 피부염이 발생하기 쉽다.
⑤ 남성호르몬인 안드로겐이나 여성호르몬인 프로게스테론의 기능이 활발해져서 생긴다.
⑥ 지성피부의 관리는 피지 제거 및 세정을 주목적으로 한다.

SECTION 02 문제성 피부유형의 성상 및 특징

기본적인 유형 이외에 민감성 피부, 복합성 피부, 알레르기성 피부, 색소침착피부, 모세혈관 확장피부, 여드름피부, 노화피부가 있다.

1) 민감성 피부(예민성 피부)

정상적인 피부와 달리 조절 기능 및 면역 기능이 저하되어 가벼운 자극에도 민감한 반응을 나타내는 피부 상태를 말하며, 특징은 다음과 같다.

① 피부결이 섬세하지만 피부가 얇고 붉은색이 많음
② 피부홍반, 염증, 혈관확장과 발열감이 있음
③ 색소 침착이 발생하기 쉬움

2) 복합성 피부

중성, 지성, 건성 중 현저하게 다른 두 가지 이상의 현상이 함께 있는 피부 상태를 말하며, 특징은 다음과 같다.

① T존은 대체로 지성피부로 피부결이 거칠고 모공이 크며 기름기가 많음
② U존은 건성, 예민피부로 피부결이 얇고 모공이 작으며 섬세하고 예민함

3) 색소침착피부

기미, 주근깨 등의 색소가 침착되어 칙칙하고 어두운 피부 상태를 말하며, 특징은 다음과 같다.

① 임신 중에는 두드러지게 발생함
② 색깔이 균일하지 않으며 좌우대칭형으로 발생함

피부의 색소침착 요인은 내적인 요인과 외적인 요인으로 나누어볼 수 있다.

① 내적 요인 : 세포노화, 피로, 스트레스

② 외적 요인 : 약물, 자외선, 화장품(성분, 자극 등)

4) 모세혈관 확장피부

모세혈관이 약화되어 피부 표면에 실핏줄이 보이는 피부 상태로, 특징은 다음과 같다.

① 선천적으로 혈관이 약한 경우에 발생함

② 모세혈관이 확장되어 피부 상층부에 머무르게 됨

③ 코와 뺨 부위에 경계가 없는 홍조의 형태로 나타남

5) 노화피부

피부의 기능이 저하되고 구조와 생리적 기능에 변화가 발생한 피부 상태를 말하며, 특징은 다음과 같다.

① 피부 두께는 얇아지고 각질층의 증가로 피부가 뻣뻣해짐

② 탄력 저하로 피부가 늘어져 보이고 굵은 주름이 발생

③ 피지선과 한선이 퇴화되어 피부의 윤기가 떨어짐

④ 재생주기가 지연되어 피부 회복이 느림

⑤ 자외선 방어능력이 떨어져 색소침착(기미, 잡티, 검버섯 등)이 발생하기 쉬움

⑥ 내인성 노화와 광노화(외인성 노화) 현상으로 나누어짐

피부와 영양

SECTION 01 영양소

1 영양소의 정의

음식물을 통해 영양소를 흡수하고, 활용하여 생명 유지 및 생명 현상을 원활하게 하는 것을 '영양'이라고 한다. 1일 성인을 기준으로 한 기초 칼로리는 1,600~1,800kcal이다. 생명 유지를 위하여 최소한의 기능을 유지하는 데 필요한 생리적 최소 에너지량을 기초 대사량이라고 한다. 영양소는 식품을 통해 체내에 공급되어 신체를 구성하고 성장을 촉진하며 신체 조직의 유지 및 보수와 기능을 조절하는 성분이다.

2 영양소의 종류 및 작용

① 열량소 : 열량공급 작용(에너지 공급원) 예 탄수화물, 지방, 단백질
② 구성소 : 인체 조직구성 작용 예 탄수화물, 지방, 단백질, 무기질, 물
③ 조절소 : 인체 생리적 기능 조절 작용 예 단백질, 무기질, 물, 비타민

3 영양소의 분류

① 3대 영양소 : 탄수화물, 지방, 단백질
② 5대 영양소 : 탄수화물, 지방, 단백질, 무기질, 비타민
③ 6대 영양소 : 탄수화물, 지방, 단백질, 무기질, 비타민, 물
④ 7대 영양소 : 탄수화물, 지방, 단백질, 무기질, 비타민, 물, 식이섬유

4 영양소의 기능

① 에너지 보급과 신체의 체온을 유지하여 신체 조직의 형성과 보수에 관여한다.
② 혈액 및 골격 형성과 체력 유지에 관여한다.
③ 생리 기능의 조절 작용을 하여 피부의 건강 유지를 도와준다.

SECTION 02 피부와 영양

1 탄수화물

1) 탄수화물의 역할과 기능

① 신체의 중요 에너지원으로 열량을 공급해 주며 당류 또는 당질이라 한다.
② 75%가 에너지원으로 쓰이고 남은 것은 지방으로 전환되며 주로 글리코겐 형태로 간에 저장된다.
③ 에너지원으로 1g당 4kcal의 에너지를 공급한다.
④ 탄수화물의 최소단위는 포도당으로 장에서 포도당, 과당, 갈락토스로 흡수된다.
⑤ 급원식품으로 감자류, 콩류, 채소류 등이 있다.

2) 탄수화물의 종류

① 단당류(당이 1개) : 포도당, 과당, 갈락토스
② 이당류(당이 2개) : 자당, 유당, 맥아당
③ 다당류(당이 여러 개) : 전분, 글리코겐, 섬유소

3) 탄수화물과 피부

탄수화물의 섭취가 부족하면 신진대사의 저하로 피부의 기능이 떨어지지만 적당량 섭취 시 세포를 활성화하여 건강한 피부로 유지시켜 준다. 과다 섭취는 피부를 산성화시키고 저항력을 떨어트려 지성 피부를 초래하여 접촉성 피부염이나 부종을 일으킨다.

2 지방(지질)

1) 지방의 역할과 기능

① 에너지원으로 1g당 9kcal의 에너지를 공급한다.
② 지방은 체지방의 형태로 에너지를 저장하며 생체막 성분으로 체구성 역할과 피부의 보호 역할을 한다.
③ 세포막의 구성성분인 인지질이 생체막의 안정성을 유지한다.
④ 지방의 최소단위는 지방산과 글리세린으로 소장에서 글리세린의 형태로 흡수된다.
⑤ 급원식품으로 버터, 참치, 닭고기 등(동물성 식품)과 참기름, 옥수수류 등(식물성 식품)이 있다.

2) 지방의 분류

① 포화지방산 : 상온에서 고체 또는 반고체 상태를 유지한다.

② 불포화지방산 : 인체 구성분으로 중요한 위치를 차지하고 체내에서 합성할 수 없기 때문에 필수지방산이라고 한다. 상온에서 액체상태를 유지하며, 동물성 지방보다 식물성 지방을 먹는 것이 좋다.

3) 지방과 피부

지방은 세포막을 구성하고 피부를 보호한다. 피부의 건강 유지 및 재생을 돕고 피부 탄력과 저항력을 증진시킨다. 지방의 섭취가 부족하면 체중감소와 신진대사 저하, 세포의 활약 감소로 피부결이 거칠어지고 노화가 촉진된다. 과다 섭취 시에는 콜레스테롤의 수치가 높아져 혈액순환에 방해가 될 수 있다.

3 단백질

1) 단백질의 역할과 기능

① 에너지원으로 1g당 4kcal의 에너지를 공급한다.

② 주요 생체 기능을 수행하고 피부, 손발톱, 골격, 근육 등의 체조직을 구성한다.

③ 체내의 수분 조절과 pH 평형을 유지하고 질병에 대한 저항력을 강화한다.

④ 단백질의 가장 작은 기본단위는 아미노산이며 소장에서 아미노산의 형태로 흡수된다.

⑤ 급원식품으로 소고기, 돼지고기, 달걀 등이 있다.

아미노산의 분류

- 필수아미노산 : 식품을 통해서만 얻을 수 있고 성장과 발육, 세포 재생의 필수 조건(히스티딘, 아르기닌, 페닐알라닌, 트립토판, 트레오닌, 발린, 리신 등)
- 불필수아미노산 : 체내 합성이 가능한 아미노산(시스테인, 글루탐산, 글루타민, 알라닌, 아스파라긴 등)

2) 단백질과 피부

피부 조직의 재생 작용에 관여하고 pH의 밸런스 유지와 면역세포의 항체를 형성한다. 피부, 모발 등 신체 결합 조직과 탄력 섬유 구성에 필수 요소이며 동물성 단백질은 피부의 각질, 손톱, 발톱의 구성성분인 케라틴을 가장 많이 함유하고 있다. 단백질의 섭취가 부족하면 빈혈, 발육이 저하되고 조기노화와 피지분비가 감소한다. 과다 섭취 시에는 신경과민, 혈압상승, 불면증을 유발하여 피부에 좋지 않다.

❹ 비타민

[비타민의 기능별 분류]

구분		내용
지용성 비타민	비타민 A (레티노이드)	• 피부각화작용 정상화, 피지분비 억제, 여드름과 색소침착 방지, 피부재생과 노화 방지효과 • 결핍 시 : 피부건조, 피부결이 거칠어지고 피부의 색소침착, 모발의 조기 퇴색, 손톱 균열 발생, 야맹증, 안구 건조증, 면역기능 약화 • 과잉 시 : 탈모 유발 • 급원식품 : 달걀, 우유, 버터, 귤, 당근, 녹황색 채소 등
	비타민 D (칼시페롤)	• 프로비타민이 자외선의 조사에 의해 만들어짐 • 골격의 발육 촉진, 칼슘과 인의 흡수 촉진, 골다공증 예방 • 결핍 시 : 구루병, 골다공증 발생 • 급원식품 : 담고버섯, 효모 등
	비타민 E (토코페롤)	• 혈액순환 촉진과 피부청정효과, 호르몬 생성과 항산화작용으로 노화방지 • 결핍 시 : 피부건조와 노화, 혈색 약화, 불임증, 냉증, 근육과 신경체계 손상, 손톱의 윤기 부족 • 급원식품 : 맥아, 두부, 아몬드, 옥수수류 등
	비타민 K (필로키논)	• 출혈 발생 시 혈액응고를 촉진함 • 결핍 시 : 혈액 응고를 저해하여 과다 출혈 발생과 피부염 발생 및 모세혈관의 약화 • 급원식품 : 간, 녹색채소, 콩류 등
수용성 비타민	비타민 B_1 (티아민)	• 피부 면역력 관여 • 결핍 시 : 피부의 윤기 저하, 피부가 붓는 현상, 각기병 발생, 발진현상과 홍반, 수포를 형성 • 급원식품 : 돼지고기, 시금치, 곡류, 콩류 등
	비타민 B_2 (리보플라빈)	• 피부미용에 중요, 피부염증 예방, 피부보습 유지 • 결핍 시 : 구순염, 습진, 피부염, 피로, 과민 피부, 습진, 빨간 코 부스럼 유발 • 급원식품 : 우유, 치즈, 간, 녹색채소 등
	비타민 B_3 (나이아신)	• 염증 완화, 피부탄력 강화 • 결핍 시 : 피부병, 현기증, 설사, 우울증 유발 • 급원식품 : 간, 우유, 닭고기, 콩류 등
	비타민 B_5 (판토텐산)	• 수분 유지, 피부탄력, 감염 방지, 자외선 차단 효과와 조직기능 유지에 관여, 피부와 모발, 손톱의 각질화에 영향 • 결핍 시 : 성장장애, 각질의 경화, 피부변색, 광예민증 유발 • 급원식품 : 곡류, 콩류 등
	비타민 B_6 (피리독신)	• 피부염의 중요한 항 피부염 비타민 • 결핍 시 : 구각염, 구토, 접촉성 피부염, 지루성 피부염 유발 • 급원식품 : 육류, 생선류
	비타민 B_{12} (시아노코발라민)	• 조혈 작용에 관여함 • 결핍 시 : 악성빈혈, 아토피, 지루성 피부염, 신경계 이상, 세포조직 변형 유발 • 급원식품 : 간, 쇠고기, 어패류 등
	비타민 C (아스코르빈산)	• 항산화 비타민으로 조기노화를 예방, 멜라닌 색소 형성 억제, 피부 색소를 퇴색, 기미, 주근깨 치료와 미백제로 사용 • 세포 및 결합조직의 교원질 형성에 중요한 역할 • 결핍 시 : 괴혈병 유발, 빈혈, 피부를 창백하게 함 • 급원식품 : 과일, 채소류 등
	비타민 H (바이오틴)	• 신진대사 활성, 피부탄력에 관여, 염증 치유에 효과적 • 결핍 시 : 피부색 퇴색, 피부염, 피지 저하와 피부건조, 혈액순환 악화 • 급원식품 : 간, 난황, 효모
	비타민 P (바이오 플라보노이드)	• 모세혈관을 강화하는 효과, 부종의 정상화, 노화 방지, 알레르기 증상 예방, 피부병 치료에 효과 • 결핍 시 : 만성부종, 모세혈관 약화, 출혈 발생 • 급원식품 : 녹황색 채소, 감귤 등

1) 비타민의 역할과 기능

① 비타민은 인체의 구성성분이나 에너지원으로 사용되진 않지만 생리대사의 보조역할, 신경안정과 면역기능을 강화한다.

② 정상적인 성장촉진, 면역기능 강화, 노화방지, 신경안정, 조혈작용, 조직기능 유지와 피로회복의 기능 등을 유지하는 데 필요하다.

③ 비타민은 대부분 인체에서 합성되지 않고 식품을 통한 섭취로 이루어진다.

④ 표피 내에서 생성되는 프로비타민 D가 자외선을 받으면 비타민 D로 전환되는 기능이 있다.

⑤ 신진대사를 촉진시켜 영양소의 연소를 돕고 호르몬의 분비 조절 기능을 한다.

⑥ 비타민은 지용성 비타민(비타민 A, 비타민 D, 비타민 E, 비타민 K)과 수용성 비타민(비타민 B_1, 비타민 B_2, 비타민 B_6, 비타민 B_{12} 비타민 C, 비타민 H, 비타민 P)으로 나뉜다.

5 무기질(미네랄)

1) 무기질의 역할과 기능

① 무기질은 체내의 생리적 활동에 참여하고 있으며, 보통 성인에게 필요한 양은 미량이지만 부족 시 각종 결핍증을 유발하게 된다.

② 골과 치아 형성에 중요한 역할을 하며 소화액이나 세포 안과 주위에 있는 체액을 만들고 유지한다.

③ 무기질은 열이나 빛, 산, 알칼리에 의해 분해되지 않는다.

④ 무기질은 다량무기질(칼슘, 인, 마그네슘, 나트륨, 칼륨, 황 등, 1일 섭취량 100mg 이상)과 미량무기질(철분, 구리, 아연, 요오드, 셀레늄 등, 1일 섭취량 100mg 미만)로 나뉜다.

2) 무기질과 피부

손톱에 중요한 무기질은 철, 칼슘, 아연, 황 등으로 철분이 부족할 경우는 손톱이 쉽게 부러진다. 손톱은 케라틴이라고 하는 단백질로 구성되어 있으며 황(유황)은 단백질의 최소 단위인 아미노산 중 시스테인, 시스틴에 함유되어 있다. 황은 케라틴의 합성을 돕는 물질로 피부, 모발, 손발톱 등의 건강에 관여한다.

[무기질의 기능별 분류]

구분		내용
다량 무기질	칼슘 (Ca)	• 신경전달과 근육의 수축, 이완을 담당 • 골격과 치아를 형성하여 결핍 시 혈액의 응고현상이 나타남 • 급원식품 : 우유, 요구르트, 치즈, 연어, 멸치, 뱅어포, 굴 등
	인 (P)	• 세포의 핵산, 세포막 구성 • 골격과 치아 형성 • 급원식품 : 소, 달걀노른자, 생선, 호박씨, 멸치, 마른 오징어 등
	마그네슘 (Mg)	• 탄수화물, 지방, 단백질의 대사에 관여 • 체내의 산과 알칼리의 평형유지, 신경전달과 근육이완 • 급원식품 : 견과류, 대두, 양배추, 아보카도, 감귤류, 시금치 등
	나트륨 (Na)	• 수분 균형 유지, 삼투압 조절, 근육의 탄력 유지 • 급원식품 : 간장, 된장, 김치, 베이킹파우더, 화학조미료(MSG) 등
	칼륨 (K)	• pH 균형과 삼투압 조절, 신경과 근육 활동 • 급원식품 : 해조류 말린 것(김, 미역), 커피, 송이버섯, 탈지분유 등
	황 (S)	• 케라틴 합성에 관여 • 아미노산 중 시스테인, 시스틴에 함유
미량 무기질	철분 (Fe)	• 헤모글로빈의 구성요소, 면역기능 유지, 피부의 혈색 유지 • 결핍 시 빈혈 유발 • 급원식품 : 소간, 달걀노른자, 멸치 등
	구리 (Cu)	• 효소의 성분 및 효소 반응의 촉진 • 급원식품 : 동물의 내장육, 굴, 달걀, 해바라기씨 등
	아연 (Zn)	• 생체막 구조 기능의 정상유지 도움 • 급원식품 : 굴, 간, 육류, 달걀, 콩류 등
	요오드 (I)	• 갑상선 호르몬 구성요소, 모세혈관의 기능을 정상화시킴 • 기초대사율 조절 모세혈관 및 단백질 활동 촉진 • 급원식품 : 미역, 김, 아스파라거스, 시금치
	셀레늄 (Se)	• 항산화작용, 노화억제, 면역기능 • 셀레노 메티오닌과 셀레노 시스테인의 형태 • 단백질의 구성성분으로 혈장에 존재

6 물

적당량의 수분 섭취는 체내에 있는 노폐물을 배출해주고 피부를 부드럽고 윤기 나게 도와준다. 수분의 섭취가 부족하면 피부가 건조해지고 주름이 발생할 수 있다.

SECTION 03 체형과 영양

1 체형의 분류

1) 내배엽형(비만형)

키가 작고 어깨 폭이 좁은 데 비하여 몸통이 굵고, 특히 하복부가 크고 복부와 옆구리에 지방이 많으며 엉덩이가 처져 둥근 체형이다.

2) 중배엽형(투사형)

어깨 폭이 넓고 근골이 건장한 근육형으로 팔다리의 근육이 매우 발달되어 있으며 다른 체형에 비해 같은 자극에도 근육이 쉽게 발달이 되는 체형이다.

3) 외배엽형(세장형)

키가 크고 뼈나 근육의 발달이 나빠 근육이 잘 붙지 않는 체형이다.

2 비만

1) 비만의 원인

잘못된 식습관으로 음식의 섭취량과 소비열량 간의 불균형으로 인해 나타난다. 운동량 부족과 유전적 요인 및 스트레스로 인한 내분비계의 이상이나 호르몬 기능 저하 등이 있다.

2) 비만의 유형

(1) 셀룰라이트 비만

우리 몸의 대사 과정에서 배출되는 노폐물, 독소 등이 배설되지 못하고 피부조직에 정체되어 있어 비만으로 보이며 림프 순환이 원인이다. 소성결합조직이 경화되어 뭉치고 피하지방이 비대해져 피부 위로 울퉁불퉁한 살이 도드라져 보이며 여성에게 많이 나타난다. 임신, 폐경, 피임약 복용 등으로 인한 여성 호르몬 이상으로 발생하며 식이조절과 운동만으로는 제거하기 어렵다.

(2) 피하지방 비만

물렁물렁하며 번들거리는 지방으로 신체 전반적으로 발생한다. 과도한 열량섭취와 운동부족으로 발생한다. 식이요법과 운동으로 개선이 가능하다.

(3) 내장지방 비만

내장의 체지방 층과 다른 내장의 막 사이에 체지방이 과잉 축적된 형태이다. 윗배만 불룩 튀어나온 형태의 복부비만이 대표적이며 식이요법과 운동으로 개선 가능하다.

3) 비만도

- 정상체중 : 표준체중 ±10%
- 과체중 : 표준체중의 10% 이상
- 비만 : 표준체중의 20% 이상
- 비만증 : 체내지방률 30% 이상

4) 비만으로 인한 성인병

- 복부지방 : 고혈압, 당뇨병, 고지혈증
- 팔, 다리 지방 : 정맥류, 관절염
- 기타 : 만성피로, 호흡곤란, 편두통, 우울증

3 체형과 영양

1) 탄수화물과 체형

조섬유소로 장의 연동운동과 음식물의 부피 증가로 인해 변비 예방에 효과적이다. 탄수화물의 섭취가 부족하면 체중감소현상이 나타나며 과다 섭취 시 비만과 체질의 산성화를 일으킨다.

2) 지방과 체형

지방의 부족은 체중 감소로 이어지며 과다 섭취 시에는 당뇨, 고혈압, 지방간을 유발하고 피하지방층의 과다 축적으로 비만을 초래한다. 섭취는 총 열량의 20~25%를 넘기지 않는 것이 바람직하다.

3) 단백질과 체형

단백질은 체형을 구성하는 대표적인 영양소로 근육을 만드는 데 도움을 준다. 보통 체형관리 보충제로 많이 이용되나 칼로리를 줄이지 않고 과다 섭취하면 체중이 증가할 수 있다.

4) 비타민과 체형

비타민은 다른 영양소의 작용을 돕고 인체 생리기능 조절에 중요한 역할을 하는 영양소로 꾸준하게 섭취하여야 적절한 체중 유지에 도움을 준다.

5) 무기질과 체형

무기질은 생체 내의 대사조절원의 역할을 하는 물질로서 체내 수분과 근육의 탄력을 유지시켜주는 영양소다. 무기질 섭취가 부족하게 되면 오히려 지방이 분해되는 것을 막아 살이 찔 수 있다.

피부장애와 질환

SECTION 01 원발진과 속발진

1 원발진

정상 피부에서 발생하는 초기 증상으로 피부의 병변이다. 원발진에는 반점, 홍반, 면포, 농포, 팽진, 구진, 소수포, 대수포, 결절, 종양, 낭종이 있다.

[원발진의 종류 및 특징]

종류	특징
반점	• 피부의 융기나 함몰 없이 주변 피부와 색이 다른 착색이나 반점상태 예 주근깨, 기미, 홍반, 오타모반
홍반	• 모세혈관의 충혈과 확장으로 피부가 붉게 변하는 상태(시간의 경과의 따라 크기가 변화함)
면포	• 죽은 세포와 피지덩어리가 표면으로 노출되지 않아 좁쌀보다 조금 큰 정도로 하얗게 튀어나와 있는 상태 예 비염증성 여드름의 기본증상
농포	• 피부 위로 고름이 잡히며 염증을 동반한 상태 예 백색, 황색, 녹황색의 농이 형성
팽진	• 일시적 부종으로 가려움을 동반하고 붉어지며 부풀어 오르는 발진현상으로, 크기나 형태가 점차 변하고 대부분은 소실되는 상태 예 두드러기, 곤충에 물림으로 인한 알레르기 등의 피부증상
구진	• 1cm 미만의 표피에 형성되는 융기로 주변 피부보다 붉고 상처 없이 치유 가능한 상태 예 염증성 여드름 초기증상
소수포·대수포	• 소수포 : 1cm 미만의 액체를 포함한 물집의 상태 • 대수포 : 1cm 이상의 혈액과 액체를 포함한 물집의 상태 예 화상, 포진, 접촉성 피부염 등으로 발생
결절	• 1cm 이상의 구진보다 큰 경계가 명확하며 단단하게 융기로 진피나 피하지방까지 침범하여 통증을 동반하는 상태 예 섬유종, 황색종
종양	• 2cm 이상의 큰 결절로 과잉 증식되는 세포의 집합으로 조직에 혼합된 고름과 피지가 축적된 상태 예 양성 종양, 악성 종양
낭종	• 피부가 융기된 상태로 진피에 자리 잡고 있으며 심한 통증이 동반되고 치료 후 흉터가 남는 상태 예 여드름 피부의 4단계에서 생성됨

2 속발진

원발진 후 계속적으로 진행되거나 질병이나 외적 요인에 의해 발생하는 피부질환의 후기단계이다. 속발진에는 인설, 위축, 태선화, 균열, 가피, 찰상, 미란, 궤양, 켈로이드, 흉터가 있다.

[속발진의 종류 및 특징]

종류	특징
인설 (비듬)	• 건조하거나 습한 상태로 지속적이며 무의식적으로 생기는 죽은 각질이 축적된 상태 예 표피성 진균증, 건선 등
위축	• 진피 세포나 성분의 감소로 인하여 피부가 얇아진 상태 예 화상, 노인성 위축
태선화	• 장기간에 걸쳐 반복하여 긁거나 비벼서 표피가 건조하고 가죽처럼 두꺼워진 상태 예 아토피 피부염, 자극접촉성 피부염
균열	• 심한 건조증이나 질병, 외상에 의해 표피가 갈라진 상태 예 발뒤꿈치가 갈라지는 현상
가피	• 표피층의 소실부위에 혈청과 고름, 분비물이 말라 굳은 상태 예 딱지
찰상	• 긁거나 기계적 자극으로 생기는 표피의 박리 상태(흉터 없이 치유됨)
미란	• 수포가 터진 후 표피가 벗겨진 표피의 결손 상태(흉터 없이 치유됨)
궤양	• 진피와 피하지방층까지의 조직결손으로 깊숙이 상처가 생긴 상태(치료 후 흉터가 남음)
켈로이드	• 상처의 치유가 이루어지면서 결합조직이 과다 증식되어 흉터가 표면 위로 굵게 융기된 상태
흉터 (반흔, 상흔)	• 상처의 치유가 이루어지면서 표피의 손상이 회복되지 못하고 진피 이하까지 조직의 결손상태 • 세포 재생이 더 이상 되지 않으며 기름샘과 땀샘이 없는 피부에 흔적이 남은 상태

[원발진과 속발진의 구분]

원발진	속발진
반점, 홍반, 면포, 농포, 팽진, 구진, 소수포, 대수포, 결절, 종양, 낭종	인설, 위축, 태선화, 균열, 가피, 찰상, 미란, 궤양, 켈로이드, 흉터(반흔, 상흔)

SECTION 02 기타 피부질환

1 여드름

여드름은 모낭에 생기는 피지선의 질환으로 비염증성, 염증성 피부발진이다. 사춘기에 남성 호르몬인 테스토스테론이 피지선을 자극하여 피지 분비가 왕성해지면서 나타나며 다양한 원인에 의해 피지가 많이 생기고 모공 입구의 폐쇄로 인해 피지 배출이 잘 되지 않는다. 피부가 붉어지고 열감을 동반할 수 있으며 번들거리고 과다 각질로 인한 거친 피부결로 지저분해 보인다. 선천적인 체질상 체내 호르몬의 이상현상으로 지루성 피부에서 발생되는 여드름 형태는 심상성 여드름이라고 한다.

1) 여드름의 종류

(1) 비염증성 여드름(면포성 여드름)

① 흰색 여드름(백면포) : 모공이 막혀 피지와 각질이 뒤엉켜 피부 위에 좁쌀 형태로 나타나는 흰색 여드름

② 검은 여드름(흑면포) : 모공이 열려 있으며 단단한 고형으로 굳어진 피지가 공기의 접촉으로 산화되어 검게 보이는 여드름

(2) 염증성 여드름

여드름균이 번식하면서 염증반응이 일어나며 통증을 동반한다.

[염증성 여드름의 발전 단계]

단계	구분	내용
1단계	구진	모낭 내에 축적된 피지에 여드름 균이 번식하면서 혈액이 몰려 붉게 부어오르며 약간의 통증이 동반되는 여드름
2단계	농포	염증반응이 진전되면서 박테리아로 인하여 악화되어 고름이 생기고 피부 표면에 농이 보이는 형태의 여드름
3단계	결절	딱딱한 응어리가 피부 위로 돌출되어 통증이 동반되고 검붉은색을 띠고 있으며 염증이 깊숙이 위치한 여드름
4단계	낭종	피부가 융기된 상태로 진피에 자리잡고 있으며 심한 통증이 동반되고, 여드름 피부의 4단계에서 생성되는 것으로 치료 후 흉터가 남는 여드름

2) 여드름 발생의 원인

① 유전적인 영향(여드름의 80%)

② 모낭 내 이상각화

③ 피지의 과잉분비와 염증반응

④ 여드름 균의 군락 형성

⑤ 열과 습기에 의한 자극, 물리적 · 기계적 자극, 압력과 마찰
⑥ 테스토스테론과 안드로겐 등 남성호르몬의 영향
⑦ 잘못된 식습관과 스트레스, 환경적 요인
⑧ 화장품이나 의약품의 부적절한 사용
⑨ 위장장애, 변비, 수면부족, 음주 등

3) 여드름의 예방 및 관리

① 여드름 전용제품을 사용하고 티트리 아로마 제품으로 소독
② 지나친 당분이나 지방 섭취를 피함
③ 지나치게 얼굴이 당길 경우 수분크림, 에센스 사용
④ 메이크업 시 무지방 파운데이션과 콤팩트를 사용

2 색소질환

멜라닌의 결핍이나 증가로 인해 피부색의 변화를 초래하는 질환이다. 과색소 침착질환과 저색소 침착질환이 있다.

1) 과색소 침착질환

(1) 기미

멜라닌의 과도한 합성으로 인하여 발생하며 경계가 뚜렷한 갈색의 점으로 나타난다. 표피형 기미, 진피형 기미, 혼합형 기미로 나누어지며, 30~40대의 중년 여성에게 잘 나타나고 재발이 잘 된다.

(2) 주근깨

선천적인 요인으로 인한 색소침착이며 여름에는 진해지고 자외선 노출 부위에 주로 발생한다.

색소침착의 원인

- 자외선과 내분비 기능장애
- 질이 좋지 않은 화장품의 사용
- 유전적 요인
- 갱년기장애
- 정신적 불안과 스트레스
- 선탠기에 의해서도 생길 수 있음
- 임신

(3) 노인성 반점(지루성 각화증)

각질형성세포의 분화과정 중 나타나는 일시적 정지현상으로 피지의 산화작용에 의해 발생하며 경계가 뚜렷한 갈색, 흑갈색의 구진으로 나타난다. 흑갈색의 사마귀 모양으로 주로 40대 이후에 손등이나 얼굴 등에 발생한다.

2) 저색소 침착질환

(1) 백피증(백색증)

선천성 질환으로 멜라닌세포의 수는 정상이지만 멜라닌 합성에 필요한 티로시나아제의 이상으로 멜라닌을 생성하지 못하여 완전한 멜라닌 소체를 형성하지 못한다. 피부가 유백색을 띠고 자외선에 대한 방어능력이 약화되어 쉽게 일광화상 등을 입을 수 있는 증상이다.

(2) 백반증

후천성 피부변화로 멜라닌세포가 결핍되는 탈색소 질환으로 원형, 타원형 또는 부정형의 흰색 반점이 나타나는 증상이다.

3 습진에 의한 피부질환

가장 흔한 질환으로 가려움증을 동반하고 물집, 구진, 홍반 등이 동반되는 증상이다.
아토피 피부염, 알레르기 피부염, 지루성 피부염 등을 일으킨다.

1) 아토피 피부염

만성습진의 일종으로 소아습진에서부터 성인에 나타나는 태선화 피부염까지 이르는 질환이다. 유전적인 요인과 환경적인 영향(꽃가루, 먼지 등)으로 발생된다. 피부가 건조해지는 가을이나 겨울에 더 심해지므로 적절한 온도와 습도를 유지하고 면직물의 의복을 착용하는 것이 좋다.

2) 알레르기 접촉성 피부염

어떤 물질이 특정 사람에게만 국한되어 알레르기 반응을 일으키는 질환이다. 알레르기 반응은 원인이 되는 물질인 항원(꽃가루, 먼지, 파마약, 방부제 등)이 체내를 순환하는데 예민한 상태의 사람에게만 체내의 항원에 대항하는 항체가 적응하지 못하고 알레르기 반응을 일으키는 현상이다. 또한 알레르기원으로 수은, 니켈, 크롬 등이 피부와 접촉하면 접촉성 피부염이 발생한다.

3) 지루성 피부염

피지선이 발달된 부위에 나타나는 피지과다현상으로 염증성 피부질환이다. 기름기가 있는 인설(비듬)이 특징이며 호전과 악화를 되풀이하고 약간의 가려움증을 동반한다.

❹ 감염성 피부질환

1) 세균성 피부질환

농가진, 모낭염, 옹종, 봉소염 등이 있다.

① 농가진 : 화농성 연쇄상구균에 의해 발생하며 전염성이 높은 표재성 농피 증상이다. 이 · 미용기구의 위생관리를 철저하게 하지 않으면 전염성 농가진이 발생할 수 있다.

② 모낭염 : 모낭이 박테리아에 감염되어 발생하며 고름이 형성되는 증상이다.

③ 옹종 : 황색 포도상구균에 의해 발생하여 모낭에서 나타나는 급성 화농성 염증의 증상이다.

④ 봉소염 : 용혈성 연쇄구균에 급성 박테리아 감염으로 발생하며 홍반과 통증을 동반하는 증상이다.

2) 바이러스성 피부질환

수두, 대상포진, 단순포진, 사마귀, 홍역, 풍진 등이 있다.

① 수두 : 급성 바이러스 질환으로 피부 전체가 가렵고 수포성 발진이 생기는 증상이다.

② 대상포진 : 바이러스 감염으로 발생하며 지각신경 분포를 따라 군집 수포성 발진이 생기며 심한 통증을 동반하는 증상으로 노화피부에 주로 나타난다.

③ 단순포진(헤르페스) : 헤르페스 바이러스에 의해 급성 감염으로 발생되고 수포성 증상으로 입술 주위, 성기에 주로 나타나며 같은 부위에 재발할 수 있다.

④ 사마귀 : 유두종 바이러스(HPV)에 의한 감염으로 발생되며 표피의 과다한 증식이 일어나 구진의 형태로 나타나는 증상이다.

⑤ 홍역 : 홍역 바이러스에 의한 급성 감염으로 발생되며 발열, 콧물, 결막염, 홍반, 구진이 복합적으로 나타나는 증상이다. 전염성이 강하여 감수성 있는 접촉자의 90% 이상이 발병한다.

⑥ 풍진 : 풍진바이러스에 의한 감염으로 발생되며 귀 뒤, 목 뒤의 림프절 비대와 통증으로 시작되고 이어 얼굴과 몸에 발진이 나타나는 증상이다.

3) 진균성 피부질환

피부의 진균이 감염되어 발생하는 질환으로 백선, 칸디다증, 어루러기, 완선 등이 있다.

① 백선(무좀) : 사상균(곰팡이균)에 의해 발생되며 피부껍질이 벗겨지고 가려움을 동반하며 주로 손과 발에서 번식한다. 발생 부위에 따라 명칭이 다르다.

② 칸디다증 : 알비칸스균 등의 진균 감염으로 인해 발생되며 붉은 반점과 가려움을 동반하는 염증성 질환으로 손톱, 피부, 구강, 질, 소화관 등에 주로 나타난다.

③ 어루러기 : 말라세지아라는 효모균의 감염에 의해 발생하는 표재 곰팡이증으로 연한 황토색, 황갈색, 붉은빛을 띠는 다양한 크기의 각질 같은 인설이 가슴, 등, 겨드랑이, 목 등에 주로 나타난다.

④ 완선 : 사타구니에 발행하는 진균성 질환이다.

[백선(무좀)의 발생 부위별 명칭]

발생 부위	손톱	손	발	사타구니	머리	몸
명칭	조체백선	수부백선	족부백선	완선	두부백선	체부백선

5 안검 주위의 피부질환

1) 비립종

신진대사의 저조가 원인으로 주로 눈 밑 얇은 부위에 위치하며 황백색의 작은 구진으로 각질이 뭉쳐 있는 증상이다.

2) 한관종(물사마귀)

한관종이 비정상적으로 증식하면서 땀샘관의 개출구 이상으로 피지 분비가 막혀 생성된다. 황색 또는 분홍색의 반투명성 구진(2~3mm)으로 피부 양성 종양이며 작은 물방울 모양으로 오돌도돌하게 솟아나 보이는 게 특징이다.

6 각질 이상에 의한 피부질환

티눈

티눈은 피부에 계속적인 압박으로 생기는 각질층의 증식현상이다. 굳은살과 다르게 중심핵을 가지고 있으며 통증을 동반한다. 원추형의 국한성 비후증으로 경성 티눈과 연성 티눈이 있다.

7 주사

얼굴 중앙 부위에 발생하는 만성, 충혈성 질환으로 여드름과 같이 염증이 얼굴 중심부에 생기고, 모세혈관이 확장되는 것이 특징이다.

8 화상

① 제1도 화상 : 피부가 붉어진다.
② 제2도 화상 : 홍반, 부종, 통증뿐만 아니라 수포를 형성한다.
③ 제3도 화상 : 흉터를 남긴다.

피부와 광선

SECTION 01 자외선이 미치는 영향

1 자외선

400nm 이하의 파장이며 피부에 긍정적인 영향과 부정적인 영향을 미친다.

1) 자외선 A(UV-A) : 320~400nm

① 장파장으로 피부에 가장 깊게 침투한다.
② 진피까지 침투하여 주름을 생성한다.
③ 색소침착, 피부의 건조화 등을 유발한다.

2) 자외선 B(UV-B) : 290~320nm

① 중파장으로 유리에 의하여 차단할 수 있다.
② 진피의 상부에 도달하며 수포, 일광화상, 색소침착, 피부홍반을 유발한다.

3) 자외선 C(UV-C) : 200~290nm

① 단파장으로 오존층에 의해 차단될 수 있다.
② 최근 오존층의 파괴로 인해 각별한 주의가 필요하다.
③ 가장 강한 자외선으로 도달하게 되면 피부암의 원인이 된다.

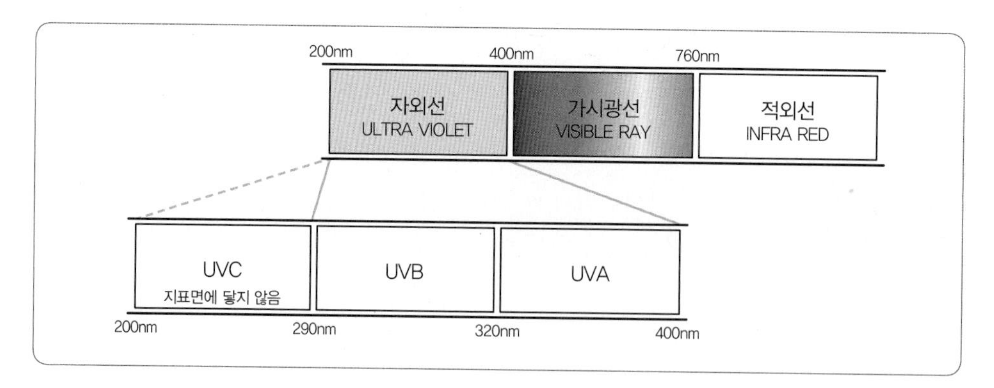

[자외선의 파장별 크기]

2 자외선이 피부에 미치는 긍정적인 효과

① 비타민 D의 형성으로 구루병을 예방한다.
② 미생물 등을 살균하는 효과를 가진다.
③ 식욕과 수면의 증진, 내분비선 활성화 등의 강장효과를 가진다.

3 자외선이 피부에 미치는 부정적인 효과

① 피부가 붉어지는 홍반반응을 일으킨다.
② 과도하게 노출될 경우 일광화상이 발생한다.
③ 멜라닌의 과다 증식으로 피부에 색소침착과 피부건조, 수포를 생성한다.

SECTION 02 적외선이 미치는 영향

1 적외선

가시광선보다 파장이 길고 피부 깊숙이 침투하며 열을 발산하여 피부로 온도를 느낄 수 있는 것을 말한다.

2 적외선이 피부에 미치는 효과

① 피부의 온열작용으로 혈류 증가를 촉진시킨다.
② 피부에 열을 가하여 피부를 이완시키는 역할을 한다.
③ 피부에 생성물이 흡수되도록 돕는 역할을 한다.
④ 신경 말단 및 근조직에 영향을 주어 근육 이완과 통증, 긴장감 완화에 도움을 준다.

피부면역

SECTION 01 면역의 종류와 작용

1 면역

1) 면역

체내로 침입하는 미생물이나 화학물질을 공격하고 저항할 수 있는 인체의 방어기전을 말한다. 어떤 질병을 앓고 난 후 그 질병에 대해 저항성이 생기는 현상이다.

2) 항원

체내로 침입한 외부의 이물질 등으로 면역반응을 일으키고 면역계를 자극하여 항체 형성을 유도하는 물질이다.

3) 항체

항원에 대항하기 위해 생체 내에서 생성되어 항원과 결합하는 물질로 면역글로불린이라 불린다.

2 면역의 종류 및 작용

1) 자연면역(선천적 면역)

선천적인 신체의 방어기전으로 개인차가 있으며, 타고난 저항력으로 병의 치유가 이루어지는 면역이다.

2) 획득면역(후천적 면역)

후천적 면역으로 체내로 침입했던 항원을 기억하여 다시 침입하며 특이성 면역반응이 일어난다. 특이성 면역반응은 림프구, 식세포이다.

(1) B림프구

면역글로불린이라고 불리는 항체를 생성한다. 면역학적 역할을 수행하며 혈액에 의해 운반되어 체액성 면역이라고 한다.

(2) T림프구

항원을 인식하는 역할을 하며 세포와의 접촉을 통하여 항원을 공격하여 세포성 면역이라고 한다.

(3) 식세포

항원을 세포 안에서 섭취 · 분해하는 세포 면역정보를 림프구에 전달한다.

3) 면역계

생체를 방어하는 기능으로서 신체의 외관을 싸고 있는 피부, 점막 등의 화학적 인자로 이루어지는 방어체계이다.

[면역계의 방어체계]

단계	내용
1차 방어	피부와 위장관, 위산, 질 내의 정상 세균 등의 자연면역계
2차 방어	비특이성 저항, 식세포로 구성된 면역계
3차 방어	특이성 저항, 특이성 면역, 림프구로 구성된 면역계

4) 피부의 면역

① 표피 : 랑게르한스세포, 각질형성세포(사이토카인 생성) 면역반응을 한다.
② 진피 : 대식세포, 비만세포가 피부면역의 중요한 역할을 한다.
③ 각질층 : 라멜라 구조로 외부로부터 보호한다.
④ 피지막 : 박테리아 성장을 억제한다.

CHAPTER 07 피부노화

SECTION 01 피부노화의 원인

1 노화

나이가 들어가면서 인체 기관의 기능이 저하되는 점진적인 내적 퇴행성 변화이다.

2 노화의 원인

① 노화유전자와 세포노화
② 아미노산 라세미화
③ 텔로미어 단축
④ 활성산소 라디칼
⑤ 피부 구조의 기능 저하
⑥ 자외선, 열과 흡연 등의 외부적 요인

3 노화억제 작용

1) 항산화제

피부노화 억제물질로 활성산소를 불활성화시킨다.(예 베타-카로틴(β-carotene), 수퍼옥사이드 디스뮤타제(SOD), 비타민 A, 비타민 C, 비타민 E, 코엔자임 등)

2) SOD(Superoxide Dismutase) 항산화 효소

체내에 활성산소가 과다하게 들어오면 만들어지는 효소로 활성산소를 제거한다. SOD 효소가 가장 중심적인 역할을 하여 산소 라디칼을 방어한다.

용어정리

라세미화
광학활성물질 자체의 선광도가 감소하거나 완전히 상실되는 현상

텔로미어
단백질 성분의 핵산서열로 세포분열이 진행될수록 길이가 점점 짧아져 노화의 원인이 되는 곳

활성산소
불안정한 상태에 있는 산소로 체내로 들어와 생체조직을 공격하고 세포를 손상시키거나 기능을 잃게 만드는 강한 물질

SECTION 02 피부노화현상

1 내인성 노화(생리적 노화현상)

자연적으로 발생하는 생리적 노화현상으로 나이에 따른 노화의 과정이다. 내인성 노화의 특징은 다음과 같다.

① 표피와 진피의 구조적 변화로 피부가 얇아짐
② 피지 분비가 감소하며 피부보호능력 저하
③ 피지선과 한선이 퇴화되어 피부의 윤기가 떨어짐
④ 랑게르한스세포의 감소현상
⑤ 면역력 저하와 신진대사기능 저하
⑥ 탄력 저하로 피부가 늘어져 보이고 굵은 주름 발생
⑦ 세포 재생주기 지연으로 인한 상처 회복 둔화
⑧ 콜라겐섬유의 구조 변화로 깊은 주름 발생

2 광노화 · 외인성 노화(환경적 노화현상)

바람, 공해 등의 외부환경에 의해 일어나는 환경적 노화현상으로 누적된 자외선의 노출로 야기되는 광노화 현상의 특징은 다음과 같다.

① 광노화 시 표피 두께가 두꺼워짐
② 피부가 건조하고 거칠어짐
③ 과색소 침착증이 발생
④ 탄력 감소와 주름 형성
⑤ 체내 수분 감소
⑥ 탄력섬유의 이상적 증식 및 모세혈관의 확장

PART

04

화장품학

화장품학 개론

SECTION 01 화장품의 정의

1 화장품의 정의 [화장품법 제1장 총칙 제2조 제1항 정의]

"인체를 대상으로 청결 · 미화하여 매력을 더하고 용모를 밝게 변화시키거나 피부 · 모발의 건강을 유지 또는 증진하기 위하여 인체에 사용되는 물품으로서 인체에 대한 작용이 경미한 것"을 말한다.

2 화장품의 사용 목적

① 인체를 청결히 하고, 미화하며, 매력을 더하고, 용모를 밝게 변화시키기 위해 사용한다.
② 피부 혹은 모발을 건강하게 유지 또는 증진하기 위하여 사용한다.

3 화장품의 4대 요건

① 안전성 : 피부에 대한 자극, 알레르기, 독성이 없어야 한다.
② 안정성 : 변질, 변색, 변취, 미생물의 오염이 없어야 한다.
③ 사용성 : 흡수성, 발림성 등 피부에 사용감이 좋아야 한다.
④ 유효성 : 적절한 보습, 피지분비 조절, 노화 방지, 미백, 자외선 차단, 색채 표현 등의 효과를 나타내야 한다.

4 화장품과 의약부외품 및 의약품의 비교

구분	화장품	의약부외품	의약품
대상	정상	정상	환자
목적	세정과 미용	위생과 미화	치료, 예방, 진단
범위	전신	특정 부위	특정 부위
기간	지속적, 장기간	단속적, 장기간	일정기간
부작용	없어야 함	없어야 함	있을 수 있음

CHAPTER 02

화장품 제조

SECTION 01 화장품의 원료

화장품의 원료에는 수성 원료, 유성 원료, 보습제, 점증제, 방부제, pH 조절제, 산화방지제, 향료, 색소, 첨가원료, 계면활성제 등이 있다.

1 수성 원료

1) 물(정제수)

물은 화장품에서 큰 비율을 차지하는 주요 용매로 화장수, 크림, 로션의 기초 물질로서 수분을 공급하여 피부 보습작용을 한다. 화장품 제조에 사용되는 물은 세균과 금속 이온이 제거된 정제수를 사용한다.

2) 알코올

알코올은 다른 물질과 혼합해서 그것을 녹이는 성질이 있으며 휘발성과 청량감이 있다. 또한 소독작용이 있어 함량이 많으면 피부에 자극을 줄 수 있다. 일반적인 함유량은 10% 전후이다.

2 유성원료

1) 왁스

고체 왁스는 실온에서 고형화제인 유성성분이며, 제품의 기능이나 변질이 적어 안정성을 향상시킨다. 고급 지방산에 고급 알코올이 결합된 에스테르를 의미하며 녹는점이 높아 화장품의 굳기를 조절, 광택을 부여하는 역할을 한다.

[왁스의 분류]

종류	내용
식물성 왁스	호호바유, 카르나우바 왁스, 칸데릴라 왁스 등
동물성 왁스	라놀린, 밀납, 경납, 망치고래유, 향유고래유 등

2) 오일

피부에 유연성과 윤활성을 부여하고 피부 표면에 친유성 막을 형성하여 피부를 보호하며, 수분 증발을 저지한다.

[오일의 종류]

종류	내용
식물성 오일	식물의 꽃이나 잎, 열매, 껍질 등에서 추출하여 피부 부작용 및 자극이 적고 향기가 좋으나 동물성 오일에 비해 흡수력이 떨어지고 부패하기 쉬움 예 호호바 오일, 맥아 오일, 올리브 오일 등
동물성 오일	동물의 피하조직, 장기 등에서 추출하여 피부에 대한 친화성, 윤택성, 부착성, 생리 활성력이 높으나 공기 중에 쉽게 변질되고 색이나 냄새가 강해 탈취, 탈색의 정제 과정을 거친 뒤에 사용해야 함 예 라놀린(양모), 밍크오일, 스쿠알렌(상어간유에서 얻음) 등
광물성 오일	석유원유에서 추출한 오일로 무색, 무취이며 쉽게 변질되지 않으나 피부호흡을 방해할 수 있어 식물성 오일이나 다른 오일과 혼합하여 사용해야 함 예 유동파라핀, 바셀린 등
천연 오일	천연물에서 추출하여 가수분해, 수소화 등의 공정을 거쳐 유도체로 이용
합성 오일	화학적으로 만들어져 에스테르화의 공정을 거쳐 유도체로 이용 예 실리콘 오일, 미리스틴산 아이소프로필 등

3) 고급 지방산

탄소수를 많이 가진 지방산을 뜻하며 동식물 유지 또는 납의 가수분해에 의해 얻는다. 비누, 각종 계면활성제, 첨가제 등의 원료로 사용된다. 고급 지방산의 종류로는 스테아르산, 올레산, 팔미트산, 미리스트산 등이 있다.

3 보습제

피부의 건조한 증상을 완화하는 수용성 물질로 흡착성이 높아 수분을 흡수하는 효과를 지니고 있으며 보습을 유지시키는 물질이다. 보습제의 종류로는 글리세린, 세라마이드, 히알루론산, 천연보습인자(아미노산 40%, 젖산, 요소)가 있다.

보습제의 조건

- 다른 성분과 혼용성이 좋고 적절한 보습능력이 있을 것
- 응고점이 낮고 휘발성이 없는 것

4 유연제

피부 표면의 수분증발을 억제하여 피부를 부드럽게 해주는 물질로, 종류로는 실리콘오일 등이 있다.

❺ 점증제

화장품의 점성을 조절하는 물질로, 종류로는 펙틴, 알긴산, 점토광물, 전분, 젤라틴, 카르복실메틸셀룰로오스 등이 있다.

❻ 방부제

화장품이 미생물에 오염되면 혼탁, 분리, 변색, 악취 등이 일어날 수 있으므로 미생물 증가를 억제하고 일정 기간 보존하기 위한 보존제로서 박테리아와 곰팡이의 성장을 억제하는 역할을 하는 물질이다. 방부제의 종류로는 파라옥시안식향산메틸, 파라옥시안식향산프로필, 이미다졸리디닐우레아, 파라벤류(메틸파라벤, 에틸파라벤, 프로필파라벤, 부틸파라벤) 등이 있다.

❼ pH 조절제

화장품의 pH를 조절하기 위하여 사용하며 pH의 조절범위는 3~9이다. 종류로는 암모늄 카보나이트, 시트러스 계열 등이 있다.

❽ 산화방지제

화장품이 공기에 닿아 산패되는 것을 방지하기 위한 첨가 물질이다. 산화방지제의 종류로는 토코페릴 아세테이트, BHT, BHA, EDTA 등이 있다.

❾ 향료

화장품 원료의 냄새를 중화하여 좋은 향이 나도록 조제하며 휘발성이 있어야 한다.

[향료의 분류]

구분	내용
천연향료	식물성 : 레몬, 장미, 샌달우드 등 동물성 : 사향, 영묘향, 용연향 등
합성향료	벤젠계열, 테르펜계열의 화학적 합성향료
조합향료	천연, 합성향료를 조합한 향료

10 색소

화장품에 색상을 더하기 위하여 사용하며 염료와 안료로 구분된다.

1) 염료

물에 녹는 수용성 염료와 오일에 녹는 유용성 염료가 있다.

2) 안료

물과 오일에 녹지 않는 것으로 메이크업 제품에 사용한다.

① 무기안료 : 빛, 산, 알칼리에 강하며, 내광성과 내열성이 우수하고 커버력이 우수하다.

② 유기안료 : 빛, 산, 알칼리에 약하며, 내광성 · 내열성이 떨어지고, 유기용매에 녹아 색이 번지는 것이 많으나 빛깔이 선명하고 착색력도 크며, 임의의 색상을 얻을 수 있다.

11 첨가원료

첨가원료는 수 없이 많으며 대표적인 첨가원료로는 각종 비타민류가 있다. 아미노산류인 콜라겐과 엘라스틴, 식물성 원료인 오이, 알로에, 영양과 보습효과가 우수한 로열젤리 등이 있다.

12 계면활성제

원료의 배합이 잘되도록 조절하는 역할을 한다.

SECTION 02 화장품의 기술

화장품 제조의 3가지 기술은 가용화, 유화, 분산기술이다.

1 가용화

물에 소량의 오일 성분이 계면활성제에 의해 섞여 투명하게 용해되어 보이는 상태이다. 가용화 상태의 계면활성제를 가용화제라고 한다. 이러한 가용화를 이용한 제품에는 화장수, 향수, 투명 에센스, 헤어토닉 등이 있다.

2 유화

다량의 유성 성분을 물에 일정 기간 동안 안정한 상태로 균일하게 혼합하는 기술이다. 물에 오일성분이 계면활성제에 의해 우윳빛으로 백탁화된 상태이다.

[유화의 기능 및 제형]

구분	내용
O/W 수중유형 물 > 기름	물 안에 기름이 분산되어 수분감이 많고 촉촉함 예 에센스, 로션(에멀션), 핸드 로션
W/O 유중수형 기름 > 물	기름 안에 물이 분산되어 기름기가 많고 사용감이 무거움 예 영양 크림, 클렌징 크림, 자외선 차단 크림

3 분산

물 또는 오일 성분에 미세한 고체입자가 계면활성제에 의해 균일하게 혼합된 상태이다. 이를 이용한 제품에는 마스카라, 파운데이션, 네일 폴리시 등이 있다.

SECTION 03 화장품의 특성

1 계면활성제

기체, 액체, 고체의 계면 자유에너지를 저하시켜 습윤, 유화, 분산, 가용화, 세정작용을 하는 화합물이다. 한 분자 내에 친수성기과 친유성기가 함께 있는 물질로 계면을 활성화시키고 계면의 성질을 변화시킬 수 있는 특성을 가지고 있다. 일반적으로 둥근 머리모양의 친수성기와 막대모양의 친유성기(소수성기)를 가진다.

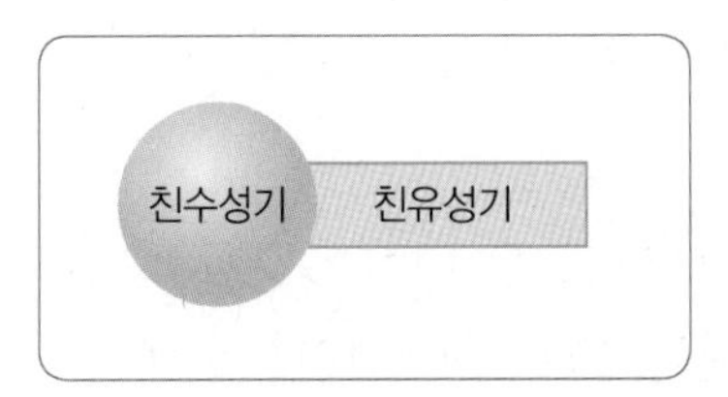

2 계면활성제의 분류

분류		내용
양이온		• 살균, 소독작용과 정전기 발생 억제 • 물에 용해될 때, 친수성기 부분이 양이온으로 해리되는 계면활성제 예 헤어린스, 헤어트리트먼트
음이온		• 세정작용, 기포형성작용 우수 • 물에 용해될 때, 친수성기 부분이 음이온으로 해리되는 계면활성제 예 비누, 샴푸, 클렌징 폼, 치약
양쪽성		• 세정작용과 유연효과, 피부의 자극이 적고 안정성이 좋음 • 물에 용해될 때, 친수성기에 양이온과 음이온을 동시에 갖는 계면활성제 예 저자극 샴푸, 베이비 샴푸
비이온		• 피부에 자극이 적고 기초 화장품에 주로 사용 • 유화력, 습윤력, 가용화력, 분산력이 우수 • 물에 용해될 때, 이온으로 해리하지 않는 수산기, 에테르 결합, 에스테르 등을 분자 중에 갖고 있는 계면활성제 예 화장수의 가용화제, 크림의 유화제, 클렌징 크림의 세정제

3 계면활성제의 세기

① 피부 자극의 세기 : 양이온성 > 음이온성 > 양쪽성 > 비이온성

② 세정력 세기 : 음이온성 > 양이온성 > 양쪽성 > 비이온성

화장품의 종류별 기능

SECTION 01 화장품의 분류

분류	주요제품	목적
기초화장품	클렌징 제품 딥 클렌징 제품 화장수 로션, 크림 에센스 팩	세안, 세정 각질 제거 정돈 보호, 보습 보호, 영양공급 영양공급
메이크업 화장품	메이크업 베이스 파운데이션 페이스 파우더 아이섀도 블러셔 아이브로펜슬 아이라이너 마스카라 립스틱	화장의 지속성 피부의 결점을 보완 유분기 제거, 화장의 지속성 눈에 색상 부여 볼에 색상 부여 눈썹 모양 수정 · 보완 눈 윤곽 수정 · 보완 속눈썹 숱 보완 입술에 색상 부여
모발 화장품	샴푸 린스 트리트먼트 제품 정발제 육모제	모발 세정 모발 보호 모발 영양공급 모발 관리 두피 관리
바디관리 화장품	바디 클렌징 제품 트리트먼트 제품 데오도란트	전신 세정 보호, 보습 체취 방지
네일 화장품	네일 폴리시 베이스코트 톱코트	색채 부여 착색 방지 광택 부여
향수	샤워 코롱, 오데 코롱, 오데 토일릿, 오데 퍼퓸, 퍼퓸	향취 부여
에센셜오일 및 캐리어오일	에센셜오일 제품 베이스오일 제품	에센셜테라피 에센셜오일 흡수 보조
기능성 화장품	미백화장품 주름개선 화장품 자외선 차단제품 피부 태닝 화장품	멜라닌 합성 저해 주름 관리 물리적 · 화학적 자외선 차단 효과적인 선탠

SECTION 02 기초화장품

기초화장품은 피부의 세안, 피부정돈, 피부보호를 목적으로 사용한다. 피부의 청결 유지와 보습, 잔주름, 여드름 방지 등의 효과를 나타낸다.

1 클렌징 제품

클렌징의 목적은 피지, 메이크업 잔여물, 노폐물의 제거이다. 피부 신진대사를 촉진하며 피부의 생리적인 기능을 정상적으로 도와준다. 제품 흡수의 효율과 피부 호흡을 원활히 하는 데 도움을 준다.

[클렌징 제품의 종류]

종류	내용
비누	• 비누 수용액이 오염물질과 피부 사이에 침투하여 부착을 약화시켜 떨어지기 쉽게 하는데, 거품이 풍성하고 잘 헹구어져야 함 • 피부의 pH를 알칼리성으로 만들 수 있음 • 메디케이티드 비누 : 소염제를 배합한 제품
클렌징 폼	• 자극 없이 세정하며 세안 후 당김이 적고 촉촉한 느낌 유지
클렌징 워터	• 세정용 화장수, 가벼운 화장 제거가 목적
클렌징 젤	• 유성과 수성 타입으로 구분, 가벼운 화장 제거에 효과적이며 세정력이 약함
클렌징 로션	• 피부 자극이 적은 성분 함유로 민감성 피부에 적합함 • 가벼운 화장 제거에 효과적인 O/W(친수성) 타입
클렌징 크림	• 클렌징 로션보다 유성 성분 함량이 많음 • 피지나 기름때와 같이 물에 잘 닦이지 않는 오염물을 닦아내고 짙은 화장 제거에 효과적이며 중성, 건성 피부에 적합 • 클렌징 크림은 친유성과 친수성이 있으며 친유성은 반드시 이중 세안을 해야 함
클렌징 오일	• 클렌징 오일은 물에 용해되는 특성이 있고 세정력이 우수함 • 탈수 피부, 민감성 피부, 약 건성 피부에 사용하면 효과적 • 클렌징 크림의 세정력과 클렌징 폼의 물 세안 효과를 함께 지님

2 딥 클렌징 제품

클렌징으로 제거되지 않은 노폐물이나 깊은 단계의 묵은 각질을 제거하는 효과가 있다. 민감성 피부는 주의하여 사용하도록 한다. 종류로는 스크럽, 효소, 고마쥐, AHA가 있다.

❸ 화장수

세안을 하고 나서도 지워지지 않는 피부의 잔여물을 제거하여 피부 본래의 정상적인 pH 밸런스를 맞추어 피부를 정돈하며 다음 단계에 사용할 제품의 흡수를 용이하게 한다. 화장수의 원료로는 정제수, 에탄올, 보습제, 유연제 등이 함유된다.

① 유연화장수 : 보습제가 함유되어 피부에 수분, 보습효과
② 수렴화장수 : 알코올 성분이 많고 모공수축 효과, 청량감을 부여

❹ 로션(에멀션)

피부에 유 · 수분을 공급하고 유분막을 형성하여 외부로부터의 자극을 막아준다. 발림성이 좋고 피부에 빨리 흡수되며 산뜻한 사용감이 특징이다.

❺ 크림

로션보다 유 · 수분과 보습제를 다량 함유하여 피부에 보습, 유연 기능을 부여한다.

① 콜드 크림 : 유성이 많아 피부에 대한 친화력이 강하고 거친 피부에 유분과 수분을 주어 윤기를 갖게 하는 데 가장 효과적인 크림
② 바니싱 크림 : 피부에 바르면 소멸되는 것처럼 보이는 크림으로 기름기가 없고 촉촉히 젖은 듯한 느낌의 크림

❻ 에센스

피부에 좋은 영양성분을 농축해 만든 것으로 피부의 탄력과 영양을 증진시킨다.

❼ 팩

보습과 피부에 영양을 공급하고 청결효과를 부여한다. 팩의 종류에는 오프타입(패치타입), 워시 오프타입, 티슈 오프타입, 분말타입 등이 있다.

SECTION 03 메이크업 화장품

메이크업 화장품은 피부에 색상을 부여하여 매력을 높이며, 용모를 변화시키는 제품이다. 얼굴이나 피부의 잡티를 커버하여 결함을 감추고 자신감 및 만족감을 살리는 것이 목적이다.

1 메이크업 베이스

파운데이션의 밀착성을 높여 메이크업의 지속성을 좋게 하고 파운데이션이 피부에 주는 손상과 색소 침착을 막아준다.

[메이크업 베이스의 종류 및 특징]

종류	특징
그린	피부색이 붉거나 기미, 여드름 등의 잡티가 많은 피부에 일반적으로 사용함
핑크	피부가 창백한 경우와 혈색을 화사하게 표현하기 위해 사용함
퍼플	노르스름한 혈색을 띠는 피부를 맑게 표현하기 위해 사용함
화이트	피부를 맑고 투명하게 보이게 하기 위해 사용함
오렌지	검은 피부를 중화시켜 건강하게 표현하기 위해 사용함

2 파운데이션

피부색을 기호에 맞게 바꿔주고 잡티나 결점을 커버해 주는 목적으로 사용한다. 파운데이션의 종류로는 리퀴드 파운데이션, 크림 파운데이션, 스틱 파운데이션이 있다.

[파운데이션의 종류 및 특징]

종류	특징
리퀴드 파운데이션	• 수분함량이 많아 사용감이 가볍고 퍼짐성이 좋으며 피부 부착성이 우수 • 대부분 O/W형 유화타입이며, 오일양이 적어 여름철에 많이 사용되고 젊은 연령층이 선호 • 안료가 균일하게 분산되어 있는 형태로 투명감 있게 마무리되므로 피부 결점이 별로 없는 경우에 사용
크림 파운데이션	• 유분의 함량이 많아 건성 피부와 가을, 겨울철에 많이 사용 • 피부의 결점과 잡티 커버력이 우수하지만 끈적임이 단점
스틱 파운데이션	• 유분의 함량이 많고 고체 형태로 부분적인 커버를 위해 주로 사용

❸ 페이스 파우더

파운데이션의 유분기 제거와 화장의 지속성을 높인다.

❹ 아이섀도

눈과 눈썹 사이에 색채와 음영을 주어 입체감을 표현하고 눈매의 표정을 연출하며, 눈의 단점을 보완한다.

❺ 블러셔

볼에 색상을 부여하여 얼굴색을 밝고 건강하게 하고 얼굴의 윤곽을 수정한다.

❻ 아이브로펜슬

눈썹 모양을 수정하고 색상을 조정한다.

❼ 아이라이너

눈의 윤곽이나 눈 모양을 조정하여 개성적인 눈매를 연출한다.

❽ 마스카라

속눈썹을 길고 풍성하며 짙어 보이게 함으로써 눈의 인상을 부드럽고 매력적으로 만든다.

❾ 립스틱

냉각기에 의해 제조된 제품으로 입술에 색상을 부여하여 광택, 혈색, 개성을 표현한다.

SECTION 04 모발 화장품

1 샴푸

모발과 두피의 오염물질을 제거하기 위하여 사용하는 제품이다.

2 린스

모발의 표면을 부드럽게 하고 정전기를 방지하여 빗질을 용이하게 하는 목적으로 사용하는 제품이다.

3 트리트먼트 제품

모발과 두피에 영양을 공급하여 두피기능을 향상시키고 모발의 손상을 미리 예방하여 모발 건강에 도움을 주는 제품이다. 종류로는 헤어트리트먼트 크림, 헤어팩 등이 있다.

4 정발제

모발을 원하는 형태로 고정시키거나 원하는 스타일링을 할 수 있게 도와준다.

[정발제의 종류 및 특징]

제품의 종류	특징
헤어스프레이, 왁스	헤어스타일을 일정한 형태로 유지시켜주는 제품
헤어로션, 크림, 오일	유분을 공급하여 광택과 유연성을 유지하고 모발을 보호하면서 가볍게 정돈시켜주는 제품
헤어 리퀴드	화장수와 유사한 정발제로 산뜻하고 가벼운 제품
헤어 젤	젤 타입의 투명한 제품으로 가벼운 질감과 자연스러운 마무리감이 돋보이는 제품
포마드	모발에 광택을 주고 헤어스타일을 단정하게 정돈시켜주는 남성용 제품

5 육모제(헤어토닉)

모발과 두피에 영양을 주면서 두피의 혈액순환을 좋게 해주고 발모 촉진, 탈모 방지, 가려움증을 예방하는 데 사용된다.

SECTION 05 보디 관리 화장품

1 클렌징 제품

피부를 부드럽게 세정하고 청결함을 유지하기 위해 사용하는 제품이다. 클렌징 제품의 종류에는 바디샴푸, 바디스크럽, 바스솔트 등이 있다.

바디샴푸의 특징
- 피부 각질층의 세포 간 지질 보호
- 부드럽고 치밀한 기포 부여, 높은 기포 지속성 유지
- 세균의 증식 억제, 세정과 용제 작용

2 트리트먼트 제품

피부의 보습과 건조함을 방지하고 유분을 부여하는 제품이다. 트리트먼트 제품의 종류에는 바디로션, 바디크림, 바디오일 등이 있다.

3 데오도란트(체취 방지용 제품)

체취 방지용 화장품으로 땀의 분비로 인한 냄새와 세균의 증식을 억제하기 위해 주로 겨드랑이 부위에 사용하는 제품이다. 피부 상재균의 증식을 억제하고 발생한 체취를 억제하는 기능을 한다. 데오도란트의 유형에는 스프레이, 로션, 파우더, 스틱제형이 있다.

SECTION 06 네일 화장품

1 세니타이저, 안티셉틱(Sanitizer, Antiseptic)

모든 작업 전에 가장 먼저 사용하며 작업자와 고객의 손 · 발을 소독하는 제품으로 젤 타입의 제품은 손에 적당량을 덜어낸 후 손 전체와 손가락 사이를 문질러서 사용한다. 액상은 탈지면에 적셔 손 전체와 손가락 사이를 손끝 방향으로 닦는다.

- **주요성분** : 에탄올, 이소프로판올

2 네일 폴리시(Nail Polish)

네일의 컬러를 부여하기 위해 사용하는 제품으로 45° 각도로 일반적으로 2번 도포한다.

- **주요성분** : 니트로셀룰로오스, 부틸아세테이트, 에틸아세테이트, 이소프로필알코올, 토실아마이드, 톨루엔, 로진, 트리메틸올프로판, 벤조페논, 안료

3 베이스코트(Base Coat)

네일 폴리시의 밀착력을 높이고 네일에 색소가 침착되거나 변색되는 것을 방지하기 위해 처음에 도포하는 제품이다.

- **주요성분** : 니트로셀룰로오스, 부틸아세테이트, 에틸아세테이트, 이소프로필알코올, 토실아마이드, 톨루엔, 로진

4 톱코트(Top Coat)

네일 폴리시를 보호하고 광택을 부여하기 위해 네일 폴리시를 도포한 후 작업 마지막 단계에서 도포하는 제품이다.

- **주요성분** : 니트로셀룰로오스, 부틸아세테이트, 에틸아세테이트, 이소프로필알코올, 토실아마이드, 톨루엔, 로진

SECTION 07 향수(방향화장품)

향수는 방향성 식물에서 추출한 정유로 기분전환에 사용하며, 효용가치를 높이기 위한 상업적 목적에도 사용된다. 향수는 조화성 · 확산성 · 지속성이 있어야 하며, 향의 특징과 시대성에 부합되어야 한다.

1 부향률 단계에 따른 분류

종류	부향률	지속시간
샤워 코롱	1~3%의 향료 함유	약 1시간 지속
오데 코롱	3~5%의 향료 함유	약 1~2시간 지속
오데 토일릿	5~10%의 향료 함유	약 3~4시간 지속
오데 퍼퓸	10~15%의 향료 함유	약 5~6시간 지속
퍼퓸	15~30%의 향료 함유	약 6~7시간 지속

향수의 부향률 크기
퍼퓸 > 오데 퍼퓸 > 오데 토일릿 > 오데 코롱 > 샤워 코롱

2 발향에 따른 분류

① 톱 노트 : 주로 휘발성이 강한 향료들로, 향수를 뿌린 후 즉시 느껴지는 향수의 첫 느낌
② 미들 노트 : 중간 정도의 휘발성 향
③ 베이스 노트 : 휘발성이 낮은 향료로 마지막까지 남아 있는 잔향

SECTION 08 에센셜 오일 및 캐리어 오일

1 에센셜 오일(아로마 오일)

식물의 꽃이나 줄기, 잎, 열매, 뿌리 등 다양한 부위에서 추출한 휘발성 오일로 분자량이 작아 침투력이 강하다.

1) 에센셜 오일의 특징

① 면역기능 향상 및 감기에 효과적
② 피지, 지방물질에 용해되어 피부 관리, 여드름, 염증 치유에 사용
③ 노트는 톱, 미들, 베이스 노트 등 다양함

2) 에센셜 오일의 사용법

① 안전성 확보를 위하여 사전에 패치 테스트를 실시
② 캐리어 오일에 희석해서 사용하며, 점막이나 점액부위에 직접 사용을 자제
③ 공기 중의 산소, 빛 등에 의해 변질될 수 있으므로 갈색병에 보관하여 사용

3) 에센셜 오일의 추출법

추출방법	내용
수증기 증류법	식물을 물에 담가 가온하면 증발되는 향기물질이 물 위에 뜨는데 이것을 분리하여 냉각시킨 후 액체상태의 순수한 천연향을 얻어내는 방법으로 아로마테라피에서 가장 많이 이용 • 장점 : 대량으로 천연향을 얻어낼 수 있음 • 단점 : 고온에서 일부 향기성분이 파괴될 수도 있음
압착법	식물의 과실을 직접 압착하여 얻는 방법
휘발성 용매 추출법	식물의 꽃을 이용하여 향기성분을 녹여내는 방법
비휘발성 용매 추출법	동식물의 지방유를 이용한 추출법으로 냉침법과 온침법이 있음

4) 에센셜 오일의 활용법

① 흡입법 : 간단한 사용법으로 기체상태의 에센셜 오일을 코를 통해 흡수하는 방법
② 확산법 : 아로마램프, 스프레이를 이용하여 분자상태로 확산시키는 방법
③ 목욕법 : 수욕, 족욕, 좌욕, 입욕을 이용한 흡수방법으로 코를 통한 흡입과 피부를 통한 흡수의 두 가지 효과를 볼 수 있는 방법
④ 마사지법 : 에센셜 오일을 캐리어 오일에 희석하여 피부에 도포하는 방법

5) 에센셜 오일의 분류

분류	특징
티트리	• 살균 · 소독작용으로 피지조절, 방부작용을 함 • 여드름 피부에 직접 사용하기 좋음
레몬	• 살균작용으로 여드름, 지성피부에 효과가 있음 • 머리를 맑게 하여 무기력한 기분을 전환함 • 미백작용으로 기미, 주근깨 피부에 효과가 있으나 햇빛에 노출했을 때 색소침착의 우려가 있음
유칼립투스	• 근육통 치유효과, 염증 치유효과, 호흡기 질환에 효과가 있음
오렌지	• 콜라겐 생성을 촉진, 림프의 순환촉진하여 노화피부에 효과
페퍼민트	• 혈액순환 촉진(멘톨)하여 피로회복과 졸음 방지에 효과가 있음 • 통증을 완화하는 효과가 있음
베르가못	• 진정작용과 신경안정작용을 함
라벤더	• 심리적 안정과 근육의 이완작용을 함 • 상처치유와 화상치유 등의 재생작용을 함
일랑일랑	• 신경안정과 우울증에 효과가 있음
펜넬	• 피부건조와 주름을 완화함 • 셀룰라이트를 분해하는 작용을 함
제라늄	• 수렴작용과 진통, 피부염 치유에 효과가 있음
타임	• 강한 소독 · 살균작용으로 방부효과가 있음
로즈마리	• 기억력 증진과 두통의 완화효과가 있음 • 배뇨를 촉진하는 작용을 함
카모마일	• 진정작용으로 소양증, 민감성 알러지 피부에 효과가 있음
아줄렌	• 카모마일에서 추출한 오일로 진정작용, 살균, 소독, 항염 작용이 있음
주니퍼	• 해독작용으로 체내독소 배출과 지방을 분해하는 작용을 함
로즈	• 감정조절과 숙취를 해소하는 효과가 있음 • 수렴과 진정작용을 하고 배뇨를 촉진하는 작용을 함
자스민	• 호르몬 균형의 조절로 정서적 안정과 긴장을 완화하는 효과가 있음
시더우드	• 지성피부와 비듬, 탈모에도 효과가 있음
샌달우드	• 피부를 유연하게 하여 탈수피부와 노화피부에 효과가 있음

2 캐리어 오일(베이스 오일)

캐리어 오일은 에센셜 오일을 피부에 효과적으로 침투시키기 위해 사용하는 식물성 오일이다. 캐리어는 '운반'이란 뜻으로 캐리어 오일은 마사지 오일을 만들 때 필요한 오일이며, 베이스 오일이라고도 한다.

1) 캐리어 오일의 특징

① 에센셜 오일은 원액을 사용할 수 없으므로 캐리어 오일과 함께 섞어 사용함
② 에센셜 오일의 향을 방해하지 않도록 향이 없어야 하고 피부 흡수력이 좋아야 함

2) 캐리어 오일의 분류

구분	기능
호호바 오일	• 인체 피지와 지방산의 조성이 유사하여 피부 친화성이 좋음 • 지성 피부 및 여드름 피부와 습진에 효과, 쉽게 산화되지 않아 안정성이 높음
살구씨 오일	• 끈적임이 적고 유연성 우수, 피부에 윤기와 탄력 부여 • 민감성 피부에 효과
아보카도 오일	• 토코페롤과 천연보습인자의 함량이 높아 영양성분이 풍부함 • 건성, 민감성 노화피부에 효과
달맞이 오일	• 항알레르기 효과, 항혈전작용, 항염증작용
아몬드 오일	• 유연작용이 우수, 가려움증과 건성 피부에 효과
보리지 오일	• 피부재생, 세포활성 증가, 신진대사 활성화
피마자 오일	• 왁스의 대체품, 계면활성제의 원료로 사용
코코넛 오일	• 피부노화, 목주름 등에 효과, 선탠오일로 사용
맥아 오일	• 항산화 작용, 건성, 손상 피부에 효과

SECTION 09 기능성 화장품

1 기능성 화장품

1) 기능성 화장품의 정의

'피부에 멜라닌 색소가 침착되는 것을 방지하여 기미, 주근깨 등의 생성을 억제함으로써 피부의 미백에 도움을 주는 기능을 가진 화장품, 피부에 침착된 멜라닌 색소의 색을 엷게 하여 피부에 도움을 주는 기능을 가진 화장품, 피부에 탄력을 주어 피부의 주름을 완화 또는 개선하는 기능을 가진 화장품, 강한 햇볕을 방지하여 피부를 곱게 태워주는 기능을 가진 화장품, 자외선을 흡수 또는 산란시켜 자외선으로부터 피부를 보호하는 기능을 가진 화장품'이라고 규정한다(화장품법 시행규칙 제2조).

2) 기능성 화장품의 기능

① 피부 미백에 도움을 주는 제품
② 피부의 주름 개선에 도움을 주는 제품
③ 피부를 곱게 태워주거나 자외선으로부터 피부를 보호하는 제품

3) 기능성 화장품의 종류

① 미백화장품
② 주름개선 화장품
③ 자외선 차단제품, 피부 태닝 화장품

4) 기능성 화장품의 표시 및 기재사항

제품의 명칭, 내용물의 용량 및 중량, 제조번호

2 기능성 화장품의 분류

1) 미백화장품

(1) 미백화장품의 작용 기전

멜라닌 합성 저해, 티로시나제 저해, 자외선 차단, 도파 산화 억제

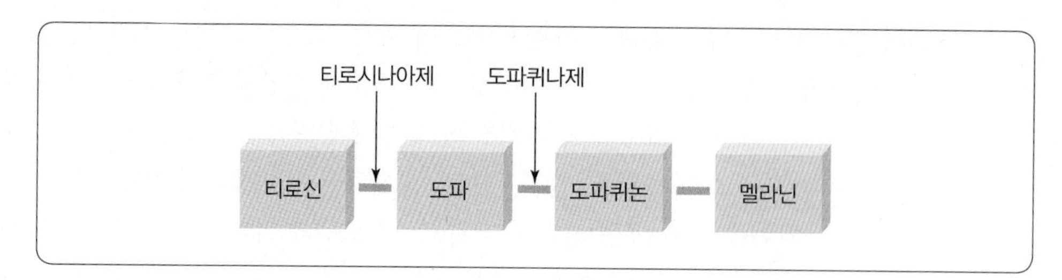

[멜라닌 생성과정]

(2) 미백화장품의 성분

종류	내용
비타민 C 유도체	• 티로시나제 효소의 활성을 억제하여 미백효과를 줌 • 멜라닌 생성억제 및 색소를 옅은 색으로 전환함
코직산	• 누룩곰팡이에서 추출하며 멜라닌 생성을 억제하고 미백효과를 줌 • 구리 등의 금속이온을 불활성화시키는 작용함 • 티로시나아제의 구리를 제거해 줌으로써 티로시나아제가 산소와 결합하여 티로신을 도파, 도파퀴논으로 산화시키는 효소작용을 하여 티로시나아제의 활성을 억제함
알부틴	• 진달래과의 월귤나무의 잎에서 추출한 하이드로퀴논 배당체로 멜라닌 활성을 도와주는 티로시나아제 효소의 작용을 억제하여 미백효과를 줌
하이드로퀴논	• 멜라닌 생성을 억제(부작용 우려로 미백연고에만 2% 미만으로 함유)
아하 (AHA)	• 화학적인 필링제의 성분으로 미백작용을 하며 종류로는 글리콜산, 젖산, 사과산, 주석산, 구연산이 있음
플라센타	• 생명이 태어나기까지 각종 필요한 영양소와 생리활성 물질을 저장하고 있는 조직의 태반을 의미하며 멜라닌을 억제하여 미백 효과를 줌
감초	• 뿌리와 줄기에서 추출하며 티로시나아제 활성을 억제하여 미백효과를 줌

2) 주름개선 화장품

주름개선 화장품의 효과는 다음과 같다.

① 피부 탄력 강화

② 콜라겐 합성 촉진

③ 표피 신진대사 촉진

[주름 개선 화장품의 성분]

종류	내용
레티노이드	• 비타민 A와 그 유도체(레티날, 레티산)를 레티노이드라고 함 • 세포분화와 성장에 중요한 역할을 함 • 각질세포에 작용하여 히알루론산의 합성 촉진과 각질층의 수분 증가 역할을 함
아하(AHA)	• 알파 히드록시 에시드(Alpha Hydroxy Acid)의 약어 • 각질세포의 세포 간 결합력을 약화시키고 각질세포의 탈락을 촉진시킴으로써 세포 증식 및 세포 활성의 증가로 주름 감소 • 피부와 점막에 약간의 자극이 있으므로 민감성 피부는 주의해야 함 • 글리콜산, 젖산, 사과산, 주석산, 구연산
항산화제	• 카로틴, 녹차추출물, 비타민 E, 비타민 C

3) 피부 태닝 화장품

피부 손상을 최소화하고 자외선에 천천히 그을리도록 도움을 주는 제품이다.

• 종류 : 태닝크림, 태닝오일, 태닝스프레이

• 성분 : 코코넛 오일, 디히드록시아세톤 DHA

4) 자외선 차단 화장품

(1) 특징

① 자외선으로부터 피부를 보호하기 위해 사용하는 제품이다.

② 일광 노출 전에 바르는 것이 효과적이다.

③ 2시간에 한 번씩 두드려 덧발라 주는 것이 좋다.

④ 차단지수가 높을수록 차단효과가 크나 민감성 피부는 주의해야 한다.

⑤ 자외선 흡수제, 자외선 산란제가 있다.

(2) 자외선 차단지수 SPF(Sun Protection Factor)

SPF는 엄밀히 말하면 UV-B 방어효과를 나타내는 지수라고 볼 수 있다. 자외선 차단제를 바른 피부에서 최소의 홍반을 일어나게 하는 데 필요한 자외선 양을 자외선 차단제를 바르지 않은 피부에서 최소의 홍반을 일어나게 하는 데 필요한 자외선 양으로 나눈 값이다.

(3) PA(Protection Factor of UV – A)

PA는 자외선 A를 차단하는 지수이다. SPF 1이라는 개념은 아무것도 바르지 않고 자외선 B에 노출되었을 때 피부자극이나 홍반이 생기지 않고 견딜 수 있는 시간을 의미한다.

$$\text{자외선 차단 지수 SPF} = \frac{\text{자외선 차단제품을 사용했을 때의 최소홍반량(MED)}}{\text{자외선 차단제품을 사용하지 않았을 때의 최소홍반량(MDA)}}$$

(4) 자외선 차단제의 분류

① 자외선 흡수제(화학적 차단제)

- 자외선을 화학적인 방법으로 피부에 흡수시켜 피부를 보호
- 투명하게 표현되나 민감한 피부엔 접촉성 피부염을 유발
- 성분 : 파라아미노안식향산(파라아미노 벤조산), 옥틸디메틸파바, 옥틸메톡시신나메이트, 벤조페논, 옥시벤존

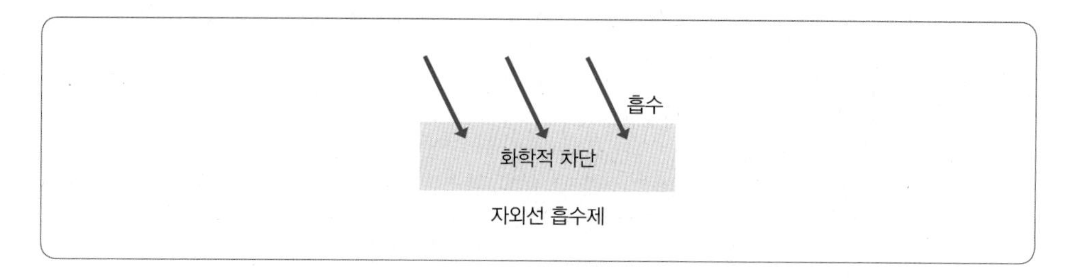

자외선 흡수제

② 자외선 산란제(물리적 차단제)

- 피부 표면에서 물리적으로 자외선을 반사 또는 산란
- 차단효과는 우수하나 불투명함
- 성분 : 산화아연(징크옥사이드), 이산화티탄(티타늄디옥사이드)

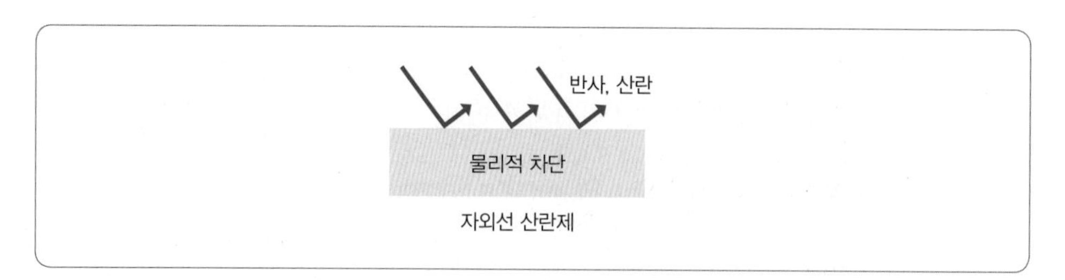

자외선 산란제

SECTION 10 여드름 화장품

여드름의 예방과 관리, 개선에 도움이 되는 제품을 말한다.

[여드름 관리 화장품에 사용되는 성분]

성분	내용
살리실산	염증, 붉은기, 부기 감소와 항염증효과
글리시리진산	감초에서 추출한 성분으로 강한 소염, 항염증효과
글리콜산	항염증효과
아줄렌	진정, 살균, 소독, 항염증효과
과산화 벤조일	벤조일 퍼옥사이드라고도 하며 피지조절, 살균, 방부작용
티트리	살균, 소독작용
레틴산	모낭과 면포에서의 각질 형성을 억제하며 배출을 촉진
솔비톨	습윤 조정제, 보습제의 기능과 피지조절에 효과
캠퍼	수렴작용, 피지조절의 효과, 항염, 여드름 균 증식 억제작용
로즈마리	여드름 피부 살균, 소독효과
하마멜리스	살균, 수렴, 진정작용
카모마일	진정작용, 소양증, 민감성, 여드름, 알러지 피부에 효과
레몬	살균작용으로 여드름, 지성피부에 효과
감초	해독 소염 상처치유 자극을 완화

PART

05

공중위생관리학

CHAPTER 01 공중보건학

SECTION 01 공중보건학 총론

1 공중보건학의 의의

1) 공중보건학의 정의

> 질병을 예방할 목적으로 조직화된 지역사회의 노력을 통해 질병예방, 생명연장, 신체 및 정신적 효율을 증진시키는 기술이며 과학이다. 공중보건은 개인이 아닌 지역사회이며 전체 주민 또는 국민을 대상으로 한다.
>
> – 윈슬로(C.E.A. Winslow)

2) 공중보건학의 개념

① 감염병 예방에 관한 연구(질병예방)

② 지역주민의 수명 연장에 관한 연구(생명연장)

③ 육체적 · 정신적 효율 증진에 관한 연구(건강증진)

④ 공중보건의 최소단위는 지역사회이며 전체 주민 또는 국민을 대상으로 함(집단 또는 지역사회 대상)

3) 공중보건사업 수행의 3대 요소

보건교육(가장 중요), 보건행정, 보건관계법

4) 건강의 정의

> 단순한 질병이나 허약하지 않은 상태가 아닌 육체적 · 정신적 · 사회적으로도 완전히 안녕한 상태를 말한다.
>
> – 세계보건기구(WHO)

5) 세계보건기구(WHO)에서 규정하는 건강지표 3가지

① 조사망률 : 인구 1,000명당 1년간의 전체 사망자 수

② 비례사망지수 : 50세 이상의 사망자 수/총 사망자 수 × 100

③ 평균수명 : 0세의 평균여명(어떤 시기를 기점으로 그 후 생존할 수 있는 평균연수)

6) 국가 간이나 지역사회 간의 보건수준을 평가하는 대표적인 3대 지표

영아사망률, 비례사망지수, 평균수명

7) 영아사망률

한 지역이나 국가의 대표적인 보건수준 평가기준의 지표이다. 영아기는 환경에 가장 예민한 시기이므로 영아사망률은 지역사회의 보건수준을 가장 잘 나타낸다.

중요

$$영아사망률 = \frac{그\ 해의\ 1세\ 미만\ 사망아\ 수}{그\ 해의\ 연간\ 출생아\ 수} \times 1,000$$

2 공중보건학의 관리 범위

구분	내용
질병관리	역학, 감염병 및 비감염병관리, 기생충관리
가족 및 노인보건	인구보건, 가족보건, 모자보건, 노인보건
환경보건	환경위생, 대기환경, 수질환경, 산업환경, 주거환경
식품보건	식품위생
보건관리	보건행정, 보건교육, 보건통계, 보건영양, 사회보장제도, 정신보건, 학교보건 등

SECTION 02 질병관리

1 역학

역학은 집단현상으로 발생하는 질병의 발생 원인과 감염병이 미치는 영향을 연구하는 학문이다. 질병 발생의 간접적인 원인 및 직접적인 원인이나 관련된 위험 요인을 규명하여 질병의 원인을 제거한다. 집단을 대상으로 유행병의 감시 역할을 하고 예방대책을 모색한다.

2 검역

외국 질병의 국내 침입방지를 위한 감염병의 예방대책으로 감염병 유행지역의 입국자에 대하여 감염병 감염이 의심되는 사람의 강제격리로서 "건강격리"라고도 한다.

3 감염병 및 비감염병 관리

1) 질병의 정의

> 신체의 구조적 · 기능적 장애로서 질병 발생의 삼원론에 의해 항상성이 파괴된 상태를 말한다.
> – 클라크(F.G. Clark)

2) 질병 발생의 3대 요인

질병 발생의 3대 요인에는 병인, 숙주, 환경이 있다.

(1) 병인

질병을 일으키며, 병원체를 가져올 수 있는 직접적 감염원이다.

① 영양소적 인자 : 각종 영양소의 과잉이나 결핍
② 생물학적 인자 : 세균, 바이러스, 기생충 등
③ 유전적 인자 : 유전자 조합이 질병의 원인
④ 물리적 인자 : 외상, 화상, 계절, 대기, 수질 등에 의한 질환
⑤ 화학적 인자 : 유해가스, 중금속 등으로 혈액, 폐에 자극을 주어 장애를 유발

(2) 숙주

병원체가 옮겨 다니며 기생할 수 있는 대상으로, 감염을 당하는 사람이나 동물을 일컫는다.

① 생물학적 인자 : 성별, 연령
② 사회적 요인 : 인종, 결혼 여부, 가족관계
③ 체질적 요인 : 선천적 인자, 생리적 방어기전, 면역성 및 영양상태 등

(3) 환경

주위의 환경이나 질병 발생에 영향을 미치는 외적 전파 경로이다.

① 생물학적 환경요인 : 병원소, 식품 매개체에서 영향을 줌
② 물리적 환경요인 : 지형, 기후, 먼지, 주택시설 등 생활에 관여하는 물리적 환경
③ 사회적 환경요인 : 인구밀도, 직업, 생활습관, 경제적 수준 등의 영향을 받음

3) 감염병 생성과정의 6대 요소

병원체 → 병원소 → 병원소로부터 병원체의 탈출 → 병원체의 전파 → 병원체가 신숙주로 침입 → 숙주의 감수성(감염)

(1) 병원체

숙주에 침입하여 질병을 일으키는 미생물이다.

미생물 종류	내용
바이러스	후천성 면역결핍 증후군(AIDS), 간염, 홍역, 천연두, 인플루엔자, 광견병, 폴리오, 일본뇌염, 풍진 등의 원인인 병원체
박테리아(세균)	폐렴, 임질, 패혈증, 류마티스, 디프테리아, 결핵, 파상풍, 장티푸스, 이질, 한센병, 백일해, 콜레라, 매독 등의 병원체
진균, 사상균	조갑백선, 체부백선 등 무좀과 칸디다증의 원인이 되는 병원체
리케차	생 세포에서만 증식하며, 기생하여 발진티푸스, 록키산홍반염, 양충병(쯔쯔가무시병), 발진열의 원인이 되는 병원체
스피로헤타	사람에게 매독, 재귀열, 와일씨병, 서교증 등 심각한 질병을 일으키는 병원체
클라미디아	성행위를 매개로 감염되는 질병인 비임균성 요도염, 자궁경부염과 트라코마 감염병의 원인이 되는 병원체
기생충	질병을 일으키는 병원체로 원충류, 선충류, 조충류, 흡충류가 있음

(2) 병원소

병원체가 생활, 증식, 생존하는 곳으로 새로운 숙주에게 전파될 수 있는 장소이다.

① 인간 병원소 : 보균자와 감염자가 있다.

② 동물 병원소 : 병원체를 보유하고 있는 동물이 인간 숙주에게 감염시키는 감염원으로 인수공통 감염병이다.

③ 토양 병원소 : 각종 진균류의 병원소로서 대표적으로 파상풍, 가스괴저병 등이 있다.

[인간 병원소]

구분	내용
감염자	균이 침입된 모든 사람
현성 감염자	균이 병을 일으켜 증상이 나타난 사람(환자)
불현성 감염자	균이 증식하고 있으나 아무런 증상이 나타나지 않은 사람
건강 보균자	병원체 보유자로서 균을 배출하지만 임상증상이 보이지 않아 건강해 보이는 보균자로 감염병 관리상 가장 중요한 대상자 예 디프테리아, 폴리오, 일본뇌염, 성홍열, 백일해
잠복기 보균자	임상증상이 나타나기 전인 잠복기간 중에 병원균을 배출하는 보균자 예 디프테리아, 홍역, 유행성 이하선염
회복기 보균자	임상증상이 소멸되었다 하더라도 환자가 병원균을 계속 배출하는 보균자 예 디프테리아, 장티푸스, 이질
만성 보균자	병원체를 오랫동안 지속적으로 보유하고 있는 보균자 예 B형 간염

[동물 병원소(인수공통 감염병)]

종류	발생 병명
쥐	페스트, 살모넬라, 발진열, 렙토스피라, 유행성 출혈열, 쯔쯔가무시병, 양충병, 서교증, 와일씨병 등
개	공수병(광견병), 톡소플라즈마증
고양이	살모넬라증, 톡소플라즈마증
양	탄저, 파상열, 브루셀라증
소	탄저, 결핵, 파상열, 살모넬라증
말	탄저, 유행성 뇌염, 살모넬라증
돼지	탄저, 파상열, 일본뇌염, 살모넬라증
조류	닭, 오리 등 조류 인플루엔자 바이러스의 감염원
토끼	야토병

(3) 병원체의 탈출

① 호흡기계 탈출 : 기침, 재채기, 침, 가래
② 소화기계 탈출 : 분변, 구토물
③ 비뇨생식기계 탈출 : 소변, 성기 분비물
④ 경피 탈출 : 피부병, 피부의 상처, 농양
⑤ 기계적 탈출 : 주사기, 흡혈

(4) 병원체의 전파

① 직접 전파 : 중간 매개물 없이 직접적 전파로 새로운 숙주에게 이동하여 감염
- 홍역, 인플루엔자, 결핵, 혈액(예 에이즈, B형 간염)
- 성 매개(예 매독, 임질, 클라미디아, 연성하감, 성기단순포진, 첨규콘딜롬)

② 간접 전파 : 중간 매개물을 통해 간접적 전파로 새로운 숙주에게 이동하여 감염
- 활성 전파 : 동물병원소를 제외한 절지동물을 통하여 전파
- 비활성 전파 : 병원체를 매개로 한 모든 무생물을 통하여 전파

[간접 전파의 분류]

분류		내용
활성 전파 (절지동물 전파)	모기	일본뇌염, 사상충, 말라리아, 황열, 뎅기열
	파리	장티푸스, 이질, 콜레라, 파라티푸스, 결핵
	이	발진티푸스, 재귀열, 참호열
	벼룩	페스트, 발진열, 재귀열
	바퀴	콜레라, 장티푸스, 이질, 폴리오
	진드기	양충병, 유행성 출혈열, 재귀열, 발진열

비활성 전파	비말 감염	오염된 공기로 인하여 전파되는 감염 예 결핵, 인플루엔자, 성홍열, 백일해 등
	진애 감염	비말핵이 먼지와 섞여 공기를 통한 진애감염 예 결핵, 디프테리아, 폐렴, 유행성 감기 등
	물 감염	인수(사람, 가축)의 분변으로 오염된 수인성 감염 예 장티푸스, 콜레라, 파라티푸스, 세균성 이질 등
	식품 감염	쥐 등 병에 걸린 동물에 의해 오염된 식품으로 감염 예 장티푸스, 콜레라, 파라티푸스, 세균성 이질 등
	토양 감염	오염된 토양에 의해 피부의 상처 등으로 감염 예 파상풍, 가스괴저병
	개달물 감염	환자가 사용하던 의복, 침구류, 수건, 완구, 책 등 예 트라코마, 백선 등

(5) 병원체가 새로운 숙주로 침입

① 호흡기계 침입 : 비말감염(기침, 재채기), 객담 비말감염(가래, 침)
② 소화기계 침입 : 경구 감염(구강)
③ 비뇨생식기계 침입 : 성기 감염
④ 경피 침입 : 피부 감염
⑤ 기계적 침입 : 유행성 A형 간염은 수혈을 통하여 감염

(6) 숙주의 감수성

숙주란 병원체가 옮겨 다니며 기생할 수 있는 대상으로, 감염을 당하는 사람이나 동물을 말하며, 숙주의 감수성은 숙주의 저항성인 면역성과 관련이 있다. 병원체가 숙주에 침입하면 반드시 병이 발생되는 것이 아니라 신체 저항력과 면역이 형성되면 병이 발생하지 않을 수도 있다. 숙주의 감수성 지수가 높으면 면역성이 떨어지고 감수성 지수가 낮으면 면역성이 높아진다.

(7) 감수성 지수

홍역과 두창 95%, 백일해 60~80%, 성홍열 40%, 디프테리아 10%, 폴리오 0.1%로 감수성 지수가 가장 높은 질병은 홍역과 두창이다.

4) 면역

(1) 선천적 면역

출생할 때부터 자연적으로 가지는 면역

(2) 후천적 면역

질병이나 예방접종 후 얻는 면역으로, 능동면역과 수동면역으로 구분

① 능동면역
- 자연능동면역 : 감염병 감염 후 형성되는 면역
- 인공능동면역 : 생균백신, 사균백신 및 순화독소의 예방접종으로 형성되는 면역

② 수동면역
- 자연수동면역 : 모체의 태반이나 수유를 통한 면역
- 인공수동면역 : 면역혈청을 피동적으로 투입하여 형성

[능동면역의 분류]

분류	내용
자연능동면역	• 질병 이환 후 영구면역 질병 : 홍역, 두창, 수두, 장티푸스, 콜레라, 페스트, 백일해, 황열, 유행성 이하선염 • 불현성 감염 후 영구면역 : 일본뇌염, 폴리오 • 질병 이환 후 약한 면역 : 디프테리아, 세균성 이질, 인플루엔자, 폐렴 • 감염 면역만 현성되는 감염병 : 매독, 임질, 말라리아
인공능동면역	• 생균백신 : 결핵, 홍역, 폴리오, 두창, 탄저, 광견병, 황열 • 사균백신 : 장티푸스, 파라티푸스, 콜레라, 백일해, 폴리오, 일본뇌염 • 순화독소(약독화) : 파상풍, 디프테리아 • 예방접종의 시기와 종류 – 생후 가장 먼저 : B형 간염 – 생후 4주 이내 : BCG 예방접종(결핵) – 생후 15개월 : 홍역, 유행성 이하선염, 풍진 – 3~15세 : 일본뇌염 – 2개월, 4개월, 6개월(3회) 기본예방접종 후 18개월 추가 예방접종 : 폴리오, DPT(디프테리아, 백일해, 파상풍)

5) 수인성 감염병의 특징

단시일 이내에 환자에게 폭발적으로 일어나며 발생률, 치명률이 낮다. 식수에서 동일한 병원체가 검출되고 발생한 지역 내에 환자가 한정된다. 수인성 감염병에는 장티푸스, 콜레라, 세균성 이질, 파라티푸스, 폴리오, 장출혈성 대장균 등이 있다.

용어정리

발생률
일정 기간에 집단에서 새로 발생하는 질병을 가지게 된 환자의 수를 나타내는 척도

치명률
특정의 질병 환자 중에서, 사망한 자의 비율을 나타내는 지표

6) 급성 감염병의 종류

급성 감염병은 유병률이 낮고 발생률은 높다.

(1) 소화기계 감염병

- 환자나 보균자의 분변으로 음식물과 식수가 오염되어 소화경로(경구) 침입으로 이루어지는 감염이며 연쇄전파에 의해 2차 감염률이 높음
- 장티푸스, 콜레라, 세균성 이질, 파라티푸스, 폴리오, 장출혈성 대장균

(2) 호흡기계 감염병

- 말, 재채기 등의 호흡기계에 침입으로 이루어지는 비말접촉 감염
- 디프테리아, 백일해, 홍역, 두창, 유행성 이하선염, 풍진, 성홍열, 결핵

(3) 동물매개 감염병

- 인수공통 감염병으로 사람과 동물이 병원소로 이루어지는 감염
- 공수병(광견병), 탄저, 페스트(흑사병), 파상열, 결핵, 서교열, 비브리오 패혈증, 브루셀라증, 살모넬라증, 렙토스피라증

(4) 절지동물 감염병

- 절지동물이 매개체가 되어 이루어지는 감염
- 페스트, 발진열, 발진티푸스, 일본뇌염, 말라리아, 사상충, 황열, 양충, 유행성 출혈열

7) 만성 감염병의 종류

만성 감염병은 유병률이 높고 발생률은 낮다.

(1) 결핵

- 신체의 모든 부위에 침범하고 폐에 많이 감염되며, 생후 4주 이내에 BCG 예방접종을 실시함
- 증상 : 기침, 피로, 식욕상실

(2) 트라코마

- 환자가 사용한 수건, 세면기 등을 통해 감염되며, 이 · 미용 업소에서 가장 쉽게 옮겨질 수 있고 예방접종으로 예방되지 않음
- 증상 : 눈의 결막염, 실명의 원인

(3) 한센병(나병)

- 항산성 간균인 나균에 의해 감염되며, 피부, 말초신경계, 상기도의 점막을 침범하여 조직을 변형
- 증상 : 피부결절, 구진과 출혈, 홍채염, 각막염 질환 발생

(4) B형 간염

- B형 간염 바이러스에 감염된 혈액이나 체액 등에 의해 감염되거나 성적인 접촉이나 수혈, 오염된 주사기, 면도날 등으로 인해 감염
- 증상 : 피로, 구토, 근육통, 미열, 황달, 치명적인 경우 사망

(5) 매독

- 매독균은 성 접촉으로 인해 감염되며, 모체에서 태아에게로도 감염
- 증상 : 성기와 신체 장기에 염증성 질환 발생

(6) 임질

- 성 접촉을 통해 생식기가 임균에 감염
- 증상 : 비뇨생식기에 염증성 질환 발생

(7) 후천성 면역 결핍증(AIDS)

- 인간 면역결핍 바이러스(HIV)가 원인인 감염병으로 감염자와의 성 접촉 및 혈액을 통해 옮겨질 수 있는 대표 질병
- 증상 : 면역력이 떨어지고 각종 질환, 종양 발생

8) 법정 감염병의 종류

종류	내용
제1군(6종) 발견 즉시 신고	• 물 또는 식품을 매개로 발생하고 집단 발생의 우려가 커서 발생 또는 유행 즉시 방역대책을 수립해야 하는 감염병 • 콜레라, 장티푸스, 파라티푸스, 세균성 이질, 장출혈성 대장균 감염증, A형 간염
제2군(12종) 발견 즉시 신고	• 예방접종을 통하여 예방 또는 관리가 가능하여 국가예방접종 사업의 대상이 되는 감염병 • 풍진, 디프테리아, 백일해, 파상풍, 유행성 이하선염, 폴리오, B형 간염, 일본뇌염, 수두, B형 헤모필루스 인플루엔자, 홍역, 폐렴구균
제3군(22종) 발견 즉시 신고	• 간헐적으로 유행할 가능성이 있어 계속 그 발생을 감시하고 방역대책의 수립이 필요한 질병군 • 말라리아, 결핵, 한센병, 성홍열, 수막구균성 수막염, 레지오넬라증, 비브리오패혈증, 발진티푸스, 발진열, 쯔쯔가무시증, 렙토스피라증, 브루셀라증, 탄저, 공수병, 신증후군성 출혈열, 인플루엔자, 후천성 면역결핍증(AIDS), 매독, 크로이츠펠트-야콥병(CJD) 및 변종크로이츠펠트-야콥병(vCJD), C형간염, 반코마이신내성황색포도알균(VRSA) 감염증, 카바페넴내성장내세균속균종(CRE)감염증
제4군(23종) 발견 즉시 신고	• 국내에서 새로 발생하였거나 재출현 감염병 또는 국내 유입이 우려되는 해외유행 감염병으로서 방역대책을 긴급히 수립할 필요가 인정되어 보건복지부령으로 정하는 감염병 • 황열, 페스트, 뎅기열, 바이러스성 출혈열, 두창, 보툴리눔독소증, 중증급성호흡기증후군, 중증열성혈소판감소증후군, 동물인플루엔자 인체감염증, 신종인플루엔자, 야토병, 큐열, 웨스트나일열, 신종감염병증후군, 라임병, 진드기매개뇌염, 유비저, 치쿤구니야열, 중동호흡기 증후군(MERS), 지카바이러스 감염증, 라싸열(바이러스성 출혈열), 마버그열(바이러스성 출혈열), 에볼라바이러스병(바이러스성 출혈열)
제5군(6종) 7일 이내 신고	• 기생충에 감염되어 발생하는 감염병으로서 정기적인 조사를 통한 감시가 필요하여 보건복지부령으로 정하는 감염병 • 회충증, 편충증, 요충증, 간흡충증, 폐흡충증, 장흡충증

지정 감염병(17종) 7일 이내 신고	• 1~5군 감염병 외에 유행 여부 조사를 위한 감시활동이 필요하여 보건복지부장관이 지정하는 감염병 • C형 간염, 수족구병, 임질, 클라미디아감염증, 연성하감, 성기단순포진, 첨규콘딜롬, 반코마이신내성황색포도알균(VRSA)감염증, 반코마이신내성장알균(VRE)감염증, 메티실린내성황색포도알균(MRSA)감염증, 다제내성녹농균(MRPA)감염증, 다제내성아시네토박터바우마니균(MRAB)감염증, 카바페넴내성장내세균속균종(CRE)감염증, 장관감염증, 급성호흡기감염증, 해외유입기생충감염증, 엔테로바이러스감염증

4 기생충관리

1) 기생충

기생충은 스스로 자생력이 없어 생물체에 붙어서 영양을 섭취하며 생명을 유지한다. 이득을 보는 생물체를 기생충이라고 하고 손해를 보는 생물체를 숙주라고 한다.

기생충으로 분류되려면 핵막이 있는 진핵생물이어야 하며, 박테리아나 바이러스 같은 미생물들은 핵막이 없어 기생충이 될 수 없다.

2) 기생충의 종류

(1) 원충

진핵세포로 되어 있는 단세포의 원생동물이다.

[원충류(원생동물문에 속하는 동물의 총칭)]

구분	내용
이질아메바증	• 원인 : 물을 매개로 경구감염 • 감염부위 : 이질아메바가 장에 기생 • 증상 : 설사병, 급성 이질, 대장염, 복통, 탈수현상 • 관리 : 물을 끓여서 음용하고 상하수도와 토양 위생관리
질트리코모나스증 (질편모충증)	• 원인 : 불결한 화장실, 목욕탕, 성행위로 인한 감염 • 감염부위 : 질트리코모나스가 비뇨생식기계에 기생 • 증상 : 질염, 성병 • 관리 : 불건전한 성 접촉과 위생관리에 주의
말라리아 (학질)	• 원인 : 말라리아 원충에 감염된 모기 • 감염부위 : 모기 침이 백혈구 안에서 분열 · 증식 · 기생 • 증상 : 오한, 발열, 발한, 빈혈, 두통, 합병증 발생 • 관리 : 야간에는 외출 삼가, 모기 기피제 및 모기장 사용

(2) 연충(윤충)

조직과 기관이 발달한 다세포동물로 선충류, 조충류, 흡충류로 구분되며, 이 중 선충류의 감염률이 가장 높다.

[선충류(선형동물문의 선충 강에 속하는 동물의 총칭)]

구분	내용
회충증	• 원인 : 토양, 물, 채소를 매개로 경구감염 • 감염부위 : 회충이 장내에 기생 • 증상 : 복통, 구토, 장염 • 관리 : 채소를 익혀서 섭취, 분뇨와 토양의 위생관리
요충증	• 원인 : 물, 채소를 매개로 경구감염(어린이가 감염되기 쉽고, 집단감염이 잘 되며 의복, 침구류 등으로 전파) • 감염부위 : 요충이 소장 하부, 충수, 맹장, 직장에 기생(항문 주위에 산란함) • 증상 : 피부염, 습진, 소화 장애, 신경증상, 항문의 가려움증 • 관리 : 채소를 익혀서 섭취, 개인 위생관리, 속옷과 침구류 소독
편충증	• 원인 : 토양, 채소, 물을 매개로 경구감염 • 감염부위 : 편충이 맹장, 장내에 기생 • 증상 : 식욕부진, 복통, 점액혈변, 설사, 탈수, 빈혈 • 관리 : 채소를 익혀서 섭취, 분뇨와 토양의 위생관리
구충증 (십이지장충증)	• 원인 : 토양, 채소를 매개로 경구감염(두비니구충), 경피감염(아메리카구충) • 감염부위 : 구충이 소장 상부에 기생 • 증상 : 피부염, 이명증, 채독증, 빈혈 • 관리 : 채소를 익혀서 섭취, 분뇨와 토양의 위생관리
모충증	• 원인 : 날고기 섭취로 인한 경구감염 • 감염부위 : 선모충이 근육, 간, 소장에 기생 • 증상 : 근육통, 두통, 발열 • 관리 : 육류를 −37℃ 이하로 냉동보관, 익혀서 섭취
동양모양선충증	• 원인 : 채소를 매개로 경구감염 • 감염부위 : 동양모양선충이 위, 십이지장, 소장 상부에 기생 • 증상 : 복통 · 설사 · 피로감 · 빈혈 • 관리 : 채소를 익혀서 섭취, 분뇨와 토양의 위생관리
사상충증	• 원인 : 말레이 사상충에 감염된 모기 • 감염부위 : 말레이 사상충이 임파조직에 기생 • 증상 : 근육통, 고열, 림프관염, 상피증 • 관리 : 야간에는 외출 삼가, 모기 기피제 또는 모기장 사용
아니사키스충증 (고래회충증)	• 원인 : 해산 어류(오징어, 고등어 등)의 생식으로 인한 경구감염 • 감염부위 : 아니사키스충이 위장에 기생 • 증상 : 복통, 구토 • 관리 : 해산 어류는 −20℃ 이하에서 24시간 냉동보관, 익혀서 섭취, 내장은 섭취 자제

[조충류(편형동물문의 조충 강에 속하는 동물의 총칭)]

구분	내용
유구조충증 (갈고리촌충증)	• 원인 : 돼지고기의 생식으로 인한 경구감염 • 감염부위 : 유구낭충이 소장에 기생하여 성충이 됨 • 증상 : 복통, 설사, 만성소화기 장애, 신경증상, 식욕부진 • 관리 : 돼지고기를 익혀서 섭취
무구조충증 (민촌충증)	• 원인 : 소고기의 생식으로 인한 경구감염 • 감염부위 : 무구낭충이 소장에 기생하여 성충이 됨 • 증상 : 복통, 설사 • 관리 : 소고기를 익혀서 섭취
긴촌충증 (광절열두조충증)	• 원인 : 제1숙주(물벼룩), 제2숙주(연어, 송어)의 생식으로 인한 경구감염 • 감염부위 : 유충이 소장에 기생하여 성충이 됨 • 증상 : 복통, 설사, 빈혈 • 관리 : 민물고기를 익혀서 섭취

[흡충류(편형동물문의 흡충 강에 속하는 동물의 총칭)]

구분	내용
간흡충증 (간디스토마증)	• 원인 : 제1숙주(우렁이), 제2숙주(잉어, 참붕어, 피라미)의 생식으로 인한 경구감염 • 감염부위 : 유충이 간의 담도에 기생하여 성충이 됨 • 증상 : 소화불량, 설사, 담관염 • 관리 : 민물고기를 익혀서 섭취
폐흡충증 (페디스토마증)	• 원인 : 제1숙주(다슬기), 제2숙주(가재, 게)의 생식으로 인한 경구감염 • 감염부위 : 유충이 폐에 기생하여 성충이 됨 • 증상 : 기침, 객담, 객혈 • 관리 : 가재, 게를 익혀서 섭취
요코가와흡충증	• 원인 : 제1숙주(다슬기), 제2숙주(은어, 숭어)의 생식으로 인한 경구감염 • 감염부위 : 유충이 소장에 기생하여 성충이 됨 • 증상 : 설사, 장염 • 관리 : 은어, 숭어를 익혀서 섭취

3) 기생충 관리

- 개인 위생관리를 철저히 하고 비위생적인 환경을 개선한다.
- 기생충 질환을 일으키는 발생 원인을 제거한다.

SECTION 03 가족 및 노인보건

1 인구보건

1) 인구

일정 기간 동안 일정한 지역에서 생존하는 인간의 집단을 말한다.

① 인구 동태 : 출생, 사망, 인구 이동

② 인구 증가 : 자연 증가, 사회 증가

2) 인구 정책

출생, 사망, 인구 이동 등 현실적인 상태와 이상적 상태의 격차를 조절하여 국가가 원하는 상태로 조절하는 것을 말한다.

3) 인구문제

인구의 구성과 인구 수, 지역적 분포 등 인구현상에 있는 모든 변화에 의하여 발생한다. 결혼과 출산문제, 역도태작용, 연령별 · 성별 비율의 불균형 문제가 있다.

4) 인구 구성 형태

유형	해당 지역	특징	모양
피라미드형	후진국 인구 증가형	• 출생률은 높고, 사망률은 낮음 • 14세 이하 인구가 65세 이상 인구의 2배 이상인 형태	65 50 남 여 20 15 5 0
종형	가장 이상적 인구 정지형	• 출생률과 사망률이 모두 낮음 • 14세 이하 인구가 65세 이상 인구의 2배 정도인 형태	65 50 남 여 20 15 5 0
항아리형	선진국 인구 감퇴형	• 출생률이 사망률보다 낮음 • 14세 이하 인구가 65세 이상 인구의 2배가 되지 않는 형태	65 50 남 여 20 15 5 0
별형	도시지역 인구 유입형	• 생산연령 인구 증가 • 생산층 인구가 전체 인구의 1/2 이상인 형태	65 50 남 여 20 15 5 0
호로형	농어촌지역 인구 유출형	• 생산연령 인구 감소 • 생산층 인구가 전체 인구의 1/2 미만인 형태	65 50 남 여 20 15 5 0

2 가족보건

1) 가족계획의 정의

근본적으로 산아제한을 의미하는 것으로 출산의 시기 및 간격을 조절하여 출생 자녀 수도 제한하고 불임증 환자를 진단 및 치료하는 것을 말한다.

– 세계보건기구(WHO)

2) 가족계획의 목적

부모의 건강, 모자보건, 가정 경제생활의 향상, 생활양식의 개선, 행복한 가정생활 영위, 문화적인 생활을 유지하는 데 그 목적이 있다. 건강하고 우수한 아이를 분만하고자 하는 출산계획과 피임뿐만 아니라 결혼, 임신, 출산, 육아, 모자보건, 불임문제의 해결을 포함한다.

3) 가족보건의 의의

개인은 가족을 통해 기본적인 욕구를 충족하는 가장 유력한 지지체계이며, 내 · 외적으로 안정감을 느끼게 해 개인의 건강을 유지하는 데 공헌한다.

① 건강 형성의 기능 : 건강한 삶을 영위하는 원천
② 건강관리 조직의 기능 : 가족의 건강을 유지 · 증진
③ 건강교육의 기능 : 자연스러운 건강교육이 이뤄지며, 건강에 대한 신념 형성
④ 건강활동 수행의 기능 : 생애주기에 맞는 건강활동 수행

4) 가족계획

(1) 가족계획

① 초산 연령(20~30세), 단산 연령(35세 이전)을 조절
② 출산횟수 조절(임신간격 약 3년)

(2) 영 · 유아 보건을 위한 가족계획

모성의 연령, 건강상태, 유전인자 등은 신생아 및 영아사망률과 관계가 있다.

(3) 모성 및 영 · 유아 외의 가족계획

여성의 사회생활을 고려하여 가정 경제 및 조건에 적합한 자녀 수를 출산한다.

(4) 피임방법

정확한 효과, 인체의 안전성, 사용의 편리성, 비용, 올바른 성생활 등을 고려한다.

① 영구적 피임법 : 정관절제술(남성), 난관절제술(여성)

② 일시적 피임법 : 콘돔, 경구피임약, 월경주기법, 자궁 내 장치 등

(5) 조출생률

조출생률은 인구 1,000명에 대한 연간 출생아 수를 말하며, 가족계획 사업의 효과 판정 상 유력한 지표이다.

$$\text{조출생률} = \frac{\text{연간 출생아 수}}{\text{그 해의 인구}} \times 1{,}000$$

3 모자보건

1) 「모자보건법」의 시행 목적

> 모성 및 영 · 유아의 생명과 건강을 보호하고 건전한 자녀의 출산과 양육을 도모함으로써 국민보건 향상에 이바지함을 목적으로 한다.
>
> – 「모자보건법」 제1조(정의)

2) 모자보건

12~44세 이하의 임산부 및 6세 이하의 영 · 유아를 대상으로 한다.

(1) 모자보건의 역할

① 임산부의 산전관리, 분만관리, 응급처치

② 영 · 유아의 건강관리, 예방접종

③ 부인과 관련 질병관리

④ 피임작업 및 피임약제에 관한 주의사항

⑤ 장애아동 발생 예방 교육, 모성 건강관리

⑥ 보건지도 교육, 홍보, 연구, 통제관리

(2) 모자보건의 필요성

① 모자 건강 및 여성 인권의 존중을 위해
② 가정의 경제생활 향상 및 생활양식 개선을 위해
③ 남아선호사상 탈피 등 윤리 · 도덕관의 시대적 변천에 부응하기 위해

(3) 모자보건대책

① 혼인기 대책 : 성병의 예방, 유전성 질환 예방, 모체보호, 수태조절 지도
② 임부 대책 : 정기적인 건강진단, 임신중독증 예방을 위한 건강 및 영양관리
③ 주산기 대책 : 분만 시 산부의 공포감 해소, 신체적 위험성이나 정신적 부담감 경감, 신생아 보호
④ 영 · 유아대책 : 영 · 유아의 선천성 질환 예방, 영 · 유아의 중증 심신장애 대책

(4) 모자보건 지표

영아사망률, 주산기 사망률, 모성사망률

(5) 영 · 유아보건

태아 및 신생아, 영 · 유아를 대상으로 한다.

- 초생아 : 출생 1주 이내
- 신생아 : 출생 4주 이내
- 영아 : 출생 1년 이내
- 유아 : 만 4세 이하

3) 모성보건

(1) 3대 목표

산전보호 관리, 산욕보호 관리, 분만보호 관리

(2) 임산부의 주요 질병과 이상

① 유산 : 임신 28주(7개월) 이전의 분만
② 조산 : 임신 28~38주 사이의 분만
③ 사산 : 죽은 태아의 분만
④ 조산아 : 2.5kg 이하
⑤ 임신중독증 : 부종, 단백뇨, 고혈압의 3대 증세 발생
⑥ 자궁 외 임신 : 임균성 및 결핵성 난관염과 인공유산 후의 염증 등이 원인
⑦ 이상출혈 : 임신 전 · 후반기와 산욕기의 출혈
⑧ 산욕열 및 감염 : 산욕기(출산 6~8주 사이) 감염에 의한 심한 발열현상으로 38℃ 이상의 고열과 오한이 생기는 증상

4) 성인보건

주로 성인과 노인에게 많이 발생하며 생활습관병으로 만성 비감염성 질환이다. 이러한 성인병은 예방이 중요하다.

(1) 원인

식습관, 운동습관, 흡연, 음주 등의 생활습관 등

(2) 성인병의 종류

고혈압, 당뇨병, 비만, 고지혈증, 동맥경화증, 협심증, 심근경색증, 뇌졸중, 만성폐쇄성 폐질환, 알코올성 간질환, 퇴행성 관절염 등

5) 성인병의 예방

① 식습관 개선과 금연, 금주
② 염분을 하루 6g 이하로 섭취
③ 과일, 채소, 저지방 식품 섭취
④ 규칙적인 운동과 충분한 휴식

4 노인보건

노인(65세 이상)이란 신체적 · 정신적으로 기능이 쇠퇴하거나 자기유지 기능과 사회적 역할의 기능이 약화되고 있는 사람을 말한다. 고령화 사회진입, 노인질환 급증, 국민 총 의료비 증가 등의 이유로 노인보건이 필요하다. 의료비, 소득 감소 등의 경제적인 문제, 소외의 문제 등 노인문제가 발생함에 따라 의료지원, 사회복지, 사회활동 등의 지원 및 문제 해결방안 모색이 요구된다.

SECTION 04 환경보건

1 환경위생

1) 환경위생의 정의

환경위생이란, 인간의 신체 발육과 건강 및 생존에 유해한 영향을 미치거나 또는 영향을 미칠 수 있는 모든 생활환경 요소를 관리하는 것이다.

– 세계보건기구(WHO)

2) 환경위생의 범위

공기(대기오염), 물(수질관리, 수질오염), 토양(쓰레기 처리), 구충구서(곤충, 해충), 소리(소음) 등

3) 기후의 3대 요소

- 기온 : 18±2℃(쾌적 온도 18℃), 실 · 내외 온도차(5~7℃)
- 기습 : 40~70%(쾌적 습도 60%)
- 기류 : 실내 0.2~0.3m/sec, 실외 1m/sec(쾌적기류 1m/sec, 불감기류 0.5m/sec 이하)

4) 온열조건

기온, 기습, 기류, 복사열

용어정리

불쾌지수

온습도지수라고 하며 기온과 습도를 말한다.

2 대기환경

1) 공기

지구를 둘러싸고 있는 대기를 구성하는 기체로, 인간 생명을 유지하기 위한 중요한 요소이다.

[공기의 구성과 특징]

공기는 질소, 산소, 아르곤, 이산화탄소 등의 성분으로 구성되어 있다.

구성요소	내용
질소(N_2)	• 공기 중의 약 78%를 차지 • 고압, 감압 시 동통성 관절장애를 수발(잠함병, 감압병)
산소(O_2)	• 공기 중의 약 21%를 차지 • 10% 이하 시 호흡곤란, 7% 이하 시 질식사의 원인 • 결핍 시 저산소증, 고농도 시 산소중독증 발생
아르곤(Ar)	• 공기 중의 약 0.93%를 차지 • 무색, 무미, 무취의 비활성 기체
이산화탄소(CO_2)	• 공기 중의 약 0.03%를 차지, 실내공기 오염의 지표 • 지구 온난화 현상의 원인이 되는 대표 가스 • 탄산가스라고도 하며 허용한계량 0.1% • 7%에서는 호흡곤란, 10% 이상일 경우 사망에 이를 수 있음

2) 공기의 자정작용

① 희석작용 : 공기 자체의 희석작용
② 살균작용 : 자외선에 의한 살균작용
③ 탄소 동화작용 : 식물의 탄소 동화작용에 의한 이산화탄소(CO_2), 산소(O_2) 교환작용
④ 산화작용 : 산소(O_2), 오존(O_3), 과산화수소(H_2O_2) 등에 의한 산화작용
⑤ 세정작용 : 비나 눈에 의한 용해성 가스, 분진 등의 세정작용

3) 군집독

다수인이 밀집한 실내의 공기가 물리 · 화학적 조성 변화를 거쳐 불쾌감, 두통, 권태, 현기증, 구토, 식욕부진 등을 일으키는 것이다.

• 실내공기 오염의 지표 : 이산화탄소(CO_2)
• 대기오염의 지표 : 아황산가스(SO_2)
• 오존층 파괴의 대표 가스 : 염화불화탄소(CFC)

4) 기온역전

기온의 급격한 변화로 일교차가 큰 계절에 지표면이 급속도로 냉각되어 지표면의 기온이 상층보다 낮아지는 현상이다. 기온역전현상이 발생하면 대류작용이 약화되어 복사 안개와 오염된 대기가 결합하여 스모그 현상이 발생하며 대기오염을 주도한다.

5) 대기오염

(1) 대기오염의 정의

대기 중 고유의 자연 성질을 바꿀 수 있는 화학적 · 물리적 · 생리학적 요인으로 인한 오염을 말한다.
– 세계보건기구(WHO)

(2) 대기오염 발생물질

대기오염 발생물질로는 일산화탄소, 아황산가스, 염화불화탄소, 미세먼지, 오존, 이산화질소, 중금속, 휘발성 유기화합물질 등이 있다.

물질명	내용
일산화탄소(CO)	• 불완전연소 시 발생되는 유독가스로 무색무취의 맹독성 기체 • 화기 산업공정, 유기합성 공업, 연탄, 산불로 발생 • 피해 : 산소결핍증, 운동신경과 근육 마비, 사고능력 저하, 심하면 사망
아황산가스(SO_2)	• 대기오염 지표, 인체에 가장 심한 자극을 일으킴 • 석탄의 연소, 자동차의 배기가스, 산업공정에서 발생 • 황산화물의 대표적인 가스상 대기오염물질 • 피해 : 시정감소, 생리적 장애, 폐렴, 천식
황산화물(SOx)	• 대기오염의 주원인 • 연료 속의 가연성 유황분이 연소함으로써 생기는 황의 산화물 • 이산화황(아황산가스), 삼산화황, 황산 등을 포함 • 피해 : 기관지염, 산성비 · 공기 중 0.003% 이상에서 식물 고사
염화불화탄소(CFC)	• 프레온 가스라고 하며 오존층 파괴의 대표가스 • 냉장고나 에어컨 등의 냉매, 스프레이의 분사제에서 발생 • 피해 : 오존이 존재하는 성층권까지 도달하면 오존층을 파괴
이산화질소(NO_2)	• 질소산화물(NOx) 중 대기오염에 영향이 많은 물질 • 고온 연소공정과 화학물질 제조공정에서 발생 • 피해 : 눈과 호흡기 자극, 기침, 현기증, 두통, 구토, 폐수종, 폐렴
오존(O_3)	• 2차 오염 물질로 광화학 옥시던트를 발생 • 피해 : 가슴통증, 기침, 메스꺼움, 기관지염, 심장질환, 폐기종

3 수질환경

1) 상수

(1) 물의 수질기준

① 대장균군은 50mL 중 검출되지 않아야 함
② 일반세균은 1mL 중 100CFU 미만
③ 색도 5도 미만, 탁도 2도 미만
④ 경도는 300mg/L 이하

(2) 물의 경도

경도는 물속에 함유되어 있는 경도 유발물질에 의해 나타나는 물의 세기를 말한다. 유발물질은 물에 포함되어 있는 칼슘과 마그네슘의 양이며, 이 물질들의 양의 기준을 정해서 그 기준보다 더 많은 양이 녹아 있으면 경수로 분류하며 그 이하이면 연수라 한다. 물 1L 중 1mg의 탄산칼슘이 들어 있을 때를 경도 1도라고 한다. 경도가 높은 물은 산뜻하지 않은 진한 맛이 나고 낮은 경우에는 담백하고 김빠진 맛이 난다. 소독제를 수돗물로 희석하여 사용할 경우 경도에 주의해야 한다.

① 경수(센물) : 칼슘과 마그네슘의 함유량이 높아 거품이 잘 일어나지 않고 뻣뻣하여 세탁 · 목욕용으로는 부적합하다.
② 연수(단물) : 칼슘과 마그네슘의 함유량이 적은 물이며 비누가 잘 풀리고 생활용수, 보일러 등에 사용된다.

[경도의 구분]

구분	내용
일시 경도	• 칼슘, 마그네슘, 철 이온이 중탄산염으로서 용해되어 있는 상태로 이것을 끓이면 중탄산염이 탄산염으로 됨 • 탄산염은 물에 녹지 않기 때문에 침전하며 물은 연수가 됨
영구 경도	• 끓여도 칼슘, 마그네슘, 철 등이 탄산염으로 침전되지 않음

(3) 소독법

대표적인 상수 소독법은 염소소독이며 평상시 공급되는 상수의 수도전에서의 유리잔류 염소 농도는 0.2ppm(0.2mg/L) 이상, 4mg/L 이하이다.

(4) 정수법

① 수질검사 : 현장 조사, 물리적 검사, 화학적 검사, 세균학적 검사, 생물학적 검사
② 정수과정 : 침전 → 여과 → 소독 → 배수 → 급수

- 대장균 : 상수의 수질오염 분석 시 대표적인 생물학적 지표
- BOD : 하수의 오염도를 나타내는 수질오염 지표

2) 하수

(1) 하수오염의 측정

용어	내용
DO (용존산소)	• 물속에 용해되어 있는 유리산소량인 용존산소 • 적조 현상 등으로 생물의 증식이 높으면 용존산소량이 낮아짐 • 용존산소(DO)가 낮으면 오염도가 높음
BOD (생물화학적 산소요구량)	• 호기성 박테리아에 의해 소비되는 산소량을 ppm으로 나타낸 생물학적 산소요구량 • 생물학적 산소요구량(BOD)이 높으면 오염도가 높음 • 하수의 수질오염지표로 이용
COD (화학적 산소요구량)	• 오염물질을 산화제로 산화할 때 필요한 산소량을 ppm으로 나타낸 화학적 산소요구량 • 화학적 산소요구량(COD)이 높으면 오염도가 높음
SS (부유물질)	• 물속에 부유하고 있는 미생물, 모래 등의 물에 용해되지 않는 물질

(2) 하수와 보건

공장 폐수, 분뇨 등을 처리하지 않고 방류해서 발생하는 여러 가지 문제를 예방하고 대책을 마련한다.

(3) 하수처리 과정

하수처리 과정은 예비처리, 본처리, 오니처리 순서로 이루어진다.

① 예비처리 : 부유물질의 제거와 침전

② 본처리 : 혐기성 처리, 호기성 처리

③ 오니처리 : 육상투기법, 해양투기법, 퇴비법, 소각법, 사상 건조법 등

구분	내용
혐기성 처리	• 부패조법, 임호프조법 • 산소가 없는 상태에서 혐기성 균의 작용에 의해 유기물을 분해하는 방법 • 부패작용으로 악취가 발생하여 소규모 분뇨 처리에 주로 사용함
호기성 처리	• 살수여과법, 산화지법, 활성오니법 • 활성오니법은 산소를 공급하여 호기성 균을 촉진하고 하수 내 유기물을 산화시키는 호기성 분해법으로 가장 많이 이용됨

3) 오물 처리

① 폐기물 : 소각법, 매립법, 퇴비법 등
② 분뇨처리 : 해양투기법, 정화조이용법, 비료화법, 화학제 처리법 등
③ 쓰레기(진개) 처리법 : 소각법, 매립법, 비료화법, 사료법 등

• 소각법 : 일반 폐기물 처리방법 중 가장 위생적인 방법

4) 수질오염 물질

① 유기물질 : BOD, COD 수치 높음, DO 수치 낮음
② 화학적 유해물질 : 수은, 납, 카드뮴, 시안, 산, 알칼리, 농약 등
③ 병원균 : 장티푸스, 살모넬라, 이질, 콜레라, 감염성 간염
④ 부영양화 물질 : N · P계 물질, 적조 · 녹조 현상
⑤ 현탁 고형물 : 난분해성 물질, 경성세제, PCB, DDT

5) 수질오염의 피해

① 수은 중독 : 치은괴사, 구내염, 혈성구토 등을 일으키는 미나마타병(산업폐수에 오염된 어패류 섭취 시 발생)
② 카드뮴 중독 : 세포에 만성 섬유 증식, 신경기능장애, 폐기종, 당뇨병 등을 일으키는 이타이이타이병(폐광석을 통해 카드뮴이 유출되어 강으로 흘러 들어가 식수나 농업용수로 사용하여 발생)
③ PCB 중독 : PCB를 사용한 제품을 소각할 때 대기 중으로 확산되어 들어갔다가 빗물 등에 섞여서 토양, 하천 등으로 흘러 발생
④ 기타 : 수인성 감염병, 기생충성 질환, 수도열, 농작물의 고사, 어패류의 사멸, 상수 · 공업용수의 오염

6) 수질오염 방지대책

① 하수도 정비 촉진, 산업폐수 처리, 수세식 변소의 시설관리를 개선한다.
② 불법투기 금지 조치, 해수오염 방지대책 마련 및 공장폐수 오염실태 파악 후 대책을 세운다.

용어정리

진개매립법
쓰레기를 2m 이상으로 묻고 복토를 60cm~1m 이상으로 덮어야 하며 10년이 경과하여야 주택지로 사용 가능하다.

4 산업환경

1) 산업보건

모든 산업현장의 산업종사자에 대한 육체적 · 정신적 · 사회적 안녕을 최고도로 증진 · 유지시키는 것을 목적으로 한다. 산업종사자뿐만 아니라 생산과 직결되어 기업의 손실 방지, 근로자의 건강과 안전을 위해서도 중요하다.

2) 산업종사자와 직업병

종사자	원인	질병
광부(탄광종사자)	분진	진폐증
석공(암석, 채석연마자)	규산	규폐증
석면취급자	석면	석면폐증
연탄취급자	연탄	탄폐증
인쇄공	납	납중독(빈혈, 신경마비, 뇌 중독)
방사선 취급자	방사선	조혈기능장애, 백혈병, 생식기능장애
제철소, 용광로 작업자	고열환경	열중증(열쇠약증, 열허탈증, 열경련, 열사병)
냉동고 취급자	저온환경	참호족, 동상, 동창
해녀, 잠수부	고압환경	잠함병
네일 파일럿, 승무원	저압환경	고산병
식자공	시력	근시안
항공정비사	소음	난청
불량조명 사용자	조명	안구진탕증, 근시, 안정피로
진동 작업자	진동	레이노이드

용어정리

열쇠약증
고열에 의한 만성 체력소모 현상으로서 전신권태 등의 만성형 건강장해

열경련
다량의 염분소실을 동반한 발한과다로 인한 현기증, 이명증, 구토 등의 증상

열허탈증
고온에 의한 순환장애로 인한 혈관신경의 부조절, 심박 수 감소, 혈압 저하, 혈당 감소

열사병
발한 정지에 의한 피부의 고온건조, 체온이 급상승하면 의식혼란, 혼수상태 발생

3) 산업재해 예방대책

① 유해물질이 발생하는 것을 방지, 안전하고 건강한 작업환경을 관리함
② 산업종사자의 작업시간 등이 적정한지 조사한 후 시정 개선함
③ 산업종사자 채용 시 신체검사 및 정기건강진단을 실시하고 유해업무 시에는 반드시 보호구를 사용하여 위험 노출을 막음
④ 임신 중인 여자와 18세 미만인 자는 도덕상 또는 보건상 유해하거나 위험한 산업현장에 고용할 수 없음
⑤ 15~18세까지는 보호연령으로 작업시간 및 작업환경 제한

5 주거환경

1) 주택의 조건

남향 또는 동남향이 좋으며, 지하수면은 1.5~3m 정도가 적당하다. 지질이 건조하고 배수 처리가 양호해야 한다. 자연환기, 인공환기가 원활한 곳이어야 하며 냉방 시 실내·외 온도 차이는 5~7℃가 바람직하다.

2) 채광 및 조명

(1) 자연조명

자연조명은 하루 최소 4시간 이상의 일조량이 있어야 하고, 창의 면적은 방바닥 면적의 1/7~1/5 정도가 좋다. 태양을 광원으로 연소산물이 없고 조도 평등으로 인해 눈의 피로도가 적어야 한다.

(2) 인공조명

인공조명 광색은 주광색에 가깝고 균등한 조도를 위해서는 간접조명이 좋다. 충분한 조도를 위해 빛이 좌상방에서 비춰줘야 하며 열의 발생이 적어야 한다. 유해 가스의 발생과 폭발이나 발화의 위험이 없어야 한다.

(3) 소음피해

① 불쾌감, 불안증, 교감신경의 작용으로 인한 생리적 장애
② 맥박 수, 호흡 수 증가, 대화 방해 및 작업능률의 저하
③ 청력장애, 수면방해 등
④ 소음의 크기, 주파수, 폭로기간에 따라 다름

용어정리

dB(decibel)
데시벨, 소음의 크기를 나타내는 단위

SECTION 05 식품위생과 영양

1 식품위생

1) 식품위생의 정의

식품위생이란, 식품의 생육, 생산, 제조에서부터 최종적으로 사람에게 섭취되기까지에 이르는 모든 단계에서 안전성 · 완전성을 확보하기 위한 모든 수단이다.

– 세계보건기구(WHO)

2) 식품위생의 목적

① 식품으로 인한 위생상의 위해를 방지하고 식품 영양의 질적 향상 도모
② 국민보건의 향상과 증진에 기여하고 식품에 관한 올바른 정보 제공

3) 식품위생 관리

① 안전성(가장 중요한 요소)
② 완전 무결성(영양소의 적절한 함유)
③ 건전성(식품의 신선도)

4) 식품의 관리

① 변질 : 고유의 성질이 변하는 것
② 산패 : 유지가 산소에 의해 산화되어 악취가 나고 변색되는 것
③ 부패 : 단백질이 혐기성 상태에서 미생물에 의해 분해되어 악취가 나고 유해한 물질을 생성하는 것
④ 변패 : 단백질 외의 성분이 변질되는 것
⑤ 발효 : 탄수화물이나 단백질이 미생물에 의해 분해되어 더욱 유용하게 되는 것
⑥ 후란 : 호기성 세균이 단백질 식품에 작용하여 변질되는 것

5) 식품 보존방법

① 물리적 : 건조법, 냉동법, 냉장법, 가열법, 밀봉법, 통조림법, 자외선 및 방사선 조사법
② 화학적 : 절임법(염장, 당장, 산장), 보존료 첨가법, 훈증법, 훈연법, 생물학적 처리법

6) 식품위생 검사

식품에 의한 위해를 방지 · 예방하고 안전성을 확보하기 위해 행하는 검사이다. 생물학적 검사, 화학적 검사, 물리학적 검사, 독성검사, 관능검사, 식기구, 용기 및 포장의 검사 등이 있다.

2 식품과 기생충 질환

구분	내용
채소류	회충, 요충, 편충, 구충, 동양모양선충
육류	선모충, 유구낭충, 유구조충(돼지고기), 무구조충(소고기)
어패류	아니사키스충(오징어, 고등어 등), 긴촌충(연어, 송어), 간흡충(잉어, 참붕어), 폐흡충(가재, 게), 요코가와흡충(은어)

3 식중독

1) 식중독

자연유독물, 유해화학물질, 미생물 등이 포함된 음식물, 식품 섭취로 인하여 급성 위장염을 주 증상으로 일으키는 건강장애를 의미한다. 식중독은 발생률, 지역과 관련하여 동시다발성의 특성이 있으며 온도가 높은 여름철에 가장 많이 발생한다. 식중독은 원인에 따라 자연독 식중독, 곰팡이독 식중독, 화학물질 식중독, 세균성 식중독으로 분류된다.

2) 식중독의 분류

(1) 자연독 식중독

분류	내용
식물성	버섯(무스카린), 감자(솔라닌), 맥각류(에르고톡신), 독미나리(시큐톡신), 청매(아미그달린)
동물성	• 복어(테트로도톡신) : 사지마비, 언어장애, 운동장애 발생 • 조개류(삭시톡신, 베네루핀)

(2) 곰팡이독 식중독

식중독의 원인이 되는 아플라톡신은 황변미와 같은 곡류에서 주로 발생하며 간암을 일으키는 등 강력한 독성을 가지고 있다.

(3) 화학물질 식중독

구분	내용
식품첨가물	착색제, 방향제, 유호제, 발색제, 소포제, 표백제, 산화방지제
유해금속물	비소, 수은, 카드뮴, 납, 아연, 구리
용기 및 포장	공업용 색소를 사용한 합성수지, 불결한 포장지
농약	곡류, 과일, 채소 표면 잔류로 인한 식중독

(4) 세균성 식중독

세균성 식중독균의 감염경로는 식품 자체의 오염, 감염상태의 식품 섭취, 식품의 조리 · 가공 · 운반 도중 인간이나 동물에 의한 오염 등이 있다. 세균성 식중독은 감염형 식중독(세균 자체에 의해 증상을 일으킴)과 독소형 식중독(식품에 침입한 세균이 분비하는 독소에 의해 식중독 유발)으로 구분되며, 특징은 다음과 같다.

① 원인식품 섭취로만 발병하며, 발병에 요하는 균량이나 독소량이 많다.
② 소화기계 감염병에 비해 잠복기가 짧고 면역이 형성되지 않는다.
③ 소화기계 감염병과 달리 세균성 식중독은 연쇄전파에 의한 2차 감염이 드물다.

[세균성 식중독의 종류]

구분		내용
감염형	살모넬라균	• 잠복시간 : 12~48시간 • 원인 : 오염된 육류, 알, 우유의 섭취 • 증상 : 발열증상이 가장 심함(38~40℃), 두통, 설사, 복통, 구토 • 관리 : 도축장 위생, 식육류 안전보관, 식품의 가열
	장염비브리오균	• 잠복시간 : 1~26시간 • 원인 : 오염된 어패류의 생식 • 증상 : 급성장염, 복통, 설사, 구토, 혈변 • 관리 : 생어패류 생식금지, 조리기구 위생관리
	병원성 대장균	• 잠복시간 : 10~30시간 • 원인 : 오염된 음식물의 섭취 • 증상 : 두통, 구토, 설사, 복통 • 관리 : 분변, 식수, 음식물 오염 예방
독소형	포도상구균	• 잠복시간 : 1~6시간 • 원인 : 화농성 질환, 장관독소(엔테로톡신)를 분비하여 발생 • 증상 : 급성위장염, 구토, 복통, 타액 분비 증가, 설사 • 관리 : 화농성 질환자의 식품취급 금지
	보툴리누스균	• 잠복시간 : 12~36시간(치명률이 가장 높음) • 원인 : 식품의 혐기성 상태에서 신경독소(뉴로톡신)를 분비하여 발생 • 증상 : 신경계 증상, 실성, 호흡곤란, 소화기계 증상 • 관리 : 혐기성 상태의 위생적 보관, 가공, 가열처리
	웰치균	• 잠복시간 : 10~12시간 • 원인 : 장관독소(엔테로톡신)를 분비하여 발생 • 증상 : 구토, 설사, 위장계 증상 • 관리 : 육류의 위생, 가열

SECTION 06 보건행정

1 보건행정의 정의

사회복지의 증진과 건강의 유지, 향상을 위해 공중보건의 원리를 적용하여 행정조직을 통해 행하는 일련의 과정이다.

1) 보건행정의 의의

질병예방, 생명연장, 신체 및 정신적 효율을 증진시키는 공중보건학에 기초한 과학적 기술이 필요하며, 공중보건의 목적을 달성하기 위해 공공의 책임하에 수행하는 행정활동이다. 공중위생 행정에 대한 종합계획을 수립하고 환경위생업소와 공중위생업소의 위생과 시설에 관한 업무를 관리, 지도 · 감독 등으로 관장한다.

2) 보건행정 목적의 기본요건

법적 근거의 마련, 건전한 행정조직과 인사, 사회의 합리적인 전망과 계획이다.

3) 보건행정의 특성

공공성, 사회성, 봉사성, 교육성, 조장성, 과학성, 기술성이 있다.

4) 보건행정의 원리

보건행정에서는 생태학이나 역학적 고찰과 공중보건학에 기초한 과학적 기술이 필요하다.

- 관리과정(기획 → 조직 → 인사 → 지휘 → 조정 → 보고 → 예산)
- 의사결정
- 기획과정(전제 → 예측 → 목표설정 → 행동계획의 전제 → 체계분석)
- 조직과정
- 수행과정
- 통제과정

5) 보건행정 사회보장제도

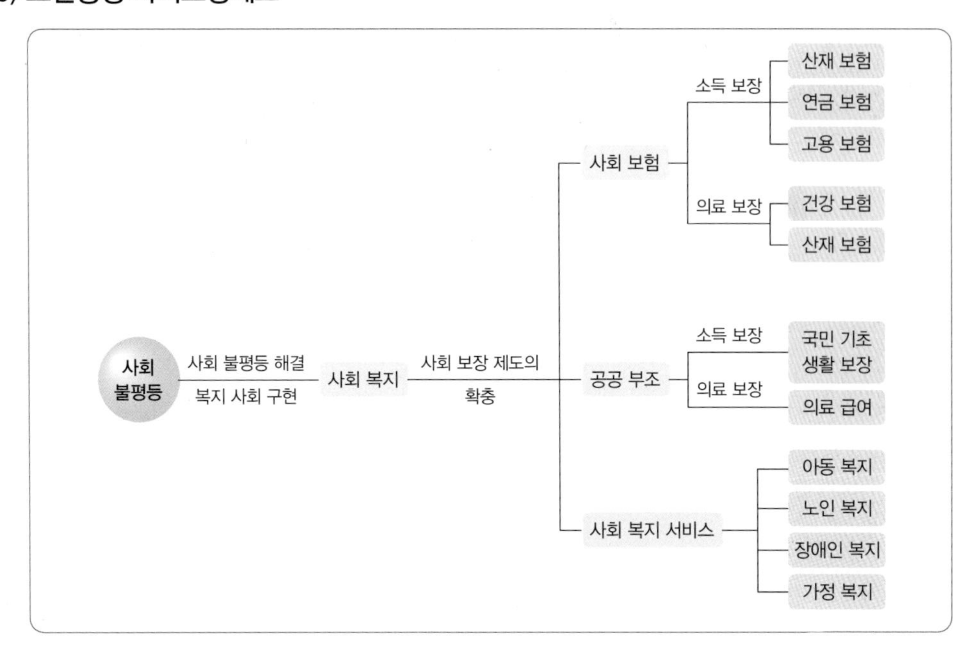

(1) 사회보험

① 소득보장 : 산재 보험, 연금 보험, 고용 보험

② 의료보장 : 건강 보험, 산재 보험

(2) 공공부조

① 소득보장 : 국민 기초 생활 보장

② 의료보장 : 의료 급여

(3) 사회 복지 서비스

① 아동 복지

② 노인 복지

③ 장애인 복지

④ 가정 복지

6) 보건소

시 · 군 · 구에 두는 보건행정의 최일선 조직으로 국민건강 증진 및 예방 등에 관한 사항을 실시하는 지방 공중보건조직의 중요한 역할을 하는 기관이다.

7) 우리나라 보건행정 역사

[보건행정의 역사]

시대	구호기관	주요 업무
고려시대	대의감	의약관청
	상약국	궁 내 어약관리
	혜민국	서민치료
	동서대비원	빈민구제
조선시대	전형사	예조판서 산하의 의약관리기관
	내의원	왕실치료
	전의감	의료행정 및 의학교육관청
	의정부 6조	전소의무감 배치
	혜민서	서민치료
	활인서	감염병 관리
	위생국	근대적 의미의 최초의 보건행정기관

2 세계보건기구(WHO)

1948년 4월 7일 국제연합의 보건전문기관으로 창설되었다. 스위스의 제네바에 본부가 있으며, 6개의 지역사무소를 두고 있다. 우리나라는 1949년에 정식 가입(서태평양지역에 소속)하였다.

1) 주요 기능

① 국제적인 보건사업의 지휘 · 조정
② 국제 검역대책과 진단, 검사 등의 기준 확립
③ 보건문제 기술지원 및 자문활동
④ 회원국에 대한 보건 관계 자료 공급

2) 세계보건기구에서 규정한 보건행정의 범위

① 보건관계 기록의 보존
② 환경위생과 감염병관리
③ 모자보건과 보건간호

소독학

SECTION 01 미생물 총론

1 미생물

미생물은 육안으로 보이지 않는 0.1mm 이하의 미세한 생물체이며, 현미경적인 생물에 대한 총칭이다. 고대에는 병을 신의 벌이라고 생각하였으나 미생물에 의한 공기의 오염과 접촉에 의한 전염으로 밝혀졌으며 소독을 통하여 없애는 방법을 사용하는 현대에 이르렀다.

[미생물의 역사]

학자명	주장 이론
히포크라테스(B.C. 460년경)	오염된 공기가 병의 원인이라는 설(미아스마설)
프라카스토로(16C)	접촉에 의해 전염이 된다는 설(제미나리아설)
레벤후크(17~18C)	현미경을 사용하여 미생물을 최초로 발견
파스퇴르(1860)	저온살균법 발견
리스터(1867)	수술에 최초로 석탄산을 응용
코흐(1843~1910)	결핵균, 콜레라균, 탄저균을 발견

2 미생물의 증식환경

미생물의 번식에 가장 중요한 요소는 온도, 습도, 영양분이다.

1) 온도

미생물의 증식과 사멸에 있어서 중요한 요소이며, 미생물은 28~38℃(중온균)에서 가장 활발히 증식한다.

① 저온균 : 최적 온도 10~20℃(식품 부패균)
② 중온균 : 최적 온도 20~40℃(질병 병원균)
③ 고온균 : 최적 온도 40~80℃(온천균)

2) 습도(수분)

미생물은 약 80~90%가 수분으로 이루어져 있으며 습도가 높은 환경에서 서식한다. 건조해도 증식하는 세균(결핵균)과 사멸하는 세균(임균, 수막염균)이 있다.

3) 영양분

미생물이 필요로 하는 에너지원으로 탄소원, 질소원, 무기질 등이 있다.

4) 산소

분류	내용
호기성 세균	산소가 필요한 세균(편성호기성) 예 디프테리아균, 결핵균, 백일해, 녹농균
미호기성균 세균	산소보다 낮은 농도 2~10% 범위에서만 증식이 가능한 세균 예 유산간균
편성혐기성 세균	산소가 필요하지 않은 세균 예 보툴리누스균, 파상풍균, 가스괴저균
통성혐기성 세균	산소가 있는 곳 또는 없는 곳에서도 생육이 가능한 세균 예 살모넬라균, 대장균, 장티푸스균, 포도상구균

5) 수소이온농도(pH)

세균 증식에 가장 적합한 최적 수소이온 농도는 pH 6.0~8.0이다.

① 약산성 : 진균, 유산간균, 결핵균

② 중성 : 박테리아(세균)

③ 약알칼리성 : 콜레라균, 장염비브리오균

6) 삼투압

미생물은 세포막이 있어 내부에 침투 농도와 이온 농도를 조절하는 능력이 있다. 염분 농도가 높으면 미생물 세포 내의 수분이 빠져나와 세포가 정상적으로 증식할 수가 없고 사멸된다.

3 미생물의 분류 및 특성

1) 병원성 미생물

인체에 침입하여 질병의 원인이 되는 미생물이다.

예 바이러스, 박테리아, 진균, 사상균, 리케차, 스피로헤타, 클라미디아, 원충류 등

2) 비병원성 미생물

미생물의 70%로 병원균이 침입하여도 인체에 해를 주지 않는 미생물이다.

예 유산균, 효모균, 조류 등

SECTION 02 병원성 미생물

병원성 미생물은 자연계에 있어 정상상태에서 생존하고 증식할 수 있으며, 병원균들이 다양한 매개물로 전파되어 인체에 질병을 일으킨다.

1) 바이러스

미생물 중 가장 작으며 살아 있는 세포 내에서만 증식이 가능하다. 핵산 DNA와 RNA 둘 중 하나만 가지고 있으며, 수백 나노미터(nm) 정도로 크기가 매우 작아서 전자현미경을 통해서만 관찰이 가능하다. 바이러스성 질환은 항생제 등 약물의 감수성이 없어 예방접종 및 감염원 접촉을 피하는 것이 최선의 예방방법이다.

바이러스성 질병
후천성 면역결핍 증후군(AIDS), 간염, 홍역, 천연두, 인플루엔자, 광견병, 폴리오, 일본뇌염, 풍진

2) 박테리아(세균)

현미경을 사용하여 보는 미세한 단세포 원핵생물로 대부분은 동식물의 생체와 사체 또는 유기물에 기생하고 주로 분열로 번식한다. 병원성 박테리아는 부패, 식중독, 감염병 등의 원인이며 인간에게 질병을 유발한다. 체내에 감염되면 빠른 속도로 퍼지며, 공기나 물, 음식 등으로 전염될 가능성이 높기 때문에 위험하다. 미생물의 증식을 억제하는 영양의 고갈과 건조 등 불리한 환경 속에서 생존하기 위하여 세균은 아포를 생성한다.

[세균의 분류]

분류		내용	형태
구균	쌍구균	폐렴균, 임균	
	연쇄상구균	용혈연쇄상구균(패혈증, 류마티스의 원인균)	
	포도상구균	황색포도상구균(인체의 화농성 질환의 원인균)	
간균		디프테리아균, 결핵균, 파상풍균, 장티푸스균, 이질균, 나균(한센균), 백일해균	
나선균		콜레라균, 매독균	

• 아포 : 세균이 영양부족, 건조, 열 등의 증식환경이 부적당한 경우 외부 작용에 대한 저항력을 높이고 장기간 생존하기 위해 강하게 포자를 형성하는 것이다.

3) 진균, 사상균

버섯, 효모, 곰팡이로 분류되며 비병원성으로 인체에 유익한 균도 있다. 병원성 진균은 진균증을 일으키며 사상균은 백선의 원인균으로 질병을 유발한다.

예 조갑백선, 체부백선 등 무좀, 칸디다증, 어루러기

4) 리케차

세균보다 작은 약 0.3μm의 크기로 생 세포에서만 증식하는 병원성 미생물이다. 곤충을 매개로 하여 인체에 침입하고 질환을 일으킨다.

예 발진티푸스, 록키산홍반열, 양충병(쯔쯔가무시병), 발진열

5) 스피로헤타

가늘고 긴 나선형태로 활발한 고유운동을 하는 일군의 미생물의 총칭이다.

• 스피로헤타과 : 비병원성으로 하수 등 수중 속에서 생활함
• 트레포네마과 : 사람에게 병원성이 있어 질병을 일으킴

예 매독, 재귀열, 와일씨병, 서교증

6) 클라미디아

약 0.2~1.5μm 크기로 살아 있는 세포에서만 이분열 증식하고 질병을 유발하는 트라코마 병원체를 대표로 하는 병원성 미생물이다.

예 트라코마, 비임균성 요도염, 자궁경부염

7) 원충류

동물 중에서 체제가 가장 단순하고, 동물분류상 최하급에 위치해 있다. 사람, 동물에 기생하며 사람에게 감염성을 나타내는 병원성 미생물이다.

예 이질아메바증, 질트리코모나스증, 톡소플라스마증, 말라리아

병원성 미생물의 크기
바이러스 < 리케차 < 세균 < 곰팡이

SECTION 03 소독의 정의 및 분류

1 소독

소독은 병원미생물의 활동력을 파괴하여 감염력을 없애는 것이다.

① 소독의 분류 : 소독은 멸균, 살균, 소독, 방부, 희석으로 분류된다.

② 소독의 효과 : 멸균 > 살균 > 소독 > 방부 > 희석

③ 소독에 영향을 미치는 인자 : 온도, 수분, 시간, 농도

[소독의 분류]

분류	내용
멸균	병원성 · 비병원성 미생물 및 아포를 가진 것을 전부 사멸시킨 무균상태
살균	물리적 · 화학적 처리로 미생물을 급속 사멸시키는 것
소독	물리적 · 화학적 방법으로 병원성 미생물을 가능한 제거하여 사람에게 감염의 위험이 없도록 하는 것
방부	증식과 성장을 억제하여 미생물의 부패나 발효를 방지하는 것
희석	용품이나 기구 등을 일차적으로 청결하게 세척하는 것

2 소독약

1) 소독작용의 일반적인 조건

온도, 농도가 높고 접촉시간이 길수록 소독효과가 크다.

2) 소독약의 구비조건

① 인체에는 독성과 냄새가 없고 자극성이 없어야 한다.

② 살균력이 있고 소독의 효력은 즉시 나타나야 한다.

③ 부식성, 표백성, 소독 물품에 손상이 없어야 한다.

④ 안정성 및 용해성이 높고 취급방법이 간단하고 경제적이어야 한다.

3) 소독약의 사용 및 보존상의 주의점

① 소독 대상물의 성질, 병원체의 아포 형성 유무와 저항력을 고려하여 선택한다.

② 병원 미생물의 종류와 소독의 목적, 소독법, 시간을 고려하여 선택한다.

③ 약제에 따라 사전에 조금 조제해 두고 사용해도 되는 것과 새로 만들어 사용하는 것을 구별하여 사용해야 한다.

④ 희석시킨 소독약은 장기간 보관하지 않는다.

⑤ 일반적으로 소독약은 밀폐시켜 일광이 직사되지 않는 곳에 보관해야 한다.

⑥ 염소제는 일광과 열에 의해 분해되지 않도록 냉암소에 보관하는 것이 좋다.

⑦ 승홍이나 석탄산 같은 약품은 인체에 유해하므로 특별히 주의하여 취급한다.

3 농도표시법

- 용매 : 용질을 녹이는 물질(예 물)
- 용질 : 용액 속에 녹아 있는 물질(예 소금)
- 용액 : 두 가지 이상의 물질이 혼합된 액체(예 소금+물)
- 용질량 × 희석배 = 용액량

$$\text{희석배} = \frac{\text{용액량}}{\text{용질량}}$$

- 퍼센트(%) : 수용액 전체를 100으로 하여 그중에 포함되어 있는 원액의 양

$$\text{농도(\%)} = \frac{\text{용질량}}{\text{용액량(용매+용질)}} \times 100$$

- 퍼밀리(‰) : 소독액 1,000mL 중에 포함되어 있는 소독약의 양

$$\text{농도(\%)} = \frac{\text{용질량}}{\text{용액량(용매+용질)}} \times 1{,}000$$

- 피피엠(ppm) : 용액량 1,000,000mL(1,000L) 중에 포함되어 있는 소독약의 양

$$\text{농도(ppm)} = \frac{\text{용질량}}{\text{용액량(용매+용질)}} \times 1{,}000{,}000$$

SECTION 04 소독방법

1 소독법의 분류

물리적 소독법		화학적 소독법
건열법	건열멸균법, 화염멸균법, 소각법	석탄산, 승홍수, 크레졸, 알코올, 과산화수소, 머큐로크롬, 역성비누, 포름알데히드, 포르말린, 훈증소독법, 생석회, 가스멸균법, 염소, 요오드, 표백분, 오존
습열법	자비소독법, 고압증기멸균법, 유통증기멸균법, 간헐멸균법, 초고온순간멸균법, 고온살균법, 저온살균법	
비열법	여과멸균법, 초음파멸균법, 방사선멸균법	
자외선소독법		

2 물리적 소독법

열이나 수분, 자외선, 여과 등의 물리적인 방법을 이용하는 소독법이다.

1) 자외선소독법

처리방법	내용
일광소독	• 태양광선 중 가장 강한 살균작용을 하며 파장은 2,900~3,200Å 정도 • 1cm^2당 85μW 이상의 자외선을 20분 이상 조사해야 함 • 비타민 D 합성을 하나 피부의 색소 침착을 유발할 수 있음 • 대상물 : 수건, 의류 등
자외선 소독기	• 소독물품이 자외선에 직접 노출될 수 있도록 해야 함 • 아포는 사멸되지 않음 • 대상물 : 철제도구(큐티클, 니퍼, 큐티클 푸셔, 네일 클리퍼 등)

2) 건열에 의한 처리법

처리방법	내용
건열멸균법	• 170℃에서 1~2시간 가열하고 멸균 후 서서히 냉각시킴 • 대상물 : 유리제품, 도자기, 주사침, 바셀린, 분말제품
화염멸균법	• 170℃의 화염 속에서 20초 이상 가열 • 대상물 : 내열성이 강한 재질
소각법	• 불에 태워 없애는 것 • 대상물 : 병원균에 오염된 휴지, 환자복, 환자의 객담

3) 습열에 의한 처리법

<table>
<tr><th>처리방법</th><th>내용</th></tr>
<tr><td>자비소독법</td><td>• 100℃의 끓는 물에 15~20분 가열
• 금속제품은 물이 끓은 후에 넣고 완전히 잠기도록 함
• 살균력 상승과 금속의 손상 방지를 위해 첨가하는 물질
(탄산나트륨 1~2%, 붕소 2%, 크레졸 2%, 석탄산 5%)
• 대상물 : 수건, 의류, 금속성 기구(철제도구), 도자기
• 부적합 : 고무, 가죽 플라스틱제품</td></tr>
<tr><td>고압증기멸균법</td><td>• 100℃ 이상 고온의 수증기를 고압상태에서 기본 15파운드에서 20분 가열(미생물과 아포까지 전부 사멸)
<table>
<tr><th>질량</th><th>온도</th><th>시간</th></tr>
<tr><td>10Lbs</td><td>115.5℃</td><td>30분</td></tr>
<tr><td>15Lbs</td><td>121.5℃</td><td>20분</td></tr>
<tr><td>20Lbs</td><td>126.5℃</td><td>15분</td></tr>
</table>
• 대상물 : 의류, 금속성 기구(철제도구), 약액, 거즈
• 부적합 : 가죽제품, 분말제품, 바셀린 등</td></tr>
<tr><td>유통증기멸균법</td><td>• 100℃ 유통증기에서 30~60분 가열
• 코흐증기솥, 아놀드증기솥을 사용
• 대상물 : 도자기, 의류</td></tr>
<tr><td>간헐멸균법</td><td>• 100℃에서 30~60분간 가열하는 처리를 24시간마다 3회(3일간) 간헐적으로 가열하며, 가열 사이에 20℃ 이상의 온도를 유지해야 함(코흐멸균기 사용)
• 고압증기멸균의 고압에 의해 손상될 위험이 있는 경우 이용
• 대상물 : 도자기, 금속류</td></tr>
<tr><td>초고온순간살균법</td><td>• 130~140℃에서 1~3초간 가열 후 급냉동시킴
• 대상물 : 유제품</td></tr>
<tr><td>고온살균법</td><td>• 70~75℃에서 15초 가열 후 급냉동시킴
• 대상물 : 유제품</td></tr>
<tr><td>저온살균법</td><td>• 62~63℃에서 30분간 살균처리
• 대상물 : 유제품</td></tr>
</table>

4) 비열처리법

처리방법	내용
여과멸균법	• 열에 의해 변성되거나 불안정한 액체의 멸균 • 대상물 : 당, 혈청, 약제, 백신 등
초음파멸균법	• 초음파 파장으로 미생물을 파괴하여 멸균 • 대상물 : 액체, 손 소독
방사선멸균법	• 방사선을 투과하여 미생물을 멸균 • 대상물 : 포장된 물품

3 화학적 소독법

소독력이 있는 약제를 사용하여 화학적인 방법을 이용하는 소독법이다.

- 석탄산계수는 소독제의 살균력의 지표

$$석탄산계수 = \frac{소독약의\ 희석배수}{석탄산의\ 희석배수}$$

- 석탄산의 계수가 높을수록 살균력이 강함
- 어떤 소독제의 석탄계수가 1이라는 것은 석탄산과 같은 살균력을 의미
- 어떤 소독제의 석탄계수가 2라는 것은 살균력이 석탄산의 2배라는 의미

1) 석탄산(페놀)

① 농도 : 1~3%(손 소독 : 2%)

② 대상물 : 기구, 의료용기, 방역용 소독에 사용

③ 특징

- 소독제의 살균력 지표
- 세균의 단백질 변성작용, 세포의 용해작용으로 살균
- 미생물에 효과가 있으나 포자, 바이러스는 작용력이 없음
- 소금(염화나트륨) 첨가 시 소독력이 높아짐
- 금속류는 부식성이 있어 부적합함
- 피부점막에 자극을 주며 인체에 유해하므로 주의하여 취급
- 유기물에도 소독력은 약화되지 않음
- 사전에 소독제를 조제하여 두었다가 소독 시 사용하여도 무방함

2) 승홍수

① 농도 : 0.1%(1,000배로 희석), 아포살균 농도 : 0.1~0.5%

② 특징

- 살균력과 독성이 매우 강함
- 피부점막에 자극이 강해 창상용 소독, 음료수 소독에는 부적합함
- 금속을 부식시키며 물에 잘 녹지 않음
- 승홍에 식염(소금) 첨가 시 용액이 중성으로 변화되고 자극성이 완화됨
- 착색을 하여 잘 보관해야 하며 인체에 유해하므로 주의하여 취급

3) 크레졸(비누액)

① 농도 : 1~3%(손 소독 : 1%)

② 대상물 : 손, 바닥, 배설물 소독에 사용

③ 특징

- 단백질 변성작용, 물에 잘 녹지 않음
- 석탄산보다 2~3배 정도의 높은 살균력을 가짐
- 바이러스에는 소독효과가 없으나 세균, 포자에 효과가 있음

4) 알코올

① 농도 : 70%

② 대상물 : 손, 발, 피부, 유리제품, 철제도구 소독에 사용

③ 특징

- 미생물 세포에 대한 단백질 변성작용을 가짐
- 사용법이 간단하고 독성이 적음
- 고무, 플라스틱 용품에는 부적합함

5) 과산화수소(옥시풀)

① 농도 : 2.5~3.5%

② 대상물 : 구강소독, 피부상처 소독에 사용

③ 특징 : 상처의 표면을 소독하며 발생기 산소가 강력한 산화력으로 미생물을 살균

6) 머큐로크롬(빨간약)

① 농도 : 2%

② 대상물 : 점막, 피부상처 소독에 사용

③ 특징

- 살균력이 약하고 자극성이 없음
- 물에 용해성이 강하고 세균 발육의 억제작용을 함

7) 역성비누(양이온 계면활성제)

① 농도 : 0.01~0.1%

② 대상물 : 손, 식기 소독에 사용

③ 특징 : 물에 잘 녹고 무자극과 무독성으로 세정력은 약하지만 살균력이 강함

8) 포름알데히드

① 대상물 : 공간소독, 간염 바이러스의 소독에 사용

② 특징

- 메틸알코올을 산화시켜 얻은 자극성 냄새를 갖는 가연성 무색 기체

- 인체에 대한 독성이 매우 강하여 노출 시 질병 발생
- 물에 잘 녹아 37% 전후 농도의 수용액으로 만든 포르말린 용액으로 사용

9) 포르말린

① 농도 : 1~1.5%

② 대상물 : 훈증소독에 약제로 사용

③ 특징

- 포름알데히드를 37% 전후 농도의 수용액으로 만든 자극성이 강한 액체
- 소독, 방부제로 사용하며 수증기를 동시에 혼합하여 사용할 수 있음
- 강한 살균력으로 아포까지 사멸하며 온도가 높을수록 소독력이 강함
- 배설물이나 객담에는 침투력이 없어 소독에 부적합함

10) 훈증소독법

① 대상물 : 위생해충, 동식물의 구제, 선박 소독에 사용

② 특징

- 취화메틸, 포르말린 등의 약품을 사용하는 가스, 증기소독법
- 분말이나 모래, 부식되기 쉬운 재질 등은 멸균할 수 없음
- 약제의 투입작업에서 유해가스가 누설될 수 있으므로 안전담당자의 감독하에 실시하도록 법규에 규정되어 있음

11) 생석회

① 농도 : 생석회분말(2) + 물(8) = 혼합액

② 대상물 : 화장실, 분변, 하수도, 쓰레기통 소독에 사용

③ 특징

- 저렴한 가격으로 넓은 장소에 주로 사용
- 물과 반응하면 열이 발생하고 단백질을 알칼리성으로 변성시켜 살균작용을 함

12) 가스멸균법(EO 가스멸균기)

① 대상물 : 고무제품, 플라스틱제품 소독에 사용

② 특징

- 에틸렌옥사이드 가스에 의해 멸균하는 방법
- 가연성 · 폭발성 액체로 이산화탄소, 프레온과 섞어 폭발 위험성 감소
- 가열에 변질되기 쉬운 물품을 50~60℃의 저온에서 아포까지 멸균함
- 고압증기멸균법에 비해 멸균 후 장기보존이 가능하나 멸균시간이 길
- 비용이 비교적 저렴하나 고압증기멸균법에 비해서는 고가임

13) 염소

① 대상물 : 음용수, 상수도, 하수도 소독에 사용

② 특징

- 세균, 아포 등에 강한 살균력을 가지나 자극성과 부식성이 강함
- 조작이 간단하나 염소 자체에 냄새가 있음

14) 요오드

① 대상물 : 공기 살균에 사용

② 특징

- 산화력이 강해 세균, 아포 등에 강한 살균력을 지님
- 자극성과 독성이 적음

15) 표백분(차아염소산)

① 대상물 : 음료수, 수영장 소독에 사용

② 특징 : 물에 분해될 때 염소가스가 발생되어 살균작용을 가짐

16) 오존

① 대상물 : 물에 살균제로 사용

② 특징 : 반응성이 풍부하고 산화작용이 강함

[화학물질을 사용한 미생물의 제어 구분]

분류	내용
할로겐계	표백분, 차아염소산나트륨, 염소, 요오드
페놀계	석탄산, 크레졸
지방족계	알코올, 포르말린, 포름알데히드

실내소독의 살균력

포르말린 > 크레졸 > 석탄산

4 소독법의 살균기전

① 단백질 변성작용 : 석탄산, 알코올, 크레졸, 승홍수, 포르말린

② 산화작용 : 오존, 과산화수소, 표백분, 염소, 차아염소산

③ 가수분해작용 : 생석회

1 네일숍의 실내 위생 · 소독

① 냉 · 난방기, 냉 · 온수기, 정수기 등은 수시로 위생 점검을 하고 필터를 교체한다.
② 네일 작업대에는 금속의 통풍구나 필터를 갖추도록 하고 모든 작업은 통풍구나 필터 아래에서 이루어져야 한다.
③ 환풍기를 사용하거나 창문을 열어 주기적으로 환기시켜야 한다.
④ 쓰레기통 등은 뚜껑이 있어야 하며 용기는 닫아 두어야 한다.
⑤ 작업 공간에서의 음식물 섭취나 흡연은 금해야 한다.

2 네일 미용기기의 위생 · 소독

① 네일 기구를 항상 청결하게 유지하고 사용 전, 후에는 반드시 기구소독제로 소독한다.
② 모든 작업 전에는 작업자의 손을 소독하고 고객의 손을 소독한다.
③ 사용한 키친타월이나 네일 폴리시를 제거한 탈지면 등은 바로 뚜껑 있는 쓰레기통에 폐기한다.
④ 네일 재료의 유효기간을 확인하고 유효기간이 지나면 반드시 폐기한다.
⑤ 네일 재료를 덜어서 사용할 때에는 스패출러를 사용하며 액체인 경우에는 스포이트를 사용한다.
⑥ 아크릴 리퀴드 등 한 번 덜어 사용한 네일 제품은 재사용하지 말아야 하며 반드시 폐기한다.
⑦ 네일 파일, 오렌지 우드스틱, 콘 커터의 면도날은 일회용으로 사용한다.
⑧ 네일 클리퍼, 큐티클 니퍼 등의 철제도구는 에탄올 수용액 70%에 10분 이상 담가두거나 에탄올 수용액을 머금은 면이나 거즈에 적셔서 기구의 표면을 닦아준다.
⑨ 소독 처리된 네일 도구들은 자외선 소독기에 넣어 보관한다.
⑩ 수건은 자비소독한 후 일광에 건조한다.

CHAPTER 03 공중위생관리법규(법, 시행령, 시행규칙)

Nailist

SECTION 01 목적 및 정의

1 목적(제1조)

공중이 이용하는 영업과 시설의 위생관리 등에 관한 사항을 규정함으로써 위생수준을 향상시켜 국민의 건강 증진에 기여함을 목적으로 한다.

2 정의(제2조)

1) 공중위생영업의 정의

다수인을 대상으로 위생관리서비스를 제공하는 영업으로서 숙박업 · 목욕장업 · 이용업 · 미용업 · 세탁업 · 건물위생관리업을 말한다.

구분	내용
숙박업	손님이 잠을 자고 머물 수 있도록 시설 및 설비 등의 서비스를 제공하는 영업
목욕장업	손님이 목욕할 수 있도록 시설 및 설비 등의 서비스를 제공하는 영업
이용업	손님의 머리카락 또는 수염을 깎거나 다듬는 등의 방법으로 손님의 용모를 단정하게 하는 영업
미용업	손님의 얼굴, 머리, 피부 등을 손질하여 손님의 외모를 아름답게 꾸미는 영업
세탁업	의류, 기타 섬유제품이나 피혁제품 등을 세탁하는 영업
건물위생관리업	공중이 이용하는 건축물 · 시설물 등의 청결유지와 실내공기정화를 위한 청소 등을 대행하는 영업

2) 공중이용시설의 정의

다수인이 이용함으로써 이용자의 건강 및 공중위생에 영향을 미칠 수 있는 건축물 또는 시설로서 대통령령이 정하는 것을 말한다.

3) 네일 미용업의 정의

손님의 손톱과 발톱을 손질하고 화장하여 건강하고 아름답게 꾸미는 영업을 말한다.

4) 미용업의 세분

구분		내용
미용업	일반	파마 · 머리카락 자르기 · 머리카락 모양내기 · 머리피부 손질 · 머리카락 염색 · 머리감기, 의료기기나 의약품을 사용하지 아니하는 눈썹손질을 하는 영업
	피부	의료기기나 의약품을 사용하지 아니하는 피부상태 분석 · 피부관리 · 제모 · 눈썹손질을 하는 영업
	화장 · 분장	얼굴 등 신체의 화장 · 분장 및 의료기기나 의약품을 사용하지 아니하는 눈썹손질을 하는 영업
	손톱 · 발톱	손톱과 발톱의 손질 및 화장을 하는 영업
	종합	미용업(일반, 피부, 화장 · 분장, 손톱 · 발톱) 업무를 모두 하는 영업

3 미용업(손톱 · 발톱)의 시설 및 설비기준

구분		내용
미용업	일반 / 손톱 · 발톱 / 화장 · 분장	① 미용기구는 소독을 한 기구와 소독을 하지 아니한 기구를 구분하여 보관할 수 있는 용기를 비치하여야 한다. ② 소독기, 자외선 살균기 등 미용기구를 소독하는 장비를 갖추어야 한다. ③ 작업장소, 응접장소, 상담실 등을 분리하기 위해 칸막이를 설치할 수 있으나 설치된 칸막이에 출입문이 있는 경우 출입문의 3분의 1 이상을 투명하게 하여야 한다. 다만, 탈의실의 경우에는 출입문을 투명하게 하여서는 안 된다.
	피부 / 종합	① 피부미용업무에 필요한 베드(온열장치 포함), 미용기구, 화장품, 수건, 온장고, 사물함들을 갖추어야 한다. ② 미용기구는 소독을 한 기구와 소독을 하지 아니한 기구를 구분하여 보관할 수 있는 용기를 비치하여야 한다. ③ 소독기, 자외선 살균기 등 미용기구를 소독하는 장비를 갖추어야 한다. ④ 작업장소, 응접장소, 상담실 등을 분리하기 위해 칸막이를 설치할 수 있으나 설치된 칸막이에 출입문이 있는 경우 출입문의 3분의 1 이상을 투명하게 하여야 한다. 다만, 탈의실의 경우에는 출입문을 투명하게 하여서는 안 된다. ⑤ 작업장소 내 베드와 베드 사이에 칸막이를 설치할 수 있으나 설치된 칸막이에 출입문이 있는 경우 출입문의 3분의 1 이상을 투명하게 하여야 한다.

- 공중위생관리법 시행령 – [대통령령]
- 공중위생관리법 시행규칙 – [보건복지부령]

SECTION 02 영업의 신고 및 폐업

1 영업의 신고 및 폐업신고(제3조)

보건복지부령이 정하는 시설 및 설비를 갖추고 시장 · 군수 · 구청장에게 신고한다.

1) 영업신고의 제출서류(시행규칙 제3조)

① 영업신고서
② 영업시설 및 설비개요서
③ 위생교육 필증(미리 교육을 받은 경우에만 해당)
④ 면허증(이 · 미용업 경우에만 한함)

2) 변경신고를 해야 할 경우(시행규칙 제3조의2)

보건복지부령이 정하는 공중위생영업의 관련 중요사항을 변경하고자 할 때 시장 · 군수 · 구청장에게 신고한다.

① 영업소의 명칭 또는 상호 변경
② 영업소의 소재지 변경
③ 신고한 영업장 면적의 1/3 이상의 증감
④ 대표자의 성명(법인의 경우에 한함)
⑤ 미용업 업종 간 변경

※ 변경신고 시 제출서류 : 영업 신고증, 변경사항을 증명하는 서류

3) 폐업신고(시행규칙 제3조의 3)

① 폐업신고를 하려는 자는 공중위생영업을 폐업일로부터 20일 이내에 시장 · 군수 · 구청장에게 신고한다.
② 폐업신고의 방법 및 절차 등에 관하여 필요한 사항을 보건복지부령으로 정한다.
③ 영업정지 등의 기간 중에는 폐업신고를 할 수 없다.
④ 시장 · 군수 · 구청장은 공중위생영업자가 「부가가치세법」에 따라 관할 세무서장에게 폐업신고를 하거나 관할 세무서장이 사업자등록을 말소한 경우에는 신고 사항을 직권으로 말소할 수 있다.
⑤ 시장 · 군수 · 구청장은 직권말소를 위하여 필요한 경우 관할 세무서장에게 공중위생영업자의 폐업 여부에 대한 정보 제공을 요청할 수 있다. 이 경우 요청을 받은 관할 세무서장은 「전자정부법」에 따라 공중위생영업자의 폐업 여부에 대한 정보를 제공하여야 한다.

보건복지부령	• 공중위생영업의 종류별로 시설 및 설비 공중위생영업의 관련 중요사항을 변경 또는 정함 • 신고, 폐업신고의 방법, 절차 등에 필요한 사항

⬇

시장 · 군수 · 구청장	영업소의 개설, 중요사항을 변경, 영업소의 폐업

⬇

공중위생영업자	신고

4) 영업자 지위승계신고(시행규칙 제3조의 4)

① 공중위생영업자가 그 공중위생영업을 양도하거나 사망한 때 법인의 합병이 있는 때에는 그 양수인 · 상속인 또는 합병 후 존속하는 법인이나 합병에 의하여 설립되는 법인은 그 공중위생업자의 지위를 승계한다.

② 「민사집행법」에 의한 경매, 「채무자 회생 및 파산에 관한 법률」에 의한 환가나 「국세 징수법」, 「관세법」 또는 「지방기본법」에 의한 압류재산의 매각, 그밖에 이에 준하는 절차에 따라 영업 관련 시설 및 설비 전부를 인수한 자는 이 법에 의한 그 영업자의 지위를 승계한다.

③ 미용업 또는 미용업의 경우에는 제6조의 규정에 의한 면허를 소지한 자에 한하여 영업자의 지위를 승계할 수 있다.

④ 영업자의 지위를 승계하는 자는 1개월 이내에 보건복지부령이 정하는 바에 따라 시장 · 군수 · 구청장에게 신고한다.

※ 영업자 지위승계 제출서류 : 영업자 지위승계 신고서
- 영업 양도인 경우 : 양도 · 양수를 증명할 수 있는 서류, 양도인의 인감증명서
- 상속인 경우 : 가족관계증명서, 상속자 증명서류

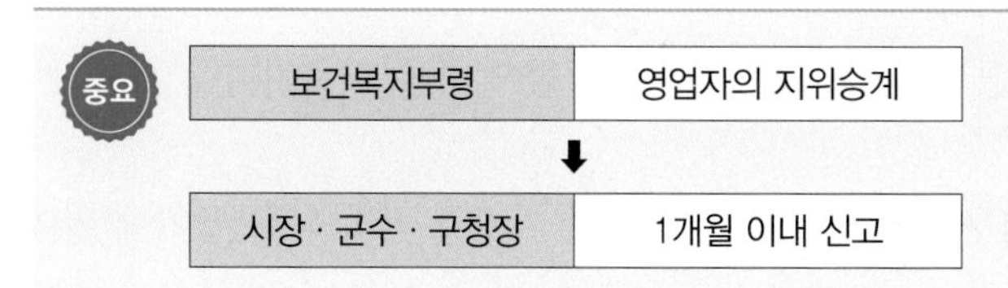

• 이 · 미용업의 신고, 영업자의 지위 승계 – [면허를 소지한 자]

SECTION 03 영업자 준수사항

1 공중위생영업자의 위생관리 의무(제4조)

공중위생영업자는 그 이용자에게 건강상 위해요인이 발생하지 아니하도록 영업 관련 시설 및 설비를 안전하고 위생적으로 관리해야 한다.

1) (별표 3) 시행규칙 : 미용기구의 소독기준 및 방법

(1) 일반기준

구분	내용
자외선 소독	1cm²당 85μW 이상의 자외선을 20분 이상 쬐어준다.
건열멸균소독	섭씨 100℃ 이상 건조한 열에 20분 이상 쬐어준다.
증기소독	섭씨 100℃ 이상 습한 열에 20분 이상 쬐어준다.
열탕소독	섭씨 100℃ 이상 물속에 10분 이상 끓여준다.
석탄산수 소독	석탄산수(석탄산 3%, 물 97%의 수용액)에 10분 이상 담가둔다.
크레졸수 소독	크레졸수(크레졸 3%, 물 97%의 수용액)에 10분 이상 담가둔다.
에탄올 소독	에탄올 수용액 70%에 10분 이상 담가두거나 에탄올 수용액을 머금은 면이나 거즈에 적셔서 기구의 표면을 닦아준다.

(2) 개별기준

미용기구의 종류, 재질 및 용도에 따른 구체적인 소독기준 및 방법은 보건복지부장관이 정하여 고시한다.

2) (별표 4) 시행규칙 : 미용업자의 위생관리기준

① 점 빼기, 귓불 뚫기, 쌍꺼풀 수술, 문신, 박피술, 그 밖에 이와 유사한 의료행위를 하여서는 아니 된다.

② 피부미용 시 약사법에 따른 의약품 또는 의료기기법에 따른 의료기기를 사용하여서는 아니 된다.

③ 미용기구 중 소독을 한 기구와 소독을 하지 아니한 기구는 각각 다른 용기에 넣어 보관하여야 한다.

④ 1회용 면도날은 손님 1인에 한하여 사용하여야 한다.

⑤ 영업장 안의 조명도를 75룩스 이상이 되도록 유지하여야 한다.

⑥ 영업소 내에 미용업 신고증, 개설자의 면허증 원본을 게시하여야 한다.

⑦ 영업소 내부에 최종지불요금표를 게시 또는 부착하여야 한다.

⑧ 위에 내용에도 불구하고 신고한 영업장 면적이 66제곱미터 이상인 영업소의 경우 영업소 외부에도 손님이 보기 쉬운 곳에 「옥외광고물 등 관리법」에 적합하게 최종지불요금

표를 게시 또는 부착하여야 한다. 이 경우 최종지불요금표에는 일부 항목(5개 이상)만 을 표시할 수 있다.

⑨ 3가지 이상의 미용서비스를 제공하는 경우에는 개별 미용서비스의 최종 지불가격 및 전체 미용서비스의 총액에 관한 내역서를 이용자에게 미리 제공해야 하며, 미용업자는 해당 내역서 사본을 1개월간 보관해야 한다.

보건복지부령

미용기구의 소독기준 및 방법(보건복지부장관 고시), 위생관리의무와 기준, 영업자가 준수해야 할 사항

- 이 · 미용 업소 내에 게시 : 미용업 신고증, 개설자의 면허증 원본, 최종지불요금표

2 공중위생영업자의 불법카메라 설치 금지(제5조)

공중위생영업자는 영업소에 「성폭력범죄의 처벌 등에 관한 특례법」 제14조제1항에 위반되는 행위에 이용되는 카메라나 그 밖에 이와 유사한 기능을 갖춘 기계장치를 설치해서는 아니 된다.

SECTION 04 면허

1 면허(제6조 제1항)

이 · 미용사가 되고자 하는 자는 다음에 해당하는 자로서 보건복지가족부령이 정하는 바에 의하여 시장 · 군수 · 구청장의 면허를 받아야 한다.

① 전문대학 또는 이와 같은 수준 이상의 학력이 있다고 교육부장관이 인정하는 학교에서 이용 또는 미용에 관한 학과를 졸업한 자
② 「학점인정 등에 관한 법률」에 따라 대학 또는 전문대학을 졸업한 자와 같은 수준 이상의 학력이 있는 것으로 인정되어 이용 또는 미용에 관한 학위를 취득한 자
③ 고등학교 또는 이와 같은 수준 이상의 학력이 있다고 교육부장관이 인정하는 학교에서 이용 또는 미용에 관한 학과를 졸업한 자
④ 교육부장관이 인정하는 고등기술학교에서 1년 이상 이용 또는 미용에 관한 소정의 과정을 이수한 자
⑤ 국가기술자격법에 의한 이용사 또는 미용사의 자격을 취득한 자

※ 면허 제출서류 : 졸업증명서 또는 학위증명서 1부, 이수증명서 1부(법 제6조 제1항 제4호에 해당하는 자), 국가기술자격증 원본 확인 후 사본 1부, 최근 6개월 이내 건강진단서 1부, 최근 6개월 이내 촬영한 탈모 정면 상반신 사진 2매(가로 3cm×세로 4cm)
※ 면허수수료 : 신규 신청(5,500원), 재교부(3,000원)

미용사 면허를 받고자 하는 자는 대통령령이 정하는 바에 따라 수수료를 납부하여야 한다.

• 면허 수수료 – [대통령령]

2 면허 결격 사유(제6조 제2항)

① 피성년후견인(금치산자)
② 정신질환자(전문의가 미용사로서 적합하다고 인정하는 사람은 예외)
③ 감염병환자(보건복지부령이 정하는 공중의 위생에 영향을 미칠 수 있는 자)
④ 약물중독자(마약 기타 대통령령으로 정하는 향정신성 의약품 중독자)
⑤ 면허가 취소된 후 1년이 경과되지 아니한 자

• 마약 기타 정하는 약물 중독자 – [대통령령]
• 공중위생에 영향을 미칠 수 있는 감염병 환자 – [보건복지부령]

3 면허정지 및 면허취소(제7조)

① 시장 · 군수 · 구청장은 면허를 취소하거나 6개월의 기간을 정하여 면허의 정지를 명할 수 있다.

② 면허취소 · 정지처분의 세부적인 기준은 그 처분의 사유와 위반의 정도를 감안하여 보건복지부령으로 정한다.

구분	내용
면허정지	국가기술자격법에 따라 이 · 미용 자격 정지처분을 받은 때(자격정지처분 기간에 한정)
면허취소	① 국가기술자격법에 따라 이 · 미용 자격이 취소된 때 ② 결격사유에 해당한 때(피성년후견인, 정신질환자, 감염병 환자, 약물중독자) ③ 이중으로 면허를 취득한 때(나중에 발급받은 면허에 해당) ④ 면허정지 처분을 받고 그 정지 기간 중 업무를 행한 때
면허정지 및 취소	면허증을 다른 사람에게 대여한 때(1차 위반 – 면허정지 3개월, 2차 위반 – 면허정지 6개월, 3차 위반 – 면허취소) 손님에게 성매매알선 등 행위 또는 음란행위를 하게 하거나 이를 알선 또는 제공한 때(1차 위반 – 면허정지 3개월, 2차 위반 – 면허취소)

• 이 · 미용사의 면허가 취소되었을 경우 1년이 경과되어야 또다시 그 면허를 받을 수 있음

1) 면허증의 반납

① 면허취소, 면허정지 명령을 받은 자는 지체 없이 시장 · 군수 · 구청장에게 이를 반납한다.

② 면허의 정지명령을 받은 자가 반납한 면허증은 그 면허정지기간 동안 관할 시장 · 군수 · 구청장이 이를 보관한다.

2) 면허증의 재교부

면허증의 재교부를 하고자 하는 자는 서식의 신청서를 가지고 시장 · 군수 · 구청장에게 제출하여야 한다. 면허증을 잃어버려 재교부를 받은 경우 잃어버린 면허증을 찾은 때에는 지체 없이 시장 · 군수 · 구청장에게 이를 반납하여야 한다.

3) 재교부 신청의 조건

① 이 · 미용사 면허증의 기재사항에 변경이 있는 때(성명, 주민번호)

② 면허증을 잃어버린 때

③ 면허증이 헐어 못쓰게 된 때

※ 제출서류 : 기재사항에 변경을 증명할 서류, 면허증 원본(기재사항의 변경, 헐어서 못쓰게 된 경우 반납), 최근 6개월 이내 촬영한 탈모 정면 상반신 사진 2매(가로 3cm×세로 4cm)

중요	
보건복지부령	• 이 · 미용사가 되고자 하는 자는 보건복지부령이 정하는 바에 의함 • 면허취소, 정지처분의 세부기준을 정함
⬇	
시장 · 군수 · 구청장	• 면허를 발급, 면허정지 · 취소를 명함, 면허 재교부 신청, 면허증 반납 및 보관

SECTION 05 업무

1 이 · 미용사의 업무 범위(제8조)

이 · 미용사의 면허를 받은 자가 아니면 이 · 미용업을 개설하거나 업무에 종사할 수 없다(다만, 이 · 미용사의 감독을 받아 미용 업무의 보조를 행하는 경우에는 종사할 수 있다). 이 · 미용사의 업무 범위에 관하여 필요한 사항은 보건복지부령으로 정한다.

구분	내용
업무보조 범위	• 이 · 미용 업무를 위한 사전 준비에 관한 사항 • 이 · 미용 업무를 위한 기구, 제품 등의 관리에 관한 사항 • 영업소의 청결 유지 등 위생관리에 관한 사항 • 그 밖에 머리감기 등 이 · 미용 업무의 조력에 관한 사항

2 이 · 미용업의 장소제한(제8조)

이 · 미용사의 업무는 영업소 외의 장소에서 행할 수 없다.(다만, 보건복지부령이 정하는 특별한 사유가 있는 경우에는 행할 수 있다.)

[영업소 외의 장소에서 행할 수 있는 경우]

① 질병이나 기타의 사유로 인하여 영업소에 나올 수 없는 자에 대하여 이 · 미용을 하는 경우
② 혼례, 기타 의식에 참여하는 자에 대하여 그 의식 직전에 이 · 미용을 하는 경우
③ 「사회복지 사업법」에 따른 사회복지시설에서 봉사활동으로 이 · 미용을 하는 경우
④ 방송 등의 촬영에 참여하는 사람에 대하여 그 촬영 직전에 이 · 미용을 하는 경우
⑤ 이외에 특별한 사정이 있다고 시장 · 군수 · 구청장이 인정하는 경우

• 이 · 미용사의 업무 범위, 영업소 외의 업무 – [보건복지부령]

SECTION 06 행정지도감독

1 보고 및 출입 · 검사(제9조)

① 특별시장 · 광역시장 · 도지사 또는 시장 · 군수 · 구청장은 공중위생관리상 필요하다고 인정하는 때에는 공중위생영업자 및 공중이용시설의 소유자 등에 대하여 필요한 보고를 하게 하거나 소속 공무원으로 하여금 영업소 · 사무실 · 공중이용시설 등에 출입하여 공중위생영업자의 위생관리의무이행 및 공중이용시설의 위생관리실태 등에 대하여 검사하게 하거나 필요에 따라 공중위생영업장부나 서류를 열람하게 할 수 있다.

② 시 · 도지사 또는 시장 · 군수 · 구청장은 공중위생영업자의 영업소에 설치가 금지되는 카메라나 기계장치가 설치되었는지를 검사할 수 있다. 이 경우 공중위생영업자는 특별한 사정이 없으면 검사에 따라야 한다. 시 · 도지사 또는 시장 · 군수 · 구청장은 관할 경찰관서의 장에게 협조를 요청할 수 있으며, 영업소에 대하여 검사 결과에 대한 확인증을 발부할 수 있다.

③ 관계공무원은 그 권한을 표시하는 증표를 지녀야 하며, 관계인에게 이를 내보여야 한다.

- 보고 및 출입 · 검사 – [특별시장 · 광역시장 · 도지사 또는 시장 · 군수 · 구청장]
- 위생관리의무 이행검사 권한을 행사할 수 있는 자 – [특별시 · 광역시 · 도 또는 시 · 군 · 구 소속 공무원]

2 영업의 제한(제9조의 2)

시 · 도지사는 선량한 풍속의 유지를 위하여 필요하다고 인정하는 때에는 영업자 및 종업원에 대하여 영업시간과 영업행위에 관한 필요한 제한을 할 수 있다.

3 위생지도 및 개선명령(제10조)

시 · 도지사 또는 시장 · 군수 · 구청장은 다음에 해당하는 자에 대하여 즉시 또는 일정한 기간을 정하여 그 개선을 명할 수 있다.

① 공중위생영업의 종류별 시설 및 설비기준을 위반한 공중위생 영업자

② 위생관리의무 등을 위반한 공중위생 영업자

※ 개선명령 시 명시사항 : 개선기간, 위생관리기준, 발생된 오염물질의 종류, 오염 허용기준을 초과한 정도

- 위생지도 및 개선명령 권한자 – [시 · 도지사 또는 시장 · 군수 · 구청장]
- 위생지도 및 개선명령 사항 – 시설, 설비기준 위반, 위생관리의무 위반

4 영업소의 폐쇄(제11조)

시장 · 군수 · 구청장은 공중위생영업자가 다음의 사항을 위반하였을 때에는 영업정지, 시설 사용중지, 영업소 폐쇄 등을 명할 수 있다. 행정처분의 세부기준은 보건복지부령으로 정한다.

① 6월 이내의 기간을 정하여 영업의 정지 또는 일부 시설의 사용중지를 명하거나 영업소 폐쇄
- 영업신고를 하지 아니하거나 시설과 설비기준을 위반한 경우
- 변경신고를 하지 아니한 경우
- 지위승계신고를 하지 아니한 경우
- 공중위생영업자의 위생관리의무 등을 지키지 아니한 경우
- 불법 카메라나 기계장치를 설치한 경우
- 영업소 외의 장소에서 이용 또는 미용 업무를 한 경우
- 보고를 하지 않거나 거짓으로 보고한 경우 또는 관계 공무원의 출입, 검사 또는 장부와 서류의 열람을 거부 · 방해하거나 기피한 경우
- 개선명령을 이행하지 아니한 경우
- 「성매매알선 등 행위의 처벌」, 「풍속영업의 규제」, 「청소년 보호법」, 「아동 · 청소년의 성보호」, 「의료법」을 위반하여 관계 행정기관의 장으로부터 그 사실을 통보받은 경우

② 영업소 폐쇄
- 영업정지처분을 받고도 그 영업정지 기간에 영업을 한 경우
- 정당한 사유 없이 6개월 이상 계속 휴업하는 경우
- 관할 세무서장에게 폐업신고를 하거나 관할 세무서장이 사업자 등록을 말소한 경우

③ 영업소 폐쇄명령을 받고도 계속하여 영업을 하거나 신고를 하지 아니하고 영업을 하는 경우(관계공무원으로 하여금 당해 영업소를 폐쇄하기 위하여 아래의 조치를 취함)
- 당해 영업소의 간판 기타 영업표지물의 제거
- 당해 영업소가 위법한 영업소임을 알리는 게시물 등의 부착
- 영업을 위하여 필수불가결한 기구 또는 시설물을 사용할 수 없게 하는 봉인

④ 봉인을 계속할 필요가 없거나 영업소를 폐쇄할 것을 약속할 때, 정당한 사유를 들어 봉인의 해제를 요청하는 때에는 게시물의 제거와 봉인을 해제할 수 있다.

중요

보건복지부령	• 세부적 기준
⬇	
시장 · 군수 · 구청장	• 영업정지, 시설 사용중지, 폐쇄, 봉인 해제, 게시물 제거

5 과징금 처분(제11조의 2)

① 시장 · 군수 · 구청장은 영업정지가 이용자에게 심한 불편을 주거나 그 밖에 공익을 해할 우려가 있는 경우에는 영업정지 처분에 갈음하여 1억원 이하의 과징금을 부과할 수 있다. (단 「성매매알선 등 행위」, 「아동 · 청소년의 성보호」, 「풍속영업의 규제」에 관한 법률 또는 이에 상응하는 위반행위로 처분을 받게 되는 경우 제외)

② 과징금을 부과하는 위반행위의 종별 · 정도 등에 따른 과징금의 금액 등에 관하여 필요한 사항은 대통령령으로 정한다.

③ 시장 · 군수 · 구청장은 과징금을 납부하여야 할 자가 납부기한까지 이를 납부하지 아니한 경우에는 대통령령으로 정하는 바에 따라 과징금 부과처분을 취소하고, 영업정지 처분을 하거나 「지방세외수입금의 징수 등에 관한 법률」에 따라 이를 징수한다.

④ 시장 · 군수 · 구청장이 부과 · 징수한 과징금은 당해 시 · 군 · 구에 귀속된다.

⑤ 시장 · 군수 · 구청장은 과징금의 징수를 위하여 필요한 경우에는 다음 각 호의 사항을 기재한 문서로 관할 세무관서의 장에게 과세정보의 제공을 요청할 수 있다.

- 납세자의 인적사항
- 사용목적
- 과징금 부과기준이 되는 매출금액

중요

과징금 처분

대통령령	• 종별 · 정도 등에 따른 과징금의 금액 등에 필요한 사항

⬇

시장 · 군수 · 구청장	• 과징금의 금액을 가중 또는 경감할 수 있음 • 납부기한 내에 납부하지 않은 경우(지방세 외 수입금의 징수)

⬇

시 · 군 · 구에 귀속	• 부과 · 징수한 과징금

1) 과징금 산정기준

① 과징금의 금액은 위반행위의 종별 · 정도 등을 감안하여 보건복지부령이 정하는 영업정지기간에 과징금 산정기준을 적용하여 산정한다.

- 영업정지 1개월은 30일을 기준으로 한다.
- 위반행위의 종별에 따른 과징금의 금액은 영업정지 기간에 따라 산정한 영업정지 1일당 과징금의 금액을 곱하여 얻은 금액으로 한다. 다만, 과징금 산정금액이 1억원을 넘는 경우에는 1억 원으로 한다.
- 1일당 과징금의 금액은 위반행위를 한 공중위생영업자의 연간 총매출액을 기준으로 산출한다.
- 연간 총매출액은 처분일이 속한 연도의 전년도의 1년간 총매출액을 기준으로 한다. 다만, 신규사업 · 휴업 등에 따라 1년간 총매출액을 산출할 수 없거나 1년간 매출액을 기준으로 하는 것이 현저히 불합리하다고 인정되는 경우에는 분기별 · 월별 또는 일별 매출액을 기준으로 연간 총매출액을 환산하여 산출한다.

② 시장 · 군수 · 구청장은 공중위생영업자의 사업규모 · 위반행위의 정도 및 횟수 등을 고려하여 과징금의 2분의 1 범위에서 과징금을 늘리거나 줄일 수 있다. 이 경우 과징금을 늘리는 때에도 그 총액은 1억 원을 초과할 수 없다.

- 과징금 부과 기준이 되는 매출금액 – [처분 전년도의 1년간 총 매출금액 기준]

2) 과징금의 부과 및 납부

① 시장 · 군수 · 구청장은 과징금을 부과하고자 할 때에는 그 위반행위의 종별과 해당 과징금의 금액 등을 명시하여 이를 납부할 것을 서면으로 통지하여야 한다.

② 통지를 받은 자는 통지를 받은 날부터 20일 이내에 과징금을 시장 · 군수 · 구청장이 정하는 수납기관에 납부하여야 한다. 다만, 천재 · 지변 그 밖에 부득이한 사유로 인하여 그 기간 내에 과징금을 납부할 수 없는 때에는 그 사유가 없어진 날부터 7일 이내에 납부하여야 한다.

③ 과징금의 납부를 받은 수납기관은 영수증을 납부자에게 교부하여야 한다.

④ 과징금의 수납기관은 과징금을 수납한 때에는 지체없이 그 사실을 시장 · 군수 · 구청장에게 통보하여야 한다.

⑤ 과징금은 이를 분할하여 납부할 수 없다.

⑥ 과징금의 징수절차는 보건복지부령으로 정한다.

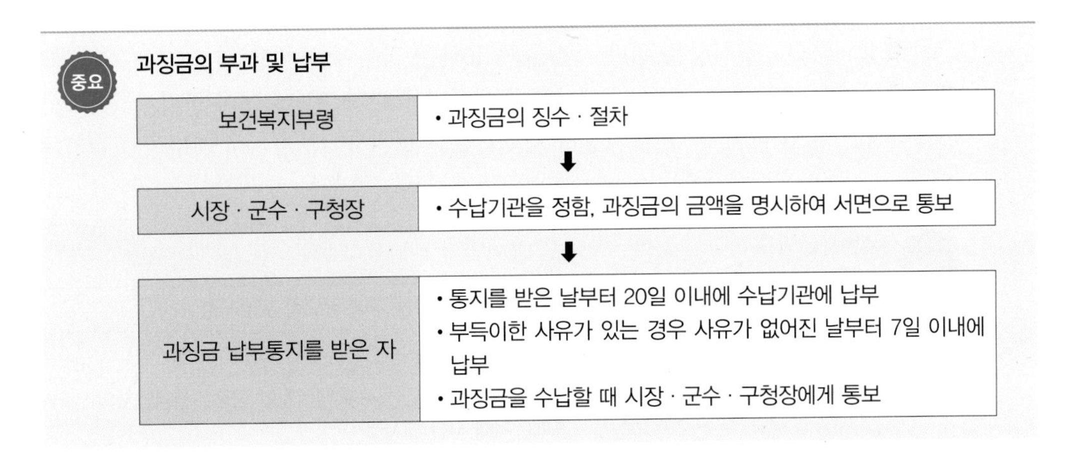

중요 과징금의 부과 및 납부

보건복지부령	• 과징금의 징수 · 절차
⬇	
시장 · 군수 · 구청장	• 수납기관을 정함, 과징금의 금액을 명시하여 서면으로 통보
⬇	
과징금 납부통지를 받은 자	• 통지를 받은 날부터 20일 이내에 수납기관에 납부 • 부득이한 사유가 있는 경우 사유가 없어진 날부터 7일 이내에 납부 • 과징금을 수납할 때 시장 · 군수 · 구청장에게 통보

3) 과징금 부과처분 취소 대상자

과징금 부과처분을 취소하고 영업정지 처분을 하거나 「지방세외수입금의 징수 등에 관한 법률」에 따라 과징금을 징수하여야 하는 대상자는 과징금을 기한 내에 납부하지 아니한 자로서 1회의 독촉을 받고 그 독촉을 받은 날부터 15일 이내에 과징금을 납부하지 아니한 자로 한다.

4) 위반사실의 공표

시장 · 군수 · 구청장은 행정처분이 확정된 공중위생영업자에 대한 처분 내용, 해당 영업소의 명칭 등 처분과 관련한 영업 정보를 대통령령으로 정하는 바에 따라 공표하여야 한다.

• 공중위생영업자에 대한 처분과 관련한 영업 정보 – 대통령령

① 공표 사항
- 「공중위생관리법」 위반사실의 공표라는 내용의 표제
- 공중위생영업의 종류
- 영업소의 명칭 및 소재지와 대표자 성명
- 위반 내용(위반행위의 구체적 내용과 근거 법령을 포함한다.)
- 행정처분의 내용, 처분일 및 처분기간
- 그 밖에 보건복지부장관이 특히 공표할 필요가 있다고 인정하는 사항

② 시장 · 군수 · 구청장은 위반 사실을 공표하는 경우에는 해당 시 · 군 · 구의 인터넷 홈페이지와 공중위생영업자의 인터넷 홈페이지에 각각 게시하여야 한다.

③ 공표의 절차 및 방법 등에 필요한 세부사항은 보건복지부장관이 정하여 고시한다.

중요 **위반사실 공표**

보건복지부령	• 공표의 절차 및 방법 등에 필요한 세부사항
⬇	
시장 · 군수 · 구청장	• 당 시 · 군 · 구의 인터넷 홈페이지와 공중위생영업자의 인터넷 홈페이지에 각각 게시

6 행정제재처분 효과의 승계(제11조의 3)

① 공중위생영업자가 그 영업을 양도하거나 사망한 때 또는 법인의 합병이 있는 때에는 종전의 영업자에 대하여 위반을 사유로 행한 행정제재처분의 효과는 그 처분기간이 만료된 날부터 1년간 양수인 · 상속인 또는 합병 후 존속하는 법인에 승계된다.

② 공중위생영업자가 그 영업을 양도하거나 사망한 때 또는 법인의 합병이 있는 때에는 위반을 사유로 하여 종전의 영업자에 대하여 진행 중인 행정제재처분 절차를 양수인 · 상속인 또는 합병 후 존속하는 법인에 대하여 속행할 수 있다.

7 같은 종류의 영업금지(제11조의 4)

[「성매매알선 등 행위의 처벌에 관한 법률」·「아동 · 청소년의 성보호에 관한 법률」·「풍속영업의 규제에 관한 법률」 또는 「청소년 보호법」 위반]

구분	금지사항
폐쇄명령을 받은 자	2년이 경과하지 아니한 때에는 같은 종류의 영업을 할 수 없음
폐쇄명령을 받은 영업장소	1년이 경과하지 아니한 때에는 누구든지 폐쇄명령이 이루어진 영업장소에서 같은 종류의 영업을 할 수 없음

[그 외의 법률 위반]

구분	금지사항
폐쇄명령을 받은 자	1년이 경과하지 아니한 때에는 같은 종류의 영업을 할 수 없음
폐쇄명령을 받은 영업장소	6개월이 경과하지 아니한 때에는 누구든지 그 폐쇄명령이 이루어진 영업장소에서 같은 종류의 영업을 할 수 없음

8 청문(제12조)

시장 · 군수 · 구청장은 이 · 미용사의 면허취소, 면허정지, 공중위생영업의 정지, 일부시설의 사용중지 및 영업소 폐쇄명령 등의 처분을 하고자 하는 때 청문을 실시한다.

1) 청문을 실시해야 하는 경우

- 미용사 면허의 정지와 면허취소 시
- 공중위생업의 정지를 명할 시
- 일부 시설의 사용 중지 시
- 영업소 폐쇄명령 시
- 신고사항의 직권 말소

- 청문 실시 – [시장 · 군수 · 구청장]

SECTION 07 업소 위생등급

1 위생서비스 수준 평가(법 제13조)

① 시 · 도지사는 위생관리 수준을 향상시키기 위하여 위생서비스 평가계획을 수립하여 시장 · 군수 · 구청장에게 통보한다.

② 시장 · 군수 · 구청장은 평가계획에 따라 관할지역별 세부평가계획을 수립한 후 공중위생영업소의 위생서비스 평가를 2년에 한 번씩 하여야 한다.

③ 시장 · 군수 · 구청장은 위생서비스평가의 전문성을 높이기 위하여 필요하다고 인정하는 경우에 관련 전문기관 및 단체로 하여금 위생서비스 평가를 실시하게 할 수 있다.

④ 위생서비스 평가의 주기 · 방법, 위생관리 등급의 기준 및 기타 평가에 관한 필요사항은 보건복지가족부령으로 정한다.

중요 **위생서비스 수준 평가**

구분	내용
보건복지부령	• 위생서비스 평가 주기 · 방법, 위생관리 등급의 기준 및 기타 평가에 관한 필요사항
⬇	
시 · 도지사	• 위생서비스 평가계획을 수립
⬇	
시장 · 군수 · 구청장	• 통지를 받은 날부터 20일 이내에 수납기관에 납부 • 부득이한 사유가 있는 경우 사유가 없어진 날부터 7일 이내에 납부 • 과징금을 수납할 때 시장 · 군수 · 구청장에게 통보
⬇	
관련 전문기관 및 단체	• 공중위생서비스 평가를 위탁받을 수 있는 기관

2 위생관리등급 공표(법 제14조)

① 시장 · 군수 · 구청장은 보건복지가족부령이 정하는 바에 의하여 위생서비스 평가의 결과에 따른 위생관리등급을 해당 공중위생영업자에게 통보하고 이를 공표한다.

② 공중위생영업자는 시장 · 군수 · 구청장으로부터 통보받은 위생관리등급의 표시를 영업소의 명칭과 함께 영업소의 출입구에 부착할 수 있다.

③ 시 · 도지사 또는 시장 · 군수 · 구청장은 위생서비스 평가의 결과 위생서비스의 수준이 우수하다고 인정되는 영업소에 대하여 포상을 실시할 수 있다.

④ 시 · 도지사 또는 시장 · 군수 · 구청장은 위생서비스 평가의 결과에 따른 위생관리등급별로 영업소에 대한 위생 감시를 실시하여야 한다. 이 경우 영업소에 대한 출입, 검사와 위생 감시의 실시 주기 및 횟수 등 위생관리등급별 위생 감시 기준은 보건복지가족부령으로 한다.

⑤ 위생관리등급의 판정을 위한 세부항목, 등급결정 절차와 기타 위생서비스 평가에 필요한 구체적인 사항은 보건복지부장관이 정하여 고시한다.

- 위생서비스 우수영업소에 포상, 평가 결과에 따른 영업소에 위생 감시 – [시 · 도지사 또는 시장 · 군수 · 구청장]

[위생관리 3개 등급]

구분	내용
최우수업소	녹색 등급
우수업소	황색 등급
일반관리 대상 업소	백색 등급

중요 **위생관리등급 공표**

보건복지부령	• 위생서비스평가의 결과에 따른 위생관리등급을 정함 • 영업소에 대한 출입, 검사와 위생 감시의 실시 주기 및 횟수 등 위생관리등급별 위생감시기준을 정함

⬇

보건복지부장관	• 위생관리등급 세부항목, 등급결정 절차, 위생서비스평가의 구체적 사항

⬇

시장 · 군수 · 구청장	• 위생관리등급을 통보하고 이를 공표

⬇

공중위생영업자	• 등급의 표시, 영업소의 명칭을 영업소의 출입구에 부착

3 공중위생감시원(제15조)

공중위생영업의 위생관리업무 등 관계공무원의 업무를 행하기 위하여 특별시 · 광역시 · 도 및 시 · 군 · 구에 공중위생감시원을 둔다. 공중위생감시원의 자격 · 임명 · 업무범위 기타 필요한 사항은 대통령령으로 정한다.

1) 공중위생감시원의 자격

특별시장 · 광역시장 · 도지사 또는 시장 · 군수 · 구청장은 소속 공무원 중에서 공중위생감시원을 임명한다.

① 위생사 또는 환경기사 2급 이상의 자격증이 있는 사람
②「고등교육법」에 따른 대학에서 화학 · 화공학 · 환경공학 또는 위생학 분야를 전공하고 졸업한 사람 또는 법령에 따라 이와 같은 수준 이상의 학력이 있다고 인정되는 사람
③ 외국에서 위생사 또는 환경기사의 면허를 받은 사람
④ 1년 이상 공중위생 행정에 종사한 경력이 있는 사람

시 · 도지사 또는 시장 · 군수 · 구청장은 공중위생감시원의 인력확보가 곤란하다고 인정되는 때에는 공중위생 행정에 종사하는 사람 중 공중위생 감시에 관한 교육훈련을 2주 이상 받은 사람을 공중위생 행정에 종사하는 기간 동안 공중위생감시원으로 임명할 수 있다.

2) 공중위생감시원의 업무범위

① 시설 및 설비 확인
② 공중위생영업 관련시설 및 설비의 위생상태 확인 · 검사 · 공중위생영업자의 위생관리 의무 및 영업자 준수사항 이행 여부의 확인
③ 위생지도 및 개선명령 이행 여부의 확인
④ 영업의 정지, 일부 시설의 사용중지 또는 영업소 폐쇄명령 이행 여부의 확인
⑤ 위생교육 이행 여부의 확인

4 명예공중위생감시원(제15조의 2)

시 · 도시자는 공중위생의 관리를 위한 지도 · 계몽 등을 행하게 하기 위하여 명예공중위생감시원을 둘 수 있다. 시 · 도시자는 명예공중위생감시원의 활동지원을 위하여 예산의 범위 안에서 시 · 도시자가 정하는 바에 따라 수당 등을 지급할 수 있다. 명예공중위생감시원의 운영에 관하여 필요한 사항은 시 · 도시자가 정한다. 명예공중위생감시원의 자격 및 위촉방법, 업무범위 등에 관하여 필요한 사항은 대통령령으로 정한다.

1) 명예공중위생감시원의 자격

① 공중위생에 대한 지식과 관심이 있는 자
② 소비자단체, 공중위생 관련 협회 또는 단체의 소속직원 중에서 당해 단체 등의 장이 추천하는 자

2) 명예공중위생감시원의 업무범위

① 공중위생감시원이 행하는 검사대상물의 수거지원
② 법령 위반행위에 대한 신고 및 자료 제공
③ 공중위생에 관한 홍보 · 계몽 등 공중위생관리 업무와 관련하여 시 · 도지사가 따로 정하여 부여하는 업무

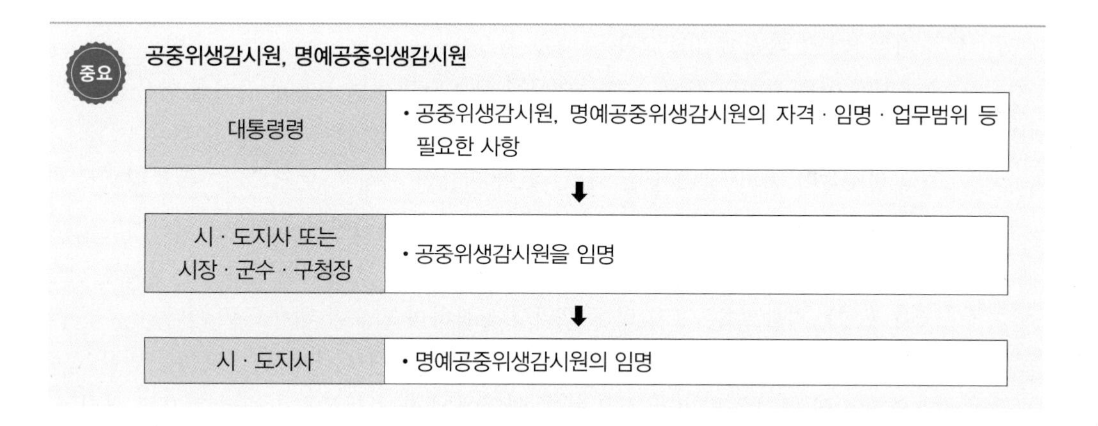

중요 **공중위생감시원, 명예공중위생감시원**

대통령령	• 공중위생감시원, 명예공중위생감시원의 자격 · 임명 · 업무범위 등 필요한 사항
⬇	
시 · 도지사 또는 시장 · 군수 · 구청장	• 공중위생감시원을 임명
⬇	
시 · 도지사	• 명예공중위생감시원의 임명

5 공중위생영업자 단체의 설립(제16조)

공중위생영업자는 공중위생과 국민보건의 향상을 기하고 그 영업의 건전한 발전을 도모하기 위하여 공중위생영업의 종류별로 전국적인 조직을 가지는 공중위생영업자 단체를 설립할 수 있다.

SECTION 08 위생교육

1 영업자 위생교육(제17조)

1) 위생교육 대상자

① 공중위생영업자
② 이 · 미용영업자
③ 공중위생영업을 승계한 자
④ 공중위생영업의 신고를 하고자 하는 자
⑤ 영업에 직접 종사하지 않거나 두 개 이상의 장소에서 영업을 하는 자는 영업장별 공중위생 책임자

2) 위생교육 시간

위생교육은 시장 · 군수 · 구청장이 실시하며, 위생교육은 매년 3시간으로 한다.

3) 위생교육

① 공중위생영업 신고자는 공중업소를 개설하기 전에 미리 위생교육을 받아야 한다.(다만, 다음의 어느 하나에 해당하는 부득이한 경우에는 영업개시 후 보건복지부령이 정하는 6개월 이내에 위생교육을 받을 수 있다.)
- 천재지변, 본인의 질병 · 사고, 업무상 국외출장 등의 사유로 교육을 받을 수 없는 경우
- 교육을 실시하는 단체의 사정 등으로 미리 교육을 받기 불가능한 경우

② 위생교육의 범위, 교육방법, 절차 등의 필요한 사항은 보건복지가족부령으로 정한다. 위생교육에 관하여 필요한 세부사항은 보건복지부장관이 정한다.
③ 위생교육의 내용은 공중위생관리법 및 관련법규, 소양교육(친절 및 청결에 관한 사항을 포함), 기술교육, 그 밖의 공중위생에 관하여 필요한 내용으로 한다.
④ 위생교육을 받은 자가 위생교육을 받은 날부터 2년 이내에 위생교육을 받은 업종과 같은 업종의 영업을 하려는 경우 해당 영업에 대한 위생교육을 받은 것으로 본다.

4) 위생교육 실시단체

위생교육을 실시하는 단체는 보건복지부장관이 고시한다.

① 시장 · 군수 · 구청장은 위생교육의 전문성을 높이기 위하여 필요하다고 인정하는 경우에는 관련 전문기관 또는 관련 단체로 하여금 위생교육을 실시하게 할 수 있다.
② 위생교육 실시단체의 장은 위생교육을 수료한 자에게 수료증을 교부하고, 교육을 실시한 날부터 1개월 이내에 관할 시장 · 군수 · 구청장에게 교육 실시 결과를 통보하여야 하며, 수료증 교부대장 등 교육에 관한 기록은 2년 이상 보관 · 관리하여야 한다.
③ 위생교육 실시단체는 미리 교육교재를 편찬하여 교육대상자에게 제공하여야 한다.
④ 위생교육 대상자 중 보건복지부장관이 고시하는 도서 · 벽지 등의 영업자에 대하여는 교육교재를 배부하여 이를 숙지 · 활용하도록 함으로써 교육 수료를 대신할 수 있다.

중요 **위생관리등급 공표**

구분	내용
보건복지부령	• 위생교육의 범위, 교육방법, 절차 등의 필요한 사항
보건복지부장관	• 위생교육에 관한 세부사항 , 위생교육을 실시하는 단체 고시 • 도서 · 벽지 등의 영업자에 교육교재 배부
시장 · 군수 · 구청장	• 관련 전문기관 또는 관련 단체 위생교육 실시 위탁
실시단체	• 미리 교육교재를 편찬하여 교육대상자에게 제공
위생교육 실시단체의 장	• 수료증 교부, 실시 결과 통보 • 수료증, 교부대장 등 기록은 2년 이상 보관 · 관리
영업자	• 위생교육 매년 3시간

❷ 위임 및 위탁(제18조)

보건복지부장관은 이 법에 의한 권한의 일부를 대통령령이 정하는 바에 의하여 시 · 도지사(또는 시장 · 군수 · 구청장)에게 위임할 수 있다.
보건복지부장관은 대통령이 정하는 바에 의하여 관계전문기관 등에 그 업무의 일부를 위탁할 수 있다.

중요

대통령령	• 공중위생관리법에 의한 권한의 일부를 정함
⬇	
보건복지부장관	• 공중위생관리 임무의 일부를 위임, 위탁함
⬇	
시 · 도지사 또는 시장 · 군수 · 구청장 위임	• 관계전문기관 위탁

❸ 국고보조(제19조)

국가 또는 지방자치단체는 위생서비스 평가의 전문성을 높이기 위하여 관련 전문기관 및 단체로 하여금 위생서비스 평가를 실시하는 자에 대하여 예산의 범위 안에서 위생서비스 평가에 소요되는 경비의 전부 또는 일부를 보조할 수 있다.

❹ 수수료(제19조의 2)

미용사 면허(제6조)를 받고자 하는 자는 대통령령이 정하는 바에 따라 수수료를 납부하여야 한다.

SECTION 09 벌칙

1 벌금(제20조)

1) 1년 이하의 징역 또는 1천만 원 이하의 벌금

① 영업의 신고를 하지 아니한 자

② 영업정지 명령 또는 일부 시설의 사용중지 명령을 받고도 그 기간 중에 영업을 하거나 그 시설을 사용한 사람

③ 영업소 폐쇄명령을 받고도 계속하여 영업을 한 사람

2) 6개월 이하의 징역 또는 500만 원 이하의 벌금

① 보건복지부령이 정하는 중요한 사항을 변경하고도 변경신고하지 아니한 자

② 공중위생영업자의 지위를 승계한 자로서 신고를 하지 아니한 자

③ 건전한 영업질서를 위하여 공중위생영업자가 준수하여야 할 사항을 준수하지 아니한 자

3) 300만 원 이하의 벌금

① 면허의 취소 또는 정지 중에 이용업 또는 미용업을 한 사람

② 면허를 받지 아니하고 이용업 또는 미용업을 개설하거나 그 업무에 종사한 사람

2 양벌규정(제21조)

법인의 대표자나 법인 또는 개인의 대리인 · 사용인 그 밖의 종업원이 그 법인 또는 개인의 업무에 관하여 공중위생 관리법 제20조의 위반행위를 한 때에는 그 행위자를 벌하는 외에 그 법인 또는 개인에게도 해당 조문의 벌금형을 부과한다.(다만, 법인 또는 개인이 그 위반행위를 방지하기 위해 주의와 감독을 한 경우에는 예외다.)

용어정리

벌금
일정 금액을 국가에 납부하게 하는 재산형으로 형벌의 일종이다.

과태료
행정 법규 등 형벌의 성질을 가지지 않는 법령 위반에 대해 시청, 군청 등이 부과하는 '금전적 징계'를 가리킨다. 주차위반을 했다거나 주민등록법 규정을 위반했을 때 부과되는 것이 이에 해당된다.

과징금
행정청이 일정한 행정상의 의무를 위반한 자에게 부과하는 금전적 제재이다. 종류로는 수수료, 사용료, 특허료, 납부금 등이 있다. 과징금 제도는 과징금이 행정법상의 의무위반사항에 대한 금전적 제재라는 점에서는 과태료와 크게 다르지 않지만 이득환수라는 점에서 분명한 차이를 가진다.

3 과태료(제22조)

1) 300만 원 이하의 과태료

① 위생관리의무를 준수하지 아니한 자로서 개선명령에 따르지 아니한 자

② 공중위생 관리상 필요하다고 인정되어 부과된 보고를 공중위생영업자 및 공중이용시설의 소유자가 아니하거나 관계 공무원의 출입 · 검사, 기타 조치를 거부 · 방해 또는 기피한 자

2) 200만 원 이하의 과태료

① 미용업소의 위생관리 의무를 지키지 아니한 자

② 영업소 외의 장소에서 미용업무를 행한 자

③ 위생교육을 받지 아니한 자

4 과태료의 부과기준

① 보건복지부장관 또는 시장 · 군수 · 구청장은 다음의 어느 하나에 해당하는 경우에는 과태료 금액의 2분의 1 범위에서 그 금액을 줄일 수 있다. 다만, 과태료를 체납하고 있는 위반행위자에 대해서는 그렇지 않다.
- 위반행위자가 「질서위반행위규제법 시행령」의 어느 하나에 해당하는 경우
- 위반행위가 사소한 부주의나 오류로 발생한 것으로 인정되는 경우
- 위반의 내용 · 정도가 경미하다고 인정되는 경우
- 위반행위자가 법 위반상태를 시정하거나 해소하기 위해 노력한 것이 인정되는 경우
- 그 밖에 위반행위의 정도, 위반행위의 동기와 그 결과 등을 고려하여 과태료 금액을 줄일 필요가 있다고 인정되는 경우

② 보건복지부장관 또는 시장 · 군수 · 구청장은 다음의 어느 하나에 해당하는 경우에는 과태료 금액의 2분의 1 범위에서 그 금액을 늘려 부과할 수 있다. 다만, 늘려 부과하는 경우에도 과태료 금액의 상한을 넘을 수 없다.
- 위반의 내용 및 정도가 중대하여 이로 인한 피해가 크다고 인정되는 경우
- 법 위반상태의 기간이 6개월 이상인 경우
- 그 밖에 위반행위의 정도, 위반행위의 동기와 그 결과 등을 고려하여 가중할 필요가 있다고 인정되는 경우

SECTION 10 시행령 및 시행규칙 관련사항

1 일반기준

① 위반행위가 2 이상인 경우로서 그에 해당하는 각각의 처분기준이 다른 경우에는 그 중 중한 처분기준에 의하되, 2 이상의 처분기준이 영업정지에 해당하는 경우에는 가장 중한 정지처분기간에 나머지 각각의 정지처분기간의 2분의 1을 더하여 처분한다.

② 행정처분을 하기 위한 절차가 진행되는 기간 중에 반복하여 같은 사항을 위반한 때에는 그 위반횟수마다 행정처분 기준의 2분의 1씩 더하여 처분한다.

③ 위반행위의 차수에 따른 행정처분기준은 최근 1년간(「성매매알선 등 행위의 처벌에 관한 법률」 제4조를 위반하여 관계 행정기관의 장이 행정처분을 요청한 경우에는 최근 3년간) 같은 위반행위로 행정처분을 받은 경우에 이를 적용한다. 이 경우 기간의 계산은 위반행위에 대하여 행정처분을 받은 날과 그 처분 후 다시 같은 위반행위를 하여 적발된 날(수거검사에 의한 경우에는 해당 검사결과를 처분청이 접수한 날을 말한다)을 기준으로 한다.

④ 가중된 행정처분을 하는 경우 가중처분의 적용 차수는 그 위반행위 전 행정처분 차수(③에 따른 기간 내에 행정처분이 둘 이상 있었던 경우에는 높은 차수를 말한다)의 다음 차수로 한다.

⑤ 행정처분권자는 위반사항의 내용으로 보아 그 위반 정도가 경미하거나 해당 위반사항에 관하여 검사로부터 기소유예의 처분을 받거나 법원으로부터 선고유예의 판결을 받은 때에는 Ⅱ. 개별기준에 불구하고 그 처분기준을 다음의 구분에 따라 경감할 수 있다.
- 영업정지 및 면허정지의 경우에는 그 처분기준 일수의 2분의 1의 범위 안에서 경감할 수 있다.
- 영업장 폐쇄의 경우에는 3월 이상의 영업정지처분으로 경감할 수 있다.

⑥ 영업정지 1월은 30일을 기준으로 하고, 행정처분기준을 가중하거나 경감하는 경우 1일 미만은 처분기준 산정에서 제외한다.

2 미용업 개별기준

위반행위	행정처분기준			
	1차 위반	2차 위반	3차 위반	4차 위반
면허 정지 및 면허 취소 사유에 해당하는 경우				
1) 면허발급 결격사유에 해당하게 된 경우 (피성년후견인, 정신질환자, 감염병 환자, 향정신성 의약품 중독자)	면허취소			
2) 면허증을 다른 사람에게 대여한 경우	면허정지 3월	면허정지 6월	면허취소	
3) 「국가기술자격법」에 따라 자격이 취소된 경우	면허취소			
4) 「국가기술자격법」에 따라 자격정지처분을 받은 경우 (자격정지처분 기간에 한정한다.)	면허정지			
5) 이중으로 면허를 취득한 경우(나중에 발급받은 면허를 말한다.)	면허취소			
6) 면허정지처분을 받고 도 그 정지 기간 중 업무를 한 경우	면허취소			
영업신고를 하지 않거나 시설과 설비기준을 위반한 경우				
1) 영업신고를 하지 않은 경우	영업장 폐쇄명령			
2) 시설 및 설비기준을 위반한 경우	개선명령	영업정지 15일	영업정지 1월	영업장 폐쇄명령
변경신고를 하지 않은 경우				
1) 신고를 하지 않고 영업소의 명칭 및 상호 또는 영업장 면적의 3분의 1 이상을 변경한 경우	경고 또는 개선명령	영업정지 15일	영업정지 1월	영업장 폐쇄명령
2) 신고를 하지 않고 영업소의 소재지를 변경한 경우	영업정지 1월	영업정지 2월	영업장 폐쇄명령	
공중위생영업자의 위생관리의무 등을 지키지 않은 경우				
1) 소독을 한 기구와 소독을 하지 않은 기구를 각각 다른 용기에 넣어 보관하지 않거나 1회용 면도날을 2인 이상의 손님에게 사용한 경우	경고	영업정지 5일	영업정지 10일	영업장 폐쇄명령
2) 피부미용을 위하여 「약사법」에 따른 의약품 또는 「의료기기법」에 따른 의료기기를 사용한 경우	영업정지 2월	영업정지 3월	영업장 폐쇄명령	
3) 점빼기 · 귓볼뚫기 · 쌍꺼풀수술 · 문신 · 박피술 그 밖에 이와 유사한 의료행위를 한 경우	영업정지 2월	영업정지 3월	영업장 폐쇄명령	
4) 미용업 신고증 및 면허증 원본을 게시하지 않거나 업소 내 조명도를 준수하지 않은 경우	경고 또는 개선명령	영업정지 5일	영업정지 10일	영업장 폐쇄명령
5) 개별 미용서비스의 최종 지불가격 및 전체 미용서비스의 총액에 관한 내역서를 이용자에게 미리 제공하지 않은 경우	경고	영업정지 5일	영업정지 10일	영업정지 1월

위반행위		행정처분기준			
		1차 위반	2차 위반	3차 위반	4차 위반
「성매매알선 등 행위의 처벌에 관한 법률」, 「풍속영업의 규제에 관한 법률」, 「청소년 보호법」, 「아동 · 청소년의 성 보호에 관한 법률」 또는 「의료법」을 위반하여 관계 행정기관의 장으로부터 그 사실을 통보받은 경우					
1) 손님에게 성매매알선 등 행위 또는 음란행위를 하게 하거나 이를 알선 또는 제공한 경우	영업소	영업정지 3월	영업장 폐쇄명령		
	미용사	면허정지 3월	면허취소		
2) 손님에게 도박 그 밖에 사행행위를 하게 한 경우		영업정지 1월	영업정지 2월	영업장 폐쇄명령	
3) 음란한 물건을 관람 · 열람하게 하거나 진열 또는 보관한 경우		경고	영업정지 15일	영업정지 1월	영업장 폐쇄명령
4) 무자격안마사로 하여금 안마사의 업무에 관한 행위를 하게 한 경우		영업정지 1월	영업정지 2월	영업장 폐쇄명령	
기타 위반행위에 해당하는 경우					
개선명령을 이행하지 않은 경우		경고	영업정지 10일	영업정지 1월	영업장 폐쇄명령
지위승계신고를 하지 않은 경우		경고	영업정지 10일	영업정지 1월	영업장 폐쇄명령
보고를 하지 않거나 거짓으로 보고한 경우 또는 관계 공무원의 출입, 검사 또는 공중위생영업 장부 또는 서류의 열람을 거부 · 방해하거나 기피한 경우		영업정지 10일	영업정지 20일	영업정지 1월	영업장 폐쇄명령
불법 카메라나 기계장치를 설치한 경우		영업정지 1월	영업정지 2월	영업장 폐쇄명령	
영업소 외의 장소에서 미용 업무를 한 경우		영업정지 1월	영업정지 2월	영업장 폐쇄명령	
영업정지처분을 받고 도 영업정지 기간에 영업을 한 경우		영업장 폐쇄명령			
공중위생영업자가 정당한 사유 없이 6개월 이상 계속 휴업하는 경우		영업장 폐쇄명령			
공중위생영업자가 「부가가치세법」 제8조에 따라 관할 세무서장에게 폐업신고를 하거나 관할 세무서장이 사업자 등록을 말소한 경우		영업장 폐쇄명령			

NAIL IST

NAIL ART

NAILIST

적중

최신판

미용사 네일 필기

2권 · 핵심문제편

민방경 · 심예원 · 최인희 · 설은희 · 김재철
이희정 · 김동미 · 손정아 · 김옥인 · 김혜영

예문사

NAILIST
이 책의 **차례**

제2권

핵심문제

PART 01 출제예상문제

PART 02 모의고사

PART 03 과년도 기출문제

PART

01

출제예상문제

네일 개론 출제예상문제

SECTION 01 네일의 역사

1 한국의 네일미용

01 한국 네일미용의 시초로 부녀자와 처녀들 사이에서 염지갑화라고 하는 봉숭아꽃물 들이기 풍습이 이루어진 시기는?

① 고려시대 ② 고구려시대
③ 신라시대 ④ 조선시대

02 한국 네일미용 역사에 대한 설명으로 틀린 것은?

① 예로부터 봉숭아로 손톱을 물들이는 풍속이 있었다.
② 조선시대부터 봉숭아꽃물 들이는 풍속이 시작되었다.
③ 한국 네일미용의 역사는 고려시대부터 시작하였다.
④ 최초의 한국네일협회가 창립되면서 본격화되어 발전하였다.

봉숭아꽃물을 들이는 풍속이 시작된 시기는 고려시대이다.

03 한국의 네일미용 역사에서 조선시대에 젊은 각시와 어린이들이 봉숭아를 따다가 신분에 관계없이 손톱에 물들이는 풍속이 유행하였다는 기록이 있는 문헌은?

① 동국세시기 풍속집
② 유국관시기 풍속집
③ 시유관시기 풍속집
④ 하유세시기 풍속집

04 한국의 네일미용 발달에 대한 설명으로 옳은 것은?

① 1997년에 한국네일협회가 창립되었다.
② 본격적인 네일관리가 유행한 시기는 1700년대부터이다.
③ 예로부터 상류층을 표시하기 위해 헤나로 손톱을 물들이는 풍속이 있었다.
④ 우리나라에서도 손톱의 색으로 신분을 구별하던 시대가 있었다.

05 한국 네일미용의 역사의 관한 내용이 아닌 것은?

① 고려시대부터 시작하였다.
② 최초의 네일숍인 '그리피스'가 서울 이태원에 오픈하였다.
③ 1997년 최초의 한국네일협회가 창립되어 본격화되면서 발전하였다.
④ 상류층 여성들은 매트릭스 부분에 문신 바늘로 색소를 주입하여 상류층임을 과시하였다.

매트릭스 부분에 문신 바늘로 주입하여 상류층임을 과시하였던 것은 17세기 인도에서이다.

정답 01 ① 02 ② 03 ① 04 ① 05 ④

2 외국의 네일미용

06 B.C. 3000년경 헤나라는 붉은 오렌지색 염료로 손톱을 염색하고 최초의 네일관리가 행해졌다고 기록된 나라는?

① 그리스
② 로마
③ 이집트
④ 미국

07 고대 네일미용의 역사에 관한 설명으로 옳은 것은?

① 손톱의 색으로 신분의 계급을 나타내었다.
② 이집트에서 매니큐어는 여성과 왕만 할 수 있었다.
③ 매니큐어의 최초 기록은 B.C. 3000년경 인도이다.
④ 중국에서는 조갑에 헤나로 물들이는 것이 전통이었다.

08 고대 외국의 네일미용 역사에 관한 설명이 틀린 것은?

① 중국 주 왕조시대에는 손톱에 금색과 은색을 입혔다.
② 중국 명나라에서는 흑색과 적색을 발랐다.
③ 중국에서는 미라의 손톱에 빨간색을 입혔다.
④ 이집트에서는 손톱의 색으로 사회적 계급을 나타내었다.

미라의 손톱에 붉은색을 입힌 나라는 이집트이다.

09 네일미용의 기원에 관한 설명이 틀린 것은?

① 신분을 나타내는 수단으로 사용되었다.
② 이집트의 무덤에서 미라와 함께 매니큐어 제품이 발견되었다.
③ 하류층에서부터 시작하여 전해졌고 짙은 색이 유행되었다.
④ B.C. 3000년경 이집트에서 시작되었다.

네일미용은 상류층에서 시작되었고 상류층은 짙은 색, 하류층은 옅은 색을 발랐다.

10 네일미용의 유래에 관한 설명으로 틀린 것은?

① 중국은 입술연지를 만드는 홍화를 손톱에 바르기 시작했다.
② 그리스 로마 시대에는 전쟁에 나가는 군지휘관들이 입술과 손톱에 같은 색을 칠하여 용맹을 과시하고 승리를 기원하였다.
③ 17세기 인도의 상류층 여성들은 손톱 뿌리 부분에 문신 바늘로 색소를 주입하여 상류층임을 과시했다.
④ 고대 이집트에서는 권력이나 주술적 의미로 손톱에 붉은색을 입혔다.

전쟁에 나가는 군지휘관들이 입술과 손톱에 같은 색을 칠하여 용맹을 과시하고 승리를 기원한 것은 중세 시대이다.

정답 06 ③ 07 ① 08 ③ 09 ③ 10 ②

11 **네일미용의 기원에 관한 설명이 옳은 것은?**

① B.C. 3000년경에 이집트에서 귀족들의 부, 권력 등의 상징으로 사용되었다.
② 17세기 프랑스에서 한 손만 손톱을 길게 길러 문을 두드리는 대신 긁도록 한 것이 최초의 기원이다.
③ 인도에서 신분을 표시하기 위해 매트릭스(조모)에 문신바늘로 물감을 주입시키던 것이 최초의 기원이다.
④ 그리스 로마시절 군사들이 염료를 사용하여 입술과 손톱에 칠하는 등 남성의 전유물로서 손톱을 관리하던 것이 최초의 기원이다.

12 **외국 네일미용의 역사에서 시대별 내용 연결이 틀린 것은?**

① 고대 이집트 : 관목에서 나오는 헤나의 붉은 오렌지색으로 손톱을 염색하였다.
② 중세시대 : 전쟁에 나가는 군지휘관들이 입술과 손톱에 같은 색을 칠하여 용맹을 과시하고 승리를 기원하였다.
③ 17세기 : 신분이 높은 계층은 적색으로 물들이고 신분이 낮을수록 옅은 색상을 물들여 신분과 지위를 나타냈다.
④ 19세기 초 : 영국의 상류층 여성들은 손톱에 섬세한 장밋빛 손톱 파우더를 사용하였다.

> 고대 이집트에서는 신분이 높은 계층은 손톱을 적색으로, 낮은 계층은 옅은 색상으로 물들여 신분과 지위를 나타냈다.

13 **네일 관리의 유래와 역사에 대한 설명으로 틀린 것은?**

① 중국에서는 네일에도 연지를 발라 '조홍'이라 하였다.
② 기원전 시대에는 관목이나 음식물, 식물 등에서 색상을 추출하였다.
③ 고대 이집트에서는 왕족은 짙은 색으로, 낮은 계층의 사람들은 옅은 색만을 사용하게 하였다.
④ 중세시대에는 금색이나 은색 또는 검정이나 흑적색 등으로 특권층의 신분을 표시했다.

> B.C. 600년경 중국에서는 귀족들이 금색이나 은색을 칠하였다.

14 **17세기 부의 상징의 표시로 가장 긴 손톱을 길렀으며 보석이나 대나무 등으로 장식하고 보호한 나라는?**

① 중국　　② 인도
③ 이집트　　④ 미국

15 **외국 네일미용의 발전과 인물에 대한 연결이 옳은 것은?**

① 헬렌 걸리 : 네일 팁 개발
② 시트 : 오렌지 우드스틱 개발
③ 닥터 코로니 : 큐티클 리무버 개발
④ 토마스 슬래그 : 폴리시 리무버 개발

> ① 헬렌 걸리 : 최초로 네일 수업을 강습
> ③ 닥터 코로니 : 홈 매니큐어 세트 제품 개발
> ④ 토마스 슬래그 : 네일 폼 개발

정답　11 ①　12 ③　13 ④　14 ①　15 ②

16 미국에서 메틸 메타크릴레이트 등의 아크릴 화학제품의 사용을 금지시킨 시기와 기관은?

① 1956년 NIA ② 1975년 FDA
③ 1950년 WHO ④ 1853년 KNA

1975년 미국의 식약청(FDA)에서 아크릴 화학제품의 사용을 금지시켰다.

17 1976년에 나타난 네일미용의 특징이 아닌 것은?

① 인조 네일의 등장
② 스퀘어 형태의 손톱이 유행
③ 파이버 랩(Fiber Wrap)의 등장
④ 네일아트가 미국에 정착

인조 네일이 등장한 시기는 1935년이다.

18 미국의 네일 산업에 대한 설명이 틀린 것은?

① 1956년 : 헬렌 걸리에 의해 미용학교에서 네일 교육이 시작되었다.
② 1860년 : 젤 시스템이 개발되어 젤 네일이 시작되었다.
③ 1892년 : 네일 관리가 여성들의 새로운 직업으로 미국에 도입되었다.
④ 1994년 : 뉴욕 주에서 네일 테크니션 면허제도가 도입되었다.

19 외국 네일미용 변천에 대한 연결이 옳은 것은?

① 1885년 : 네일 폴리시의 필름형성제인 니트로셀룰로오스가 개발되었다.
② 1892년 : 네일 끝이 뾰족한 아몬드형 네일이 유행하였다.
③ 1917년 : 도구를 이용한 케어가 시작되었으며 유럽에서 네일관리가 본격적으로 시작되었다.
④ 1950년 : 인조 네일이 본격적으로 시작되었다.

② 1800년 ③ 1900년 ④ 1970년

20 네일 산업의 발달과정과 연도의 내용이 틀린 것은?

① 1994년 : 뉴욕 주에서 네일 테크니션 면허제도가 생겼다.
② 1885년 : 네일 폴리시의 피막형성제인 니트로셀룰로오스가 개발되었다.
③ 1932년 : 최초의 염료가 들어간 네일 폴리시가 발명되었다.
④ 1940년 : 인조 네일은 부와 사치의 상징이 되었다.

④ 1970년

21 네일 산업의 발달과정 중 연도와 내용의 연결이 옳은 것은?

① 1925년 : 네일 폴리시 시장이 본격화
② 1935년 : 근대적 페디큐어 등장
③ 1967년 : 아몬드형의 네일 유행
④ 1992년 : 실크와 리넨을 이용한 네일 랩 작업 시도

② 1957년 ③ 1800년 ④ 1960년

정답 16 ② 17 ① 18 ② 19 ① 20 ④ 21 ①

22 **네일미용의 역사에 관한 설명이 틀린 것은?**

① 매니큐어는 5000년에 걸쳐 변화하여 왔다.
② 최초의 네일 케어는 B.C. 3000년경 이집트에서 시작되었다.
③ B.C. 600년 중국에서는 벌꿀과 달걀 흰자, 아랍에서 나는 고무나무에서 손톱에 바르는 물질을 추출 · 제작하여 사용했다.
④ 고대 이집트에서는 하류층의 남자들도 짙은 색상을 바르고 네일 관리를 받았다.

고대 이집트에서는 상류층은 짙은 색, 하류층은 옅은 색을 발랐다.

23 **네일 재료의 개발에 관한 설명이 틀린 것은?**

① 아크릴 네일 제품은 미술 조형작품에 사용하던 아크릴 재료에서 비롯된 것이다.
② 오렌지 우드스틱은 치과에서 사용하던 도구에서 착안되었다.
③ 니트로셀룰로오스의 개발은 네일 폴리시의 필름형성제로 사용되었다.
④ 에어로졸 테크닉에서 스프레이형 폴리시 드라이어가 개발되었다.

아크릴 네일 제품은 치과에서 사용하던 아크릴 재료에서 비롯된 것이다.

24 **네일 도구 및 네일 재료가 네일 산업에 도입된 순서대로 나열된 것은?**

① 아크릴 네일 제품 – 네일 팁 – UV젤 – 네일 폴리시
② 네일 폴리시 – 네일 팁 – 아크릴 네일 제품 – UV젤
③ 네일 팁 – 네일 폴리시 – UV젤 – 아크릴 네일 제품
④ 네일 폴리시 – 네일 팁 – UV젤 – 아크릴 네일 제품

SECTION 02 네일미용 개론

1 네일미용의 안전관리

01 **물질안전보건자료를 뜻하는 약어로 맞는 것은?**

① EPA
② MSDS
③ DOH
④ OSHA

물질안전보건자료는 MSDS(Material Safety Data Sheet)이다.

02 **네일숍의 안전관리에 대한 설명이 옳지 않은 것은?**

① 화학물질을 포함한 용기에는 라벨을 붙인다.
② 모든 재료들의 뚜껑을 닫아둔다.
③ 사고에 대한 대비책을 미리 마련해 놓는다.
④ 전기장치는 항상 일정 습도를 유지한다.

정답 22 ④ 23 ① 24 ② 01 ② 02 ④

03 **네일숍의 관리에 대한 설명이 가장 적절하지 않은 것은?**

① 작업 중에 버리는 폐기물은 반드시 뚜껑이 있는 쓰레기통에 담아둔다.
② 작업 도중 수건이 젖으면 즉시 교체한다.
③ 작업 테이블 위의 네일미용제품 용기는 반드시 닫아둔다.
④ 네일 제품을 사용할 때는 재료 받침대를 사용하지 않는다.

네일 제품은 화학물질을 포함하기 때문에 재료 받침대를 사용하는 것이 바람직하다.

04 **네일숍의 안전관리에 대한 설명이 틀린 것은?**

① 제품의 소독 및 안전관리를 철저히 한다.
② 화학제품에는 라벨을 표시하지 않아도 된다.
③ 소화기를 배치하고 소방서, 경찰서 등의 비상연락처를 붙여 놓는다.
④ 환기가 제대로 되고 있는지를 반드시 확인한다.

05 **화학물질로부터 자신과 고객을 보호하는 방법이 아닌 것은?**

① 통풍이 잘되는 작업장에서 작업을 한다.
② 화학물질은 피부에 닿아도 되기 때문에 신경 쓰지 않아도 된다.
③ 화학물질 제품은 스프레이 타입보다 스포이트나 솔로 바르는 타입을 사용하는 것이 좋다.
④ 콘택트렌즈의 사용을 제한한다.

화학물질은 피부에 닿아서는 안 된다.

06 **손톱이라는 작은 부분에 대한 섬세한 작업으로 인하여 피로해진 눈의 피로를 덜어주기 위해 밝은 불빛을 작업대에 설치하고 자주 녹색을 보면서 눈 운동을 하거나 먼 곳을 응시함으로써 눈의 피로를 덜어주는 안전관리에 해당하는 것은?**

① 화학물질의 안전관리
② 고객의 안전관리
③ 네일미용사의 안전관리
④ 네일 구조의 안전관리

07 **고객의 안전관리 내용이 아닌 것은?**

① 고객에게 개인 사물함을 제공하고 귀중품은 따로 보관하여 분실이나 도난 사고가 일어나지 않도록 한다.
② 네일 파일 사용과 마사지 등의 계속적인 작업로 인하여 골격계나 근육계에 불편감이나 통증이 발생할 수 있으므로 휴식을 취하도록 한다.
③ 네일 제품의 부작용으로 고객 피부에 과민반응이 일어날 경우 즉시 작업을 중단하고 전문의에게 의뢰한다.
④ 큐티클 니퍼나 클리퍼 등으로부터 철제도구에 대한 알레르기가 발생하면 전문의에게 의뢰하도록 한다.

② 네일미용사의 안전관리 내용이다.

정답 03 ④ 04 ② 05 ② 06 ③ 07 ②

2 네일미용사의 자세

08 네일미용사의 자세로 틀린 것은?

① 고객과의 예약시간을 반드시 지킨다.
② 청결한 용모와 복장을 유지하도록 한다.
③ 고객이 작업대에 앉으면 그 때부터 작업준비를 한다.
④ 동료들과 협조적으로 행동하고 꾸준한 지식 습득을 위해 노력한다.

작업준비는 고객이 작업대에 앉기 전에 마쳐야 한다.

09 고객을 위한 네일미용사의 자세가 아닌 것은?

① 고객의 경제상태 파악
② 고객의 네일상태 파악
③ 선택 가능한 작업방법 설명
④ 선택 가능한 관리방법 설명

10 네일미용사의 자세 중 바람직하지 않은 것은?

① 마스크를 착용하고 작업한다.
② 고객에게 불쾌감을 주는 언행은 하지 않는다.
③ 작업에 따라 보안경을 착용한다.
④ 마주앉은 고객의 의자에 편안히 발을 얹고 작업한다.

11 네일미용사의 자세로 바람직하지 않은 것은?

① 네일은 의학과 에스테틱의 주변에 위치하고 있음을 인식해야 한다.
② 네일의 구조와 병세에 대해 잘 알고 있어야 한다.
③ 고객을 배려하는 마음에서 어떤 고객도 작업하도록 한다.
④ 새로운 기술에 대한 탐구와 숙련된 서비스를 위해 노력한다.

질병이나 감염의 위험성이 있는 고객은 작업을 삼가야 한다.

12 네일숍 내 직장동료와의 관계에 대한 설명으로 바람직하지 않은 것은?

① 직장동료 간에 배우는 자세로 임하며 서비스의 질적 수준을 높인다.
② 동료들의 의견을 존중하며 정보를 공유한다.
③ 동료들과 친하게 지내며 사생활을 편하게 공유한다.
④ 동료가 힘들 때 위로와 격려를 아끼지 않는다.

동료들과 사생활을 편하게 공유하는 것은 바람직하지 않다.

13 고용주와 동료들에 대한 네일미용사의 직업적 윤리와 거리가 먼 것은?

① 네일미용사로서 본인의 행동에 책임을 지고 정직하여야 한다.
② 고용주나 동료들의 재능을 인정하여야 한다.
③ 동료들에 대한 비평에 동조하지 않아야 한다.
④ 물리적·화학적 소독방법을 사용해 기구를 소독한다.

물리적 · 화학적 소독방법은 위생관리에 해당한다.

정답 08 ③ 09 ① 10 ④ 11 ③ 12 ③ 13 ④

3 네일의 구조와 이해

14 **얇고 부드러우며 네일이 자라기 시작하는 뿌리부분으로 네일의 근원이 되는 부분의 명칭은?**

① 네일 보디(조체)
② 네일 루트(조근)
③ 루눌라(조반월)
④ 프리에지(자유연)

15 **네일이 자라기 시작하는 장소로 손상되면 네일이 빠지게 되는 곳은?**

① 네일 보디(조체)
② 루눌라(조반월)
③ 네일 루트(조근)
④ 네일 그루브(조구)

조근은 네일이 자라기 시작하는 뿌리부분으로 손상되면 네일이 빠지게 된다.

16 **신경이 없는 여러 층의 각질로 구성되어 손을 보호하고 네일 자체를 구성하는 곳은?**

① 네일 베드(조상)
② 네일 보디(조체)
③ 매트릭스(조모)
④ 네일 그루브(조구)

17 **네일의 길이와 모양을 자유롭게 조절할 수 있는 것은?**

① 프리에지(자유연)
② 네일 그루브(조구)
③ 네일 폴드(조주름)
④ 에포니키움(조상피)

18 **네일 구조의 설명으로 틀린 것은?**

① 스트레스 포인트 : 네일 보디가 피부에서 떨어져 나가기 시작하는 양 옆 끝의 포인트를 말한다.
② 네일 루트(조근) : 얇고 부드러운 피부로 네일이 자라기 시작하는 부분이다.
③ 네일 보디(조체) : 육안으로 보이는 네일 부분으로 신경조직은 없으며 여러 개의 얇은 층으로 이루어져 있다.
④ 프리에지(자유연) : 네일의 성장이 시작되는 곳으로 세포조직을 형성한다.

프리에지는 네일의 끝부분으로 피부와 떨어져서 자라나는 부분이며 네일의 성장이 시작되는 곳으로 세포조직을 형성하는 곳은 매트릭스이다.

19 **네일 밑의 구조에서 네일 루트 바로 밑에 있으며 모세혈관, 림프, 신경조직 등이 있어 네일을 만드는 세포를 생성, 성장시키며 손상을 입게 되면 네일의 성장에 저해가 되는 중요한 부분은?**

① 매트릭스(조모)
② 네일 베드(조상)
③ 루눌라(조반월)
④ 하이포니키움(하조피)

정답 14 ② 15 ③ 16 ② 17 ① 18 ④ 19 ①

20 **네일의 구조에 대한 설명으로 옳은 것은?**

① 매트릭스(조모) : 네일의 성장이 진행되는 곳으로 이상이 생기면 네일의 변형을 가져온다.
② 네일 베드(조상) : 네일의 끝부분에 해당되며 손톱의 모양을 만들 수 있다.
③ 루눌라(조반월) : 매트릭스와 네일 베드가 만나는 부분으로 미생물의 침입을 막는다.
④ 네일 보디(조체) : 네일 측면으로 손톱과 피부를 밀착시킨다.

21 **매트릭스 세포배열 길이의 조건으로 결정되는 것은 무엇인가?**

① 네일의 각화주기
② 네일의 색상
③ 네일의 두께
④ 네일의 성장속도

매트릭스의 뒷부분은 네일의 표면층인 위층을 형성한다.

22 **네일의 성장 방향으로 볼 때 매트릭스의 뒷부분은 네일의 어느 층에 해당하는가?**

① 위층 ② 중간층
③ 아래층 ④ 가로층

23 **매트릭스에 속하면서 네일 표면에 유백색의 반달모양으로 비치는 부분은?**

① 네일 보디(조체)
② 그루브(조구)
③ 루눌라(조반월)
④ 네일 폴드(조주름)

24 **네일 보디 밑에 있는 피부이며 지각신경조직과 모세혈관이 있고 수분을 공급하는 부위는?**

① 네일 베드(조상)
② 루눌라(조반월)
③ 매트릭스(조모)
④ 에포니키움(조상피)

25 **네일 베드와 네일 보디를 연결하고 네일의 성장 진입방향을 조력하는 조직을 무엇이라고 하는가?**

① 에포니키움
② 하이포니키움
③ 네일 폴드
④ 베드 에피더리움

네일 보디와 네일 베드 사이에는 네일 베드 상피(베드 에피더리움)라는 조직이 있어 네일의 성장 진입방향을 조력하는 역할을 한다.

26 **네일 관리 시에 미적 목적으로 정리의 대상이 되는 곳으로 에포니키움의 아랫부분이며 네일 보디가 성장함에 따라 자라나오는 얇은 각질막의 명칭은?**

① 네일 보디(조체)
② 큐티클(조소피)
③ 네일 폴드(조주름)
④ 네일 그루브(조구)

정답 20 ① 21 ③ 22 ① 23 ③ 24 ① 25 ④ 26 ②

27 네일 프리에지 밑 부분의 돌출된 피부를 말하며 세균이나 이물질의 침입으로부터 네일을 보호하는 역할을 하는 부분은?

① 하이포니키움(하조피)
② 에포니키움(조상피)
③ 네일 폴드(조주름)
④ 네일 루트(조근)

28 하이포니키움(하조피)에 대한 설명으로 옳은 것은?

① 매트릭스를 병원균으로부터 보호한다.
② 네일 아래 살과 연결된 끝부분으로 박테리아의 침입을 막아준다.
③ 네일 측면의 피부로 네일 베드와 연결된다.
④ 매트릭스 윗부분으로 네일을 성장시킨다.

4 네일의 특성과 형태

29 네일의 주요 구성성분에 해당되는 것은?

① 엘라스틴
② 콜라겐
③ 케라틴
④ 비타민

30 케라틴의 구성 요소 중 가장 많이 차지하고 있는 성분은?

① 글루탐산
② 시스틴
③ 알기닌
④ 비타민

31 경 케라틴의 구성 요소 중 가장 많이 차지하고 있는 화학원소는?

① 질소 ② 수소
③ 탄소 ④ 산소

탄소가 약 50%로 가장 많은 비중을 차지한다.

32 네일의 특징에 대한 설명으로 틀린 것은?

① 네일 보디와 네일 루트는 산소를 필요로 한다.
② 지각 신경이 집중되어 있는 반투명의 각질 판이다.
③ 네일의 경도는 함유된 수분의 함량이나 각질의 조성에 따라 다르다.
④ 네일 베드의 모세혈관으로부터 산소를 공급받는다.

네일 보디(조체)는 신경과 혈관이 없으며 산소를 필요로 하지 않는다.

33 손톱의 생리적인 특성에 대한 설명으로 틀린 것은?

① 일반적으로 1일 평균 0.1~0.15mm 정도 자란다.
② 네일의 성장은 조소피의 조직이 경화되면서 오래된 세포를 밀어내는 현상이다.
③ 네일의 본체는 각질층이 변형된 것으로 얇은 층이 겹으로 이루어져 단단한 층을 이루고 있다.
④ 주로 경단백질인 케라틴과 이를 조성하는 아미노산 등으로 구성되어 있다.

네일의 성장은 매트릭스의 세포들이 네일 베드를 따라 네일 보디의 앞쪽으로 자라며 점차 각질화된다.

정답 27 ① 28 ② 29 ③ 30 ② 31 ③ 32 ① 33 ②

34 네일에 대한 설명으로 옳지 않은 것은?

① 매우 단단하면서도 유연성이 탁월한 케라틴 세포로 구성되어 있다.
② 프리에지에서 네일의 세포를 생성하며 네일이 만들어진다.
③ 3개의 층으로 이루어져 있다.
④ 매트릭스의 세포들은 네일 베드를 따라 네일 보디의 앞쪽으로 자라며 점차 각질화된다.

매트릭스에서 네일의 세포를 생성하며 네일이 만들어진다.

35 네일은 몇 개의 층으로 구성되어 있는가?

① 1개층 ② 2개층
③ 3개층 ④ 4개층

36 태아의 손톱이 나타나기 시작되어 자라는 모습을 확인할 수 있는 시기는?

① 임신 4주 ② 임신 8주
③ 임신 14주 ④ 임신 20주

37 태아의 손톱이 완전히 형성되는 시기는?

① 임신 4주 ② 임신 8주
③ 임신 14주 ④ 임신 20주

38 손톱이 전체적으로 새롭게 다시 자라는 데 소요되는 기간은?

① 1~2개월 ② 2~3개월
③ 4~6개월 ④ 7~8개월

39 손톱, 발톱의 설명으로 틀린 것은?

① 정상적인 손톱, 발톱의 교체는 대략 4~6개월가량 걸린다.
② 개인에 따라 성장의 속도는 차이가 있지만 매일 1mm가량 성장한다.
③ 손끝과 발끝을 보호한다.
④ 물건을 잡을 때 받침대 역할을 한다.

손톱은 1일 0.1~0.15mm 정도 자란다.

40 손톱의 성장에 관한 설명이 틀린 것은?

① 한 달에 약 3~5mm 정도 자란다.
② 네일이 전체적으로 다시 자라나는 데 소요되는 기간은 4~6개월이다.
③ 중지손톱이 가장 빨리 그리고 소지손톱이 가장 늦게 자란다.
④ 네일은 여름보다 겨울에 빨리 자란다.

손톱은 겨울보다 여름에 빨리 자란다.

41 네일의 성장 속도에 관한 설명으로 옳지 않은 것은?

① 소지의 손톱이 가장 빠르게 자란다.
② 여성보다 남성의 성장 속도가 빠르다.
③ 손톱은 하루에 약 0.1~0.15mm 정도의 길이가 자라난다.
④ 발톱의 성장속도는 손톱의 1/2 정도로 늦게 자란다.

소지의 손톱이 가장 늦게 자란다.

42 손톱의 성장 속도가 가장 빠른 손가락은?

① 소지 ② 약지
③ 중지 ④ 엄지

정답 34 ② 35 ③ 36 ③ 37 ④ 38 ③ 39 ② 40 ④ 41 ① 42 ③

43 손톱의 성장에 관한 설명으로 틀린 것은?

① 손가락마다 손톱의 성장이 다르다.
② 많이 사용하는 손가락의 성장이 빠르다.
③ 임신기간에는 손톱의 성장이 느리다.
④ 손톱은 계절에 따라 성장속도가 다르다.

손톱은 임신 기간 중에 빨리 성장하며 특히 임신 후기에 성장이 빠르다.

44 건강한 네일의 특성이 아닌 것은?

① 매끄럽고 광택이 나며 반투명한 핑크 빛을 띤다.
② 약 8~12%의 수분을 함유하고 있다.
③ 모양이 고르고 표면이 균일하다.
④ 탄력이 있고 단단하다.

건강한 네일은 약 12~18%의 수분을 함유하고 있다.

45 건강한 네일의 조건이 아닌 것은?

① 12~18% 수분을 함유하여야 한다.
② 네일 베드에 단단히 부착되어야 한다.
③ 세균의 침범이 있고 진균의 감염이 없어야 한다.
④ 연한 핑크색을 띠고 둥근 아치 모양을 형성하여야 한다.

세균의 침범이 없고 진균의 감염이 없어야 한다.

46 손가락의 명칭 중에 엄지의 영문 표현으로 바른 것은?

① Pinky Finger
② Thumb Finger
③ Ring Finger
④ Index Finger

47 페디큐어 시 가장 적당한 발톱의 형태는?

① 라운드 형태
② 아몬드(포인트) 형태
③ 스퀘어 형태
④ 오발 형태

48 스퀘어 형태의 대한 설명으로 틀린 것은?

① 한 방향으로 네일 파일링한다.
② 네일 양끝 모서리 부분이 사각의 형태이다.
③ 네일 양끝 모서리 부분이 동그란 형태이다.
④ 네일 양끝 모서리 부분의 각도는 90°인 형태이다.

스퀘어 형태는 모서리에 각이 있는 형태이다.

49 라운드 형태에 대한 설명으로 틀린 것은?

① 스트레스 포인트부터 일정부분 직선이 유지되어야 한다.
② 네일 끝 부분에 원의 일부를 옮겨다 놓은 듯이 부드러운 형태이다.
③ 스트레스 포인트부터 각 없이 둥글게 네일 파일링한다.
④ 좌우대칭을 맞추어 가며 네일 파일링한다.

③ 오발 형태에 대한 설명이다.

정답 43 ③ 44 ② 45 ③ 46 ② 47 ③ 48 ③ 49 ③

50 **오발 형태의 네일에 관한 설명 중 바른 것은?**

① 스트레스 포인트까지 일정부분 직선이 유지되어야 한다.
② 네일 끝 부분에 원의 일부를 옮겨다 놓은 듯이 부드럽게 네일 파일링되어야 한다.
③ 스트레스 포인트부터 각 없이 둥글게 네일 파일링한다.
④ 좌우대칭을 맞추어 가며 네일 파일링 한다.

오발 형태는 스트레스 포인트부터 각 없이 둥글게 네일 파일링한다.

51 **손이 길고 가늘어 보이며 여성스러움이 가장 돋보이고 우아한 느낌을 주는 네일의 형태는?**

① 라운드 ② 오발
③ 스퀘어 ④ 스퀘어 오프

52 **자연 네일의 네일 파일링에 관한 설명으로 적절하지 않은 것은?**

① 한 방향으로 네일 파일링한다.
② 180Grit 이상의 네일 파일을 사용하여 네일 파일링한다.
③ 100Grit 이하의 네일 파일을 사용하여 네일 파일링한다.
④ 절대로 왕복으로 비벼서 네일 파일링 해서는 안 된다.

자연 네일은 180그릿 이상의 네일 파일을 사용해야 한다.

53 **가늘게 보이게 할 수 있지만 끝이 뾰족하고 가장 약하며 손상되기 쉬운 네일의 형태는?**

① 스퀘어 형태
② 라운드 형태
③ 스퀘어 오프 형태
④ 아몬드(포인트) 형태

54 **각도는 90°이고, 손끝을 많이 사용하는 사람이나 사무직에 종사하며 짧은 손톱을 원하는 고객들에게 작업하는 손톱의 형태로 옳은 것은?**

① 스퀘어 형태 ② 라운드 형태
③ 오발 형태 ④ 포인트 형태

5 네일의 병변

55 **다음 중 네일과 관련된 모든 질환을 총칭하는 용어는?**

① 오닉스 ② 오니코시스
③ 오니코파지 ④ 오니코렉시스

56 **매니큐어 작업 시 부주의한 큐티클 정리로 인해 생길 수 있는 증상은?**

① 교조증(오니코파지)
② 손거스러미(행 네일)
③ 조갑감입증(오니코크립토시스)
④ 조갑탈락증(오니콥토시스)

네일미용사의 잘못된 큐티클 니퍼의 사용으로 손거스러미가 발생할 수 있으므로 주의해야 한다.

정답 50 ③ 51 ② 52 ③ 53 ④ 54 ① 55 ② 56 ②

57 큐티클이 과잉 성장하여 네일 위로 자라는 증상은?

① 표피조막(테리지움)
② 교조증(오니코파지)
③ 조갑비대증(오니콕시스)
④ 고랑 파인 네일(퍼로우)

58 핫 크림 매니큐어로 가장 큰 효과를 볼 수 있는 증상은?

① 조갑주위염(파로니키아)
② 고랑 파인 네일(퍼로우)
③ 표피조막(테리지움)
④ 조갑박리증(오니코리시스)

큐티클의 과잉성장으로 네일을 덮는 표피조막에는 핫 크림 매니큐어가 효과적이다.

59 세로나 가로로 긴 골이 잡혀 있고, 순환기 계통의 질환이나 빈혈, 고열, 임신, 홍역이나 신경성 등에 의해 발생하며, 유전성과 아연 부족의 식습관으로도 발생할 수 있는 증상은?

① 조갑비대증(오니콕시스)
② 손거스러미(행 네일)
③ 고랑 파인 네일(퍼로우)
④ 백반증(루코니키아)

60 화학제품의 잦은 사용이나 부주의, 거친 네일 파일 등으로 발생하는 상태로서 네일이 갈라지며 세로로 골이 파여 있는 증상은?

① 조갑종렬증(오니코렉시스)
② 조백반증(루코니키아)
③ 조갑비대증(오니콕시스)
④ 조갑탈락증(오니콥토시스)

61 네일이 과잉성장하여 비정상적으로 두꺼워지는 증상은?

① 조갑비대증(오니콕시스)
② 조백반증(루코니키아)
③ 조갑횡구증(보우라인)
④ 조갑탈락증(오니콥토시스)

62 네일을 너무 심하게 물어뜯어 프리에지 형태가 좋지 않게 되는 증상은?

① 조갑비대증(오니콕시스)
② 조갑주위염(파로니키아)
③ 고랑 파인 네일(퍼로우)
④ 교조증(오니코파지)

63 오니코파지(교조증)에 대한 설명으로 맞는 것은?

① 네일이 과잉 성장하여 비정상적으로 두꺼워진 증상
② 네일이 희고 얇으며 프리에지가 휘어 있는 경우
③ 물어뜯은 네일을 말한다.
④ 네일에 세로나 가로로 긴 골이 잡혀 있는 증상

64 네일이 전체적으로 부드럽고 가늘며 하얗게 되어 네일 끝이 굴곡진 상태로 달걀껍질 같이 얇고 벗겨지는 증상으로 질병, 다이어트, 신경성 등에서 기인되는 네일의 증상은?

① 표피조막(테리지움)
② 조갑위축증(오니카트로피아)
③ 달걀껍질 손톱(에그셸네일)
④ 파란 네일(오니코싸이아노시스)

정답 57 ① 58 ③ 59 ③ 60 ① 61 ① 62 ④ 63 ③ 64 ③

65 달걀껍질 손톱(조갑연화증)의 네일 관리 방법으로 적절하지 않은 것은?

① 손상된 네일을 정리한다.
② 항생연고를 꾸준히 발라준다.
③ 네일 강화제를 발라준다.
④ 인조네일을 작업하여 보강해준다.

조갑연화증은 부드럽고 가늘며 하얗게 되어 네일 끝이 굴곡진 상태로 달걀 껍질같이 얇고 벗겨지는 증상으로 항생연고와는 관계가 없다.

66 네일의 양 사이드 부분이 네일 그루브 사이의 살로 파고 가는 증상은?

① 조갑주위염(파로니키아)
② 손거스러미(행 네일)
③ 고랑 파인 네일(퍼로우)
④ 조갑감입증(오니코크립토시스)

67 오니코크립토시스(조갑감입증)에 대한 설명으로 바르지 않은 것은?

① 인그로운 네일이라고도 한다.
② 파고 들어가기 때문에 네일을 짧게 잘라주어야 한다.
③ 네일미용사가 관리 가능한 이상증세이다.
④ 발톱은 반드시 스퀘어 형태로 다듬어야 한다.

오니코크립토시스는 너무 짧지 않게 잘라 주어야 한다.

68 네일에 흰 반점이 나타나는 증상을 무엇이라 하는가?

① 오니콕시스(조갑비대증)
② 행 네일(손거스러미)
③ 고랑 파인 네일(퍼로우)
④ 조백반증(루코니키아)

69 변색된 네일(Discolored Nails)의 특징이 아닌 것은?

① 네일 보디에 퍼런 멍이 반점처럼 나타난다.
② 혈액순환이나 심장이 좋지 못한 상태에서 나타날 수 있다.
③ 베이스코트를 바르지 않고 유색 네일 폴리시를 바를 경우 나타날 수 있다.
④ 네일의 색상이 청색, 황색, 검푸른색, 자색 등으로 나타난다.

멍든 네일(헤마토마)은 네일 베드에 피가 응결된 상태로 멍이 반점처럼 나타나는 증상이다.

70 다음 중 네일미용사가 작업할 수 있는 네일의 증상은?

① 조갑주위염(파로니키아)
② 교조증(오니코파지)
③ 조갑구만증(오니코그리포시스)
④ 조갑탈락증(오니콥토시스)

71 다음 중 네일미용사가 작업할 수 있는 네일의 증상은?

① 표피조막(테리지움)
② 조갑염(오니키아)
③ 조갑진균증(오니코마이코시스)
④ 조갑주위염(파로니키아)

정답 65 ② 66 ④ 67 ② 68 ④ 69 ① 70 ② 71 ①

72 다음 중 네일미용사가 작업할 수 있는 네일의 증상은?

① 사마귀(워트)
② 발진균증(티니아페디스)
③ 고랑 파인 네일(퍼로우)
④ 조갑주위염(파로니키아)

73 녹색의 점처럼 보이며 네일 베드 사이에 습기가 들어가 곰팡이균이 서식하는 증상은?

① 몰드
② 루코니키아
③ 오니코파지
④ 행 네일

74 펑거스에 대한 설명으로 적절하지 않은 것은?

① 네일 표면의 변색을 유발한다.
② 백선이라고도 불린다.
③ 네일이 완전히 탈락되는 증상이다.
④ 관리할 수 없는 질병이다.

감염이 안 된 네일 보디 부분에는 네일 베드가 드러나지 않으며 네일이 완전히 탁락하지는 않는다.

75 프리에지로 침투하여 네일 뿌리로 퍼져나가며 손상이 생긴 틈을 통한 진균 감염이 원인이 되어 네일미용사가 관리할 수 없는 네일의 증상은?

① 조갑비대증(오니콕시스)
② 손거스러미(행 네일)
③ 고랑 파인 네일(퍼로우)
④ 조갑백선(오니코마이코시스)

76 전염성이 높고 발에 생기는 진균 감염이며 발바닥과 발가락 사이에 붉은색의 물집이 잡히거나 피부 사이가 부어올라 하얗고 습하게 되며 피부가 가렵고 갈라지는 증상은?

① 티니아페디스(발진균증)
② 오니콥토시스(조갑탈락증)
③ 오니코크립토시스(조갑감입증)
④ 오니카트로피아(조갑위축증)

77 네일 관리 시 소독이 잘 안 된 도구로 인해 생길 수 있는 박테리아의 감염증상으로 네일 주위 피부가 빨개지고 부어오르며 살이 물러지는 증상은?

① 조갑탈락증(오니콥토시스)
② 조갑구만증(오니코그리포시스)
③ 조갑감입증(오니코크립토시스)
④ 조갑주위염(파로니키아)

78 네일의 일부분 혹은 네일 전체가 손가락에서 떨어져 나가는 증상으로 외상이나 매독, 고열, 약물의 부작용, 건강 장애 등으로 인해 매트릭스의 기능이 일시적으로 정지되어 네일 보디와의 연결이 끊어진 경우에 발생하는 네일의 증상은?

① 조갑위축증(오니카트로피아)
② 조백반증(루코니키아)
③ 조갑횡구증(보우라인)
④ 조갑탈락증(오니콥토시스)

정답 72 ③ 73 ① 74 ③ 75 ④ 76 ① 77 ④ 78 ④

79 **다음 중 네일미용사가 작업할 수 없는 네일의 증상은?**

① 조갑위축증(오니카트로피아)
② 조갑탈락증(오니콥토시스)
③ 조갑횡구증(보우라인)
④ 조백반증(루코니키아)

80 **다음 중 네일미용사가 작업할 수 없는 네일의 증상은?**

① 조갑비대증(오니콕시스)
② 조갑위축증(오니카트로피아)
③ 조갑감입증(오니코크립토시스)
④ 조갑박리증(오니코리시스)

81 **다음 중 네일미용사가 작업할 수 없는 네일의 증상은?**

① 큐티클이 과잉 성장한 상태
② 네일에 고랑이 있는 상태
③ 네일에 흰색 반점이 있는 상태
④ 염증과 고름이 있는 상태

6 고객 응대 및 상담

82 **서비스를 하기 전에 고객의 건강, 알레르기, 네일의 상태, 생활습관, 원하는 서비스의 여부, 최종적으로 선택한 서비스 등에 대한 것들을 작성하도록 하는 고객관리의 내용으로 옳은 것은?**

① 고객에 대한 자세
② 관리 후 처리
③ 상담과 진단
④ 제품 판매

83 **고객과 상담할 때의 자세에 대한 설명으로 맞는 것은?**

① 고객의 네일과 피부 상태를 확인한다.
② 고객의 요구사항을 어느 정도만 듣고 파악한다.
③ 고객의 생활과 직업 등을 고려하지 않고 네일미용사가 알아서 정해준다.
④ 고객이 입고 있는 옷으로 스타일을 판단한다.

84 **고객서비스 기록 카드에 기재하지 않아도 되는 것은?**

① 네일 상태
② 고객의 은행 계좌정보와 월수입
③ 알레르기 유무와 피부타입
④ 이름, 주소, 전화번호

고객의 은행 계좌정보와 월수입은 따로 기재하지 않아도 된다.

85 **고객의 예약접수 시 응대자세로 바르지 않은 것은?**

① 전화로 예약접수를 받을 때는 상냥한 목소리로 응대한다.
② 전화를 받으면 먼저 숍의 이름과 자신의 이름을 말한다.
③ 예약 손님이 오지 않을 시 예약 불이행 건에 대해 불만을 전달한다.
④ 예약 대장을 사용하여 세심하게 관리한다.

정답 79 ② 80 ④ 81 ④ 82 ③ 83 ① 84 ② 85 ③

86 고객으로부터 예약을 접수할 때 지켜야 할 사항이 아닌 것은?

① 전화를 받을 때 네일 숍의 이름과 본인의 이름을 만한다.
② 예약 접수 기록부, 필기도구, 메모지를 준비한다.
③ 식사 중에는 전화기 코드를 빼 놓는다.
④ 일찍 예약을 받았으면 전날 저녁에 손님에게 전화하여 재확인해준다.

SECTION 03 손 · 발의 구조와 기능

1 뼈(골)의 형태 및 발생

01 인체의 골격은 약 몇 개의 뼈(골)로 이루어지는가?

① 약 206개　② 약 216개
③ 약 265개　④ 약 365개

02 골격계에 대한 설명 중 옳지 않은 것은?

① 인체의 골격은 약 206개의 뼈로 구성된다.
② 체중의 약 20%를 차지하며 골, 연골, 관절 및 인대를 총칭한다.
③ 기관을 둘러싸서 내부 장기를 외부의 충격으로부터 보호한다.
④ 골격에서는 혈액세포를 생성하지 않는다.

뼈 속 적골수에서 혈액을 생산하는 조혈기능을 한다.

03 골격계에 대한 설명으로 틀린 것은?

① 성인의 뼈는 총 206개이다.
② 무기질이 약 45%를 차지한다.
③ 뼈는 체중의 약 70%를 차지한다.
④ 뼈는 관절로 연결되어 있다.

뼈는 체중의 약 20%를 차지한다.

04 골격계에 대한 설명 중 틀린 것은?

① 인체의 골격은 약 206개의 뼈로 구성된다.
② 골은 형태에 따라 장골, 단골, 편평골, 불규칙골, 함기골, 종자골로 나뉜다.
③ 골의 구조는 골막, 골 조직, 골수강, 골수로 되어 있다.
④ 인체의 모든 골격에서는 혈액세포를 생성한다.

골격 중 적골수에서만 조혈작용을 하여 혈액세포를 생성한다.

05 다음 중 뼈의 기본구조가 아닌 것은?

① 골막　② 골조직
③ 골수　④ 심막

심막은 심장을 둘러싸고 있는 막이다.

06 다음 중 뼈의 구조가 아닌 것은?

① 골막　② 골질
③ 골수　④ 골조직

뼈는 골막(골내막, 골외막), 골 조직(치밀골, 해면골), 골수강, 골수로 구성되어 있다.

정답 86 ③ 01 ① 02 ④ 03 ③ 04 ④ 05 ④ 06 ②

07 다음 중 뼈의 성질이 잘못된 것은?

① 해면골은 뼈의 안쪽으로 스펀지와 같이 구멍이 많은 모양이다.
② 치밀골은 뼈의 바깥쪽으로 단단하다.
③ 뼈 내부에는 뼈막이 구성되어 있어 단단하다.
④ 적골수에서는 혈액세포를 만드는 조혈작용을 한다.

뼈 내부에는 골수강과 골수가 있다.

08 골격계의 형태에 따른 분류로 옳은 것은?

① 장골 : 측두골, 요골, 척주골, 흉골, 대퇴골 등
② 단골 : 수근골, 수지골, 족근골, 족지골 등
③ 종자골 : 척주골, 관골 등
④ 불규칙골 : 전두골, 후두골, 두정골, 견갑골, 늑골 등

09 골격계의 형태에 따른 분류로 옳은 것은?

① 장골(긴뼈) : 상완골(위팔뼈), 요골(노뼈), 척골(자뼈), 대퇴골(넙다리뼈), 경골(정강뼈), 비골(종아리뼈) 등
② 단골(짧은뼈) : 슬개골(무릎뼈), 대퇴골(넙다리뼈), 두정골(마루뼈) 등
③ 편평골(납작뼈) : 척추골(척추뼈), 관골(광대뼈) 등
④ 종자골(종강뼈) : 전두골(이마뼈), 후두골(뒤통수뼈), 두정골(마루뼈), 견갑골(어깨뼈), 늑골(갈비뼈) 등

10 단단하지 않은 조직에서 단단하게 변화하여 뼈가 형성되는 과정은?

① 수화 ② 장화
③ 골화 ④ 연수

뼈는 골화라는 과정을 거쳐 형성되는 단단한 결합조직이다.

11 뼈에서 굵기와 성장 등에 관여하는 곳은?

① 골단 ② 연골
③ 골수 ④ 골막

12 성장기에서 뼈의 길이 성장이 일어나는 곳을 무엇이라 하는가?

① 상지골 ② 두개골
③ 연골상골 ④ 골단연골

골단연골(성장판연골)은 성장기 뼈 길이의 성장이 일어나는 곳이다.

13 성장기까지 뼈의 길이 성장을 주도하는 것은?

① 골막 ② 골단판
③ 골수 ④ 골직

14 뼈의 길이 성장에 관여하며 골단연골의 성장이 멈추면서 완전한 뼈가 형성되는 장골의 양쪽 둥근 끝 부분을 무엇이라고 하는가?

① 골화 ② 골단
③ 연화 ④ 연단

정답 07 ③ 08 ② 09 ① 10 ③ 11 ④ 12 ④ 13 ② 14 ②

15 완전한 뼈가 되기 전에 연골조직이 형성되고 연골이 뼈로 변하는 뼈의 골화 초기 발생 과정을 무엇이라고 하는가?

① 연골 내 골화
② 막성골화(막내골화)
③ 늑갑골화
④ 연유골화

16 골막 또는 연골막에 직접 골 조직이 형성되는 골화 방식을 무엇이라고 하는가?

① 연골 내 골화
② 막성골화(막내골화)
③ 늑갑골화
④ 연유골화

17 다음 중 뼈의 기능으로 맞은 것을 모두 나열한 것은?

A. 지지	B. 보호
C. 조혈	D. 운동

① A, C
② B, D
③ A, B, C
④ A, B, C, D

18 골격계의 기능이 아닌 것은?

① 보호기능
② 저장기능
③ 지지기능
④ 열생산기능

2 손과 발의 뼈대(골격) 구조 · 기능

19 몸쪽 손목뼈(근위 수근골)가 아닌 것은?

① 손배뼈(주상골)
② 알머리뼈(유두골)
③ 세모뼈(삼각골)
④ 콩알뼈(두상골)

근위부 : 주상골, 월상골, 삼각골, 두상골

20 중수골은 어느 부위의 뼈를 말하는가?

① 손가락뼈 ② 손허리뼈
③ 손목뼈 ④ 발가락뼈

중수골은 손허리의 손등과 손바닥을 구성하는 5개의 뼈이다.

21 다음 중 수지골에 대한 설명은?

① 손가락뼈를 말한다.
② 손허리뼈를 말한다.
③ 손목뼈를 말한다.
④ 새끼손가락의 끝마디 뼈를 말한다.

22 기절골, 중절골, 말절골로 이루어지는 14개의 손가락뼈를 무엇이라고 하는가?

① 수근골 ② 수지골
③ 경골 ④ 중족골

23 손목뼈(수근골)은 몇 개의 뼈로 구성되어 있는가?

① 6개 ② 7개
③ 8개 ④ 9개

정답	15 ① 16 ② 17 ④ 18 ④ 19 ② 20 ② 21 ① 22 ② 23 ③

24 손허리뼈(중수골)는 몇 개의 뼈로 구성되어 있는가?

① 4개 ② 5개
③ 6개 ④ 7개

25 손가락뼈(수지골)는 몇 개의 뼈로 구성되어 있는가?

① 11개 ② 12개
③ 13개 ④ 14개

26 다음 중 손의 뼈가 아닌 것은?

① 중수골 ② 수근골
③ 족근골 ④ 수지골

족근골은 발목의 뼈이다.

27 다음 중 손목뼈(수근골)가 아닌 것은?

① 두상골(콩알뼈)
② 삼각골(세모뼈)
③ 유구골(갈고리뼈)
④ 거골(목말뼈)

거골(목말뼈)은 발의 뼈이다.

28 다음 중 손목뼈(수근골)가 아닌 것은?

① 입방뼈(입방골)
② 유두골(알머리뼈)
③ 삼각골(세모뼈)
④ 소능형골(작은마름모뼈)

입방뼈(입방골)는 발의 뼈이다.

29 발목, 발, 발가락은 몇 개의 뼈들로 구성되어 있는가?

① 28개 ② 32개
③ 30개 ④ 26개

30 몸쪽 발목뼈(근위 수근골)가 아닌 것은?

① 내측설상골 ② 거골(목말뼈)
③ 종골(발꿈치뼈) ④ 주상골(발배뼈)

근위부 : 거골, 종골, 주상골

31 발허리뼈라고 하며 발등과 발바닥을 이루는 5개 형태의 뼈를 무엇이라고 하는가?

① 족근골 ② 중족골
③ 족지골 ④ 수지골

32 다음 중 발가락뼈를 무엇이라 하는가?

① 족근골 ② 중족골
③ 족지골 ④ 수지골

33 다음 중 발을 구성하는 뼈가 아닌 것은?

① 족지골 ② 수근골
③ 족근골 ④ 중족골

수근골은 손목의 뼈이다.

34 족근골에서 걸음을 걸을 때 신체를 지탱해 주며 균형을 잡게 하는 지지대로 발뒤꿈치를 형성하는 뼈를 무엇이라고 하는가?

① 거골 ② 중족골
③ 종골 ④ 경골

정답 24 ② 25 ④ 26 ③ 27 ④ 28 ① 29 ④ 30 ① 31 ② 32 ③ 33 ② 34 ③

35 다음 중 발의 뼈가 아닌 것은?

① 수지골 ② 중족골
③ 족지골 ④ 족근골

수지골은 손가락뼈이다.

36 발목뼈(족근골)는 몇 개의 뼈로 구성되어 있는가?

① 4개 ② 5개
③ 6개 ④ 7개

37 발허리뼈(중족골)는 몇 개의 뼈로 구성되어 있는가?

① 4개 ② 5개
③ 6개 ④ 7개

38 발가락뼈(족지골)는 몇 개의 뼈로 구성되어 있는가?

① 11개 ② 12개
③ 13개 ④ 14개

39 손과 발의 뼈 구조에 대한 설명으로 틀린 것은?

① 발목뼈는 7개의 뼈로 체중을 지탱하기 위해 튼튼하다.
② 발가락뼈는 14개의 뼈로 구성되어 있다.
③ 손목뼈는 7개의 작고 불규칙한 형태의 뼈이다.
④ 손가락뼈는 14개의 뼈로 구성되어 있다.

손목뼈는 8개의 뼈로 구성되어 있다.

40 손과 발의 뼈 구조에 대한 설명으로 틀린 것은?

① 손목뼈 : 8개의 작고 불규칙한 형태의 뼈들이 두 줄로 배열되어 있는 뼈이다.
② 손가락뼈 : 5개의 손가락 마디에 있는 뼈들로 엄지에 2개, 나머지 손가락에 3개씩 총 14개의 뼈로 구성되어 있다.
③ 발목뼈 : 5개의 길고 가는 뼈이며 발가락뼈로 연결되는 뼈이다.
④ 발가락뼈 : 발가락 마디에 있는 뼈로 엄지는 2개씩, 나머지는 3개씩 총 14개의 뼈로 구성되어 있다.

발목뼈는 7개의 뼈로 몸무게를 지탱한다.

41 손과 발의 뼈 구조에 대한 설명으로 틀린 것은?

① 한 손은 손목뼈 8개, 손바닥뼈 5개, 손가락뼈 14개 총 27개의 뼈로 구성되어 있다.
② 발의 뼈는 한 발이 총 26개의 뼈, 즉 발목뼈 7개, 발바닥뼈 5개, 발가락뼈 14개로 구성되어 있다.
③ 손목뼈는 손목을 구성하는 뼈로 8개의 작고 다른 뼈들이 두 줄로 손목에 위치하고 있다.
④ 발목뼈는 가늘지만 튼튼하고 긴 5개의 뼈로 구성되어 체중을 지탱한다.

정답 35 ① 36 ④ 37 ② 38 ④ 39 ③ 40 ③ 41 ④

42 손과 발의 뼈 구조에 대한 설명으로 틀린 것은?

① 손에는 총 27개의 뼈가 있다.
② 수지골은 총 14개의 뼈로 구성되어 있다.
③ 발의 뼈는 족근골, 중족골, 족지골, 종골 4개의 종류로 나뉜다.
④ 발에는 총 26개의 뼈가 있다.

발의 뼈는 족근골, 중족골, 족지골로 3개의 종류로 나뉜다.

3 손과 발의 근육 형태 및 기능

43 근육의 기능에 따른 분류에서 어떤 근육이 하는 작용에 대해 서로 반대되는 작용을 하는 근육을 무엇이라 하는가?

① 길항근
② 신근
③ 반건양근
④ 협력근

44 인체 내의 화학물질 중 근육의 수축에 주로 관여하는 것은?

① 액틴과 미오신
② 단백질과 칼슘
③ 남성호르몬
④ 비타민과 미네랄

45 근육은 어떤 작용으로 움직일 수 있는가?

① 수축에 의해서만 움직인다.
② 이완에 의해서만 움직인다.
③ 수축과 이완에 의해서 움직인다.
④ 성장에 의해서만 움직인다.

46 다음 중 3대 근육조직의 종류가 아닌 것은?

① 길항근
② 심근(심장근)
③ 평활근(내장근)
④ 골격근

3대 근육조직은 골격근, 평활근, 심근이다.

47 둘째에서 다섯째 손가락에 작용을 하며 손허리뼈의 사이를 메워주는 손의 근육은?

① 벌레근(충양근)
② 뒤친근(회의근)
③ 손가락펀근(지신근)
④ 엄지맞섬근(무지대립근)

충양근은 손허리뼈 사이를 메워주고 글쓰기와 식사 동작에 있어 중요한 기능을 하는 근육이다.

48 모든 엄지손가락의 관절을 지나고 엄지를 펴는 기능을 하는 손의 근육은?

① 무지대립근(엄지맞섬근)
② 무지내전근(엄지모음근)
③ 장무지신근(긴엄지폄근)
④ 단무지굴근(짧은엄지굽힘근)

49 모든 엄지손가락 관절을 지나가고 엄지를 구부리는 기능을 하는 손의 근육은?

① 무지대립근(엄지맞섬근)
② 장무지굴근(긴엄지굽힘근)
③ 장무지신근(긴엄지폄근)
④ 소지신근(새끼손가락폄근)

정답 42 ③ 43 ① 44 ① 45 ③ 46 ① 47 ① 48 ③ 49 ②

50 엄지손가락을 새끼손가락으로 당겨 물건을 잡게 하는 중요한 기능을 하는 손의 근육은?

① 장무지신근(긴엄지폄근)
② 단무지신근(짧은엄지폄근)
③ 단무지외전근(짧은엄지벌림근)
④ 무지대립근(엄지맞섬근)

51 손허리뼈 사이를 메워주고 가운데 손가락을 기준으로 손가락을 펴는 기능을 하는 근육으로 충양근과 함께 손목손허리관절은 굽히고 손가락뼈 사이 관절을 펴는 기능을 하는 손의 근육은?

① 배측골간근(손등쪽뼈사이근)
② 장무지굴근(긴엄지굽힘근)
③ 장무지신근(긴엄지폄근)
④ 무지대립근(엄지맞섬근)

52 새끼손가락을 벌리는 기능을 하는 손의 근육은?

① 소지외전근(새끼손가락벌림근)
② 장무지굴근(긴엄지굽힘근)
③ 소지대립근(새끼손가락맞섬근)
④ 소지굴근(새끼손가락굽힘근)

53 둘째에서 다섯째 발가락을 펴는 기능과 발가락 신전에 관여하는 발의 근육은?

① 장지신근(긴발가락 폄근)
② 저측골간근(발바닥뼈사이근)
③ 소지외전근(새끼발가락벌림근)
④ 단소지굴근(짧은소지굽힘근)

54 무지구근 중 엄지맞섬근(무지대립근)의 역할은 무엇인가?

① 손가락을 붙이는 역할
② 손가락을 펴는 역할
③ 물체를 잡는 역할
④ 손가락을 구부리는 역할

무지대립근은 엄지손가락이 다른 손가락과 마주보고 물건을 잡게 하는 중요한 기능을 하는 근육이다.

55 손 근육의 역할에 대한 설명으로 틀린 것은?

① 손이 세밀하고 복잡한 운동도 할 수 있도록 돕는 역할을 한다.
② 물건을 잡는 역할을 한다.
③ 손가락을 벌리는 역할을 한다.
④ 손가락을 지지하는 역할을 한다.

손가락을 지지하는 역할은 뼈의 기능이다.

56 손가락을 붙이고 구부리는 역할을 하는 것의 명칭은 무엇인가?

① 내전근
② 외전근
③ 대립근
④ 벌림근

57 다음 중 손의 근육이 아닌 것은?

① 무지구근
② 중수근
③ 저측골간근
④ 소지구근

저측골간근은 발바닥의 근육이다.

정답	50 ④ 51 ① 52 ① 53 ① 54 ③ 55 ④ 56 ① 57 ③

58 다음 중 손의 근육이 아닌 것은?

① 외전근 ② 내전근
③ 대립근 ④ 회내근

59 손의 근육에 대한 설명과 거리가 먼 것은?

① 회내근 : 안쪽으로 손을 회전시켜 손등이 위, 손바닥이 아래를 향하게 작용한다.
② 내전근 : 손가락과 손가락이 서로 붙게 하거나 모으는 내향에 작용한다.
③ 외전근 : 새끼손가락과 엄지손가락을 벌리는 작용을 한다.
④ 대립근 : 엄지손가락을 손바닥 쪽으로 향하게 하여 물건을 잡을 수 있게 한다.

회내근은 손의 근육이 아닌 팔의 근육에 해당한다.

60 발등의 근육을 무엇이라고 하는가?

① 족배근 ② 족저근
③ 족수근 ④ 족구근

61 발바닥의 근육을 무엇이라고 하는가?

① 족배근 ② 족저근
③ 족수근 ④ 족구근

62 다음 중 발의 근육이 아닌 것은?

① 단무지신근
② 배측골간근
③ 장요근
④ 저측골간근

장요근(엉덩허리근)은 엉덩이의 근육이다.

63 엄지발가락을 굽히는 작용을 하는 근육을 무엇이라고 하는가?

① 충양근(벌레근)
② 장지신근(긴엄지폄근)
③ 장무지신근(긴엄지폄근)
④ 장무지굴근(긴엄지굽힘근)

64 엄지발가락을 펴는 작용을 근육을 무엇이라고 하는가?

① 무지대립근(엄지맞섬근)
② 충양근(벌레근)
③ 장지신근(긴엄지폄근)
④ 장무지굴근(긴엄지굽힘근)

65 발바닥에 생기는 발아치를 말하며 완충작용을 하여 하체의 체중을 효율적으로 분산시켜 체중이 바닥에 닿는 충격을 흡수하여 발에 무리한 힘이 실리지 않도록 받침대 역할을 하는 것을 무엇이라고 하는가?

① 족궁 ② 족근골
③ 굴근 ④ 신근

4 손 · 발의 신경조직과 기능

66 신경계의 구조적 최소단위인 신경세포를 무엇이라고 하는가?

① 뉴런 ② DNA
③ 뇌 ④ 혈액

정답 58 ④ 59 ① 60 ① 61 ② 62 ③ 63 ④ 64 ③ 65 ① 66 ①

67 1개의 신경세포와 다른 신경세포를 연결해 주는 접촉부위를 무엇이라고 하는가?

① 신경원
② 시냅스
③ 랑비에르 결절
④ 축삭

68 뉴런과 뉴런의 접속부위를 무엇이라고 하는가?

① 신경원
② 랑비에르 결절
③ 시냅스
④ 측삭종말

1개의 신경세포(뉴런)와 다른 신경세포(뉴런)를 연결해주는 접속부위를 랑비에르 결절이라고 한다.

69 신경계에 관련된 설명이 바르게 연결된 것은?

① 시냅스 : 뉴런의 지지, 보호작용
② 축삭돌기 : 말초신경섬유의 재생에 중요한 부분
③ 수상돌기 : 수용기 세포에서 자극을 받아 세포체에 전달
④ 신경 : 뉴런과 뉴런의 접속부위

70 신경계에 관련된 설명이 옳게 연결된 것은?

① 시냅스 : 신경조직의 최소단위
② 축삭돌기 : 수용기 세포에서 자극을 받아 세포체에 전달
③ 수상돌기 : 단백질을 합성
④ 신경초 : 말초신경섬유의 재생에 중요한 부분

71 다음 중 신경계의 종류가 아닌 것은?

① 중추신경계 ② 자율신경계
③ 자연신경계 ④ 말초신경계

신경계는 중추신경계, 말초신경계, 체성신경계, 자율신경계로 나뉜다.

72 신경조직에 대한 설명으로 옳은 것은?

① 뇌의 명령을 받아 각 신체기관으로 전달하며, 각 기능을 조절한다.
② 음식물이나 배설물, 호르몬 같은 것을 혈액이나 임파를 통해 운반한다.
③ 인체의 각 부분을 수축시킨다.
④ 뼈, 연골, 인대, 건 등을 보호한다.

73 뜨거운 물체를 만졌을 때 바로 손을 떼게 되는데 이처럼 무의식적·반사적으로 반응하는 신경은?

① 운동신경 ② 복합신경
③ 반사신경 ④ 지각신경

74 다음 중 상지신경이 아닌 것은?

① 액와신경(겨드랑이신경) : 삼각근에 분포
② 정중신경(중앙신경) : 팔의 중앙부를 관통하는 신경
③ 근피신경(근육피부신경) : 굴근에 분포
④ 대퇴신경(넙다리신경) : 대퇴부에 분포하는 신경

대퇴신경은 하지의 신경이다.

정답	67 ② 68 ③ 69 ③ 70 ④ 71 ③ 72 ① 73 ③ 74 ④

75 일부 손바닥의 감각, 움직임, 손목의 뒤집힘 등의 운동기능을 담당하는 신경으로 팔의 중앙부를 관통해서 손가락으로 들어가며 아래팔 앞쪽의 대부분 근육과 엄지손가락 근육 및 손바닥의 피부에 분포하는 신경을 무엇이라고 하는가?

① 근피신경(근육피부신경)
② 좌골신경(궁둥신경)
③ 정중신경(중앙신경)
④ 액와신경(겨드랑이신경)

76 아래팔의 가쪽 피부의 감각기능과 위쪽 팔 근육의 운동기능을 담당하는 근육 피부 신경을 무엇이라고 하는가?

① 근피신경(근육피부신경)
② 좌골신경(궁둥신경)
③ 정중신경(중앙신경)
④ 액와신경(겨드랑이 신경)

77 다리의 감각을 느끼고 근육의 운동을 조절하는 신경으로 다리 뒤쪽을 따라 아래로 분포되어 있는 신경을 무엇이라고 하는가?

① 두렁신경(복재신경)
② 대퇴신경(넙다리신경)
③ 좌골신경(궁둥신경)
④ 정중신경(중앙신경)

78 대퇴신경의 갈래이자 끝 부분으로 정강이 안쪽과 발등 안쪽의 피부를 다스리며 무릎에 신경 감각을 전달하는 신경을 무엇이라고 하는가?

① 두렁신경(복재신경)
② 대퇴신경(넙다리신경)
③ 좌골신경(궁둥신경)
④ 정중신경(중앙신경)

79 다음 중 하지신경이 아닌 것은?

① 요골신경(노뼈신경)
② 좌골신경(궁둥신경)
③ 경골신경(정강신경)
④ 대퇴신경(넙다리신경)

요골신경은 상지의 신경이다.

정답 75 ③ 76 ① 77 ③ 78 ① 79 ①

네일미용기술 출제예상문제

SECTION 01 손톱 및 발톱관리

1 매니큐어

01 '마누스'와 '큐라'라는 라틴어에서 유래된 네일미용의 용어는 무엇인가?

① 페디큐어
② 팁 위드 랩
③ 매니큐어
④ 아크릴 스컬프처

매니큐어는 마누스(손)와 큐라(관리)의 합성어이다.

02 매니큐어의 어원으로 손을 지칭하는 라틴어는?

① 페누스(Penus)
② 마누스(Manus)
③ 큐라(Cura)
④ 매니스(Manis)

03 매니큐어에 대한 설명으로 옳은 것은?

① 발 관리를 말한다.
② 손과 손톱의 총체적인 관리를 의미한다.
③ Manus와 Cura가 합성된 말로 독일어에서 유래되었다.
④ 매니큐어는 20세기부터 행해졌다.

04 매니큐어에 대한 설명으로 옳은 것은?

① 큐티클은 세게 밀어 올린다.
② 소량의 유분기가 네일에 남아 있어도 컬러링에는 별 무리가 없다.
③ 큐티클은 죽은 각질 세포이므로 완전히 잘라내야 한다.
④ 큐티클을 깊게 완전히 제거하지 않아야 한다.

05 매니큐어에 관한 설명으로 옳은 것은?

① 네일의 형태를 조형할 때는 비벼서 네일 파일링한다.
② 큐티클은 상조피 바로 밑 부분까지 완전히 제거한다.
③ 네일 폴리시를 바르기 전에 유분기는 깨끗하게 제거한다.
④ 자연 네일이 약한 고객은 네일 컬러링 후 톱코트를 2회 바른다.

06 매니큐어에 대한 설명으로 틀린 것은?

① 부드러운 네일 파일을 사용하여 한쪽 방향으로 네일 파일링한다.
② 네일 폴리시는 2회 반복하여 도포한다.
③ 베이스코트는 여러 번 도포하는 것이 좋다.
④ 관리가 끝난 후 사용한 도구는 반드시 소독한다.

베이스코트는 얇게 한 번만 도포한다.

정답 01 ③ 02 ② 03 ② 04 ④ 05 ③ 06 ③

07 **매니큐어에 대한 설명이 틀린 것은?**

① 네일 폴리시를 2회 도포한다.
② 착색 방지를 위해 베이스코트를 바른다.
③ 네일 폴리시를 바르기 전 큐티클을 유연하게 하기 위해 큐티클 오일을 바른다.
④ 톱코트는 힘을 주지 않고 가볍게 도포한다.

네일 폴리시를 도포하기 전에는 큐티클 오일을 바르면 안 된다.

08 **습식 매니큐어의 순서로 옳은 것은?**

① 손 소독 → 네일 폴리시 제거 → 프리에지 형태 조형하기 → 큐티클 부드럽게 하기 → 큐티클 정리 → 소독 → 컬러 도포
② 네일 폴리시 제거 → 손 소독 → 프리에지 형태 조형하기 → 큐티클 부드럽게 하기 → 큐티클 정리 → 소독 → 컬러 도포
③ 손 소독 → 네일 폴리시 제거 → 프리에지 형태 조형하기 → 큐티클 부드럽게 하기 → 큐티클 정리 → 컬러 도포 → 소독
④ 네일 폴리시 제거 → 소독 → 프리에지 형태 조형하기 → 큐티클 부드럽게 하기 → 큐티클 정리 → 컬러 도포 → 소독

큐티클 니퍼를 사용하여 큐티클 정리를 하고 난 후 다시 중간 소독을 해야 한다.

09 **다음 중 매니큐어 과정에 속하지 않는 것은?**

① 손톱의 형태 조형하기
② 네일 폴리시 도포하기
③ 네일 프라이머 도포하기
④ 마사지하기

네일 프라이머는 인조 네일 작업 시 사용하는 재료이다.

10 **큐티클을 밀어 올릴 때 과도한 압력이 가해질 경우 일어날 수 있는 현상은?**

① 프리에지에 균열이 생긴다.
② 아무 이상이 없다.
③ 네일 보디에 굴곡이 생길 수 있다.
④ 하이포니키움이 들뜬다.

큐티클을 과도하게 밀어 올리면 루눌라와 매트릭스가 손상되어 네일 보디에 굴곡이 생길 수 있다.

11 **습식 매니큐어 후 사후조치로 틀린 것은?**

① 매니큐어 후 사용된 1회용품은 폐기한다.
② 다음 고객을 위해 작업대를 소독한다.
③ 관리 후 사용한 살균비누는 다음 고객에게 재사용한다.
④ 다음 번 서비스의 예약을 접수한다.

살균비누는 관리 후 버리고 핑거볼도 소독하여 사용한다.

12 **다음 중 손에 효과적으로 유 · 수분을 공급하고 부드럽게 해주는 매니큐어는?**

① 파라핀 매니큐어
② 프렌치 매니큐어
③ 레귤러 매니큐어
④ 풀커버 매니큐어

13 **파라핀 매니큐어의 설명으로 틀린 것은?**

① 혈액순환 및 림프순환을 촉진시킨다.
② 피부를 부드럽게 유지시켜 준다.
③ 피로회복에 도움을 준다.

정답 07 ③ 08 ① 09 ③ 10 ③ 11 ③ 12 ① 13 ④

④ 노화된 피부를 재생시켜 주는 치료효과가 있다.

피부를 재생시켜 주는 치료효과는 없다.

14 **파라핀 매니큐어에 대한 설명으로 틀린 것은?**

① 피부가 건조한 고객에게 보습 및 영양을 공급해주는 관리방법이다.
② 약하고 아주 부드러운 네일에 효과적이다.
③ 파라핀이 녹는 데까지 시간이 걸리므로 미리 준비해 둔다.
④ 혈액순환 촉진으로 손의 피로를 풀어주는 데 도움을 준다.

네일이 약하고 아주 부드러운 경우에는 파라핀의 온도로 인하여 더욱 약화될 수 있으므로 주의해야 한다.

15 **다음 중 거친 큐티클을 부드럽게 해주며 표피조막(테리지움)에 가장 효과적인 매니큐어는?**

① 프렌치 매니큐어
② 핫 크림 매니큐어
③ 습식 매니큐어
④ 네일 랩

2 페디큐어

16 **페디큐어의 어원으로 발을 지칭하는 라틴어는?**

① 페누스(Penus) ② 마누스(Manus)
③ 큐라(Cura) ④ 매니스(Manis)

페디큐어는 페누스(발)와 큐라(관리)의 합성어이다.

17 **페디큐어에 대한 설명으로 옳은 것은?**

① 족욕기에 물을 넣고 살균비누를 첨가하면 안 된다.
② 족욕기는 소독하지 않고 매번 사용해도 된다.
③ 토 세퍼레이터 대신 키친타월 등을 사용해도 된다.
④ 발뒤꿈치 각질은 콘 커터를 사용하여 피부결 반대방향으로 제거한다.

18 **페디큐어에 대한 설명으로 틀린 것은?**

① 사용한 도구들은 소독을 마친 후 사전에 준비해둔다.
② 족욕기의 물은 관리 때마다 갈아주고 족욕기를 매번 소독해야 한다.
③ 가벼운 각질이라도 콘 커터를 반드시 사용해야 한다.
④ 발톱 형태를 스퀘어로 하는 것은 파고드는 발톱이 되지 않도록 하기 위해서이다.

가벼운 각질은 콘 커터를 사용할 필요가 없다.

19 **페디큐어에 관한 설명으로 옳은 것은?**

① 발톱은 네일 클리퍼를 사용하지 않고 네일 파일로만 길이를 줄인다.
② 발톱 표면이 울퉁불퉁한 경우 큐티클 푸셔로 밀어준다.
③ 티눈이 있는 경우에는 꼭 제거한다.
④ 파고드는 발톱을 방지하기 위하여 스퀘어 형태로 조형한다.

정답 14 ② 15 ② 16 ① 17 ③ 18 ③ 19 ④

20 **페디큐어에 대한 설명으로 옳은 것은?**

① 발톱을 라운드 형태로 조형한다.
② 가벼운 각질이라도 콘 커터를 사용하도록 한다.
③ 페디큐어는 겨울철에는 하지 않아도 무방하다.
④ 콘 커터는 출혈이나 부작용을 줄 수도 있으므로 심하게 다루지 않는다.

21 **페디큐어에 대한 설명으로 옳은 것은?**

① 족욕기는 소독하지 않고 사용해도 된다.
② 토 세퍼레이터 대신 키친타월 등을 활용해도 된다.
③ 발을 불릴 때는 살균 비누를 사용할 수 없다.
④ 페디 파일은 바깥쪽에서 안쪽으로 사용하도록 한다.

22 **파고드는 발톱을 예방하기 위한 발톱의 형태로 적합한 것은?**

① 라운드형 ② 스퀘어형
③ 포인트형 ④ 오발형

23 **페디큐어 작업과정이다. (   ) 안에 들어갈 내용으로 옳은 것은?**

> 발 소독 → 네일 폴리시 제거 → 프리에지 형태 조형 →(   )→ 큐티클 정리

① 족욕기에 발 담그기
② 콘 커터
③ 네일 폴리시 바르기
④ 토 세퍼레이터 끼우기

큐티클 정리 전에는 족욕기에 발을 담가 큐티클을 부드럽게 한다.

3 컬러링

24 **프리에지 부분을 유색 네일 폴리시로 도포하는 컬러링 기법은?**

① 프렌치 컬러링
② 핫 오일 컬러링
③ 레귤러 컬러링
④ 파라핀 컬러링

25 **루눌라(조반월) 부분만 남겨 놓고 도포하는 컬러링 기법은?**

① 프리에지 컬러링
② 헤어 라인 컬러링
③ 슬림 라인 컬러링
④ 하프문 컬러링

26 **벗겨지기 쉬운 프리에지 부분에 네일 폴리시를 도포하지 않는 컬러링 기법은?**

① 딥 프렌치 컬러링
② 그러데이션 컬러링
③ 프리에지 컬러링
④ 프렌치 컬러링

27 **풀코트 후 프리에지 부분만 미리 얇게 지우는 컬러링 기법은?**

① 슬림 라인 컬러링
② 헤어 라인 컬러링
③ 하프문 컬러링
④ 루눌라 컬러링

정답 20 ④ 21 ② 22 ② 23 ① 24 ① 25 ④ 26 ③ 27 ②

28 네일이 가늘고 길게 보이도록 네일 폴리시를 도포하는 컬러링 기법은?

① 하프문 컬러링
② 슬림라인(프리 월) 컬러링
③ 프리에지 컬러링
④ 풀 코트 컬러링

29 그러데이션 기법의 컬러링에 대한 설명으로 틀린 것은?

① 색상 사용의 제한이 없다.
② 스펀지를 사용하여 작업할 수 있다.
③ 라이트 큐어드 젤의 적용 시에도 활용할 수 있다.
④ 일반적으로 큐티클 부분으로 갈수록 컬러링 색상이 자연스럽게 진해지는 기법이다.

프리에지로 갈수록 컬러링 색상이 자연스럽게 진해지는 컬러링 기법이다.

SECTION 02 인조 네일

1 팁 네일 및 랩 네일

01 네일 팁 오버레이 작업 전 과정에 대한 설명 중 틀린 것은?

① 고객과 작업자 모두 손을 소독한다.
② 큐티클 오일을 바른 후 큐티클 푸셔를 사용하여 큐티클을 잘 밀어준다.
③ 자연 네일의 프리에지 길이는 1mm 정도가 적당하다.
④ 웰 부분이 너무 두꺼울 경우 손톱에 부착하기 전에 미리 네일 파일로 웰 부분을 얇게 갈아 준다.

인조 네일 작업 전에는 큐티클 오일을 사용하면 안 된다.

02 팁 오버레이 작업 시 고객의 네일을 물에 불리면 안 되는 가장 큰 이유는?

① 습기를 먹은 자연 네일에는 곰팡이나 균이 쉽게 번식하기 때문이다.
② 필러 파우더나 네일 접착제가 잘 접착되지 않기 때문이다.
③ 인조 네일이 금방 떨어지기 때문이다.
④ 네일 파일링을 할 때 네일이 쉽게 갈리기 때문이다.

인조 네일 작업 시 습식 매니큐어를 한 후 자연 네일을 완전히 건조하지 않고 작업하게 되면 습기를 먹은 자연 네일에 곰팡이나 박테리아가 번식할 수 있다.

정답 28 ② 29 ④ 01 ② 02 ①

03 팁 위드 랩 작업 시 사용하지 않는 재료는?

① 실크
② 네일 접착제
③ 경화 촉진제
④ 아크릴 리퀴드

아크릴 리퀴드는 아크릴 네일에 사용하는 재료이다.

04 팁 위드 랩 작업방법에 대한 설명으로 틀린 것은?

① 고객의 취향에 맞게 자연 네일의 형태를 만든다.
② 접착제를 사용하여 네일 팁을 자연 네일 길이의 1/2 미만으로 접착한다.
③ 팁 커터를 사용할 때는 고객이 원하는 길이보다 약간 길게 재단한 후 네일 파일로 세밀하게 조절한다.
④ 큐티클 아래에서 약 2mm 정도 남기고 네일 랩을 접착한다.

네일 팁을 접착할 때는 자연 네일을 라운드 또는 오발 형태로 만들어야 한다.

05 팁 위드 랩의 설명으로 틀린 것은?

① 네일 팁을 사용하여 연장하고 네일 랩을 이용하여 덮어주는 작업방법이다.
② 실크, 리넨, 파이버 글라스 등의 네일 랩 종류가 있다.
③ 오버레이 제품으로 아크릴과 젤을 사용한다.
④ 네일 랩을 사용한다.

팁 위드 랩은 필러 파우더, 네일 접착제, 네일 랩(실크)을 사용하여 오버레이한다.

06 팁 위드 랩 작업과정에서 브러시 글루를 덧 발라주는 이유는?

① 네일 폴리시가 벗겨지는 것을 방지하기 위해서 발라준다.
② 라이트 글루만으로는 충분히 강하지 않기 때문에 브러시 글루를 발라줌으로써 더욱 튼튼하고 투명하며 반짝이는 네일을 유지할 수 있다.
③ 예민해진 큐티클 부분에 세균의 침투를 방지하기 위해서 발라준다.
④ 자연 네일의 손상을 방지하기 위해 발라준다.

07 네일 팁 작업 시 자연 네일의 광택을 제거하는 목적으로 가장 적절한 것은?

① 네일 접착제가 잘 퍼지게 하기 위해
② 네일 팁의 접착력을 높여주기 위해
③ 네일을 부드럽게 하기 위해
④ 네일 폴리시를 잘 도포하기 위해

08 내추럴 팁 위드 아크릴의 작업순서이다. ( ) 안에 들어갈 내용으로 옳은 것은?

네일 팁 선택 → 네일 팁 접착 → 네일 팁 재단 → ( ) → 네일 프라이머 도포 → 아크릴 볼 올리기

① 큐티클 오일 바르기
② 큐티클 푸셔로 밀기
③ 경화 촉진제 분사
④ 네일 팁 턱 제거

내추럴 네일 팁은 네일 팁 턱을 제거하고 오버레이한다.

정답 03 ④ 04 ① 05 ③ 06 ② 07 ② 08 ④

09 **화이트 팁 위드 아크릴의 작업순서이다. ( ) 안에 들어갈 내용으로 옳은 것은?**

네일 팁 선택 → 네일 팁 접착 → 네일 팁 재단 → (　　) → 아크릴 볼 올리기

① 네일 팁 턱 제거
② 큐티클 푸셔로 밀기
③ 경화 촉진제 분사
④ 네일 프라이머 도포

화이트 네일 팁은 네일 팁 턱을 제거하지 않고 자연 네일에만 네일 프라이머를 바른다.

10 **팁 위드 아크릴에 대한 설명으로 옳은 것은?**

① 네일 팁 위에 오버레이하는 재료로서 아크릴이 사용된다.
② 네일 폼을 지지대로 사용하여 인조 네일을 연장시킨다.
③ 아크릴 오버레이는 스컬프처 네일이라고 한다.
④ 아크릴 스컬프처를 네일 랩이라고도 한다.

11 **팁 위드 젤 오버레이의 설명으로 틀린 것은?**

① 내추럴 네일 팁을 자연 네일에 접착시킨다.
② 접착된 네일 팁 위에 라이트 큐어드 젤로 오버레이한다.
③ 자연 네일과 네일 팁을 보강하여 인조 네일을 만든다.
④ 컬러 젤을 사용하여 오버레이한다.

컬러 젤을 사용하여 오버레이를 하지는 않는다.

2 아크릴 네일

12 **네일 팁을 사용하지 않고 네일 폼으로 길이를 늘려주는 방법을 무엇이라고 하는가?**

① 팁 오버레이
② 팁 위드 랩
③ 스컬프처 네일
④ 실크 익스텐션

13 **아크릴 스컬프처에 사용되는 재료가 아닌 것은?**

① 화이트 파우더
② 핑크 파우더
③ 클리어 파우더
④ 필러 파우더

14 **화이트 아크릴 파우더, 핑크 아크릴 파우더 또는 클리어 아크릴 파우더를 사용하여 작업하는 것을 무엇이라고 하는가?**

① 아크릴 프렌치 스컬프처
② 아크릴 원톤 스컬프처
③ 젤 프렌치 스컬프처
④ 젤 원톤 스컬프처

15 **아크릴 리퀴드, 아크릴 파우더, 네일 프라이머, 네일 폼의 재료를 이용한 작업 방법은?**

① 실크 익스텐션
② 팁 오버레이
③ 팁 위드 랩
④ 아크릴 스컬프처

정답　09 ④　10 ①　11 ④　12 ③　13 ④　14 ①　15 ④

16 **아크릴 스컬프처에 대한 설명으로 틀린 것은?**

① 완성된 아크릴 네일은 폴리머이다.
② 물어뜯는 네일의 보정 시 작업한다.
③ 손상된 아크릴 네일의 보수 시 작업한다.
④ 굳으면 약해진다.

> 아크릴 네일은 굳으면 딱딱해진다.

17 **아크릴 스컬프처에 대한 설명으로 틀린 것은?**

① 아크릴 볼은 온도에 민감하다.
② 온도가 높을수록 빨리 굳는다.
③ 아크릴 리퀴드는 산화되기 쉬워 적당량을 덜어 사용한다.
④ 아크릴 작업은 환기와 관련 없다.

> 아크릴은 화학물질을 포함하고 있기 때문에 환기에 유의해야 한다.

18 **투톤 아크릴 스컬프처의 작업에 대한 설명으로 틀린 것은?**

① 프렌치 스컬프처라고도 한다.
② 화이트 파우더 특성상 프리에지가 퍼져 보일 수 있으므로 핀치에 유의해야 한다.
③ 스트레스 포인트에 화이트 파우더를 얇게 작업하면 떨어지기 쉬우므로 주의한다.
④ 스퀘어 형태를 잡기 위해 네일 파일은 30° 정도 살짝 기울여 네일 파일링한다.

> 스퀘어 형태를 잡기 위해 네일 파일은 90°로 네일 파일링한다.

19 **아크릴 스컬프처의 작업과정이다. (　　) 안에 들어갈 내용으로 옳은 것은?**

> 손 소독 → 네일 폼 접착 → (　　　　) → 아크릴 볼 올리기 → 네일 폼 제거하기

① 네일 프라이머 도포
② 큐티클 오일 바르기
③ 네일 폼 접착
④ 큐티클 리무버 도포

20 **아크릴 프렌치 스컬프처 작업 시 스마일 라인에 대한 설명으로 틀린 것은?**

① 깨끗하고 선명한 스마일 라인을 만들어야 한다.
② 손톱의 상태에 따라 라인의 깊이를 조절할 수 있다.
③ 빠른 시간에 작업해서 얼룩지지 않도록 해야 한다.
④ 양쪽 포인트의 밸런스보다는 자연스러움을 강조해야 한다.

> 양쪽 포인트를 중심으로 좌우대칭을 맞추어야 한다.

21 **아크릴 스컬프처를 권장해야 하는 경우는?**

① 긴 네일을 원할 경우
② 네일이 작을 경우
③ 네일이 너무 큰 경우
④ 네일이 너무 짧아 하이포니키움을 덮지 못한 경우

> 네일이 짧은 경우에는 아크릴 네일이 가장 효과적인 작업방법이다.

정답 16 ④ 17 ④ 18 ④ 19 ① 20 ④ 21 ④

22 아크릴 네일과 젤 스컬프처 작업 시 가장 얇아야 하는 곳은?

① 큐티클 부분
② 스트레스 포인트 부분
③ 프리에지 부분
④ 네일 보디 부분

인조 네일 작업 시에는 큐티클 부분이 가장 얇고 자연스럽게 연결되어야 리프팅을 방지할 수 있다.

23 아크릴 네일의 문제점이 아닌 것은?

① 적절하지 못한 브러싱에 의해 기포가 생길 수 있다.
② 충격에 깨질 수 있으므로 주의한다.
③ 아세톤에 잘 녹지 않아 제거할 수 없다.
④ 리프팅이 발생할 수 있다.

아크릴 네일은 아세톤에 녹는다.

3 젤 네일

24 젤 네일에 대한 설명으로 틀린 것은?

① 젤 램프기기에 경화하기 전까진 자유롭게 다룰 수 있다.
② 톱 젤이 있어 쉽게 고광택을 낼 수 있다.
③ 아크릴 성분도 포함되어 있다.
④ 톱 젤은 경화하지 않아도 된다.

톱 젤도 램프에 경화해야 한다.

25 젤 네일에 관한 설명으로 틀린 것은?

① 아크릴에 비해 강한 냄새가 없다.
② 네일 폴리시에 비해 광택이 오래 지속된다.
③ 소프트 젤은 아세톤으로 제거되지 않는다.
④ 젤 네일은 강도에 따라 하드 젤과 소프트 젤로 구분된다.

소프트 젤은 아세톤에 제거된다.

26 젤 네일 재료에 포함되지 않는 것은?

① 젤 램프기기
② 젤 브러시
③ 투웨이 글루
④ 소프트 젤

투웨이(2way) 글루는 젤 네일 재료가 아닌 네일 접착제의 한 종류이다.

27 젤 네일의 작업과정이다. (　　) 안에 들어갈 내용으로 옳은 것은?

> 베이스 젤 도포하기 → (　　) → 젤 도포하기 → 경화하기 → 미경화 젤 닦기

① 네일 파일링하기
② 경화 촉진제 분사하기
③ 경화하기
④ 마사지하기

정답	22 ① 23 ③ 24 ④ 25 ③ 26 ③ 27 ③

4 인조 네일의 보수와 제거

28 네일 랩을 했을 경우 들뜨는 현상이 일어나는 원인으로 틀린 것은?

① 광택을 제대로 제거하지 않았을 경우
② 큐티클 주위에 네일 접착제가 묻었을 경우
③ 네일 랩의 턱을 매끄럽게 제거한 경우
④ 자연 네일에 비해 길이가 너무 길고 두께가 얇게 연장되었을 경우

29 아크릴 네일 작업 후 리프팅의 원인이 아닌 것은?

① 아크릴을 큐티클 부분에 너무 두껍게 올렸을 경우
② 스트레스 포인트를 감싸지 못했을 경우
③ 유·수분을 충분히 제거하지 못했을 경우
④ 네일 보디가 짧은 네일에 작업했을 경우

네일 보디가 짧은 네일에 작업했을 경우와 리프팅은 관련이 없다.

30 아크릴 네일 작업 후 빨리 들뜨는 원인으로 틀린 것은?

① 네일 보디의 유·수분 제거를 충분히 하지 않은 경우
② 오염 또는 변질된 네일 프라이머를 사용한 경우
③ 아크릴을 큐티클에 너무 가까이 놓아서 적절한 네일 파일링을 하지 못한 경우
④ 아크릴 리퀴드와 파우더 혼합용량이 적당한 경우

31 젤 네일의 손상 원인이 아닌 것은?

① 고객의 부주의한 관리
② 젤을 큐티클 부분까지 발랐을 경우
③ 경화 시간이 적절하지 못한 경우
④ 스트레스 포인트 부분을 충분히 감싼 경우

32 인조 네일 보수에 대한 설명으로 틀린 것은?

① 정기적인 보수로 깨지거나 부러지거나 떨어지는 것을 미연에 방지한다.
② 적절한 보수를 하지 않았을 경우 습기 및 오염으로 인해 곰팡이나 박테리아 감염 등 각종 문제가 발생할 수 있다.
③ 보수시기를 놓치고 네일의 길이가 많이 자라면 인조 네일이 부러질 수 있다.
④ 새로 자라난 자연 네일로 인해 인조 네일과 표면이 균일하지 않으므로 반드시 떼어내고 다시 작업해야 한다.

보수는 새로 자라난 자연 네일과 인조 네일의 표면을 균일하게 하는 작업으로 반드시 제거하는 것은 아니다.

33 팁 위드 랩의 보수에 대한 설명으로 틀린 것은?

① 자연스럽게 보일 수 있도록 보수한다.
② 필러파우더와 네일 접착제를 사용하여 자라나온 부분을 채워준다.
③ 자라난 부위의 턱을 매끄럽게 갈아내고 나머지 부분도 가볍게 네일 파일링 한다.
④ 깨진 부위는 네일 파일로 갈지 않고 네일 접착제만 이용한다.

정답 28 ③ 29 ④ 30 ④ 31 ④ 32 ④ 33 ④

깨진 부위를 네일 파일링하지 않을 경우 곰팡이나 박테리아가 생길 수 있다.

34 **아크릴 네일의 작업과 보수에 대한 설명으로 틀린 것은?**

① 촉촉하게 젖은 브러시를 사용할 경우 인조 네일에 공기 방울이 생길 수 있다.
② 노랗게 변색되는 인조 네일은 제품과 작업하는 과정에서 발생한 것으로 보수를 해야 한다.
③ 적절한 온도 이하에서 작업했을 경우 인조 네일에 금이 가거나 깨지는 현상이 나타날 수 있다.
④ 기존에 작업된 인조 네일과 새로 자라 나온 자연 네일을 자연스럽게 연결해 주어야 한다.

인조 네일에 공기 방울이 생기는 것은 리퀴드와 파우더의 잘못된 브러시 사용방법 때문이다.

35 **아크릴 스컬프처의 보수에 대한 설명으로 틀린 것은?**

① 자라나온 부분과 들뜬 경계부분을 네일 파일링한다.
② 들뜬 부분에 큐티클 오일을 도포한 후 큐티클을 정리한다.
③ 새로 자라난 자연 네일 부분에 네일 프라이머를 바른다.
④ 아크릴 표면이 단단하게 굳은 후 네일 파일링한다.

들뜬 부분에 오일을 도포하여 큐티클을 정리하면 들뜬 부분으로 오일이 흡수되기 때문에 오일을 바르고 큐티클을 정리하면 안 된다.

36 **아크릴 네일의 보수에 대한 설명으로 가장 거리가 먼 것은?**

① 새로 자라난 자연 네일 부분에 네일 프라이머를 도포한다.
② 적당량의 아크릴을 이용해 새로 자라난 부분을 보수한다.
③ 아크릴을 큐티클 부분에 올려 전에 있던 부분과 자연스럽게 연결시킨다.
④ 아크릴 볼을 큐티클 부위에 올려 항상 프리에지까지 덮어준다.

아크릴 볼을 큐티클 부위에 올려 전에 있던 부분과 자연스럽게 연결시킨다.

37 **아크릴 네일의 보수 시기로 가장 적당한 것은?**

① 2~3주 ② 3~4주
③ 4~5주 ④ 5~6주

인조 네일은 시간이 지남에 따라 들뜨는 현상이 일어나기 때문에 2~3주간의 간격을 두고 보수를 해주는 것이 적당하다.

38 **아크릴 네일의 보수방법으로 적절한 것은?**

① 보수는 4주 후부터 하는 것이 좋다.
② 필러 파우더와 네일 접착제를 사용하여 보수해 준다.
③ 떨어진 부분의 아크릴을 갈아내고 전에 있던 부분과 자연스럽게 연결시킨다.
④ 새로 자라난 부분을 네일 파일링하여 형태만 조형한다.

정답 34 ① 35 ② 36 ④ 37 ① 38 ③

39 **아크릴 네일의 보수에 대한 설명으로 틀린 것은?**

① 새로 자라난 자연 네일 부분에 네일 프라이머를 발라준다.
② 심하게 들뜬 부분은 아크릴 전용 네일 니퍼를 사용해야 한다.
③ 아크릴 볼을 최대한 큐티클 부분 가까이에 두껍게 올린다.
④ 최대한 매끄럽게 들뜬 부분을 갈아내고 전체 면도 매끄럽게 네일 파일링한다.

큐티클 부분에는 두껍지 않게 아크릴 볼을 올린다.

40 **젤 스컬프처의 보수방법으로 틀린 것은?**

① 들뜬 젤 부분과 자연 네일의 경계부분을 네일 파일링한다.
② 투웨이 젤을 이용하여 두께를 만들고 큐어링한다.
③ 너무 거칠지 않은 네일 파일을 사용하여 표면을 부드럽게 네일 파일링한다.
④ 표면을 부드럽게 네일 파일링한 후 톱 젤을 도포한다.

젤 스컬프처에는 투웨이 젤을 사용하지 않는다.

41 **아크릴 원톤 스컬프처 제거에 대한 설명으로 틀린 것은?**

① 큐티클 니퍼로 네일에 무리를 주면서 뜯는 행위는 피한다.
② 두께를 사전에 줄여 아크릴 제거가 수월하도록 한다.
③ 퓨어 아세톤을 사용하여 아크릴을 용해시킨다.
④ 네일 파일링만으로 제거하는 것이 원칙이다.

아크릴은 아세톤에 녹기 때문에 네일 파일링만으로 제거하는 것이 원칙은 아니다.

42 **아크릴 네일의 제거방법으로 옳은 것은?**

① 탈지면을 알코올에 적셔 포일로 감싸 불린 후 오렌지 우드스틱이나 큐티클 푸셔를 이용해서 떼어낸다.
② 탈지면을 퓨어 아세톤에 적셔 포일로 감싸 불린 후 오렌지 우드스틱이나 큐티클 푸셔를 이용해서 떼어낸다.
③ 탈지면을 퓨어 아세톤에 적셔 포일로 감싸 불린 후 오렌지 우드스틱이나 큐티클 푸셔를 이용해서 떼어낸 후 잔여물을 거친 네일 파일로 제거한다.
④ 탈지면을 논 아세톤에 적셔 포일로 감싸 불린 후 오렌지 우드스틱이나 큐티클 푸셔를 이용해서 떼어낸다.

SECTION 03 네일 제품의 이해

1 용제의 종류와 특성

01 **굳은 네일 폴리시를 묽게 만들어 사용하기 위해 1~2방울 넣어서 사용하는 제품은?**

① 네일 폴리시 리무버
② 네일 폴리시 컨디셔너
③ 네일 폴리시 시너
④ 네일 폴리시 퀵 드라이

정답 39 ③ 40 ② 41 ④ 42 ② 01 ③

02 인조네일을 제거하는 용제로 옳은 것은?

① 퓨어 아세톤(Pure-Acetone)
② 논 아세톤 네일 폴리시 리무버 (Non-acetone Nail Poilsh Remover)
③ 네일 폴리시 리무버 (Nail Polish Remover)
④ 큐티클 리무버(Cuticle Remover)

03 네일숍에서 사용되는 아세톤의 가장 중요한 역할은?

① 용해력 ② 접착력
③ 소독력 ④ 해독력

04 아세톤에 대한 설명으로 틀린 것은?

① 과다한 아세톤 사용은 네일을 손상시킬 수 있다.
② 아세톤은 네일과 피부를 건조하게 할 수 있다.
③ 인조 네일 위의 네일 폴리시를 제거할 때는 퓨어 아세톤을 사용한다.
④ 아세톤은 인화성 물질이므로 취급에 주의를 기울인다.

인조네일 위의 네일 폴리시를 제거할 때는 퓨어 아세톤을 사용하면 인조 네일을 녹일 수 있으므로 논 아세톤 네일 폴리시 리무버를 사용해서 제거해야 한다.

05 아세톤의 성분이 없고 다른 성분으로 인조 네일 위에 가벼운 네일 폴리시를 제거할 때 사용하는 제품은?

① 아세톤
② 퓨어 아세톤
③ 논 아세톤 네일 폴리시 리무버
④ 네일 폴리시 리무버

06 다음 중 네일 폴리시를 제거할 때 사용하는 제품은?

① 네일 폴리시 리무버
② 큐티클 리무버
③ 퓨어 아세톤
④ 큐티클 크림

2 네일 트리트먼트의 종류와 특성

07 큐티클 오일에 대한 설명으로 옳은 것은?

① 큐티클을 유연하게 해주므로 큐티클 정리를 하지 않아도 된다.
② 라놀린, 식물성 오일, 비타민 A, 비타민 E 성분이 들어 있다.
③ 큐티클 전용으로 나온 것이므로 다른 목적으로 사용해서는 안 된다.
④ 손톱 강화에 도움을 준다.

08 네일 폴리시의 건조를 빠르게 하기 위해 사용하는 제품은?

① 네일 폴리시 리무버
② 네일 폴리시 컨디셔너
③ 네일 폴리시 시너
④ 네일 폴리시 퀵 드라이

정답 02 ① 03 ① 04 ③ 05 ③ 06 ① 07 ② 08 ④

09 네일 폴리시 퀵 드라이 제품은 언제 사용해야 하는가?

① 손 소독 후
② 베이스코트를 도포하기 전
③ 톱코트를 도포하기 전
④ 톱코트를 도포한 후

> 네일 폴리시 퀵 드라이 제품은 컬러링이 전부 끝난 후에 사용한다.

10 매니큐어 시 발생할 수 있는 가벼운 출혈을 멈추게 하기 위해 사용하는 제품의 명칭은?

① 맥반석가루
② 난백
③ 지혈제
④ 밀랍

11 매니큐어 시 출혈이 발생했을 때의 잘못된 대처방법은?

① 지혈제를 출혈부위에 떨어트린다.
② 출혈이 멈추도록 문지른다.
③ 출혈부위에 지혈한다.
④ 분말형 지혈제도 사용 가능하다.

12 과산화수소와 레몬산이 주성분이며 자연 네일이 누렇게 변화하였을 경우 사용되는 제품은?

① 네일 프라이머
② 네일 표백제(네일 화이트너)
③ 아크릴 리퀴드
④ 네일 폴리시 시너

13 페디큐어 시 족욕기에 첨가할 수 있는 재료는?

① 크림
② 방부제
③ 살균비누
④ 발 파우더

14 족욕기에 살균비누를 넣는 이유로 옳은 것은?

① 포자를 멸균하기 위해서
② 큐티클을 제거하기 위해서
③ 박테리아 살균을 위해서
④ 상처를 치료하기 위해서

15 굴곡진 손톱의 보강을 위해 작은 천 조각들을 넣어 만든 제품의 명칭은?

① 필러 파우더
② 리지 필러
③ 네일 프라이머
④ 아크릴 파우더

정답	09 ④ 10 ③ 11 ② 12 ② 13 ③ 14 ③ 15 ②

3 네일 폴리시의 종류와 특성

16 네일 폴리시에 대한 설명으로 틀린 것은?

① 네일에 컬러를 부여하고 아름답게 할 목적으로 사용하는 화장품이다.
② 피막 형성제로 톨루엔이 함유되어 있다.
③ 대부분 니트로셀룰로오스를 주성분으로 한다.
④ 안료가 배합되어 네일에 아름다운 색채를 부여하기 때문에 네일 컬러(Nail Color)라고도 한다.

피막 형성제로 니트로셀룰로오스가 함유되어 있다.

17 네일 폴리시의 기본 성분 중 대표적인 피막 형성제는?

① 톨루엔
② 옥시벤존
③ 니트로셀룰로오스
④ 토실라미드

18 네일 폴리시에 대한 설명으로 바르지 않은 것은?

① 네일 폴리시는 색상을 주고 광택을 보이게 하는 화장제이다.
② 휘발성 물질이다.
③ 굳는 것을 방지하기 위해 병 입구를 닦아 보관한다.
④ 네일 폴리시는 비인화성 물질로 되어 있다.

네일 폴리시는 인화성 물질이므로 취급에 주의해야 한다.

19 네일 폴리시의 구비 요건에 해당하지 않는 것은?

① 네일에 바르기 적당한 점도가 있어야 한다.
② 열이나 물리적 힘에 의해 쉽게 제거되어야 한다.
③ 신속히 건조되고 균일한 막을 형성해야 한다.
④ 네일 폴리시 리무버로 제거 시, 쉽고 깨끗하게 제거되어야 한다.

열이나 물리적 힘, 일상생활로 네일 폴리시가 잘 제거되지 않아야 한다.

20 네일 폴리시가 가져야 할 성질로 틀린 것은?

① 브러시로 네일에 도포하기 쉬운 점도일 것
② 피막은 광택이 좋고 매끄러우며 흐림이 없을 것
③ 네일에 대하여 무해, 무자극일 것
④ 시간의 경과에 따라 점도가 저하될 것

점도는 시간이 경과해도 일정하게 유지되어야 한다.

정답 16 ② 17 ③ 18 ④ 19 ② 20 ④

21 네일 폴리시에 대한 설명으로 틀린 것은?

① 네일 폴리시가 분리되면 위 아래로 잘 흔들어 사용한다.
② 2번 도포하는 것을 원칙으로 하나 제대로 색상이 나오지 않았을 경우 3번 도포할 수도 있다.
③ 유분기가 남아 있으면 네일 폴리시가 잘 접착되지 않는다.
④ 뜨거운 곳에 보관하면 굳는 속도가 빠르다.

> 네일 폴리시를 위 아래로 흔들면 기포가 발생할 수 있으므로 일정기간 뒤집어서 두고 좌우로 조심히 돌려서 사용한다.

22 네일 폴리시의 성분 중 다른 구성 물질의 용해와 고정을 도와 광택제로 주로 사용되나 최근 발암 가능 물질로 보고되어 사용이 제한되고 있는 성분은?

① 에틸알코올
② 에틸아세테이트
③ 프탈레이트
④ 니트로셀룰로오스

> 프탈레이트(Phthalate)는 내분비계 장애를 일으키는 환경호르몬 추정물질로 관리되고 있으며 발암 가능 물질로 보고되어 사용이 금지되었다.

4 인조 네일 재료의 종류와 특성

23 스컬프처 네일 작업 시 네일의 길이를 늘려 주기 위해 받침대 역할을 하는 제품의 명칭은?

① 네일 팁 ② 네일 폼
③ 리넨 ④ 실크

24 네일 폼 접착방법에 대한 설명으로 틀린 것은?

① 네일 폼이 틀어지지 않도록 중심을 잘 잡고 균형을 맞추어가며 접착한다.
② 옆면에서 볼 때 네일 폼은 항상 20° 하향하도록 장착한다.
③ 자연 네일과 네일 폼 사이의 공간이 벌어지지 않도록 접착한다.
④ 하이포니키움이 손상되지 않도록 주의하며 접착한다.

> 옆면에서도 네일 폼이 쳐지지 않게 장착한다.

25 네일 폼 사용에 대한 설명으로 틀린 것은?

① 작업 상황에 맞게 네일 폼의 종류를 선택한다.
② 하이포니키움을 다치지 않도록 너무 깊게 끼우지 않는다.
③ 네일이 하이포니키움을 덮지 못할 경우 네일을 만들어 준 후 길이를 연장할 수 있다.
④ 네일과 네일 폼 사이의 약간의 공간이 생긴 경우 그냥 작업해도 무방하다.

26 가장 좋은 아크릴 브러시는 무엇으로 만들어지는가?

① 담비털
② 합성섬유
③ 나일론
④ 강모섬유

정답	21 ① 22 ③ 23 ② 24 ② 25 ④ 26 ①

27 **아크릴 브러시의 보관방법으로 틀린 것은?**

① 브러시에 아크릴이 남아 있지 않도록 아크릴 리퀴드로 여러 번 키친타월에 닦아 아크릴의 잔여물을 제거한다.
② 브러시 끝을 가지런히 모아주고 아크릴 리퀴드가 마르지 않도록 뚜껑을 덮어 브러시 끝을 아래쪽으로 향하게 보관하다.
③ 오렌지 우드스틱을 사용하여 네일 폴리시 리무버를 적시고 잔여물을 긁어낸다.
④ 아크릴 네일이 굳었을 경우에는 브러시 클리너를 사용하여 세척한다.

네일 폴리시 리무버를 사용하여 잔여물을 긁어내면 안 된다.

28 **산성 제품으로 피부에 화상을 입힐 수 있으므로 최소량만을 사용하며 아크릴 스컬프처 작업 시 아크릴의 리프팅을 최소화해주는 데 도움을 주는 제품은?**

① 아크릴 리퀴드
② 네일 프라이머
③ 모노머
④ 폴리머

29 **네일 프라이머에 대한 설명이 틀린 것은?**

① 피부에 닿으면 화상을 초래할 수 있다.
② 산성 성분을 포함하고 있다.
③ 네일 프라이머는 반드시 한 번만 도포한다.
④ 네일 팁에는 도포하지 않는다.

네일 프라이머는 자연 네일에만 도포하여야 하나 반드시 한 번만 도포하는 것은 아니다.

30 **네일 프라이머에 대한 설명으로 틀린 것은?**

① 네일 표면의 유 · 수분을 제거해주고 아크릴의 접착력을 높여준다.
② 산성 제품으로 피부에 화상을 입힐 수 있으므로 최소량만 사용한다.
③ 인조네일 전체에 사용하며 방부제 역할을 해준다.
④ 네일 표면의 pH 밸런스를 맞춘다.

인조네일 전체에 사용하지 않고 최소량을 자연 네일에만 도포한다.

31 **네일 프라이머가 피부에 묻었을 때 대처방법으로 가장 적절한 것은?**

① 흐르는 물에 씻어준다.
② 피부 소독제에 담가둔다.
③ 알코올이나 아세톤으로 닦는다.
④ 면봉이나 솜으로 눌러준다.

32 **다음 중 네일 프라이머의 어떤 성질로 인해 피부에 닿으면 손상을 주는가?**

① 중성
② 산성
③ 건성
④ 알칼리성

네일 프라이머는 산성 성분을 포함하고 있으며 산성 제품은 피부에 화상을 초래할 수 있다.

정답 27 ③ 28 ② 29 ③ 30 ③ 31 ① 32 ②

33 논애시드 프라이머(Non-acid Primer)에 대한 설명으로 틀린 것은?

① 네일을 부식시키지 않는다.
② 피부에 닿아도 화상을 초래하지 않는다.
③ 메타크릴 애시드(Methacrylic Acid)가 포함되어 있다.
④ 아크릴 네일의 접착효과를 높여준다.

논애시드 프라이머에는 메타크릴 애시드가 포함되어 있지 않다.

34 네일 프라이머에 대한 설명이 틀린 것은?

① 네일 프라이머는 산 성분이 있어서 빛에 노출되면 변질될 우려가 있으므로 어두운 색의 유리용기를 사용해야 한다.
② 네일 프라이머는 이물질이 들어가도 오염되지 않아서 작은 용기보다는 큰 용기에 사용하는 것이 좋다.
③ 네일 프라이머 작업 시는 반드시 보안경과 마스크를 착용한다.
④ 눈에 들어가지 않게 주의해서 사용한다.

네일 프라이머는 어두운 색의 작은 유리용기를 사용해야 한다.

35 네일 프라이머의 보관 장소로 가장 적절한 곳은?

① 따뜻하고 습한 곳
② 서늘하고 통풍이 잘 되는 곳
③ 냉장고
④ 냉동실

36 모노머와 폴리머의 상온화학 중합반응을 나타내는 말은?

① 포토라이제이션
② 올리고머라이제이션
③ 폴리머라이제이션
④ 포토폴리머라이제이션

상온화학 중합반응은 아크릴 네일에 적용되며 폴리머라이제이션이라고 한다.

37 아크릴 네일에 대한 설명으로 틀린 것은?

① 모노머 : 단위체(단량체)
② 폴리머 : 중합체
③ 카탈리스트 : 아크릴의 중합개시제
④ 상온화학중합 : 상온에서 일어나는 수소 반응

상온화학중합은 상온에서 일어나는 화학중합반응이다.

38 다음 중 아크릴 네일의 기본 물질이 아닌 것은?

① 모노머 ② 폴리머
③ 카탈리스트 ④ 아세톤

39 아크릴 네일의 제작 완료된 형태를 가리키는 용어는?

① 모너머 ② 폴리머
③ 네일 프라이머 ④ 카탈리스트

완성된 아크릴 네일은 중합체로 폴리머라고 한다.

정답 33 ③ 34 ② 35 ② 36 ③ 37 ④ 38 ④ 39 ②

40 **아크릴 네일 작업 시 약알칼리 물질로 굳는 속도를 촉진시키는 촉매제 역할을 하며 촉매제의 함유량에 따라서 굳는 속도를 조절할 수 있는 물질은?**

① 올리고머
② 카탈리스트
③ 이소프로판올
④ 니트로셀룰로오스

41 **아크릴 네일에서 사용되는 제품 중 냄새가 나지 않는 모노머의 명칭은?**

① 레귤러 모노머
② 오더레스 시너
③ 오더레스 모노머
④ 오더레스 폴리머

42 **아크릴 네일의 설명으로 틀린 것은?**

① 완성된 네일은 액체 아크릴과 분말 아크릴 제품의 혼합이다.
② 물어뜯는 네일의 보정 시 작업할 수 있다.
③ 손상된 아크릴 네일의 보수 시 작업할 수 있다.
④ 굳으면 약해진다.

43 **아크릴 네일에 대한 설명으로 옳은 것은?**

① 필러 파우더와 같이 사용한다.
② 인조네일에만 작업이 가능하다.
③ 자연 네일에만 작업이 가능하다.
④ 네일의 모양을 보정할 수 있다.

44 **아크릴 네일을 작업하기에 가장 적당한 온도는?**

① 5~10℃　② 10~18℃
③ 22~25℃　④ 27~33℃

45 **아크릴 네일 작업 시 적당한 자연 네일의 pH는?**

① pH 2.5~3.5
② pH 4.5~5.5
③ pH 6.5~7.5
④ pH 7.5~9.5

46 **아크릴 네일 작업 시 아크릴 파우더와 모노머의 중합과정에서 완벽히 움직임 없이 굳는 데 소요되는 시간은?**

① 3~5분　② 5~10분
③ 24~48시간　④ 48~68시간

47 **젤 네일과 아크릴 네일의 비교에 대한 설명으로 틀린 것은?**

① 젤 네일은 아크릴 네일보다 냄새가 심하다.
② 젤 네일은 아크릴 네일보다 강도가 약하다.
③ 젤 네일은 아크릴 네일보다 아트의 수정이 더 쉽다.
④ 하드 젤인 경우 아크릴 네일보다 제거가 어렵다.

젤 네일은 아크릴 네일에 비해 냄새가 거의 없다.

정답	40 ② 41 ③ 42 ④ 43 ④ 44 ③ 45 ② 46 ③ 47 ①

48 젤 네일과 아크릴 네일의 특성에 대한 설명으로 맞는 것은?

① 하드 젤의 경우 아크릴에 비해 네일의 손상이 심하고 제거가 어렵다.
② 젤 네일은 아크릴 네일보다 더 단단하다.
③ 젤 네일은 아크릴 네일에 비해 냄새가 심하다.
④ 젤 네일은 응고를 도와주는 별도의 카탈리스트가 필요하다.

> 하드 젤의 경우에는 아세톤에 용해되지 않을 수도 있기 때문에 제거가 어렵다.

49 경화 촉진제(액티베이터)를 사용하여 응고시키는 젤을 무엇이라 하는가?

① 라이트 큐어드 젤
② 노 라이트 큐어드 젤
③ 네일 팁 라이트 젤
④ 네일 랩 큐어드 젤

> 노 라이트 큐어드 젤은 빛을 이용하지 않고 별도의 응고제를 사용한다.

50 LED 램프와 UV 램프의 빛을 사용하여 경화되는 젤을 무엇이라고 하는가?

① 네일 팁 라이트 젤
② 라이트 큐어드 젤
③ 노 라이트 큐어드 젤
④ 네일 랩 큐어드 젤

> 라이트 큐어드 젤은 가시광선이나 자외선에 경화되는 젤이다.

51 중합반응에 대한 설명으로 옳은 것은?

① 광중합 : 물에 의해 일어나는 중합반응
② 광중합 : 빛에 의해 일어나는 중합반응
③ 상온화학중합 : 상온에서 일어나는 수소 반응
④ 상온화학중합 : 상온에서 일어나는 빛 반응

52 올리고머와 폴리머의 광중합반응을 나타내는 말은?

① 프리라이제이션
② 모노머라이제이션
③ 폴리머라이제이션
④ 포토 폴리머라이제이션

> 광중합반응은 젤 네일에 적용되며 포토 폴리머라이제이션이다.

53 젤 네일의 특징이 바르게 연결된 것은?

① 하드 젤 : 단단하게 도포되며 따라서 제거도 더 어렵다.
② 젤 네일 폴리시 : 제거가 어려우며 경화속도가 빠르다.
③ 소프트 젤 : 하드 젤보다 강하고 내구력도 뛰어나다.
④ 하드 젤 : 더 자주 제거하게 된다.

> • 젤 네일 폴리시 : 제거가 쉬우며 경화속도가 느리다.
> • 소프트 젤 : 하드 젤보다 약하고 내구력도 떨어진다.
> • 하드 젤 : 더 자주 제거하지 않는다.

정답 48 ① 49 ② 50 ② 51 ② 52 ④ 53 ①

54 젤 스컬프처의 설명으로 옳지 않은 것은?

① 불투명 네일 폼을 접착한 경우에도 뒤집어 경화시켜서는 안 된다.
② 젤 램프기기에 손을 넣었을 때 뜨거울 수 있으므로 미리 고객에게 이야기한다.
③ 젤이 피부에 묻었을 경우 알레르기 반응을 일으킬 수 있다.
④ 투명감에 의해 광택이 오랫동안 유지된다.

불투명 네일 폼을 접착한 경우에는 빛이 투과하지 못할 수도 있기 때문에 뒤집어서 경화할 수 있다.

55 젤 네일의 장점이 아닌 것은?

① 광택이 뛰어나다.
② 네일 파일링이 아크릴에 비해서 용이하다.
③ 냄새가 거의 나지 않는다.
④ 아크릴 네일보다 강하다.

젤 네일은 아크릴 네일보다 약하다.

56 젤 네일의 장점에 대한 설명으로 틀린 것은?

① 냄새가 거의 나지 않는다.
② 작업이 용이하여 작업시간 단축이 가능하다.
③ 네일 폴리시보다 제거가 쉽고 아크릴 네일보다 강하다.
④ 광택이 오래 지속된다.

네일 폴리시보다 제거가 어렵고 아크릴 네일보다 약하다.

57 젤 네일의 관리에 대한 설명이 틀린 것은?

① 젤에 첨가되어 있는 광중합 개시제에 따라 종류가 달라진다.
② 정기적으로 보수해야 한다.
③ 젤은 알레르기 반응을 일으키지 않는다.
④ 소프트 젤은 아세톤에 의해 제거할 수 있다.

완벽한 경화 전에 만지게 되면 알레르기를 일으킬 수 있다.

58 네일 팁 작업 시 한 번에 많은 양의 네일 접착제와 경화 촉진제를 사용한 경우 어느 부위의 손상으로 통증을 유발할 수 있는가?

① 매트릭스, 네일 베드
② 네일 월, 네일 그루브
③ 큐티클, 프리에지
④ 에포니키움, 하이포니키움

한 번에 많은 양의 네일 접착제(글루)와 경화 촉진제(글루 드라이)를 사용할 경우에는 네일 베드와 매트릭스에 손상을 줄 수 있다.

59 팁 위드 랩 작업 시 네일과 네일 팁 턱을 효과적으로 채워 줄 수 있는 제품은?

① 필러 파우더
② 아크릴 파우더
③ 모너머
④ 네일 프라이머

정답 54 ① 55 ④ 56 ③ 57 ③ 58 ① 59 ①

60 **네일 랩에 대한 설명으로 옳지 않은 것은?**

① 네일을 포장한다는 뜻으로 오버레이라고도 한다.
② 약한 자연 네일이나 인조 네일 위에 덧씌움으로써 튼튼하게 유지시켜준다.
③ 자연네일을 보호하기 위해 사용하는 방법이다.
④ 부러진 네일에는 작업할 수 없다.

네일 랩은 부러진 네일이나 깨지고 찢어진 네일에도 사용할 수 있다.

61 **다음 중 네일 랩의 종류가 아닌 것은?**

① 실크
② 리넨
③ 무슬린 천
④ 파이버 글라스

무슬린 천은 제모할 때 사용하는 제품이다.

62 **네일 랩의 종류에 대한 설명으로 바르게 연결되지 않은 것은?**

① 실크 : 조직이 얇고 섬세하게 짜여 부드럽고 가볍다.
② 페이퍼 네일 랩 : 일회용으로만 사용이 가능하다.
③ 리넨 : 네일 랩의 종류 중 가장 얇고 투명하며 인조유리섬유로 되어 있다.
④ 파이버 글라스 : 섬유유리라고 하며 가느다란 인조섬유로 짜여 있다.

리넨은 네일 랩의 종류 중 가장 두껍다.

63 **네일 랩의 소재로서 리넨의 장점을 말한 것은?**

① 강하고 가볍고 부드럽다.
② 실크나 파이버 글라스보다 굵은 소재의 천으로 짜여 있어 두껍고 강하다.
③ 매우 가느다란 인조섬유로 짜여 접착제가 잘 스며든다.
④ 다른 소재보다 작업이 용이하다.

64 **조직이 얇고 섬세하게 짜여져 부드럽고 가벼운 네일 랩은?**

① 리넨
② 실크
③ 페이퍼 네일 랩
④ 파이버 글라스

65 **네일 랩의 소재로 각각의 장점이 아닌 것은?**

① 실크는 조직이 얇고 섬세하게 짜여져 부드럽고 가볍다.
② 파이버 글라스는 가느다란 인조섬유로 짜여 있기에 접착제가 잘 스며든다.
③ 리넨은 실크보다 굵은 소재의 천으로 짜여 있어 두껍고 강하다.
④ 멘딩 티슈는 네일 접착제를 잘 흡수하여 실크보다 훨씬 튼튼하다.

66 **네일 랩 접착방법에 대한 설명으로 가장 적절하지 않은 것은?**

① 접착할 네일의 면적을 재고 재단한다.
② 네일 랩의 모서리는 큐티클 옆 라인과 맞게 약간 둥글게 자른다.

정답 60 ④ 61 ③ 62 ③ 63 ② 64 ② 65 ④ 66 ④

③ 큐티클 라인에서 약 2mm를 남기고 접착한다.
④ 큐티클 라인을 꽉 채워서 접착시킨다.

> 큐티클 라인을 꽉 채워서 접착시키며 네일 랩 턱을 갈 수도 없을 뿐만 아니라 네일 접착제가 넘치기 때문에 큐티클 라인에서 약 2mm를 남기고 접착한다.

67 **네일 랩의 보관방법으로 옳은 것은?**

① 박테리아의 오염을 예방하기 위해 잘 밀봉해서 보관한다.
② 습한 서랍 속에 넣어둔다.
③ 냉장고에 보관한다.
④ 아무 이상 없으므로 그냥 작업대에 올려둔다.

68 **다음 중 네일 팁의 재질이 아닌 것은?**

① 플라스틱 ② 차이나실크
③ 나일론 ④ 아세테이트

69 **내마모성이 좋고 강인하며, 가볍고 내한성이 좋고, 성형성도 우수하며, 무독성 등의 뛰어난 성질을 지닌다. 반면 열팽창, 수분에 의한 치수정밀도의 불충분함, 내산성·내광성이 약하다는 등의 결점이 있는 네일 팁의 재질은?**

① 니트로셀룰로오스
② 아크릴
③ 나일론
④ 실리카

70 **네일 팁이 자연 네일과 접착되는 부분으로 네일 접착제를 바르는 곳을 무엇이라고 하는가?**

① 웰(Well) ② 네일 베드
③ 익스텐션 ④ 네일 랩

71 **자연 네일의 형태 및 특성에 따른 네일 팁 적용방법으로 옳은 것은?**

① 넓적한 네일에는 끝이 좁아지는 내로 네일 팁을 적용한다.
② 아래로 향한 네일(Claw Nail)에는 커브 네일 팁을 적용한다.
③ 위로 솟아 오른 네일(Spoon Nail)에는 옆선에 커브가 없는 네일 팁을 적용한다.
④ 물어뜯는 네일에는 네일 팁을 적용할 수 없다.

> ② 아래로 향한 네일에는 커브가 없는 일자네일 팁을 선택한다.
> ③ 위로 솟아 오른 네일에는 옆선에 C커브가 있는 네일 팁을 적용한다.
> ④ 물어뜯는 네일에는 아크릴 네일이 효과적이나 프리에지 라인이 일정한 경우라면 네일 팁을 적용할 수 있다.

72 **팁 오버레이 시 네일 팁 사이즈 선택방법으로 틀린 것은?**

① 네일 팁이 네일의 양쪽 옆면을 모두 커버해야 한다.
② 네일 팁이 자연 네일의 1/2 이상을 덮어서는 안 된다.
③ 네일이 넓고 클 경우 축소효과를 위해 작은 사이즈의 네일 팁을 선택한다.
④ 웰의 크기가 크면 갈아내거나 잘라서 사용할 수 있다.

정답	67 ① 68 ② 69 ③ 70 ① 71 ① 72 ③

73 자연 네일에 네일 팁을 붙이기 위해 접근되는 가장 적당한 각도는?

① 25° ② 35°
③ 45° ④ 55°

74 네일 팁을 접착하는 방법으로 옳은 것은?

① 90° 각도로 공기가 들어가지 않게 밀착시킨다.
② 기포가 발생하지 않게 접착한다.
③ 웰 부분이 너무 두꺼운 경우에는 자연 네일을 웰에 맞게 갈아준다.
④ 네일 팁을 밀착시킨 후 바로 앞에서 분사형 경화 촉진제를 분사한다.

75 네일 팁을 접착하는 방법에 대한 설명으로 틀린 것은?

① 네일 팁은 기포가 생기지 않도록 주의하며 접착한다.
② 자연 네일의 모양은 라운드 형태로 조형한다.
③ 자연 네일의 길이가 일정하지 않더라도 맞추지 않고 접착한다.
④ 자연 네일의 광택을 제거한 후 접착한다.

자연 네일의 길이를 웰의 정지선과 일정하게 맞추고 접착한다.

5 네일 도구의 종류와 특성

76 미지근한 물을 넣어 고객의 손끝을 담가서 네일 주변 각질을 불려주는 데 사용하는 제품의 명칭은?

① 핑거볼 ② 솜용기
③ 디스펜서 ④ 재료 정리함

77 네일 폴리시 리무버나 아세톤을 담아 펌프식으로 편리하게 사용할 수 있는 제품의 명칭은?

① 솜용기 ② 스패출러
③ 디스펜서 ④ 디펜디시

78 화학물질을 포함하고 있는 네일 재료(아크릴 리퀴드 등)를 덜어서 사용하는 뚜껑이 있는 제품의 명칭은?

① 멘다 ② 콘 커터
③ 디스펜서 ④ 디펜디시

79 팁 커터의 사용방법으로 틀린 것은?

① 팁 커터는 손톱, 발톱의 길이를 줄일 때 사용하는 도구이다.
② 팁의 길이는 고객이 원하는 만큼 팁 커터로 재단한다.
③ 팁 커터는 네일 팁의 길이를 재단할 때 사용하는 도구이다.
④ 팁 커터는 일회용품이 아니다.

손톱, 발톱의 길이를 줄일 때 사용하는 네일 도구는 네일 클리퍼이다.

정답 73 ③ 74 ② 75 ③ 76 ① 77 ③ 78 ④ 79 ①

80 네일 도구에 대한 설명으로 적절하지 않은 것은?

① 네일 더스트 브러시는 네일의 분진을 제거하는 데 사용한다.
② 네일 클리퍼는 빠른 시간 내에 네일의 길이를 줄일 수 있으므로, 고객에게 적극 사용하도록 권한다.
③ 팁 커터는 네일 팁의 길이를 빠른 시간 내에 재단할 수 있는 도구이다.
④ 네일 도구는 사용 후 위생 · 소독한다.

네일 클리퍼는 건조한 네일에 사용할 경우 손톱이 깨질 수 있기 때문에 가능하면 부드러운 네일 파일을 사용하는 것이 적절하다.

81 네일 도구에 대한 설명으로 바르게 연결되지 않은 것은?

① 큐티클 푸셔 : 큐티클을 밀어 올릴 때 사용하는 도구이다.
② 토 세퍼레이터 : 네일 폴리시를 바를 때 발가락 사이에 끼워 발가락을 분리해주는 제품이다.
③ 네일 클리퍼 : 네일 팁을 잘라 길이를 조절할 때 사용한다.
④ 네일 더스트 브러시 : 네일과 네일 주변의 먼지와 가루 이물질을 제거할 때 사용한다.

네일 팁을 잘라 길이를 조절할 때 사용하는 제품은 팁 커터이다.

82 네일 도구 중 감염되기 가장 쉬운 도구로 철저한 소독이 필요한 것은?

① 오렌지 우드스틱 ② 큐티클 니퍼
③ 네일 파일 ④ 샌딩 파일

83 다음 중 큐티클 니퍼에 대한 설명으로 틀린 것은?

① 큐티클을 정리할 때 사용하는 도구이다.
② 큐티클 니퍼의 날이 전부 닿지 않게 사용한다.
③ 큐티클 주위 피부가 손상되지 않도록 주의하며 정리한다.
④ 네일미용사는 1개의 큐티클 니퍼로 계속 사용한다.

큐티클 니퍼는 최소한 2개 이상 가지고 사용해야 한다.

84 네일 도구 중 일회용으로 사용하지 않아도 되는 것은?

① 큐티클 니퍼 ② 콘 커터 날
③ 오렌지 우드스틱 ④ 토 세퍼레이터

85 큐티클 푸셔의 사용방법으로 큐티클을 밀어 올리는 각도로 가장 적절한 것은?

① 네일에 대하여 15° 각도
② 네일에 대하여 30° 각도
③ 네일에 대하여 45° 각도
④ 네일에 대하여 90° 각도

86 오렌지 우드스틱의 사용 용도로 적합하지 않은 것은?

① 큐티클을 밀어 올릴 때
② 네일 폴리시의 여분을 닦을 때
③ 네일 주위 굳은살을 정리할 때
④ 네일 주위 이물질을 제거할 때

오렌지 우드스틱은 네일 주위의 굳은살을 정리할 때 사용하지 않는다.

정답 80 ② 81 ③ 82 ② 83 ④ 84 ① 85 ③ 86 ③

87 딱딱하고 매우 두꺼운 발뒤꿈치 각질을 정리하기 위해 사용되는 네일 도구의 명칭은?

① 팁 커터
② 콘 커터
③ 큐티클 푸셔
④ 토 세퍼레이터

88 네일 도구 중 일회용으로 사용해야 하는 것은?

① 큐티클 푸셔
② 큐티클 니퍼
③ 콘 커터 날
④ 핑거볼

콘 커터의 날은 일회용으로 사용한다.

89 다음 중 페디 파일의 사용방법으로 옳은 것은?

① 피부 결 반대방향으로 안쪽에서 바깥쪽으로 사용한다.
② 피부 결 방향으로 안쪽에서 바깥쪽으로 사용한다.
③ 피부 결 반대방향으로 바깥쪽에서 안쪽으로 사용한다.
④ 피부 결 방향으로 바깥쪽에서 안쪽으로 사용한다.

90 페디큐어 시 네일 폴리시를 도포하기 전에 필요한 공간을 확보하기 위해 발가락 사이에 끼우는 제품은?

① 풋 스파
② 토 세퍼레이터
③ 콘 커터
④ 페디 파일

91 네일의 길이 조절, 표면 정리, 프리에지의 형태를 만들 때 사용하며 그릿(Grit) 숫자에 따라 분류하는 네일 도구는?

① 에머리보드
② 샌딩 파일
③ 클리퍼
④ 오렌지 우드스틱

에머리보드는 네일 파일이다.

92 네일 파일에 대한 설명이 틀린 것은?

① 소독이 가능한 네일 파일도 있다.
② 네일의 길이와 형태를 조형한다.
③ 그릿 수가 높을수록 거칠다.
④ 그릿 수가 낮을수록 거칠다.

그릿 수가 높을수록 부드럽고 낮을수록 거칠다.

93 네일 파일에 대한 설명 중 바르지 않은 것은?

① 약한 자연 네일에는 철제 네일 파일이 적합하다.
② 자연 네일에는 180G 이상의 우드 네일 파일을 사용해야 한다.
③ 그릿 수가 높을수록 부드럽고 그릿 수가 낮을수록 거칠다.
④ 네일 파일은 인조 네일과 자연 네일을 구분지어 사용하는 것이 좋다.

철제 네일 파일은 네일을 건조하고 약하게 하므로 약한 자연 네일에는 사용하지 말아야 한다.

정답 87 ② 88 ③ 89 ② 90 ② 91 ① 92 ③ 93 ①

94 다음 중 네일 팁 턱 제거를 위하여 사용하는 네일 파일의 가장 적절한 그릿 수는?

① 100그릿 이하
② 100~150그릿
③ 150~180그릿
④ 240~320그릿

> 네일 팁 턱 제거에 사용되는 네일 파일은 150~180그릿이 가장 적당하다.

95 아크릴 네일의 두께 제거 시 사용하는 네일 파일의 가장 적절한 그릿 수는?

① 150그릿 이하
② 240~320그릿
③ 320~500그릿
④ 500그릿 이상

> 아크릴 네일은 네일 파일링이 용이하지 않기 때문에 용제의 사용 전에 아크릴 네일의 두께 제거 시에는 150그릿 이하를 사용하는 것이 적절하다.

6 네일 기기의 종류와 특성

96 네일 작업 시 표준형 작업테이블의 램프 밝기로 적당한 것은?

① 20W ② 40W
③ 60W ④ 80W

97 고객의 발을 담가 세척하고 각질을 불려주는 역할을 하며 피로회복의 효과를 주는 기기는?

① 핑거볼 ② 살균비누
③ 족욕기(각탕기) ④ 네일 테라피

98 정체되어 있는 손발의 모세혈관 흐름을 촉진시켜 전신의 대사를 원활하게 해주며 피로회복에 적당한 족욕기의 물 온도와 사용시간이 바르게 연결된 것은?

① 40~43℃, 40분간
② 40~43℃, 20분간
③ 36~40℃, 40분간
④ 36~40℃, 20분간

> 족욕기의 온도는 약 40~43℃가 적당하며 시간은 피로 회복 시에는 20분 정도, 각질을 불려줄 때는 10분 정도가 적당하다.

99 파라핀 매니큐어 시 파라핀을 고객에게 사용하는 적정 온도는?

① 약 40~45℃
② 약 45~50℃
③ 약 52~55℃
④ 약 60~65℃

100 라이트 큐어드 젤을 굳게 할 수 있는 UV, LED의 전구가 들어 있는 기기의 명칭은?

① 젤 램프기기
② 라이트 폼 머신
③ 경화 촉진제
④ 드릴머신

정답	94 ③ 95 ① 96 ② 97 ③ 98 ② 99 ③ 100 ①

101 **젤 램프기기와 관련한 설명으로 틀린 것은?**

① LED 램프는 400~700nm 정도의 파장을 사용한다.
② UV 램프는 UV-A 파장 정도를 사용한다.
③ 젤 네일에 사용되는 광선은 자외선과 적외선이다.
④ 젤 네일의 광택이 떨어지거나 경화속도가 떨어지면 램프를 교체함이 바람직하다.

젤 네일에 사용되는 광선은 자외선과 가시광선이다.

102 **UV, LED 젤 램프기기에 대한 설명으로 틀린 것은?**

① 젤에 첨가되어 있는 광중합 개시제의 종류는 한 가지이다.
② 자외선 젤 램프기기는 320~400nm 정도의 파장을 사용한다.
③ 가시광선 젤 램프기기는 400~700nm 정도의 파장을 사용한다.
④ 젤 네일에 사용되는 광선은 자외선과 가시광선이다.

젤에 첨가되어 있는 광중합 개시제에 따라 젤 램프기기의 종류가 달라진다.

정답 101 ③ 102 ①

피부학 출제예상문제

SECTION 01 피부와 피부 부속기관

1 피부구조 및 기능

01 표피의 발생은 어디에서부터 시작되는가?

① 피지선 ② 한선
③ 간엽 ④ 외배엽

02 성인의 경우 피부가 차지하는 비중은 체중의 약 몇 % 정도인가?

① 5~7%
② 15~17%
③ 25~27%
④ 35~37%

03 피부구조에 대한 설명 중 틀린 것은?

① 피부는 표피, 진피, 피하지방층의 3개층으로 구성된다.
② 표피는 일반적으로 내측으로부터 기저층, 유극층, 과립층, 투명층, 각질층의 5층으로 나뉜다.
③ 멜라닌세포는 표피의 유극층에 산재한다.
④ 멜라닌세포 수는 민족과 피부색에 관계없이 일정하다.

멜라닌세포는 표피의 기저층에 존재한다.

04 피부구조에 대한 설명으로 옳은 것은?

① 피부의 구조는 표피, 진피, 피하조직의 3층으로 구분된다.
② 피부의 구조는 각질층, 투명층, 과립층의 3층으로 구분된다.
③ 피부의 구조는 한선, 피지선, 유선의 3층으로 구분된다.
④ 피부의 구조는 결합섬유, 탄력섬유, 평활근의 3층으로 구분된다.

05 다음 중 표피층을 순서대로 나열한 것은?

① 각질층, 유극층, 투명층, 과립층, 기저층
② 각질층, 유극층, 망사층, 기저층, 과립층
③ 각질층, 과립층, 유극층, 투명층, 기저층
④ 각질층, 투명층, 과립층, 유극층, 기저층

피부는 가장 바깥부터 각질층, 투명층, 과립층, 유극층, 기저층으로 구성된다.

06 피부 각질층에 대한 설명 중 옳지 않은 것은?

① 생명력이 없는 세포
② 혈관이 얇게 분 포
③ 비늘의 형태
④ 피부의 방어대 역할 담당

각질층에는 혈관이 분포되어 있지 않다.

정답 01 ④ 02 ② 03 ③ 04 ① 05 ④ 06 ②

07 비듬이나 때처럼 박리현상을 일으키는 피부층은?

① 표피의 기저층
② 표피의 과립층
③ 표피의 각질층
④ 진피의 유두층

08 인체 피부 표피 쪽 각질세포는 어느 정도의 수분을 함유하고 있어야 정상인가?

① 5~10%
② 25~35%
③ 30~40%
④ 10~20%

09 천연보습인자(NMF)의 구성 성분 중 40%를 차지하는 중요성분은?

① 요소
② 젖산염
③ 무기염
④ 아미노산

천연보습인자는 아미노산(40%), 젖산염, 암모니아, 요소 등으로 구성된다.

10 피부의 천연보습인자(NMF)의 구성 성분 중 가장 많은 분포를 나타내는 것은?

① 아미노산
② 요소
③ 피롤리돈 카르본산
④ 젖산염

11 천연보습인자(NMF)에 속하지 않는 것은?

① 아미노산 ② 암모니아
③ 젖산염 ④ 글리세린

12 피부 표면의 구조와 생리를 설명한 것으로 옳은 것은?

① 피지막의 친수성분을 천연보습인자라 한다.
② 피부의 이상적인 산성도(pH)는 6.2~7.8이다.
③ 피부의 pH는 성별 · 계절별로 변화가 거의 없다.
④ 피부의 피지막은 건강상태 및 위생과는 상관없다.

13 천연보습인자의 설명으로 틀린 것은?

① NMF(Natural Moisturizing Factor)
② 피부수분보유량을 조절한다.
③ 아미노산, 젖산, 요소 등으로 구성되어 있다.
④ 수소이온농도의 지수 유지를 말한다.

천연보습인자가 수소이온농도(pH)의 지수 유지를 말하는 것은 아니다.

14 손바닥과 발바닥 등 비교적 피부층이 두터운 부위에 주로 분포되어 있으며 수분침투를 방지하고 피부를 윤기 있게 해주는 기능을 가진 엘라이딘이라는 단백질을 함유하고 있는 표피 세포층은?

① 각질층 ② 유두층
③ 투명층 ④ 망상층

15 피부표피의 투명층에 존재하는 반유동성 물질은?

① 엘라이딘 ② 콜레스테롤
③ 단백질 ④ 세라마이드

정답 07 ③ 08 ④ 09 ④ 10 ① 11 ④ 12 ① 13 ④ 14 ③ 15 ①

16 표피의 투명층에 대한 설명으로 틀린 것은?

① 유핵층으로 각화세포로 피부를 보호한다.
② 엘라이딘을 함유하고 있어 피부를 윤기 있게 해준다.
③ 손바닥과 발바닥 부위에 주로 분포되어 있다.
④ 자외선을 반사하는 성질이 있다.

투명층은 무핵층이다.

17 다음 세포층 가운데 손바닥과 발바닥에서만 볼 수 있는 것은?

① 과립층 ② 유극층
③ 각질층 ④ 투명층

18 투명층은 인체의 어떤 부위에 가장 많이 존재하는가?

① 얼굴, 목
② 팔, 다리
③ 가슴, 등
④ 손바닥, 발바닥

19 피부보호를 위해 본격적인 각질화 과정을 시작하는 층은?

① 과립층 ② 유극층
③ 기저층 ④ 투명층

기저층에서 만들어진 세포가 유극층을 거쳐 과립층에서 본격적으로 각질화 과정을 시작한다.

20 각화유리질과립(Keratohyalin)은 피부 표피의 어떤 층에 주로 존재하는가?

① 과립층 ② 유극층
③ 기저층 ④ 투명층

21 표피 중에서 피부로부터 수분이 증발하는 것을 막는 층은?

① 각질층 ② 기저층
③ 과립층 ④ 유극층

과립층은 수분저지막이 있어 외부로부터 이물질의 통과와 내부의 수분증발을 막는다.

22 피부구조에서 물이나 일부의 물질을 통과하지 못하게 하는 흡수 방어벽 층은 어디에 있는가?

① 투명층과 과립층 사이
② 각질층과 투명층 사이
③ 유극층과 기저층 사이
④ 과립층과 유극층 사이

흡수 방어벽(레인 방어벽)은 투명층과 과립층 사이에 존재한다.

23 레인 방어막의 역할이 아닌 것은?

① 외부로부터 침입하는 각종 물질을 방어한다.
② 체액이 외부로 새어나가는 것을 방지한다.
③ 피부의 색소를 만든다.
④ 피부염 유발을 억제한다.

24 레인 방어막 아랫부분의 산도와 수분량은?

① 약산성, 78~80%의 수분량
② 약산성, 10~20%의 수분량
③ 약알칼리성, 70~80%의 수분량
④ 약알칼리성, 10~20%의 수분량

정답 16 ① 17 ④ 18 ④ 19 ① 20 ① 21 ③ 22 ① 23 ③ 24 ③

25 피부 표피층 중에서 가장 두꺼운 층으로 세포 표면에는 가시모양의 돌기가 나 있는 피부 세포층은?

① 유극층 ② 과립층
③ 각질층 ④ 기저층

26 원주형의 세포가 단층으로 이어져 있으며 각질형성세포와 색소형성세포가 존재하는 피부 세포층은?

① 기저층 ② 투명층
③ 각질층 ④ 유극층

27 피부의 새 세포 형성은 어디에서 이루어지는가?

① 기저층 ② 유극층
③ 과립층 ④ 투명층

28 다음 중 기저층의 중요한 역할로 가장 적당한 것은?

① 수분 방어 ② 면역
③ 팽윤 ④ 새 세포 형성

29 피부색상을 결정 짓는 데 주요한 요인이 되는 멜라닌 색소를 만들어 내는 피부층은?

① 과립층 ② 유극층
③ 기저층 ④ 유두층

30 피부에 있어 색소세포가 가장 많이 존재하고 있는 곳은?

① 표피의 각질층
② 표피의 기저층
③ 진피의 유두층
④ 진피의 망상층

31 피부의 각화과정(Keratinization)이란?

① 피부가 손톱, 발톱으로 딱딱하게 변하는 것을 말한다.
② 피부세포가 기저층에서 각질층까지 분열되어 올라가 죽은 각질세포로 되는 현상을 말한다.
③ 기저세포 중의 멜라닌 색소가 많아져서 피부가 검게 되는 것을 말한다.
④ 피부가 거칠어지고 주름이 생겨 늙는 것을 말한다.

32 피부의 세포가 기저층에서 생성되어 각질세포로 변화하여 피부 표면으로부터 떨어져 나가는 데 걸리는 기간은?

① 대략 60일 ② 대략 28일
③ 대략 120일 ④ 대략 280일

33 다음 중 표피층에 존재하는 세포가 아닌 것은?

① 각질형성세포
② 멜라닌세포
③ 랑게르한스세포
④ 비만세포

비만세포는 진피층에 존재한다.

34 표피층에 존재하는 면역 담당 세포는?

① 섬유아세포
② 멜라닌세포
③ 랑게르한스세포
④ 머켈세포

정답	
	25 ① 26 ① 27 ① 28 ④ 29 ③
	30 ② 31 ② 32 ② 33 ④ 34 ③

35 **피부의 각질(케라틴)을 만들어 내는 세포는?**

① 색소세포
② 기저세포
③ 각질형성세포
④ 섬유아세포

36 **표피에서 촉감을 감지하는 세포는?**

① 멜라닌세포
② 머켈세포
③ 각질형성세포
④ 랑게르한스세포

37 **멜라닌세포에 대한 설명으로 맞는 것은?**

① 자외선을 받으면 활동이 정지된다.
② 멜라닌은 자외선으로부터 피부를 보호한다.
③ 각질을 제조하는 세포이다.
④ 멜라닌형성세포는 주로 과립층에 위치한다.

38 **다음 중 멜라닌세포에 관한 설명으로 틀린 것은?**

① 멜라닌은 자외선으로부터의 보호작용을 한다.
② 과립층에 위치한다.
③ 색소제조 세포이다.
④ 자외선을 받으면 왕성하게 활동한다.

39 **멜라닌의 설명으로 옳지 않은 것은?**

① 멜라닌 생성세포는 신경질에서 유래하는 세포로서 정신적 인자와도 연관성이 있다.
② 멜라닌 형성자극 호르몬(MSH)도 멜라닌 형성에 촉진제 역할을 한다.
③ 색소 생성 세포의 수는 인종 간의 차이가 크다.
④ 임신 중에 신체 부위별로 색소가 짙어지기도 하는데 MSH가 왕성하게 분비되기 때문이다.

멜라닌세포 수는 인종과 피부색에 관계없이 일정하다.

40 **피부의 색소와 관계가 가장 먼 것은?**

① 에크린 ② 멜라닌
③ 카로틴 ④ 헤모글로빈

41 **얇은 표피에 진피의 동맥성 모세혈관이 비쳐 보여 붉은 혈색을 나타내는 피부의 색소는?**

① 카로틴 ② 알부민
③ 헤모글로빈 ④ 멜라닌

헤모글로빈은 혈색소로 혈액의 색이 붉은 것은 적혈구 속 헤모글로빈의 색 때문이다.

42 **다음 중 피부색을 결정하는 요소가 아닌 것은?**

① 멜라닌
② 혈관 분포와 혈색소
③ 각질층의 두께
④ 티록신

티록신은 갑상선에서 분비되는 호르몬으로 체내의 물질대사에 관여하며, 피부색을 결정하는 요소가 아니다.

정답 35 ③ 36 ② 37 ② 38 ② 39 ③ 40 ① 41 ③ 42 ④

43 피부 색소인 멜라닌(Melanin)은 어떤 아미노산으로부터 합성되는가?

① 티로신(Tyrosine)
② 글리신(Glycerine)
③ 알라닌(Alanine)
④ 글루탐산(Glutamic Acid)

멜라닌 색소는 아미노산인 티로신의 유도체이다.

44 피부의 주체를 이루는 층으로서 망상층과 유두층으로 구분되며 피부조직 외에 부속기관인 혈관, 신경관, 림프관, 땀샘, 기름샘, 모발과 입모근을 포함하고 있는 곳은?

① 표피　② 진피
③ 근육　④ 피하조직

45 모세혈관이 위치하며 콜라겐 조직과 탄력적인 엘라스틴섬유 및 무코다당류로 구성되어 있는 피부의 부분은?

① 표피　② 유극층
③ 진피　④ 피하조직

46 결합섬유와 탄력섬유로 구성되어 있으며 혈관, 신경세포, 임파액 등 많은 조직이 분포되어 있는 곳은?

① 표피　② 진피
③ 임파선　④ 피하조직

47 콜라겐과 엘라스틴으로 구성되어 있어 강한 탄력성을 지니고 있는 곳은?

① 표피　② 진피
③ 피하조직　④ 근육

48 피부의 구조 중 진피에 속하는 것은?

① 과립층　② 유극층
③ 유두층　④ 기저층

진피는 유두층과 망상층으로 이루어져 있다.

49 피부구조에 있어 유두층에 관한 설명 중 틀린 것은?

① 혈관과 신경이 있다.
② 혈관을 통하여 기저층에 많은 영양분을 공급하고 있다.
③ 수분을 다량으로 함유하고 있다.
④ 표피층에 위치하며 모낭 주위에 존재한다.

50 진피의 5분의 4를 차지할 정도로 가장 두꺼운 부분이고 옆으로 길고 섬세한 섬유가 그물모양으로 구성되어 있는 층은?

① 과립층　② 유두하층
③ 망상층　④ 유두층

51 피부구조에서 진피 중 피하조직과 연결되어 있는 것은?

① 유극층　② 기저층
③ 유두층　④ 망상층

52 진피의 구성성분이 아닌 것은?

① 엘라이딘　② 엘라스틴
③ 기질　④ 콜라겐

엘라이딘은 표피의 투명층에 있는 반유동성 물질이다.

정답	43 ① 44 ② 45 ③ 46 ② 47 ②
	48 ③ 49 ④ 50 ③ 51 ④ 52 ①

53 콜라겐에 대한 설명으로 틀린 것은?

① 노화된 피부에는 콜라겐 함량이 낮다.
② 콜라겐이 부족하면 주름이 발생하기 쉽다.
③ 콜라겐은 피부의 표피에 주로 발생한다.
④ 콜라겐은 섬유아세포에서 생성된다.

54 진피에 함유되어 있는 성분으로 우수한 보습능력을 지니어 피부 관리제품에도 많이 함유되어 있는 것은?

① 알코올(Alcohol)
② 콜라겐(Collagen)
③ 판테롤(Panthenol)
④ 글리세린(Glycerine)

55 다음 중 피부의 진피층을 구성하고 있는 주요 단백질은?

① 알부민
② 콜라겐
③ 글로불린
④ 시스틴

56 다음 중 진피의 구성세포는?

① 멜라닌세포
② 랑게르한스세포
③ 섬유아세포
④ 머켈세포

진피의 구성세포는 섬유아세포, 대식세포, 비만세포이다.

57 알레르기의 원인이 되는 히스타민이 분비되는 곳은?

① 랑게르한스세포
② 비만세포
③ 말피기세포
④ 유극세포

58 신체 부위 중 피부 두께가 가장 얇은 곳은?

① 손등 피부
② 볼 부위
③ 눈꺼풀 피부
④ 둔부

59 다음 중 피하지방층이 가장 적은 부위는?

① 배 부위
② 눈 부위
③ 등 부위
④ 대퇴 부위

60 다음 중 외부로부터 충격이 있을 때 완충작용으로 피부를 보호하는 역할을 하는 것은?

① 피하지방과 모발
② 한선과 피지선
③ 모공과 모낭
④ 외피 각질층

정답 53 ③ 54 ② 55 ② 56 ③ 57 ② 58 ③ 59 ② 60 ①

61 **피부의 기능과 그 설명이 틀린 것은?**

① 보호기능 : 피부 표면의 산성막은 박테리아의 감염과 미생물의 침입으로부터 피부를 보호한다.
② 흡수기능 : 피부는 외부의 온도를 흡수, 감지한다.
③ 영양분교환기능 : 프로비타민 D가 자외선을 받으면 비타민 D로 전환된다.
④ 저장기능 : 진피조직은 신체 중 가장 큰 저장기관으로 각종 영양분과 수분을 보유하고 있다.

진피조직은 신체 중 가장 큰 저장기관이 아니다.

62 **다음 중 피부의 기능이 아닌 것은?**

① 보호작용　② 체온조절작용
③ 감각작용　④ 순환작용

63 **피부의 기능이 아닌 것은?**

① 보호작용
② 체온조절작용
③ 비타민 A 합성작용
④ 호흡작용

피부는 비타민 D 합성작용을 한다.

64 **다음 중 체온조절기능에 대한 설명으로 옳은 것은?**

① 인체는 체내에서 열을 생산한다.
② 피부는 열 발산기능보다 열 생산기능이 더 활발하다.
③ 신체는 신진대사만으로 열을 생산한다.
④ 신체와 환경과의 열 교환현상은 없다.

65 **피부의 기능이 아닌 것은?**

① 피부는 강력한 보호작용을 지니고 있다.
② 피부는 체온의 외부 발산을 막고 외부 온도 변화를 내부로 전하는 작용을 한다.
③ 피부는 땀과 피지를 통해 노폐물을 분비·배설한다.
④ 피부도 호흡한다.

66 **피부의 흡수작용에 대한 설명 중 틀린 것은?**

① 분자가 작고 친수성 물질일수록 흡수가 용이하다.
② 발열작용을 통해 강제흡수를 촉진시킨다.
③ 수분저지막은 피부의 물질흡수를 방해한다.
④ 모낭과 피지선을 통해 흡수된다.

피부의 흡수작용은 친유성 물질과 소분자로 매우 제한적으로 흡수된다.

67 **피부의 생리작용 중 지각작용은?**

① 피부 표면에 수증기가 발산한다.
② 피부에는 땀샘, 피지선 모근은 피부 생리작용을 한다.
③ 피부 전체에 퍼져 있는 신경에 의해 촉각, 온각, 냉각, 통각 등을 느낀다.
④ 피부의 생리작용에 의해 생기는 노폐물을 운반한다.

정답 61 ④ 62 ④ 63 ③ 64 ① 65 ② 66 ① 67 ③

68 피부가 느낄 수 있는 감각 중에서 가장 예민한 감각은?

① 통각 ② 냉각
③ 촉각 ④ 압각

피부의 지각작용 중 통각이 가장 예민하고 온각이 가장 둔하다.

69 피부의 감각기관 중 가장 많이 분포하는 것은?

① 냉각(冷覺) ② 온각(溫覺)
③ 통각(通覺) ④ 압각(壓覺)

70 피부가 느끼는 오감 중에서 감각이 가장 둔한 것은?

① 냉각(冷覺) ② 온각(溫覺)
③ 통각(痛覺) ④ 압각(壓覺)

71 다음 보기 중 피부의 감각기관의 촉각점이 가장 적게 분포하는 것은?

① 손끝 ② 입술
③ 혀끝 ④ 발바닥

2 피부 부속기관의 구조 및 기능

72 표피의 부속기관이 아닌 것은?

① 손 · 발톱
② 유선
③ 피지선
④ 흉선

흉선(가슴샘)은 표피의 부속기관이 아니다.

73 성인이 하루에 분비하는 피지의 양은?

① 약 1~2g
② 약 0.1~0.2g
③ 약 3~5g
④ 약 5~8g

74 피지선에 대한 설명으로 틀린 것은?

① 피지를 분비하는 선으로 진피 중에 위치한다.
② 피지선은 손바닥에는 없다.
③ 피지의 1일 분비량은 10~20g 정도이다.
④ 피지선이 많은 부위는 코 주위이다.

75 피지에 대한 설명 중 잘못된 것은?

① 피지는 피부나 털을 보호하는 작용을 한다.
② 피지가 외부로 분출이 안 되면 여드름 요소인 면포로 발전한다.
③ 일반적으로 남자는 여자보다도 피지의 분비가 많다.
④ 피지는 아포크린 한선에서 분비된다.

76 다음 중 피지선이 분포되어 있지 않은 부위는?

① 손바닥 ② 코
③ 가슴 ④ 이마

77 입술에 있는 피지선은 다음 중 어느 것에 속하는가?

① 큰 피지선 ② 독립 피지선
③ 작은 피지선 ④ 무 피지선

정답	68 ① 69 ③ 70 ② 71 ④ 72 ④ 73 ① 74 ③ 75 ④ 76 ① 77 ②

78 피부의 피지막은 보통 상태에서 어떤 유화 상태로 존재하는가?

① W/O 유화
② O/W 유화
③ W/S 유화
④ S/W 유화

pH 4.5~6.5의 약산성으로 W/O의 유화상태로 존재한다.

79 피부의 피지막에 대한 설명 중 잘못된 것은?

① 보통 알칼리성을 나타내고 독물을 중화시킨다.
② 땀과 피지가 섞여서 합쳐진 막이다.
③ 세균 또는 백선균이 죽거나 발육이 억제당한다.
④ 피지막 형성은 피부의 상태에 따라 그 정도가 다르다.

80 다음 중 피부건조를 막아주는 역할을 하는 것은?

① 과립층 ② 유극층
③ 기저층 ④ 피지막

81 피부에서 자율신경의 지배를 받지 않는 것은?

① 혈관 ② 입모근
③ 한선 ④ 피지선

피지선은 자율신경의 지배를 받고 있지 않다.

82 피지선에서 분비되는 피지의 작용과 관계없는 것은?

① 털과 피부에 광택을 준다.
② 피지 속에는 유화작용을 하는 물질이 포함되어 있다.
③ 땀의 분비기능을 도와준다.
④ 수분이 증발되는 것을 막아준다.

83 다음 중 가장 이상적인 피부의 pH 범위는?

① pH 3.5~4.5
② pH 5.2~5.8
③ pH 6.5~7.2
④ pH 7.5~8.2

가장 이상적인 정상 피부의 범위는 피지막 pH에 범위 안에 있는 pH 5.2~5.8이다.

84 다음 중 피부 표면의 pH에 가장 큰 영향을 주는 것은?

① 각질 생성
② 침의 분비
③ 땀의 분비
④ 호르몬의 분비

땀의 과다 분비 또는 저하는 피부 표면의 pH에 영향을 준다.

85 피부에서 피지가 하는 작용과 관계가 가장 먼 것은?

① 수분 증발 억제
② 살균작용
③ 열 발산 방지작용
④ 유화작용

정답 78 ① 79 ① 80 ④ 81 ④ 82 ③ 83 ② 84 ③ 85 ③

86 다음 중 피지선의 노화현상을 나타내는 것은?

① 피지의 분비가 많아진다.
② 피지 분비가 감소된다.
③ 피부중화능력이 상승된다.
④ pH의 산성도가 강해진다.

87 피부의 산성도가 외부의 충격으로 파괴된 후 자연회복되는 데 걸리는 최소한의 시간은?

① 약 1시간 경과 후
② 약 2시간 경과 후
③ 약 3시간 경과 후
④ 약 4시간 경과 후

세안 후 약 2시간 경과 후 피부의 산성도가 회복된다.

88 피지분비와 피지선의 활성을 높여주는 호르몬은?

① 에스트로겐
② 프로게스트론
③ 인슐린
④ 안드로겐

89 피부 본래의 표면에 알칼리성의 용액을 pH 환원시키는 표피의 능력을 무엇이라고 하는가?

① 환원작용
② 알칼리 중화능(中和能)
③ 산화작용
④ 산성 중화능

90 다음 중 땀샘의 역할이 아닌 것은?

① 체온 조절
② 분비물 배출
③ 땀 분비
④ 피지 분비

피지의 분비는 피지선에서 한다.

91 한선에 대한 설명 중 틀린 것은?

① 체온 조절기능이 있다.
② 진피와 피하지방 조직의 경계 부위에 위치한다.
③ 입술을 포함한 전신에 존재한다.
④ 에크린선과 아포크린선이 있다.

92 땀샘에 대한 설명으로 틀린 것은?

① 에크린선은 입술뿐만 아니라 전신 피부에 분포되어 있다.
② 에크린선에서 분비되는 땀샘은 냄새가 거의 없다.
③ 아포크린선에서 분비되는 땀은 분비량이 소량이나 나쁜 냄새의 요인이 된다.
④ 아포크린선에서 분비되는 땀 자체는 무색, 무취, 무균성이나 표피에 배출된 후, 세균의 작용을 받아 부패하여 냄새가 나는 것이다.

정답 86 ② 87 ② 88 ④ 89 ② 90 ④ 91 ③ 92 ①

93 한선(땀샘)의 설명으로 틀린 것은?

① 체온을 조절한다.
② 땀은 피부의 피지막과 산성막을 형성한다.
③ 땀을 많이 흘리면 영양분과 미네랄을 잃는다.
④ 땀샘은 손, 발바닥에는 없다.

94 피부에서 땀과 함께 분비되는 천연 자외선 흡수제는?

① 글리콜산(Glycolic Acid)
② 글루탐산(Glutamic Acid)
③ 우로칸산(Urocanic Acid)
④ 레틴산(Retinoic Acid)

우로칸산은 자외선을 선택적으로 흡수한다.

95 한선의 활동을 증가시키는 요인으로 가장 거리가 먼 것은?

① 열
② 운동
③ 내분비선의 자극
④ 정신적 흥분

96 에크린 한선에 대한 설명으로 틀린 것은?

① 실밥을 둥글게 한 것 같은 모양으로 진피 내에 존재한다.
② 사춘기 이후에 주로 발달한다.
③ 특수한 부위를 제외한 거의 전신에 분포한다.
④ 손바닥, 발바닥, 이마에 가장 많이 분포한다.

97 사춘기 이후에 주로 분비되며, 모공을 통하여 분비되어 독특한 체취를 발생시키는 것은?

① 소한선　② 대한선
③ 피지선　④ 갑상선

98 사춘기 이후 성 호르몬의 영향을 받아 분비되기 시작하는 땀샘으로 체취선이라고 하는 것은?

① 소화선　② 대한선
③ 갑상선　④ 피지선

99 다음의 분비선 중 모낭에 부착되어 있는 것은?

① 소한선(에크린샘)
② 대한선(아포크린샘)
③ 내분비선
④ 모세혈관

100 아포크린샘(대한선) 분포가 많은 곳에 해당되지 않는 것은?

① 배꼽 주변　② 겨드랑이
③ 입술　④ 귀 부위

입술에는 분포되어 있지 않다.

101 다음 중 대한선(큰 땀샘)의 분포가 가장 많은 부위는?

① 볼　② 상지와 하지
③ 이마　④ 겨드랑이

정답 93 ④ 94 ③ 95 ③ 96 ② 97 ② 98 ② 99 ② 100 ③ 101 ④

102 피부의 한선(땀샘) 중 대한선은 어느 부위에서 볼 수 있는가?

① 얼굴과 손발
② 배와 등
③ 겨드랑이와 유두 주변
④ 팔과 다리

103 액취증의 원인이 되는 아포크린 한선이 분포되어 있지 않은 곳은?

① 배꼽 주변　② 겨드랑이
③ 사타구니　④ 발바닥

104 아포크린 한선의 설명으로 틀린 것은?

① 아포크린 한선의 냄새는 여성보다 남성에게 강하게 나타난다.
② 땀의 산도가 붕괴되면 심한 냄새를 동반한다.
③ 겨드랑이, 대음순, 배꼽 주변에 존재한다.
④ 인종적으로 흑인에게서 가장 많이 분비된다.

남성보다 여성에게서 냄새가 강하게 나타난다.

105 대한선(Apocrine Gland)의 설명으로 맞는 것은?

① 인종적으로 동양인에게 가장 많이 분비된다.
② 무색 · 무취의 약산성 액체이다.
③ 손바닥과 발바닥, 이마에 가장 많이 분포되어 있다.
④ 아포크린 한선의 냄새는 남성보다 여성에게 강하게 나타난다.

106 땀띠가 생기는 원인으로 가장 옳은 것은?

① 땀띠는 피부 표면의 땀구멍이 일시적으로 막히기 때문에 생기는 발한기능의 장애로 인해 발생한다.
② 땀띠는 여름철 너무 잦은 세안 때문에 발생한다.
③ 땀띠는 여름철 과다한 자외선 때문에 발생하므로 햇볕을 받지 않으면 생기지 않는다.
④ 땀띠는 피부에 미생물이 감염되어 생긴 피부질환이다.

107 땀의 분비가 감소하고 갑상선 기능의 저하, 신경계 질환의 원인이 되는 것은?

① 다한증　② 소한증
③ 무한증　④ 액취증

108 다음 중 입모근과 가장 관련 있는 것은?

① 수분 조절
② 체온 조절
③ 피지 조절
④ 호르몬 조절

추위에 피부가 노출되거나 공포를 느끼면 입모근이 수축하여 모공을 닫아 체온손실을 막아주고 체온조절의 역할을 한다.

109 추위에 노출되거나 공포를 느낄 때 모발을 일으켜 세우는 근육은?

① 모간　② 입모근
③ 모근　④ 교근

정답	
	102 ③ 103 ④ 104 ① 105 ④ 106 ①
	107 ② 108 ② 109 ②

110 **모발의 구조에 대한 설명으로 틀린 것은?**

① 모낭 : 입모근, 피지선, 소한선이 연결되어 있다.
② 모모세포 : 모발의 기원이 되는 세포로 모유두와 연결되어 모발 성장을 담당한다.
③ 모간 : 모간은 피부 밖으로 나와 있는 모의 부분이다.
④ 모유두 : 모근의 가장 아래쪽 중심부분으로 모모세포가 있고 모세혈관이 있어 산소와 영양공급이 이루어지며 신경이 존재한다.

> 모낭은 모근을 감싸고 있는 부분이며 피지선과 대한선, 입모근이 부착되어 있다.

111 **세포의 분열증식으로 모발이 만들어지는 곳은?**

① 모모(毛母)세포
② 모유두
③ 모구
④ 모소피

112 **두발의 70% 이상을 차지하며, 멜라닌 색소와 섬유질 및 간충 물질로 구성되어 있는 곳은?**

① 모표피　　② 모수질
③ 모피질　　④ 모낭

113 **전체 모발의 약 14~15%를 차지하며 모발이 위축되면서 모근이 위쪽으로 올라가 모발이 제거되는 시기로 맞는 것은?**

① 성장기　　② 퇴화기
③ 휴지기　　④ 발생기

114 **다음 중 남성형 탈모증의 주원인이 되는 호르몬은?**

① 안드로겐(Androgen)
② 에스트라디올(Estradiol)
③ 코티손(Cortisone)
④ 옥시토신(Oxytocin)

> 안드로겐은 남성 호르몬의 작용을 나타내는 모든 물질을 말하며 이마나 정수리 부위의 털이 줄어들어 탈모를 진행시키는 주원인이다.

115 **털의 색상에 대한 원인을 연결한 것 중 가장 거리가 먼 것은?**

① 검은색 – 멜라닌 색소를 많이 함유하고 있다.
② 금색 – 멜라닌 색소의 양이 많고 크기가 크다.
③ 붉은색 – 멜라닌 색소에 철 성분이 함유되어 있다.
④ 흰색 – 유전, 노화, 영양결핍, 스트레스가 원인이다.

정답　110 ①　111 ①　112 ③　113 ③　114 ①　115 ②

SECTION 02 피부유형분석

01 건성피부, 중성피부, 지성피부를 구분하는 가장 기본적인 피부유형 분석기준은?

① 피부의 조직상태
② 피지분비상태
③ 모공의 크기
④ 피부의 탄력도

02 피부유형에 대한 설명 중 틀린 것은?

① 정상피부 : 유 · 수분 균형이 잘 잡혀 있다.
② 민감성 피부 : 각질이 드문드문 보인다.
③ 노화피부 : 미세하거나 선명한 주름이 보인다.
④ 지성피부 : 모공이 크고 표면이 귤껍질 같이 보이기 쉽다.

각질이 드문드문 보이는 피부는 건성피부이다.

03 다음 중 중성피부에 대한 설명으로 옳은 것은?

① 중성피부는 화장이 오래가지 않고 쉽게 지워진다.
② 중성피부는 계절이나 연령에 따른 변화가 전혀 없이 항상 중성상태를 유지한다.
③ 중성피부는 외적인 요인에 의해 건성이나 지성 쪽으로 되기 쉽기 때문에 항상 꾸준한 손질을 해야 한다.
④ 중성피부는 자연적으로 유분과 수분의 분비가 적당하므로 다른 손질은 하지 않아도 된다.

04 피지와 땀의 분비 저하로 유 · 수분의 균형이 정상적이지 못하고, 피부결이 얇으며 탄력 저하와 주름이 쉽게 형성되는 피부는?

① 건성피부
② 지성피부
③ 이상피부
④ 민감성 피부

05 세안 후 이마, 볼 부위가 당기며, 잔주름이 많고 화장이 잘 들뜨는 피부유형은?

① 복합성 피부
② 건성피부
③ 노화피부
④ 민감피부

06 피부결이 섬세하고 화장이 잘 받지 않으며 쉽게 지워지지도 않는 피부는?

① 지성피부
② 중성피부
③ 민감성 피부
④ 건성피부

07 다음 중 건성피부 손질로서 가장 적당한 것은?

① 적절한 수분과 유분 공급
② 적절한 일광욕
③ 비타민 복용
④ 카페인 섭취

정답	01 ② 02 ② 03 ③ 04 ① 05 ② 06 ④ 07 ①

08 표피수분부족 피부의 특징이 아닌 것은?

① 연령에 관계없이 발생한다.
② 피부조직에 표피성 잔주름이 형성된다.
③ 피부 당김이 진피(내부)에서 심하게 느껴진다.
④ 피부조직이 별로 얇게 보이지 않는다.

표피수분부족 피부는 피부 당김이 표피에서 약하게 느껴진다.

09 지성피부에 대한 설명 중 틀린 것은?

① 지성피부는 정상피부보다 피지분비량이 많다.
② 피부결이 섬세하지만 피부가 얇고 붉은색이 많다.
③ 지성피부가 되는 원인은 남성호르몬인 안드로겐이나 여성호르몬인 프로게스테론의 기능이 활발해지기 때문이다.
④ 지성피부의 관리는 피지 제거 및 세정을 주목적으로 한다.

10 지성피부의 특징이 아닌 것은?

① 여드름이 잘 발생한다.
② 남성 피부에 많다.
③ 모공이 매우 크며 번들거린다.
④ 피부결이 섬세하고 곱다.

11 피부결이 거칠고 모공이 크며 화장이 쉽게 지워지는 피부 타입은?

① 지성피부
② 민감성 피부
③ 중성피부
④ 건성피부

12 지성피부의 손질로 가장 적합한 것은?

① 유분이 많이 함유된 화장품을 사용한다.
② 스팀 수건을 사용하여 불순물 제거와 수분을 공급한다.
③ 피부를 항상 건조한 상태로 만든다.
④ 마사지와 팩은 하지 않는다.

13 민감성 피부에 대한 설명으로 가장 적합한 것은?

① 피지의 분비가 적어서 거친 피부
② 어떤 물질에 곧 반응을 일으키는 피부
③ 땀이 많이 나는 피부
④ 멜라닌 색소가 많은 피부

14 자외선에 과도하게 노출되거나 칼슘이 부족할 경우 뒤따를 수 있는 피부 유형은?

① 여드름성 피부
② 민감성 피부
③ 복합성 피부
④ 지성피부

자외선에 과도하게 노출면 민감성 피부(예민성 피부)가 될 수 있다.

15 얼굴에서 T-Zone 부위는 번들거리고, 볼 부위는 당기는 피부타입은?

① 지성피부 ② 중성피부
③ 복합성 피부 ④ 건성피부

중성, 지성, 건성 중 다른 두 가지 이상의 현상이 함께 있는 피부 상태로 복합성 피부에 대한 설명이다.

정답 08 ③ 09 ② 10 ④ 11 ① 12 ② 13 ② 14 ② 15 ③

SECTION 03 피부와 영양

1 3대 영양소

01 다음 중 3대 영양소가 아닌 것은?

① 탄수화물 ② 지방
③ 단백질 ④ 비타민

02 다음 중 에너지원으로 작용하는 것끼리 짝지어진 것은?

① 지방, 탄수화물
② 비타민, 무기질
③ 무기질, 지방
④ 탄수화물, 비타민

주요 에너지원은 탄수화물, 단백질, 지방이다.

03 다음 중 탄수화물, 지방, 단백질 3가지를 지칭하는 명칭은?

① 구성영양소 ② 열량영양소
③ 조절영양소 ④ 구조영양소

04 영양소의 3대 작용에서 제외되는 사항은?

① 신체의 열량공급작용
② 신체의 조직구성작용
③ 신체의 사회적응작용
④ 신체의 생리기능조절작용

05 일반 성인을 기준으로 한 기초 칼로리는 얼마인가?

① 600~800kcal
② 800~1,000kcal
③ 1,600~1,800kcal
④ 2,000~2,500kcal

06 생명 유지를 위하여 최소한의 기능을 유지하는 데 필요한 생리적 최소 에너지양은?

① 기초대사량
② 비교에너지대사량
③ 열량소요량
④ 작업에너지대사량

2 피부와 영양

07 피부의 영양관리에 대한 설명 중 가장 올바른 것은?

① 대부분의 영양은 음식물을 통해 얻을 수 있다.
② 외용약을 사용하여서만 유지할 수 있다.
③ 마사지를 잘하면 된다.
④ 영양 크림을 어떻게 잘 바르는가에 달려 있다.

08 75%가 에너지원으로 쓰이고 에너지가 되고 남은 것은 지방으로 전환되어 저장되는데 주로 글리코겐 형태로 간에 저장된다. 과잉 섭취는 혈액의 산도를 높이고 피부의 저항력을 약화시켜 세균감염을 초래하며 산성체질을 만들고 결핍되었을 때는 체중감소, 기력부족 현상이 나타나는 영양소는?

① 탄수화물 ② 단백질
③ 비타민 ④ 무기질

정답	
	01 ④ 02 ① 03 ② 04 ③ 05 ③
	06 ① 07 ① 08 ①

09 **탄수화물에 대한 설명으로 옳지 않은 것은?**

① 당질이라고도 하며 신체의 중요한 에너지원이다.
② 장에서 포도당, 과당 및 갈락토스로 흡수된다.
③ 지나친 탄수화물의 섭취는 신체를 알칼리성 체질로 만든다.
④ 탄수화물의 소화흡수율은 99%에 가깝다.

탄수화물을 과다 섭취하면 산성체질로 변해 저항력이 떨어진다.

10 **체조직 구성 영양소에 대한 설명으로 틀린 것은?**

① 지질은 체지방의 형태로 에너지를 저장하며 생체막 성분으로 체구성 역할과 피부의 보호역할을 한다.
② 지방이 분해되면 지방산이 되는데 이 중 불포화지방산은 인체 구성성분으로 중요한 위치를 차지하고 체내에서 합성할 수 없기 때문에 필수지방산이라고도 부른다.
③ 필수지방산은 식물성 지방보다 동물성 지방을 먹는 것이 좋다.
④ 불포화 지방산은 상온에서 액체 상태를 유지한다.

필수지방산은 동물성 지방보다 식물성 지방을 먹는 것이 좋다.

11 **다음 중 필수지방산에 속하지 않는 것은?**

① 리놀산 ② 리놀렌산
③ 아라키돈산 ④ 타르타르산

12 **다음 중 피부의 각질, 털, 손톱, 발톱의 구성 성분인 케라틴을 가장 많이 함유한 것은?**

① 동물성 단백질
② 동물성 지방질
③ 식물성 지방질
④ 탄수화물

13 **단백질의 최종 가수분해 물질은?**

① 지방산 ② 콜레스테롤
③ 아미노산 ④ 카로틴

14 **단백질의 최소단위로 맞는 것은?**

① 글리세린 ② 포도당
③ 지방산 ④ 아미노산

15 **다음 중 필수아미노산에 속하지 않는 것은?**

① 트립토판 ② 트레오닌
③ 발린 ④ 알라닌

16 **다음 중 필수아미노산에 속하지 않는 것은?**

① 아르기닌 ② 리신
③ 히스티딘 ④ 글리신

17 **성장촉진, 생리대사의 보조역할, 신경안정과 면역기능 강화 등의 역할을 하는 영양소는?**

① 단백질 ② 비타민
③ 무기질 ④ 지방

정답 09 ③ 10 ③ 11 ④ 12 ① 13 ③ 14 ④ 15 ④ 16 ④ 17 ②

18 다음 영양소 중 인체의 생리적 조절작용에 관여하는 조절소는?

① 단백질
② 비타민
③ 지방질
④ 탄수화물

19 비타민에 대한 설명 중 틀린 것은?

① 비타민 A가 결핍되면 피부가 건조해지고 거칠어진다.
② 비타민 C는 교원질 형성에 중요한 역할을 한다.
③ 레티노이드는 비타민 A를 통칭하는 용어이다.
④ 표피에 존재하는 각질형성세포는 면역조절에 작용하지 않는다.

20 각 비타민의 효능 설명 중 옳은 것은?

① 비타민 E – 아스코르빈산의 유도체로 사용되며 미백제로 이용된다.
② 비타민 A – 혈액순환 촉진과 피부 청정효과가 우수하다.
③ 비타민 P – 바이오플라보노이드라고도 하며 모세혈관을 강화하는 효과가 있다.
④ 비타민 B – 세포 및 결합조직의 조기노화를 예방한다.

> ① 비타민 C
> ② 비타민 E
> ④ 비타민 C

21 비타민 결핍 시 발생할 수 있는 질병과의 연결이 틀린 것은?

① 비타민 E – 불임증
② 비타민 D – 괴혈병
③ 비타민 B_1 – 각기병
④ 비타민 A – 야맹증

> 비타민 D 결핍 시에는 구루병, 골다공증이 발생할 수 있다.

22 비타민 결핍 시 발생할 수 있는 질병과의 연결이 틀린 것은?

① 비타민 B_2 – 구순염
② 비타민 D – 구루병
③ 비타민 A – 야맹증
④ 비타민 C – 각기병

> 각기병은 비타민 B_1 결핍 시 발생할 수 있다.

23 다음 중 지용성 비타민에 해당되지 않는 것은?

① 비타민 A ② 비타민 B
③ 비타민 E ④ 비타민 D

> 지용성 비타민 : 비타민 A, 비타민 D, 비타민 E, 비타민 K

24 다음 중 수용성 비타민은?

① 비타민 B 복합체
② 비타민 A
③ 비타민 D
④ 비타민 K

정답	18 ② 19 ④ 20 ③ 21 ② 22 ④ 23 ② 24 ①

25 수용성 비타민의 명칭이 잘못된 것은?

① Vitamin B_1 → 티아민(Thiamine)
② Vitamin B_6 → 피리독신(Phyridoxin)
③ Vitamin B_{12} → 나이아신(Niacin)
④ Vitamin B_2 → 리보플라빈(Riboflavin)

Vitamin B_{12}는 시아노코발라민이다.

26 산과 합쳐지면 레티놀산이 되고, 피부의 각화작용을 정상화시키며, 피지 분비를 억제하므로 각질연화제로 많이 사용되는 비타민은?

① 비타민 A
② 비타민 B 복합체
③ 비타민 C
④ 비타민 D

27 유용성 비타민으로서 간류, 달걀, 우유 등에 많이 함유되어 있으며 결핍되면 건성피부가 되고 각질층이 두터워지며 피부가 세균감염을 일으키기 쉬운 비타민은?

① 비타민 A
② 비타민 B_1
③ 비타민 B_2
④ 비타민 C

28 상피조직의 신진대사에 관여하며 각화 정상화 및 피부재생을 돕고 노화 방지에 효과가 있는 비타민은?

① 비타민 C
② 비타민 D
③ 비타민 A
④ 비타민 K

29 풋고추, 당근, 시금치, 달걀노른자에 많이 들어 있는 비타민으로 피부 각화작용을 정상적으로 유지시켜 주는 것은?

① 비타민 C
② 비타민 A
③ 비타민 K
④ 비타민 D

30 결핍 시 피부 표면이 경화되어 거칠어지는 주된 영양물질은?

① 단백질과 비타민 A
② 비타민 D
③ 탄수화물
④ 무기질

31 다음 중 비타민 A와 깊은 관련이 있는 카로틴을 가장 많이 함유한 식품은?

① 쇠고기, 돼지고기
② 감자, 고구마
③ 귤, 당근
④ 사과, 배

카로틴은 황적색 내지 빨간 색소의 일종으로, 당근, 귤, 토마토에 많이 함유되어 있다.

32 다음 중 비타민 A와 깊은 관련이 있는 카로틴을 가장 많이 함유한 식품은?

① 사과, 배
② 감자, 고구마
③ 귤, 당근
④ 쇠고기, 돼지고기

정답 25 ③ 26 ① 27 ① 28 ③ 29 ② 30 ① 31 ③ 32 ③

33 감귤을 많이 먹었더니 손바닥이 특히 황색으로 변했다. 다음 중 무엇 때문인가?

① 카로틴
② 크산틴
③ 클로로필
④ 산화헤모글로빈

34 과민 피부, 습진, 부스럼, 빨간 코 등은 어떤 비타민의 부족으로 생기는가?

① 비타민 A
② 비타민 D
③ 비타민 C
④ 비타민 B_2

35 체내에 부족하면 괴혈병을 유발시키며, 피부와 잇몸에서 피가 나오게 되고 빈혈을 일으켜 피부를 창백하게 하는 것은?

① 비타민 A
② 비타민 B_2
③ 비타민 C
④ 비타민 K

36 부족하면 피부 색소를 퇴색시키며 기미, 주근깨 등의 치료에 주로 쓰이는 것은?

① 비타민 A
② 비타민 B
③ 비타민 C
④ 비타민 D

37 비타민 C 부족 시 어떤 증상이 주로 일어날 수 있는가?

① 피부가 촉촉해진다.
② 색소, 기미가 생긴다.
③ 여드름의 발생 원인이 된다.
④ 지방이 많이 낀다.

38 항산화 비타민으로 아스코르빈산(Ascorbicacid)으로 불리는 것은?

① 비타민 A
② 비타민 B
③ 비타민 C
④ 비타민 D

39 비타민 C가 인체에 미치는 효과가 아닌 것은?

① 피부의 멜라닌 색소의 생성을 억제시킨다.
② 혈색을 좋게 하여 피부에 광택을 준다.
③ 호르몬의 분비를 억제시킨다.
④ 피부의 과민증을 억제하는 힘과 해독작용을 한다.

40 열에 가장 쉽게 파괴되는 비타민은?

① 비타민 A
② 비타민 B
③ 비타민 C
④ 비타민 D

41 비타민 C가 피부에 미치는 영향으로 틀린 것은?

① 멜라닌 색소 생성 억제
② 광선에 대한 저항력 약화
③ 모세혈관의 강화
④ 진피의 결체조직 강화

정답 33 ① 34 ④ 35 ③ 36 ③ 37 ② 38 ③ 39 ③ 40 ③ 41 ②

42 과일, 채소에 많이 들어 있으면서 모세혈관을 강화시켜 피부손상과 멜라닌 색소 형성을 억제하는 비타민은?

① 비타민 K
② 비타민 C
③ 비타민 E
④ 비타민 B

43 다음 중 비타민에 대한 설명으로 틀린 것은?

① 비타민 A가 결핍되면 피부가 건조해지고 거칠어진다.
② 비타민 C는 교원질 형성에 중요한 역할을 한다.
③ 레티노이드는 비타민 A를 통칭하는 용어이다.
④ 비타민 A는 많은 양이 피부에서 합성된다.

비타민 D는 피부에서 합성되며 이는 소량으로 비타민은 인체에서 합성되지 않고 대부분 식품을 통한 섭취로 이루어진다.

44 태양의 자외선에 의해 피부에서 만들어지며 칼슘과 인의 흡수를 촉진하는 기능이 있어 골다공증의 예방에 효과적인 것은?

① 비타민 D
② 비타민 E
③ 비타민 K
④ 비타민 P

45 골연화증은 다음 중 어느 비타민의 부족 시 오는가?

① 비타민 C
② 비타민 D
③ 비타민 A
④ 비타민 B

46 항산화 비타민과 관계가 가장 적은 것은?

① 비타민 A
② 비타민 C
③ 비타민 D
④ 비타민 E

47 결핍 시 불임증 및 피부건조, 노화 등과 가장 관련이 높은 비타민은?

① 비타민 E
② 비타민 D
③ 비타민 B_1
④ 비타민 B_2

48 비타민 E에 대한 설명 중 옳은 것은?

① 부족하면 야맹증이 발생한다.
② 자외선을 받으면 피부 표면에서 만들어져 흡수된다.
③ 부족하면 피부나 점막에서 출혈이 발생한다.
④ 호르몬 생성, 임신 등의 생식기능과 관계가 깊다.

49 다음 중 비타민 E를 많이 함유한 식품은?

① 당근
② 맥아
③ 복숭아
④ 브로콜리

정답 42 ② 43 ④ 44 ① 45 ② 46 ③ 47 ① 48 ④ 49 ②

50 무기질의 설명으로 틀린 것은?

① 조절작용을 한다.
② 수분과 산, 염기의 평형조절을 한다.
③ 뼈와 치아를 만드는 성분이다.
④ 에너지의 공급원으로 이용된다.

무기질은 에너지의 공급원으로 이용되지 않는다.

51 헤모글로빈을 구성하는 매우 중요한 물질로 피부의 혈색과도 밀접한 관계에 있으며 결핍되면 빈혈이 일어나는 영양소는?

① 철분(Fe)
② 칼슘(Ca)
③ 요오드(I)
④ 마그네슘(Mg)

52 손톱이 약해지고 얇아지는 것은 어떤 영양소의 결핍으로 인한 것인가?

① 비타민 A
② 지방
③ 무기질
④ 탄수화물

무기질의 황(유황)은 케라틴의 합성을 돕는 물질로 머리카락, 피부, 손발톱 등의 건강에 관여한다.

53 갑상선과 부신의 기능을 활성화시켜 피부를 건강하게 해주며 모세혈관의 기능을 정상화시키는 것은?

① 나트륨
② 마그네슘
③ 철분
④ 요오드

3 체형과 영양

54 탄수화물 과다 섭취로 인해 필요 이상의 당분을 섭취할 경우 어떤 현상이 생기는가?

① 피부를 매끄럽게 한다.
② 탄력섬유의 탄력성을 준다.
③ 피부 자극을 준다.
④ 비만의 원인이 된다.

탄수화물의 과다 섭취는 비만과 체질의 산성화를 일으킨다.

55 다음 중 표준체중 ±10%가 나타내는 것은?

① 체중 부족
② 정상체중
③ 과체중
④ 비만

표준체중 ±10%는 정상체중, 표준체중의 10% 이상은 과체중, 표준체중의 20% 이상은 비만으로 분류된다.

56 우리 몸의 대사과정에서 배출되는 노폐물, 독소 등이 배설되지 못하고 피부조직에 남아 비만으로 보이며 림프 순환이 원인인 피부 현상은?

① 쿠퍼로제
② 켈로이드
③ 알레르기
④ 셀룰라이트

정답 50 ④ 51 ① 52 ③ 53 ④ 54 ④ 55 ② 56 ④

57 셀룰라이트(Cellulite)의 설명으로 옳은 것은?

① 수분이 정체되어 부종이 생긴 현상
② 영양섭취의 불균형 현상
③ 피하지방이 축적되어 뭉친 현상
④ 화학물질에 대한 저항력이 강한 현상

58 셀룰라이트에 대한 설명으로 틀린 것은?

① 노폐물 등이 정체되어 있는 상태
② 피하지방이 비대해져 정체되어 있는 상태
③ 소성결합조직이 경화되어 뭉쳐 있는 상태
④ 근육이 경화되어 딱딱하게 굳어 있는 상태

셀룰라이트는 근육의 경화와는 관련이 없다.

SECTION 04 피부장애와 질환

1 원발진과 속발진

01 피부질환의 초기 병변으로 건강한 피부에서 발생한 변화는?

① 원발진 ② 발진열
③ 알레르기 ④ 속발진

02 다음 중 원발진(Primary Lesions)에 해당하는 피부질환은?

① 면포 ② 미란
③ 가피 ④ 반흔

원발진 : 반점, 홍반, 면포, 농포, 팽진, 구진, 소수포, 대수포, 결절, 종양, 낭종

03 다음 중 원발진에 해당하는 피부 변화는?

① 가피 ② 미란
③ 위축 ④ 구진

04 다음 중 원발진에 속하는 것은?

① 수포, 반점, 인설
② 수포, 균열, 반점
③ 반점, 구진, 결절
④ 반점, 가피, 구진

05 다음 중 원발진으로만 짝지어진 것은?

① 농포, 수포
② 색소침착, 찰상
③ 티눈, 흉터
④ 동상, 궤양

06 다음 중 원발진이 아닌 것은?

① 구진 ② 농포
③ 반흔 ④ 종양

07 표피로부터 가볍게 흩어지고 지속적이며 무의식적으로 생기는 죽은 각질세포는?

① 비듬
② 농포
③ 두드러기
④ 종양

정답 57 ③ 58 ④ 01 ① 02 ① 03 ④ 04 ③ 05 ① 06 ③ 07 ①

08 피부 표면에 융기나 함몰 없이 색조의 변화만으로 나타나는 병변은?

① 가피 ② 인설
③ 찰상 ④ 반점

09 모세혈관의 울혈에 의해 피부가 발적된 상태를 무엇이라 하는가?

① 소수포 ② 종양
③ 홍반 ④ 자반

10 염증으로서 주변 조직이 파손되지 않도록 빨리 짜주어야 하는 것은?

① 담마진 ② 수포
③ 반점 ④ 농포

농포는 피부 위로 고름이 잡히며 염증을 동반한 상태로 가능한 빨리 치료하는 것이 좋다.

11 피부발진 중 일시적인 증상으로 가려움증을 동반하여 불규칙적인 모양을 한 피부현상은?

① 농포 ② 팽진
③ 구진 ④ 결절

12 모낭 내에 축적된 피지에 여드름균이 번식하면서 혈액이 몰려 붉게 부어오르며 약간의 통증이 동반되는 여드름은?

① 구진 ② 농포
③ 면포 ④ 낭종

구진은 염증성 여드름의 초기단계로 1cm 미만의 표피에 형성되는 융기로 주위 피부보다 붉고 상처 없이 치유 가능한 상태이다.

13 피부의 변화 중 결절(Nodule)에 대한 설명으로 틀린 것은?

① 표피 내부에 직경 1cm 미만의 묽은 액체를 포함한 융기이다.
② 여드름 피부의 3단계에 나타난다.
③ 구진이 서로 엉켜서 큰 형태를 이룬 것이다.
④ 구진과 종양의 중간 염증이다.

결절은 1cm 이상의 경계가 명확하며 단단한 융기로 진피나 피하지방까지 침범하여 통증을 동반하는 상태이다.

14 시계적 손상에 의한 피부질환이 아닌 것은?

① 굳은살 ② 티눈
③ 종양 ④ 욕창

종양은 고름과 피지가 축적된 상태이다.

15 다음 중 속발진으로 바른 것은?

① 비듬 ② 농포
③ 팽진 ④ 종양

속발진 : 인설, 위축, 태선화, 균열, 가피, 찰상, 미란, 궤양, 켈로이드, 흉터

16 다음 중 속발진에 해당하는 병소는?

① 반점 ② 가피
③ 구진 ④ 종양

정답 08 ④ 09 ③ 10 ④ 11 ② 12 ① 13 ① 14 ③ 15 ① 16 ②

17 **다음 중 태선화에 대한 설명으로 옳은 것은?**

① 표피가 얇아지는 것으로 표피세포 수의 감소와 관련이 있으며 종종 진피의 변화와 동반된다.
② 둥글거나 불규칙한 모양의 굴착으로 점진적인 괴사에 의해서 표피와 함께 진피의 소실이 오는 것이다.
③ 질병이나 손상에 의해 진피와 심부에 생긴 결손을 메우는 새로운 결체조직의 생성으로 생기며 정상치유 과정의 하나이다.
④ 표피 전체와 진피의 일부가 가죽처럼 두꺼워지는 현상이다.

18 **장기간에 걸쳐 반복하여 긁거나 비벼서 표피가 건조하고 가죽처럼 두꺼워진 상태는?**

① 가피 ② 낭종
③ 태선화 ④ 반흔

19 **켈로이드는 어떤 조직이 비정상으로 성장한 것인가?**

① 피하지방조직
② 정상 상피조직
③ 정상 분비선조직
④ 결합조직

> 낭종은 피부가 융기된 상태로 진피에 자리 잡고 있으며 심한 통증이 동반되고 치료 후 흉터가 남는 상태로 여드름 피부의 4단계에서 생성된다.

20 **진피에 자리하고 있으며 통증이 동반되고, 여드름 피부의 4단계에서 생성되는 것으로 치료 후 흉터가 남는 것은?**

① 가피 ② 농포
③ 면포 ④ 낭종

21 **다음 중 세포 재생이 더 이상 되지 않으며 기름샘과 땀샘이 없는 것은?**

① 흉터 ② 티눈
③ 두드러기 ④ 습진

2 기타 피부질환

22 **심상성 좌창이라고도 하며 주로 사춘기 때 잘 발생하는 피부질환은?**

① 여드름
② 건선
③ 아토피 피부염
④ 신경성 피부염

23 **여드름 피부에 관련된 설명으로 틀린 것은?**

① 여드름은 사춘기에 피지 분비가 왕성해지면서 나타나는 비염증성, 염증성 피부발진이다.
② 여드름은 사춘기에 일시적으로 나타나며 30대 정도에 모두 사라진다.
③ 다양한 원인에 의해 피지가 많이 생기고 모공입구의 폐쇄로 인해 피지 배출이 잘 되지 않는다.
④ 선천적인 체질상 체내 호르몬의 이상 현상으로 지루성 피부에서 발생되는 여드름 형태는 심상성 여드름이라 한다.

> 사춘기에 주로 나타나지만 30대 정도가 되어도 모두 사라지지는 않는다.

정답 17 ④ 18 ③ 19 ④ 20 ④ 21 ① 22 ① 23 ②

24 다음 중 공기의 접촉 및 산화와 관계있는 것은?

① 흰 면포 ② 검은 면포
③ 구진 ④ 팽진

25 피부질환 중 지성피부에 여드름이 많이 나타나는 이유로 가장 옳은 것은?

① 한선의 기능이 왕성하므로
② 림프의 역할이 왕성하므로
③ 피지가 계속 많이 분비되어 모낭구가 막히므로
④ 피지선의 기능이 왕성하므로

26 피부에 여드름이 생기는 것은 다음 중 어느 것과 직접 관계되는가?

① 한선구가 막혀서
② 피지에 의해 모공이 막혀서
③ 땀의 발산이 순조롭지 않아서
④ 혈액순환이 나빠서

27 여드름의 발생 원인을 설명한 것 중 거리가 가장 먼 것은?

① 위장 장애
② 호르몬의 불균형
③ 변비
④ 피부의 수분감소

28 여드름 발생의 주요 원인과 가장 거리가 먼 것은?

① 아포크린 한선의 분비 증가
② 모낭 내 이상 각화
③ 여드름균의 군락 형성
④ 염증 반응

여드름 발생 원인은 피지의 과잉분비와 관련이 있다.

29 각질층의 병변현상과 관계가 먼 것은?

① 여드름 ② 티눈
③ 건성 ④ 비듬

30 다음 중 염증성 여드름에 해당하지 않는 것은?

① 흑면포 ② 결절
③ 농포 ④ 구진

31 사춘기 이후에 분비되며 피지선을 자극하여 여드름을 발생시키는 호르몬은?

① 여성호르몬
② 테스토스테론
③ 갑상선호르몬
④ 인슐린호르몬

여드름은 사춘기 이후 남성호르몬인 테스토스테론이 피지선을 자극하여 피지 분비가 왕성해지면서 나타난다.

32 여드름 치료에 대한 설명 중 잘못된 것은?

① 여드름이 악화되기 전에 손으로 짜낸다.
② 적외선 조사에 마사지를 병행한다.
③ 여드름 발생 초기에 비타민 C를 매일 복용한다.
④ 피로가 누적되지 않게 하며, 숙면을 취한다.

정답 24 ② 25 ③ 26 ② 27 ④ 28 ① 29 ① 30 ① 31 ② 32 ①

33 여드름 치료에 있어 일상생활에서 주의해야 할 사항에 해당되지 않는 것은?

① 적당하게 일광을 쪼여야 한다.
② 과로를 피한다.
③ 비타민 B_2가 많이 함유된 음식을 먹지 않도록 한다.
④ 배변이 잘 이루어지도록 한다.

비타민 B_2는 피부염에 효과가 있어 여드름 치료에 효과적이다.

34 일상생활에서 여드름 치료 시 주의하여야 할 사항에 해당하지 않는 것은?

① 과로를 피한다.
② 배변이 잘 이루어지도록 한다.
③ 식사 시 버터, 치즈 등을 가급적 많이 먹는다.
④ 적당한 일광을 쪼일 수 없는 경우 자외선을 가볍게 조사 받도록 한다.

35 여드름이 많이 났을 때의 관리방법으로 가장 거리가 먼 것은?

① 유분이 많은 화장품을 사용하지 않는다.
② 클렌징을 철저히 한다.
③ 요오드가 많이 든 음식을 섭취한다.
④ 적당한 운동과 비타민류를 섭취한다.

36 기미에 대한 설명으로 틀린 것은?

① 피부 내에 멜라닌이 합성되지 않아 야기되는 것이다.
② 30~40대의 중년여성에게 잘 나타나고 재발이 잘 된다.
③ 선탠기에 의해서도 기미가 생길 수 있다.
④ 경계가 명확한 갈색의 점으로 나타난다.

사춘기에 주로 나타나지만 30대 정도가 되어도 모두 사라지지는 않는다.

37 기미피부의 손질방법으로 가장 틀린 것은?

① 정신적 스트레스를 최소화한다.
② 자외선을 자주 이용하여 멜라닌을 관리한다.
③ 화학적 필링과 AHA 성분을 이용한다.
④ 비타민 C가 함유된 음식물을 섭취한다.

자외선을 자주 이용하면 기미가 더 많이 발생한다.

38 기미, 주근깨의 손질에 대한 설명 중 잘못된 것은?

① 외출 시에는 화장하지 않고 기초손질만한다.
② 자외선 차단제가 함유되어 있는 일소방지용 화장품을 사용한다.
③ 비타민 C가 함유된 식품을 다량 섭취한다.
④ 미백효과가 있는 팩을 자주 한다.

39 기미를 악화시키는 주원인이 아닌 것은?

① 임신
② 내분비 이상
③ 경구 피임약의 복용
④ 태양광선을 피하는 것

정답 33 ③ 34 ③ 35 ③ 36 ① 37 ② 38 ① 39 ④

40 기미가 생기는 원인으로 가장 거리가 먼 것은?

① 정신적 불안
② 비타민 C 과다
③ 내분비 기능 장애
④ 질이 좋지 않은 화장품의 사용

비타민 C는 색소침착을 방지한다.

41 다음 중 기미의 유형이 아닌 것은?

① 혼합형 기미
② 진피형 기미
③ 표피형 기미
④ 피하조직형 기미

42 백반증에 관한 내용 중 틀린 것은?

① 멜라닌세포의 과다한 증식으로 일어난다.
② 백색 반점이 피부에 나타난다.
③ 후천적 탈색소 질환이다.
④ 원형, 타원형 또는 부정형의 흰색 반점이 나타난다.

백반증은 멜라닌세포가 결핍되어 흰색의 반점이 생기는 증상이며 저 색소 질환이다.

43 피부 색소침착의 증상이 아닌 것은?

① 기미
② 주근깨
③ 백반증
④ 검버섯

44 흑갈색의 사마귀 모양으로 40대 이후에 손등이나 얼굴 등에 생기는 것은?

① 기미 ② 주근깨
③ 흑피증 ④ 노인성 반점

45 강한 유전현상을 보이는 특별한 습진으로 팔꿈치 안쪽이나 목 등의 피부가 거칠어지고 아주 심한 가려움증을 유발하는 것은?

① 아토피성 피부염
② 일광 피부염
③ 베를로크 피부염
④ 약진

46 마른버짐의 원인과 특징에 대해 설명한 것 중 잘못된 것은?

① 마른버짐이 발에서 발병하면 무좀이 된다.
② 마른버짐은 얼굴뿐 아니라 몸 전체에도 생긴다.
③ 손톱의 마른버짐은 손톱모양을 기형으로 만든다.
④ 마른버짐은 피부가 두꺼워지고 하얀 비늘이 일어나는 것이 특징이다.

무좀은 사상균에 의해 발생된다.

47 일반적으로 여드름이나 부스럼이 가장 발생하기 쉬운 계절은?

① 봄 ② 여름
③ 가을 ④ 겨울

정답 40 ② 41 ④ 42 ① 43 ③ 44 ④ 45 ① 46 ① 47 ①

48 여름철의 피부 상태를 설명한 것으로 틀린 것은?

① 각질층이 두꺼워지고 거칠어진다.
② 표피의 색소침착이 뚜렷해진다.
③ 고온다습한 환경으로 피부 활력이 없어지고 지친다.
④ 버짐이 생기며 혈액순환이 둔화된다.

49 접촉성 피부염의 주된 알레르기원이 아닌 것은?

① 니켈 ② 금
③ 수은 ④ 크롬

수은, 니켈, 크롬이 피부와 접촉하면 접촉성 피부염이 발생한다.

50 다음 중 알레르기에 의한 피부의 반응이 아닌 것은?

① 화장품에 의한 피부염
② 가구나 의복에 의한 피부염
③ 비타민 과다에 의한 피부염
④ 내복한 약에 의한 피부질환

51 다음 중 각 피부질환의 증상을 설명한 것으로 옳은 것은?

① 무좀 : 홍반에서부터 시작되며 수 시간 후에는 구진이 발생된다.
② 지루성 피부염 : 기름기가 있는 인설(비듬)이 특징이며 호전과 악화를 되풀이하고 약간의 가려움증을 동반한다.
③ 수족구염 : 홍반성 결절이 하지 부분에 여러 개 나타나며 손으로 누르면 통증을 느낀다.
④ 여드름 : 구강 내 병변으로 동그란 홍반에 둘러싸여 작은 수포가 나타난다.

52 두피에서 비듬이 생기는 것에 해당되는 것은?

① 지루성 피부염 ② 알레르기
③ 습진 ④ 태열

53 이 · 미용기구에 의해 우려가 있는 세균성 피부질환은?

① 수주 ② 조백선
③ 객선 ④ 농가진

농가진은 화농성 연쇄상구균에 의해 발생하며 전염성이 높은 표재성 농피 증상으로 이 · 미용기구의 위생관리를 철저하게 하지 않으면 발생할 수 있다.

54 다음 중 바이러스에 의한 피부질환은?

① 대상포진 ② 식중독
③ 발무좀 ④ 농가진

55 다음 중 바이러스성 질환으로 연령이 높은 층에서의 발생 빈도가 많고 심한 통증을 유발하는 것은?

① 대상포진 ② 단순포진
③ 습진 ④ 태선

56 대상포진의 특징에 대한 설명으로 옳은 것은?

① 지각신경 분포를 따라 군집 수포성 발진이 생기며 통증이 동반된다.
② 바이러스를 갖고 있지 않다.
③ 전염되지 않는다.
④ 목과 눈꺼풀에 나타나는 전염성 비대 증식현상이다.

정답 48 ④ 49 ② 50 ③ 51 ② 52 ① 53 ④ 54 ① 55 ① 56 ①

57 바이러스균에 의하여 발병되는 피부의 질병은?

① 여드름
② 기미
③ 모세혈관 확장증
④ 헤르페스(Herpes)

단순포진(헤르페스)은 헤르페스 바이러스에 의하여 발병된다.

58 바이러스성 피부질환은?

① 모낭염 ② 절종
③ 용종 ④ 단순포진

59 바이러스성 질환으로 수포가 입술 주위에 잘 생기고 흉터 없이 치유되나 재발이 잘 되는 것은?

① 습진 ② 태선
③ 단순포진 ④ 대상포진

60 다음 중 바이러스성 피부질환이 아닌 것은?

① 수두 ② 대상포진
③ 사마귀 ④ 켈로이드

켈로이드는 속발진 피부질환이다.

61 다음 중 인체에 발생하는 사마귀의 원인은?

① 바이러스 ② 곰팡이
③ 악성증식 ④ 박테리아

사마귀는 유두종 바이러스(HPV) 감염으로 발생된다.

62 사마귀(Wart, Verruca)의 원인은?

① 바이러스 ② 진균
③ 내분비 이상 ④ 당뇨병

63 사마귀의 종류 중 얼굴, 턱, 입 주위와 손등에 잘 발생하는 것은?

① 심상성 사마귀
② 족저 사마귀
③ 첨규 사마귀
④ 편평 사마귀

편평 사마귀는 표면이 편평한 작은 구진으로 어린이와 청년에게서 흔히 발생하며 주로 이마, 턱, 코, 입 주위와 손등에 분포한다.

64 다음 중 감염성 피부질환인 두부백선의 병원체는?

① 리케차 ② 바이러스
③ 사상균 ④ 원생동물

두부백선은 사상균에 의한 감염성 피부질환이다.

65 다음 내용과 가장 관계있는 것은?

- 곰팡이균에 의하여 발생한다.
- 피부껍질이 벗겨진다.
- 가려움증이 동반된다.
- 주로 손과 발에서 번식한다.

① 농가진 ② 무좀
③ 홍반 ④ 사마귀

66 피부진균에 의하여 발생하며 습한 곳에서 발생빈도가 가장 높은 것은?

① 모낭염 ② 족부백선
③ 봉소염 ④ 티눈

족부백선은 발에 생기는 진균 감염이다.

정답	
	57 ④ 58 ④ 59 ③ 60 ④ 61 ①
	62 ① 63 ④ 64 ③ 65 ② 66 ②

67 사상균성 피부질환은?

① 전염성 농가진 ② 황선
③ 작반 ④ 단독

황선은 머리카락 밑에 딱지가 생기고 고약한 냄새가 나는 곰팡이 질환이다.

68 물사마귀라고도 불리며 황색 또는 분홍색의 반투명성 구진(2~3mm 크기)을 가지는 피부양성종양으로 땀샘관의 개출구 이상으로 피지분비가 막혀 생성되는 것은?

① 한관종 ② 혈관종
③ 섬유종 ④ 지방종

69 직경 1~2mm의 둥근 백색 구진으로 안면(특히 눈 하부)에 호발하는 것은?

① 비립종(Milium)
② 피지선 모반(Nevus Sebaceous)
③ 한관종(Syringoma)
④ 표피낭종(Epideraml Cyst)

70 피부에 계속적인 압박으로 생기는 각질층의 증식현상이며, 원추형의 국한성 비후증으로 경성과 연성이 있는 것은?

① 사마귀 ② 무좀
③ 굳은살 ④ 티눈

71 티눈의 설명으로 옳은 것은?

① 각질층의 한 부위가 두꺼워져 생기는 각질층의 증식현상이다.
② 주로 발바닥에 생기며 아프지 않다.
③ 각질핵은 각질 윗부분에 있어 자연스럽게 제거된다.
④ 발뒤꿈치에만 생긴다.

72 티눈에 대한 설명으로 적절하지 않은 것은?

① 피부에 계속적인 압박으로 생기는 각질층의 증식현상이다.
② 경성과 연성으로 나눌 수 있다.
③ 중심핵을 가지고 있다.
④ 통증을 동반하지 않는다.

73 다음 중 각질이상에 의한 피부질환은?

① 주근깨 ② 기미
③ 티눈 ④ 흑피증

74 다음 중 앞볼이 좁은 신발을 신음으로써 생기는 족부 변형은?

① 냄새나는 발
② 티눈
③ 갈라진 뒤꿈치
④ 외반무지

75 주로 40~50대에 나타나며 혈액 흐름이 나빠져 모세혈관이 파손되어 코를 중심으로 양 빰에 나비형태로 붉어지는 증상은?

① 비립종 ② 섬유종
③ 주사 ④ 켈로이드

76 다음 중 피지선과 가장 관련이 깊은 질환은?

① 사마귀
② 주사(Rasacea)
③ 한관증
④ 백반증

정답 67 ② 68 ① 69 ① 70 ④ 71 ① 72 ④ 73 ③ 74 ④ 75 ③ 76 ②

77 화상의 구분 중 홍반, 부종, 통증뿐만 아니라 수포를 형성하는 것은?

① 제1도 화상
② 제2도 화상
③ 제3도 화상
④ 중급 화상

78 다음 중 2도 화상에 속하는 것은?

① 햇볕에 탄 피부
② 진피층까지 손상되어 수포가 발생한 피부
③ 피하지방층까지 손상된 피부
④ 피하지방층 아래의 근육까지 손상된 피부

79 벨록 피부염(Berlock Dermatitis)이란?

① 향료에 함유된 요소가 원인인 광접촉 피부염이다.
② 눈 주위부터 볼에 걸쳐 다수 군집하여 생기는 담갈색의 색소반이다.
③ 안면이나 목에 발생하는 청 · 자 · 갈색조의 불명료한 색소 침착이다.
④ 절상이나 까진 상처에 전후 처치를 잘못하면 그 부분에 생기는 색소 침착이다.

80 자각증상으로서 피부를 긁거나 문지르고 싶은 충동에 의한 가려움증은?

① 소양감
② 작열감
③ 촉감
④ 의주감

SECTION 05 피부와 광선 역사

1 자외선이 미치는 영향

01 다음 중 UV-A(장파장 자외선)의 파장 범위는?

① 320~400nm
② 290~320nm
③ 200~290nm
④ 100~200nm

- 자외선 A : 320~400nm
- 자외선 B : 290~320nm
- 자외선 C : 200~290nm

02 즉시 색소 침착 작용을 하며 인공선탠에 사용되는 것은?

① UV-A ② UV-B
③ UV-C ④ UV-D

03 다음 중 자외선 B(UV-B)의 파장 범위는?

① 100~190nm
② 200~280nm
③ 290~320nm
④ 330~400nm

04 자외선 중 홍반을 주로 유발시키는 것은?

① UV-A ② UV-B
③ UV-C ④ UV-D

정답 77 ② 78 ② 79 ① 80 ① 01 ① 02 ① 03 ③ 04 ②

05 자외선 B는 자외선 A보다 홍반 발생 능력이 몇 배 정도인가?

① 10배
② 100배
③ 1,000배
④ 10,000배

06 다음 중 UV-C의 설명이 바르지 않은 것은?

① 320~400nm의 장파장 자외선이다.
② 가장 강한 자외선이다.
③ 최근 오존층의 파괴로 인해 각별한 주의가 필요하다.
④ 피부암의 원인이 된다.

07 자외선에 대한 설명으로 틀린 것은?

① 자외선 C는 오존층에 의해 차단될 수 있다.
② 자외선 A의 파장은 320~400nm이다.
③ 자외선 B는 유리에 의하여 차단할 수 있다.
④ 피부에 제일 깊게 침투하는 것은 자외선 B이다.

피부에 제일 깊게 침투하는 것은 자외선 A이다.

08 자외선의 영향으로 인한 부정적인 효과는?

① 홍반반응
② 비타민 D 형성
③ 살균효과
④ 강장효과

09 피부에 자외선을 너무 많이 조사했을 경우에 일어날 수 있는 일반적인 현상은?

① 멜라닌 색소가 증가해 기미, 주근깨 등이 발생한다.
② 피부가 윤기 나고 부드러워진다.
③ 피부에 탄력이 생기고 각질이 없어진다.
④ 세포의 탈피현상이 감소된다.

10 강한 자외선에 노출될 때 생길 수 있는 현상과 가장 거리가 먼 것은?

① 아토피 피부염
② 비타민 D 형성
③ 홍반반응
④ 색소침착

11 강한 자외선에 노출될 때 생길 수 있는 현상이 아닌 것은?

① 만성 피부염
② 홍반
③ 광노화
④ 일광화상

12 자외선에 의한 피부반응으로 가장 거리가 먼 것은?

① 홍반반응
② 색소침착
③ 과민화
④ 광노화

정답 05 ③ 06 ① 07 ④ 08 ① 09 ① 10 ① 11 ① 12 ③

13 **다음 중 자외선이 피부에 미치는 영향이 아닌 것은?**

① 색소침착
② 살균효과
③ 홍반형성
④ 비타민 A 합성

14 **자외선에 대한 민감도가 가장 낮은 인종은?**

① 흑인종 ② 백인종
③ 황인종 ④ 회색인종

2 적외선이 미치는 영향

15 **다음 중 적외선에 관한 설명으로 옳지 않은 것은?**

① 혈류의 증가를 촉진시킨다.
② 피부의 생성물을 흡수되도록 돕는 역할을 한다.
③ 노화를 촉진시킨다.
④ 피부에 열을 가하여 피부를 이완시키는 역할을 한다.

노화의 촉진은 자외선에 의해 발생한다.

16 **적외선을 피부에 조사시킬 때 나타나는 생리적 영향에 대한 설명으로 틀린 것은?**

① 신진대사에 영향을 미친다.
② 혈관을 확장시켜 순환에 영향을 미친다.
③ 전신의 체온 저하에 영향을 미친다.
④ 식균작용에 영향을 미친다.

적외선은 피부에 열을 가하는 작용으로 체온 상승에 영향을 미친다.

SECTION 06 피부면역

01 **피부의 면역에 관한 설명으로 옳은 것은?**

① 세포성 면역에는 보체, 항체 등이 있다.
② T림프구는 항원전달세포에 해당된다.
③ B림프구는 면역글로불린이라고 불리는 항체를 생성한다.
④ 표피에 존재하는 각질형성세포는 면역조절에 작용하지 않는다.

02 **체내로 침입하는 미생물이나 화학물질을 공격하고 저항할 수 있는 인체의 방어기전을 무엇이라고 하는가?**

① 항원
② 면역
③ 항원
④ 면체

03 **림프액의 기능과 가장 관계가 없는 것은?**

① 동맥기능의 보호
② 항원반응
③ 면역반응
④ 체액이동

림프액의 기능은 항원반응, 면역반응, 체액이동 등이다.

정답 13 ④ 14 ① 15 ③ 16 ③ 01 ③ 02 ② 03 ①

SECTION 07 피부노화

1 피부노화의 원인

01 다음 중 주름살이 생기는 요인으로 가장 거리가 먼 것은?

① 수분의 부족상태
② 지나치게 햇빛(Sun Light)에 노출되었을 때
③ 갑자기 살이 찐 경우
④ 과도한 안면운동

갑자기 살이 찐 경우에는 주름살이 펴져 보이는 현상이 있다.

02 피부의 노화 원인과 가장 관련이 없는 것은?

① 노화 유전자와 세포 노화
② 항산화제
③ 아미노산 라세미화
④ 텔로미어 단축

항산화제는 피부노화 억제작용을 한다.

03 산소 라디칼 방어에서 가장 중심적인 역할을 하는 효소는?

① FDA
② SOD
③ AHA
④ NMF

SOD효소가 가장 중심적인 역할을 하여 활성산소 라디칼을 방어한다.

04 다음 중 항산화제에 속하지 않는 것은?

① 베타-카로틴(β-carotene)
② 수퍼옥사이드 디스뮤타제(SOD)
③ 비타민 E
④ 비타민 F

05 어부들에게 피부 노화가 조기에 나타나는 가장 큰 원인은?

① 생선을 너무 많이 섭취하여서
② 햇볕에 많이 노출되어서
③ 바다에 오존 성분이 많아서
④ 과로하여서

자외선에 많이 노출되는 것은 피부 조기노화의 가장 큰 원인이다.

06 피부가 건조해지고 주름살이 잡히며 윤기가 없어지게 되는 현상은?

① 피부의 노화현상
② 피부의 각화현상
③ 알레르기 현상
④ 피부질환 발생현상

07 피부노화의 원인이 아닌 것은?

① 영양의 불균형
② 피하지방의 결핍
③ 엘라스틴 섬유조직의 강화
④ 결합조직의 약화

엘라스틴 섬유조직의 강화는 피부 노화의 원인이 아니다.

정답 01 ③ 02 ② 03 ② 04 ④ 05 ② 06 ① 07 ③

08 **노화피부의 특징이 아닌 것은?**

① 탄력이 없고, 수분이 많다.
② 피지분비가 원활하지 못하다.
③ 주름이 형성되어 있다.
④ 색소침착 불균형이 나타난다.

09 **노화피부의 전형적인 증세는?**

① 지방을 과다 분비하여 번들거린다.
② 항상 촉촉하고 매끈하다.
③ 수분이 80% 이상이다.
④ 유분과 수분이 부족하다.

2 피부노화 현상

10 **피부노화 현상으로 옳은 것은?**

① 피부노화가 진행되어도 진피의 두께는 그대로 유지된다.
② 광노화에서는 내인성 노화와 달리 표피가 얇아지는 것이 특징이다.
③ 피부노화에는 나이에 따른 노화의 과정으로 일어나는 광노화와 누적된 햇빛노출에 의하여 야기되는 내인성 피부노화가 있다.
④ 내인성 노화보다는 광노화에서 표피두께가 두꺼워진다.

내인성 노화는 표피가 얇아지고 광노화에서 표피두께가 두꺼워진다.

11 **내인성 노화가 진행될 때 감소현상을 나타내는 것은?**

① 각질층의 두께
② 주름
③ 피부처짐 현상
④ 랑게르한스세포

12 **깊은 피부 주름의 주원인은?**

① 수면의 부족
② 피부조직의 지방과 수분의 감소
③ 콜라겐섬유의 구조 변화
④ 각질층의 수분과 지방의 양이 감소

13 **광노화의 반응과 가장 거리가 먼 것은?**

① 거칠어짐
② 건조
③ 과색소침착증
④ 모세혈관 수축

14 **광노화 현상이 아닌 것은?**

① 표피 두께 증가
② 멜라닌세포 이상 항진
③ 체내 수분 증가
④ 진피 내의 모세혈관 확장

15 **광노화와 거리가 먼 것은?**

① 피부두께가 두꺼워진다.
② 섬유아세포의 양이 감소한다.
③ 콜라겐이 비정상적으로 늘어난다.
④ 점다당질이 증가한다.

정답 08 ① 09 ④ 10 ④ 11 ④ 12 ③ 13 ④ 14 ③ 15 ③

16 **다음 중 흡연이 피부에 미치는 영향으로 옳지 않은 것은?**

① 담배연기에 있는 알데하이드는 태양빛과 마찬가지로 피부를 노화시킨다.
② 니코틴은 혈관을 수축시켜 혈색을 나쁘게 한다.
③ 흡연자의 피부는 조기노화한다.
④ 흡연을 하게 되면 체온이 올라간다.

17 **피서 후의 피부증상으로 틀린 것은?**

① 화상의 증상으로 붉게 달아올라 따끔따끔할 수 있다.
② 많은 땀의 배출로 각질층의 수분이 부족해져 거칠어지고 푸석푸석한 느낌을 가지기도 한다.
③ 강한 햇살과 바닷바람 등에 의하여 각질층이 얇아져 피부 자체 방어반응이 어려워지기도 한다.
④ 멜라닌 색소가 자극을 받아 색소병변으로 발전할 수 있다.

강한 햇살과 바닷바람 등에 의하여 각질층이 두꺼워진다.

정답 16 ④ 17 ③

화장품학 출제예상문제

SECTION 01 화장품학 개론

1 화장품의 정의

01 화장품의 사용목적과 가장 거리가 먼 것은?

① 인체를 청결, 미화하기 위하여 사용한다.
② 용모를 변화시키기 위하여 사용한다.
③ 피부, 모발의 건강을 유지하기 위하여 사용한다.
④ 인체에 대한 약리적인 효과를 주기 위해 사용한다.

화장품은 약리적인(약물이 인체에 미치는 영향) 효과를 주기 위하여 사용하지 않는다.

02 화장품법상 화장품의 정의와 관련한 내용이 아닌 것은?

① 신체의 구조, 기능에 영향을 미치는 것과 같은 사용목적을 겸하지 않는 물품
② 인체를 청결히 하고, 미화하며, 매력을 더하고 용모를 밝게 변화시키기 위해 사용하는 물품
③ 피부 혹은 모발을 건강하게 유지 또는 증진하기 위한 물품
④ 인체에 사용되는 물품으로 인체에 대한 작용이 경미한 것

03 화장품과 의약품의 차이를 바르게 정의한 것은?

① 화장품의 사용목적은 질병의 치료 및 진단이다.
② 화장품은 특정부위에만 사용 가능하다.
③ 의약품의 사용대상은 정상적인 상태인 자로 한정되어 있다.
④ 의약품의 부작용은 어느 정도까지는 인정된다.

의약품은 부작용이 있을 수 있다.

04 화장품과 의약부외품, 의약품에 대한 설명으로 적합하지 않은 것은?

① 화장품은 인체에 미치는 영향이 경미하여 장기간 사용해도 부작용이 없어야 한다.
② 의약부외품은 정상인을 대상으로 하며 부작용이 없어야 한다.
③ 의약부외품의 종류에는 연고, 내복약 등이 있다.
④ 의약품은 질병의 치료를 위해 어느 정도의 부작용을 허용한다.

의약부외품의 종류는 약용치약, 염모제, 제모제 등이 해당되며, 연고와 내복약은 의약품이다.

정답 01 ④ 02 ① 03 ④ 04 ③

05 다음 중 화장품의 4대 요건이 아닌 것은?

① 안전성
② 안정성
③ 유효성
④ 기능성

06 화장품을 만들 때 필요한 4대 조건은?

① 안전성, 안정성, 사용성, 유효성
② 안전성, 방부성, 방향성, 유효성
③ 발림성, 안정성, 방부성, 사용성
④ 방향성, 안전성, 발림성, 사용성

07 화장품의 4대 품질 조건에 대한 설명이 틀린 것은?

① 안전성 : 피부에 대한 자극, 알레르기, 독성이 없을 것
② 안정성 : 변색, 변취, 미생물의 오염이 없을 것
③ 사용성 : 피부에 사용감이 좋고 잘 스며들 것
④ 유효성 : 질병 치료 및 진단에 사용할 수 있을 것

08 "피부에 적절한 보습, 노화억제, 자외선 차단, 미백, 세정, 색채효과 등이 있어야 한다."는 내용은 화장품의 4대 요건 중 어느 것에 해당하는가?

① 안정성
② 유효성
③ 사용성
④ 안전성

09 "피부에 대한 자극, 알레르기, 독성이 없어야 한다."는 내용은 화장품의 4대 요건 중 어느 것에 해당하는가?

① 안전성
② 안정성
③ 사용성
④ 유효성

10 향장품을 선택할 때에 검토해야 하는 조건이 아닌 것은?

① 피부나 점막, 두발 등에 손상을 주거나 알레르기 등을 일으킬 염려가 없을 것
② 구성 성분이 균일한 성상으로 혼합되어 있지 않을 것
③ 사용 중이나 사용 후에 불쾌감이 없고, 사용감이 산뜻할 것
④ 보존성이 좋아서 잘 변질되지 않을 것

구성 성분이 균일한 성상으로 혼합되어 있어야 한다.

정답 05 ④ 06 ① 07 ④ 08 ② 09 ① 10 ②

SECTION 02 화장품 제조

1 화장품의 원료

01 화장품의 원료로서 알코올의 작용에 대한 설명으로 틀린 것은?

① 다른 물질과 혼합해서 그것을 녹이는 성질이 있다.
② 소독작용이 있어 화장수, 양모제 등에 사용한다.
③ 흡수작용이 강하기 때문에 건조의 목적으로 사용한다.
④ 피부에 자극을 줄 수도 있다.

알코올은 휘발성이 강하며 건조의 목적으로 사용하지 않는다.

02 알코올에 대한 설명으로 틀린 것은?

① 항바이러스제로 사용한다.
② 화장품에서 용매, 운반체, 수렴제로 쓰인다.
③ 알코올이 함유된 화장수는 오랫동안 사용하면 피부를 건성화 시킬 수 있다.
④ 인체 소독용으로는 메탄올(Methanol)을 주로 사용한다.

인체 소독용으로는 에탄올을 주로 사용한다.

03 화장품에 배합되는 에탄올의 역할이 아닌 것은?

① 청량감
② 수렴효과
③ 보습작용
④ 소독작용

04 화장수를 바른 후에 시원한 것은 무엇 때문인가?

① 알코올
② 붕산
③ 글리세린
④ 세라마이드

05 다음 중 진정 효과를 가지는 피부관리 제품의 성분이 아닌 것은?

① 아줄렌(Azulene)
② 카모마일 추출물(Chamomile Extracts)
③ 비사볼롤(Bisabolol)
④ 알코올(Alcohol)

알코올은 소독작용이 있어 수렴 효과를 가져온다.

06 일반적으로 많이 사용하고 있는 화장수의 알코올 함유량은?

① 70% 전후
② 10% 전후
③ 30% 전후
④ 50% 전후

07 다음 중 화장수에 가장 널리 배합되는 알코올 성분은?

① 프로판올(Propanol)
② 부탄올(Butanol)
③ 에탄올(Ethanol)
④ 메탄올(Methanol)

정답 01 ③ 02 ④ 03 ③ 04 ① 05 ④ 06 ② 07 ③

08 화장품의 성분 중 그 작용이 틀린 것은?

① 방부제 : 세균의 성장을 방해하거나 억제하기 위해 첨가하는 물질
② 미백제 : 자외선을 차단하기 위해 첨가하는 물질
③ 점증제 : 화장품의 점도를 조절하기 위하여 첨가하는 물질
④ 보습제 : 피부의 건조를 방지하여 피부를 부드럽고 촉촉하게 하는 물질

미백제는 미백 효과를 부여하기 위하여 첨가하는 물질이다.

09 화장품을 구성하는 수성 원료에 대한 설명으로 옳지 않은 것은?

① 물은 화장품에서 가장 큰 비율을 차지하는 주요 용매이다.
② 화장품 제조에 사용되는 물은 금속이온과 불순물을 제거한 경수를 사용한다.
③ 에탄올은 화장수, 향수, 헤어토닉 제조 시 포함되는 수성원료이다.
④ 글리세린은 물과 에탄올에 잘 녹고 보습력이 우수한 수성원료이다.

경수는 금속이온과 미네랄이 다량 함유된 물을 말하며, 화장품 제조에 사용되는 물은 세균과 금속 이온이 제거된 정제수를 사용한다.

10 오일의 설명으로 옳은 것은?

① 식물성 오일 – 향은 좋으나 부패하기 쉽다.
② 동물성 오일 – 무색투명하고 냄새가 없다.
③ 광물성 오일 – 색이 진하며, 피부 흡수가 늦다.
④ 합성 오일 – 냄새가 나빠 정제한 것을 사용한다.

11 다음 중 식물성 오일이 아닌 것은?

① 아보카도 오일
② 피마자 오일
③ 올리브 오일
④ 실리콘 오일

실리콘 오일은 합성 오일이다.

12 식물성 오일의 특징에 해당하지 않는 것은?

① 식물의 꽃이나 잎, 열매, 뿌리, 껍질 등에서 추출한다.
② 동물성 오일에 비해 흡수력이 떨어지나 피부 부작용 및 자극이 적다.
③ 색이나 냄새가 강하여 탈취, 탈색의 정제 과정을 거친 뒤 사용한다.
④ 식물성 오일의 종류로는 호호바 오일, 맥아유, 올리브 오일 등이 있다.

색이나 냄새가 강하여 탈취, 탈색의 정제 과정을 거친 뒤 사용하는 오일은 동물성 오일이다.

13 다음 중 광물성 오일에 속하는 것은?

① 올리브유
② 스쿠알렌
③ 실리콘 오일
④ 바셀린

14 화장품 성분 중 양모에서 정제하는 것은?

① 바셀린 ② 밍크오일
③ 플라센타 ④ 라놀린

라놀린은 동물성 오일로 양모에서 정제하여 추출한다.

정답	08 ② 09 ② 10 ① 11 ④ 12 ③ 13 ④ 14 ④

15 고형의 유성 성분으로 고급 지방산에 고급 알코올이 결합된 에스테르를 말하며 화장품의 굳기를 증가시켜 주는 것은?

① 피자마유
② 바셀린
③ 왁스
④ 밍크오일

16 다음 중 고급지방산에 해당하지 않는 것은?

① 스테아르산
② 팔미트산
③ 레틴산
④ 올레산

17 다음 중 피부에 수분을 공급하는 보습제의 기능을 가지는 것은?

① 계면활성제
② 에틸파라벤
③ 글리세린
④ 메틸파라벤

18 다음 중 글리세린의 가장 중요한 작용은?

① 소독작용
② 수분유지작용
③ 탈수작용
④ 금속염 제거작용

19 화장수의 원료로 사용되는 글리세린의 작용은?

① 수분흡수작용
② 소독작용
③ 방부작용
④ 탈수작용

20 보습제가 갖추어야 할 조건이 아닌 것은?

① 다른 성분과 혼용성이 좋을 것
② 휘발성이 있을 것
③ 적절한 보습능력이 있을 것
④ 응고점이 낮을 것

> 보습제의 조건으로는 휘발성이 없고 보습을 유지시켜야 한다.

21 피부 표면의 수분증발을 억제하여 피부를 부드럽게 해주는 물질은?

① 방부제
② 보습제
③ 유연제
④ 계면활성제

22 다음 중 화장품에 사용되는 주요 방부제는?

① 에탄올
② 벤조산
③ 파라옥시 안식향산메틸
④ BHT

23 색소를 염료(Dye)와 안료(Pigment)로 구분할 때 그 특징에 대해 잘못 설명된 것은?

① 염료는 메이크업 화장품을 만드는 데 주로 사용된다.
② 안료는 물과 오일에 모두 녹지 않는다.
③ 무기안료는 커버력이 우수하고 유기안료는 빛, 산, 알칼리에 약하다.
④ 염료는 물이나 오일에 녹는다.

> 안료는 물과 오일에 녹지 않는 것으로 메이크업 제품에 사용한다.

정답 15 ③ 16 ③ 17 ③ 18 ② 19 ① 20 ② 21 ③ 22 ③ 23 ①

24 화장품 성분 중 무기안료의 특성은?

① 내광성· 내열성이 우수하다
② 선명도와 착색력이 뛰어나다.
③ 유기용매에 잘 녹는다.
④ 유기안료에 비해 색의 종류가 다양하다.

2 화장품의 기술

25 화장품 제조의 3가지 주요 기술이 아닌 것은?

① 가용화 기술 ② 유화 기술
③ 분산 기술 ④ 용융 기술

26 다량의 유성 성분을 물에 일정 기간 동안 안정한 상태로 균일하게 혼합시키는 화장품 제조기술은?

① 유화 ② 경화
③ 분산 ④ 가용화

27 물과 오일처럼 서로 녹지 않은 2개의 액체를 미세하게 분산시켜놓은 상태는?

① 에멀션 ② 레이크
③ 아로마 ④ 왁스

28 다음 중 물에 오일 성분이 혼합되어 있는 유화 상태는?

① O/W 에멀션
② W/O 에멀션
③ W/S 에멀션
④ W/O/W 에멀션

물에 오일 성분이 혼합되어 있는 것은 O/W 에멀션(로션)의 상태이다.

29 화장품의 제형에 따른 특징의 설명이 틀린 것은?

① 유화 제품 : 물에 오일 성분이 계면활성제에 의해 우윳빛으로 백탁화된 상태의 제품
② 유용화 제품 : 물에 다량의 오일 성분이 계면활성제에 의해 현탁하게 혼합된 상태의 제품
③ 분산 제품 : 물 또는 오일 성분에 미세한 고체입자가 계면활성제에 의해 균일하게 혼합된 상태의 제품
④ 가용화 제품 : 물에 소량의 오일 성분이 계면활성제에 의해 투명하게 용해되어 있는 상태의 제품

30 다음 중 아래 설명에 적합한 유화 형태의 판별법은?

> 유화 형태를 판별하기 위해서 물을 첨가한 결과 잘 섞여 O/W형으로 판별되었다.

① 데오도란트 로션
② 핸드 로션
③ 바디 크림
④ 파우더

정답	24 ① 25 ④ 26 ① 27 ① 28 ① 29 ② 30 ②

31 아래에서 설명하는 유화기로 가장 적합한 것은?

> • 크림이나 로션 타입의 제조에 주로 사용된다.
> • 터빈형의 회전날개를 원통으로 둘러싼 구조이다.
> • 균일하고 미세한 유화입자가 만들어진다.

① 디스퍼(Disper)
② 호모믹서(Homo Mixer)
③ 프로펠러믹서(Propeller Mixer)
④ 호모게나이저(Homogenizer)

3 화장품의 특성

32 계면활성제에 대한 설명 중 잘못된 것은?

① 계면활성제는 계면을 활성화시키는 물질이다.
② 계면활성제는 친수성기와 친유성기를 모두 소유하고 있다.
③ 계면활성제는 표면장력을 높이고 기름을 유화시키는 등의 특성을 지니고 있다.
④ 계면활성제는 표면활성제라고도 한다.

33 계면활성제에 대한 설명으로 옳은 것은?

① 계면활성제는 일반적으로 둥근 머리모양의 소수성기와 막대꼬리모양의 친수성기를 가진다.
② 계면활성제의 피부에 대한 자극은 양쪽성 > 양이온성 > 음이온성 > 비이온성의 순으로 감소한다.
③ 비이온성 계면활성제는 피부자극이 적어 화장수의 가용화제, 크림의 유화제, 클렌징 크림의 세정제 등에 사용된다.
④ 양이온성 계면활성제는 세정작용이 우수하여 비누, 샴푸 등에 사용된다.

34 양이온 계면활성제의 장점이 아닌 것은?

① 물에 잘 녹는다.
② 색과 냄새가 거의 없다.
③ 결핵균에 효력이 있다.
④ 인체에 대한 독성이 적다.

35 양이온성 계면활성제에 대한 설명으로 틀린 것은?

① 살균작용이 우수하다.
② 소독작용이 있다.
③ 정전기 발생을 억제한다.
④ 피부자극이 적어 저자극 샴푸에 사용된다.

> 피부자극이 적어 저자극 샴푸에 사용되는 계면활성제는 양쪽성 계면활성제이다.

36 음이온 계면활성제의 성질에 대한 설명으로 옳은 것은?

① 세정력이 약하다.
② 탈지기능이 거의 없다.
③ 세정작용, 기포형성작용이 우수하다.
④ 피부자극이 거의 없다.

정답	31 ② 32 ③ 33 ③ 34 ③ 35 ④ 36 ③

37 **세정작용과 기포형성작용이 우수하여 비누, 샴푸, 클렌징 폼 등에 주로 사용되는 계면활성제는?**

① 양이온성 계면활성제
② 음이온성 계면활성제
③ 비이온성 계면활성제
④ 양쪽성 계면활성제

38 **다음의 계면활성제 중 살균보다는 세정효과가 더 큰 것은?**

① 양성 계면활성제
② 비이온 계면활성제
③ 양이온 계면활성제
④ 음이온 계면활성제

39 **다음 성분 중 세정작용이 있으며 피부자극이 적어 유아용 샴푸제에 주로 사용되는 것은?**

① 음이온성 계면활성제
② 양이온성 계면활성제
③ 양쪽성 계면활성제
④ 비이온성 계면활성제

양쪽성 계면활성제는 피부의 자극이 적고 안정성이 좋아 베이비 샴푸와 저자극 샴푸 등에 사용되며 양쪽의 이온을 동시에 갖는다.

40 **유아용 제품과 저자극성 제품에 많이 사용되는 계면활성제에 대한 설명 중 옳은 것은?**

① 물에 용해될 때, 친수기에 양이온과 음이온을 동시에 갖는 계면활성제
② 물에 용해될 때, 이온으로 해리하지 않는 수산기, 에테르결합, 에스테르 등을 분자 중에 갖고 있는 계면활성제
③ 물에 용해될 때, 친수기 부분이 음이온으로 해리되는 계면활성제
④ 물에 용해될 때, 친수기 부분이 양이온으로 해리되는 계면활성제

41 **피부 거칠음의 개선, 피부 미백, 탈모 방지, 면역학 등을 연구하는 유용성 분야는?**

① 물리학적 유용성
② 심리학적 유용성
③ 화학적 유용성
④ 생리학적 유용성

생리학적 유용성이란 신체의 조직 및 기능을 연구하는 학문과 관련이 있는 것으로 피부의 미백, 면역학, 탈모 방지 등을 연구하는 분야이다.

SECTION 03 화장품의 원료

1 화장품의 분류

01 **다음 화장품 중 그 분류가 다른 것은?**

① 화장수 ② 클렌징 크림
③ 샴푸 ④ 팩

02 **화장품의 분류에 관한 설명 중 틀린 것은?**

① 마사지 크림은 기초 화장품에 속한다.
② 샴푸, 헤어린스는 모발용 화장품에 속한다.
③ 퍼퓸, 오데코롱은 방향 화장품에 속한다.
④ 페이스 파우더는 기초화장품에 속한다.

페이스 파우더는 메이크업 화장품에 속한다.

정답	37 ② 38 ④ 39 ③ 40 ① 41 ④ 01 ③ 02 ④

03 **화장품의 분류와 사용목적, 제품이 일치하지 않는 것은?**

① 모발화장품 : 정발 – 헤어스프레이
② 방향화장품 : 향취 부여 – 오데코롱
③ 메이크업 화장품 : 색채 부여 – 네일 폴리시
④ 기초 화장품 : 피부 정돈 – 클렌징 폼

기초화장품 중 피부정돈을 목적으로 사용하는 것은 화장수이다.

2 기초화장품

04 **비누의 제조방법 중 지방산의 글리세린에스테르와 알칼리를 함께 가열하면 유지가 가수 분해되어 비누와 글리세린이 얻어지는 방법은?**

① 중화법 ② 검화법
③ 유화법 ④ 화학법

검화법은 지방산의 글리세린에스테르와 알칼리를 함께 가열하면 유지가 가수 분해되어 비누와 글리세린이 얻어지는 방법이다.

05 **비누에 대한 설명으로 틀린 것은?**

① 비누의 세정작용은 비누 수용액이 오염물질과 피부 사이에 침투하여 부착을 약화시켜 떨어지기 쉽게 하는 것이다.
② 비누는 거품이 풍성하고 잘 헹구어져야 한다.
③ 비누는 세정작용뿐만 아니라 살균, 소독효과를 주로 가진다.
④ 메디케이티드 비누는 소염제를 배합한 제품으로 여드름, 면도 상처 및 피부 거칠음 방지 효과가 있다.

일반비누는 살균 · 소독효과가 없다.

06 **약산성인 피부에 가장 적합한 비누의 pH는?**

① pH 3 ② pH 4
③ pH 5 ④ pH 7

07 **세정용 화장수의 일종으로 가벼운 화장의 제거에 사용하기에 가장 적합한 것은?**

① 클렌징 오일
② 클렌징 워터
③ 클렌징 로션
④ 클렌징 크림

08 **클렌징 크림에 대한 설명으로 옳지 않은 것은?**

① 메이크업 화장을 지우는 데 사용한다.
② 클렌징 로션보다 유성 성분 함량이 적다.
③ 피지나 기름때와 같이 물에 잘 닦이지 않는 오염물을 닦아내는 데 효과적이다.
④ 깨끗하고 촉촉한 피부를 위해서 비누로 세정하는 것보다 효과적이다.

클렌징 로션보다 유성 성분 함량이 많다.

09 **클렌징 크림의 조건과 거리가 먼 것은?**

① 체온에 의하여 액화되어야 한다.
② 피부에 빨리 흡수되어야 한다.
③ 피부의 유형에 적절해야 한다.
④ 피부의 표면을 상하게 해서는 안 된다.

클렌징 크림은 피부에 흡수되어서는 안 된다.

정답 03 ④ 04 ② 05 ③ 06 ④ 07 ② 08 ② 09 ②

10 **클렌징 로션에 대한 알맞은 설명은?**

① 사용 후 반드시 비누세안을 해야 한다.
② 친유성 에멀션(W/O 타입)이다.
③ 눈 화장, 입술 화장을 지우는 데 주로 사용한다.
④ 민감성 피부에도 적합하다.

클렌징 밀크(로션)는 O/W 타입으로 친수성이다.

11 **클렌징 제품에 대한 설명이 틀린 것은?**

① 클렌징 밀크는 O/W 타입으로 친유성이며 건성, 노화, 민감성 피부에만 사용할 수 있다.
② 클렌징 오일은 일반 오일과 다르게 물에 용해되는 특성이 있고 탈수 피부, 민감성 피부, 약건성 피부에 사용하면 효과적이다.
③ 비누는 사용 역사가 가장 오래된 클렌징 제품이고 종류가 다양하다.
④ 클렌징 크림은 친유성과 친수성이 있으며 친유성은 반드시 이중 세안을 해서 클렌징 제품이 피부에 남아 있지 않도록 해야 한다.

12 **짙은 화장을 지우는 클렌징 제품 타입으로 중성과 건성 피부에 적합하며, 사용 후 이중 세안을 해야 하는 것은?**

① 클렌징 크림
② 클렌징 로션
③ 클렌징 워터
④ 클렌징 젤

13 **다음 중 클렌징의 목적과 가장 관계가 깊은 것은?**

① 피지 및 노폐물 제거
② 피부막 제거
③ 자외선으로부터 피부 보호
④ 잡티 제거

14 **클렌징에 대한 설명으로 가장 거리가 먼 것은?**

① 피부 노폐물과 더러움을 제거한다.
② 피부 호흡을 원활히 하는 데 도움을 준다.
③ 피부 신진대사를 촉진한다.
④ 피부 산성막을 파괴하는 데 도움을 준다.

15 **클렌징에 대한 설명이 아닌 것은?**

① 피부의 피지, 메이크업 잔여물을 없애기 위한 작업이다.
② 모공 깊숙이 있는 불순물과 피부 표면의 각질 제거를 주목적으로 한다.
③ 제품 흡수를 효율적으로 도와준다.
④ 피부의 생리적인 기능을 정상적으로 도와준다.

모공 깊숙이 불순물과 피부 표면의 각질의 제거를 주목적으로 하는 것은 딥 클렌징이다

정답 10 ④ 11 ① 12 ① 13 ① 14 ④ 15 ②

16 일반적인 클렌징에 해당되는 사항이 아닌 것은?

① 메이크업 잔여물 제거
② 먼지 및 피지제거
③ 피부 표면의 노폐물 제거
④ 효소나 고마쥐를 이용한 깊은 단계의 묵은 각질 제거

효소나 고마쥐를 이용한 깊은 단계의 묵은 각질 제거는 딥 클렌징이다.

17 다음 중 유분 성분이 다량 포함되어 있어 포인트 메이크업과 베이스 메이크업을 동시에 제거할 수 있으며, 물로 헹구어 낼 수 있는 세정제는?

① 클렌징 워터
② 클렌징 오일
③ 클렌징 로션
④ 클렌징 크림

18 다음 중 기초화장품에 해당하는 것은?

① 파운데이션
② 네일 폴리시
③ 볼연지
④ 스킨로션

19 기초화장품을 사용하는 목적이 아닌 것은?

① 세안
② 피부 정돈
③ 피부 보호
④ 피부결점 보완

피부의 결점 보완은 메이크업 화장품의 목적이다.

20 기초화장품의 사용 목적 및 효과와 가장 거리가 먼 것은?

① 피부의 청결 유지
② 피부 보습
③ 잔주름, 여드름 방지
④ 여드름의 치료

치료는 화장품의 사용 목적이 아니다.

21 다음 중 기초화장품의 필요성에 해당되지 않는 것은?

① 세정 ② 미백
③ 피부 정돈 ④ 피부 보호

22 화장수(스킨로션)를 사용하는 목적과 가장 거리가 먼 것은?

① 세안을 하고나서도 지워지지 않는 피부의 잔여물을 제거하기 위해서
② 세안 후 남아있는 세안제의 알칼리성 성분 등을 닦아내어 피부 표면의 산도를 약산성으로 회복시켜 피부를 부드럽게 하기 위해서
③ 보습제, 유연제의 함유로 각질층을 촉촉하고 부드럽게 하면서 다음 단계에 사용할 제품의 흡수를 용이하게 하기 위해서
④ 각종 영양 물질을 함유하고 있어, 피부의 탄력을 증진시키기 위해서

각종 영양 물질을 함유하고 있어, 피부의 탄력을 증진시키기 위해서 사용하는 제품은 에센스와 영양크림이다.

정답 16 ④ 17 ② 18 ④ 19 ④ 20 ④ 21 ② 22 ④

23 **화장수의 도포 목적 및 효과로 옳은 것은?**

① 피부 본래의 정상적인 pH 밸런스를 맞추어 주며 다음 단계에 사용할 화장품의 흡수를 용이하게 한다.
② 죽은 각질 세포를 쉽게 박리시키고 새로운 세포 형성 촉진을 유도한다.
③ 혈액순환을 촉진시키고 수분 증발을 방지하여 보습효과가 있다.
④ 항상 피부를 pH 5.5의 약산성으로 유지시켜 준다.

24 **화장수에 대한 설명 중 잘못된 것은?**

① 피부의 각질층에 수분을 공급한다.
② 피부에 청량감을 준다.
③ 피부에 남아 있는 잔여물을 닦아준다.
④ 피부의 각질을 제거한다.

25 **유연화장수의 작용으로 틀린 것은?**

① 피부의 모공을 넓혀 준다.
② 피부에 남아 있는 비누의 알칼리를 중화시킨다.
③ 유연화장수는 보습제가 포함되어 있다.
④ 피부에 영양을 주고 윤택하게 한다.

26 **피지 분비의 과잉을 억제하고 피부를 수축시켜 주는 것은?**

① 유연화장수
② 수렴화장수
③ 소염화장수
④ 영양화장수

27 **수렴화장수의 원료에 포함되지 않는 것은?**

① 습윤제 ② 알코올
③ 물 ④ 표백제

28 **모공이나 땀샘에 침투하여 과잉피지나 땀의 분비물을 억제하는 효과가 있는 것은?**

① 스킨로션
② 영양화장수
③ 수렴화장수
④ 클렌징 오일

29 **피부에 좋은 영양성분을 농축해 만든 것으로 소량의 사용만으로도 큰 효과를 볼 수 있는 것은?**

① 에센스 ② 로션
③ 팩 ④ 화장수

30 **좋은 크림의 조건과 거리가 먼 것은?**

① 유화상태가 양호하도록 입자가 균일해야 한다.
② 사용 후 상쾌한 감촉이 남아야 한다.
③ 온도변화에 따라서 현저하게 변화되어야 한다.
④ 자극적인 냄새가 없어야 한다.

31 **유성이 많아 피부에 대한 친화력이 강하고 거친 피부에 유분과 수분을 주어 윤기를 갖게 하는 데 가장 효과적인 크림은?**

① 클렌징 크림
② 콜드 크림
③ 파운데이션 크림
④ 바니싱 크림

정답	
	23 ① 24 ④ 25 ① 26 ② 27 ④
	28 ③ 29 ① 30 ③ 31 ②

32 다음 중 지성 피부 관리에 알맞은 크림은?

① 콜드 크림
② 라노틴 크림
③ 바니싱 크림
④ 에모리멘트 크림

바니싱 크림은 기름기가 없고 촉촉한 느낌의 크림이다.

33 팩의 분류에 속하지 않는 것은?

① 필 오프(Peel-off) 타입
② 워시 오프(Wash-off) 타입
③ 패치(Patch) 타입
④ 워터(Water) 타입

팩의 종류에는 필 오프 타입(패치 타입), 워시 오프 타입, 티슈 오프 타입, 분말 타입 등이 있다.

34 팩에 사용되는 주성분 중 피막제 및 점도 증가제로 사용되는 것은?

① 카올린(Kaolin), 탈크(Talc)
② 폴리비닐알코올(PVA), 잔탄검(Xanthan Gum)
③ 구연산나트륨(Sodium Citrate), 아미노산류(Amino Acids)
④ 유동파라핀(Liquid Paraffin), 스쿠알렌(Squalene)

3 메이크업 화장품

35 대부분 O/W형 유화타입이며, 오일 양이 적어 여름철에 많이 사용하고 젊은 연령층이 선호하는 파운데이션은?

① 크림 파운데이션
② 파우더 파운데이션
③ 트윈 케이크
④ 리퀴드 파운데이션

36 메이크업 화장품 중에서 안료가 균일하게 분산되어 있는 형태로 대부분 O/W형 유화타입이며, 투명감 있게 마무리되므로 피부에 결점이 별로 없는 경우에 사용하는 것은?

① 트윈 케이크
② 스킨 커버
③ 리퀴드 파운데이션
④ 크림 파운데이션

37 다음 중 수분함량이 가장 많은 파운데이션은?

① 크림 파운데이션
② 리퀴드 파운데이션
③ 스틱 파운데이션
④ 스킨 커버

38 크림 파운데이션에 대한 설명 중 알맞은 것은?

① 얼굴의 형태를 바꾸어 준다.
② 피부의 잡티나 결점을 커버해 주는 목적으로 사용한다.
③ O/W형은 W/O형에 비해 비교적 사용감이 무겁고 퍼짐성이 낮다.
④ 화장 시 산뜻하고 청량감이 있으나 커버력이 약하다.

정답 32 ③ 33 ④ 34 ② 35 ④ 36 ③ 37 ② 38 ②

39 다음 설명 중 파운데이션의 일반적인 기능과 가장 거리가 먼 것은?

① 피부색을 기호에 맞게 바꾼다.
② 피부의 기미, 주근깨 등 결점을 커버한다.
③ 자외선으로부터 피부를 보호한다.
④ 피지 억제와 화장을 지속시켜준다.

파운데이션은 피지 억제작용이 없으며 잡티나 결점을 커버해 주는 목적으로 사용한다.

40 다음 중 '블루밍 효과'에 대한 설명으로 가장 적당한 것은?

① 피부색을 고르게 보이도록 하는 것
② 보송보송하고 투명감 있는 피부 표현
③ 파운데이션의 색소 침착을 방지하는 것
④ 밀착성을 높여 화장의 지속성을 높게 함

41 페이스(Face) 파우더의 주요 사용 목적은?

① 파운데이션의 번들거림을 낮추려고
② 파운데이션을 사용하지 않으려고
③ 주름살을 감추려고
④ 깨끗하지 않은 부분을 감추려고

페이스 파우더는 파운데이션의 유분기 제거와 화장의 지속성을 높이기 위하여 사용한다.

42 밑 화장용 화장품인 페이스 파우더를 사용해야 할 경우로서 가장 적당한 것은?

① 땀과 피지로 인해 화장이 번지는 것을 막을 경우
② 추운 날씨에 피지 분비작용과 발한작용이 적어질 경우
③ 여름철 케이크 타입이나 파우더 타입의 파운데이션을 사용한 경우
④ 잔주름과 주름살이 많은 부분을 감출 경우

43 눈꺼풀에 색감을 주며 입체감을 살려 눈의 표정을 강조하는 화장품은?

① 아이라이너
② 아이섀도
③ 아이브로 펜슬
④ 마스카라

44 다음 중 냉각기에 의해 제조된 제품은?

① 립스틱
② 화장수
③ 아이섀도
④ 에센스

45 립스틱이 갖추어야 할 조건으로 틀린 것은?

① 저장 시 수분이나 분가루가 분리되면 좋다.
② 시간의 경과에 따라 색의 변화가 없어야 한다.
③ 피부 점막에 자극이 없어야 한다.
④ 입술에 부드럽게 잘 발라져야 한다.

저장 시 수분이나 분가루가 분리되면 안 된다.

46 포인트 메이크업 화장품에 속하지 않는 것은?

① 블러셔
② 아이섀도
③ 파운데이션
④ 립스틱

정답	39 ④ 40 ② 41 ① 42 ① 43 ② 44 ① 45 ① 46 ③

4 모발 화장품

47 모발 화장품 중 분류가 다른 것은?

① 샴푸
② 린스
③ 트리트먼트
④ 웨이브 펌제

웨이브 펌제는 반응성 화장품이다.

48 모발과 두피에 영양을 공급하여 두피 기능을 향상시키고 모발의 손상을 미리 예방하여 모발 건강에 도움을 주는 제품은?

① 헤어토닉
② 헤어트리트먼트 제품
③ 포마드
④ 헤어 젤

49 모발과 두피에 영양을 주면서 두피의 혈액순환을 좋게 해주고 발모촉진, 탈모 방지, 가려움증을 예방하는 데 사용되는 모발 화장품은?

① 헤어토닉
② 헤어 오일
③ 헤어 스프레이
④ 포마드

5 보디 관리 화장품

50 다음 중 바디용 화장품이 아닌 것은?

① 샤워젤
② 바스오일
③ 데오도란트
④ 헤어에센스

51 바디 샴푸에 요구되는 기능과 가장 거리가 먼 것은?

① 피부 각질층의 세포 간 지질 보호
② 부드럽고 치밀한 기포 부여
③ 높은 기포 지속성 유지
④ 강력한 세정성 부여

바디 샴푸는 부드러운 세정성을 부여해야 한다.

52 바디 샴푸의 성질로 틀린 것은?

① 세포 간에 존재하는 지질을 가능한 보호
② 부드럽고 치밀한 기포 부여
③ 세균의 증식 억제
④ 각질층 내 세정제의 침투로 지질 용출

53 땀의 분비로 인한 냄새와 세균의 증식을 억제하기 위해 주로 겨드랑이 부위에 사용하는 제품은?

① 데오도란트
② 핸드 로션
③ 바디로션
④ 파우더

54 바디 화장품의 종류와 사용 목적의 연결이 적합하지 않은 것은?

① 바디클렌저 : 세정/용제
② 데오도란트 파우더 : 탈색/제모
③ 선스크린 : 자외선 방어
④ 바스 솔트 : 세정/용제

정답 47 ④ 48 ② 49 ① 50 ④ 51 ④ 52 ④ 53 ① 54 ②

55 **보디 관리 화장품이 가지는 기능과 가장 거리가 먼 것은?**

① 세정 ② 트리트먼트
③ 연마 ④ 일소 방지

연마는 보디 관리 화장품의 기능과 관련이 없다.

6 네일 화장품

56 **네일 폴리시보다 베이스코트에 더 많이 들어 있는 성분은?**

① 프탈레이트
② 식물성 오일
③ 포름알데히드
④ 로진

네일 폴리시에는 컬러를 내는 안료가 포함되기 때문에 접착과 광택의 역할을 향상시키는 로진의 양이 베이스코트보다 적게 들어 있다.

57 **니트로셀룰로오스가 가장 많이 들어 있는 네일 제품은?**

① 톱코트
② 베이스코트
③ 네일 폴리시
④ 네일 폴리시 시너

피막형성제인 니트로셀룰로오스는 톱코트에 가장 많이 들어 있다.

58 **네일 화장품에 대한 설명 중 틀린 것은?**

① 톱코트는 네일에 광택과 화려한 색채를 부여한다.
② 니트로셀룰로오스는 네일 폴리시의 주성분이며 피막을 형성한다.
③ 베이스코트는 네일 폴리시의 밀착성을 높이기 위해 사용한다.
④ 네일 폴리시 리무버의 아세톤 성분은 네일 폴리시의 피막을 제거한다.

톱코트는 네일 폴리시를 보호하고 광택을 부여하기 위하여 사용하는 제품으로 색채를 부여하지 않는다.

59 **핸드 케어 제품 중 물을 사용하지 않고 직접 바르는 것으로, 피부 청결 및 소독효과를 위해 사용하는 것은?**

① 핸드워시(Hand Wash)
② 새니타이저(Sanitizer)
③ 비누(Soap)
④ 핸드크림(Hand Cream)

60 **손 소독제로 작업하기 전에 가장 먼저 하는 작업자와 고객의 손을 소독하는 데 사용하는 제품으로 피부의 살균소독을 도와주는 제품은?**

① 큐티클 오일
② 아세톤
③ 안티셉틱(세니타이저)
④ 큐티클 리무버

61 **톱코트에 대한 설명으로 바르지 않은 것은?**

① 네일의 변색을 막아준다.
② 네일 폴리시를 보호해준다.
③ 네일 폴리시의 광택을 높여준다.
④ 니트로셀룰로오스가 들어간 제품이다.

네일의 변색을 막아주는 제품은 베이스코트이다.

정답 55 ③ 56 ④ 57 ① 58 ① 59 ② 60 ③ 61 ①

62 네일 폴리시를 도포하기 전 네일 폴리시의 밀착력과 자연 네일의 색소 침착 방지를 위해 사용하는 제품은?

① 톱코트 ② 큐티클 리무버
③ 큐티클 오일 ④ 베이스코트

7 향수

63 현대 향수의 시초라고 할 수 있는 헝가리 워터(Hungary Water)가 개발된 시기는?

① 1770년경 ② 970년경
③ 1570년경 ④ 1370년경

근대적 의미의 향수인 '헝가리 워터'가 나온 시기는 1370년경이다.

64 향료 사용의 설명으로 옳지 않은 것은?

① 향 발산을 목적으로 맥박이 뛰는 손목이나 목에 분사한다.
② 자외선에 반응하여 피부에 광 알레르기를 유발할 수도 있다.
③ 색소 침착된 피부에 향료를 분사하고 자외선을 받으면 색소 침착이 완화된다.
④ 향수 사용 시 시간이 지나면서 향의 농도가 변하는데 그것은 조합향료 때문이다.

색소 침착된 피부에 향료를 분사하고 자외선을 받으면 다시 색소 침착이 된다.

65 다음 중 향수의 부향률이 높은 것부터 순서대로 나열된 것은?

① 퍼퓸 > 오데 퍼퓸 > 오데 코롱 > 오데 토일릿
② 퍼퓸 > 오데 토일릿 > 오데 코롱 > 오데 퍼퓸
③ 퍼퓸 > 오데 퍼퓸 > 오데 토일릿 > 오데 코롱
④ 퍼퓸 > 오데 코롱 > 오데 퍼퓸 > 오데 토일릿

66 샤워 코롱(Shower Cologne)이 속하는 분류는?

① 세정용 화장품
② 메이크업용 화장품
③ 모발용 화장품
④ 방향용 화장품

샤워 코롱은 향수로 방향화장품에 속한다.

67 다음 중 향료의 함유량이 가장 적은 것은?

① 퍼퓸(Perfume)
② 오데 토일릿(Eau de Toilet)
③ 샤워 코롱(Shower Cologne)
④ 오데 코롱(Eau de Cologne)

68 내가 좋아하는 향수를 구입하여 샤워 후 바디에 나만의 향으로 산뜻함과 상쾌함을 유지시키고자 한다면, 부향률은 어느 정도로 하는 것이 좋은가?

① 1~3% ② 3~5%
③ 6~8% ④ 9~12%

샤워 코롱의 부향률은 1~3%의 향료를 함유한다.

정답 62 ④ 63 ④ 64 ③ 65 ③ 66 ④ 67 ③ 68 ①

69 **향수를 뿌린 후 즉시 느껴지는 향수의 첫 느낌으로, 주로 휘발성이 강한 향료들로 이루어져 있는 노트(Note)는?**

① 톱 노트(Top Note)
② 미들 노트(Middle Note)
③ 하트 노트(Heart Note)
④ 베이스 노트(Base Note)

70 **향수의 구비 요건이 아닌 것은?**

① 향에 특징이 있어야 한다.
② 향이 강하므로 지속성이 약해야 한다.
③ 시대성에 부합되는 향이어야 한다.
④ 향의 조화가 잘 이루어져야 한다.

> 향수는 향의 지속성이 있어야 한다.

71 **여러 가지 꽃 향이 혼합된 세련되고 로맨틱한 향으로 아름다운 꽃다발을 안고 있는 듯, 화려하면서도 우아한 느낌을 주는 향수의 타입은?**

① 싱글 플로럴(Single Floral)
② 플로럴 부케(Floral Boupuet)
③ 우디(Woody)
④ 오리엔탈(Oriental)

8 에센셜 오일 및 캐리어 오일

72 **에센셜 오일(아로마 오일)에 대한 설명 중 틀린 것은?**

① 에센셜 오일은 면역기능을 높여준다.
② 에센셜 오일은 감기, 피부미용에 효과적이다.
③ 에센셜 오일은 피부 관리는 물론 화상, 여드름, 염증 치유에도 쓰인다.
④ 에센셜 오일은 피지에 쉽게 용해되지 않으므로 다른 첨가물을 혼합하여 사용한다.

> 에센셜 오일은 지방 물질에 쉽게 용해되는 성질 때문에 피부에서 생성된 피지에 쉽게 녹아들 수가 있다.

73 **에센셜 테라피에 사용되는 에센셜 오일에 대한 설명 중 가장 거리가 먼 것은?**

① 에센셜테라피에 사용되는 에센셜 오일은 주로 수증기증류법에 의해 추출된 것이다.
② 에센셜 오일은 공기 중의 산소, 빛 등에 의해 변질될 수 있으므로 갈색병에 보관하여 사용하는 것이 좋다.
③ 에센셜 오일은 원액을 그대로 피부에 사용해야 한다.
④ 에센셜 오일을 사용할 때에는 안전성 확보를 위하여 사전에 패치테스트를 실시하여야 한다.

> 에센셜 오일은 캐리어 오일과 함께 피부에 사용해야 한다.

74 **에센셜 오일을 추출하는 방법이 아닌 것은?**

① 수증기 증류법
② 혼합법
③ 압착법
④ 용매 추출법

> 에센셜 오일 추출법에는 수증기 증류법, 압착법, 휘발성 용매 추출법, 비휘발성 용매 추출법이 있다.

정답 69 ① 70 ② 71 ② 72 ④ 73 ③ 74 ②

75 에센셜 오일에 대한 설명으로 가장 적절한 것은?

① 수증기 증류법에 의해 얻어진 에센셜 오일이 주로 사용되고 있다.
② 에센셜 오일은 공기 중 산소나 빛에 안전하기 때문에 주로 투명 용기에 보관하여 사용한다.
③ 에센셜 오일은 주로 향기식물의 줄기나 뿌리 부위에서만 추출된다.
④ 에센셜 오일은 주로 베이스 노트이다.

76 다음의 설명에 해당되는 천연향의 추출방법은?

> 식물의 향기부분을 물에 담가 가온하여 증발된 기체를 냉각하면 물 위에 향기 물질이 뜨게 되는데 이것을 분리하여 순수한 천연향을 얻어내는 방법이다.

① 수증기 증류법
② 압착법
③ 휘발성 용매 추출법
④ 비휘발성 용매 추출법

77 다음 중 햇빛에 노출했을 때 색소 침착의 우려가 있어 사용 시 유의해야 하는 에센셜 오일은?

① 라벤더　② 티트리
③ 제라늄　④ 레몬

78 레몬 에센셜 오일의 사용과 관련된 설명으로 틀린 것은?

① 무기력한 기분을 전환시킨다.
② 기미, 주근깨가 있는 피부에 좋다.
③ 여드름, 지성피부에 사용된다.
④ 진정작용이 뛰어나다.

79 박하(Peppermint)에 함유된 시원한 느낌의 혈액순환 촉진 성분은?

① 자일리톨
② 멘톨
③ 알코올
④ 마조람 오일

80 다음 정유(Essential Oil) 중에서 살균 · 소독 작용이 가장 강한 것은?

① 타임 오일
② 주큐티클 니퍼 오일
③ 로즈마리 오일
④ 클라리세이지 오일

81 에센셜 오일의 사용법 중 확산법으로 맞는 것은?

① 따뜻한 물에 넣고 몸을 담근다.
② 에센셜 램프나 스프레이를 이용한다.
③ 수건에 적신 후 피부에 붙인다.
④ 손수건, 티슈 등에 1~2방울 떨어뜨리고 심호흡을 한다.

82 에센셜 오일을 피부에 효과적으로 침투시키기 위해 사용하는 식물성 오일은?

① 에센셜 오일
② 캐리어 오일
③ 트랜스 오일
④ 알부틴

정답 75 ① 76 ① 77 ④ 78 ④ 79 ② 80 ① 81 ② 82 ②

83 **캐리어 오일에 대한 설명으로 틀린 것은?**

① 캐리어는 '운반'이란 뜻으로 캐리어 오일은 마사지 오일을 만들 때 필요한 오일이다.
② 베이스 오일이라고도 한다.
③ 에센셜 오일을 추출할 때 오일과 분류되어 나오는 증류액을 말한다.
④ 에센셜 오일의 향을 방해하지 않도록 향이 없어야 하고 피부흡수력이 좋아야 한다.

84 **캐리어 오일 중 액체상 왁스에 속하고, 인체 피지와 지방산의 조성이 유사하여 피부 친화성이 좋으며, 다른 식물성 오일에 비해 쉽게 산화되지 않아 보조안정성이 높은 것은?**

① 아몬드 오일 ② 호호바 오일
③ 아보카도 오일 ④ 맥아 오일

호호바 오일은 인체 피지와 지방산의 조성이 유사하여 피부 친화성이 좋고 지성 피부와 여드름 피부에 효과가 있다.

85 **캐리어 오일로서 부적합한 것은?**

① 미네랄 오일
② 살구씨 오일
③ 아보카도 오일
④ 포도씨 오일

미네랄 오일은 석유에서 얻은 액체상태의 탄화수소류의 혼합물이며 유성감이 강하여 피부가 호흡하는 것을 방해한다.

86 **다음 중 여드름의 발생 가능성이 가장 적은 화장품 성분은?**

① 호호바 오일
② 라놀린
③ 미네랄 오일
④ 이소프로필 팔미테이트

87 **천연 토코페롤을 풍부하게 함유하고 있어 피부에서 강력한 항산화 작용을 하는 캐리어 오일은?**

① 호호바 오일
② 맥아 오일
③ 달맞이 오일
④ 코코넛 오일

9 기능성 화장품

88 **기능성 화장품의 표시 및 기재사항이 아닌 것은?**

① 제품의 명칭
② 내용물의 용량 및 중량
③ 제조자의 이름
④ 제조번호

제조자의 이름은 기능성 화장품의 표시 및 기재사항이 아니다.

89 **기능성 화장품에 해당되지 않는 것은?**

① 피부의 미백에 도움을 주는 제품
② 인체의 비만도를 줄이는 데 도움을 주는 제품
③ 피부의 주름 개선에 도움을 주는 제품
④ 피부를 곱게 태우거나 자외선으로부터 피부를 보호하는 데 도움을 주는 제품

정답 83 ③ 84 ② 85 ① 86 ① 87 ② 88 ③ 89 ②

90 다음 중 기능성 화장품의 영역이 아닌 것은?

① 피부의 미백에 도움을 주는 제품
② 피부의 주름 개선에 도움을 주는 제품
③ 피부의 여드름 개선에 도움을 주는 제품
④ 자외선으로부터 피부를 보호하는 데 도움을 주는 제품

91 기능성 화장품에 대한 설명으로 옳은 것은?

① 자외선에 의해 피부가 심하게 그을리거나 일광화상이 생기는 것을 지연시켜 준다.
② 피부 표면의 더러움이나 노폐물을 제거하여 피부를 청결하게 해준다.
③ 피부 표면의 건조함을 방지해주고 피부를 매끄럽게 한다.
④ 비누 세안에 의해 손상된 피부의 pH를 정상적인 상태로 빨리 돌아오게 한다.

① 자외선 차단제에 대한 설명이다.

92 다음 중 기능성 화장품의 범위에 해당하지 않는 것은?

① 미백크림
② 바디오일
③ 자외선차단 크림
④ 주름개선 크림

피부태닝 오일이 기능성 화장품에 해당된다.

93 기능성 화장품의 주요 효과가 아닌 것은?

① 피부 주름개선에 도움을 준다.
② 자외선으로부터 보호한다.
③ 피부를 청결히 하여 피부 건강을 유지한다.
④ 피부 미백에 도움을 준다.

94 미백 화장품의 메커니즘이 아닌 것은?

① 자외선 차단
② 도파 산화 억제
③ 티로시나제 활성화
④ 멜라닌 합성 저해

티로시나제 저해 역할을 한다.

95 미백 화장품에 사용되는 원료가 아닌 것은?

① 알부틴
② 코직산
③ 레티놀
④ 비타민 C 유도체

레티놀은 주름개선 화장품에 효과가 있다.

96 진달래과의 월귤나무의 잎에서 추출한 하이드로퀴논 배당체로 멜라닌 활성을 도와주는 티로시나아제 효소의 작용을 억제하는 미백 화장품의 성분은?

① 감마-오리자놀
② 알부틴
③ AHA
④ 비타민 C

97 각질제거용 화장품에 주로 쓰이는 것으로 죽은 각질을 빨리 떨어져 나가게 하고 건강한 세포가 피부를 자극할 수 있도록 도와주는 주름개선 화장품의 성분은?

① 코직산　② 알부틴
③ AHA　④ 하이드로퀴논

정답 90 ③ 91 ① 92 ② 93 ③ 94 ③ 95 ③ 96 ② 97 ③

98 다음 중 화학적인 필링제의 성분으로 사용되는 것은?

① AHA(Alpha Hydroxy Acid)
② 에탄올
③ 카모마일
④ 올리브 오일

99 아하(AHA)에 대한 설명이 아닌 것은?

① 각질 제거 및 보습기능이 있다.
② 글리콜릭산, 젖산, 사과산, 주석산, 구연산이 있다.
③ 알파 하이드록시카프로익 애시드(Alpha Hydroxycaproic Acid)의 약어이다.
④ 피부와 점막에 약간의 자극이 있다.

알파 하이드록 애시드(Alpha Hydroxy Acid)의 약어이다.

100 AHA(Alpha Hydroxy Acid)에 대한 설명으로 틀린 것은?

① 화학적 필링
② 글리콜산, 젖산, 주석산, 능금산, 구연산
③ 각질세포의 응집력 강화
④ 미백작용

101 각질 제거제로 사용되는 알파-히드록시산 중에서 분자량이 작아 침투력이 뛰어난 것은?

① 글리콜산(Glycolic Acid)
② 사과산(Malic Acid)
③ 주석산(Tartaric Acid)
④ 구연산(Citric Acid)

102 다음 중 민감성 피부에 주의하여 사용해야 하는 성분은?

① 비타민 P
② 비타민 K
③ 알란토인
④ AHA

103 자외선 차단을 도와주는 화장품 성분이 아닌 것은?

① 파라아미노안식향산(Para-aminobenzoic Acid)
② 옥틸디메틸파바(Octyldimethyl PABA)
③ 콜라겐(Collagen)
④ 티타늄디옥사이드(Titanium Dioxide)

104 다음 중 옳은 것만을 모두 짝지은 것은?

A. 자외선 차단제에는 물리적 차단제와 화학적 차단제가 있다.
B. 물리적 차단제에는 벤조페논, 옥시벤존, 옥틸디메틸파바 등이 있다.
C. 화학적 차단제는 피부에 유해한 자외선을 흡수하여 피부 침투를 차단하는 방법이다.
D. 물리적 차단제는 자외선이 피부에 흡수되지 못하도록 피부 표면에서 빛을 반사 또는 산란시키는 방법이다.

① A, B ,C　　② A, C, D
③ A, B, D　　④ B, C, D

물리적 차단제에는 산화아연, 이산화티탄이 있다.

정답	98 ① 99 ③ 100 ③ 101 ① 102 ④ 103 ③ 104 ②

105 피부 표면에 물리적인 장벽을 만들어 자외선을 반사하고 분산하는 자외선 차단 성분은?

① 옥틸메톡시신나메이트
② 파라아미노안식향산(PABA)
③ 이산화티탄
④ 벤조페논

106 자외선 차단지수를 무엇이라고 하는가?

① FDA ② SPF
③ SCL ④ WHO

107 자외선 차단제에 관한 설명으로 틀린 것은?

① 자외선 차단제는 SPF의 지수가 매겨져 있다.
② SPF는 수치가 낮을수록 자외선 차단지수가 높다.
③ 자외선 차단제의 효과는 피부의 멜라닌 양과 자외선에 대한 민감도에 따라 달라질 수 있다.
④ 자외선 차단지수는 제품을 사용했을 때 홍반을 일으키는 자외선의 양을, 제품을 사용하지 않았을 때 홍반을 일으키는 자외선의 양으로 나눈 값이다.

SPF는 수치가 높을수록 자외선 차단지수가 높다.

108 SPF에 대한 설명으로 틀린 것은?

① Sun Protection Factor의 약자로서 자외선 차단지수라 불린다.
② 엄밀히 말하면 UV-B 방어효과를 나타내는 지수라고 볼 수 있다.
③ 오존층으로부터 자외선이 차단되는 정도를 알아보기 위한 목적으로 이용된다.
④ 자외선 차단제를 바른 피부가 최소의 홍반을 일어나게 하는 데 필요한 자외선 양을, 제품을 바르지 않은 피부가 최소의 홍반을 일어나게 하는 데 필요한 자외선 양으로 나눈 값이다.

109 자외선 차단제에 대한 설명 중 틀린 것은?

① 자외선 차단제의 구성성분은 크게 자외선 산란제와 자외선 흡수제로 구분된다.
② 자외선 차단제 중 자외선 산란제는 투명하고, 자외선 흡수제는 불투명한 것이 특징이다.
③ 자외선 산란제는 물리적인 산란작용을 이용한 제품이다.
④ 자외선 흡수제는 화학적인 흡수작용을 이용한 제품이다.

산란제는 불투명하고 흡수제는 투명하다.

110 자외선 차단제에 대한 설명으로 옳은 것은?

① 일광에 노출되기 전에 바르는 것이 효과적이다.
② 피부 병변이 있는 부위에 사용하여도 무관하다.
③ 사용 후 시간이 경과해도 다시 덧바르지 않는다.
④ SPF 지수가 높을수록 민감한 피부에 적합하다.

정답 105 ③ 106 ② 107 ② 108 ③ 109 ② 110 ①

111 주름 개선 기능성 화장품의 효과와 가장 거리가 먼 것은?

① 피부 탄력 강화
② 콜라겐 합성 촉진
③ 표피 신진대사 촉진
④ 섬유아세포 분해 촉진

섬유아세포 분해 촉진은 탄력성을 떨어트려 주름 발생의 원인이 된다.

112 다음 중 주름개선 성분에 해당하지 않는 것은?

① 레티노이드
② 코직산
③ 아하(AHA)
④ 항산화제

코직산은 미백 화장품 성분이다.

10 여드름 피부용 화장품

113 여드름 피부용 화장품에 사용되는 성분과 가장 거리가 먼 것은?

① 살리실산
② 글리시리진산
③ 아줄렌
④ 코직산

114 화장품 성분 중 아줄렌은 피부에 어떤 작용을 하는가?

① 미백 ② 자극
③ 진정 ④ 색소 침착

아줄렌에는 진정작용, 항염증작용 등이 있다.

115 다음 중 진정 효과를 가지는 피부관리 제품 성분이 아닌 것은?

① 아줄렌(Azulene)
② 카모마일 추출물(Chamomile Extracts)
③ 비사볼롤(Bisabolol)
④ 알코올(Alcohol)

알코올은 진정효과와는 관련이 없다.

116 여드름 피부에 직접 사용하기 가장 좋은 에센셜 오일은 무엇인가?

① 유칼립투스 ② 로즈마리
③ 페퍼민트 ④ 티트리

티트리는 살균 · 소독작용이 강하여 여드름과 뾰루지 등의 소독에 효과가 있다.

117 여드름 관리에 효과적인 성분이 아닌 것은?

① 스테로이드(Steroid)
② 과산화 벤조일(Benzoyl Peroxide)
③ 살리실산(Salicylic Acid)
④ 글리콜산(Glycolic Acid)

스테로이드는 여드름 관리에 부작용을 유발할 수 있는 제품이다.

118 여드름 관리에 사용되는 화장품의 올바른 기능은?

① 피지 증가 유도효과
② 수렴작용 효과
③ 박테리아 증식효과
④ 각질의 증가효과

정답 111 ④ 112 ② 113 ④ 114 ③ 115 ④ 116 ④ 117 ① 118 ②

119 **다음 중 여드름을 유발하지 않는(Noncome-dogenic) 화장품 성분은?**

① 올레인 산
② 라우린 산
③ 솔비톨
④ 올리브 오일

솔비톨은 습윤 조정제, 보습제의 기능을 하며 피지 조절에 효과적인 여드름 관리 화장품의 성분이다.

120 **여드름 치유와 잔주름 개선에 널리 사용되는 것은?**

① 레틴산(Retinoic Acid)
② 아스코르빈산(Ascorbic Acid)
③ 토코페롤(Tocopherol)
④ 칼시페롤(Cacliferol)

121 **화장품으로 인한 알레르기가 생겼을 때의 적당한 피부관리 방법으로 맞는 것은?**

① 민감한 반응을 보인 화장품의 사용을 중지한다.
② 알레르기가 유발된 후 정상으로 회복될 때까지 두꺼운 화장을 한다.
③ 비누를 사용하여 피부를 소독하듯이 자주 닦아낸다.
④ 뜨거운 타올로 피부의 알레르기를 진정시킨다.

정답 119 ③ 120 ① 121 ①

공중위생관리학 출제예상문제

SECTION 01 공중보건학

1 공중보건학 총론

01 공중보건학의 정의로 가장 적합한 것은?

① 질병예방, 생명연장, 질병치료에 주력하는 기술이며 과학이다.
② 질병예방, 생명유지, 조기치료에 주력하는 기술이며 과학이다.
③ 질병의 조기발견, 조기예방, 생명연장에 주력하는 기술이며 과학이다.
④ 질병예방, 생명연장, 건강 증진에 주력하는 기술이며 과학이다.

02 공중보건학의 개념과 관계가 가장 적은 것은?

① 지역주민의 수명 연장에 관한 연구
② 감염병 예방에 관한 연구
③ 성인병 치료기술에 관한 연구
④ 육체적 · 정신적 효율 증진에 관한 연구

03 다음 중 공중보건의 연구범위에서 제외되는 것은?

① 환경위생 향상
② 개인위생에 관한 보건교육
③ 질병의 조기발견
④ 질병의 치료방법 개발

04 보건교육의 내용과 관계가 가장 먼 것은?

① 생활환경위생 : 보건위생 관련 내용
② 성인병 및 노인성 질병 : 질병 관련 내용
③ 기호품 및 의약품의 외용, 남용 : 건강 관련 내용
④ 미용정보 및 최신기술 : 산업 관련 기술내용

산업 관련 기술내용은 보건교육의 내용과는 관련이 없다.

05 공중보건학 개념상 공중보건 사업의 최소 단위는?

① 직장 단위의 건강
② 가족 단위의 건강
③ 지역사회 전체 주민의 건강
④ 노약자 및 빈민 계층의 건강

06 다음 중 공중보건에 대한 설명으로 가장 적절한 것은?

① 개인을 대상으로 한다.
② 예방의학을 대상으로 한다.
③ 지역사회를 대상으로 한다.
④ 사회의학을 대상으로 한다.

정답 01 ④ 02 ③ 03 ④ 04 ④ 05 ③ 06 ③

07 다음 중 공중보건학의 개념과 가장 유사한 의미를 갖는 표현은?

① 치료의학
② 예방의학
③ 지역사회의학
④ 건설의학

08 우리나라의 공중보건에 관한 과제 해결에 필요한 사항은?

> ㉠ 제도적 조치
> ㉡ 직업병 문제해결
> ㉢ 보건교육 활동
> ㉣ 질병 문제해결을 위한 사회적 투자

① ㉠, ㉡, ㉢
② ㉠, ㉡
③ ㉡, ㉣
④ ㉠, ㉡, ㉢, ㉣

09 건강의 정의를 가장 잘 설명한 것은?

① 신체적으로 안녕한 상태
② 육체적 · 정신적 · 사회적으로 안녕한 상태
③ 질병이 없고, 허약하지 않은 상태
④ 정신적으로 안녕한 상태

10 한 나라의 건강수준을 다른 국가들과 비교할 수 있는 지표로 세계보건기구가 제시한 내용은?

① 인구증가율, 평균수명, 비례사망지수
② 비례사망지수, 조사망률, 평균수명
③ 평균수명, 조사망률, 국민소득
④ 의료시설, 평균수명, 주거상태

조사망률, 비례사망지수, 평균수명

11 한 나라의 건강수준을 나타내는 지표로 세계보건기구가 제시한 것은?

① 비례사망지수
② 국민소득
③ 질병이환율
④ 인구증가율

12 인간 전체 사망자 수에 대한 50세 이상의 사망자 수를 나타낸 구성 비율은?

① 평균수명
② 조사망률
③ 영아사망률
④ 비례사망지수

비례사망지수

$$= \frac{50\text{세 이상의 사망자 수}}{\text{총 사망자 수} \times 100}$$

13 국가 간이나 지역사회 간의 보건수준을 비교하는 데 사용되는 대표적인 3대 지표는?

① 평균수명, 모성사망률, 비례사망지수
② 영아사망률, 비례사망지수, 평균수명
③ 유아사망률, 사인별 사망률, 영아사망률
④ 영아사망률, 사인별 사망률, 평균수명

보건수준 평가 3대 지표 : 영아사망률, 비례사망지수, 평균수명

14 지역사회의 보건수준을 비교할 때 쓰이는 지표가 아닌 것은?

① 영아사망률 ② 평균수명
③ 비례사망지수 ④ 국세조사

정답 07 ③ 08 ④ 09 ② 10 ② 11 ① 12 ④ 13 ② 14 ④

15 다음 중 가장 대표적인 보건수준 평가기준으로 사용되는 것은?

① 성인사망률
② 영아사망률
③ 노인사망률
④ 사인별 사망률

16 한 지역이나 국가의 공중보건을 평가하는 기초 자료로 가장 신뢰성 있게 인정되고 있는 것은?

① 질병이환율
② 영아사망률
③ 신생아 사망률
④ 조사망률

17 영아사망률의 계산공식으로 옳은 것은?

① $\frac{\text{연간 출생아 수}}{\text{인구}} \times 1,000$

② $\frac{\text{그 해의 1~4세 사망아 수}}{\text{어느 해의 1~4세 인구}} \times 1,000$

③ $\frac{\text{그 해의 1세 미만 사망아 수}}{\text{어느 해의 연간 출생아수}} \times 1,000$

④ $\frac{\text{그 해의 생후 28일 이내의 사망아 수}}{\text{어느 해의 연간 출생아 수}} \times 1,000$

> 영아 사망률
> $= \frac{\text{1년 미만 사망아 수}}{\text{연간 출생아 수}} \times \frac{\text{출생아}}{\text{1,000명}}$

18 다음의 영아사망률 계산식에서 (A)에 알맞은 것은?

> 영아 사망률 $= \frac{\text{(A)}}{\text{연간 출생아 수}} \times 1,000$

① 연간 생후 28일까지의 사망자 수
② 연간 생후 1년 미만 사망자 수
③ 연간 1~4세 사망자 수
④ 연간 임신 28주 이후 사산아 수 + 출생 1주 이내 사망자 수

2 질병관리

19 감염병 유행지역에서 입국하는 사람이나 동물 등을 대상으로 실시하며 외국 질병의 국내 침입 방지를 위한 수단으로 쓰이는 것은?

① 격리
② 검역
③ 박멸
④ 병원소 제거

20 외래 감염병의 예방대책으로 가장 효과적인 방법은?

① 예방접종 ② 환경개선
③ 검역 ④ 격리

21 검역의 의미를 가장 잘 표현한 것은?

① 급성 감염병 환자 격리
② 법정 감염병 환자 격리
③ 감염병 감염 의심자 격리
④ 감염병 감염 환자 격리

22 질병 발생의 3대 요인이 아닌 것은?

① 병인 ② 연령
③ 숙주 ④ 환경

> 질병 발생 3대 요인 : 병인, 숙주, 환경

정답	15 ② 16 ② 17 ③ 18 ② 19 ② 20 ③ 21 ③ 22 ②

23 질병 발생의 세 가지 요인이 바르게 연결된 것은?

① 숙주 – 병인 – 환경
② 숙주 – 병인 – 유전
③ 숙주 – 병인 – 병소
④ 숙주 – 병인 – 저항력

24 질병 발생의 요인 중 숙주적 요인에 해당하지 않는 것은?

① 선천적 요인
② 연령
③ 생리적 방어기전
④ 경제적 수준

25 감염병 유행의 요인 중 전파경로와 가장 관계가 깊은 것은?

① 개인의 감수성 ② 영양상태
③ 환경 요인 ④ 인종

26 감염병 생성과정의 6대 요소를 순서대로 나열한 것은?

① 병원소 → 병원체 → 병원체의 전파 → 병원소로부터 병원체의 탈출 → 병원체가 신숙주로 침입 → 숙주의 감수성
② 병원체 → 병원소 → 병원소로부터 병원체의 탈출 → 숙주의 감수성 → 병원체의 전파 → 병원체가 신숙주로 침입
③ 병원체 → 병원소 → 병원소로부터 병원체의 탈출 → 병원체의 전파 → 병원체가 신숙주로 침입 → 숙주의 감수성
④ 병원소 → 병원체의 전파 → 병원체 → 병원소로부터 병원체의 탈출 → 병원체가 신숙주로 침입 → 숙주의 감수성

27 다음 질병 중 병원체가 바이러스(Virus)인 것은?

① 장티푸스
② 쯔쯔가무시병
③ 폴리오
④ 발진열

폴리오는 폴리오바이러스에 의한 감염성 질환으로 소아에 이환율이 높고 마비를 일으키므로 소아마비라고도 한다.

28 광견병의 병원체는 어디에 속하는가?

① 세균
② 바이러스
③ 리케차
④ 진균

29 다음 감염병 중 세균성인 것은?

① 말라리아
② 결핵
③ 일본뇌염
④ 유행성 간염

30 감염병 관리상 그 관리가 가장 어려운 대상은?

① 만성감염병 환자
② 급성감염병 환자
③ 건강보균자
④ 감염병에 의한 사망자

정답	23 ① 24 ④ 25 ③ 26 ③ 27 ③ 28 ② 29 ② 30 ③

31 다음 중 감염병 관리상 가장 중요하게 취급해야 할 대상자는?

① 건강보균자
② 잠복기환자
③ 현성환자
④ 회복기보균자

건강보균자는 병원체를 보유하지만 임상증상이 보이지 않아 건강해 보이는 보균자로, 감염병 관리상 가장 중요하게 취급해야 할 대상자이다.

32 건강보균자를 설명한 것으로 가장 적절한 것은?

① 감염병에 이환되어 앓고 있는 자
② 병원체를 보유하고 있으나 증상이 없으며 체외로 균을 배출하고 있는 자
③ 감염병에 이환되어 발생하기까지의 기간에 있는 자
④ 감염병에 걸렸다 완전히 치유된 자

33 보균자는 감염병 관리상 어려운 대상이다. 그 이유와 관계가 가장 먼 것은?

① 색출이 어려우므로
② 활동영역이 넓으므로
③ 격리가 어려우므로
④ 치료가 되지 않으므로

보균자는 치료가 가능하다.

34 인수공통 감염병에 해당하는 것은?

① 천연두 ② 콜레라
③ 디프테리아 ④ 공수병

인수공통 감염병은 사람과 동물에게 공통으로 감염되는 질병으로 공수병이 해당된다.

35 다음 중 동물과 감염병의 병원소 연결이 잘못된 것은?

① 소 – 결핵
② 쥐 – 말라리아
③ 돼지 – 일본뇌염
④ 개 – 공수병

말라리아 – 모기

36 페스트, 살모넬라증 등을 감염시킬 수 있는 동물은?

① 말 ② 쥐
③ 소 ④ 개

37 다음 중 쥐와 관계없는 감염병은?

① 유행성 출혈열
② 페스트
③ 공수병
④ 살모넬라증

공수병 – 개

38 들쥐의 똥, 오줌 등에 의해 논이나 들에서 상처를 통해 경피감염 될 수 있는 감염병은?

① 유행성 출혈열
② 이질
③ 렙토스피라
④ 파상풍

유행성 출혈열과 렙토스피라는 쥐의 배설물에 의한 감염병이다. 그중 유행성 출혈열은 쥐의 배설물에 의한 호흡기 감염이며 렙토스피라는 상처를 통해 피부로 감염되는 경피감염이다.

정답 31 ① 32 ② 33 ④ 34 ④ 35 ② 36 ② 37 ③ 38 ③

39 집 주위에 있는 쥐를 없애는 방법 중 가장 항구적인 방법은?

① 약제를 사용한다.
② 천적을 사용한다.
③ 쥐틀 등을 사용한다.
④ 환경을 정비한다.

40 접촉자의 색출 및 치료가 가장 중요한 질병은?

① 성병 ② 암
③ 당뇨병 ④ 일본뇌염

성병은 성 접촉으로 감염되기 때문에 접촉자의 색출이 중요하다.

41 비말 감염과 가장 관계있는 사항은?

① 영양 ② 상처
③ 피로 ④ 밀집

비말 감염은 공기의 감염으로 밀집과 가장 관계가 있다.

42 이 · 미용업소에서 공기 중 비말 전염으로 가장 쉽게 옮겨질 수 있는 감염병은?

① 인플루엔자 ② 대장균
③ 뇌염 ④ 장티푸스

43 다음 감염병 중 비말이나 진애 감염이 되지 않는 것은?

① 유행성 일본뇌염
② 디프테리아
③ 성홍열
④ 백일해

모기 – 일본뇌염

44 공기오염으로 전파되는 감염병만으로 짝지어진 것은?

① 장티푸스, 소아마비
② 뇌염, 나병
③ 페스트, 이질
④ 결핵, 인플루엔자

비말 감염병은 결핵, 인플루엔자이다.

45 감염병 중 음용수를 통하여 전염될 수 있는 가능성이 가장 큰 것은?

① 세균성 이질
② 백일해
③ 풍진
④ 한센병

세균성 이질은 경구감염으로 감염된다.

46 장티푸스에 대한 설명으로 옳은 것은?

① 식물매개 감염병이다.
② 우리나라에서는 제2군 법정 감염병이다.
③ 대장 점막에 궤양성 병변을 일으킨다.
④ 일종의 열병으로 경구침입 감염병이다.

장티푸스는 오염된 음식물의 섭취로 인해 발열과 복통 등의 위장장해가 나타난다.

47 다음 중 환경위생 조건의 개선으로 예방이 가능한 감염병은?

① 폴리오 ② 장티푸스
③ 디프테리아 ④ 홍역

정답 39 ④ 40 ① 41 ④ 42 ① 43 ① 44 ④ 45 ① 46 ④ 47 ②

48 환경위생의 향상으로 감염예방에 가장 크게 기여할 수 있는 감염병으로만 짝지어진 것은?

① 뇌염, 공수병
② 유행성 이하선염, 결핵
③ 장티푸스, 세균성 이질
④ 유행성 이하선염, 천연두

장티푸스, 세균성 이질은 파리, 바퀴와 오염된 물에 의한 감염으로 환경위생의 향상으로 감염예방이 가능하다.

49 다음 감염병 중 환경위생의 개선과 관계가 가장 적은 것은?

① 유행성 이하선염
② 장티푸스
③ 세균성 이질
④ 콜레라

볼거리(유행성 이하선염)는 접종으로 예방이 가능하며 환경위생의 개선과 관계가 적다.

50 합병증으로 고환염, 뇌수막염 등이 초래되어 불임이 될 수도 있는 질환은?

① 홍역 ② 뇌염
③ 풍진 ④ 유행성 이하선염

51 감염병 발생 시 일반인이 취하여야 할 사항으로 적절치 않은 것은?

① 환자를 문병하고 위로한다.
② 주위 환경을 청결히 하고 개인위생에 힘쓴다.
③ 예방접종을 받도록 한다.
④ 필요한 경우 환자를 격리한다.

감염병 발생 시에는 가능하면 환자와의 접촉을 피하고 필요한 경우 환자를 격리한다.

52 감염병이 이 · 미용업소에서 특별히 문제시되는 주된 이유는?

① 업소 내 일광이 들어오지 않기 때문에
② 이 · 미용기구가 감염병균이 잘 오염되기 때문에
③ 다수인이 출입하기 때문에
④ 업소 내에 습기가 많기 때문에

이 · 미용업소는 공중위생영업시설로 다수인이 출입하기 때문에 감염병에 대한 위생관리를 철저히 해야 한다.

53 다음 중 감염성 질환이 아닌 것은?

① 폴리오 ② 풍진
③ 성병 ④ 당뇨병

54 토양(흙)이 병원소가 될 수 있는 질환은?

① 디프테리아
② 콜레라
③ 간염
④ 파상풍

55 질병 전파의 개달물(介達物)에 해당되는 것은?

① 공기, 물
② 우유, 음식물
③ 의복, 침구
④ 파리, 모기

질병 전파의 개달물에는 물, 우유, 식품, 공기, 토양을 제외한, 모든 비활성 매체(의복, 침구, 완구, 책, 수건 등)가 포함 된다.

정답 48 ③ 49 ① 50 ④ 51 ① 52 ③ 53 ④ 54 ④ 55 ③

56 다음 중 질병 전파의 개달물이 아닌 것은?

① 의복 ② 우유
③ 완구 ④ 책

57 다음 감염병 중 개달물로 인해 감염이 잘 되는 것은?

① 일본뇌염
② 황열
③ 트라코마
④ 말라리아

58 절지동물에 의해 매개되는 감염병이 아닌 것은?

① 유행성 일본뇌염
② 발진티푸스
③ 탄저
④ 페스트

탄저 – 양, 소, 말, 돼지

59 감염병을 옮기는 매개곤충과 질병의 관계가 바른 것은?

① 재귀열 – 이
② 말라리아 – 진드기
③ 일본뇌염 – 파리
④ 발진티푸스 – 모기

60 위생해충인 바퀴벌레가 주로 전파할 수 있는 병원균의 질병이 아닌 것은?

① 재귀열 ② 이질
③ 콜레라 ④ 장티푸스

재귀열 – 이

61 집에 서식하는 바퀴벌레가 주로 전파하는 질병은?

① 이질 ② 황열
③ 일본뇌염 ④ 페스트

62 매개곤충과 전파하는 감염병의 연결이 틀린 것은?

① 쥐 – 유행성 출혈열
② 모기 – 일본뇌염
③ 파리 – 사상충
④ 쥐벼룩 – 페스트

모기 – 사상충

63 파리에 의해 주로 전파될 수 있는 감염병은?

① 페스트 ② 장티푸스
③ 사상충증 ④ 황열

64 다음 중 파리가 옮기지 않는 병은?

① 장티푸스
② 이질
③ 콜레라
④ 유행성 출혈열

유행성 출혈열 – 쥐, 진드기

65 파리에 의해 전파될 수 있는 감염병에 속하지 않는 것은?

① 이질 ② 말라리아
③ 콜레라 ④ 장티푸스

말라리아 – 모기

정답	
	56 ② 57 ③ 58 ③ 59 ① 60 ①
	61 ① 62 ③ 63 ② 64 ④ 65 ②

66 모기를 매개곤충으로 하여 일으키는 질병이 아닌 것은?

① 말라리아　② 사상충염
③ 일본뇌염　④ 발진티푸스

67 우리나라에서 일본뇌염을 매개하는 모기의 종류는?

① 모든 모기
② 작은 빨간집모기
③ 중국 얼룩날개 모기
④ 토고 숲 모기

68 다음 중 일본뇌염의 중간숙주가 되는 것은?

① 돼지　② 쥐
③ 파리　④ 벼룩

> 일본뇌염은 모기에 물려야 감염이 되며 모기가 옮기기 전에 중간숙주를 거치게 되는데 돼지, 말, 닭, 염소, 개 등에게서 사람에게로 옮겨진다.

69 다음 중에서 접촉 감염자 수(감수성 지수)가 가장 높은 질병은?

① 홍역
② 소아마비
③ 디프테리아
④ 성홍열

> 홍역과 두창(95%)의 감수성 지수가 가장 높다.

70 감염병 감염 후 얻어지는 면역의 종류는?

① 자연능동면역
② 인공능동면역
③ 자연수동면역
④ 인공수동면역

71 자연능동면역 중 감염면역만 형성되는 감염병은?

① 두창, 홍역
② 일본뇌염, 폴리오
③ 매독, 임질
④ 디프테리아, 폐렴

72 예방접종(Vaccine)으로 획득되는 면역의 종류는?

① 인공능동면역
② 인공수동면역
③ 자연능동면역
④ 자연수동면역

73 비시지(BCG) 접종은 다음 중 어디에 해당되는 면역인가?

① 자연수동면역
② 자연능동면역
③ 인공수동면역
④ 인공능동면역

74 다음 중 인공능동면역의 특성을 가장 잘 설명한 것은?

① 항독소(Antitoxin) 등 인공제제를 접종하여 형성되는 면역
② 생균백신, 사균백신 및 순화독소(Toxoid)의 접종으로 형성되는 면역
③ 모체로부터 태반이나 수유를 통해 형성되는 면역
④ 각종 감염병 감염 후 형성되는 면역

정답	66 ④ 67 ② 68 ① 69 ① 70 ①
	71 ③ 72 ① 73 ④ 74 ②

75 장티푸스, 결핵, 파상풍 등의 예방접종은 어떤 면역방법인가?

① 인공능동면역
② 인공수동면역
③ 자연능동면역
④ 자연수동면역

장티푸스, 결핵, 파상풍 등은 인공능동면역이다.

76 콜레라 예방접종은 어떤 면역방법인가?

① 인공능동면역
② 인공수동면역
③ 자연수동면역
④ 자연능동면역

콜레라는 사균백신을 이용하는 인공능동면역이다.

77 다음 중 콜레라에 관한 설명으로 잘못된 것은?

① 검역질병으로 검역기간은 120시간을 초과할 수 없다.
② 수인성 전염병으로 경구전염된다.
③ 제1군 법정 전염병이다.
④ 예방접종은 생균백신(Vaccine)을 사용한다.

78 예방접종에 있어서 생균백신을 사용하는 것은?

① 결핵 ② 백일해
③ 디프테리아 ④ 장티푸스

79 예방접종 중 생균백신을 사용하는 것은?

① 디프테리아 ② 파상풍
③ 홍역 ④ 일본뇌염

80 예방접종 중 세균이 독소를 약독화(순화)하여 사용하는 것은?

① 폴리오 ② 콜레라
③ 장티푸스 ④ 파상풍

81 생후 4주 이내에 가장 처음 하는 예방접종은?

① 결핵 ② 폴리오
③ 홍역 ④ 파상풍

82 BCG는 다음 중 어느 질병의 예방방법인가?

① 홍역 ② 결핵
③ 천연두 ④ 임질

83 다음 중 디피티(DPT)가 아닌 것은?

① 디프테리아 ② 결핵
③ 백일해 ④ 파상풍

84 다음 감염병 중 기본 예방접종의 시기가 가장 늦은 것은?

① 디프테리아 ② 백일해
③ 폴리오 ④ 일본뇌염

85 수인성 전염병이 아닌 것은?

① 일본뇌염 ② 이질
③ 콜레라 ④ 장티푸스

정답 75 ① 76 ① 77 ④ 78 ① 79 ③ 80 ④ 81 ① 82 ② 83 ② 84 ④ 85 ①

86 수인성으로 감염되는 질병으로 엮인 것은?

① 장티푸스 – 파라티푸스 – 간흡충증 – 세균성 이질
② 콜레라 – 파라티푸스 – 세균성 이질 – 폐흡충증
③ 장티푸스 – 파라티푸스 – 콜레라 – 세균성 이질
④ 장티푸스 – 파라티푸스 – 콜레라 – 간흡충증

87 다음 감염병 중 호흡기계 감염병에 속하는 것은?

① 콜레라
② 장티푸스
③ 유행성 감염
④ 백일해

88 호흡기계 감염병에 해당되지 않는 것은?

① 인플루엔자
② 유행성 이하선염
③ 파라티푸스
④ 홍역

89 빌딩이나 건물의 냉 · 온방기 및 환기시스템을 통해 전파 가능한 질환은?

① 레지오넬라
② B형 간염
③ 농가진
④ AIDS

레지오넬라는 건물 냉방기의 냉각 탑수나 배관시설의 오염된 물에 있는 레지오넬라균이 호흡기를 통해 몸속에 들어와 발병한다.

90 다음 중 환자의 격리가 가장 중요한 관리방법이 되는 것은?

① 파상풍, 백일해
② 일본뇌염, 성홍열
③ 결핵, 한센병
④ 폴리오, 풍진

결핵, 한센병은 감염 가능성이 높아 환자의 격리가 중요한 관리방법이다.

91 결핵관리상 효율적인 방법으로 가장 거리가 먼 것은?

① 환자의 조기 발견
② 집회장소의 철저한 소독
③ 환자의 등록 치료
④ 예방접종의 철저

92 결핵에 관한 설명 중 틀린 것은?

① 호흡기계 전염병이다.
② 병원체는 세균이다.
③ 예방접종은 PPD로 한다.
④ 제3군 법정 전염병이다.

결핵은 생후 4주 이내에 BCG 예방접종을 실시한다.

93 일반적으로 이 · 미용업소에서 이 · 미용 작업을 통하여 감염될 수 있는 가능성이 가장 적은 것은?

① 인플루엔자
② 세균성 이질
③ 트라코마
④ 결핵

정답 86 ③ 87 ④ 88 ③ 89 ① 90 ③ 91 ② 92 ③ 93 ②

94 **다음 중 이 · 미용실에서 사용하는 수건을 철저하게 소독하지 않았을 때 주로 발생할 수 있는 감염병은?**

① 장티푸스
② 트라코마
③ 페스트
④ 일본뇌염

95 **이 · 미용업소에서 감염될 수 있는 트라코마에 대한 설명 중 틀린 것은?**

① 수건, 세면기 등에 의하여 감염된다.
② 감염원은 환자의 눈물, 콧물 등이다.
③ 예방접종으로 사전 예방할 수 있다.
④ 실명의 원인이 될 수 있다.

트라코마는 예방접종으로 예방되지 않는다.

96 **다음 중 이 · 미용업소에서 작업과정을 통하여 전염될 수 있는 가능성이 가장 큰 질병 2가지는?**

① 뇌염, 소아마비
② 피부병, 발진티푸스
③ 결핵, 트라코마
④ 결핵, 장티푸스

97 **이 · 미용업소에서 소독하지 않은 면체용 면도기로 주로 감염이 될 수 있는 질병에 해당되는 것은?**

① 파상풍
② B형 간염
③ 결핵
④ 트라코마

B형 간염은 수혈, 오염된 주사기, 면도날 등으로 인해 감염된다.

98 **일반적으로 수혈로 감염될 수 있는 질병은?**

① 간염
② 이질
③ 콜레라
④ 디프테리아

99 **다음 중 여드름 짜는 기계를 소독하지 않고 사용했을 때 감염 위험이 큰 질병은?**

① 후천선 면역결핍증
② 결핵
③ 장티푸스
④ 이질

100 **후천성 면역결핍증후군(AIDS)의 전파원인으로 적절하지 않은 것은?**

① 주사기 ② 호흡기
③ 수혈 ④ 성적 접촉

후천성 면역결핍증후군은 주사기를 통한 수혈과 감염자와의 성 접촉으로 인한 혈액을 통해 옮겨질 수 있는 대표적인 질병이다.

101 **다음 중 제1종 감염병에 대해 잘못 설명된 것은?**

① 감염속도가 빨라 환자의 격리가 즉시 필요하다.
② 콜레라, 세균성 이질, 장티푸스가 속한다.
③ 환자의 수를 매월 1회 이상 관할 보건소장을 거쳐 보고한다.
④ 환자 발생 즉시 환자 또는 시체 소재지를 보건소장을 거쳐 보고한다.

정답 94 ② 95 ③ 96 ③ 97 ② 98 ① 99 ① 100 ② 101 ③

102 발생 즉시 환자의 격리가 필요한 제1군에 해당하는 법정 감염병은?

① 황열 ② A형 간염
③ 폴리오 ④ B형 간염

103 발생 즉시 환자의 격리가 필요한 제1군에 해당하는 법정 전염병은?

① 황열 ② 콜레라
③ 폴리오 ④ B형 간염

104 감염병 예방법상 제1군 감염병에 속하는 것은?

① 한센병 ② 폴리오
③ 일본뇌염 ④ 파라티푸스

105 감염병 예방법상 제1군 감염병에 해당되는 것은?

① 백일해 ② 공수병
③ 세균성 이질 ④ 홍역

106 관련법상 제2군에 해당되는 감염병은?

① 황열 ② 풍진
③ 세균성 이질 ④ 장티푸스

107 제2군에 해당되며 임신 초기에 이환되면 태아에게 치명적인 영향을 주어 선천성 기형아를 낳을 수 있는 질환은 무엇인가?

① 성홍열 ② 풍진
③ 홍역 ④ 디프테리아

풍진은 풍진 바이러스에 의한 감염으로 임신 초기에 임부가 감염되면 풍진 증후군이 나타나 기형아를 낳을 수 있다.

108 법정 감염병 중 제2군에 해당되는 것은?

① 디프테리아
② A형 간염
③ 레지오넬라증
④ 한센병

109 감염병 예방법상 제2군 감염병인 것은?

① 장티푸스
② 말라리아
③ 유행성 이하선염
④ 세균성 이질

110 감염병 예방법상 제2군 감염병이 아닌 것은?

① 말라리아
② 파상풍
③ 일본뇌염
④ 유행성 이하선염

말라리아는 제3군 감염병이다.

111 우리나라 감염병 예방법상 제2군 감염병이 아닌 것은?

① 후천성 면역결핍증
② 파상풍
③ 홍역
④ 일본뇌염

후천성 면역결핍증(AIDS)은 제3군 감염병이다.

정답	
	102 ② 103 ② 104 ④ 105 ③ 106 ②
	107 ② 108 ① 109 ③ 110 ① 111 ①

112 감염병 예방법 중 제3군 감염병에 해당되는 것은?

① 황열
② B형 간염
③ 후천성면역결핍증
④ 뎅기열

113 법정 감염병 중 제3군 감염병에 속하는 것은?

① 발진열
② B형 간염
③ 유행성 이하선염
④ 세균성 이질

114 제3군 감염병이 아닌 것은?

① 결핵
② B형 간염
③ 한센병
④ 유행성 출혈열

B형 간염은 제2군 감염병이다.

115 법정 감염병 중 제4군 감염병에 속하는 것은?

① 콜레라 ② 디프테리아
③ 황열 ④ 말라리아

116 감염병 신고 및 보고규정에서 7일 이내에 관할 보건소에 신고해야 하는 감염병은?

① 파상풍 ② 콜레라
③ 성병 ④ 디프테리아

성병은 지정 감염병으로 7일 이내에 신고한다.

117 경구감염을 일으키지 않는 기생충으로만 짝지어진 것은?

① 폐흡충, 아메바성 이질
② 회충, 요충
③ 사상충, 말라리아
④ 유구조충, 편충

사상충, 말라리아는 모기에 의해서 감염을 일으킨다.

118 분뇨의 비위생적 처리로 오염될 수 있는 기생충이 아닌 것은?

① 십이지장충
② 편충
③ 사상충
④ 회충

119 어린 연령층이 집단으로 생활하는 공간에서 가장 쉽게 감염될 수 있는 기생충은?

① 회충
② 구충
③ 유구조충
④ 요충

요충은 의복, 침구류 등으로 전파되고 집단감염이 잘 되는 기생충이다.

120 다음 기생충 중 산란과 동시에 감염능력이 있으며, 건조에 저항성이 커서 집단감염이 가장 잘되는 기생충은?

① 회충
② 십이지장충
③ 광절열두조충
④ 요충

정답	
	112 ③ 113 ① 114 ② 115 ③ 116 ③
	117 ③ 118 ③ 119 ④ 120 ④

121 요충에 대한 설명이다. 맞는 것은?

① 감염력이 있다.
② 충란을 산란할 때는 소양증이 없다.
③ 흡충류에 속한다.
④ 심한 복통이 특징적이다.

122 다음 기생충 중 피부로 감염되는 것은?

① 요충
② 십이지장충
③ 편충
④ 회충

구충증(십이지장충증)은 경구감염과 함께 경피감염으로 발생한다.

123 기생충의 인체 내 기생부위 연결이 잘못된 것은?

① 구충증 – 폐
② 간흡충증 – 간의 담도
③ 요충증 – 직장
④ 폐흡충증 – 폐

구충증은 구충이 소장 상부에 기생한다.

124 오징어, 고등어 등을 생식하였을 때 감염될 수 있는 가능성이 가장 큰 기생충은?

① 아니사키스충
② 조충
③ 폐흡충
④ 간흡충

125 특히 돼지고기를 생식하는 지역주민에게 많이 나타나며 성충감염보다는 충란 섭취로 뇌, 안구, 근육, 장벽, 심장, 폐 등에 낭충증 감염을 많이 유발시키는 것은?

① 유구조충증
② 무구조충증
③ 광절열두조충증
④ 폐흡충증

126 돼지고기를 익혀 먹지 않았을 때 감염될 수 있는 기생충은?

① 유구조충 ② 무구조충
③ 요충 ④ 긴촌충

127 돼지와 관련이 있는 질환으로 거리가 먼 것은?

① 유구조충 ② 살모넬라증
③ 일본뇌염 ④ 발진티푸스

128 일반적으로 돼지고기의 생식에 의해 감염될 수 없는 것은?

① 유구조충 ② 살모넬라
③ 무구조충 ④ 선모충

무구조충은 소고기의 생식으로 인해 감염된다.

129 인분의 비위생적 처리와 관계가 가장 적은 것은?

① 세균성 이질
② 유구조충증
③ 회충감염
④ 십이지장충증

정답	121 ①	122 ②	123 ①	124 ①	125 ①
		126 ①	127 ④	128 ③	129 ②

130 기생충과 중간숙주의 연결이 틀린 것은?

① 광절열두조충증 – 물벼룩, 송어
② 유구조충증 – 오염된 풀, 소
③ 폐흡충증 – 게, 가재
④ 간흡충증 – 우렁, 잉어

131 다음 기생충 중 중간숙주와의 연결이 틀린 것은?

① 회충 – 채소
② 흡충류 – 돼지
③ 무구조충 – 소
④ 사상충 – 모기

132 민물고기와 기생충 질병의 관계가 틀린 것은?

① 송어, 연어 – 광절열두조충증
② 참붕어, 쇠우렁이 – 간디스토마증
③ 잉어, 피라미 – 폐디스토마증
④ 은어, 숭어 – 요코가와흡충증

가재, 게 – 폐디스토마증

133 무구조충(민촌충)의 예방대책으로 가장 적절한 것은?

① 쇠고기를 익혀 먹는다.
② 바다생선의 생식을 금한다.
③ 돼지고기를 익혀 먹는다.
④ 채소는 흐르는 물에 깨끗이 씻어 먹는다.

134 다음 기생충 중 송어, 연어 등의 생식으로 주로 감염될 수 있는 것은?

① 유구낭충증 ② 유구조충증
③ 무구조충증 ④ 긴촌충증

135 긴촌충(광절열두조충증)의 제2중간숙주는?

① 가재 ② 붕어
③ 송어 ④ 물벼룩

136 참붕어, 피라미 등의 민물고기를 생식하였을 때 감염될 수 있는 것은?

① 간흡충증
② 구충증
③ 유구조충증
④ 말레이사상충증

137 간흡충(간디스토마)에 관한 설명으로 틀린 것은?

① 인체 감염형은 피낭유충이다.
② 제1중간숙주는 왜우렁이이다.
③ 인체 주요 기생부위는 간의 담도이다.
④ 경피 감염된다.

138 간흡충증(간디스토마)의 제1중간숙주는?

① 다슬기 ② 우렁이
③ 피라미 ④ 게

139 다음 중 기생충과 전파 매개체의 연결이 옳은 것은?

① 무구조충 – 돼지고기
② 간디스토마 – 바다 회
③ 폐디스토마 – 가재
④ 광절열두조충 – 쇠고기

정답	
	130 ② 131 ② 132 ③ 133 ① 134 ④
	135 ③ 136 ① 137 ④ 138 ② 139 ③

140 생활습관과 관계될 수 있는 질병의 연결이 틀린 것은?

① 담수어 생식 – 간디스토마
② 여름철 야숙 – 일본뇌염
③ 경조사 등 행사 음식 – 식중독
④ 가재 생식 – 무구조충

141 폐흡충증의 제1중간숙주에 해당되는 것은?

① 게 ② 가재
③ 다슬기 ④ 왜우렁

142 폐흡충증의 제2중간숙주에 해당되는 것은?

① 잉어 ② 다슬기
③ 모래무지 ④ 가재

143 기생충 질환이 유행하게 되는 원인에 해당하지 않는 것은?

① 분변의 비료화
② 환경 불량
③ 비위생적 일상생활
④ 대기오염

144 위생해충의 구제방법으로 가장 효과적이고 근본적인 방법은?

① 성충 구제
② 살충제 사용
③ 유충 구제
④ 발생원 제거

3 가족 및 노인보건

145 다음 중 "인구는 기하급수적으로 늘고 생산은 산술급수적으로 늘기 때문에 체계적인 인구조절이 필요하다."라고 주장한 사람은?

① 토마스 R. 맬더스
② 프랜시스 플레이스
③ 로베르토 코흐
④ 에드워드 윈슬로

146 다음 중 인구 동태와 가장 관련이 깊은 사항은?

① 인구 밀도
② 출생과 사망
③ 가족계획
④ 인구 구조

인구 동태는 출생, 사망, 인구 이동이 있다.

147 다음 중 인구증가에 대한 사항으로 맞는 것은?

① 자연증가 = 유입인구, 유출인구
② 사회증가 = 출생인구, 사망인구
③ 인구증가 = 자연증가, 사회증가
④ 조자연증가 = 유입인구, 유출인구

148 출생률이 높고 사망률이 낮으며, 14세 이하 인구가 65세 이상 인구의 2배 이상인 인구 구성형은?

① 항아리형 ② 종형
③ 피라미드형 ④ 별형

정답	
	140 ④ 141 ③ 142 ④ 143 ④ 144 ④
	145 ① 146 ② 147 ③ 148 ③

149 인구 구성 중 14세 이하가 65세 이상 인구의 2배 정도이며 출생률과 사망률이 모두 낮은 형은?

① 피라미드형
② 종형
③ 항아리형
④ 별형

150 인구 구성의 기본형 중 생산연령 인구가 많이 유입되는 도시지역의 인구 구성을 나타내는 것은?

① 피라미드형
② 별형
③ 항아리형
④ 종형

151 도시지역에서 나타나며 인구 유입형이라고도 하고, 생산층 인구가 전체 인구의 1/2 이상이 되는 인구 구성의 유형은?

① 별형(Star Form)
② 항아리형(Pot Form)
③ 농촌형(Guitar Form)
④ 종형(Bell Form)

152 인구 구성 형태가 올바르게 짝지어지지 않은 것은?

① 피라미드 : 인구 증가형
② 종형 : 인구 정지형
③ 별형 : 농어촌지역 인구형
④ 항아리형 : 인구 감소형

별형은 도시지역의 인구유입형이다.

153 아래 보기 중 생명표의 표현에 사용되는 인자들을 모두 나열한 것은?

㉠ 생존자 수	㉡ 사망자 수
㉢ 생존율	㉣ 평균여명

① ㉠, ㉡, ㉢
② ㉠, ㉢,
③ ㉡, ㉣
④ ㉠, ㉡, ㉢, ㉣

154 가족계획과 가장 가까운 의미를 갖는 것은?

① 불임작업　② 수태제한
③ 계획출산　④ 임신중절

155 다음 중 가족계획에 포함되는 것은?

A. 결혼연령 제한
B. 초산연령 조정
C. 인공임신 중절
D. 출산횟수 조절

① A, B, C　② A, C
③ B, D　④ A, B, C, D

가족계획에는 초산연령과 단산연령, 출산횟수 조절이 포함된다.

156 가족계획 사업의 효과 판정상 가장 유력한 지표는?

① 인구증가율
② 조출생률
③ 남녀 출생비
④ 평균여명연수

정답 149 ② 150 ② 151 ① 152 ③ 153 ④ 154 ③ 155 ③ 156 ②

157 수정과 임신에 대한 설명 중 잘못된 것은?

① 임신에서 분만까지의 기간은 약 280일이다.
② 모체와 태아 사이의 모든 물질 교환이 이루어지는 곳은 태반이다.
③ 임신 기간이 지날수록 프로게스테론과 에스트로겐은 증가한다.
④ 임신 2개월째에는 태아에 체모가 생기고 외음부에 남 · 녀의 차이가 난다.

> 임신 4개월째에는 태아에 체모가 생기고 외음부에 남 · 녀의 차이가 난다.

158 임신 7개월(28주)까지의 분만을 뜻하는 것은?

① 조산 ② 유산
③ 사산 ④ 정기산

> 임신 28주(7개월) 이전의 분만은 유산이라고 한다.

159 조산아란 출생 당시의 체중이 몇 kg 이하를 기준으로 하는가?

① 3.0kg 이하 ② 2.5kg 이하
③ 3.2kg 이하 ④ 2kg 이하

160 다음 질병 중 성인병의 종류에 속하지 않는 것은?

① 고혈압 ② 당뇨병
③ 뇌졸증 ④ 성병

161 인구 구성 시 노령 인구의 연령에 해당되는 것은?

① 56~64세 ② 40~50세
③ 51~55세 ④ 65세 이후

162 지역사회에서 노인층 인구에 적절한 보건교육방법은?

① 신문
② 집단교육
③ 개별 접촉
④ 강연회

4 환경보건

163 다음 중 환경위생사업이 아닌 것은?

① 쓰레기 처리
② 수질관리
③ 구충구서
④ 예방접종

164 기온 측정 등에 관한 설명 중 틀린 것은?

① 실내에서는 통풍이 잘 되고 직사광선을 받지 않는 곳에 매달아 놓고 측정하는 것이 좋다.
② 평균기온은 높이에 비례하여 하강하는데, 고도 11,000m 이하에서는 보통 100m당 0.5~0.7도 정도이다.
③ 측정할 때 수은주 높이와 측정자의 눈높이가 같아야 한다.
④ 정상적인 날의 하루 중 기온이 가장 낮을 때는 밤 12시경이고 기온이 가장 높을 때는 오후 2시경이 일반적이다.

> 하루 중 기온이 가장 낮을 때는 새벽 4~5시경이다.

정답 157 ④ 158 ② 159 ② 160 ④ 161 ④ 162 ③ 163 ④ 164 ④

165 다음 중 기후의 3대 요소는?

① 기온 – 복사량 – 기류
② 기온 – 기습 – 기류
③ 기온 – 기압 – 복사량
④ 기류 – 기압 – 일조량

기후의 3대 요소는 기온, 기습, 기류이다.

166 실내의 가장 쾌적한 온도와 습도는?

① 14℃, 20%
② 16℃, 30%
③ 18℃, 60%
④ 20℃, 89%

- 기온 : 18±2℃, 쾌적 온도 18℃
- 습도 : 40~70%, 쾌적 습도 60%

167 다음 중 일반적으로 활동하기 가장 적합한 실내의 적정 온도는?

① 15±2℃
② 18±2℃
③ 22±2℃
④ 24±2℃

168 일반적으로 이 · 미용업소의 실내 쾌적 습도 범위로 가장 알맞은 것은?

① 10~20%
② 20~40%
③ 40~70%
④ 70~90%

169 실 · 내외의 온도차는 몇 도가 가장 적합한가?

① 1~3℃
② 5~7℃
③ 8~12℃
④ 12℃ 이상

170 다음 중 특별한 장치를 설치하지 아니한 일반적인 경우에 실내의 자연적인 환기에 가장 큰 비중을 차지하는 요소는?

① 실내외 공기 중 CO_2 함량의 차이
② 실내외 공기의 습도 차이
③ 실내외 공기의 기온차이 및 기류
④ 실내외 공기의 불쾌지수 차이

171 인체가 느끼는 불쾌지수(Discomfortable Index) 산출에 고려되어야 하는 사항은?

① 기류와 기습
② 기류와 온도
③ 기습과 복사열
④ 기습과 기온

172 습도에 대한 인체반응의 설명 중 맞는 것은?

① 습도가 높으면 땀이 잘 발산된다.
② 습도가 너무 낮을 때는 호흡기 점막을 해친다.
③ 여름에 습도가 높으면 불쾌지수는 낮아진다.
④ 습도는 체감온도와는 별로 관계가 없다.

정답	165 ② 166 ③ 167 ② 168 ③ 169 ② 170 ③ 171 ④ 172 ②

173 단위 체적 안에 포함된 수분의 절대량을 중량이나 압력으로 표시한 것으로 현재 공기 1m^3 중에 함유된 수증기량 또는 수증기 장력을 나타낸 것은?

① 절대습도 ② 포화습도
③ 비교습도 ④ 포차

174 체온을 유지하는 데 영향을 주는 온열인자가 아닌 것은?

① 기온 ② 기습
③ 복사열 ④ 기압

175 일반적으로 공기 중 이산화탄소(CO_2)는 약 몇 %를 차지하고 있는가?

① 0.03% ② 0.3%
③ 3% ④ 13%

공기의 구성은 질소 78%, 산소 21%, 아르곤 0.93%, 이산화탄소 0.03%이다.

176 탄산가스의 실내 최대 허용한계량은?

① 0.3% ② 0.7%
③ 0.5% ④ 0.1%

177 공기의 자정작용 현상이 아닌 것은?

① 산소, 오존, 과산화수소 등에 의한 산화작용
② 태양광선 중 자외선에 의한 살균작용
③ 식물의 탄소동화작용에 의한 CO_2의 생산작용
④ 공기 자체의 희석작용

식물의 탄소 동화작용에 의한 이산화탄소(CO_2), 산소(O_2) 교환작용이다.

178 공기의 자정작용과 관련이 가장 먼 것은?

① 이산화탄소와 일산화탄소의 교환작용
② 자외선의 살균작용
③ 강우, 강설에 의한 세정작용
④ 기온역전작용

179 기온의 급격한 변화로 대기오염을 주도하는 기후조건은?

① 저기압 ② 고온다습
③ 기온역전 ④ 저온고습

기온역전현상이 발생하면 대류작용이 약화되어 복사안개와 오염된 대기가 결합하여 스모그 현상이 발생하며 대기오염을 주도한다.

180 고도가 상승함에 따라 기온도 상승하여 상부의 기온이 하부의 기온보다 높게 되어 대기가 안정화되고 공기의 수직 확산이 일어나지 않게 되며, 대기오염이 심화되는 현상은?

① 고기압 ② 기온역전
③ 엘리뇨 ④ 열섬

181 실내공기의 오염지표로 주로 측정되는 것은?

① N_2 ② NH_3
③ CO ④ CO_2

실내공기의 오염지표는 이산화탄소(CO_2)이다.

정답 173 ① 174 ④ 175 ① 176 ④ 177 ③ 178 ④ 179 ③ 180 ② 181 ④

182 다음 중 지구 온난화 현상(Global Warming)의 원인이 되는 주된 가스는?

① NO ② CO_2
③ Ne ④ CO

이산화탄소(CO_2)는 지구 온난화 현상의 원인이 되는 대표 가스이다.

183 대기오염의 지표로 주로 측정되는 것은?

① N_2 ② CO_2
③ CO ④ SO_4

184 다음 중 인체에 가장 심한 자극을 일으키고 식물을 고사시키는 공해 유독가스는?

① 일산화탄소 ② 이산화탄소
③ 아황산가스 ④ 이산화질소

아황산가스는 대기오염 지표이며 인체에 가장 심한 자극을 일으킨다.

185 대기오염의 주원인 물질 중 하나로, 석탄이나 석유 속에 포함되어 있어 연소할 때 산화되어 발생되며 만성 기관지염과 산성비 등을 유발시키는 것은?

① 일산화탄소
② 질소화합물
③ 황산화물
④ 부유분진

186 환경오염의 발생요인인 산성비의 가장 중요한 원인과 산도는?

① 이산화탄소, pH 5.6 이하
② 아황산가스, pH 5.6 이하
③ 염화불화탄소, pH 5.6 이하
④ 탄화수소, pH 5.6 이하

187 성층권의 오존층을 파괴시키는 대표적인 가스는?

① 아황산가스(SO_2)
② 일산화탄소(CO)
③ 이산화탄소(CO_2)
④ 염화불화탄소(CFC)

염화불화탄소는 프레온 가스로 오존층 파괴의 대표 가스이다.

188 대기오염 중 대기권의 오존층을 파괴시키는 대표적인 가스는 무엇인가?

① 이산화탄소(CO_2)
② 염화불화탄소(CFC)
③ 일산화탄소(CO)
④ 아황산가스(SO_2)

189 대기오염 물질 중 그 종류가 다른 하나는?

① 황산화물(SOx)
② 일산화탄소(CO)
③ 오존(O_3)
④ 질소산화물(NOx)

오존(O_3)은 대기 중에 오존층을 형성하여 좋은 역할도 하지만, 지표면에 생성되면 해로운 대기오염 물질이 되는 2차 오염물질이다.

190 다음 중 공해 발생을 심화시키는 요인이 아닌 것은?

① 생산기술 및 환경보전기술의 조화
② 공해대책의 계획성 결여
③ 인구 증가와 도시화
④ 소비 증가와 폐기물 처리기술의 낙후

정답 182 ② 183 ④ 184 ③ 185 ③ 186 ② 187 ④ 188 ② 189 ③ 190 ①

191 대기오염을 일으키는 원인으로 거리가 가장 먼 것은?

① 도시의 인구 감소
② 교통량의 증가
③ 기계문명의 발달
④ 중화학공업의 난립

192 환경오염 방지대책과 가장 거리가 먼 것은?

① 환경오염의 실태 파악
② 환경오염의 원인규명
③ 행정대책과 법제규제
④ 경제개발 억제정책

193 대기오염으로 인한 대표적인 건강장애는?

① 위장질환 ② 호흡기질환
③ 신경질환 ④ 발육 저하

> 대기오염은 공기의 오염으로 호흡기질환이 많이 발생시킨다.

194 대기오염 방지 목표와 연관성이 가장 적은 것은?

① 생태계 파괴 방지
② 경제적 손실 방지
③ 자연환경의 악화 방지
④ 직업병의 발생 방지

> 직업병의 발생 방지는 산업환경에 관련된 내용이다.

195 다음 중 공해의 피해가 아닌 것은?

① 경제적 손실
② 자연환경의 파괴
③ 정신적 영향
④ 인구 증가

196 다음 중 물의 일시경도의 원인 물질은?

① 중탄산염 ② 염화물
③ 질산염 ④ 황산염

197 칼슘, 마그네슘, 철분 등이 많이 함유된 물은?

① 자연수 ② 경수
③ 중수 ④ 연수

198 물의 경수와 연수에 대한 설명으로 옳지 않은 것은?

① 경수에는 일시경수와 영구경수가 있다.
② 일시경수는 끓이면 경도가 낮아져 연수가 된다.
③ 경도는 탄산칼슘 1mg이 함유되어 있을 때 10도라고 한다.
④ 연수는 비누가 잘 풀리고 거품이 잘 일어나서 세탁에 적합하다.

> 경도는 탄산칼슘 1mg이 함유되어 있을 때 1도라고 한다.

199 세안물로서 경수를 연수로 만들 때 사용하는 약품은?

① 붕사 ② 에탄올
③ 석탄산 ④ 크레졸

> 경수에 붕사를 넣으면 물속의 마그네슘이나 칼슘 같은 염류와 결합하여 연수가 된다.

정답	191 ① 192 ④ 193 ② 194 ④ 195 ④ 196 ① 197 ② 198 ③ 199 ①

200 평상시 상수의 수도전에서의 적정한 유리 잔류 염소량은?

① 0.02ppm 이상
② 0.2ppm 이상
③ 0.5ppm 이상
④ 0.55ppm 이상

> 잔류 염소량은 물속에 염소를 넣은 후 일정 시간이 경과한 후 남아 있는 염소의 양으로 0.2ppm(0.2mg/L) 이상, 4mg/L 이하이다.

201 오염이 되지 않은 상수의 유리 잔류 염소농도는 수도전에서 일반적으로 얼마 이상을 유지하도록 되어 있는가?

① 0.2ppm ② 0.5ppm
③ 2.0ppm ④ 5.0ppm

202 평상시 공급되는 상수의 수도전에서의 유리잔류 염소 농도는?

① 0.6mg/L 이상
② 0.4mg/L 이상
③ 0.2mg/L 이상
④ 0.8mg/L 이상

203 일반적인 음용수로서 적합한 잔류염소(유리잔류 염소를 말함) 기준은?

① 250mg/L 이하
② 4mg/L 이하
③ 2mg/L 이하
④ 0.1mg/L 이하

204 수돗물로 사용할 상수의 대표적인 오염지표는?(단, 심미적 영향물질은 제외한다.)

① 탁도 ② 대장균 수
③ 증발잔류량 ④ COD

205 상수의 수질오염 분석 시 대표적인 생물학적 지표로 이용되는 것은?

① 대장균
② 살모넬라균
③ 장티푸스균
④ 포도상구균

206 다음 중 음용수에서 대장균 검출의 의의로 가장 큰 것은?

① 오염의 지표
② 전염병 발생 예고
③ 음용수의 부패상태 파악
④ 비병원성

207 대장균을 상수 수질오염 검사의 지표 세균으로 하는 이유가 아닌 것은?

① 대장균의 분포가 오염원과 공존하므로
② 대장균 자체가 유해한 세균이므로
③ 검출방법이 간단하고 정확하므로
④ 분변오염과 관계가 깊으므로

> 대장균은 사람의 장 속에 사는 세균으로 장 이외의 부위에서는 병을 일으킬 수 있으나 대장균 자체가 유해한 세균은 아니다.

208 수질오염을 측정하는 지표로서 물에 녹아 있는 유리산소를 의미하는 것은?

① 용존산소(DO)
② 생물학적 산소요구량(BOD)
③ 화학적 산소요구량(COD)
④ 수소이온농도(pH)

정답 200 ② 201 ① 202 ③ 203 ② 204 ② 205 ① 206 ① 207 ② 208 ①

209 다음 중 하수의 오염지표로 주로 이용하는 것은?

① pH　② BOD
③ 대장균　④ DO

하수의 오염지표로 주로 이용하는 것은 BOD(생물학적 산소 요구량)이다.

210 수질오염의 지표로 사용하는 '생물학적 산소 요구량'을 나타내는 용어는?

① BOD　② DO
③ COD　④ SS

211 환경오염지표와 관련해서 연결이 바르게 된 것은?

① 수소이온농도 – 음료수오염지표
② 대장균 – 하천오염지표
③ 용존산소 – 대기오염지표
④ 생물학적 산소요구량 – 수질오염지표

212 다음 중 상호 관계가 없는 것으로 연결된 것은?

① 상수 오염의 생물학적 지표 – 대장균
② 실내공기 오염의 지표 – CO_2
③ 대기오염의 지표 – SO_2
④ 하수오염의 지표 – 탁도

213 생물학적 산소요구량(BOD)과 용존산소량(DO)의 값은 어떤 관계가 있는가?

① BOD와 DO는 무관하다.
② BOD가 낮으면 DO는 낮다.
③ BOD가 높으면 DO는 낮다.
④ BOD가 높으면 DO도 높다

BOD가 높으면 DO는 낮아진다.

214 다음 중 '하수에서 용존산소(DO)가 아주 낮다.'는 의미로 적절한 것은?

① 수생식물이 잘 자랄 수 있는 물의 환경이다.
② 물고기가 잘 살 수 있는 물의 환경이다.
③ 물의 오염도가 높다는 의미이다.
④ 하수의 BOD가 낮은 것과 같은 의미이다.

적조현상 등으로 생물의 증식이 높으면 용존산소가 낮아지며 따라서 물의 오염도가 높다는 의미이다.

215 하수오염이 심할수록 BOD는 어떻게 되는가?

① 수치가 낮아진다.
② 수치가 높아진다.
③ 아무런 영향이 없다.
④ 높아졌다 낮아졌다를 반복한다.

216 하수처리법 중 호기성 처리법에 속하지 않는 것은?

① 부패조법
② 살수여과법
③ 산화지법
④ 활성오니법

부패조법은 혐기성 처리법이다.

정답 209 ② 210 ① 211 ④ 212 ④ 213 ③ 214 ③ 215 ② 216 ①

217 도시 하수 처리에 사용되는 활성오니법의 설명으로 가장 옳은 것은?

① 상수도부터 하수까지 연결되어 정화시키는 법
② 대도시 하수만 분리하여 처리하는 방법
③ 하수 내 유기물을 산화시키는 호기성 분해법
④ 쓰레기를 하수에서 걸러내는 법

218 하수 처리에서 활성오니법은 어떤 작용을 이용한 것인가?

① 부패작용 ② 산화작용
③ 희석작용 ④ 침전작용

219 하수도의 복개로 가장 문제가 되는 것은?

① 대장균의 증가
② 일산화탄소의 증가
③ 이끼류의 번식
④ 메탄가스의 발생

220 다이옥신에 대한 설명 중 틀린 것은?

① 열에 안전성이 큰 물질이다.
② 동식물의 생식을 교란시킨다.
③ 자연 상태에서 분해가 쉽게 일어난다.
④ 휘발성이 낮은 발암성 물질이다.

다이옥신은 무색, 무취의 맹독성 화학물질로, 주로 쓰레기 소각장에서 발생하는 환경호르몬이며 자연 상태에서 쉽게 분해되지 않는다.

221 수은 중독의 증세와 관련이 없는 것은?

① 치은괴사 ② 호흡장애
③ 구내염 ④ 혈성구토

222 세포에 만성 섬유 증식을 일으키는 감염병의 원인 물질은?

① 카드뮴 ② 규산
③ 비소 ④ 납

카드뮴은 세포에 만성 섬유 증식을 일으키고 뼈가 물러져서 골절이 일어난다.

223 다음 중 카드뮴 중금속이 원인이 되어 일으키는 수인성 질병은?

① 미나마타병
② 이타이이타이병
③ 발진티푸스
④ 장티푸스

224 만성 카드뮴(Cd) 중독의 3대 증상이 아닌 것은?

① 당뇨병
② 빈혈
③ 신장기능장애
④ 폐기종

225 다음 중 수질오염 방지대책으로 바르게 묶인 것은?

A. 대기의 오염실태 파악
B. 산업폐수 처리시설 개선
C. 어류 먹이용 부패시설 확대
D. 공장폐수 오염실태 파악

① A, B, C
② A, C
③ B, D
④ A, B, C, D

정답	217 ③	218 ②	219 ④	220 ③	221 ②
	222 ①	223 ②	224 ②	225 ③	

226 다음 중 직업병은?

㉠ 잠함병	㉡ 규폐증
㉢ 소음성 난청	㉣ 식중독

① ㉠, ㉡, ㉢, ㉣
② ㉠, ㉡, ㉢
③ ㉠, ㉢
④ ㉡, ㉣

식중독은 직업병과 관련이 없다.

227 다음 중 직업병으로만 구성된 것은?

① 열중증 – 잠수병 – 식중독
② 열중증 – 소음성 난청 – 잠수병
③ 열중증 – 소음성 난청 – 폐결핵
④ 열중증 – 소음성 난청 – 대퇴부 골절

228 직업병과 관련 직업이 옳게 연결된 것은?

① 근시안 – 식자공
② 규폐증 – 용접공
③ 열사병 – 채석공
④ 잠함병 – 방사선기사

229 직업병과 직업종사자의 연결이 바르게 된 것은?

① 잠수병 – 수영 선수
② 열사병 – 비만자
③ 고산병 – 항공기 조종사
④ 백내장 – 인쇄공

230 다음 중 산업종사자와 직업병의 연결이 틀린 것은?

① 광부 – 진폐증
② 인쇄공 – 납중독
③ 용접공 – 규폐증
④ 항공정비사 – 난청

규폐증은 규산이 폐에 들어가서 생기는 질병으로 석공에게 주로 발생한다.

231 규폐증을 일으키는 결정적인 원인 인자는?

① 유리규산 ② 납
③ 수은 ④ 암모니아

232 분진 흡입에 의하여 폐에 조직반응을 일으킨 상태는?

① 진폐증 ② 기관지염
③ 폐렴 ④ 결핵

233 납중독과 가장 거리가 먼 증상은?

① 빈혈
② 신경마비
③ 뇌 중독증상
④ 과다행동장애

234 다음 중 방사선에 관련된 직업에 의해 발생할 수 있는 질병이 아닌 것은?

① 조혈기능장애
② 백혈병
③ 생식기능장애
④ 잠함병

정답 226 ② 227 ② 228 ① 229 ③ 230 ③ 231 ① 232 ① 233 ④ 234 ④

235 다음 중 만성적인 열중증을 무엇이라 하는가?

① 열허탈증(Heat Exhaustion)
② 열쇠약증(Heat Prostration)
③ 열경련(Heat Cramp)
④ 울열증(Heat Stroke)

열쇠약증은 고열에 의한 만성 체력소모 현상으로서 전신권태 등의 만성형 건강장해이다.

236 고온작업환경에서 작업할 경우 말초혈관의 순환장애로 혈관신경의 부조절, 심박출량 감소가 생길 수 있는 열중증은?

① 열허탈증 ② 열경련
③ 열쇠약증 ④ 울열증

237 다음 중 이상 저온 작업으로 인한 건강 장애는?

① 참호족 ② 열경련
③ 울열증 ④ 열쇠약증

238 저온폭로에 의한 건강 장애는?

① 동상 – 무좀 – 전신체온 상승
② 참호족 – 동상 – 전신체온 하강
③ 참호족 – 동상 – 전신체온 상승
④ 동상 – 기억력 저하 – 참호족

239 고기압 상태에서 나타날 수 있는 인체 장애는?

① 안구진탕증
② 잠함병
③ 레이노이드병
④ 섬유증식증

240 잠함병의 직접적인 원인은?

① 혈중 CO_2 농도 증가
② 체액 및 혈액 속의 질소 기포 증가
③ 혈중 O_2 농도 증가
④ 혈중 CO 농도 증가

241 조도 불량, 현휘가 과도한 장소에서 장시간 작업하여 눈에 긴장을 강요함으로써 발생되는 불량 조명에 기인하는 직업병이 아닌 것은?

① 안정피로
② 근시
③ 원시
④ 안구진탕증

242 야간작업의 폐해가 아닌 것은?

① 주야가 바뀐 불규칙적인 생활
② 수면 부족과 불면증
③ 피로회복 능력 강화와 영양 저하
④ 식습관의 파괴로 인한 소화불량

피로회복 능력 강화는 야간작업의 폐해가 아니다.

243 산업피로의 대표적인 증상은?

① 체온 변화 – 호흡기 변화 – 순환기계 변화
② 체온 변화 – 호흡기 변화 – 근수축력 변화
③ 체온 변화 – 호흡기 변화 – 기억력 변화
④ 체온 변화 – 호흡기 변화 – 사회적 행동 변화

정답					
	235 ②	236 ①	237 ①	238 ②	239 ②
		240 ②	241 ③	242 ③	243 ①

244 산업피로의 본질과 가장 관계가 먼 것은?

① 생체의 생리적 변화
② 피로감각
③ 산업 구조의 변화
④ 작업량 변화

245 작업환경의 관리 원칙은?

① 대치 – 격리 – 폐기 – 교육
② 대치 – 격리 – 환기 – 교육
③ 대치 – 격리 – 재생 – 교육
④ 대치 – 격리 – 연구 – 홍보

246 다음 중 산업재해의 지표로 주로 사용되는 것을 전부 고른 것은?

㉠ 도수율	㉡ 발생률
㉢ 강도율	㉣ 사망률

① ㉠, ㉡, ㉢
② ㉠, ㉢
③ ㉡, ㉢
④ ㉠, ㉡, ㉢, ㉣

247 산업보건에서 작업조건의 합리화를 위한 노력으로 옳은 것은?

① 작업강도를 강화시켜 단시간에 끝낸다.
② 작업속도를 최대한 빠르게 한다.
③ 운반방법을 가능한 범위에서 개선한다.
④ 근부시간은 가능하면 전일제로 한다.

248 다음 중 산업재해 방지대책과 무관한 내용은?

① 생산성 향상
② 안전관리
③ 정확한 관찰과 대책
④ 정확한 사례조사

249 산업피로의 대책으로 가장 거리가 먼 것은?

① 작업과정 중 적절한 휴식시간을 배분한다.
② 에너지 소모를 효율적으로 한다.
③ 개인차를 고려하여 작업량을 할당한다.
④ 휴직과 부서 이동을 권고한다.

250 산업재해 방지를 위한 산업장 안전관리대책으로만 짝지어진 것은?

㉠ 정기적인 예방접종
㉡ 작업환경 개선
㉢ 보호구 착용 금지
㉣ 재해 방지 목표 설정

① ㉠, ㉡, ㉢
② ㉠, ㉢
③ ㉡, ㉣
④ ㉠, ㉡, ㉢, ㉣

251 근로기준법상 보건상 유해하거나 위험한 사업에 종사하지 못하도록 규정되어 있는 대상은?

① 21세 미만인 자
② 여자
③ 임신 중인 여자와 18세 미만인 자
④ 여자와 21세 미만인 자

정답 244 ③ 245 ② 246 ① 247 ③ 248 ① 249 ④ 250 ③ 251 ③

252 자연조명을 위한 이상적인 주택의 방향과 창의 면적은?

① 남향, 바닥 면적의 1/7~1/5
② 남향, 바닥 면적의 1/5~1/2
③ 동향, 바닥 면적의 1/10~1/7
④ 동향, 바닥 면적의 1/5~1/2

253 그림자가 가장 뚜렷하게 나타날 수 있는 조명은?

① 2중 조명법
② 직접조명법
③ 반직접조명법
④ 간접조명법

254 눈의 피로를 적게 하고 눈을 보호하기 위하여 가장 좋은 조명은 무엇인가?

① 직접조명 ② 간접조명
③ 반직접조명 ④ 반간접조명

255 실내조명에서 조명효율이 천장의 색깔에 가장 크게 좌우되는 것은?

① 직접조명 ② 반직접조명
③ 반간접조명 ④ 간접조명

256 소음에 관한 건강장애와 관련된 요인에 대한 설명으로 가장 옳은 것은?

① 소음의 크기, 주파수, 방향에 따라 다르다.
② 소음의 크기, 주파수, 내용에 따라 다르다.
③ 소음의 크기, 주파수, 폭로기간에 따라 다르다.
④ 소음의 크기, 주파수, 발생지에 따라 다르다.

257 dB(decibel)은 무엇의 단위인가?

① 소리의 파장
② 소리의 질
③ 소리의 강도(크기)
④ 소리의 음색

258 소음이 인체에 미치는 영향으로 가장 거리가 먼 것은?

① 불안증 및 노이로제
② 청력장애
③ 중이염
④ 작업능률 저하

중이염은 중이강 내에 일어나는 염증성 질환으로 소음과는 관련이 없다.

5 식품위생과 영양

259 일반적으로 식품의 부패란 무엇이 변질된 것인가?

① 비타민 ② 탄수화물
③ 지방 ④ 단백질

260 식품의 대장균 검사의 의의로 가장 옳은 것은?

① 대장균 자체가 식중독의 원인균이므로
② 부패 여부 판정
③ 병원균 오염의 지표가 되므로
④ 신선도 측정

정답 252 ① 253 ② 254 ② 255 ④ 256 ③ 257 ③ 258 ③ 259 ④ 260 ③

261 식중독에 대한 설명으로 옳은 것은?

① 음식 섭취 후 장시간 뒤에 증상이 나타난다.
② 근육통 호소가 가장 빈번하다.
③ 병원성 미생물에 오염된 식품 섭취 후 발병한다.
④ 독성을 나타내는 화학물질과는 무관하다.

262 식중독에 관한 설명으로 옳은 것은?

① 세균성 식중독 중 치사율이 가장 낮은 것은 보툴리누스 식중독이다.
② 테트로도톡신은 감자에 다량 함유되어 있다.
③ 중독은 급격한 발생률, 지역과 무관한 동시 다발성의 특성이 있다.
④ 중독은 원인에 따라 세균성, 화학물질, 자연독, 곰팡이독 등으로 분류된다.

263 식중독의 분류가 맞게 연결된 것은?

① 세균성 – 자연독 – 화학물질 – 수인성
② 세균성 – 자연독 – 화학물질 – 곰팡이독
③ 세균성 – 자연독 – 화학물질 – 수술 전후 감염
④ 세균성 – 외상성 – 화학물질 – 곰팡이독

264 다음 중 식중독 세균이 가장 잘 증식할 수 있는 온도 범위는?

① 0~10℃　② 10~20℃
③ 18~22℃　④ 25~37℃

식중독 세균은 온도가 높은 여름철에 가장 많이 발생한다.

265 세균성 식중독의 특성이 아닌 것은?

① 2차 감염률이 낮다.
② 잠복기가 길다.
③ 다량의 균이 발생한다.
④ 수인성 전파는 드물다.

세균성 식중독은 잠복기가 짧다.

266 세균성 식중독이 소화기계 감염병과 다른 점은?

① 균량이나 독소량이 소량이다.
② 대체적으로 잠복기가 길다.
③ 연쇄전파에 의한 2차 감염이 드물다.
④ 원인식품 섭취와 무관하게 일어난다.

소화기계 감염병은 연쇄전파에 의해 2차 감염률이 높다.

267 다음 중 감영형 식중독에 속하는 것은?

① 살모넬라균 식중독
② 보툴리누스균 식중독
③ 포도상구균 식중독
④ 웰치균 식중독

268 발열증상이 가장 심한 식중독은?

① 살모넬라 식중독
② 웰치균 식중독
③ 복어 중독
④ 포도상구균 식중독

정답 261 ③ 262 ④ 263 ② 264 ④ 265 ② 266 ③ 267 ① 268 ①

269 주로 여름철에 발병하며 어패류들의 생식이 원인이 되어 급성 장염 등의 증상을 나타내는 식중독은?

① 포도상구균 식중독
② 병원성 대장균 식중독
③ 장염 비브리오 식중독
④ 보툴리누스균 식중독

장염 비브리오 식중독은 오염된 어패류의 생식으로 발생한다.

270 다음 중 감염형 식중독이 아닌 것은?

① 살모넬라균
② 웰치균
③ 장염비브리오균
④ 병원성 대장균

271 식품을 통한 식중독 중 독소형 식중독은?

① 포도상구균 식중독
② 살모넬라균에 의한 식중독
③ 장염 비브리오 식중독
④ 병원성 대장균 식중독

장염 비브리오 식중독은 오염된 어패류의 생식으로 발생한다.

272 독소형 식중독의 원인균은?

① 황색 포도상구균
② 장티푸스균
③ 돈 콜레라균
④ 장염균

273 다음 중 독소형 식중독이 아닌 것은?

① 보툴리누스균 식중독
② 웰치균 식중독
③ 살모넬라균 식중독
④ 포도상구균 식중독

274 포도상구균 식중독의 특징이 아닌 것은?

① 잠복기가 짧다.
② 식품취급자 손의 화농성 질환으로 감염된다.
③ 고열을 일으킨다.
④ 독소형 식중독이다.

포도상구균 식중독은 고열이 발생하지 않는다.

275 손가락 등의 화농성 질환의 병원균이며 식중독의 원인균으로 될 수 있는 것은?

① 살모넬라균
② 포도상구균
③ 바이러스
④ 곰팡이독소

276 통조림, 소시지 등 식품의 혐기성 상태에서 발육하여 신경독소를 분비하여 중독이 되는 식중독은?

① 포도상구균 식중독
② 솔라닌 독소형 식중독
③ 병원성 대장균 식중독
④ 보툴리누스균 식중독

정답	269 ③ 270 ② 271 ① 272 ① 273 ③ 274 ③ 275 ② 276 ④

277 식품의 혐기성 상태에서 발육하여 체외독소로서 신경독소를 분비하며 치명률이 가장 높은 식중독으로 알려진 것은?

① 살모넬라 식중독
② 보툴리누스균 식중독
③ 웰치균 식중독
④ 알레르기성 식중독

278 다음 식중독 중에서 가장 치명적인 것은?

① 살모넬라균 식중독
② 포도상구균 식중독
③ 연쇄상구균 식중독
④ 보툴리누스균 식중독

279 자연독에 의한 식중독 원인물질과 서로 관계없는 것으로 연결된 것은?

① 테트로톡신 – 복어
② 솔라닌 – 감자
③ 무스카린 – 버섯
④ 에르고톡신 – 조개

에르고톡신 – 맥각류

280 식중독 발생의 원인인 솔라닌(Solanin) 색소와 관련이 있는 것은?

① 모시조개 ② 감자
③ 복어 ④ 버섯

281 감자에 함유되어 있는 독소는?

① 에르고톡신
② 솔라닌
③ 무스카린
④ 아미그달린

282 테트로도톡신(Tetrodotoxin)은 다음 중 어느 것에 들어 있는 독소인가?

① 복어 ② 감자
③ 버섯 ④ 조개

6 보건행정

283 보건행정의 원리에 관한 것으로 맞는 것은?

① 일반행정 원리의 관리과정적 특성과 기획과정은 적용되지 않는다.
② 의사결정과정에서 미래를 예측하고, 행동하기 전의 행동계획을 결정한다.
③ 보건행정에서는 생태학이나 역학적 고찰이 필요 없다.
④ 보건행정은 공중보건학에 기초한 과학적 기술이 필요하다.

284 보건행정에 대한 설명으로 가장 올바른 것은?

① 공중보건의 목적을 달성하기 위해 공공의 책임하에 수행하는 행정활동
② 개인보건의 목적을 달성하기 위해 공공의 책임하에 수행하는 행정활동
③ 국가 간의 질병교류를 막기 위해 공공의 책임하에 수행하는 행정활동
④ 공중보건의 목적을 달성하기 위해 개인의 책임하에 수행하는 행정활동

정답 277 ② 278 ④ 279 ④ 280 ② 281 ② 282 ① 283 ④ 284 ①

285 보건행정의 목적 달성을 위한 기본요건이 아닌 것은?

① 법적 근거의 마련
② 건전한 행정조직과 인사
③ 강력한 소수의 지지와 참여
④ 사회의 합리적인 전망과 계획

286 보건행정의 정의에 포함되는 내용이 아닌 것은?

① 국민의 수명 연장
② 질병예방
③ 수질 및 대기보전
④ 공적인 행정활동

수질 및 대기보전은 환경위생에 포함되는 내용이다.

287 보건행정의 특성과 가장 거리가 먼 것은?

① 공공성 ② 교육성
③ 정치성 ④ 과학성

288 사회보장의 분류에 속하지 않는 것은?

① 산재보험 ② 자동차보험
③ 소득보장 ④ 생활보호

289 보건기획이 전개되는 과정으로 옳은 것은?

① 전제 → 예측 → 목표설정 → 행동계획의 전제 → 체계분석
② 예측 → 전제 → 목표설정 → 행동계획의 전제 → 체계분석
③ 목표설정 → 전제 → 예측 → 행동계획의 전제 → 체계분석
④ 목표설정 → 예측 → 전제 → 행동계획의 전제 → 체계분석

290 조선시대 의료 담당기관에 대한 내용 중 틀린 것은?

① 내의원 – 왕실 치료
② 혜민서 – 서민 치료
③ 활인서 – 감염병 관리
④ 전의감 – 빈민구제

전의감 – 의료행정 및 의학교육 관청

291 시 · 군 · 구에 두는 보건행정의 최일선 조직으로 국민건강 증진 및 예방 등에 관한 사항을 실시하는 기관은?

① 복지관
② 보건소
③ 병 · 의원
④ 시 · 군 · 구청

292 우리나라 보건행정의 말단 행정기관으로 국민건강 증진 및 전염병 예방관리사업 등을 하는 기관명은?

① 의원
② 보건소
③ 종합병원
④ 보건기관

정답 285 ③ 286 ③ 287 ③ 288 ② 289 ① 290 ④ 291 ② 292 ②

293 단체활동을 통한 보건교육방법 중 브레인스토밍을 바르게 설명한 것은?

① 여러 명의 전문가가 자기 입장에서 어떤 일정한 주제에 관하여 발표하는 방법
② 제한된 연사가 제한된 시간에 발표를 하여 짧은 시간과 적은 인원으로 진행하는 방법
③ 몇 명의 전문가가 청중 앞에서 자기들끼리 대화를 진행하는 형식으로 사회자가 이야기를 진행, 정리해감으로써 내용을 파악, 이해할 수 있게 하는 방법
④ 특별한 문제를 해결하기 위한 단체의 협동

294 우리나라에서 의료보험이 전 국민에게 적용된 시기는 언제부터인가?

① 1964년 ② 1977년
③ 1988년 ④ 1989년

1988년 농어촌지역 의료보험이 실시, 1989년 7월에는 도시지역 의료보험이 실시됨으로써 전국 의료보험을 달성하게 되었다.

295 다음 중 의료보험 급여 대상이 아닌 것은?

① 질병 ② 사망
③ 산재 ④ 분만

296 우리나라 국세 조사는 몇 년마다 실시하는가?

① 3년 ② 5년
③ 7년 ④ 10년

국세 조사는 5년마다 실시, 발표한다.

297 세계보건기구의(WHO)의 본부가 있는 곳은?

① 뉴욕
② 파리
③ 워싱턴
④ 제네바

298 세계보건기구의 기능이 아닌 것은?

① 보건문제 기술지원 및 자문
② 국제적 보건사업의 지휘 · 조정
③ 회원국에 대한 보건 관계 자료 공급
④ 회원국에 대한 보건정책 조정

299 세계보건기구에서 규정한 보건행정의 범위에 속하지 않는 것은?

① 보건관계 기록의 보존
② 환경위생과 감염병 관리
③ 보건통계와 만성병 관리
④ 모자보건과 보건간호

300 세계보건기구에서 정의하는 보건행정의 범위에 속하지 않는 것은?

① 산업발전
② 모자보건
③ 환경위생
④ 감염병 관리

정답 293 ④ 294 ④ 295 ③ 296 ② 297 ④ 298 ④ 299 ③ 300 ①

SECTION 02 소독학

1 미생물 총론

01 다음 ( ) 안에 알맞은 것은?

> 미생물이란 일반적으로 육안의 가시한계를 넘어선 ( )mm 이하의 미세한 생물체를 총칭하는 것이다.

① 0.01 ② 0.1
③ 1 ④ 10

02 파스퇴르가 발명한 살균방법은?

① 저온살균법
② 증기살균법
③ 여과살균법
④ 자외선살균법

저온살균법은 프랑스의 화학자 · 미생물학자 루이 파스퇴르가 발명하였다.

03 미생물의 종류에 해당하지 않는 것은?

① 벼룩 ② 효모
③ 곰팡이 ④ 세균

벼룩은 벼룩목에 속하는 곤충이다.

04 일반적인 미생물의 번식에 가장 중요한 요소로만 나열된 것은?

① 온도 – 습도 – pH
② 온도 – 습도 – 자외선
③ 온도 – 습도 – 영양분
④ 온도 – 습도 – 시간

05 미생물의 성장과 사멸에 주로 영향을 미치는 요소로 가장 거리가 먼 것은?

① 영양 ② 산소
③ 온도 ④ 호르몬

06 산소가 있어야만 잘 성장할 수 있는 균을 무엇이라 하는가?

① 호기성균 ② 혐기성균
③ 통성혐기성균 ④ 미혐기성균

07 다음 중 산소가 없어도 성장하는 균은?

① 호기성균 ② 미호기성균
③ 혐기성균 ④ 형미성균

08 호기성 세균이 아닌 것은?

① 결핵균 ② 백일해균
③ 파상풍균 ④ 녹농균

09 호기성 세균이 아닌 것은?

① 결핵균 ② 백일해균
③ 가스괴저균 ④ 녹농균

10 다음 중 세균이 가장 잘 자라는 최적 수소이온 농도에 해당되는 것은?

① 강산성 ② 약산성
③ 중성 ④ 강알칼리성

세균은 pH 6.0~8.0인 중성에서 가장 잘 자란다.

정답					
	01 ②	02 ①	03 ①	04 ③	05 ④
	06 ①	07 ③	08 ③	09 ③	10 ③

11 세균 증식에 가장 적합한 최적 수소이온 농도는?

① pH 3.5~5.5 ② pH 6.0~8.0
③ pH 8.5~10.0 ④ pH 10.5~11.5

12 일반적으로 병원성 미생물이 가장 잘 증식되는 pH의 범위는?

① 3.5~4.5 ② 4.5~5.5
③ 5.5~6.5 ④ 6.5~7.5

13 병원성 미생물이 아닌 것은?

① 세균 ② 효모
③ 포도상구균 ④ 바이러스

효모는 질병을 일으키지 않는 비병원성 미생물이다.

14 다음 중 병원성 미생물의 종류에 해당되지 않는 것은?

① 세균 ② 리케차
③ 유산균 ④ 클라미디아

유산균은 비병원성 미생물이다.

2 병원성 미생물

15 바이러스에 대한 일반적인 설명으로 옳은 것은?

① 항생제에 감수성이 있다.
② 광학 현미경으로 관찰이 가능하다.
③ 핵산 DNA와 RNA를 둘 다 가지고 있다.
④ 바이러스는 살아있는 세포 내에서만 증식 가능하다.

16 바이러스에 대한 일반적인 설명으로 바르지 않은 것은?

① 항생제에 반응하지 않는다.
② 전자현미경으로 관찰이 가능하다.
③ DNA와 RNA 둘 중 하나만 가지고 있다.
④ 죽은 세포에서만 증식이 가능하다.

17 인체에 질병을 일으키는 병원체 중 대체로 살아있는 세포에서만 증식하고 크기가 가장 작아 전자현미경으로만 관찰할 수 있는 것은?

① 구균 ② 간균
③ 바이러스 ④ 원생동물

18 세균의 형태가 S자형 혹은 가늘고 길게 만곡되어 있는 것은?

① 구균 ② 간균
③ 구간균 ④ 나선균

19 세균이 영양부족, 건조, 열 등의 증식 환경이 부적당한 경우 균의 저항력을 키우기 위해 형성하게 되는 형태는?

① 섬모 ② 세포벽
③ 아포 ④ 핵

20 세균들은 외부환경에 대하여 저항하기 위해서 아포를 형성하는데 다음 중 아포를 형성하지 않는 세균은?

① 탄저균 ② 젖산균
③ 파상풍균 ④ 보툴리누스균

정답	11 ②	12 ④	13 ②	14 ③	15 ④
	16 ④	17 ③	18 ④	19 ③	20 ②

21 **세균의 편모는 무슨 역할을 하는가?**

① 세균의 증식기관
② 세균의 유전기관
③ 세균의 운동기관
④ 세균의 영양흡수기관

22 **운동성을 지닌 세균의 사상 부속기관은 무엇이라고 하는가?**

① 아포
② 편모
③ 원형질막
④ 협막

23 **다음 중 병원성 미생물을 크기에 따라 열거한 것으로서 옳은 것은?**

① 바이러스 < 리케차 < 세균
② 리케차 < 세균 < 바이러스
③ 세균 < 바이러스 < 리케차
④ 바이러스 < 세균 < 리케차

3 소독의 정의 및 분류

24 **음식물을 냉장하는 이유가 아닌 것은?**

① 미생물의 증식 억제
② 자기소화의 억제
③ 신선도 유지
④ 멸균

음식물의 냉장과 멸균은 관련이 없다.

25 **소독과 멸균에 관련된 용어 해설 중 틀린 것은?**

① 살균 : 생활력을 가지고 있는 미생물을 여러 가지 물리 · 화학적 작용에 의해 급속히 죽이는 것을 말한다.
② 방부 : 병원성 미생물의 발육과 그 작용을 제거하거나 정지시켜서 음식물의 부패나 발효를 방지하는 것을 말한다.
③ 소독 : 사람에게 유해한 미생물을 파괴시켜 감염의 위험성을 제거하는 비교적 강한 살균작용으로 세균의 포자까지 사멸하는 것을 말한다.
④ 멸균 : 병원성 또는 비병원성 미생물 및 포자를 가진 모든 것을 전부 사멸 또는 제거하는 것을 말한다.

소독은 세균의 포자까지는 사멸하지 못한다.

26 **병원성 또는 비병원성 미생물 및 아포를 가진 것을 전부 사멸 또는 제거하는 것을 무엇이라 하는가?**

① 멸균(Sterilization)
② 소독(Disinfection)
③ 방부(Antiseptic)
④ 정균(Microbiostasis)

27 **멸균의 의미로 가장 적합한 표현은?**

① 병원균의 발육, 증식 억제 상태
② 체내에 침입하여 발육을 증식하는 상태
③ 세균의 독성만을 파괴한 상태
④ 아포를 포함한 모든 균을 사멸시킨 무균 상태

정답 21 ③ 22 ② 23 ① 24 ④ 25 ③ 26 ① 27 ④

28 살균이 가장 강한 것은?

① 멸균
② 소독
③ 방부
④ 모두 동일하다.

29 여러 가지 물리 · 화학적 방법으로 병원성 미생물을 가능한 제거하여 사람에게 감염의 위험이 없도록 하는 것은?

① 멸균 ② 소독
③ 방부 ④ 살충

30 소독의 정의에 대한 설명 중 가장 올바른 것은?

① 모든 미생물을 열이나 약품으로 사멸
② 병원성 미생물을 사멸하던가 또는 제거하여 감염력을 잃게 하는 것
③ 병원성 미생물에 의한 부패를 방지하는 것
④ 병원성 미생물에 의한 발효를 방지하는 것

31 소독에 대한 설명으로 가장 옳은 것은?

① 감염의 위험성을 제거하는 비교적 약한 살균작용이다.
② 세균의 포자까지 사멸한다.
③ 아포 형성균을 사멸한다.
④ 모든 균을 사멸한다.

32 미생물의 발육과 그 작용을 제거하거나 정지시켜 음식물의 부패나 발효를 방지하는 것은?

① 방부 ② 소독
③ 살균 ④ 살충

33 미용 용품이나 기구 등을 일차적으로 청결하게 세척하는 것은 다음의 소독방법 중 어디에 해당되는가?

① 여과(Filtration)
② 정균(Microbiostasis)
③ 희석(Dilution)
④ 방부(Antiseptic)

34 소독, 방부, 살균, 멸균의 소독력의 크기가 큰 순서로 바르게 나열한 것은?

① 멸균 > 살균 > 소독 > 방부
② 살균 > 멸균 > 소독 > 방부
③ 살균 > 멸균 > 방부 > 소독
④ 멸균 > 살균 > 방부 > 소독

35 소독에 영향을 미치는 인자가 아닌 것은?

① 온도 ② 수분
③ 시간 ④ 풍속

소독에 영향을 미치는 주요 인자는 온도, 수분, 시간, 농도이다.

36 다음 중 소독에 영향을 가장 적게 미치는 인자(因子)는?

① 온도 ② 대기압
③ 수분 ④ 시간

37 화학적 소독법에 가장 많은 영향을 주는 것은?

① 순수성 ② 융점
③ 빙점 ④ 농도

정답 28 ① 29 ② 30 ② 31 ① 32 ① 33 ③ 34 ① 35 ④ 36 ② 37 ④

38 소독작용에 미치는 일반적인 조건에 대한 설명 중 틀린 것은?

① 온도가 좋을수록 소독력의 효과가 크다.
② 유기물질이 많을수록 소독력이 증대된다.
③ 접촉시간이 길수록 소독력의 효과가 크다.
④ 농도가 짙을수록 소독력의 효과가 크다.

유기물질이 많을수록 소독력은 감소된다.

39 소독에 사용되는 약제의 이상적인 조건은?

① 살균하고자 하는 대상물을 손상시키지 않아야 한다.
② 취급방법이 복잡해야 한다.
③ 용매에 쉽게 용해되지 않아야 한다.
④ 향기로운 냄새가 나야 한다.

40 이상적인 소독제의 구비조건과 거리가 먼 것은?

① 생물학 작용을 충분히 발휘할 수 있어야 한다.
② 빨리 효과를 내고 살균 소요시간이 짧을수록 좋다.
③ 독성이 적으면서 사용자에게도 자극성이 없어야 한다.
④ 원액 혹은 희석된 상태에서 화학적으로는 불안정된 것이어야 한다.

41 소독약의 구비조건으로 틀린 것은?

① 값이 비싸고 위험성이 없다.
② 인체에 해가 없으며 취급이 간편하다.
③ 살균하고자 하는 대상물을 손상시키지 않는다.
④ 살균력이 강하다.

42 다음 중 소독약의 구비조건으로 틀린 것은?

① 인체에는 독성이 없어야 한다.
② 소독 물품에 손상이 없어야 한다.
③ 사용방법이 간단하고 경제적이어야 한다.
④ 소독 실시 후 서서히 소독 효력이 증대되어야 한다.

43 화학적 약제를 사용하여 소독 시 소독약품의 구비조건으로 옳지 않은 것은?

① 용해성이 낮아야 한다.
② 살균력이 강해야 한다.
③ 부식성 표백성이 없어야 한다.
④ 경제적이고 사용방법이 간편해야 한다.

44 소독약품으로서 갖추어야 할 구비조건이 아닌 것은?

① 안전성이 높을 것
② 독성이 낮을 것
③ 부식성이 강할 것
④ 용해성이 높을 것

정답 38 ② 39 ① 40 ④ 41 ① 42 ④ 43 ① 44 ③

45 소독약의 구비조건에 해당하지 않는 것은?

① 높은 살균력을 가질 것
② 인체에 해가 없을 것
③ 저렴하고 구입과 사용이 간편할 것
④ 기름, 알코올 등에 잘 용해될 것

46 소독약의 사용 및 보존상의 주의점으로서 틀린 것은?

① 일반적으로 소독약은 밀폐시켜 일광이 직사되지 않는 곳에 보존해야 한다.
② 모든 소독약은 사용할 때마다 반드시 새로이 만들어 사용해야 한다.
③ 승홍이나 석탄산 같은 것은 인체에 유해하므로 특별히 주의하여 취급해야 한다.
④ 염소제는 일광과 열에 의해 분해되지 않도록 냉암소에 보존하는 것이 좋다.

약제에 따라 사전에 조제해 두고 사용해도 되는 것(석탄산)과 새로 만들어 사용하는 것이 있다.

47 소독약의 사용과 보존상의 주의사항으로 틀린 것은?

① 병원 미생물의 종류, 저항성에 따라 멸균 · 소독의 목적에 의해서 그 방법과 시간을 고려한다.
② 약품을 냉암소에 보관함과 동시에 라벨이 오염되지 않도록 다른 것과 구분해둔다.
③ 소독물체에 따라 적당한 소독약이나 소독방법을 선정한다.
④ 모든 소독약은 미리 제조해 둔 뒤에 필요량만큼씩 두고 사용한다.

48 소독방법에서 반드시 고려되어야 할 사항이 아닌 것은?

① 소독 대상물의 형태와 크기
② 병원체의 아포 형성 유무
③ 소독 대상물의 성질
④ 병원체의 저항력

소독 대상물의 형태와 크기는 반드시 고려할 사항은 아니다.

49 위생복을 흰색으로 하는 것이 좋은 주된 이유는?

① 때가 묻은 것이 잘 발견되기 때문에
② 열의 흡수가 가장 잘 되므로
③ 값싸고 쉽게 구할 수 있기 때문에
④ 미관상 보기가 가장 좋기 때문에

50 다음 중 소독제의 소독 효과를 감소시킬 수 있는 원인이라 볼 수 없는 것은?

① 정수로 희석한 경우
② 경수로 희석한 경우
③ 고온에 노출될 경우
④ 햇빛에 노출될 경우

이물질이 없는 정수를 사용하여 희석한 경우에는 소독 효과를 감소시키지 않는다.

51 소독약이 고체인 경우 1% 수용액이란?

① 소독약 0.1g을 물 100mL에 녹인 것
② 소독약 1g을 물 100mL에 녹인 것
③ 소독약 10g을 물 100mL에 녹인 것
④ 소독약 10g을 물 990mL에 녹인 것

정답 45 ④ 46 ② 47 ④ 48 ① 49 ① 50 ① 51 ②

52 소독약 원액(순도 100%) 5cc에 증류수 95cc를 혼합시켜 100cc의 소독약을 만들었을 때 이 소독약의 농도는?

① 30%　　② 95%
③ 5%　　④ 50%

원액이 5cc이므로 5% 농도이다.

53 순도 100%의 소독약 원액 2mL에 증류수 98mL를 혼합하여 100mL의 소독약을 만들었다면 이 소독약의 농도는?

① 2%　　② 3%
③ 5%　　④ 98%

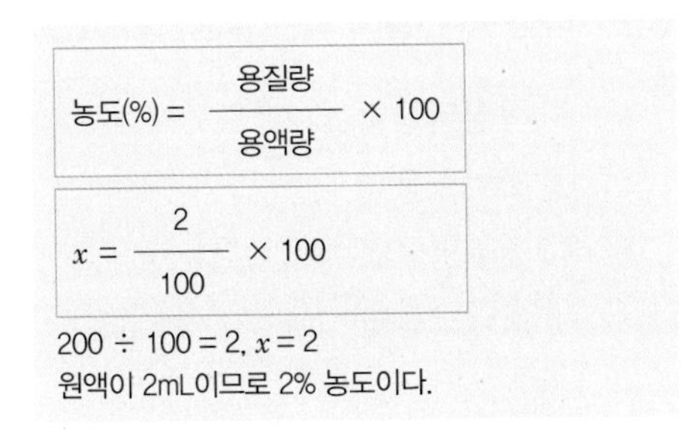

$$농도(\%) = \frac{용질량}{용액량} \times 100$$

$$x = \frac{2}{100} \times 100$$

200 ÷ 100 = 2, $x = 2$
원액이 2mL이므로 2% 농도이다.

54 용질 6g이 용액 300mL에 녹아 있을 때 이 용액은 몇 % 용액인가?

① 500%　　② 50%
③ 20%　　④ 2%

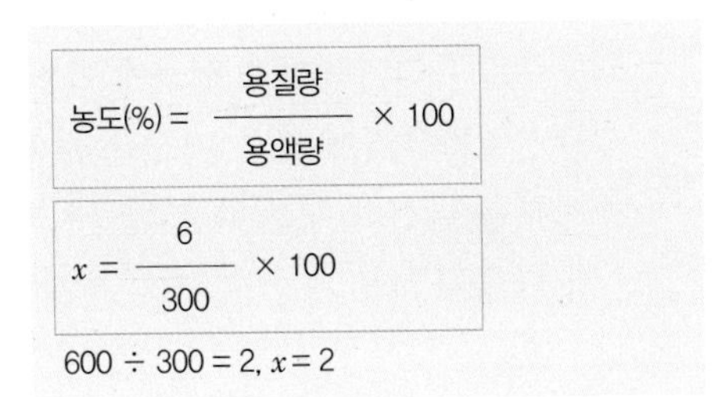

$$농도(\%) = \frac{용질량}{용액량} \times 100$$

$$x = \frac{6}{300} \times 100$$

600 ÷ 300 = 2, $x = 2$

55 소독약 10mL를 용액(물) 40mL에 혼합시키면 몇 %의 수용액이 되는가?

① 2%　　② 10%
③ 20%　　④ 50%

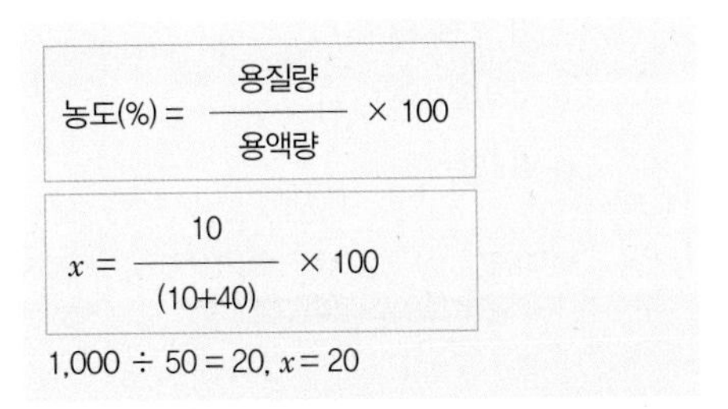

$$농도(\%) = \frac{용질량}{용액량} \times 100$$

$$x = \frac{10}{(10+40)} \times 100$$

1,000 ÷ 50 = 20, $x = 20$

56 소독액을 표시할 때 사용하는 단위로 용액 100mL 속의 용질의 함량을 표시하는 수치는?

① 푼
② 퍼센트
③ 퍼밀리
④ 피피엠

퍼센트(%) : 수용액 전체를 100으로 하여 그중에 포함되어 있는 원액의 양

57 소독액의 농도표시법에 있어서 소독액 1,000mL 중에 포함되어 있는 소독약의 양을 나타내는 단위는?

① 밀리그램(mg)
② 피피엠(ppm)
③ 퍼밀리(‰)
④ 퍼센트(%)

퍼밀리(‰) : 소독액 1,000mL 중에 포함되어 있는 소독약의 양

정답	52 ③ 53 ① 54 ④ 55 ③ 56 ② 57 ③

58 소독액의 농도표시법에 있어서 소독액 1,000L 중에 포함되어 있는 소독약의 양을 나타내는 단위는?

① 밀리그램(mg)
② 피피엠(ppm)
③ 퍼밀리(‰)
④ 퍼센트(%)

> 피피엠(ppm) : 용액량 1,000,000mL (1,000L) 중에 포함되어 있는 소독약의 양

59 다음 중 중량 백만분율을 표시하는 단위는?

① ppm　② ppt
③ ppb　④ ‰

4 소독방법

60 다음 중 물리적 소독법에 해당하는 것은?

① 승홍 소독
② 크레졸 소독
③ 건열 소독
④ 석탄산 소독

61 다음 중 물리적 소독법에 해당하는 것은?

① 석탄산수 소독
② 알코올 소독
③ 자비 소독
④ 포름알데히드 가스 소독

62 다음 중 물리적 소독법으로 사용하는 것이 아닌 것은?

① 알코올　② 초음파
③ 일광　④ 자외선

63 다음 중 물리적 소독방법이 아닌 것은?

① 방사선멸균법
② 건열소독
③ 고압증기멸균법
④ 생석회 소독

64 다음 중 물리적 소독법에 속하지 않는 것은?

① 건열멸균법
② 고압증기멸균법
③ 크레졸 소독법
④ 자비소독법

65 다음 중 건열에 의한 멸균법이 아닌 것은?

① 화염멸균법
② 자비소독법
③ 건열멸균법
④ 소각소독법

> 자비소독법은 습열에 의한 소독법이다.

66 건열멸균에 대한 설명으로서 가장 적절한 것은?

① 300℃ 이상으로 하여 멸균한다.
② 고압솥을 사용한다.
③ 주로 유리기구 등의 멸균에 이용된다.
④ 건열멸균기에 많은 기구를 쌓아서 내부를 완전히 채운 다음 멸균시키는 것이 좋다.

> 정답 58 ② 59 ① 60 ③ 61 ③ 62 ① 63 ④ 64 ③ 65 ② 66 ③

67 유리제품의 소독방법으로 가장 적절한 것은?

① 끓는 물에 넣고 10분간 가열한다.
② 건열멸균기에 넣고 소독한다.
③ 끓는 물에 넣고 5분간 가열한다.
④ 찬물에 넣고 75℃까지만 가열한다.

68 건열멸균법에 대한 설명 중 틀린 것은?

① 드라이 오븐을 사용한다.
② 유리제품이나 주사기 등에 적합하다.
③ 젖은 손으로 조작하지 않는다.
④ 110~130℃에서 1시간 내에 실시한다.

69 이 · 미용업소에서 사용하는 수건의 소독방법으로 가장 적합하지 않은 것은?

① 건열 소독
② 자비 소독
③ 역성비누 소독
④ 증기 소독

70 다음 중 건열멸균법으로 가장 적합한 소독대상은?

① 면도기　② 조발기
③ 도자기류　④ 수건류

71 다음 중 소독방법과 소독대상이 바르게 연결된 것은?

① 화염멸균법 : 의류나 수건
② 자비소독법 : 아마인유
③ 고압증기멸균법 : 예리한 칼날
④ 건열멸균법 : 바셀린 및 파우더

72 다음 중 건열멸균방법에 해당되지 않는 것은?

① 170℃에서 1~2시간 처리한다.
② 주로 건열멸균기(Dry Oven)를 사용한다.
③ 화학적 방법이다.
④ 유리기구, 주사침 등의 처리에 이용된다.

건열멸균법은 물리적 소독방법이다.

73 멸균방법에 대한 설명이 부적당한 것은?

① 건열멸균 : 170℃의 건열에 1~2시간 처리
② 화염멸균 : 불꽃 중에 20분 이상 처리
③ 자비멸균 : 비등 후에 30분 이상 처리
④ 유통증기멸균 : 100℃의 유통증기에 30분 이상 처리

화염멸균법은 170℃에서 20초 이상 화염 속에서 처리한다.

74 결핵환자의 객담 처리방법 중 가장 효과적인 것은?

① 소각법　② 알코올소독
③ 크레졸소독　④ 매몰법

결핵환자의 객담(가래)에 효과적인 처리방법은 소각법이다.

75 감염병 예방법 중 제1종 감염병 환자의 배설물 등을 처리하는 가장 적합한 방법은?

① 건조법　② 건열법
③ 매몰법　④ 소각법

정답　67 ②　68 ④　69 ①　70 ③　71 ④　72 ③　73 ②　74 ①　75 ④

76 다음 중 습열멸균법에 속하는 것은?

① 자비소독법
② 화염멸균법
③ 여과멸균법
④ 소각소독법

77 자비소독법 시 일반적으로 사용하는 물의 온도와 시간은?

① 150℃에서 15분간
② 135℃에서 20분간
③ 100℃에서 20분간
④ 80℃에서 30분간

78 자비소독에 관한 내용으로 적합하지 않은 것은?

① 물에 탄산나트륨을 넣으면 살균력이 강해진다.
② 소독할 물건은 열탕 속에 완전히 잠기도록 해야 한다.
③ 100℃에서 15~20분간 소독한다.
④ 금속기구, 고무, 가죽의 소독에 적합하다.

자비소독법에 고무, 가죽, 플라스틱제품은 자비소독법에 적합하지 않다.

79 다음 중 도자기류의 소독방법으로 가장 적당한 것은?

① 염소소독
② 승홍수소독
③ 자비소독
④ 저온소독

80 금속성 식기, 면 종류의 의류, 도자기의 소독에 적합한 소독방법은?

① 화염멸균법
② 건열멸균법
③ 소각소독법
④ 자비소독법

81 금속 제품을 자비소독할 경우 언제 물에 넣는 것이 가장 좋은가?

① 가열 시작 전
② 가열 시작 직후
③ 끓기 시작한 후
④ 수온이 미지근할 때

82 일반적으로 자비소독(열탕 소독)은 물이 끓기 시작한 후 몇 분 이상 끓여주는 것을 기준으로 하는가?

① 20분 이상　② 10분 이상
③ 5분 이상　④ 30분 이상

83 자비소독 시 살균력 상승과 금속의 상함을 방지하기 위해서 첨가하는 물질(약품)로 알맞은 것은?

① 승홍수　② 알코올
③ 염화칼슘　④ 탄산나트륨

84 금속기구를 자비소독할 때 탄산나트륨을 넣으면 살균력도 강해지고 녹이 슬지 않는다. 이때 가장 적정한 농도는?

① 0.1~0.5%　② 1~2%
③ 5~10%　④ 10~15%

정답　76 ① 77 ③ 78 ④ 79 ③ 80 ④ 81 ③ 82 ② 83 ④ 84 ②

85 자비소독 시 살균력을 강하게 하고 금속기 자재가 녹스는 것을 방지하지 위하여 첨가하는 물질이 아닌 것은?

① 2% 중조(탄산나트륨)
② 2% 크레졸 비누액
③ 5% 승홍수
④ 5% 석탄산

86 이 · 미용업소에서 수건 소독에 가장 많이 사용되는 물리적 소독법은?

① 석탄산 소독
② 알코올 소독
③ 자비 소독
④ 과산화수소 소독

87 내열성이 강해서 자비소독으로는 멸균이 되지 않는 것은?

① 장티푸스균 ② 결핵균
③ 아포형성균 ④ 쌍구균

88 다음 중 열에 대한 저항력이 커서 자비소독으로는 멸균이 되지 않는 것은?

① 장티푸스균
② 결핵균
③ 살모넬라균
④ B형 간염 바이러스

89 다음 중 100℃에서 살균되지 않는 균은?

① 대장균 ② 결핵균
③ 파상풍균 ④ 장티푸스균

파상풍균은 아포를 형성하여 100℃에서는 살균되지 않는다.

90 자비소독법에 대한 설명 중 틀린 것은?

① 아포형성균에는 부적당하다.
② 물에 탄산나트륨 1~2%를 넣으면 살균력이 강해진다.
③ 금속기구 소독 시 날이 무디어질 수 있다.
④ 물리적 소독법에서 가장 효과적이다.

자비소독법은 아포는 사멸하지 못하므로 가장 효과적이지 않다.

91 100℃ 이상 고온의 수증기를 고압상태에서 미생물, 포자 등과 접촉시켜 멸균할 수 있는 것은?

① 자외선소독기
② 건열멸균기
③ 고압증기멸균기
④ 자비소독기

92 100~135℃ 고온의 수증기를 15파운드 압력하에서 미생물, 아포 등과 접촉시켜 가열, 살균하는 방법은?

① 건열멸균법
② 자비소독법
③ 고압증기멸균법
④ 간헐멸균법

93 고압증기멸균법에 해당하는 것은?

① 멸균 물품에 잔류독성이 많다.
② 포자를 사멸시키는데 멸균시간이 짧다.
③ 비경제적이다.
④ 많은 물품을 한꺼번에 처리할 수 없다.

정답 85 ③ 86 ③ 87 ③ 88 ④ 89 ③ 90 ④ 91 ③ 92 ③ 93 ②

94 **고압증기멸균법에 대한 설명으로 옳지 않은 것은?**

① 멸균방법이 쉽다.
② 멸균시간이 길다.
③ 소독비용이 비교적 저렴하다.
④ 높은 습도에 견딜 수 있는 물품이 주 소독 대상이다.

> 고압증기멸균법은 기본 20분 가열로 멸균시간이 짧다.

95 **다음 소독방법 중 완전 멸균으로 가장 빠르고 효과적인 방법은?**

① 유통증기법　② 간헐살균법
③ 고압증기법　④ 건열소독

96 **고압증기멸균법의 단점은?**

① 멸균비용이 많이 든다.
② 많은 멸균물품을 한꺼번에 처리할 수 없다.
③ 멸균물품에 잔류독성이 있다.
④ 수증기가 통과함으로써 용해되는 물질은 멸균할 수 없다.

> 고압증기멸균법은 수증기가 통과함으로써 용해되는 물질(분말제품, 바셀린) 등은 멸균할 수 없다.

97 **고압증기멸균기의 열원으로 수증기를 사용하는 이유가 아닌 것은?**

① 일정 온도에서 쉽게 열을 방출하기 때문
② 미세한 공간까지 침투성이 높기 때문
③ 열 발생에 소요되는 비용이 저렴하기 때문
④ 바셀린이나 분말 등도 쉽게 통과할 수 있기 때문

98 **고압증기멸균기의 소독대상물로 적합하지 않은 것은?**

① 금속성 기구　② 의류
③ 분말제품　④ 약액

99 **고압멸균기를 사용하여 소독하기에 가장 적합하지 않은 것은?**

① 유리기구　② 금속기구
③ 약액　④ 가죽제품

100 **고압증기멸균법에 있어 20Lbs, 126.5℃의 상태에서는 몇 분간 처리하는 것이 가장 좋은가?**

① 5분　② 15분
③ 30분　④ 60분

101 **고압증기멸균법을 실시할 때 온도, 압력, 소요시간으로 가장 알맞은 것은?**

① 71℃에 10Lbs로 30분간 소독
② 105℃에 15Lbs로 30분간 소독
③ 121℃에 15Lbs로 20분간 소독
④ 211℃에 10Lbs로 10분간 소독

102 **고압증기멸균법은 10파운드(115.5℃ 기준)에서 대략 몇 분간 처리하는 것이 가장 적당한가?**

① 5분간　② 15분간
③ 60분간　④ 30분간

정답	94 ② 95 ③ 96 ④ 97 ④ 98 ③ 99 ④ 100 ② 101 ③ 102 ④

103 고압증기멸균법의 압력과 처리시간이 틀린 것은?

① 10Lbs(파운드)에서 30분
② 15Lbs(파운드)에서 20분
③ 20Lbs(파운드)에서 15분
④ 30Lbs(파운드)에서 3분

104 고압증기법은 121℃에서 가압하여 멸균한다. 이때의 가압 정도로 적당한 것은?

① 2기압 ② 4기압
③ 3기압 ④ 1기압

105 유통증기멸균법에 사용되는 소독기는?

① 자비소독기
② 아토크레브
③ 심멜부시
④ 코흐증기솥

106 100℃의 유통증기 속에서 30분 내지 60분간 멸균시킨 다음 20℃ 이상의 실온에서 24시간 방치하는 방법을 3회 반복하는 멸균법은?

① 열탕소독법
② 간헐멸균법
③ 건열멸균법
④ 고압증기멸균법

107 아포형성균을 사멸하며 고압증기멸균법에 의한 가열 온도에서 파괴될 위험이 있는 물품을 멸균할 때 이용되는 멸균법은?

① 간헐멸균법
② 자비소독법
③ 여과멸균법
④ 초음파멸균법

108 코흐(Koch)멸균기를 사용하는 소독법은?

① 간헐멸균법
② 자비소독법
③ 저온살균법
④ 건열멸균법

109 소독장비 사용 시 주의해야 할 사항 중 옳은 것은?

① 건열멸균기 – 멸균된 물건을 소독기에서 꺼낸 즉시 냉각시켜야 살균효과가 크다.
② 자비소독기 – 금속성 기구들은 물이 끓기 전부터 넣고 끓인다.
③ 간헐멸균기 – 가열과 가열 사이에 20℃ 이상의 온도를 유지한다.
④ 자외선소독기 – 날이 예리한 기구 소독 시 수건 등으로 싸서 넣는다.

110 최근에 많이 이용되고 있는 우유의 초고온 순간멸균법으로 140℃에서 가장 적절한 처리시간은?

① 1~3초 ② 30~60초
③ 1~3분 ④ 5~6분

111 저온소독법(Pasteurization)에 이용되는 적절한 온도와 시간은?

① 50~55℃, 1시간
② 62~63℃, 30분
③ 65~68℃, 1시간
④ 80~84℃, 30분

정답	103 ④ 104 ① 105 ④ 106 ② 107 ① 108 ① 109 ③ 110 ① 111 ②

112 우유의 저온살균으로 완전히 사멸되지 않는 균은?

① 결핵균 ② 살모넬라균
③ 유산균 ④ 대장균

113 당이나 혈청과 같이 열에 의해 변성되거나 불안정한 액체의 멸균에 이용되는 소독법은?

① 저온살균법
② 여과멸균법
③ 간헐멸균법
④ 건열멸균법

114 가청주파영역을 넘는 주파수를 이용하여 미생물을 불활성화시킬 수 있는 소독방법은?

① 전자파멸균법
② 초음파멸균법
③ 방사선멸균법
④ 고압증기멸균법

115 코발트나 세슘 등을 이용한 방사선멸균법의 단점이라 할 수 있는 것은?

① 시설 설비에 소요되는 비용이 비싸다.
② 투과력이 약해 포장된 물품에 소독효과가 없다.
③ 소독에 소요되는 시간이 길다.
④ 고온하에서 적용되기 때문에 열에 약한 기구의 소독이 어렵다.

116 일광 소독에서 살균작용을 하는 인자는?

① 적외선 ② 자외선
③ X선 ④ 가시광선

117 다음 중 가장 강한 살균작용을 하는 광선은?

① 자외선 ② 적외선
③ 가시광선 ④ 원적외선

118 다음 중 일광소독법의 가장 큰 장점은?

① 아포도 죽는다.
② 산화되지 않는다.
③ 소독효과가 크다.
④ 비용이 들지 않는다.

119 자외선의 작용이 아닌 것은?

① 살균작용
② 비타민 D 형성
③ 피부의 색소 침착
④ 아포 사멸

120 자외선의 인체에 대한 작용으로 관계가 없는 것은?

① 비타민 D 형성
② 멜라닌 색소 침착
③ 체온 저하
④ 피부암 유발

121 자외선의 살균에 대한 설명으로 가장 적절한 것은?

① 투과력이 강해서 매우 효과적인 살균법이다.
② 직접 쪼여져 노출된 부위만 소독된다.
③ 짧은 시간에 충분히 소독된다.
④ 액체의 표면을 통과하지 못하고 반사한다.

정답					
	112 ④	113 ②	114 ②	115 ①	116 ②
	117 ①	118 ④	119 ④	120 ③	121 ②

122 다음 중 화학적 소독법에 해당되는 것은?

① 알코올 소독법
② 자비소독법
③ 고압증기멸균법
④ 간헐멸균법

123 소독약을 사용하여 균 자체에 화학반응을 일으켜 세균의 생활력을 빼앗아 살균하는 것은?

① 물리적 멸균법
② 건열멸균법
③ 여과멸균법
④ 화학적 살균법

124 화학적 소독제 중 살균력 평가의 지표가 되는 것은?

① 크레졸 ② 과산화수소
③ 석탄산 ④ 염소

125 조직에 독성이 있어서 인체에는 잘 사용되지 않고 소독제의 평가기준으로 사용되는 것은?

① 알코올 ② 크레졸
③ 과산화수소 ④ 석탄산

126 다음 중 넓은 지역의 방역용 소독제로 적당한 것은?

① 석탄산 ② 알코올
③ 과산화수소 ④ 역성비누액

127 실험기기, 의료용기, 오물 등의 소독에 사용되는 석탄산수의 적절한 농도는?

① 석탄산 0.1% 수용액
② 석탄산 1% 수용액
③ 석탄산 3% 수용액
④ 석탄산 50% 수용액

128 소독제의 농도가 알맞지 않은 것은?

① 승홍 0.1%
② 알코올 70%
③ 석탄산 0.3%
④ 크레졸 3%

129 석탄산 소독에 대한 설명으로 틀린 것은?

① 단백질 응고작용이 있다.
② 저온에서는 살균효과가 떨어진다.
③ 금속기구 소독에 부적합하다.
④ 포자 및 바이러스에 효과적이다.

130 소독제로서 석탄산에 관한 설명이 틀린 것은?

① 유기물에도 소독력은 약화되지 않는다.
② 고온일수록 소독력이 커진다.
③ 금속 부식성이 없다.
④ 세균단백에 대한 살균작용이 있다.

정답	
	122 ① 123 ④ 124 ③ 125 ④ 126 ①
	127 ③ 128 ③ 129 ④ 130 ③

131 석탄산 소독액에 관한 설명으로 틀린 것은?

① 기구류의 소독에는 3% 수용액이 적당하다.
② 세균포자나 바이러스에 대해서는 작용력이 거의 없다.
③ 금속기구의 소독에는 적합하지 않다.
④ 소독액 온도가 낮을수록 효력이 높다.

132 다음 중 석탄산의 단점은?

① 저온일수록 소독효과가 있다.
② 살균력이 불안정하다.
③ 피부점막에 자극을 준다.
④ 유기물에 약화된다.

133 사전에 소독제를 조제하여 두었다가 소독 시 사용하여도 무방한 것은?

① 승홍
② 석회유
③ 생석회 분말
④ 석탄산

134 어떤 소독약의 석탄계수가 2.0이라는 것은 무엇을 의미하는가?

① 석탄산의 살균력이 2이다.
② 살균력이 석탄산의 2배이다.
③ 살균력이 석탄산의 2%이다.
④ 살균력이 석탄산의 120%이다.

어떤 소독제의 석탄계수가 2라는 것은 살균력이 석탄산의 2배라는 의미이다.

135 석탄산계수(페놀계수)가 5일 때 의미하는 살균력은?

① 페놀보다 5배 높다.
② 페놀보다 5배 낮다.
③ 페놀보다 50배 높다.
④ 페놀보다 50배 낮다.

136 석탄산계수가 2인 소독약 A가 석탄산계수 4인 소독약 B와 같은 효과를 내도록 하려면 그 농도를 어떻게 조정하면 되는가?(단, A, B의 용도는 같다.)

① A를 B보다 2배 묽게 조정한다.
② A를 B보다 4배 묽게 조정한다.
③ A를 B보다 2배 진하게 조정한다.
④ A를 B보다 4배 진하게 조정한다.

137 석탄산 10% 용액 200mL를 2% 용액으로 만들고자 할 때 첨가해야 하는 물의 양은?

① 200mL ② 400mL
③ 800mL ④ 1,000mL

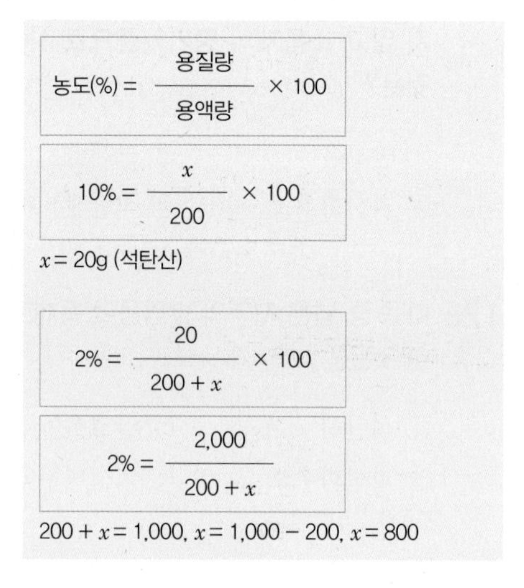

$$\text{농도(\%)} = \frac{\text{용질량}}{\text{용액량}} \times 100$$

$$10\% = \frac{x}{200} \times 100$$

$x = 20$g (석탄산)

$$2\% = \frac{20}{200 + x} \times 100$$

$$2\% = \frac{2{,}000}{200 + x}$$

$200 + x = 1{,}000$, $x = 1{,}000 - 200$, $x = 800$

정답 131 ④ 132 ③ 133 ④ 134 ② 135 ① 136 ③ 137 ③

138 석탄산의 희석배수 90배를 기준으로 할 때 어떤 소독약의 석탄산 계수가 4였다면 이 소독약의 희석배수는?

① 90배　② 94배
③ 360배　④ 400배

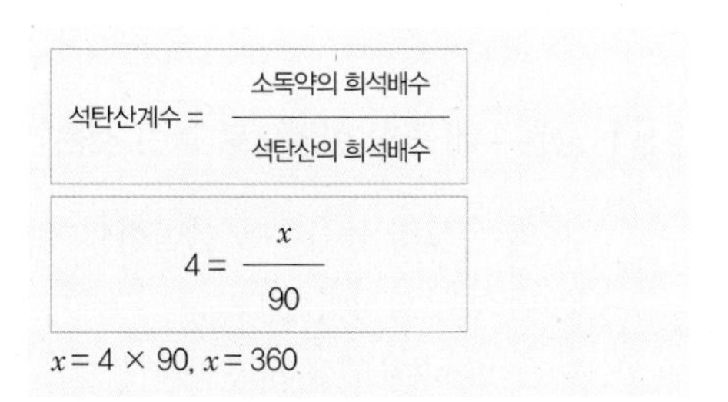

139 석탄산의 90배 희석액과 어느 소독약의 180배 희석액이 동일한 조건하에서 같은 소독효과가 있었다면 이 소독약의 석탄산 계수는?

① 0.50　② 0.05
③ 2.00　④ 20.0

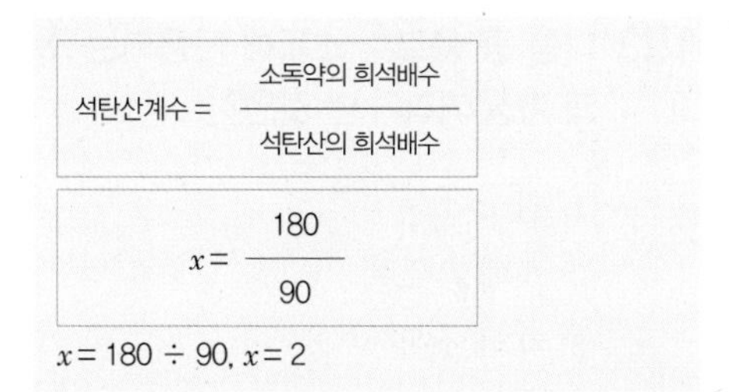

140 석탄산의 90배 희석액과 어느 소독제의 135배 희석액이 같은 살균력을 나타낸다면 이 소독제의 석탄산계수는?

① 0.5　② 2.0
③ 1.0　④ 1.5

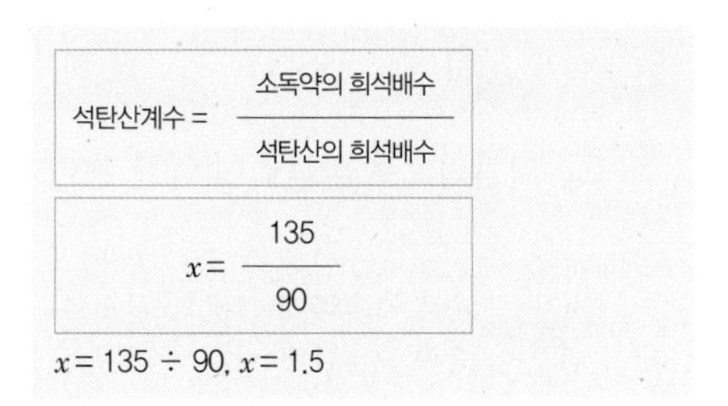

141 어느 소독약의 석탄산계수가 1.5였다면 그 소독약의 적당한 희석배율은 몇 배인가?(단, 석탄산의 희석배율은 90배였다.)

① 60배　② 135배
③ 150배　④ 180배

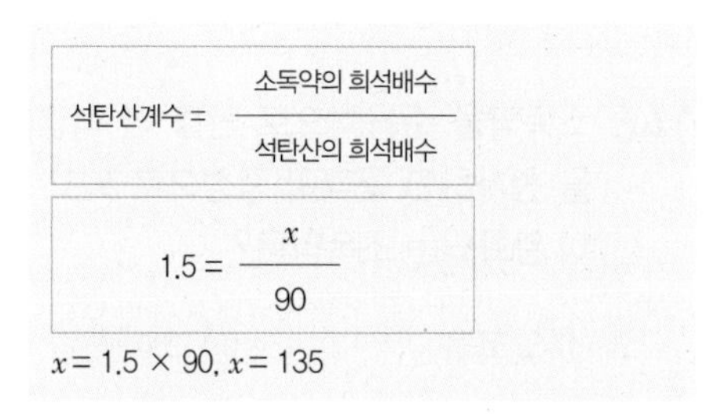

142 소독용 승홍수의 희석 농도로 적합한 것은?

① 10~20%　② 5~7%
③ 2~5%　④ 0.1~0.5%

143 다음 중 소독약품과 적정 사용농도의 연결로 옳지 않은 것은?

① 승홍수 : 1%
② 알코올 : 70%
③ 석탄산 : 3%
④ 크레졸 : 3%

144 승홍수는 몇 배로 희석하여 소독액으로 사용하는가?

① 300배　② 100배
③ 500배　④ 1,000배

승홍수의 기본 농도 : 0.1%
$0.1 \times x = 100$
$x = 1{,}000$

정답 138 ③ 139 ③ 140 ④ 141 ② 142 ④ 143 ① 144 ④

145 승홍을 희석하여 소독에 사용하고자 한다. 경제적 희석배율은 어느 정도로 되는가?(단, 아포살균 제외)

① 500배 ② 1,000배
③ 1,500배 ④ 2,000배

146 소독약을 수용액으로 만들 때 식염(NaCl)을 첨가하면 용액이 중성으로 되고 자극성이 완화되는 소독약은?

① 알코올 ② 크레졸
③ 석탄산 ④ 승홍수

147 승홍에 소금을 섞었을 때 일어나는 현상은?

① 용액이 중성으로 되고 자극성이 완화된다.
② 용액의 기능이 2배 이상 증대된다.
③ 세균의 독성을 중화시킨다.
④ 소독 대상물의 손상을 막는다.

148 이 · 미용실에 소독약품을 보관할 시 반드시 착색을 하여 잘 보관하여야 하는 것은?

① 크레졸수
② 포르말린수
③ 석탄산수
④ 승홍수

149 다음 중 금속제품 기구소독에 가장 적합하지 않은 것은?

① 알코올
② 역성비누
③ 승홍수
④ 크레졸수

150 인체의 창상용 소독약으로 부적당한 것은?

① 승홍수
② 머큐로크롬액
③ 희옥도정기
④ 아크리놀

151 승홍수에 관한 설명으로 틀린 것은?

① 액 온도가 높을수록 살균력이 강하다.
② 금속 부식성이 있다.
③ 0.1% 수용액을 사용한다.
④ 상처 소독에 적당한 소독약이다.

152 환자 접촉자가 손 소독 시 사용하는 약품으로 가장 부적당한 것은?

① 크레졸수 ② 승홍수
③ 역성비누 ④ 석탄산

153 다음 중 음료수 소독에 사용되는 소독방법과 가장 거리가 먼 것은?

① 염소 소독
② 표백분 소독
③ 자비 소독
④ 승홍액 소독

154 승홍수의 설명으로 틀린 것은?

① 금속을 부식시키는 성질이 있다.
② 피부소독에는 0.1%의 수용액을 사용한다.
③ 염화칼륨을 첨가하면 자극성이 완화된다.
④ 일반적으로 살균력이 약한 편이다.

정답					
	145 ②	146 ④	147 ①	148 ④	149 ③
	150 ①	151 ④	152 ②	153 ④	154 ④

155 다음 중 소독약품의 적정 희석농도가 틀린 것은?

① 석탄산 3%
② 승홍 0.1%
③ 알코올 70%
④ 크레졸 0.3%

156 객담 등의 배설물 소독을 위한 크레졸 비누액의 가장 적합한 농도는?

① 0.1%　② 1%
③ 3%　④ 10%

157 크레졸로 미용사의 손 소독을 할 때 가장 적합한 농도는?

① 1%　② 2%
③ 3%　④ 4%

158 다음 중 크레졸에 대한 설명으로 틀린 것은?

① 3%의 수용액을 주로 사용한다.
② 석탄산에 비해 2배의 소독력이 있다.
③ 손, 오물 등의 소독에 사용된다.
④ 물에 잘 녹는다.

159 이 · 미용실 바닥 소독용으로 가장 알맞은 소독약품은?

① 알코올　② 크레졸
③ 생석회　④ 승홍수

160 다음 중 배설물 소독에 가장 적당한 것은?

① 크레졸　② 오존
③ 염소　④ 승홍

161 100% 크레졸 비누액을 환자의 배설물, 토사물, 객담소독을 위한 소독용 크레졸 비누액 100mL로 조제하는 방법으로 가장 적합한 것은?

① 크레졸 비누액 0.5mL + 물 99.5mL
② 크레졸 비누액 3mL + 물 97mL
③ 크레졸 비누액 10mL + 물 90mL
④ 크레졸 비누액 50mL + 물 50mL

100% = 크레졸 3% + 물 97%
100mL = 크레졸 3mL + 물 97mL

162 3% 크레졸 비누액 900mL를 만드는 방법으로 옳은 것은?

① 크레졸 원액 270mL에 물 630mL를 가한다.
② 크레졸 원액 27mL에 물 873mL를 가한다.
③ 크레졸 원액 300mL에 물 600mL를 가한다.
④ 크레졸 원액 200mL에 물 700mL를 가한다.

100% = 크레졸 3% + 물 97%
900% = (90×3) + (90×97)
900mL = 크레졸 27mL + 물 873mL

정답　155 ④　156 ③　157 ①　158 ④　159 ②　160 ①　161 ②　162 ②

163 3% 크레졸 비누액 1,000mL를 만드는 방법으로 옳은 것은?(단, 크레졸 원액의 농도는 100%이다.)

① 크레졸 원액 300mL에 물 700mL를 가한다.
② 크레졸 원액 30mL에 물 970mL를 가한다.
③ 크레졸 원액 3mL에 물 997mL를 가한다.
④ 크레졸 원액 3mL에 물 1,000mL를 가한다.

> 100% = 크레졸 3% + 물 97%
> 1,000% = (10×3) + (10×97)
> 1,000mL = 크레졸 30mL + 물 970mL

164 일반적으로 사용하는 소독제로서 에탄올의 적정 농도는?

① 30%　② 50%
③ 70%　④ 90%

165 알코올 소독의 미생물 세포에 대한 주된 작용기전은?

① 할로겐 복합물 형성
② 단백질 변성
③ 효소의 완전 파괴
④ 균체의 완전 융해

166 다음 소독약 중 독성이 없는 것은?

① 석탄산
② 승홍수
③ 에틸알코올
④ 포르말린

167 비교적 가격이 저렴하고 살균력이 있으며 쉽게 증발되어 잔여량이 없는 살균제는?

① 알코올
② 요오드
③ 크레졸
④ 페놀

168 알코올 소독에 대한 설명으로서 적절하지 않은 것은?

① 사용법이 간단하고 독성이 적다.
② 소독력이 가장 강한 실용농도는 70%이다.
③ 손, 발, 피부, 기구 등의 소독에 주로 이용된다.
④ 아포에 뚜렷한 살균효력을 나타낸다.

> 알코올은 아포에 대한 살균효과가 없다.

169 다음 중 알코올에 의한 소독 대상물로서 가장 적합한 것은?

① 유리 제품
② 셀룰로이드 제품
③ 고무 제품
④ 플라스틱 제품

170 다음 중 알코올 소독의 대상물로서 가장 부적당한 것은?

① 큐티클 니퍼
② 플라스틱 용품
③ 면도칼
④ 주사바늘

정답	163 ② 164 ③ 165 ② 166 ③ 167 ① 168 ④ 169 ① 170 ②

171 에틸알코올 소독이 가장 부적합한 기구는?

① 빗(Comb)
② 큐티클 니퍼
③ 클리퍼
④ 큐티클 푸셔

172 100%의 알코올을 사용해서 70%의 알코올 400mL를 만드는 방법으로 옳은 것은?

① 물 70mL와 100% 알코올 330mL 혼합
② 물 100mL와 100% 알코올 300mL 혼합
③ 물 120mL와 100% 알코올 280mL 혼합
④ 물 330mL와 100% 알코올 70mL 혼합

100% = 알코올 70% + 물 30%
400% = (40×7) + (40×3)
400mL =280mL + 물 120mL

173 무수알코올(100%)을 사용해서 70%의 알코올 1,800mL를 만드는 방법으로 옳은 것은?

① 무수알코올 700mL에 물 1,100mL를 가한다.
② 무수알코올 70mL에 물 1,730mL를 가한다.
③ 무수알코올 1,260mL에 물 540mL를 가한다.
④ 무수알코올 126mL에 물 1,674mL를 가한다.

100% = 알코올 70% + 물 30%
1,800% = (180×7) + (180×3)
1,800mL = 알코올 1,260mL + 물 540mL

174 70%의 희석 알코올 2L를 만들려면 무수알코올(알코올 원액) 몇 mL가 필요한가?

① 700mL ② 1,400mL
③ 1,600mL ④ 1,800mL

100% = 알코올 70% + 물 30%
2,000% = (200×7) + (200×3)
2,000mL = 알코올 1,400mL + 물 600mL

175 보통 상처의 표면을 소독하는 데 이용하며 발생기 산소가 강력한 산화력으로 미생물을 살균하는 소독제는?

① 석탄산
② 과산화수소
③ 크레졸
④ 에탄올

176 살균 및 탈취뿐만 아니라 특히 표백의 효과가 있어 손톱 표백제와도 관계가 있는 소독제는?

① 알코올
② 석탄산
③ 크레졸
④ 과산화수소

177 3% 수용액으로 사용하며, 자극성이 적어서 구내염, 인두염, 입 안 세척, 피부상처 등에 사용되는 소독약은?

① 승홍수
② 과산화수소
③ 석탄산
④ 알코올

정답 171 ① 172 ③ 173 ③ 174 ② 175 ② 176 ④ 177 ②

178 이 · 미용업 종사자가 손을 씻을 때 많이 사용하는 소독약은?

① 크레졸수
② 페놀수
③ 과산화수소
④ 역성비누

179 다음 중 식기 소독용 소독제로 알맞은 것은?

① 역성비누
② 과산화수소
③ 석탄산
④ 과망산칼륨

180 다음 소독제 중 계면활성제는?

① 크레졸
② 승홍수
③ 역성비누
④ 과산화수소

역성비누는 양이온계면활성제이다.

181 역성비누액에 대한 설명으로 틀린 것은?

① 냄새가 거의 없고 자극이 적다.
② 소독력과 함께 세정력이 강하다.
③ 수지, 기구, 식기소독에 적당하다.
④ 물에 잘 녹고 흔들면 거품이 난다.

역성비누는 세정력은 약하고 살균력이 강하다.

182 다음 내용 중 틀린 것은?

① 식기 소독에는 크레졸수가 적당하다.
② 승홍수는 객담이 묻은 도구나 기구류 소독에는 사용할 수 없다.
③ 중성세제는 세정작용이 강한 살균작용도 한다.
④ 역성비누는 보통 비누와 병용해서는 안 된다.

중성세제는 강한 살균작용을 하지 않는다.

183 다음 중 B형 간염 바이러스에 가장 유효한 소독제는?

① 양성 계면활성제
② 포름알데히드
③ 과산화수소
④ 양이온 계면활성제

포름알데히드는 강한 살균력으로 B형 간염 바이러스에 유효하며 수용액으로 만든 포르말린 용액으로 사용한다.

184 다음 중 세균의 포자를 사멸시킬 수 있는 것은?

① 포르말린
② 알코올
③ 음이온 계면활성제
④ 치아염소산소다

185 소독용 포르말린수의 일반적인 사용 농도에 해당되는 것은?

① 3~5%
② 0.3~0.5%
③ 0.1~0.2%
④ 1~1.5%

정답	178 ④	179 ①	180 ③	181 ②	182 ③
			183 ②	184 ①	185 ④

186 다음 중 소독 실시에 있어 수증기를 동시에 혼합하여 사용할 수 있는 것은?

① 승홍수 소독
② 포르말린수 소독
③ 석회수 소독
④ 석탄산수 소독

187 포르말린수 소독법에 대한 올바른 설명은?

① 온도가 낮을수록 소독력이 강하다.
② 온도가 높을수록 소독력이 강하다.
③ 온도가 높고 낮음에 관계없다.
④ 포르말린은 가스상으로는 작용하지 않는다.

188 포르말린수 소독에 가장 부적당한 것은?

① 금속제품 ② 플라스틱
③ 배설물 ④ 고무제품

189 훈증소독법에 대한 설명 중 틀린 것은?

① 분말이나 모래, 부식되기 쉬운 재질 등을 멸균할 수 있다.
② 가스(Gas)나 증기(Fume)를 사용한다.
③ 화학적 소독방법이다.
④ 위생해충 구제에 많이 이용된다.

190 훈증소독법에 대한 설명 중 잘못된 것은?

① 가스나 증기를 사용한다.
② 밀폐공간, 협소한 공간에서만 가능하다.
③ 선박 소독에 많이 이용된다.
④ 화학적 소독방법이다.

밀폐공간, 협소한 공간에서만 가능하지는 않다.

191 훈증소독법으로 사용할 수 있는 약품은?

① 포르말린
② 과산화수소
③ 염산
④ 나프탈렌

192 생석회 분말소독의 가장 적절한 소독 대상물은?

① 전염병 환자실
② 화장실 분변
③ 채소류
④ 상처

193 화장실, 하수도 소독에 가장 적합한 것은?

① 알코올 ② 염소
③ 승홍수 ④ 생석회

194 이 · 미용실에서 사용하는 쓰레기통의 소독으로 적절한 약제는?

① 포르말린수
② 에탄올
③ 생석회
④ 역성비누액

195 EO 가스멸균법이 고압증기멸균법에 비해 갖는 장점이라 할 수 있는 것은?

① 멸균 후 장기간 보존이 가능하다.
② 멸균 시 소요되는 비용이 저렴하다.
③ 멸균 조작이 쉽고 간단하다.
④ 멸균시간이 짧다.

정답	
	186 ② 187 ② 188 ③ 189 ① 190 ②
	191 ① 192 ② 193 ④ 194 ③ 195 ①

196 EO(Ethylene Oxide) 가스 소독이 갖는 장점이라 할 수 있는 것은?

① 일반세균은 물론 아포까지 불활성화시킬 수 있다.
② 소독에 드는 비용이 싸다.
③ 소독절차 및 방법이 쉽고 간단하다.
④ 소독 후 즉시 사용이 가능하다.

197 에틸렌 옥사이드(Ethylene Oxide) 가스를 이용한 멸균법에 대한 설명 중 틀린 것은?

① 멸균은 저온에서 처리된다.
② 멸균시간이 비교적 길다.
③ 고압증기멸균법에 비해 비교적 저렴하다.
④ 플라스틱이나 고무제품 등의 멸균에 이용된다.

198 에틸렌 옥사이드(EO ; Ethylene Oxide) 가스 멸균법에 대한 설명 중 틀린 것은?

① 고압증기멸균법에 비해 장기보존이 가능하다.
② 50~60℃의 저온에서 멸균된다.
③ 경제성이 고압증기멸균법에 비해 저렴하다.
④ 가열에 변질되기 쉬운 것들이 멸균대상이 된다.

199 에틸렌 옥사이드(Ethylene Oxide) 가스에 대한 설명으로 적합하지 않은 것은?

① 50~60℃의 저온에서 멸균된다.
② 멸균 후 보존기간이 길다.
③ 비용이 비교적 싸다.
④ 멸균 완료 후 즉시 사용 가능하다.

200 에틸렌 옥사이드(EO ; Ethylene Oxide) 가스 멸균법과 관계가 있는 것은?

① 가열에 변질이 잘 되는 재료에 적합하다.
② 멸균시간이 짧다.
③ 경제적이다.
④ 단기간만 보존할 수 있다.

201 고무장갑이나 플라스틱의 소독에 가장 적합한 것은?

① EO 가스살균법
② 고압증기멸균법
③ 자비소독법
④ 오존멸균법

202 플라스틱, 전자기기, 열에 불안정한 제품들을 소독하기에 가장 효과적인 방법은?

① 열탕 소독
② 건열 소독
③ 가스 소독
④ 고압증기 소독

203 EO 가스의 폭발 위험성을 감소시키기 위하여 흔히 혼합하여 사용하는 물질은?

① 질소 ② 산소
③ 아르곤 ④ 이산화탄소

204 살균력은 강하지만 자극성과 부식성이 강해서 상수 또는 하수의 소독에 주로 이용되는 것은?

① 알코올 ② 질산은
③ 승홍 ④ 염소

정답					
	196 ①	197 ③	198 ③	199 ④	200 ①
		201 ①	202 ③	203 ④	204 ④

205 다음 중 음용수의 소독방법으로 가장 적당한 것은?

① 일광소독
② 자외선 등 사용
③ 염소소독
④ 증기소독

206 염소 소독의 장점이 아닌 것은?

① 소독력이 강하다.
② 조작이 간편하다.
③ 냄새가 없다.
④ 잔류 효과가 크다.

207 염소와 마찬가지로 바이러스, 세균, 포자 등 미생물에 대한 살균력이 있고 페놀에 비해 강한 살균력을 갖는 반면, 독성은 훨씬 적은 소독제는?

① 수은 화합물
② 요오드 화합물
③ 무기염소 화합물
④ 유기염소 화합물

208 소독 · 살균제에 대한 설명 중 틀린 것은?

① 크레졸수는 세균에는 효과가 강하나 바이러스 등에는 약하다.
② 승홍은 객담이 묻은 식기, 기구류 소독에는 부적합하다.
③ 표백분은 매우 불안정하여 산소와 물로 쉽게 분해되어 살균 작용을 한다.
④ 역성비누는 손, 기구 등의 소독에 적합하다.

표백분은 물에 분해될 때 염소가스가 발생되어 살균 작용을 한다.

209 반응성이 풍부하고 산화작용이 강하여 수년 동안 물의 소독에 사용되어 왔던 소독기제는 무엇인가?

① 과산화수소
② 오존
③ 메틸브로마이드
④ 에틸렌옥사이드

210 다음의 소독제 중에서 할로겐계가 아닌 것은?

① 표백분
② 차아염소산나트륨
③ 석탄산
④ 염소 유기화합물

211 다음 소독제 중에서 페놀화합물에 속하는 것은?

① 포르말린
② 포름알데히드
③ 이소프로판올
④ 크레졸

212 석탄산, 알코올, 포르말린 등의 소독제가 가지는 소독의 주된 원리는?

① 균체 원형질 중의 탄수화물 변성
② 균체 원형질 중의 지방질 변성
③ 균체 원형질 중의 단백질 변성
④ 균체 원형질 중의 수분 변성

정답 205 ③ 206 ③ 207 ② 208 ③ 209 ② 210 ③ 211 ④ 212 ③

213 소독의 원리는 주로 균체의 어느 것에 기인하는가?

① 지방 ② 탄수화물
③ 단백질 ④ 무기염류

214 다음 중 세균의 단백질 변성과 응고작용에 의한 기전을 이용하여 살균하고자 할 때 주로 이용되는 방법은?

① 가열 ② 희석
③ 냉각 ④ 여과

215 석탄산의 소독작용과 관계가 가장 먼 것은?

① 균체 단백질 응고작용
② 균체효소의 불활성화작용
③ 균체의 삼투압 변화작용
④ 균체의 가수분해작용

석탄산은 가수분해작용과 관련이 없다.

216 균체의 단백질 응고작용과 관계가 가장 적은 소독약은?

① 석탄산
② 크레졸액
③ 알코올
④ 과산화수소

과산화수소는 산화작용을 한다.

217 다음 중 산화작용에 의한 소독법에 속하는 것은?

① 알코올
② 과산화수소
③ 자외선
④ 끓는 물

218 각종 살균제와 기전 연결이 틀린 것은?

① 과산화수소(H_2O_2) – 가수분해
② 생석회 – 가수분해
③ 알코올(C_2H_5OH) – 대사저해작용
④ 페놀(C_5H_5OH) – 단백질 응고

219 살균작용 기전으로 산화작용을 주로 이용하는 소독제는?

① 오존 ② 석탄산
③ 알코올 ④ 머큐로크롬

220 병원에서 감염병 환자가 퇴원 시 실시하는 소독법은?

① 반복 소독 ② 수시 소독
③ 지속 소독 ④ 종말 소독

5 분야별 위생·소독

221 다음 중 네일 미용기구의 소독방법으로 틀린 것은?

① 모든 기구는 사용 후 기구 소독제로 반드시 소독한다.
② 한 번 사용된 철제 도구들은 소독수가 담긴 용기에 담가 소독한다.
③ 소독처리된 철제 도구들은 위생 처리된 수건로 닦아 말려준다.
④ 위생처리된 도구는 보이는 곳에 보관한다.

위생처리된 도구는 자외선 소독기에 넣어 보관한다.

정답	213 ③	214 ①	215 ④	216 ④	217 ②
		218 ①	219 ①	220 ④	221 ④

222 매니큐어에 사용되는 기구 소독에 대한 설명으로 틀린 것은?

① 큐티클 니퍼, 큐티클 푸셔 등은 고객이 오기 전에 미리 소독을 끝내 놓는다.
② 한 번 사용한 소모품은 다시 사용하면 안 된다.
③ 소독을 끝낸 기구, 도구 등은 자외선 소독기에 넣어 보관한다.
④ 철제 기구 등은 알코올로만 소독해야 한다.

철제 기구를 꼭 알코올로만 소독할 필요는 없다.

223 네일 작업대의 관리에 대한 설명으로 틀린 것은?

① 폐기물을 버릴 수 있도록 위생 봉지를 달아 놓는다.
② 작업대를 소독하는 데 가장 적당한 소독제는 포르말린이다.
③ 작업 후 항상 청결하게 소독한다.
④ 작업에 필요한 재료를 작업대 위에 미리 준비해 둔다.

포르말린은 작업대 소독에 사용하지 않는다.

224 AIDS나 B형 간염 등과 같은 질환의 전파를 예방하기 위한 이·미용기구의 가장 좋은 소독방법은?

① 고압증기멸균기
② 자외선소독기
③ 음이온 계면활성제
④ 알코올

225 다음 중 고압증기멸균기로 소독하기에 가장 적절한 것은?

① 고무 제품
② 핑거볼 등의 플라스틱 제품
③ 파우더 등의 분말 제품
④ 큐티클 니퍼, 큐티클 푸셔 등의 철제 도구

SECTION 03 공중위생관리법규

1 목적 및 정의

01 공중위생관리법의 목적을 적은 아래 조항 중 ( ) 안에 순서대로 들어갈 내용으로 알맞은 것은?

> 제1조(목적) 이 법은 공중이 이용하는 ( )과(와) ( )의 위생관리 등에 관한 사항을 규정함으로써 위생수준을 향상시켜 국민의 건강증진에 기여함을 목적으로 한다.

① 영업소, 설비
② 영업장, 시설
③ 위생영업소, 이용시설
④ 영업, 시설

정답 222 ④ 223 ② 224 ① 225 ④ 01 ④

02 공중위생관리법상 다음 ( ) 안에 가장 적합한 것은?

> 공중위생관리법은 공중이 이용하는 영업과 시설의 ( ) 등에 관한 사항을 규정함으로써 위생수준을 향상시켜 국민의 건강증진에 기여함을 목적으로 한다.

① 위생 ② 위생관리
③ 위생과 소독 ④ 위생과 청결

03 다음 ( ) 안에 적합한 말은?

> 공중위생관리법의 목적은 위생수준을 향상시켜 국민의 ( )에 기여함에 있다.

① 건강 ② 건강관리
③ 건강증진 ④ 삶의 질 향상

04 다음 중 공중위생관리법의 궁극적인 목적은?

① 공중위생영업 종사자의 위생 및 건강관리
② 공중위생영업소의 위생관리
③ 국민의 건강증진에 기여함
④ 공중위생영업의 위상 향상

05 공중위생관리법에서 공중위생영업이란 다수인을 대상으로 무엇을 제공하는 영업으로 정의되고 있는가?

① 위생관리서비스
② 위생서비스
③ 위생안전서비스
④ 공중위생서비스

06 다음 중 공중위생관리법에서 정의되는 공중위생영업을 가장 잘 설명한 것은?

① 공중을 위생적으로 관리하는 영업
② 다수인을 대상으로 위생관리서비스를 제공하는 영업
③ 다수인에게 공중위생을 준수하여 시행하는 영업
④ 공중위생서비스를 전달하는 영업

07 공중위생영업에 해당되지 않는 것은?

① 세탁업
② 위생관리업
③ 미용업
④ 목욕장업

위생관리업은 공중위생영업에 해당되지 않는다.

08 공중위생관리법에서 규정하고 있는 공중위생영업의 종류에 해당되지 않는 것은?

① 이용업
② 건물위생관리업
③ 학원영업
④ 세탁업

09 다음 중 이 · 미용업은 어디에 속하는가?

① 위생접객업
② 공중위생영업
③ 위생관리 용역업
④ 위생 관련업

정답 02 ② 03 ③ 04 ③ 05 ① 06 ② 07 ② 08 ③ 09 ②

10 다음은 법률상에서 정의되는 용어에 대한 설명이다. 바르게 서술된 것은?

① 건물위생관리업이란 공중이 이용하는 건축물 · 시설물 등의 청결유지와 실내 공기정화를 위한 청소 등을 대행하는 영업을 말한다.
② 미용업이란 손님의 얼굴과 피부를 손질하여 모양을 단정하게 꾸미는 영업을 말한다.
③ 이용업이란 손님의 머리, 수염, 피부 등을 손질하여 외모를 꾸미는 영업을 말한다.
④ 공중위생영업이란 미용업, 숙박업, 목욕장업, 수영장업, 유기영업 등을 말한다.

11 공중위생관리법상 미용업의 정의로 가장 올바른 것은?

① 손님의 얼굴 등을 손질하여 손님의 용모를 아름답고 단정하게 하는 영업
② 손님의 머리를 손질하여 손님의 용모를 아름답고 단정하게 하는 영업
③ 손님의 머리카락을 다듬거나 하는 등의 방법으로 손님의 용모를 단정하게 하는 영업
④ 손님의 얼굴 · 머리 · 피부 등을 손질하여 손님의 외모를 아름답게 꾸미는 영업

12 손님의 얼굴, 머리, 피부 등을 손질하여 외모를 아름답게 꾸미는 영업에 해당하는 것은?

① 미용업
② 피부미용업
③ 메이크업
④ 네일미용업

13 다음 중 ( ) 안에 가장 적합한 것은?

> 공중위생관리법상 "미용업"의 정의는 손님의 얼굴, 머리, 피부 등을 손질하여 손님의 ( ) 를(을) 아름답게 꾸미는 영업이다.

① 모습
② 외양
③ 외모
④ 신체

14 공중위생관리법상에서 미용업 시 손질할 수 있는 손님의 신체 범위를 가장 잘 나타낸 것은?

① 얼굴, 손, 머리
② 손, 발, 얼굴, 머리
③ 머리, 피부
④ 얼굴, 피부, 머리

15 이 · 미용업을 하는 영업소의 시설과 설비 기준에 적합하지 않은 것은?

① 탈의실, 욕실, 욕조 및 샤워기를 설치하여야 한다.
② 소독기, 자외선살균기 등 기구를 소독하는 장비를 갖춘다.
③ 영업소 안에는 상담실을 설치하여서는 안 된다.
④ 위생관리상 응접장소와 작업장소 사이에 칸막이를 설치하여서는 안 된다.

이 · 미용업장에는 탈의실, 욕실, 욕조 및 샤워기를 설치해서는 안 된다.

정답 10 ① 11 ④ 12 ① 13 ③ 14 ④ 15 ①

16 이 · 미용업소의 시설 및 설비기준으로 적당한 것은?

① 소독을 한 기구와 소독을 하지 아니한 기구를 구분하여 보관할 수 있는 용기를 비치하여야 한다.
② 적외선살균기를 갖추어야 한다.
③ 의자와 의자 사이에 칸막이를 설치할 수 있다.
④ 영업소 내에 2개소 이내의 별실을 설치해야한다.

2 영업의 신고 및 폐업

17 공중위생영업을 하고자 하는 자가 필요로 하는 것은?

① 통보
② 인가
③ 신고
④ 허가

보건복지부령이 정하는 시설 및 설비를 갖추고 시장 · 군수 · 구청장에게 신고한다.

18 공중위생영업자가 영업소를 개설할 때의 절차에 대한 설명 중 옳은 것은?

① 영업소의 개설을 신고한다.
② 영업소의 개설을 허가받는다.
③ 영업소를 개설한 후 개설 사실을 통보한다.
④ 영업소 개설 후 감독기관에서 방문할 때까지 기다린다.

19 이 · 미용업의 신고에 대한 설명으로 옳은 것은?

① 이 · 미용사 면허를 받은 사람만 신고할 수 있다.
② 일반인 누구나 신고할 수 있다.
③ 1년 이상의 이 · 미용업무 실무 경력자가 신고할 수 있다.
④ 미용사 자격증을 소지하여야 신고할 수 있다.

20 공중위생관리법상 공중위생영업의 신고를 하는 경우 반드시 필요한 첨부서류가 아닌 것은?

① 영업시설 및 설비개요서
② 교육필증
③ 이 · 미용사 자격증
④ 면허증 원본

21 공중위생영업의 신고에 필요한 제출서류가 아닌 것은?

① 영업시설 및 설비개요서
② 위생교육필증
③ 면허증 원본
④ 재산세 납부 영수증

재산세 납부 영수증은 제출서류가 아니다.

정답 16 ① 17 ③ 18 ① 19 ① 20 ③ 21 ④

22 다음 ( ) 안에 들어갈 말은?

> 이 · 미용업자는 신고한 영업장 면적의 ( ) 이상의 증감이 있을 때 변경신고를 하여야 한다.

① 5분의 1
② 4분의 1
③ 3분의 1
④ 2분의 1

23 공중위생영업자가 중요사항을 변경하고자 할 때 시장 · 군수 · 구청장에게 어떤 절차를 취해야 하는가?

① 통보
② 통고
③ 신고
④ 허가

24 공중위생관리법상 이 · 미용업자의 변경신고 사항에 해당되지 않는 것은?

① 영업소의 명칭 변경
② 영업소의 소재지 변경
③ 영업정지 명령 이행
④ 대표자의 성명(단, 법인에 한함)

25 이 · 미용업자가 변경신고를 하여야 하는 사항 중 틀린 것은?

① 영업소 내 직원 변경
② 신고한 영업장 면적의 1/3 이상의 증감
③ 영업소의 소재지 변경
④ 영업소의 명칭 변경

26 미용영업자가 시장 · 군수 · 구청장에게 변경 신고를 하여야 하는 사항이 아닌 것은?

① 영업소의 명칭 변경
② 영업소의 소재지 변경
③ 신고한 영업장 면적의 1/3 이상의 증감
④ 영업소 내 시설의 변경

27 광역시 지역에서 이 · 미용업소를 운영하는 사람이 영업소의 소재지를 변경하고자 할 때의 조치사항으로 옳은 것은?

① 시장에게 변경허가를 받아야 한다.
② 관할 구청장에게 변경허가를 받아야 한다.
③ 시장에게 변경신고를 한다.
④ 관할 구청장에게 변경신고를 한다.

광역시이므로 관할 구청장에게 신고한다.

28 이 · 미용업의 상속으로 인한 영업자 지위 승계 신고 시 구비서류가 아닌 것은?

① 영업자 지위승계 신고서
② 가족관계증명서
③ 양도계약서 사본
④ 상속자임을 증명할 수 있는 서류

29 이 · 미용업 영업자의 지위를 승계받을 수 있는 자의 자격은?

① 자격증이 있는 자
② 면허를 소지한 자
③ 보조원으로 있는 자
④ 상속권이 있는 자

정답	
	22 ③ 23 ③ 24 ③ 25 ① 26 ④
	27 ④ 28 ③ 29 ②

30 이 · 미용업을 승계할 수 있는 경우가 아닌 것은?(단, 면허를 소지한 자에 한 함)

① 이 · 미용업을 양수한 경우
② 이 · 미용업 영업자의 사망으로 상속을 받은 경우
③ 공중위생관리법에 의한 영업장 폐쇄명령을 받은 경우
④ 이 · 미용업 영업자의 파산에 의해 시설 및 설비의 전부를 인수한 경우

영업장 폐쇄명령을 받은 경우는 승계와 관련이 없다.

31 영업자의 지위를 승계한 후 누구에게 신고하여야 하는가?

① 보건복지부장관
② 시 · 도지사
③ 시장 · 군수 · 구청장
④ 세무서장

32 공중위생영업자의 지위를 승계한 자가 한 달 이내에 취해야 하는 행정 절차는?

① 시장 · 군수 · 구청장에게 신고
② 경찰서장에게 신고
③ 시 · 도지사에게 허가
④ 세무서장에게 통보

33 다음 ( ) 안에 적합한 것은?

법이 준하는 절차에 따라 공중영업 관련 시설을 인수하여 공중위생영업자의 지위를 승계한 자는 ( )개월 이내에 신고하여야 한다.

① 1 ② 2
③ 3 ④ 6

34 공중위생업자의 지위를 승계한 자가 시장 · 군수 · 구청장에게 신고해야 하는 기간은?

① 15일 이내
② 1개월 이내
③ 3개월 이내
④ 6개월 이내

3 영업자 준수사항

35 공중위생영업자는 그 이용자에게 건강상 ( )이 발생하지 아니하도록 영업 관련 시설 및 설비를 안전하게 관리해야 한다. ( ) 안에 들어갈 단어는?

① 질병 ② 사망
③ 위해요인 ④ 전염병

36 공중위생관리법규에서 규정하고 있는 이 · 미용 영업자의 준수사항이 아닌 것은?

① 소독을 한 기구와 소독을 하지 아니한 기구는 각각 다른 용기에 넣어 보관하여야 한다.
② 손님의 피부에 닿는 수건은 악취가 나지 않아야 한다.
③ 이 · 미용 요금표를 업소 내에 게시하여야 한다.
④ 이 · 미용업 신고 중 개설자의 면허증 원본 등은 업소 내에 게시하여야 한다.

② 위생관리상 필요하지만 공중위생관리법규에서 규정하고 있지는 않다.

정답 30 ③ 31 ③ 32 ① 33 ① 34 ② 35 ③ 36 ②

37 이 · 미용기구의 소독기준 및 방법을 규정하는 법령은?

① 노동부령
② 대통령령
③ 행정자치부령
④ 보건복지부령

38 공중위생시설의 소유자가 지켜야 하는 위생관리 내용이 아닌 것은?

① 영업소, 화장실, 기타 공중이용시설 안에서 위생관리를 해야 한다.
② 시설이용자의 건강을 해할 우려가 있는 오염물질이 발생되지 않도록 한다.
③ 시설이용자의 건강에 해가 없도록 위생관리를 해야 한다.
④ 영업장 안의 조명도를 30룩스 이상이 되도록 유지해야 한다.

영업장 안의 조명도는 75룩스 이상이 되도록 유지해야 한다.

39 공중위생관리법 시행규칙에 규정된 이 · 미용기구의 소독기준으로 적합한 것은?

① $1cm^2$당 85μW 이상의 자외선을 10분 이상 쬐어준다.
② 100℃ 이상 건조한 열에 10분 이상 쬐어준다.
③ 석탄산수(석탄산 3% 물 97%의 수용액)에 10분 이상 담가둔다.
④ 100℃ 이상 습한 열에 10분 이상 쬐어준다.

40 이 · 미용기구 소독 시의 기준으로 틀린 것은?

① 자외선 소독 : $1cm^2$당 85μW 이상의 자외선을 10분 이상 쬐어준다.
② 석탄산수 소독 : 석탄산 3% 수용액에 10분 이상 담가둔다.
③ 크레졸 소독 : 크레졸 3% 수용액에 10분 이상 담가둔다.
④ 열탕 소독 : 섭씨 100℃ 이상 물속에 10분 이상 끓여준다.

$1cm^2$당 85μW 이상의 자외선을 20분 이상 쬐어준다.

41 이 · 미용업소에서 사용하는 1회용 면도날은 손님 몇 명까지 사용할 수 있는가?

① 오직 1명에게만 사용한다.
② 면도날은 위험하기 때문에 사용하면 안 된다.
③ 질병이 없을 경우 2명까지 사용해도 된다.
④ 횟수제한 없이 사용 가능하다.

42 이 · 미용업자의 준수사항 중 옳은 것은?

① 업소 내에서 이 · 미용 보조원의 명부만 비치하고 기록 · 관리하면 된다.
② 업소 내 게시물에는 준수사항이 포함된다.
③ 1회용 면도날은 손님 1인에 한하여 사용해야 한다.
④ 손님이 사용하는 앞가리개는 반드시 흰색이어야 한다.

정답 37 ④ 38 ④ 39 ③ 40 ① 41 ① 42 ③

43 **공중위생관리법상 이 · 미용 업소의 조명 기준은?**

① 50룩스 이상
② 75룩스 이상
③ 100룩스 이상
④ 125룩스 이상

44 **이 · 미용업자가 준수하여야 하는 위생관리 기준에 대한 설명으로 틀린 것은?**

① 영업장 안의 조명도 100룩스 이상이 되도록 유지해야 한다.
② 업소 내에 이 · 미용업 신고증, 개설자의 면허증 원본 및 이 · 미용 요금표를 게시하여야 한다.
③ 1회용 면도날은 손님 1인에 한하여 사용하여야 한다.
④ 이 · 미용기구 중 소독을 한 기구와 소독을 하지 아니한 기구는 각각 다른 용기에 넣어 보관하여야 한다.

영업장 안의 조명도를 75룩스 이상이 되도록 유지하여야 한다.

45 **이 · 미용업의 준수사항으로 틀린 것은?**

① 소독을 한 기구와 하지 않은 기구는 각각 다른 용기에 보관하여야 한다.
② 간단한 피부미용을 위한 의료기구 및 의약품은 사용하여도 된다.
③ 영업장의 조명도는 75룩스 이상이 되도록 유지한다.
④ 점 빼기, 쌍꺼풀 수술 등의 의료행위를 하여서는 안 된다.

피부미용을 위한 의료기구 또는 의약품을 사용해서는 안 된다.

46 **이 · 미용업소의 위생관리기준으로 적합하지 않은 것은?**

① 소독한 기구와 소독을 하지 아니한 기구를 분리하여 보관한다.
② 1회용 면도날은 손님 1인에 한하여 사용한다.
③ 피부미용을 위한 의약품은 따로 보관한다.
④ 영업장 안의 조명도는 75룩스 이상이어야 한다.

47 **다음 중 미용업자가 갖추어야 할 시설 및 설비, 위생관리 기준에 관련된 사항이 아닌 것은?**

① 이 · 미용사 및 보조원이 착용해야 하는 깨끗한 위생복
② 소독기, 자외선 살균기 등 미용기구 소독장비
③ 면도기는 1회용 면도날만을 손님 1인에 한하여 사용할 것
④ 영업장 안의 조명도는 75룩스 이상이 되도록 유지

깨끗한 위생복은 위생관리 기준에 해당하지 않는다.

48 **다음 중 공중이용시설의 위생관리 항목에 속하는 것은?**

① 영업소 실내 청소상태
② 영업소에서 사용하는 수돗물
③ 영업소 외부 환경상태
④ 영업소에서 사용하는 미용기구의 보관상태

소독을 한 기구와 하지 않은 기구의 보관상태는 위생관리 항목에 속한다.

정답	43 ② 44 ① 45 ② 46 ③ 47 ① 48 ④

49 **영업소 안에 면허증을 게시하도록 위생관리 기준으로 명시한 경우는?**

① 세탁업을 하는 자
② 목욕장업을 하는 자
③ 이 · 미용업을 하는 자
④ 위생관리 용역업을 하는 자

이 · 미용사가 되고자 하는 자는 보건복지가족부령이 정하는 바에 의하여 시장 · 군수 · 구청장의 면허를 받고 개설자의 면허증 원본을 게시하여야 한다.

50 **이 · 미용업소 내에 게시하지 않아도 되는 것은?**

① 이 · 미용업 신고증
② 개설자의 면허증 원본
③ 근무자의 면허증 원본
④ 이 · 미용 요금표

51 **이 · 미용업소 내에 게시하지 않아도 되는 것은?**

① 이 · 미용업 신고증
② 개설자의 면허증 원본
③ 개설자의 건강진단서
④ 요금표

52 **이 · 미용사의 면허증에 대한 설명으로 옳은 것은?**

① 영업소 내에 면허증 원본을 게시하여야 한다.
② 영업소 내에 면허증 사본을 게시해도 된다.
③ 면허증 게시 여부는 영업자의 임의 사항이다.
④ 면허증 분실 시 이 · 미용사 자격증을 게시하여도 무방하다.

53 **공중위생영업자의 위생관리의무 등을 규정한 법령은?**

① 대통령령
② 국무총리령
③ 보건복지부령
④ 노동부령

54 **공중위생영업자가 준수하여야 할 위생관리기준은 다음 중 어느 것으로 정하고 있는가?**

① 대통령령
② 국무총리령
③ 고용노동부령
④ 보건복지부령

4 면허

55 **다음 중 이 · 미용사 면허를 받을 수 없는 자는?**

① 교육부장관이 인정하는 고등기술학교에서 6개월 이상 이 · 미용에 관한 소정의 과정을 이수한 자
② 전문대학에서 이 · 미용에 관한 학과를 졸업한 자
③ 국가기술자격법에 의한 이 · 미용사의 자격을 취득한 자
④ 고등학교에서 이 · 미용에 관한 학과를 졸업한 자

교육부장관이 인정하는 고등기술학교에서 1년 이상 이용 또는 미용에 관한 소정의 과정을 이수한 자는 가능하다.

정답 49 ③ 50 ③ 51 ③ 52 ① 53 ③ 54 ④ 55 ①

56 다음 중 이 · 미용사 면허를 받을 수 없는 경우에 해당되는 것은?

① 전문대학 또는 이와 같은 수준 이상의 학력이 있다고 교육부장관이 인정하는 학교에서 이용 또는 미용에 관한 학과 졸업자
② 교육부장관이 인정하는 인문계 학교에서 1년 이상 이 · 미용에 관한 소정의 과정을 이수한 자
③ 국가기술자격법에 의한 이 · 미용사 자격을 취득한 자
④ 교육부장관이 인정한 고등기술학교에서 1년 이상 이 · 미용에 관한 소정의 과정을 이수한 자

57 이 · 미용사의 면허를 받을 수 없는 사람은?

① 전문대학 또는 이와 같은 수준 이상의 학력이 있다고 교육부장관이 인정하는 학교에서 이 · 미용에 관한 학과를 졸업한 자
② 국가기술자격법에 의한 이 · 미용사 자격을 취득한 자
③ 교육부장관이 인정하는 고등기술학교에서 6개월 이상 이 · 미용의 과정을 이수한 자
④ 고등학교 또는 이와 같은 수준 이상의 학력이 있다고 교육부장관이 인정하는 학교에서 이 · 미용에 관한 학과를 졸업한 자

58 이 · 미용사의 면허를 받기 위한 자격요건으로 틀린 것은?

① 교육부장관이 인정하는 고등기술학교에서 1년 이상 이 · 미용에 관한 소정의 과정을 이수한 자
② 이 · 미용에 관한 업무에 3년 이상 종사한 경험이 있는 자
③ 국가기술자격법에 의한 이 · 미용사의 자격을 취득한 자
④ 전문대학에서 이 · 미용에 관한 학과를 졸업한 자

59 이 · 미용사 면허를 받을 수 있는 자가 아닌 것은?

① 고등학교에서 이용 또는 미용에 관한 학과를 졸업한 자
② 국가기술자격법에 의한 이용사 또는 미용사 자격을 취득한 자
③ 보건복지부장관이 인정하는 외국인 이용사 또는 미용사 자격 소지자
④ 전문대학에서 이용 또는 미용에 관한 학과 졸업자

60 다음 중 이 · 미용사의 면허를 받을 수 있는 사람은?

① 전과기록이 있는 자
② 금치산자
③ 마약, 기타 대통령령으로 정하는 약물 중독자
④ 정신질환자

정답 56 ② 57 ③ 58 ② 59 ③ 60 ①

61 **이 · 미용사의 면허를 받을 수 있는 자는?**

① 금치산자
② 정신병자 또는 간질병자
③ 결핵환자
④ 면허취소 후 1년이 경과된 자

어떤 사유로 이 · 미용사의 면허가 취소되었을 경우 1년이 경과되어야 또 다시 그 면허를 받을 수 있다.

62 **다음 중 이 · 미용사 면허를 취득할 수 없는 자는?**

① 면허 취소 후 1년 경과자
② 독감환자
③ 마약중독자
④ 전과기록자

63 **이 · 미용사의 건강진단 결과 마약중독자라고 판정될 때 취할 수 있는 조치사항에 해당하는 것은?**

① 자격정지
② 업소폐쇄
③ 면허취소
④ 1년 이상 업무정지

마약중독자는 면허를 받을 수 없기 때문에 마약중독자에 해당하는 경우에는 면허를 취소한다.

64 **이용사 또는 미용사 면허를 받을 수 없는 자는?**

① 간질병자
② 당뇨병 환자
③ 비활동 B형 간염자
④ 비전염성 피부질환자

65 **이 · 미용사가 간질병자에 해당하는 경우의 조치로 옳은 것은?**

① 이환기간 동안 휴식하도록 한다.
② 3개월 이내의 기간을 정하여 면허정지
③ 6개월 이내의 기간을 정하여 면허정지
④ 면허를 취소한다.

66 **다음 중 이 · 미용사 면허의 발급자는?**

① 시 · 도지사
② 시장 · 군수 · 구청장
③ 보건복지부장관
④ 주소지를 관할하는 보건소장

67 **다음 중 이 · 미용사의 면허정지를 명할 수 있는 자는?**

① 안전행정부장관
② 시 · 도지사
③ 시장 · 군수 · 구청장
④ 경찰서장

68 **이 · 미용사 면허취소에 해당되지 않는 자는?**

① 면허증을 다른 사람에게 대여한 자
② 마약 · 기타 대통령령으로 정하는 약물 중독자
③ 보건복지부령이 정하는 지체장애자
④ 공중위생에 영향을 미칠 수 있는 전염병 환자로 보건복지부령이 정하는 자

보건복지부령이 정하는 지체장애자는 면허취소에 해당하지 않는다.

정답	61 ④ 62 ③ 63 ③ 64 ① 65 ④ 66 ② 67 ③ 68 ③

69 국가기술자격법에 의하여 이 · 미용사 자격이 취소된 때의 행정처분은?

① 면허취소
② 업무정지
③ 50만 원 이하의 과태료
④ 경고

70 이 · 미용사의 면허가 취소되었을 경우 몇 개월이 경과되어야 다시 그 면허를 받을 수 있는가?

① 3개월
② 6개월
③ 9개월
④ 1년

71 면허의 정지명령을 받은 자는 그 면허증을 누구에게 제출해야 하는가?

① 보건복지부장관
② 시 · 도지사
③ 시장 · 군수 · 구청장
④ 행정안전부장관

72 이 · 미용사의 면허증을 다른 사람에게 대여한 때의 법적 행정처분 조치사항으로 옳은 것은?

① 시 · 도지사가 그 면허를 취소하거나 6개월 이내의 기간을 정하여 업무정지를 명할 수 있다.
② 시 · 도지사가 그 면허를 취소하거나 1년 이내의 기간을 정하여 업무정지를 명할 수 있다.
③ 시장 · 군수 · 구청장은 그 면허를 취소하거나 6개월 이내의 기간을 정하여 업무정지를 명할 수 있다.
④ 시장 · 군수 · 구청장은 그 면허를 취소하거나 1년 이내의 기간을 정하여 업무정지를 명할 수 있다.

73 이 · 미용사의 면허증을 대여한 때의 법적 조치사항에 해당되지 않은 것은?

① 2차 위반 시 6개월의 면허의 정지를 명할 수 있다.
② 3차 위반 시 면허를 취소할 수 있다.
③ 행정처분권자는 시 · 도지사이다.
④ 1차 위반 시 3개월의 면허정지를 명할 수 있다.

행정처분권자는 시장 · 군수 · 구청장이다.

74 다음 중 이 · 미용사의 면허증을 재교부받을 수 있는 자는?

① 공중위생관리법의 규정에 의한 명령을 위반한 자
② 간질병자
③ 면허증을 다른 사람에게 대여한 자
④ 면허증이 헐어 못쓰게 된 자

75 이 · 미용사의 면허증을 재교부 신청할 수 없는 경우는?

① 국가기술자격법에 의한 이 · 미용사 자격증이 취소된 때
② 면허증의 기재사항에 변경이 있을 때
③ 면허증을 분실한 때
④ 면허증이 못쓰게 된 때

이 · 미용사 자격증이 취소된 경우에는 재교부 신청을 할 수 없다.

정답 69 ① 70 ④ 71 ③ 72 ③ 73 ③ 74 ④ 75 ①

76 미용사 면허증의 재교부 사유가 아닌 것은?

① 성명 또는 주민등록번호 등 면허증의 기재사항에 변경이 있을 때
② 영업장소의 상호 및 소재지가 변경될 때
③ 면허증을 분실했을 때
④ 면허증이 헐어 못쓰게 된 때

영업장소의 상호 및 소재지가 변경된 경우에는 변경 신고를 해야 한다.

77 면허증 분실로 인해 재교부를 받았을 때, 잃어버린 면허증을 다시 찾은 경우 찾은 면허증을 반납하여야 하는 기간은?

① 지체 없이
② 7일
③ 30일
④ 6개월

78 면허증 분실로 재교부를 받은 후 잃어버렸던 면허증을 찾은 경우 올바른 조치 사항으로 옳은 것은?

① 찾은 면허증을 지체 없이 시장 · 군수 · 구청장에게 반납한다.
② 찾은 면허증을 다른 사람에게 대여해 준다.
③ 찾은 면허증을 보건복지부에 반납한다.
④ 찾은 면허증으로 다른 사업장을 개업한다.

5 업무

79 다음 중 이용사 또는 미용사의 업무범위에 관해 필요한 사항을 정하는 법령은?

① 대통령령
② 국무총리령
③ 보건복지부령
④ 노동부령

80 이용사 또는 미용사의 업무 등에 대한 설명 중 맞는 것은?

① 이용사 또는 미용사의 업무범위는 보건복지부령으로 정하고 있다.
② 이용 또는 미용의 업무는 영업소 이외 장소에서도 보편적으로 행할 수 있다.
③ 미용사의 업무범위에는 퍼머넌트, 아이론, 면도, 머리 · 피부 손질, 피부미용 등이 포함된다.
④ 이용사 또는 미용사의 면허를 받은 자가 아닌 경우, 일정 기간의 수련과정을 마쳐야만 이용 또는 미용업무에 종사할 수 있다.

81 다음 중 이 · 미용업무의 보조를 할 수 있는 자는?

① 이 · 미용사의 감독을 받는 자
② 이 · 미용사 응시자
③ 이 · 미용학원 수강자
④ 시 · 도지사가 인정한 자

정답 76 ② 77 ① 78 ① 79 ③ 80 ① 81 ①

82 **다음 중 이 · 미용업무에 종사할 수 있는 자는?**

① 공인 이 · 미용학원에서 3개월 이상 이 · 미용에 관한 강습을 받은 자
② 이 · 미용업소에 취업하여 6개월 이상 이 · 미용에 관한 기술을 수습한 자
③ 이 · 미용업소에서 이 · 미용사의 감독하에 이 · 미용 업무를 보조하고 있는 자
④ 시장 · 군수 · 구청장이 보조원이 될 수 있다고 인정하는 자

83 **영업소 이외의 장소에서 예외적으로 이 · 미용 영업을 할 수 있도록 규정한 법령은?**

① 대통령령
② 국무총리령
③ 보건복지부령
④ 시 · 도 조례

84 **다음 중 신고된 영업소 이외의 장소에서 이 · 미용 영업을 할 수 있는 곳은?**

① 생산 공장
② 일반 가정
③ 일반 사무실
④ 거동이 불가한 환자 처소

85 **이 · 미용사는 영업소 외의 장소에서는 이 · 미용 업무를 할 수 없다. 그러나 특별한 사유가 있는 경우에는 예외가 인정되는데 다음 중 특별한 사유에 해당하지 않는 것은?**

① 질병으로 영업소까지 나올 수 없는 자에 대한 이 · 미용
② 혼례나 기타 의식에 참여하는 자에 대하여 그 의식 직전에 행하는 이 · 미용
③ 긴급히 국외에 출타하려는 자에 대한 이 · 미용
④ 시장 · 군수 · 구청장이 특별한 사정이 있다고 인정하는 경우에 행하는 이 · 미용

86 **영업소 외의 장소에서 이 · 미용 업무를 행할 수 있는 경우가 아닌 것은?**

① 질병으로 영업소에 나올 수 없는 경우
② 결혼식 등과 같은 의식 직전의 경우
③ 손님의 간곡한 요청이 있을 경우
④ 시장 · 군수 · 구청장이 인정하는 경우

6 행정지도감독

87 **시 · 도지사 또는 시장 · 군수 · 구청장은 공중위생관리상 필요하다고 인정하는 때에는 공중위생영업자 등에 대하여 필요한 조치를 취할 수 있다. 이 조치에 해당하는 것은?**

① 보고 ② 청문
③ 감독 ④ 협의

특별시장 · 광역시장 · 도지사 또는 시장 · 군수 · 구청장은 공중위생관리상 필요하다고 인정하는 때에 보고 및 출입 · 검사를 할 수 있다.

88 **이 · 미용 영업소에 대하여 위생관리의무 이행검사 권한을 행사할 수 없는 자는?**

① 도 소속 공무원
② 국세청 소속 공무원
③ 시 · 군 · 구 소속 공무원
④ 특별시 · 광역시 소속 공무원

정답	82 ③ 83 ③ 84 ④ 85 ③ 86 ③ 87 ① 88 ②

89 영업소 출입 검사 관련 공무원이 영업자에게 제시해야 하는 것은?

① 주민등록증
② 위생검사 통지서
③ 위생감시 공무원증
④ 위생검사 기록부

관계공무원은 권한을 표시하는 증표를 지니고 영업자에게 제시해야 한다.

90 공익상 또는 선량한 풍속 유지를 위하여 필요하다고 인정하는 경우에 이 · 미용업의 영업시간 및 영업행위에 관해 필요한 제한을 할 수 있는 자는?

① 관련 전문기관 및 단체장
② 보건복지부장관
③ 시 · 도지사
④ 시장 · 군수 · 구청장

91 공중위생영업자가 위생관리 의무사항을 위반할 때의 당국의 조치사항으로 옳은 것은?

① 영업정지
② 자격정지
③ 업무정지
④ 개선명령

92 미용업자가 위생관리 의무 규정을 위반하였을 때 취할 수 있는 것은?

① 개선
② 청문
③ 감시
④ 교육

위생관리 의무 등을 위반한 공중위생영업자에게 시 · 도지사 또는 시장 · 군수 · 구청장은 즉시 또는 일정한 기간을 정하여 그 개선을 명할 수 있다.

93 위생지도 및 개선을 명할 수 있는 대상에 해당하지 않는 것은?

① 공중위생영업의 종류별 시설 기준을 위반한 공중위생영업자
② 위생관리의무 등을 위반한 공중위생영업자
③ 공중위생영업의 승계규정을 위반한 자
④ 공중위생영업의 종류별 설비 기준을 위반한 공중위생영업자

94 공중위생업자에게 개선명령을 명할 수 없는 경우는?

① 보건복지부령이 정하는 공중위생업의 종류별 시설기준을 위반한 경우
② 공중위생업자는 그 이용자에게 건강상 위해 요인이 발생하지 아니하도록 영업 관련 설비를 안전하게 관리해야 하는 이행관리 의무를 위반한 경우
③ 1회용 면도날을 손님 1인에 한하여 사용한 경우
④ 위생관리의 의무를 위반한 경우

1회용 면도날을 손님 1인에 한하여 사용한 경우는 위반이 아니므로 개선명령 대상이 아니다.

정답 89 ③ 90 ③ 91 ④ 92 ① 93 ③ 94 ③

95 공중 이용시설의 위생관리 규정을 위반한 시설의 소유자에게 개선명령을 할 때 명시하여야 할 것에 해당되는 것은?(단, 모두 고를 것)

> 가. 위생관리기준
> 나. 개선 후 복구 상태
> 다. 개선기간
> 라. 발생된 오염물질의 종류

① 가, 다
② 나, 라
③ 가, 다, 라
④ 가, 나, 다, 라

96 이 · 미용업 영업자가 공중위생관리법을 위반하여 관계행정기관장의 요청이 있는 때에는 몇 월 이내에 기간을 정하여 영업의 정지 또는 일부 시설의 사용 중지 혹은 영업소 폐쇄 등을 명할 수 있는가?

① 3개월
② 6개월
③ 1년
④ 2년

97 공중위생영업자가 풍속 관련 법령 등 다른 법령을 위반하여 관계 행정기관장의 요청이 있을 때 당국이 취할 수 있는 조치사항은?

① 개선명령
② 국가기술자격 취소
③ 일정 기간 동안 업무정지
④ 6개월 이내 기간의 영업정지

98 영업소의 폐쇄명령을 받고도 계속하여 영업을 하는 때에 관계공무원으로 하여금 영업소를 폐쇄할 수 있도록 조치를 취할 수 있는 자는?

① 보건복지부장관
② 시 · 도지사
③ 시장 · 군수 · 구청장
④ 보건소장

99 영업소 폐쇄명령을 받은 이 · 미용 영업소가 계속하여 영업을 하는 때 당국의 조치내용으로 옳은 것은?

① 당해 영업소의 강제 폐쇄 집행
② 당해 영업소의 금지구역 설정
③ 당해 영업소의 간판 · 기타 영업표지물 제거
④ 당해 영업소의 출입자 통제

100 이 · 미용 영업소 폐쇄의 행정처분을 한 때에는 당해 영업소에 대하여 어떻게 조치하는가?

① 행정처분 내용을 통보만 한다.
② 언제든지 폐쇄 여부를 확인만 한다.
③ 행정처분 내용을 행정처분 대장에 기록 · 보관만 한다.
④ 영업소 폐쇄의 행정처분을 받은 업소임을 알리는 게시물 등을 부착한다.

정답 95 ③ 96 ② 97 ④ 98 ③ 99 ③ 100 ④

101 영업허가 취소 또는 영업장 폐쇄명령을 받고도 계속하여 이 · 미용 영업을 하는 경우에 시장 · 군수 · 구청장이 취할 수 있는 조치가 아닌 것은?

① 당해 영업소의 간판, 기타 영업표지물의 제거
② 당해 영업소가 위법한 것임을 알리는 게시물 등의 부착
③ 영업을 위하여 필수불가결한 기구 또는 시설물을 사용할 수 없게 하는 봉인
④ 당해 영업소의 업주에 대한 손해배상 청구

102 미용업 영업자가 영업소 폐쇄명령을 받고도 계속하여 영업을 하는 때에 시장 · 군수 · 구청장이 관계공무원으로 하여금 당해 영업소를 폐쇄하기 위하여 조치를 하게 할 수 있는 사항에 해당하지 않는 것은?

① 출입자 검문 및 통제
② 영업소의 간판, 기타 영업표지물의 제거
③ 위법한 영업소임을 알리는 게시물 등의 부착
④ 영업을 위하여 필수불가결한 기구 또는 시설물을 사용할 수 없게 하는 봉인

103 시장 · 군수 · 구청장은 영업정지가 이용자에게 심한 불편을 주거나 그 밖에 공익을 해할 우려가 있는 경우에 영업정지 처분을 갈음한 과징금을 부과할 수 있는데 그 금액 기준은?

① 1천만 원 이하
② 2천만 원 이하
③ 1억 원 이하
④ 4천만 원 이하

104 이 · 미용업에 있어 위반행위의 차수에 따른 행정처분 기준은 최근 어느 기간 동안 같은 위반행위로 행정처분을 받은 경우에 적용하는가?

① 6개월
② 1년
③ 2년
④ 3년

105 영업정지에 갈음한 과징금 부과의 기준이 되는 매출금액은 처분 전 몇 년간의 총 매출 금액을 기준으로 하는가?

① 1년
② 2년
③ 3년
④ 4년

106 영업정지에 갈음한 과징금 부과의 기준이 되는 매출금액은?

① 처분일이 속한 연도의 전년도 1년간 총 매출액
② 처분일이 속한 연도의 전년 2년간 총 매출액
③ 처분일이 속한 연도의 전년 3년간 총 매출액
④ 처분일이 속한 연도의 전년 4년간 총 매출액

정답	101 ④ 102 ① 103 ③ 104 ② 105 ① 106 ①

107 공중위생관리법령에 따른 과징금의 부과 및 납부에 관한 사항으로 틀린 것은?

① 과징금을 부과하고자 할 때에는 위반 행위의 종별과 해당 과징금의 금액을 명시하여 이를 납부할 것을 서면으로 통지하여야 한다.
② 통지를 받은 자는 통지를 받은 날부터 20일 이내에 과징금을 납부해야 한다.
③ 과징금액이 클 때는 과징금의 2분의 1 범위에서 각각 분할 납부가 가능하다.
④ 과징금의 징수절차는 보건복지부령으로 정한다.

과징금은 분할하여 납부할 수 없다.

108 영업소 폐쇄명령을 받은 후 동일한 장소에서 폐쇄명령을 받은 영업과 같은 종류의 영업을 하고자 할 때 얼마의 기간이 지나야 가능한가?

① 3개월
② 6개월
③ 1년
④ 2년

109 폐쇄명령을 받은 이용업소 또는 미용업소는 몇 개월이 지나야 동일 장소에서 동일 영업을 할 수 있는가?

① 3개월
② 6개월
③ 9개월
④ 12개월

110 다음 ( ) 안에 들어갈 알맞은 내용은?

> 공중위생영업의 정지 또는 일부 시설의 사용중지 등의 처분을 하고자 하는 때에는 ( )을(를) 실시하여야 한다.

① 열람
② 공중위생감사
③ 청문
④ 위생서비스 수준의 평가

111 이 · 미용사의 면허취소, 공중위생영업의 정지, 일부 시설의 사용중지 및 영업소 폐쇄명령 등의 처분을 하고자 하는 때에 실시해야 하는 절차는?

① 구두 통보
② 서면 통보
③ 청문
④ 공시

112 위법사항에 대하여 청문을 시행할 수 없는 기관장은?

① 경찰서장
② 구청장
③ 군수
④ 시장

113 다음 중 청문을 실시하여야 할 행정처분 내용은?

① 시설개수
② 경고
③ 시정명령
④ 영업정지

정답 107 ③ 108 ② 109 ② 110 ③ 111 ③ 112 ① 113 ④

114 다음 중 청문을 실시하여야 하는 경우에 해당되는 것은?

① 폐쇄명령을 받은 영업과 같은 종류의 영업을 재개업하려 할 때
② 국가기술자격을 취소하려 할 때
③ 공중위생영업의 정지처분을 하고자 할 때
④ 벌금을 부과하려 할 때

115 다음 중 청문을 실시하여야 하는 경우에 해당되는 것은?

① 시설물 봉인을 해제하려 할 때
② 이용사 및 미용사의 면허취소를 처분하고자 할 때
③ 과태료를 부과하려 할 때
④ 벌금을 부과하려 할 때

116 다음 중 청문을 실시하는 사항이 아닌 것은?

① 공중위생영업의 정지처분을 하고자 하는 경우
② 정신질환자 또는 간질병자에 해당되어 면허를 취소하고자 하는 경우
③ 공중위생영업의 일부 시설의 사용중지 및 영업소 폐쇄처분을 하고자 하는 경우
④ 공중위생영업의 폐쇄처분 후 그 기간이 끝난 경우

117 행정처분 대상자 중 중요처분 대상자에게 청문을 실시할 수 있다. 그 청문대상이 아닌 것은?

① 면허정지 및 면허취소
② 영업정지
③ 영업소 폐쇄명령
④ 자격증 취소

118 청문을 실시하여야 하는 사항과 거리가 먼 것은?

① 이 · 미용사의 면허취소, 면허정지
② 공중위생영업의 정지
③ 영업소의 폐쇄명령
④ 과태료 징수

119 이 · 미용 영업상 잘못으로 관계기관에서 청문을 하고자 하는 경우 그 대상이 아닌 것은?

① 면허취소
② 면허정지
③ 영업소 폐쇄
④ 1,000만 원 이하의 벌금

120 이 · 미용업에 있어 청문을 실시하여야 하는 경우가 아닌 것은?

① 면허취소 처분을 하고자 하는 경우
② 면허정지 처분을 하고자 하는 경우
③ 일부의 사용중지 처분을 하고자 하는 경우
④ 위생교육을 받지 아니하여 1차 위반한 경우

정답 114 ③ 115 ② 116 ④ 117 ④ 118 ④ 119 ④ 120 ④

7 업소 위생등급

121 공중위생관리법상 위생서비스 수준의 평가에 대한 설명 중 맞는 것은?

① 평가의 전문성을 높이기 위하여 필요하다고 인정하는 경우에는 관련 전문기관 및 단체로 하여금 위생서비스 평가를 실시하게 할 수 있다.
② 평가는 3년 주기로 실시한다.
③ 평가주기와 방법, 위생관리등급은 대통령령으로 정한다.
④ 위생관리 등급은 2개 등급으로 나뉜다.

122 공중위생영업소의 위생서비스 수준 평가는 몇 년마다 실시하는가?(단, 특별한 경우는 제외함)

① 1년 ② 2년
③ 3년 ④ 5년

123 공중위생영업소의 위생관리수준을 향상시키기 위하여 위생서비스 평가계획을 수립하는 자는?

① 대통령
② 보건복지부장관
③ 시 · 도지사
④ 공중위생 관련 협회 또는 단체

124 위생서비스 평가의 전문성을 높이기 위하여 필요하다고 인정하는 경우에 관련 전문기관 및 단체로 하여금 위생서비스 평가를 실시하게 할 수 있는 자는?

① 대통령
② 보건복지부장관
③ 시장 · 군수 · 구청장
④ 시 · 도지사

125 공중위생업소의 위생서비스수준의 평가는 몇 년마다 실시해야 하는가?

① 매년 ② 2년
③ 3년 ④ 4년

126 공중위생서비스 평가를 위탁받을 수 있는 기관은?

① 보건소
② 동사무소
③ 소비자단체
④ 관련 전문기관 및 단체

127 위생서비스 평가의 결과에 따른 위생관리 등급은 누구에게 통보하고 이를 공표하여야 하는가?

① 공중위생영업자
② 시장 · 군수 · 구청장
③ 시 · 도지사
④ 보건소장

128 공중위생영업자가 당국으로부터 통보받은 위생관리 등급의 표지를 관리하는 내용 중 가장 옳은 것은?

① 영업소 내 다른 게시물과 같이 반드시 게시한다.
② 영업소에서 비밀보관 · 관리하면 된다.
③ 관계공무원의 지도감독 시 게시만 하면 된다.
④ 영업소의 명칭과 함께 영업소의 출입구에 부착할 수 있다.

정답 121 ① 122 ② 123 ③ 124 ③ 125 ② 126 ④ 127 ① 128 ④

129 위생서비스 평가의 결과에 따른 조치에 해당되지 않는 것은?

① 이 · 미용업자는 위생관리 등급 표지를 영업소 출입구에 부착할 수 있다.
② 시 · 도지사는 위생서비스의 수준이 우수하다고 인정되는 영업소에 대한 포상을 실시할 수 있다.
③ 시장 · 군수는 위생관리 등급별로 영업소에 대한 위생 감시를 실시할 수 있다.
④ 구청장은 위생관리 등급의 결과를 세무서장에게 통보할 수 있다.

130 위생관리등급 공표사항으로 틀린 것은?

① 시장 · 군수 · 구청장은 위생서비스 평가결과에 따른 위생관리등급을 공중위생영업자에게 통보하고 공표한다.
② 공중위생영업자는 통보받은 위생관리 등급의 표지를 영업소 출입구에 부착할 수 있다.
③ 시장 · 군수 · 구청장은 위생서비스 결과에 따른 위생관리등급 우수업소에는 위생 감시를 면제할 수 있다.
④ 시장 · 군수 · 구청장은 위생서비스 평가의 결과에 따른 위생관리 등급별로 영업소에 대한 위생 감시를 실시하여야 한다.

131 위생서비스 평가의 결과에 따른 위생관리 등급별로 영업소에 대한 위생 감시를 실시할 때의 기준이 아닌 것은?

① 위생교육 실시 횟수
② 영업소에 대한 출입, 검사
③ 위생 감시의 실시 주기
④ 위생 감시의 실시 횟수

132 공중위생영업소 위생관리 등급의 구분에 있어 최우수 업소에 내려지는 등급은 다음 중 어느 것인가?

① 백색 등급
② 황색 등급
③ 녹색 등급
④ 청색 등급

133 공중위생감시원의 자격 · 임명 · 업무범위 등 필요한 사항을 정한 것은?

① 법률
② 대통령령
③ 보건복지부령
④ 당해 지방자치단체 조례

134 공중위생감시원에 관한 설명으로 틀린 것은?

① 특별시 · 광역시 · 도 및 시 · 군 · 구에 둔다.
② 위생사 또는 환경기사 2급 이상의 자격증이 있는 소속 공무원 중에서 임명한다.
③ 자격 · 임명 · 업무범위, 기타 필요한 사항은 보건복지부령으로 정한다.
④ 위생지도 및 개선명령 이행 여부 확인 등의 업무가 있다.

정답 129 ④ 130 ③ 131 ① 132 ③ 133 ② 134 ③

135 다음 중 공중위생감시원을 두는 곳을 모두 고른 것은?

㉠ 특별시	㉡ 광역시
㉢ 도	㉣ 군

① ㉡, ㉢
② ㉠, ㉢
③ ㉠, ㉡, ㉢
④ ㉠, ㉡, ㉢, ㉣

공중위생감시원은 특별시 · 광역시 · 도 및 시 · 군 · 구에 둔다.

136 공중위생감시원을 둘 수 없는 곳은?

① 특별시
② 광역시, 도
③ 시, 군, 구
④ 읍, 면, 동

137 다음 중 공중위생 감시원이 될 수 없는 사람은?

① 위생사 또는 환경기사 2급 이상의 자격증이 있는 사람
② 1년 이상 공중위생 행정에 종사한 경력이 있는 사람
③ 외국에서 공중위생감시원으로 활동한 경력이 있는 사람
④ 고등교육법에 의한 대학에서 화학, 화공학, 위생학 분야를 전공하고 졸업한 사람

외국에서 위생사 또는 환경기사의 면허를 받은 사람은 가능하다.

138 공중위생감시원의 자격에 해당되지 않는 사람은?

① 위생사 자격증이 있는 사람
② 대학에서 미용학을 전공하고 졸업한 사람
③ 외국에서 환경기사 면허를 받은 사람
④ 1년 이상 공중위생 행정에 종사한 경력이 있는 사람

139 공중위생감시원의 업무범위에 해당하는 것은?

① 위생서비스 수준의 평가계획 수립
② 공중위생영업자와 소비자 간의 분쟁 조정
③ 공중위생영업소의 위생관리상태 확인
④ 위생서비스 수준의 평가에 따른 포상 실시

140 다음 중 공중위생감시원의 업무범위가 아닌 것은?

① 공중위생 영업 관련 시설 및 설비의 위생상태 확인 · 검사에 관한 사항
② 공중위생 영업소의 위생서비스 수준 평가에 관한 사항
③ 공중위생 영업소 개설자의 위생교육 이행 여부 확인에 관한 사항
④ 공중위생 영업자의 위생관리의무 영업자 준수사항 이행 여부의 확인에 관한 사항

정답 135 ④ 136 ④ 137 ③ 138 ② 139 ③ 140 ②

141 다음 중 공중위생감시원의 직무가 아닌 것은?

① 시설 및 설비의 확인에 관한 사항
② 영업자의 준수사항 이행 여부에 관한 사항
③ 위생지도 및 개선명령 이행 여부에 관한 사항
④ 세금납부의 적정 여부에 관한 사항

142 공중위생의 관리를 위한 지도, 계몽 등을 행하게 하기 위하여 둘 수 있는 것은?

① 명예공중위생감시원
② 공중위생조사원
③ 공중위생평가단체
④ 공중위생전문교육원

143 다음 중 법에서 규정하는 명예공중위생감시원의 위촉대상자가 아닌 것은?

① 공중위생 관련 협회장이 추천하는 자
② 소비자단체장이 추천하는 자
③ 공중위생에 대한 지식과 관심이 있는 자
④ 3년 이상 공중위생 행정에 종사한 경력이 있는 공무원

3년 이상 공중위생 행정에 종사한 경력이 있는 공무원은 명예공중위생감시원의 위촉대상자가 아닌 공중위생감시원의 자격이 있는 자이다.

144 위생영업단체의 설립 목적으로 가장 적합한 것은?

① 공중위생과 국민보건 향상을 기하고 영업종류별 조직을 확대하기 위하여
② 국민보건의 향상을 기하고 공중위생 영업자의 정치·경제적 목적을 향상시키기 위하여
③ 영업의 건전한 발전을 도모하고 공중위생 영업의 종류별 단체의 이익을 옹호하기 위하여
④ 공중위생과 국민보건 향상을 기하고 영업의 건전한 안전을 도모하기 위하여

145 공중위생영업자 단체의 설립에 관한 설명 중 거리가 먼 것은?

① 영업의 종류별로 설립한다.
② 영업단체의 이익을 위하여 설립한다.
③ 전국적인 조직을 갖는다.
④ 국민보건 향상의 목적을 갖는다.

146 공중위생영업자 단체의 설립 목적이 아닌 것은?

① 영업의 건전한 발전을 도모하기 위해
② 국민보건의 향상을 기하기 위해
③ 영업자 단체의 조직을 갖추기 위해
④ 공중위생의 향상을 기하기 위해

8 위생교육

147 이·미용업의 업주가 받아야 하는 위생교육 기간은 몇 시간인가?

① 매년 3시간
② 분기별 4시간
③ 매년 8시간
④ 분기별 8시간

정답 141 ④ 142 ① 143 ④ 144 ④ 145 ② 146 ③ 147 ①

148 관련법상 이 · 미용사의 위생교육에 대한 설명 중 옳은 것은?

① 위생교육 대상자는 이 · 미용업 영업자이다.
② 위생교육 대상자에는 이 · 미용사의 면허를 가지고 이 · 미용업에 종사하는 모든 자가 포함된다.
③ 위생교육은 시 · 군 · 구청장만이 할 수 있다.
④ 위생교육 시간은 분기당 4시간으로 한다.

149 위생교육에 대한 내용 중 틀린 것은?

① 위생교육을 받은 자가 위생교육을 받은 날부터 1년 이내에 위생교육을 받은 업종과 같은 업종의 영업을 하려는 경우 해당 영업에 대한 위생교육을 받은 것으로 본다.
② 위생교육의 내용은 공중위생관리법 및 관련법규, 소양교육(친절 및 청결에 관한 사항을 포함), 기술교육, 그 밖에 공중위생에 관하여 필요한 내용으로 한다.
③ 영업신고 전에 위생교육을 받아야 하는 자 중 천재지변, 본인의 질병 · 사고, 업무상 국외출장 등의 사유로 교육을 받을 수 없는 경우에는 영업신고를 한 후 6개월 이내에 위생교육을 받을 수 있다.
④ 위생교육 실시 시 단체는 교육용 교재를 편찬하여 교육대상자에게 제공하여야 한다.

위생교육을 받은 날부터 2년 이내에 위생교육을 받은 업종과 같은 업종의 영업을 하려는 경우 해당 영업에 대한 위생교육을 받은 것으로 본다.

150 이 · 미용업 종사자로 위생교육을 받아야 하는 자는?

① 공중위생영업의 종사자로 처음 시작하는 자
② 공중위생영업에 6개월 이상 종사자
③ 공중위생영업에 2년 이상 종사자
④ 공중위생영업을 승계한 자

151 위생교육 대상자가 아닌 것은?

① 공중위생영업을 신고하려는 자
② 공중위생영업을 승계한 자
③ 공중위생영업자
④ 면허증 취득 예정자

152 공중위생영업소를 개설하고자 하는 자는 언제 위생교육을 받아야 하는가?

① 미리 받는다.
② 개설 후 3개월 내
③ 개설 후 6개월 내
④ 개설 후 1년 내

공중위생영업 신고자는 공중업소를 개설하기 전에 미리 위생교육을 받아야 한다.

153 부득이한 사유가 없는 한 공중위생영업소를 개설할 자는 언제 위생교육을 받아야 하는가?

① 영업 개시 후 2월 이내
② 영업 개시 후 1월 이내
③ 영업 개시 전
④ 영업 개시 후 3월 이내

정답 148 ① 149 ① 150 ④ 151 ④ 152 ① 153 ③

154 위생교육에 대한 설명으로 틀린 것은?

① 공중위생 영업자는 매년 위생교육을 받아야 한다.
② 위생교육시간은 3시간으로 한다.
③ 위생교육에 관한 기록을 1년 이상 보관·관리하여야 한다.
④ 위생교육을 받지 아니한 자는 200만 원 이하의 과태료에 처한다.

위생교육 실시 단체의 장은 수료증 교부대장 등 교육에 관한 기록을 2년 이상 보관·관리하여야 한다.

155 위생교육을 실시한 전문기관 또는 단체가 교육에 관한 기록을 보관·관리하여야 하는 기간은?

① 1개월
② 6개월
③ 1년
④ 2년

156 위생교육에 관한 기록을 보관해야 하는 기간은?

① 6개월 이상
② 1년 이상
③ 2년 이상
④ 3년 이상

157 보건복지부장관은 공중위생관리법에 의한 권한의 일부를 무엇이 정하는 바에 의해 시·도지사에게 위임할 수 있는가?

① 대통령령
② 보건복지부령
③ 공중위생관리법 시행규칙
④ 행정안전부령

158 대통령이 정하는 바에 의하여 관계 전문기관 등에 공중위생관리 임무의 일부를 위탁할 수 있는 자는?

① 시·도지사
② 시장·군수·구청장
③ 보건복지부장관
④ 보건소장

9 벌칙

159 다음 위법사항 중 가장 무거운 벌칙을 부과할 수 있는 것은?

① 신고를 하지 않고 영업한 자
② 변경신고를 하지 아니하고 영업한 자
③ 면허정지 중에 업무를 행한 자
④ 관계공무원의 출입·검사를 거부한 자

신고를 하지 않고 영업한 자에게는 1년 이하의 징역 또는 1천만 원 이하의 벌금이 부과된다.

160 다음 중 1년 이하의 징역 또는 1,000만 원 이하의 벌금에 처할 수 있는 것은?

① 이·미용업 허가를 받지 아니하고 영업을 한 자
② 이·미용업 신고를 하지 아니하고 영업을 한 자
③ 음란행위를 알선 또는 제공하거나 이에 대한 손님의 요청에 응한 자
④ 위생교육을 받지 아니한 자

정답 154 ③ 155 ④ 156 ③ 157 ① 158 ③ 159 ① 160 ②

161 이 · 미용업의 영업신고를 하지 아니하고 업소를 개설한 자에 대한 법적 조치는?

① 200만 원 이하의 과태료
② 300만 원 이하의 벌금
③ 6월 이하의 징역 또는 500만 원 이하의 벌금
④ 1년 이하의 징역 또는 1천만 원 이하의 벌금

162 공중위생관리법에 규정된 벌칙으로 1년 이하의 징역 또는 1천만 원 이하의 벌금에 해당하는 것은?

① 영업정지명령을 받고도 그 기간 중에 영업을 행한 자
② 위생관리기준을 위반하여 환경오염 허용기준을 지키지 아니한 자
③ 공중위생영업자의 지위를 승계하고도 변경 신고를 아니한 자
④ 건전한 영업질서를 위반하여 공중위생영업자가 지켜야 할 사항을 준수하지 아니한 자

163 이 · 미용영업의 영업정지기간 중에 영업을 한 자에 대한 벌칙은?

① 2년 이하의 징역 또는 1,000만 원 이하의 벌금
② 2년 이하의 징역 또는 300만 원 이하의 벌금
③ 1년 이하의 징역 또는 1,000만 원 이하의 벌금
④ 1년 이하의 징역 또는 300만 원 이하의 벌금

164 일부 시설의 사용중지명령을 받고도 그 기간 중에 그 시설을 사용한 자에 대한 벌칙은?

① 3년 이하의 징역 또는 3,000만 원 이하의 벌금
② 2년 이하의 징역 또는 200만 원 이하의 벌금
③ 1년 이하의 징역 또는 1,000만 원 이하의 벌금
④ 500만 원 이하의 벌금

165 영업소의 폐쇄명령을 받고도 영업을 하였을 시에 대한 벌칙기준은?

① 2년 이하의 징역 또는 3천만 원 이하의 벌금
② 1년 이하의 징역 또는 1천만 원 이하의 벌금
③ 200만 원 이하의 벌금
④ 100만 원 이하의 벌금

166 영업소 폐쇄명령을 받고도 영업을 계속할 때의 벌칙기준은?

① 1년 이하의 징역 또는 1천만 원 이하의 벌금
② 1년 이하의 징역 또는 500만 원 이하의 벌금
③ 6개월 이하의 징역 또는 500만 원 이하의 벌금
④ 5개월 이하의 징역 또는 300만 원 이하의 벌금

정답 161 ④ 162 ① 163 ③ 164 ③ 165 ② 166 ①

167 다음 중 이 · 미용 영업에 있어 벌칙기준이 다른 것은?

① 영업신고를 하지 아니한 자
② 영업소 폐쇄명령을 받고도 계속하여 영업을 한 자
③ 일부 시설의 사용중지 명령을 받고 그 기간 중에 영업을 한 자
④ 면허가 취소된 후 계속하여 업무를 행한 자

①, ②, ③ 1년 이하의 징역 또는 1천만 원 이하의 벌금
④ 300만 원 이하의 벌금

168 건전한 영업질서를 위하여 공중위생영업자가 준수하여야 할 사항을 준수하지 아니한 자에 대한 벌칙기준은?

① 1년 이하의 징역 또는 1천만 원 이하의 벌금
② 6개월 이하의 징역 또는 500만 원 이하의 벌금
③ 3개월 이하의 징역 또는 300만 원 이하의 벌금
④ 300만 원 이하의 벌금

169 영업자의 지위를 승계한 자로서 신고를 하지 아니하였을 경우 해당하는 처벌기준은?

① 1년 이하의 징역 또는 1천만 원 이하의 벌금
② 6개월 이하의 징역 또는 500만 원 이하의 벌금
③ 200만 원 이하의 벌금
④ 100만 원 이하의 벌금

170 이 · 미용사의 면허를 받지 않은 자가 이 · 미용의 업무를 하였을 때의 벌칙기준은?

① 100만 원 이하의 벌금
② 200만 원 이하의 벌금
③ 300만 원 이하의 벌금
④ 500만 원 이하의 벌금

171 다음 중 면허가 취소된 후 계속하여 업무를 행한 자에게 처해지는 벌칙은?

① 6개월 이하의 징역 또는 500만 원 이하의 벌금
② 1년 이하의 징역 또는 1천만 원 이하의 벌금
③ 300만 원 이하의 벌금
④ 200만 원 이하의 과태료

172 면허정지 기간 중에 업무를 행한자의 처벌기준은?

① 6개월 이하의 징역 또는 300만 원 이하의 벌금
② 300만 원 이하의 벌금
③ 500만 원 이하의 벌금
④ 6개월 이하의 징역 또는 500만 원 이하의 벌금

173 이 · 미용의 업무를 영업장소 외에서 행하였을 때 이에 대한 처벌기준은?

① 3년 이하의 징역 또는 1천만 원 이하의 벌금
② 300만 원 이하의 과태료
③ 200만 원 이하의 과태료
④ 100만 원 이하의 벌금

정답 167 ④ 168 ② 169 ② 170 ③ 171 ③ 172 ② 173 ③

174 법인의 대표자나 법인 또는 개인의 대리인, 사용인, 기타 종업원이 그 법인 또는 개인의 업무에 관하여 벌금형에 행하는 위반행위를 한 때에 행위자를 벌하는 외에 그 법인 또는 개인에 대하여도 동조의 벌금형을 과하는 것을 무엇이라 하는가?

① 벌금 ② 과태료
③ 양벌규정 ④ 위임

175 다음 중 이 · 미용 영업자에게 과태료를 부과 · 징수할 수 있는 처분권자에 해당되지 않는 자는?

① 보건복지부장관
② 시장
③ 군수
④ 구청장

> 과태료는 대통령령이 정하는 바에 의하여 시장 · 군수 · 구청장이 부과한다.

176 과태료의 부과기준은 다음 중 어느 것으로 정하고 있는가?

① 보건복지부령
② 국무총리령
③ 고용노동부령
④ 대통령령

177 보건복지부장관 또는 시장 · 군수 · 구청장은 위반의 내용 · 정도가 경미하다고 인정되는 경우 과태료의 금액을 어느 범위에서 경감할 수 있는가?

① 과태료 금액의 4분의 1 범위
② 과태료 금액의 3분의 1 범위
③ 과태료 금액의 2분의 1 범위
④ 과태료의 금액은 경감할 수 없음

178 보건복지부장관 또는 시장 · 군수 · 구청장이 과태료의 금액을 줄여줄 수 있는 경우에 해당하지 않는 것은?

① 위반행위가 사소한 부주의로 인정되는 경우
② 개인적인 사정으로 과태료를 체납하고 있는 경우
③ 위반의 내용 · 정도가 경미하다고 인정되는 경우
④ 위반행위자가 법 위반상태를 시정하거나 해소하기 위해 노력한 것이 인정되는 경우

> 과태료를 체납하고 있는 위반 행위자는 과태료 경감 대상이 아니다.

179 이 · 미용업 영업과 관련하여 과태료 부과 대상이 아닌 사람은?

① 위생관리 의무를 위반한 자
② 위생교육을 받지 않은 자
③ 무신고 영업자
④ 관계공무원의 출입 · 검사 방해자

> 영업의 신고를 하지 아니한 자(무신고 영업자)는 1년 이하의 징역 또는 1천만 원 이하의 벌금형에 처한다.

정답 174 ③ 175 ① 176 ④ 177 ③ 178 ② 179 ③

180 **다음 중 과태료 처분 대상에 해당되지 않는 자는?**

① 관계공무원의 출입 · 검사 등에 대한 업무를 기피한 자
② 영업소 폐쇄명령을 받고도 영업을 계속한 자
③ 이 · 미용업소 위생관리 의무를 지키지 아니한 자
④ 위생교육 대상자 중 위생교육을 받지 아니한 자

영업소 폐쇄명령을 받고도 영업을 계속한 자는 1년 이하의 징역 또는 1천만 원 이하의 벌금형에 처한다.

181 **공중위생영업자가 법적으로 필요한 보고를 당국에 하지 않았을 때의 벌칙사항은?**

① 300만 원 이하의 벌금
② 200만 원 이하의 과태료
③ 100만 원 이하의 벌금
④ 100만 원 이하의 과태료

182 **이 · 미용 영업자에 대한 지도 · 감독을 위한 관계공무원의 출입 · 검사를 거부 · 방해한 자에 대한 처벌 규정은?**

① 50만 원 이하의 과태료
② 100만 원 이하의 과태료
③ 200만 원 이하의 과태료
④ 300만 원 이하의 과태료

183 **관계공무원의 영업소 출입검사를 거부 · 방해 · 기피했을 때 영업자에 대한 과태료 부과금액은?**

① 300만 원 이하 ② 200만 원 이하
③ 100만 원 이하 ④ 500만 원 이하

184 **이 · 미용업소의 위생관리 의무를 지키지 아니한 자의 과태료 기준은?**

① 30만 원 이하
② 50만 원 이하
③ 100만 원 이하
④ 200만 원 이하

185 **공중위생관리법상 위생교육을 받지 아니한 때 부과되는 과태료의 기준은?**

① 30만 원 이하
② 50만 원 이하
③ 100만 원 이하
④ 200만 원 이하

186 **처분기준이 200만 원 이하의 과태료가 아닌 것은?**

① 규정을 위반하여 영업소 외의 장소에서 이 · 미용 업무를 행한 자
② 위생교육을 받지 아니한 자
③ 위생관리 의무를 지키지 아니한 자
④ 관계공무원의 출입 · 검사 및 기타 조치를 거부 · 방해 또는 기피한 자

관계공무원의 출입 · 검사 및 기타 조치를 거부 · 방해 또는 기피한 자에게는 300만 원 이하의 과태료가 부과된다.

정답 180 ② 181 ① 182 ④ 183 ① 184 ④ 185 ④ 186 ④

10 시행령 및 시행규칙 관련 사항

187 1차 위반 시의 행정처분이 면허취소가 아닌 것은?

① 국가기술자격법에 의하여 이 · 미용사 자격이 취소된 때
② 공중의 위생이 영향을 미칠 수 있는 전염병 환자로서 보건복지부령이 정하는 자
③ 면허정지 처분을 받고 그 정지기간 중 업무를 행한 때
④ 국가기술자격법에 의하여 미용사 자격정지 처분을 받을 때

미용사 자격정지 처분을 받을 때는 면허정지이다.

188 이중으로 이 · 미용사 면허를 취득한 때의 1차 행정처분 기준은?

① 영업정지 15일
② 영업정지 30일
③ 영업정지 6개월
④ 나중에 발급받은 면허의 취소

189 이 · 미용사 면허가 일정 기간 정지되거나 취소되는 경우는?

① 영업하지 아니한 때
② 해외에 장기 체류 중일 때
③ 다른 사람에게 대여해 주었을 때
④ 교육을 받지 아니한 때

190 이 · 미용사의 면허증을 대여한 때의 1차 위반 행정처분 기준은?

① 면허정지 3개월
② 면허정지 6개월
③ 영업정지 3개월
④ 영업정지 6개월

191 면허증을 다름 사람에게 대여한 때의 2차 위반 행정처분 기준은?

① 면허정지 6개월
② 면허정지 3개월
③ 영업정지 3개월
④ 영업정지 6개월

192 이 · 미용사가 면허정지 처분을 받고 업무정지 기간 중 업무를 행한 때 1차 위반 시 행정처분 기준은?

① 면허정지 3개월
② 면허정지 6개월
③ 면허취소
④ 영업장 폐쇄

193 이 · 미용 영업자가 보건복지부령이 정하는 시설 및 설비를 갖추고 이를 유지 · 관리하지 아니한 때의 1차 위반 행정처분 기준은?

① 영업정지 15일
② 영업정지 20일
③ 개선명령
④ 영업정지 10일

194 이 · 미용업 영업자가 신고를 하지 아니하고 영업소의 상호를 변경한 때의 1차 위반 행정처분 기준은?

① 경고 또는 개선명령
② 영업정지 3월
③ 영업허가 취소
④ 영업장 폐쇄명령

정답 187 ④ 188 ④ 189 ③ 190 ① 191 ① 192 ③ 193 ③ 194 ①

195 신고를 하지 않고 이 · 미용업소의 면적을 3분의 1 이상 변경 한 때의 1차 위반 행정처분 기준은?

① 경고 또는 개선명령
② 영업정지 15일
③ 영업정지 1개월
④ 영업장 폐쇄명령

196 변경신고를 하지 아니하고 영업소 소재를 변경한 때 1차 위반 시의 행정처분 기준은?

① 영업정지 1개월
② 영업정지 6개월
③ 영업정지 3개월
④ 영업정지 2개월

197 임의로 이 · 미용 영업소의 소재지를 변경하여 적발되었을 때 1차 위반 행정처분 기준은?

① 개선명령
② 영업장 폐쇄명령
③ 영업정지 2개월
④ 영업정지 1개월

198 소독을 한 기구와 소독을 하지 아니한 기구를 각각 다른 용기에 넣어 보관하지 아니한 때에 대한 2차 위반 시의 행정처분 기준에 해당하는 것은?

① 경고
② 영업정지 5일
③ 영업정지 10일
④ 영업장 폐쇄명령

199 1회용 면도날을 2인 이상 손님에게 사용한 때의 1차 위반 행정처분 기준은?

① 경고
② 영업정지 5일
③ 영업정지 10일
④ 영업정지 1개월

200 미용업자가 점 빼기, 귓불 뚫기, 쌍꺼풀 수술, 문신, 박피술, 그 밖에 이와 유사한 의료행위를 하여 관련 법규를 1차 위반했을 때의 행정처분은?

① 경고
② 영업정지 2개월
③ 영업장 폐쇄명령
④ 면허취소

201 이 · 미용영업소 안에 면허증 원본을 게시하지 않은 경우 1차 행정처분 기준은?

① 개선명령 또는 경고
② 영업정지 5일
③ 영업정지 10일
④ 영업정지 15일

202 이 · 미용업소에 면허증 원본을 게시하지 아니한 때 1차 위반 행정처분 기준은?

① 경고 또는 개선명령
② 영업정지 10일
③ 영업정지 15일
④ 영업정지 20일

정답	195 ① 196 ① 197 ④ 198 ② 199 ① 200 ② 201 ① 202 ①

203 이 · 미용사가 이 · 미용업소 외의 장소에서 이 · 미용을 한 경우의 1차 위반 행정처분 기준은?

① 경고
② 영업정지 10일
③ 영업정지 1개월
④ 영업정지 2개월

204 이 · 미용사가 이 · 미용업소 외의 장소에서 이 · 미용을 할 때 1차 위반 행정처분 기준은?

① 영업정지 1개월
② 개선명령
③ 영업정지 10일
④ 영업정지 20일

205 이 · 미용사가 이 · 미용업소 외의 장소에서 이 · 미용을 한 경우 3차 위반 행정처분 기준은?

① 영업장 폐쇄명령
② 영업정지 10일
③ 영업정지 1개월
④ 영업정지 2개월

206 영업정지 처분을 받고 그 영업정지기간 중 영업을 한 때에 대한 1차 위반 시 행정처분 기준은?

① 영업정지 10일
② 영업정지 20일
③ 영업정지 1개월
④ 영업장 폐쇄명령

207 행정처분 사항 중 1차 위반 시 영업장 폐쇄명령에 해당하는 것은?

① 영업정지 처분을 받고도 영업정지 기간 중 영업을 한 때
② 손님에게 성매매 알선 등의 행위를 한 때
③ 소독한 기구와 소독하지 아니한 기구를 각각 다른 용기에 넣어 보관하지 아니한 때
④ 1회용 면도기를 손님 1인에 한하여 사용하지 아니한 때

208 행정처분 사항 중 1차 처분이 경고에 해당하는 것은?

① 귓불 뚫기 작업을 한 때
② 불법 카메라를 설치한 때
③ 신고를 하지 아니하고 영업소 소재를 변경한 때
④ 지위승계를 하지 아니한 때

209 음란한 물건을 관람 · 열람하게 하거나 진열 또는 보관한 경우의 1차 위반 행정처분 기준은?

① 경고
② 영업정지 5일
③ 영업정지 10일
④ 영업정지 20일

210 업소 내 조명도를 준수하지 아니한 때에 대한 3차 위반 시 행정정지 처분 기준은?

① 영업정지 10일
② 영업정지 15일
③ 영업정지 1개월
④ 영업장 폐쇄명령

정답	203 ③	204 ①	205 ①	206 ④	207 ①
			208 ④	209 ①	210 ①

211 이 · 미용업 영업소에서 손님에게 음란한 물건을 관람 · 열람하게 한 때에 대한 1차 위반 시 행정처분 기준은?

① 영업정지 15일
② 영업정지 1개월
③ 영업장 폐쇄명령
④ 경고

212 이 · 미용 업소에서 음란행위를 알선 또는 제공 시 영업소에 대한 1차 위반 행정처분 기준은?

① 경고
② 영업정지 1개월
③ 영업정지 3개월
④ 영업장 폐쇄명령

213 미용업 영업자가 손님에게 윤락행위를 제공했다가 적발된 경우 1차 위반 시 어떤 행정처분을 받는가?

① 영업정지 3개월 및 면허정지 3개월
② 영업장 폐쇄명령 및 면허취소
③ 향후 1년간 영업장 폐쇄
④ 업주에게 경고와 함께 행정처분

214 영업소에서 무자격 안마사로 하여금 손님에게 안마행위를 하였을 때 1차 위반 시 행정처분은?

① 경고
② 영업정지 15일
③ 영업정지 1개월
④ 영업장 폐쇄명령

정답 211 ④ 212 ③ 213 ① 214 ③

PART
02

모의고사

모의고사 1회

01 한국 네일미용의 시초로 부녀자와 처녀들 사이에서 염지갑화라고 하는 봉숭아 꽃물 들이기 풍습이 이루어진 시기는?

① 고려시대
② 고구려시대
③ 신라시대
④ 조선시대

02 외국 네일미용의 역사에서 시대별 내용의 연결이 틀린 것은?

① 고대 이집트 : 관목에서 나오는 헤나의 붉은 오렌지색으로 손톱을 염색하였다.
② 15세기 : 전쟁에 나가는 군지휘관들이 입술과 손톱에 같은 색을 칠하여 용맹을 과시하고 승리를 기원하였다.
③ 17세기 : 신분이 높은 계층은 적색으로 물들이고 신분이 낮을수록 옅은 색상을 물들여 신분과 지위를 나타냈다.
④ 19세기 초 : 영국의 상류층 여성들은 손톱에 섬세한 장밋빛 손톱 파우더를 사용하였다.

03 화학물질로부터 자신과 고객을 보호하는 방법이 아닌 것은?

① 통풍이 잘되는 작업장에서 작업을 한다.
② 화학물질은 피부에 닿아도 되기 때문에 신경 쓰지 않아도 된다.
③ 공중 스프레이 타입보다 스포이트나 솔로 바르는 타입을 사용하는 것이 좋다.
④ 콘택트렌즈의 사용을 제한한다.

04 손톱 밑의 구조에서 네일 루트 바로 밑에 있으며 모세혈관, 림프, 신경조직 등이 있어 손톱을 만드는 세포를 생성, 성장시키며 손상을 입게 되면 손톱의 성장에 저해가 되는 중요한 부분은?

① 매트릭스(조모)
② 네일 베드(조상)
③ 루눌라(조반월)
④ 하이포니키움(하조피)

05 각도는 90°이고, 손끝을 많이 사용하는 사람이나 사무직에 종사하며 짧은 네일을 원하는 고객들에게 작업하는 네일의 형태로 옳은 것은?

① 스퀘어 형태
② 라운드 형태
③ 오발 형태
④ 아몬드 형태

06 케라틴의 구성 요소 중 가장 많이 차지하고 있는 구성 성분은?

① 글루탐산 ② 시스틴
③ 알기닌 ④ 비타민

07 태아의 손톱이 완전히 형성되는 시기는?

① 임신 4주
② 임신 8주
③ 임신 14주
④ 임신 20주

08 네일이 전체적으로 부드럽고 가늘며 하얗게 되어 네일 끝이 굴곡진 상태로 달걀 껍질같이 얇게 벗겨지는 증상으로 질병, 다이어트, 신경성 등에서 기인되는 네일의 증상은?

① 표피조막(테리지움)
② 조갑위축증(오니카트로피아)
③ 달걀껍질네일(에그셸 네일)
④ 파란 네일(오니코사이아노시스)

09 세로나 가로로 긴 골이 잡혀 있고, 순환기 계통의 질환이나 빈혈, 고열, 임신, 홍역이나 신경성 등에 의해 발생하며, 유전성과 아연부족의 식습관으로도 발생할 수 있는 증상은?

① 조갑비대증(오니콕시스)
② 손거스러미(행네일)
③ 고랑 파인 네일(퍼로우)
④ 조백반증(루코니키아)

10 아크릴 네일에서 사용되는 제품 중 냄새가 나지 않는 모노머의 명칭은?

① 레귤러 모노머
② 오더레스 시너
③ 오더레스 모노머
④ 오더레스 폴리머

11 모노머와 폴리머의 상온화학 중합반응을 나타내는 말은?

① 포토라이제이션
② 올리고머라이제이션
③ 폴리머라이제이션
④ 포토폴리머라이제이션

12 논애시드 프라이머(Non – Acid Primer)에 대한 설명으로 틀린 것은?

① 네일을 부식시키지 않는다.
② 피부에 닿아도 화상을 초래하지 않는다.
③ 메타크릴 애시드(Methacrylic Acid)가 포함되어 있다.
④ 아크릴 네일의 접착효과를 높여준다.

13 팁 커터의 사용방법으로 틀린 것은?

① 네일의 길이를 줄일 때 사용하는 철제 도구이다.
② 네일 팁의 길이는 고객이 원하는 길이만큼 팁 커터로 재단한다.
③ 팁 커터는 네일 팁의 길이를 줄일 때 사용하는 도구이다.
④ 팁 커터와 네일 팁의 각도는 90°로 하여 재단한다.

14 큐티클 푸셔의 사용방법으로 큐티클을 밀어 올리는 각도로 옳은 것은?

① 네일에 대하여 15° 각도
② 네일에 대하여 30° 각도
③ 네일에 대하여 45° 각도
④ 네일에 대하여 90° 각도

15 네일숍에서 사용되는 아세톤의 가장 중요한 역할은?

① 용해력
② 접착력
③ 소독력
④ 해독력

16 파라핀 매니큐어 시 파라핀을 고객에게 작업하는 적정 온도는?

① 약 40~45℃
② 약 45~50℃
③ 약 52~55℃
④ 약 60~65℃

17 습식 매니큐어의 작업순서로 옳은 것은?

① 손 소독 → 네일 폴리시 제거 → 프리에지 형태 조형하기 → 큐티클 부드럽게 하기 → 큐티클 정리 → 소독 → 컬러링하기
② 네일 폴리시 제거 → 손 소독 → 프리에지 형태 조형하기 → 큐티클 부드럽게 하기 → 큐티클 정리 → 소독 → 컬러링하기
③ 손 소독 → 네일 폴리시 제거 → 프리에지 형태 조형하기 → 큐티클 부드럽게 하기 → 큐티클 정리 → 컬러링하기 → 소독
④ 네일 폴리시 제거 → 손 소독 → 프리에지 형태 조형하기 → 큐티클 부드럽게 하기 → 큐티클 정리 → 컬러링하기 → 소독

18 팁 오버레이 작업 시 네일 팁 사이즈 선택 방법이 틀린 것은?

① 네일 팁이 네일의 양쪽 옆면을 모두 커버해야 한다.
② 네일 팁이 자연 네일 길이의 1/2 이상 덮어서는 안 된다.
③ 네일이 넓고 클 경우 축소 효과를 위해 작은 사이즈의 네일 팁을 선택한다.
④ 웰의 크기가 크면 갈아내거나 잘라서 사용할 수 있다.

19 페디 파일의 사용방법으로 옳은 것은?

① 피부결 반대방향으로 안쪽에서 바깥쪽으로 작업해야 한다.
② 피부결 방향으로 안쪽에서 바깥쪽으로 작업해야 한다.
③ 피부결 반대방향으로 바깥쪽에서 안쪽으로 작업해야 한다.
④ 피부결 방향으로 바깥쪽에서 안쪽으로 작업해야 한다.

20 전체 코트 후 프리에지 부분만 미리 얇게 지우는 컬러링 기법은?

① 슬림라인 컬러링
② 헤어라인 네일 팁 컬러링
③ 하프문 컬러링
④ 루눌라 컬러링

21 아크릴 네일 작업 시 파우더와 모노머의 중합과정에서 움직임 없이 완벽히 굳는 데 소요되는 시간은?

① 3~5분
② 5~10분
③ 24~48시간
④ 48~68시간

22 LED램프와 UV램프의 빛을 사용하여 경화되는 젤은?

① 네일 팁 라이트 젤
② 라이트 큐어드 젤
③ 노 라이트 큐어드 젤
④ 네일 랩 큐어드 젤

23 다음 중 손목뼈(수근골)가 아닌 것은?

① 두상골(콩알뼈)
② 삼각골(세모뼈)
③ 유구골(갈고리뼈)
④ 거골(목말뼈)

24 손의 근육에 대한 설명과 거리가 먼 것은?

① 회내근 : 안쪽으로 손을 회전시켜 손등이 위, 손바닥이 아래를 향하게 작용한다.
② 내전근 : 손가락과 손가락이 서로 붙게 하거나 모으는 내향에 작용한다.
③ 외전근 : 새끼손가락과 엄지손가락을 벌리는 작용을 한다.
④ 대립근 : 엄지손가락을 손바닥 쪽으로 향하게 하여 물건을 잡을 수 있게 한다.

25 다음 중 신경계의 구조적 최소 단위인 신경세포를 무엇이라고 하는가?

① 뉴런 ② DNA
③ 뇌 ④ 혈액

26 원주형의 세포가 단층으로 이어져 있으며 각질형성세포와 색소형성세포가 존재하는 피부 세포층은?

① 기저층 ② 투명층
③ 각질층 ④ 유극층

27 피부의 흡수작용에 대한 설명 중 틀린 것은?

① 분자가 작고 친수성 물질일수록 흡수가 용이하다.
② 발열작용을 통해 강제흡수를 촉진시킨다.
③ 수분저지막은 피부의 물질흡수를 방해한다.
④ 모낭과 피지선을 통해 흡수된다.

28 피지선에 대한 설명으로 틀린 것은?

① 피지를 분비하는 선으로 진피 중에 위치한다.
② 피지선은 손바닥에는 없다.
③ 피지의 1일 분비량은 10~20g 정도이다.
④ 피지선이 많은 부위는 코 주위이다.

29 네일이 약해지고 얇아지는 것은 어떤 영양소의 결핍으로 인한 것인가?

① 비타민 A
② 지방
③ 무기질
④ 탄수화물

30 장기간에 걸쳐 반복하여 긁거나 비벼서 표피가 건조하고 가죽처럼 두꺼워진 상태는?

① 가피 ② 낭종
③ 태선화 ④ 반흔

31 다음 중 UV – A(장파장 자외선)의 파장 범위는?

① 320~400nm
② 290~320nm
③ 200~290nm
④ 100~200nm

32 피부의 노화 원인과 가장 관련이 없는 것은?

① 노화 유전자와 세포 노화
② 항산화제
③ 아미노산 라세미화
④ 텔로미어 단축

33 **화장품의 4대 품질 조건에 대한 설명이 틀린 것은?**

① 안전성 : 피부에 대한 자극, 알레르기, 독성이 없을 것
② 안정성 : 변색, 변취, 미생물의 오염이 없을 것
③ 사용성 : 피부에 사용감이 좋고 잘 스며들 것
④ 유효성 : 질병 치료 및 진단에 사용할 수 있을 것

34 **화장품 제조의 3가지 주요 기술이 아닌 것은?**

① 가용화 기술
② 유화 기술
③ 분산 기술
④ 용융 기술

35 **유아용 제품과 저자극성 제품에 많이 사용되는 계면활성제에 대한 설명 중 옳은 것은?**

① 물에 용해될 때, 친수기에 양이온과 음이온을 동시에 갖는 계면활성제
② 물에 용해될 때, 이온으로 해리하지 않는 수산기, 에테르 결합, 에스테르 등을 분자 중에 갖고 있는 계면활성제
③ 물에 용해될 때, 친수기 부분이 음이온으로 해리되는 계면활성제
④ 물에 용해될 때, 친수기 부분이 양이온으로 해리되는 계면활성제

36 **클렌징 제품에 대한 설명이 틀린 것은?**

① 클렌징 밀크는 O/W 타입으로 친유성이며 건성, 노화, 민감성 피부에만 사용할 수 있다.
② 클렌징 오일은 일반 오일과 다르게 물에 용해되는 특성이 있고 탈수 피부, 민감성 피부, 약건성 피부에 사용하면 효과적이다.
③ 비누는 사용 역사가 가장 오래된 클렌징 제품이고 종류가 다양하다.
④ 클렌징 크림은 친유성과 친수성이 있으며 친유성은 반드시 이중 세안을 해서 클렌징 제품이 피부에 남아 있지 않도록 해야 한다.

37 **에센셜 테라피에 사용되는 에센셜 오일에 대한 설명 중 가장 거리가 먼 것은?**

① 에센셜 테라피에 사용되는 에센셜 오일은 주로 수증기증류법에 의해 추출된 것이다.
② 에센셜 오일은 공기 중의 산소, 빛 등에 의해 변질될 수 있으므로 갈색 병에 보관하여 사용하는 것이 좋다.
③ 에센셜 오일은 원액을 그대로 피부에 사용해야 한다.
④ 에센셜 오일을 사용할 때에는 안전성 확보를 위하여 사전에 패치테스트를 실시하여야 한다.

38 **네일 폴리시의 건조를 빠르게 하기 위해 사용하는 제품은?**

① 네일 폴리시 리무버
② 네일 폴리시 컨디셔너
③ 네일 폴리시 시너
④ 네일 폴리시 퀵 드라이

39 기능성 화장품 종류의 주요 효과가 아닌 것은?

① 피부주름 개선에 도움을 준다.
② 자외선으로부터 보호한다.
③ 피부를 청결히 하여 피부 건강을 유지한다.
④ 피부 미백에 도움을 준다.

40 다음 중 가장 대표적인 보건수준평가기준으로 사용되는 것은?

① 성인사망률
② 영아사망률
③ 노인사망률
④ 사인별 사망률

41 매개곤충과 전파하는 감염병의 연결이 틀린 것은?

① 쥐 – 유행성 출혈열
② 모기 – 일본뇌염
③ 파리 – 사상충
④ 쥐벼룩 – 페스트

42 공기오염으로 전파되는 감염병만으로 짝지어진 것은?

① 장티푸스, 소아마비
② 뇌염, 나병
③ 페스트, 인질
④ 결핵, 인플루엔자

43 긴촌충(광절열두조충증)의 제2중간숙주는?

① 가재 ② 붕어
③ 숭어 ④ 물벼룩

44 다음 중 산업종사자와 직업병의 연결이 틀린 것은?

① 광부 – 진폐증
② 인쇄공 – 납중독
③ 용접공 – 규폐증
④ 항공정비사 – 난청

45 식품의 혐기성 상태에서 발육하여 체외독소로서 신경독소를 분비하며 치명률이 가장 높은 식중독으로 알려진 것은?

① 살모넬라 식중독
② 보툴리누스균 식중독
③ 웰치균 식중독
④ 알레르기성 식중독

46 시 · 군 · 구에 두는 보건행정의 최일선 조직으로 국민건강 증진 및 예방 등에 관한 사항을 실시하는 기관은?

① 복지관
② 보건소
③ 병 · 의원
④ 시 · 군 · 구청

47 일반적인 미생물의 번식에 가장 중요한 요소로만 나열된 것은?

① 온도 – 습도 – pH
② 온도 – 습도 – 자외선
③ 온도 – 습도 – 영양분
④ 온도 – 습도 – 시간

48 소독, 방부, 살균, 멸균 중 소독력의 크기가 큰 순서로 바르게 나열된 것은?

① 멸균 > 살균 > 소독 > 방부
② 살균 > 멸균 > 소독 > 방부
③ 살균 > 멸균 > 방부 > 소독
④ 멸균 > 살균 > 방부 > 소독

49 소독약의 사용 및 보존상의 주의점으로서 틀린 것은?

① 일반적으로 소독약은 밀폐시켜 일광이 직사되지 않는 곳에 보존해야 한다.
② 모든 소독약은 사용할 때마다 반드시 새로이 만들어 사용해야 한다.
③ 승홍이나 석탄산 같은 것은 인체에 유해하므로 특별히 주의해 취급하여야 한다.
④ 염소제는 일광과 열에 의해 분해되지 않도록 냉암소에 보존하는 것이 좋다.

50 건열멸균에 대한 설명으로서 가장 적절한 것은?

① 300℃ 이상으로 하여 멸균한다.
② 고압솥을 사용한다.
③ 주로 유리기구 등의 멸균에 이용된다.
④ 건열멸균기에 많은 기구를 쌓아서 내부를 완전히 채운 다음 멸균시키는 것이 좋다.

51 승홍수를 희석하여 소독에 사용하고자 한다. 경제적 희석배율은 어느 정도로 되는가?(단, 아포살균 제외)

① 500배 ② 1,000배
③ 1,500배 ④ 2,000배

52 보통 상처의 표면을 소독하는 데 이용하며 발생기 산소가 강력한 산화력으로 미생물을 살균하는 소독제는?

① 석탄산
② 과산화수소
③ 크레졸
④ 에탄올

53 염소와 마찬가지로 바이러스, 세균, 포자 등 미생물에 대한 살균력을 갖고 페놀에 비해 강한 살균력을 갖는 반면, 독성은 훨씬 적은 소독제는?

① 수은 화합물
② 요오드 화합물
③ 무기염소 화합물
④ 유기염소 화합물

54 다음은 법률상에서 정의되는 용어이다. 바르게 서술된 것은?

① 건물위생관리업이란 공중이 이용하는 건축물 · 시설물 등의 청결유지와 실내공기정화를 위한 청소 등을 대행하는 영업을 말한다.
② 미용업이란 손님의 얼굴과 피부를 손질하여 모양을 단정하게 꾸미는 영업을 말한다.
③ 이용업이란 손님의 머리, 수염, 피부 등을 손질하여 외모를 꾸미는 영업을 말한다.
④ 공중위생영업이란 미용업, 숙박업, 목욕장업, 수영장업, 유기영업 등을 말한다.

55 공중위생영업자가 영업소를 개설할 때의 절차에 대한 설명 중 옳은 것은?

① 영업소의 개설을 신고한다.
② 영업소의 개설을 허가받는다.
③ 영업소를 개설한 후 개설 사실을 통보한다.
④ 영업소 개설 후 감독기관에서 방문할 때까지 기다린다.

56 이 · 미용업자가 준수하여야 하는 위생관리 기준에 대한 설명으로 틀린 것은?

① 영업장 안의 조명도 100룩스 이상이 되도록 유지해야 한다.
② 업소 내에 이 · 미용업 신고증, 개설자의 면허증 원본 및 이 · 미용 요금표를 게시하여야 한다.
③ 1회용 면도날은 손님 1인에 한하여 사용하여야 한다.
④ 이 · 미용기구 중 소독을 한 기구와 소독을 하지 아니한 기구는 각각 다른 용기에 넣어 보관하여야 한다.

57 이 · 미용사의 면허가 취소되었을 경우 몇 개월이 경과되어야 다시 그 면허를 받을 수 있는가?

① 3개월 ② 6개월
③ 9개월 ④ 1년

58 미용업 영업자가 영업소 폐쇄 명령을 받고도 계속하여 영업을 하는 때에 시장, 군수, 구청장이 관계공무원으로 하여금 당해 영업소를 폐쇄하기 위하여 조치를 하게 할 수 있는 사항에 해당하지 않는 것은?

① 출입자 검문 및 통제
② 영업소의 간판, 기타 영업표지물의 제거
③ 위법한 영업소임을 알리는 게시물 등의 부착
④ 영업을 위하여 필수불가결한 기구 또는 시설물을 사용할 수 없게 하는 봉인

59 다음 중 공중위생감시원의 업무범위가 아닌 것은?

① 공중위생 영업 관련 시설 및 설비의 위생상태 확인 및 검사에 관한 사항
② 공중위생 영업소의 위생서비스 수준 평가에 관한 사항
③ 공중위생 영업소 개설자의 위생교육 이행 여부 확인에 관한 사항
④ 공중위생영업자의 위생관리의무 영업자준수사항 이행 여부의 확인에 관한 사항

60 다음 중 이 · 미용영업에 있어 벌칙기준이 다른 것은?

① 영업신고를 하지 아니한 자
② 영업소 폐쇄 명령을 받고도 계속하여 영업을 한 자
③ 일부 시설의 사용 중지 명령을 받고도 그 기간 중에 영업을 한 자
④ 면허가 취소된 후 계속하여 업무를 행한 자

정답

01 ①	02 ③	03 ②	04 ①	05 ①	06 ②
07 ④	08 ③	09 ③	10 ③	11 ③	12 ③
13 ①	14 ③	15 ①	16 ③	17 ①	18 ③
19 ②	20 ②	21 ③	22 ②	23 ④	24 ①
25 ①	26 ①	27 ①	28 ③	29 ③	30 ③
31 ①	32 ②	33 ④	34 ④	35 ①	36 ①
37 ③	38 ④	39 ③	40 ②	41 ③	42 ④
43 ③	44 ③	45 ②	46 ②	47 ③	48 ①
49 ②	50 ③	51 ②	52 ②	53 ②	54 ①
55 ①	56 ①	57 ④	58 ①	59 ②	60 ④

모의고사 2회

01 한국 네일미용의 역사에 관한 내용이 아닌 것은?

① 고려시대부터 시작하였다.
② 최초의 네일숍인 '그리피스'가 서울 이태원에 오픈하였다.
③ 1997년 최초의 한국네일협회가 창립되어 본격화되면서 발전하였다.
④ 상류층 여성들은 네일 매트릭스 부분에 문신 바늘로 색소를 주입하여 상류층임을 과시하였다.

02 외국 네일미용 변천에 대한 연결이 옳은 것은?

① 1885년 : 네일 폴리시의 필름형성제인 니트로셀룰로오스가 개발되었다.
② 1892년 : 네일 끝이 뾰족한 아몬드형 네일이 유행하였다.
③ 1917년 : 도구를 이용한 케어가 시작되었으며 유럽에서 네일관리가 본격적으로 시작되었다.
④ 1950년 : 인조 네일 작업이 본격적으로 시작되었다.

03 네일미용사의 눈의 피로를 덜어주기 위해 밝은 불빛을 작업대에 설치하고 자주 녹색을 보면서 눈 운동을 하거나 먼 곳을 응시함으로써 눈의 피로를 덜어주는 안전관리에 해당하는 것은?

① 화학물질의 안전관리
② 고객의 안전관리
③ 네일미용사의 안전관리
④ 네일 구조의 안전관리

04 네일미용사의 자세로 바람직하지 않은 것은?

① 네일은 의학과 에스테틱의 주변에 위치하고 있음을 인식해야 한다.
② 네일의 구조와 병세에 대해 잘 알고 있어야 한다.
③ 어떠한 고객도 배려하는 마음으로 관리하도록 한다.
④ 새로운 기술에 대한 탐구와 숙련된 서비스를 위해 노력한다.

05 하이포니키움(하조피)에 대한 설명으로 옳은 것은?

① 매트릭스를 병원균으로부터 보호한다.
② 네일 아래 살과 연결된 끝부분으로 박테리아의 침입을 막아준다.
③ 네일 옆면의 피부로 네일 베드와 연결된다.
④ 매트릭스 윗부분으로 손톱을 성장시킨다.

06 얇고 부드러우며 손톱이 자라기 시작하는 뿌리부분으로 손톱의 근원이 되는 부분의 명칭은?

① 네일 보디(조체)
② 네일 루트(조근)
③ 루눌라(조반월)
④ 프리에지(자유연)

07 매트릭스에 속하면서 네일 표면에 유백색의 반달모양으로 비치는 부분은?

① 네일 보디(조체)
② 네일 그루브(조구)
③ 루눌라(조반월)
④ 네일 폴드(조주름)

08 엄지발가락을 펴는 작용을 하는 근육을 무엇이라고 하는가?

① 무지대립근(엄지맞섬근)
② 충양근(벌레근)
③ 장지신근(긴엄지폄근)
④ 장무지굴근(긴엄지굽힘근)

09 손톱이 전체적으로 새롭게 다시 자라는 데 소요되는 기간은?

① 1~2개월
② 2~3개월
③ 4~6개월
④ 7~8개월

10 네일에 대한 설명으로 옳지 않은 것은?

① 매우 단단하면서도 유연성이 탁월한 케라틴 세포로 구성되어 있다.
② 프리에지에서 네일의 세포를 생성하며 손톱이 만들어진다.
③ 3개의 층으로 이루어져 있다.
④ 매트릭스의 세포들은 네일 베드를 따라 네일 보디의 앞쪽으로 자라며 점차 각질화된다.

11 큐티클이 과잉 성장하여 네일 위로 자라는 질병은?

① 표피조막(테리지움)
② 교조증(오니코파지)
③ 조갑비대증(오니콕시스)
④ 고랑 파인 네일(퍼로우)

12 네일 관리 시 소독이 잘 안 된 도구로 인해 생길 수 있는 박테리아의 감염증상으로 네일 주위의 피부가 빨개지고 부어오르며 살이 물러지는 증상은?

① 조갑탈락증(오니콥토시스)
② 조갑톱구만증(오니코그리포시스)
③ 조갑감입증(오니코크립토시스)
④ 조갑주위염(파로니키아)

13 네일 도구에 대한 설명으로 바르게 연결되지 않은 것은?

① 큐티클 푸셔 : 큐티클을 밀어 올릴 때 사용하는 도구이다.
② 토 세퍼레이터 : 네일 폴리시를 바를 때 발가락 사이에 끼워 발가락을 분리해주는 제품이다.
③ 네일 클리퍼 : 네일 팁을 잘라 길이를 조절할 때 사용한다.
④ 네일 더스트 브러시 : 네일과 네일 주변의 먼지와 가루 이물질을 제거할 때 사용한다.

14 네일 파일에 대한 설명이 틀린 것은?

① 소독이 가능한 네일 파일도 있다.
② 네일의 길이와 형태를 만든다.
③ 그릿 수가 높을수록 거칠다.
④ 그릿 수가 낮을수록 거칠다.

15 **아크릴 네일 작업 시 약알칼리 물질로 굳는 속도를 촉진시키는 촉매제 역할을 하며 촉매제의 함유량에 따라서 굳는 속도를 조절할 수 있는 물질은?**

① 올리고머
② 카탈리스트
③ 이소프로판올
④ 니트로셀룰로오스

16 **젤 네일의 장점이 아닌 것은?**

① 광택이 뛰어나다.
② 네일 파일링이 아크릴에 비해서 용이하다.
③ 냄새가 거의 나지 않는다.
④ 아크릴 네일보다 강하다.

17 **매니큐어에 대한 설명으로 옳은 것은?**

① 큐티클은 세게 밀어 올려 깨끗이 작업되도록 한다.
② 소량의 유분기가 네일에 남아 있어도 컬러링에는 별 무리가 없다.
③ 큐티클은 죽은 각질세포이므로 완전히 잘라내야 한다.
④ 큐티클을 너무 잘라내어 손님이 통증을 느끼지 않도록 한다.

18 **네일이 가늘고 길게 보이도록 네일 폴리시를 도포하는 컬러링 기법은?**

① 하프문 컬러링
② 슬림 라인 컬러링(프리 월 컬러링)
③ 프리에지 컬러링
④ 풀 코트 컬러링

19 **페디큐어에 대한 설명으로 옳은 것은?**

① 족욕기에 물을 넣고 살균비누를 첨가하면 안 된다.
② 족욕기는 소독하지 않고 매번 사용해도 된다.
③ 토 세퍼레이터 대신 일회용 키친타월 등을 사용해도 된다.
④ 발뒤꿈치 각질은 콘 커터를 사용하여 피부 결 반대방향으로 제거한다.

20 **팁 위드 랩 작업방법에 대한 설명으로 틀린 것은?**

① 고객의 취향에 맞게 자연 네일에 형태를 만든다.
② 네일 접착제를 사용하여 네일 팁을 자연 네일 길이의 1/2 미만으로 접착한다.
③ 팁 커터를 사용할 때는 고객이 원하는 길이보다 약간 길게 재단하고 네일 파일로 세밀하게 조절한다.
④ 큐티클 라인 아래 2mm 정도를 남기고 네일 랩을 접착한다.

21 **아크릴 리퀴드, 파우더, 네일 프라이머, 브러시, 네일 폼의 재료를 이용한 작업 방법은?**

① 실크 익스텐션
② 네일 팁
③ 랩 오버레이
④ 아크릴 스컬프처

22 인조 네일 보수에 대한 설명으로 틀린 것은?

① 정기적인 보수로 깨지거나 부러지거나 떨어지는 것을 미연에 방지한다.
② 적절한 보수를 하지 않았을 시 습기 및 오염으로 인해 곰팡이나 박테리아 감염 등 각종 문제점이 발생할 수 있다.
③ 보수시기를 놓치고 네일의 길이가 많이 자라면 인조 네일이 부러질 수 있다.
④ 새로 자라난 네일로 인해 인조 네일과 표면이 균일하지 않으므로 반드시 떼어내고 다시 작업해야 한다.

23 발허리뼈(중족골)는 몇 개의 뼈로 구성되어 있는가?

① 4개 ② 5개
③ 6개 ④ 7개

24 뉴런과 뉴런의 접속부위를 무엇이라고 하는가?

① 신경원
② 랑비에 결절
③ 시냅스
④ 측삭종말

25 다음 중 발의 근육이 아닌 것은?

① 단무지신근
② 배측골간근
③ 장요근
④ 저측골간근

26 손바닥과 발바닥 등 비교적 피부층이 두터운 부위에 주로 분포되어 있으며 수분 침투를 방지하고 피부를 윤기 있게 해주는 기능을 가진 엘라이딘이라는 단백질을 함유하고 있는 표피 세포층은?

① 각질층 ② 유두층
③ 투명층 ④ 망상층

27 피부의 각화과정(Keratinization)이란?

① 피부가 손톱, 발톱처럼 딱딱하게 변하는 것을 말한다.
② 피부세포가 기저층에서 각질층까지 분열되어 올라가 죽은 각질세포로 되는 현상을 말한다.
③ 기저세포 중의 멜라닌 색소가 많아져서 피부가 검게 되는 것을 말한다.
④ 피부가 거칠어져서 주름이 생겨 늙는 것을 말한다.

28 한선에 대한 설명 중 틀린 것은?

① 체온 조절기능이 있다.
② 진피와 피하지방 조직의 경계부위에 위치한다.
③ 입술을 포함한 전신에 존재한다.
④ 에크린선과 아포크린선이 있다.

29 다음 중 비타민 A와 깊은 관련이 있는 카로틴을 가장 많이 함유한 식품은?

① 쇠고기, 돼지고기
② 감자, 고구마
③ 귤, 당근
④ 사과, 배

30 다음 내용과 가장 관계있는 것은?

- 곰팡이균에 의하여 발생한다.
- 피부껍질이 벗겨진다.
- 가려움증이 동반된다.
- 주로 손과 발에서 번식한다.

① 농가진 ② 무좀
③ 홍반 ④ 사마귀

31 자외선에 대한 설명으로 틀린 것은?

① 자외선 C는 오존층에 의해 차단될 수 있다.
② 자외선 A의 파장은 320~400nm이다.
③ 자외선 B는 유리에 의하여 차단할 수 있다.
④ 피부에 가장 깊게 침투하는 것은 자외선 B이다.

32 내인성 노화가 진행될 때 감소현상을 나타내는 것은?

① 각질층의 두께
② 주름
③ 피부 처짐 현상
④ 랑게르한스세포

33 화장품을 만들 때 필요한 4대 조건은?

① 안전성, 안정성, 사용성, 유효성
② 안전성, 방부성, 방향성, 유효성
③ 발림성, 안정성, 방부성, 사용성
④ 방향성, 안전성, 발림성, 사용성

34 다음 중 피부에 수분을 공급하는 보습제의 기능을 가지는 것은?

① 계면활성제 ② 에틸파라벤
③ 글리세린 ④ 메틸파라벤

35 세정작용과 기포형성작용이 우수하여 비누, 샴푸, 클렌징폼 등에 주로 사용되는 계면활성제는?

① 양이온성 계면활성제
② 음이온성 계면활성제
③ 비이온성 계면활성제
④ 양쪽성 계면활성제

36 비누의 제조방법 중 지방산의 글리세린에스테르와 알칼리를 함께 가열하면 유지가 가수분해되어 비누와 글리세린이 얻어지는 방법은?

① 중화법 ② 검화법
③ 유화법 ④ 화학법

37 메이크업 화장품 중에서 안료가 균일하게 분산되어 있는 형태로 대부분 O/W형 유화타입이며, 투명감 있게 마무리되므로 피부에 결점이 별로 없는 경우에 사용하는 것은?

① 트윈 케이크
② 스킨 커버
③ 리퀴드 파운데이션
④ 크림 파운데이션

38 큐티클 오일에 대한 설명으로 옳은 것은?

① 큐티클을 유연하게 하므로 큐티클 정리를 하지 않아도 된다.
② 라놀린, 식물성 오일, 비타민 A, 비타민 E 성분들이 들어 있다.
③ 큐티클 전용으로 나온 것이므로 다른 목적으로 사용해서는 안 된다.
④ 손톱 강화에 도움을 준다.

39 다음 중 옳은 것만을 모두 짝지은 것은?

> A. 자외선 차단제에는 물리적 차단제와 화학적 차단제가 있다.
> B. 물리적 차단제에는 벤조페논, 옥시벤존, 옥틸디메틸파바 등이 있다.
> C. 화학적 차단제는 피부에 유해한 자외선을 흡수하여 피부 침투를 차단하는 방법이다.
> D. 물리적 차단제는 자외선이 피부에 흡수되지 못하도록 피부 표면에서 빛을 반사 또는 산란시키는 방법이다.

① A, B ,C ② A, C, D
③ A, B, D ④ B, C, D

40 건강보균자를 설명한 것으로 가장 적절한 것은?

① 감염병에 이환되어 앓고 있는 자
② 병원체를 보유하고 있으나 증상이 없으며 체외로 균을 배출하고 있는 자
③ 감염병에 이환되어 발생하기까지의 기간에 있는 자
④ 감염병에 걸렸다 완전히 치유된 자

41 다음 중 접촉 감염자 수(감수성 지수)가 가장 높은 질병은?

① 홍역
② 소아마비
③ 디프테리아
④ 성홍열

42 이 · 미용업소에서 감염될 수 있는 트라코마에 대한 설명 중 틀린 것은?

① 수건, 세면기 등에 의하여 감염된다.
② 감염원은 환자의 눈물, 콧물 등이다.
③ 예방접종으로 사전 예방할 수 있다.
④ 실명의 원인이 될 수 있다.

43 다음 중 인공능동면역의 특성을 가장 잘 설명한 것은?

① 항독소(Antitoxin) 등 인공제제를 접종하여 형성되는 면역
② 생균백신, 사균백신 및 순화독소(Toxoid)의 접종으로 형성되는 면역
③ 모체로부터 태반이나 수유를 통해 형성되는 면역
④ 각종 감염병 감염 후 형성되는 면역

44 인체가 느끼는 불쾌지수(Discomfortable Index) 산출에 고려되어야 하는 사항은?

① 기류와 기습
② 기류와 온도
③ 기습과 복사열
④ 기습과 기온

45 성층권의 오존층을 파괴시키는 대표적인 가스는?

① 아황산가스(SO_2)
② 일산화탄소(CO)
③ 이산화탄소(CO_2)
④ 염화불화탄소(CFC)

46 평상시 상수의 수도전에서의 적정한 유리 잔류 염소량은?

① 0.02ppm 이상
② 0.2ppm 이상
③ 0.5ppm 이상
④ 0.55ppm 이상

47 다음 중 세균이 가장 잘 자라는 최적 수소 이온 농도에 해당되는 것은?

① 강산성
② 약산성
③ 중성
④ 강알칼리성

48 인체에 질병을 일으키는 병원체 중 대체로 살아 있는 세포에서만 증식하고 크기가 가장 작아 전자현미경으로만 관찰할 수 있는 것은?

① 구균 ② 간균
③ 바이러스 ④ 원생동물

49 병원미생물의 생활력을 파괴시키거나 멸살시켜서 감염 및 증식력을 없애는 조작을 무엇이라 하는가?

① 소독 ② 산화
③ 방부 ④ 멸균

50 자비 소독 시 살균력 상승과 금속의 상함을 방지하기 위해서 첨가하는 물질(약품)로 알맞은 것은?

① 승홍수
② 알코올
③ 염화칼슘
④ 탄산나트륨

51 고압증기 멸균법에 있어 20Lbs, 126.5℃의 상태에서는 몇 분간 처리하는 것이 가장 좋은가?

① 5분 ② 15분
③ 30분 ④ 60분

52 석탄산의 희석배수 90배를 기준으로 할 때 어떤 소독약의 석탄산계수가 4였다면 이 소독약의 희석배수는?

① 90배
② 94배
③ 360배
④ 400배

53 고무장갑이나 플라스틱의 소독에 가장 적합한 것은?

① EO 가스살균법
② 고압증기멸균법
③ 자비소독법
④ 오존멸균법

54 공중위생관리법에서 공중위생영업이란 다수인을 대상으로 무엇을 제공하는 영업으로 정의되고 있는가?

① 위생관리서비스
② 위생서비스
③ 위생안전서비스
④ 공중위생서비스

55 공중위생영업의 신고에 필요한 제출서류가 아닌 것은?

① 영업시설 및 설비개요서
② 위생교육필증
③ 면허증 원본
④ 재산세 납부 영수증

56 **이 · 미용기구 소독 시의 기준으로 틀린 것은?**

① 자외선 소독 – 1cm²당 85μW 이상의 자외선을 10분 이상 쬐어준다.
② 석탄산수 소독 – 석탄산 3% 수용액에 10분 이상 담가둔다.
③ 크레졸 소독 – 크레졸 3% 수용액에 10분 이상 담가둔다.
④ 열탕 소독 – 섭씨 100℃ 이상의 물속에서 10분 이상 끓여준다.

57 **이 · 미용업소에서 손님이 보기 쉬운 곳에 게시하지 않아도 되는 것은?**

① 개설자의 면허증 원본
② 신고증
③ 사업자등록증
④ 이 · 미용 요금표

58 **이 · 미용사의 면허증을 다른 사람에게 대여했을 때의 법적 행정처분 조치사항으로 옳은 것은?**

① 시 · 도지사가 그 면허를 취소하거나 6월 이내의 기간을 정하여 업무정지를 명할 수 있다.
② 시 · 도지사가 그 면허를 취소하거나 1년 이내의 기간을 정하여 업무정지를 명할 수 있다.
③ 시장 · 군수 · 구청장은 그 면허를 취소하거나 6월 이내의 기간을 정하여 업무정지를 명할 수 있다.
④ 시장 · 군수 · 구청장은 그 면허를 취소하거나 1년 이내의 기간을 정하여 업무정지를 명할 수 있다.

59 **위생서비스평가의 결과에 따른 위생관리 등급별로 영업소에 대한 위생 감시를 실시할 때의 기준이 아닌 것은?**

① 위생교육 실시 횟수
② 영업소에 대한 출입, 검사
③ 위생 감시의 실시 주기
④ 위생 감시의 실시 횟수

60 **다음 중 1년 이하의 징역 또는 1,000만 원 이하의 벌금에 처할 수 있는 것은?**

① 이 · 미용업 허가를 받지 아니하고 영업을 한 자
② 이 · 미용업 신고를 하지 아니하고 영업을 한 자
③ 음란행위를 알선 또는 제공하거나 이에 대한 손님의 요청에 응한 자
④ 위생교육을 받지 아니한 자

정답

01 ④	02 ①	03 ③	04 ③	05 ②	06 ②
07 ③	08 ③	09 ③	10 ②	11 ①	12 ④
13 ③	14 ③	15 ②	16 ④	17 ④	18 ②
19 ③	20 ①	21 ④	22 ④	23 ②	24 ③
25 ③	26 ③	27 ②	28 ③	29 ③	30 ②
31 ④	32 ④	33 ①	34 ③	35 ②	36 ②
37 ③	38 ②	39 ②	40 ②	41 ①	42 ③
43 ②	44 ④	45 ④	46 ②	47 ③	48 ③
49 ①	50 ④	51 ②	52 ③	53 ①	54 ①
55 ④	56 ①	57 ③	58 ③	59 ①	60 ②

모의고사 3회

01 네일미용의 기원에 관한 설명이 틀린 것은?

① 신분을 나타내는 수단으로 사용되었다.
② 이집트의 무덤에서 미라와 함께 매니큐어 제품이 발견되었다.
③ 하류층에서부터 시작하여 전해졌고 짙은 색이 유행되었다.
④ B.C. 3000년경 이집트에서 시작되었다.

02 네일 재료의 개발에 관한 설명이 틀린 것은?

① 아크릴 네일 제품은 미술조형작품에 사용하던 아크릴 재료에서 비롯된 것이다.
② 오렌지 우드스틱은 치과에서 사용하던 도구에서 착안되었다.
③ 니트로셀룰로오스의 개발은 네일 폴리시의 필름형성제로 사용되었다.
④ 에어로졸 테크닉에서 스프레이형 폴리시 드라이가 개발되었다.

03 고객의 안전관리의 내용이 아닌 것은?

① 고객에게 개인 사물함을 제공하고 귀중품은 따로 보관하여 분실이나 도난 사고가 일어나지 않도록 한다.
② 네일 파일 사용과 마사지 등의 계속적인 작업으로 인하여 골격계나 근육계에 불편감이나 통증이 발생할 수 있으므로 휴식을 취하도록 한다.
③ 네일 제품의 부작용으로 고객 피부에 과민반응이 일어날 경우 즉시 작업을 중단하고 전문의에게 의뢰한다.
④ 철제도구에 대한 알레르기가 발생하면 전문의에게 의뢰하도록 한다.

04 서비스를 하기 전에 고객의 건강, 알레르기, 네일의 상태, 생활습관, 원하는 서비스의 여부, 최종적으로 선택한 서비스 등에 대한 것들을 작성하도록 하는 고객관리의 내용으로 옳은 것은?

① 고객에 대한 자세
② 관리 후 처리
③ 상담과 진단
④ 제품 판매

05 네일 구조의 설명으로 틀린 것은?

① 스트레스 포인트 : 네일 보디가 바디에서 떨어져 나가기 시작하는 양옆 끝의 포인트를 말한다.
② 네일 루트(조근) : 얇고 부드러운 피부로 손톱이 자라기 시작하는 부분이다.
③ 네일 보디(조체) : 육안으로 보이는 네일 부분으로 신경조직은 없으며 여러 개의 얇은 층으로 이루어져 있다.
④ 프리에지(자유연) : 네일의 성장이 시작되는 곳으로 세포조직을 형성한다.

06 **네일 관리 시에 미적 목적으로 정리의 대상이 되는 곳으로 에포니키움의 아랫부분으로 네일 보디가 성장함에 따라 자라나오는 얇은 각질막의 명칭은?**

① 네일 보디(조체)
② 큐티클(조소피)
③ 네일 폴드(조주름)
④ 네일 그루브(조구)

07 **네일의 구조에 대한 설명으로 옳은 것은?**

① 매트릭스(조모) : 네일의 성장이 진행되는 곳으로 이상이 생기면 네일의 변형을 가져온다.
② 네일 베드(조상) : 네일의 끝부분에 해당되며 네일의 형태를 조형하는 부분이다.
③ 루눌라(조반월) : 매트릭스와 네일 베드가 만나는 부분으로 미생물의 침입을 막는다.
④ 네일 보디(조체) : 네일 옆면으로 네일과 피부를 밀착시킨다.

08 **손톱의 성장에 관한 설명이 틀린 것은?**

① 한 달에 3~4mm 정도 자란다.
② 손톱이 전체적으로 다시 자라나는 데 소요되는 기간은 4~6개월이다.
③ 중지손톱이 가장 빨리 그리고 소지손톱이 가장 늦게 자란다.
④ 네일은 여름보다 겨울에 빨리 자란다.

09 **매트릭스 세포배열 길이의 조건으로 결정되는 것은 무엇인가?**

① 네일의 각화주기
② 네일의 색상
③ 네일의 두께
④ 네일의 성장속도

10 **네일에 흰 반점이 나타나는 증상을 무엇이라 하는가?**

① 오니콕시스(조갑비대증)
② 행 네일(손거스러미)
③ 고랑 파인 네일(퍼로우)
④ 조백반증(루코니키아)

11 **오니코크립토시스(조갑감입증)에 대한 설명으로 바르지 않은 것은?**

① 인그로운 네일이라고도 한다.
② 파고 들어가기 때문에 네일을 짧게 잘라주어야 한다.
③ 네일미용사가 관리 가능한 이상증세이다.
④ 발톱은 반드시 스퀘어 형태로 다듬어야 한다.

12 **네일의 길이 조절, 표면 정리, 프리에지의 형태를 만들 때 사용하는 그릿(Grit) 숫자에 따라 분류하는 네일 도구는?**

① 에머리보드
② 샌딩 파일
③ 네일 클리퍼
④ 오렌지 우드스틱

13 **네일 폴리시 리무버나 아세톤을 담아 펌프식으로 편리하게 사용할 수 있는 제품의 명칭은?**

① 솜 용기
② 스패출러
③ 디스펜서
④ 디펜디시

14 **네일 팁 작업 시 한 번에 많은 양의 젤과 경화 촉진제를 사용하여 응고할 경우 어느 부위의 손상으로 통증을 유발할 수 있는가?**

① 매트릭스, 네일 베드
② 네일 월, 네일 그루브
③ 큐티클, 프리에지
④ 에포니키움, 하이포니키움

15 **페디큐어에 대한 설명으로 옳은 것은?**

① 족욕기에 물을 넣고 아무것도 첨가하지 않는다.
② 족욕기는 소독하지 않고 매번 사용해도 된다.
③ 토 세퍼레이터 대신 키친타월 등을 사용해도 된다.
④ 발뒤꿈치 굳은살은 콘 커터를 사용하여 피부결 반대방향으로 제거한다.

16 **젤 네일에 대한 설명 중 틀린 것은?**

① 농도가 옅은 젤은 스스로 고르게 퍼진다.
② 젤은 용해제에 녹지 않을 수도 있다.
③ 화이트 젤은 경화속도가 빠르다.
④ 컬러 젤은 경화속도가 느리다.

17 **젤 스컬프처의 보수방법으로 틀린 것은?**

① 들뜬 젤 부분과 자연 네일의 경계부분을 네일 파일링한다.
② 투웨이 젤을 이용하여 두께를 만들고 경화한다.
③ 너무 거칠지 않은 네일 파일을 사용하여 표면을 부드럽게 네일 파일링한다.
④ 표면을 부드럽게 네일 파일링한 후 톱 젤을 바른다.

18 **아크릴 스컬프처의 보수에 대한 설명으로 틀린 것은?**

① 자라나온 부분과 들뜬 경계부분을 네일 파일링한다.
② 들뜬 부분에 큐티클 오일을 도포 후 큐티클을 정리한다.
③ 새로 자란 자연 네일 부분에 네일 프라이머를 도포한다.
④ 아크릴 표면이 단단하게 굳은 후 네일 파일링한다.

19 **네일 폼 접착방법에 대한 설명으로 틀린 것은?**

① 네일 폼이 틀어지지 않도록 중심을 잘 잡고 균형을 맞추어가며 접착한다.
② 옆면에서 볼 때 네일 폼은 항상 20° 하향하도록 장착한다.
③ 자연 네일과 네일 폼 사이의 공간이 벌어지지 않도록 접착한다.
④ 하이포니키움이 손상되지 않도록 너무 깊이 넣지 않게 주의하며 접착한다.

20 **팁 위드 아크릴에 대한 설명으로 옳은 것은?**

① 네일 팁 위에 오버레이하는 재료로서 아크릴이 사용된다.
② 네일 폼을 지지대로 사용하여 인조 네일을 연장시킨다.
③ 아크릴 오버레이는 스컬프처 네일이라고 한다.
④ 아크릴 스컬프처를 네일 랩이라고도 한다.

21 아크릴 네일의 문제점이 아닌 것은?

① 적절하지 못한 브러싱에 의해 기포가 생길 수 있다.
② 충격에 깨질 수 있으므로 주의한다.
③ 아세톤에 잘 녹지 않아 제거할 수 없다.
④ 리프팅이 발생할 수 있다.

22 손허리뼈(중수골)는 몇 개의 뼈로 구성되어 있는가?

① 4개 ② 5개
③ 6개 ④ 7개

23 손과 발의 뼈 구조에 대한 설명으로 틀린 것은?

① 한 손은 총 27개의 뼈, 즉 손목뼈 8개, 손바닥뼈 5개, 손가락뼈 14개로 구성되어 있다.
② 발의 뼈는 한 발이 총 26개의 뼈, 즉 발목뼈 7개, 발바닥뼈 5개, 발가락뼈 14개로 구성되어 있다.
③ 손목뼈는 손목을 구성하는 뼈로 8개의 작고 다른 뼈들이 두 줄로 손목에 위치하고 있다.
④ 발목뼈는 몸의 무게를 지탱하는 5개의 길고 가는 뼈로서 체중을 지탱하기 위해 튼튼하고 길다.

24 무지구근 중 엄지맞섬근(무지대립근)의 역할은 무엇인가?

① 손가락을 붙이는 역할
② 손가락을 펴는 역할
③ 물체를 잡는 역할
④ 손가락을 구부리는 역할

25 다음 중 상지신경이 아닌 것은?

① 액와신경(겨드랑이신경) : 삼각근에 분포
② 정중신경(중앙신경) : 팔의 중앙부를 관통하는 신경
③ 근피신경(근육피부신경) : 굴근에 분포
④ 대퇴신경(넙다리신경) : 대퇴부에 분포하는 신경

26 각화유리질과립(Keratohyalin)은 피부 표피의 어떤 층에 주로 존재하는가?

① 과립층 ② 유극층
③ 기저층 ④ 투명층

27 피부의 각질(케라틴)을 만들어 내는 세포는?

① 색소세포
② 기저세포
③ 각질형성세포
④ 섬유아세포

28 피부의 천연보습인자(NMF)의 구성 성분 중 가장 많은 분포를 나타내는 것은?

① 아미노산
② 요소
③ 피롤리돈 카르본산
④ 젖산염

29 **각 비타민의 효능에 대한 설명 중 옳은 것은?**

① 비타민 E – 아스코르빈산의 유도체로 사용되며 미백제로 이용된다.
② 비타민 A – 혈액순환 촉진과 피부 청정효과가 우수하다.
③ 비타민 P – 바이오플라보노이드라고도 하며 모세혈관을 강화하는 효과가 있다.
④ 비타민 B – 세포 및 결합조직의 조기 노화를 예방한다.

30 **다음 중 원발진에 속하는 것은?**

① 수포, 반점, 인설
② 수포, 균열, 반점
③ 반점, 구진, 결절
④ 반점, 가피, 구진

31 **기미가 생기는 원인으로 가장 거리가 먼 것은?**

① 정신적 불안
② 비타민 C 과다
③ 내분비 기능 장애
④ 질이 좋지 않은 화장품의 사용

32 **대상포진의 특징에 대한 설명으로 옳은 것은?**

① 지각신경 분포를 따라 군집 수포성 발진이 생기며 통증이 동반된다.
② 바이러스를 갖고 있지 않다.
③ 전염되지 않는다.
④ 목과 눈꺼풀에 나타나는 전염성 비대 증식현상이다.

33 **화장품법상 화장품의 정의와 관련한 내용이 아닌 것은?**

① 신체의 구조, 기능에 영향을 미치는 것과 같은 사용목적을 겸하지 않는 물품
② 인체를 청결히 하고, 미화하며, 매력을 더하고 용모를 밝게 변화시키기 위해 사용하는 물품
③ 피부 혹은 모발을 건강하게 유지 또는 증진하기 위한 물품
④ 인체에 사용되는 물품으로 인체에 대한 작용이 경미한 것

34 **색소를 염료(Dye)와 안료(Pigment)로 구분할 때 그 특징에 대해 잘못 설명한 것은?**

① 염료는 메이크업 화장품을 만드는 데 주로 사용된다.
② 안료는 물과 오일에 모두 녹지 않는다.
③ 무기안료는 커버력이 우수하고 유기안료는 빛, 산, 알칼리에 약하다.
④ 염료는 물이나 오일에 녹는다.

35 **계면활성제에 대한 설명으로 옳은 것은?**

① 계면활성제는 일반적으로 둥근 머리모양의 소수성기와 막대꼬리모양의 친수성기를 가진다.
② 계면활성제의 피부에 대한 자극은 양쪽성 > 양이온성 > 음이온성 > 비이온성의 순으로 감소한다.
③ 비이온성 계면활성제는 피부자극이 적어 화장수의 가용화제, 크림의 유화제, 클렌징 크림의 세정제 등에 사용된다.
④ 양이온성 계면활성제는 세정작용이 우수하여 비누, 샴푸 등에 사용된다.

36 **비누에 대한 설명으로 틀린 것은?**

① 비누의 세정작용은 비누 수용액이 오염과 피부 사이에 침투하여 부착을 약화시켜 떨어지기 쉽게 하는 것이다.
② 비누는 거품이 풍성하고 잘 헹구어져야 한다.
③ 비누는 세정작용뿐만 아니라 살균, 소독효과를 주로 가진다.
④ 메디케이티드 비누는 소염제를 배합한 제품으로 여드름, 면도 상처 및 피부 거칠음 방지효과가 있다.

37 **땀의 분비로 인한 냄새와 세균의 증식을 억제하기 위해 주로 겨드랑이 부위에 사용하는 제품은?**

① 데오드란트
② 핸드 로션
③ 바디 로션
④ 파우더

38 **내가 좋아하는 향수를 구입하여 샤워 후 바디에 나만의 향으로 산뜻하고 상쾌함을 유지시키고자 한다면, 부향률은 어느 정도로 하는 것이 좋은가?**

① 1~3%
② 3~5%
③ 6~8%
④ 9~12%

39 **여드름 관리에 효과적인 성분이 아닌 것은?**

① 스테로이드(Steroid)
② 과산화 벤조일(Benzoyl Peroxide)
③ 살리실산(Salicylic Acid)
④ 글리콜산(Glycolic Acid)

40 **인수공통 감염병에 해당하는 것은?**

① 천연두 ② 콜레라
③ 디프테리아 ④ 공수병

41 **수인성으로 감염되는 질병으로 엮인 것은?**

① 장티푸스 – 파라티푸스 – 간흡충증 – 세균성 이질
② 콜레라 – 파라티푸스 – 세균성 이질 – 폐흡충증
③ 장티푸스 – 파라티푸스 – 콜레라 – 세균성 이질
④ 장티푸스 – 파라티푸스 – 콜레라 – 간흡충증

42 **자연능동면역 중 감염면역만 형성되는 감염병은?**

① 두창, 홍역
② 일본뇌염, 폴리오
③ 매독, 임질
④ 디프테리아, 폐렴

43 **특히 돼지고기를 생식하는 지역주민에게 많이 나타나며 성충감염보다는 충란 섭취로 뇌, 안구, 근육, 장벽, 심장, 폐 등에 낭충증 감염을 많이 유발시키는 것은?**

① 유구조충증(갈고리촌충증)
② 무구조충증(민촌충증)
③ 긴촌충증(광절열두조충증)
④ 폐흡충증(폐디스토마증)

44 **임신 7개월(28주)까지의 분만을 뜻하는 것은?**

① 조산 ② 유산
③ 사산 ④ 정기산

45 다음 중 하수에서 용존산소(DO)가 아주 낮다는 의미로 적절한 것은?

① 수생식물이 잘 자랄 수 있는 물의 환경이다.
② 물고기가 잘 살 수 있는 물의 환경이다.
③ 물의 오염도가 높다는 의미이다.
④ 하수의 BOD가 낮은 것과 같은 의미이다.

46 테트로도톡신(Tetrodotoxin)은 다음 중 어느 것에 있는 독소인가?

① 복어 ② 감자
③ 버섯 ④ 조개

47 다음 중 병원성 미생물을 크기에 따라 열거한 것으로서 옳은 것은?

① 바이러스 < 리케차 < 세균
② 리케차 < 세균 < 바이러스
③ 세균 < 바이러스 < 리케차
④ 바이러스 < 세균 < 리케차

48 용품이나 기구 등을 일차적으로 청결하게 세척하는 것은 다음의 소독방법 중 어디에 해당되는가?

① 희석 ② 방부
③ 정균 ④ 여과

49 이 · 미용업소에서 수건 소독에 가장 많이 사용되는 물리적 소독법은?

① 석탄산 소독
② 알코올 소독
③ 자비 소독
④ 과산화수소 소독

50 혈청이나 약제, 백신 등 열에 불안정한 액체의 멸균에 주로 이용되는 멸균법은?

① 초음파멸균법
② 방사선멸균법
③ 초단파멸균법
④ 여과멸균법

51 어느 소독약의 석탄산계수가 1.5였다면 그 소독약의 적당한 희석배율은 몇 배인가? (단, 석탄산의 희석배율은 90배였다.)

① 60배 ② 135배
③ 150배 ④ 180배

52 알코올 소독의 미생물 세포에 대한 주된 작용기전은?

① 할로겐 복합물 형성
② 단백질 변성
③ 효소의 완전 파괴
④ 균체의 완전 융해

53 100%의 알코올을 사용해서 70%의 알코올 400mL를 만드는 방법으로 옳은 것은?

① 물 70mL와 100% 알코올 330mL 혼합
② 물 100mL와 100% 알코올 300mL 혼합
③ 물 120mL와 100% 알코올 280mL 혼합
④ 물 330mL와 100% 알코올 70mL 혼합

54 공중위생관리법의 목적은 위생수준을 향상시켜 국민의 (　)에 기여함에 있다. (　) 속에 적합한 것은?

① 건강
② 건강관리
③ 건강증진
④ 삶의 질 향상

55 이 · 미용업을 승계할 수 있는 경우가 아닌 것은?(단, 면허를 소지한 자에 한함)

① 이 · 미용업을 양수한 경우
② 이 · 미용업영업자의 사망에 의한 상속의 경우
③ 공중위생관리법에 의한 영업장 폐쇄명령을 받은 경우
④ 이 · 미용업영업자의 파산에 의해 시설 및 설비의 전부를 인수한 경우

56 이 · 미용사의 면허를 받기 위한 자격요건으로 틀린 것은?

① 교육과학기술부장관이 인정하는 고등기술학교에서 1년 이상 이 · 미용에 관한 소정의 과정을 이수한 자
② 이 · 미용에 관한 업무에 3년 이상 종사한 경험이 있는 자
③ 국가기술자격법에 의한 이 · 미용사의 자격을 취득한 자
④ 전문대학에서 이 · 미용에 관한 학과를 졸업한 자

57 공중이용시설의 위생관리 규정을 위반한 시설의 소유자에게 개선명령을 할 때 명시하여야 할 것에 해당되는 것은?(모두 고를 것)

> 가. 위생관리기준
> 나. 개선 후 복구 상태
> 다. 개선기간
> 라. 발생된 오염물질의 종류

① 가, 다
② 나, 라
③ 가, 다, 라
④ 가, 나, 다, 라

58 공중위생영업소의 위생관리수준을 향상시키기 위하여 위생서비스 평가계획을 수립하는 자는?

① 대통령
② 보건복지부장관
③ 시 · 도지사
④ 공중위생관련협회 또는 단체

59 이 · 미용 영업자에 대한 지도 · 감독을 위한 관계공무원의 출입 · 검사를 거부, 방해한 자에 대한 처벌 규정은?

① 50만 원 이하의 과태료
② 100만 원 이하의 과태료
③ 200만 원 이하의 과태료
④ 300만 원 이하의 과태료

60 신고를 하지 아니하고 영업소 소재를 변경한 때 1차 위반 시의 행정처분 기준은?

① 영업정지 1월
② 영업정지 6월
③ 영업정지 3월
④ 영업정지 2월

정답

01 ③	02 ①	03 ②	04 ③	05 ④	06 ②
07 ①	08 ④	09 ③	10 ④	11 ②	12 ①
13 ③	14 ①	15 ③	16 ③	17 ②	18 ②
19 ②	20 ①	21 ③	22 ②	23 ④	24 ③
25 ④	26 ①	27 ③	28 ①	29 ③	30 ③
31 ②	32 ①	33 ①	34 ①	35 ③	36 ③
37 ①	38 ①	39 ①	40 ④	41 ③	42 ③
43 ①	44 ②	45 ③	46 ①	47 ①	48 ①
49 ③	50 ④	51 ②	52 ②	53 ③	54 ③
55 ③	56 ②	57 ③	58 ③	59 ④	60 ①

PART
03

과년도 기출문제

기출문제 2014년 11월 16일

01 다음 기생충 중 송어, 연어 등의 생식으로 주로 감염될 수 있는 것은?

① 유구낭충증
② 유구조충증
③ 무구조충증
④ 긴촌충증

02 다음 중 감염병 관리상 가장 중요하게 취급해야 할 대상자는?

① 건강보균자
② 잠복기 환자
③ 현성 환자
④ 회복기 보균자

03 영아사망률의 계산공식으로 옳은 것은?

① $\frac{\text{연간 출생아 수}}{\text{인구}} \times 1,000$

② $\frac{\text{그 해의 1~4세 사망아 수}}{\text{어느 해의 1~4세 인구}} \times 1,000$

③ $\frac{\text{그 해의 1세 미만 사망아 수}}{\text{어느 해의 연간 출생아수}} \times 1,000$

④ $\frac{\text{그 해의 생후 28일 이내의 사망아 수}}{\text{어느 해의 연간 출생아 수}} \times 1,000$

04 세계보건기구에서 규정한 보건행정의 범위에 속하지 않는 것은?

① 보건관계 기록의 보존
② 환경위생과 감염병 관리
③ 보건통계와 만성병 관리
④ 모자보건과 보건간호

05 공기의 자정작용현상이 아닌 것은?

① 산소, 오존, 과산화수소 등에 의한 산화작용
② 태양광선 중 자외선에 의한 살균작용
③ 식물의 탄소동화작용에 의한 CO_2의 생산작용
④ 공기 자체의 희석작용

06 절지동물에 의해 매개되는 감염병이 아닌 것은?

① 유행성 일본뇌염
② 발진티푸스
③ 탄저
④ 페스트

07 법정 감염병 중 제4군 감염병에 속하는 것은?

① 콜레라 ② 디프테리아
③ 황열 ④ 말라리아

08 소독용 승홍수의 희석 농도로 적합한 것은?

① 10~20% ② 5~7%
③ 2~5% ④ 0.1~0.5%

09 자비소독법 시 일반적으로 사용하는 물의 온도와 시간은?

① 150℃에서 15분간
② 135℃에서 20분간
③ 100℃에서 20분간
④ 80℃에서 30분간

10 세균증식에 가장 적합한 최적 수소이온 농도는?

① pH 3.5~5.5
② pH 6.0~8.0
③ pH 8.5~10.0
④ pH 10.5~11.5

11 호기성 세균이 아닌 것은?

① 결핵균 ② 백일해균
③ 파상풍균 ④ 녹농균

12 석탄산 10% 용액 200mL를 2% 용액으로 만들고자 할 때 첨가해야 하는 물의 양은?

① 200mL ② 400mL
③ 800mL ④ 1000mL

13 다음 중 이 · 미용실에서 사용하는 수건을 철저하게 소독하지 않았을 때 주로 발생할 수 있는 감염병은?

① 장티푸스 ② 트라코마
③ 페스트 ④ 일본뇌염

14 석탄산 소독에 대한 설명으로 틀린 것은?

① 단백질 응고작용이 있다.
② 저온에서는 살균효과가 떨어진다.
③ 금속기구 소독에 부적합하다.
④ 포자 및 바이러스에 효과적이다.

15 바이러스성 피부질환은?

① 모낭염 ② 절종
③ 용종 ④ 단순포진

16 다음 중 원발진(Primary Lesions)에 해당하는 피부질환은?

① 면포 ② 미란
③ 가피 ④ 반흔

17 피부의 기능과 그 설명이 틀린 것은?

① 보호기능 – 피부 표면의 산성막은 박테리아의 감염과 미생물의 침입으로부터 피부를 보호한다.
② 흡수기능 – 피부는 외부의 온도를 흡수, 감지한다.
③ 영양분교환기능 – 프로비타민 D가 자외선을 받으면 비타민 D로 전환된다.
④ 저장기능 – 진피조직은 신체 중 가장 큰 저장기관으로 각종 영양분과 수분을 보유하고 있다.

18 멜라노사이트(Melanocyte)가 주로 분포되어 있는 곳은?

① 투명층 ② 과립층
③ 각질층 ④ 기저층

19 피부의 면역에 관한 설명으로 옳은 것은?

① 세포성 면역에는 보체, 항체 등이 있다.
② T림프구는 항원전달세포에 해당된다.
③ B림프구는 면역글로불린이라고 불리는 항체를 생성한다.
④ 표피에 존재하는 각질형성세포는 면역조절에 작용하지 않는다.

20 비타민에 대한 설명 중 틀린 것은?

① 비타민 A가 결핍되면 피부가 건조해지고 거칠어진다.
② 비타민 C는 교원질 형성에 중요한 역할을 한다.
③ 레티노이드는 비타민 A를 통칭하는 용어이다.
④ 비타민 A는 많은 양이 피부에서 합성된다.

21 다음 중 자외선 B(UV – B)의 파장 범위는?

① 100~190nm
② 200~280nm
③ 290~320nm
④ 330~400nm

22 다음 중 이 · 미용사 면허를 받을 수 없는 자는?

① 교육부장관이 인정하는 고등기술학교에서 6개월 이상 이 · 미용에 관한 소정의 과정을 이수한 자
② 전문대학에서 이 · 미용에 관한 학과를 졸업한 자
③ 국가기술자격법에 의한 이 · 미용사의 자격을 취득한 자
④ 고등학교에서 이 · 미용에 관한 학과를 졸업한 자

23 이 · 미용업 영업과 관련하여 과태료 부과대상이 아닌 사람은?

① 위생관리 의무를 위반한 자
② 위생교육을 받지 않은 자
③ 무신고 영업자
④ 관계공무원 출입 · 검사 방해자

24 공중위생관리법상 이 · 미용업자의 변경신고사항에 해당되지 않는 것은?

① 업소의 소재지 변경
② 영업소의 명칭 또는 상호 변경
③ 대표자의 성명(법인의 경우에 한함)
④ 신고한 영업장 면적의 2분의 1 이하의 변경

25 다음 중 공중위생감시원을 두는 곳을 모두 고른 것은?

㉠ 특별시	㉡ 광역시
㉢ 도	㉣ 군

① ㉡, ㉢
② ㉠, ㉢
③ ㉠, ㉡, ㉢
④ ㉠, ㉡, ㉢, ㉣

26 과징금을 기한 내에 납부하지 아니한 경우에 이를 징수하는 방법은?

① 지방세 체납처분의 예에 의하여 징수
② 부가가치세 체납처분의 예에 의하여 징수
③ 법인세 체납처분의 예에 의하여 징수
④ 소득세 체납처분의 예에 의하여 징수

27 이 · 미용업소 내에 게시하지 않아도 되는 것은?

① 이 · 미용업 신고증
② 개설자의 면허증 원본
③ 근무자의 면허증 원본
④ 이 · 미용요금표

28 공중위생영업소의 위생서비스 평가계획을 수립하는 자는?

① 시 · 도지사
② 안전행정부장관
③ 대통령
④ 시장 · 군수 · 구청장

29 다음 중 화장품의 4대 요건이 아닌 것은?

① 안전성 ② 안정성
③ 유효성 ④ 기능성

30 네일 에나멜(Nail Enamel)에 대한 설명으로 틀린 것은?

① 손톱에 광택을 부여하고 아름답게 할 목적으로 사용하는 화장품이다.
② 피막 형성제로 톨루엔이 함유되어 있다.
③ 대부분 니트로셀룰로오스를 주성분으로 한다.
④ 안료가 배합되어 손톱에 아름다운 색채를 부여하기 때문에 네일 컬러(Nail Color)라고도 한다.

31 다음 중 햇빛에 노출했을 때 색소침착의 우려가 있어 사용 시 유의해야 하는 에센셜 오일은?

① 라벤더 ② 티트리
③ 제라늄 ④ 레몬

32 피부 표면에 물리적인 장벽을 만들어 자외선을 반사하고 분산하는 자외선 차단 성분은?

① 옥틸메톡시신나메이트
② 파라아미노안식향산(PABA)
③ 이산화티탄
④ 벤조페논

33 다량의 유성 성분을 물에 일정기간 동안 안정한 상태로 균일하게 혼합시키는 화장품 제조기술은?

① 유화 ② 경화
③ 분산 ④ 가용화

34 기초 화장품을 사용하는 목적이 아닌 것은?

① 세안
② 피부정돈
③ 피부보호
④ 피부결점 보완

35 화장품의 원료로서 알코올의 작용에 대한 설명으로 틀린 것은?

① 다른 물질과 혼합해서 그것을 녹이는 성질이 있다.
② 소독작용이 있어 화장수, 양모제 등에 사용한다.
③ 흡수작용이 강하기 때문에 건조의 목적으로 사용한다.
④ 피부에 자극을 줄 수도 있다.

36 네일의 특징에 대한 설명으로 틀린 것은?

① 네일 보디와 네일 루트는 산소를 필요로 한다.
② 지각 신경이 집중되어 있는 반투명의 각질판이다.
③ 네일의 경도는 함유된 수분의 함량이나 각질의 조성에 따라 다르다.
④ 네일 베드의 모세혈관으로부터 산소를 공급받는다.

37 **건강한 네일의 특성이 아닌 것은?**

① 매끄럽고 광택이 나며 반투명한 핑크빛을 띤다.
② 약 8~12%의 수분을 함유하고 있다.
③ 모양이 고르고 표면이 균일하다.
④ 탄력이 있고 단단하다.

38 **고객을 위한 네일미용사의 자세가 아닌 것은?**

① 고객의 경제 상태 파악
② 고객의 네일 상태 파악
③ 선택 가능한 작업방법 설명
④ 선택 가능한 관리방법 설명

39 **네일관리의 유래와 역사에 대한 설명으로 틀린 것은?**

① 중국에서는 네일에도 연지를 발라 '조홍'이라 하였다.
② 기원전 시대에는 관목이나 음식물, 식물 등에서 색상을 추출하였다.
③ 고대 이집트에서 왕족은 짙은색으로 낮은 계층의 사람들은 옅은 색만을 사용하게 하였다.
④ 중세시대에는 금색이나 은색 또는 검정이나 흑적색 등의 색상으로 특권층의 신분을 표시했다.

40 **손톱의 생리적인 특성에 대한 설명으로 틀린 것은?**

① 일반적으로 1일 평균 0.1~0.15mm 정도 자란다.
② 네일의 성장은 조소피의 조직이 경화되면서 오래된 세포를 밀어내는 현상이다.
③ 네일의 본체는 각질층이 변형된 것으로 얇은 층이 겹으로 이루어져 단단한 층을 이루고 있다.
④ 주로 경단백질인 케라틴과 이를 조성하는 아미노산 등으로 구성되어 있다.

41 **몸쪽 손목뼈(근위 수근골)가 아닌 것은?**

① 손배뼈(주상골)
② 알머리뼈(유두골)
③ 세모뼈(삼각골)
④ 콩알뼈(두상골)

42 **변색된 네일(Discolored Nails)의 특징이 아닌 것은?**

① 네일 보디에 파란 멍이 반점처럼 나타난다.
② 혈액순환이나 심장이 좋지 못한 상태에서 나타날 수 있다.
③ 베이스코트를 바르지 않고 유색 네일 폴리시를 바를 경우 나타날 수 있다.
④ 네일의 색상이 청색, 황색, 검푸른색, 자색 등으로 나타난다.

43 **둘째에서 다섯째 손가락에 작용하며 손허리뼈의 사이를 메워주는 손의 근육은?**

① 벌레근(충양근)
② 뒤친근(회외근)
③ 손가락편근(지신근)
④ 엄지맞섬근(무지대립근)

44 **매니큐어의 어원으로 손을 지칭하는 라틴어는?**

① 페디스(Pedis) ② 마누스(Manus)
③ 큐라(Cura) ④ 매니스(Manis)

45 **큐티클이 과잉 성장하여 손톱 위로 자라는 질병은?**

① 표피조막(테리지움)
② 교조증(오니코파지)
③ 조갑비대증(오니콕시스)
④ 고랑 파인 네일(퍼로우 네일)

46 **신경조직과 관련된 설명으로 옳은 것은?**

① 말초신경은 외부나 체내에 가해진 자극에 의해 감각기에 발생한 신경흥분을 중추신경에 전달한다.
② 중추신경계에 체성신경은 12쌍의 뇌신경과 31쌍의 척수 신경으로 이루어져 있다.
③ 중추신경계는 뇌신경, 척수 신경 및 자율신경으로 구성된다.
④ 말초신경은 교감신경과 부교감신경으로 구성된다.

47 **젤 램프기기와 관련한 설명으로 틀린 것은?**

① LED 램프는 400~700nm 정도의 파장을 사용한다.
② UV 램프는 UV-A 파장 정도를 사용한다.
③ 젤 네일에 사용되는 광선은 자외선과 적외선이다.
④ 젤 네일의 광택이 떨어지거나 경화속도가 떨어지면 램프를 교체함이 바람직하다.

48 **하이포니키움(하조피)에 대한 설명으로 옳은 것은?**

① 매트릭스를 병원균으로부터 보호한다.
② 네일 아래 살과 연결된 끝부분으로 박테리아의 침입을 막아준다.
③ 네일 옆면의 피부로 네일 베드와 연결된다.
④ 매트릭스 윗부분으로 손톱을 성장시킨다.

49 **네일의 구조에 대한 설명으로 옳은 것은?**

① 매트릭스(조모) : 네일의 성장이 진행되는 곳으로 이상이 생기면 네일의 변형을 가져온다.
② 네일 베드(조상) : 네일의 끝부분에 해당되며 손톱의 모양을 만들 수 있다.
③ 루눌라(반월) : 매트릭스와 네일 베드가 만나는 부분으로 미생물의 침입을 막는다.
④ 네일 보디(조체) : 네일 옆면으로 손톱과 피부를 밀착시킨다.

50 **네일의 길이와 형태를 자유롭게 조절할 수 있는 것은?**

① 프리에지(자유연)
② 네일 그루브(조구)
③ 네일 폴드(조주름)
④ 에포니키움(조상피)

51 **젤 네일에 관한 설명으로 틀린 것은?**

① 아크릴에 비해 강한 냄새가 없다.
② 일반 네일 폴리시에 비해 광택이 오래 지속된다.
③ 소프트 젤(Soft Gel)은 아세톤에 녹지 않는다.
④ 젤 네일은 하드 젤(Hard Gel)과 소프트 젤(Sofe Gel)로 구분된다.

52 **오렌지 우드스틱의 사용 용도로 적합하지 않은 것은?**

① 큐티클을 밀어 올릴 때
② 네일 폴리시의 여분을 닦을 때
③ 네일 주위의 굳은살을 정리할 때
④ 네일 주위의 이물질을 제거할 때

53 **투톤 아크릴 스컬프처의 작업에 대한 설명으로 틀린 것은?**

① 프렌치 스컬프처(French Sculpture)라고도 한다.
② 화이트 파우더 특성상 프리에지가 퍼져 보일 수 있으므로 핀칭에 유의해야 한다.
③ 스트레스 포인트에 화이트 파우더가 얇게 작업되면 떨어지기 쉬우므로 주의한다.
④ 스퀘어 형태를 잡기 위해 네일 파일은 30° 정도 살짝 기울여 네일 파일링한다.

54 **파고드는 발톱을 예방하기 위한 발톱의 형태로 적합한 것은?**

① 라운드형
② 스퀘어형
③ 포인트형
④ 오발형

55 **매니큐어 작업에 관한 설명으로 옳은 것은?**

① 자연 네일의 형태를 조형할 때는 비벼서 네일 파일링한다.
② 큐티클은 상조피 바로 밑부분까지 완전히 제거한다.
③ 네일 폴리시를 도포하기 전에 유분기는 깨끗하게 제거한다.
④ 자연 네일이 약한 고객은 네일 컬러링 후 톱코트(Top Coat)를 2회 도포한다.

56 **아크릴 네일의 작업과 보수에 관련한 내용으로 틀린 것은?**

① 공기 방울이 생긴 인조 네일은 촉촉하게 젖은 브러시의 사용으로 인해 나타날 수 있는 현상이다.
② 노랗게 변색되는 인조 네일은 제품과 작업하는 과정에서 발생한 것으로 보수를 해야 한다.
③ 적절한 온도 이하에서 작업했을 경우 인조 네일에 금이 가거나 깨지는 현상이 나타날 수 있다.
④ 기존에 작업된 인조 네일과 새로 자라나온 자연 네일을 자연스럽게 연결해 주어야 한다.

57 **그러데이션 기법의 컬러링에 대한 설명으로 틀린 것은?**

① 색상 사용의 제한이 없다.
② 스펀지를 사용하여 작업할 수 있다.
③ UV 젤의 적용 시에도 활용할 수 있다.
④ 일반적으로 큐티클 부분으로 갈수록 컬러링 색상이 자연스럽게 진해지는 기법이다.

58 **아크릴 네일 재료인 네일 프라이머에 대한 설명으로 틀린 것은?**

① 네일 표면의 유 · 수분을 제거해 주고 건조시켜 주어 아크릴의 접착력을 강하게 해준다.
② 산성 제품으로 피부에 화상을 입힐 수 있으므로 최소량만을 사용한다.
③ 인조 네일 전체에 사용하며 방부제 역할을 해준다.
④ 네일 표면의 pH 밸런스를 맞춘다.

59 **프리에지 부분을 유색 폴리시로 바르는 테크닉은?**

① 프렌치 매니큐어(French Manucure)
② 핫 오일 매니큐어(Hot Oil Manucure)
③ 레귤러 매니큐어(Regular Manucure)
④ 파라핀 매니큐어(Paraffin Manucure)

60 **자연 네일의 형태 및 특성에 따른 네일 팁 적용방법으로 옳은 것은?**

① 넓적한 네일에는 끝이 좁아지는 내로 네일 팁을 적용한다.
② 아래로 향한 네일(Claw Nail)에는 커브 네일 팁을 적용한다.
③ 위로 솟아 오른 네일(Spoon Nail)에는 옆선에 커브가 없는 네일 팁을 적용한다.
④ 물어뜯는 네일에는 네일 팁을 적용할 수 없다.

기출문제 해설

해설

01 긴촌충증은 긴촌충에 감염된 연어, 송어 등의 생식으로 소장에 기생하여 발생한다.

02 건강보균자는 병원체를 보유하지만 임상증상이 보이지 않아 건강해 보이는 보균자로 감염병 관리상 가장 중요하게 취급해야 할 대상자이다.

03 영아사망률 = 1년 미만 사망아 수 / 연간 출생아 수 × 출생아 1,000명

04 보건통계와 만성병 관리는 보건행정의 범위가 아니다.

05 식물의 탄소동화작용에 의한 이산화탄소(CO_2), 산소(O_2) 교환작용이다.

06 탄저는 양, 소, 말, 돼지에 의해 매개되는 감염병이다.

09 자비소독법은 100℃의 끓는 물에 15~20분 가열하는 방법이다.

11 호기성 세균은 디프테리아균, 결핵균, 백일해균, 녹농균이다.

12 $\text{농도\%} = \frac{\text{용질량}}{\text{용액량}} \times 100$, $10\% = \frac{x}{20} \times 100$, $x = 20\text{g}$(석탄산)

$2\% = \frac{20}{200+x} \times 100$, $2\% = \frac{2{,}000}{200+x}$, $200 + x = 1{,}000$, $x = 1{,}000 - 200$, $x = 800$

13 트라코마 : 환자의 눈물, 콧물 등이 수건, 세면기 등에 의하여 감염되며 위생 상태가 좋지 않은 곳에서 주로 감염된다.

14 석탄산 소독은 포자 및 바이러스에는 효과가 없다.

15 바이러스성 피부질환 : 수두, 대상포진, 단순포진, 사마귀, 홍역, 풍진 등

16 원발진 : 반점, 홍반, 면포, 농포, 팽진, 구진, 소수포, 대수포, 결절, 종양, 낭종

17 진피조직은 신체 중 가장 큰 저장기관이 아니다.

18 멜라닌세포는 표피의 기저층에 주로 분포되어 있다.

20 비타민 D는 피부에서 합성되며 이는 소량으로 비타민은 인체에서 합성되지 않고 대부분 식품을 통한 섭취로 이루어진다.

21 자외선 A : 320~400nm, 자외선 B : 290~320nm, 자외선 C : 200~290nm

22 교육부장관이 인정하는 고등기술학교에서 1년 이상 이용 또는 미용에 관한 소정의 과정을 이수한 자는 가능하다.

23 영업의 신고를 하지 아니한 자(무신고 영업자)는 1년 이하의 징역 또는 1천만 원 이하의 벌금의 벌칙이 적용된다.

24 변경 신고사항은 신고한 영업장 면적의 1/3 이상의 증감이다.
④ 신고한 영업장 면적의 2분의 1 이하의 변경이라는 것은 면적의 1/3 이상의 증감을 포함하기 때문에 전부 정답이라고 할 수 있다.

25 공중위생감시원은 특별시 · 광역시 · 도 및 시 · 군 · 구에 둔다.

26 과징금 : 지방세 외 수입금의 징수, 과태료 : 지방세 체납 처분 징수

29 화장품의 4대 요건은 안전성, 안정성, 사용성, 유효성이다.

30 대부분 피막 형성제로 니트로셀룰로오스가 함유되어 있다.

31 레몬은 살균작용으로 여드름, 지성피부에 효과가 있으나 햇빛에 노출했을 때 색소침착의 우려가 있다.

32 물리적 차단제에는 산화아연, 이산화티탄이 있다.

34 피부의 결점 보완은 메이크업 화장품의 목적이다.

35 알코올은 휘발성이 강하며 건조의 목적으로 사용하지 않는다.

36 네일 보디는 신경과 혈관이 없으며 산소를 필요로 하지 않는다.

37 건강한 네일은 약 12~18%의 수분을 함유하고 있다.

38 네일미용사의 자세로 고객의 경제 상태를 파악하는 것은 바람직하지 않다.

39 ④ B.C. 600년경 중국에서 귀족들이 금색이나 은색으로 색을 칠하였다.

40 네일의 성장은 매트릭스의 세포들이 네일 베드를 따라 네일 보디의 앞쪽으로 자라며 점차 각질화된다.

41 근위부 : 주상골, 월상골, 삼각골, 두상골

42 ① 멍든 네일(헤마토마)은 네일 베드에 피가 응결된 상태로 멍이 반점처럼 나타나는 증상이다.

43 충양근 : 손허리손가락관절은 굽히고 손가락 뼈사이관절은 펴는 기능을 하는 근육이다.

44 매니큐어는 마누스(손)와 큐라(관리)의 합성어이다.

45 ② 교조증 : 물어뜯는 네일
③ 조체비대증 : 네일의 과잉성장
④ 고랑 파인 네일 : 세로나 가로로 고랑이 파인 네일

46 ② 체성신경은 말초신경계이다.
③ 중추신경계는 뇌와 척수로 구성된다.
④ 자율신경계는 교감신경과 부교감신경으로 구성된다.

47 젤 네일에 사용되는 광선은 자외선과 가시광선이다. 적외선은 사용되지 않는다.

48 하이포니키움은 네일 보디가 끝나는 프리에지 아랫부분으로 박테리아와 이물질의 침입으로부터 네일을 보호하는 역할을 한다.

49 매트릭스는 네일의 성장이 시작되는 곳으로 네일을 만드는 세포를 생성 · 성장시키는 역할을 하며 매트릭스가 손상되면 네일이 더 이상 자라지 않거나 변형을 가져온다.

50 프리에지는 옐로 라인을 기준으로 피부와 떨어져 자라나는 부분이며 네일의 길이와 형태를 자유롭게 조절할 수 있다.

51 소프트 젤은 아세톤에 녹는다.

52 네일 주위의 굳은살을 정리할 때 오렌지 우드스틱은 사용되지 않는다.

53 스퀘어 형태로 잡기 위해 네일 파일은 90°의 직각으로 네일 파일링한다.

54 발톱을 동그랗게 자르면 자라면서 양쪽 살을 파고드는 현상이 생길 수 있으므로 스퀘어 형태로 조형해야 한다.

55 ① 자연 네일은 비벼서 네일 파일링하면 안 된다.
② 루즈 큐티클 부분만 정리해야 한다.
④ 자연 네일이 약한 고객은 네일 강화제를 도포해야 한다.

56 인조 네일에 공기 방울이 생기는 것은 리퀴드와 파우더의 혼합비율이 적정하지 않거나 브러시를 잘못 사용할 경우 나타나는 현상이다.

57 프리에지로 갈수록 컬러의 색상이 자연스럽게 진해지는 컬러링 기법이다.

58 인조 네일 전체에 사용하지 않고 자연 네일에 최소량만 발라준다.

60 ② 아래로 향한 네일에는 커브가 없는 일자팁을 선택한다.
③ 위로 솟아 오른 네일에는 C커브가 있는 네일 팁을 적용한다.
④ 물어뜯는 네일에는 아크릴 네일이 효과적이나 프리에지 라인이 일정한 경우라면 네일 팁을 적용할 수 있다.

정답

01 ④	02 ①	03 ③	04 ③	05 ③	06 ③	07 ③	08 ④	09 ③	10 ②	11 ③	12 ③
13 ②	14 ④	15 ④	16 ①	17 ④	18 ④	19 ③	20 ④	21 ③	22 ①	23 ③	24 답 없음
25 ④	26 답 없음	27 ③	28 ①	29 ④	30 ②	31 ④	32 ③	33 ①	34 ④	35 ③	36 ①
37 ②	38 ①	39 ④	40 ②	41 ②	42 ①	43 ①	44 ②	45 ①	46 ①	47 ③	48 ②
49 ①	50 ①	51 ③	52 ③	53 ④	54 ②	55 ③	56 ①	57 ④	58 ③	59 ①	60 ①

기출문제 2015년 4월 4일

01 인공조명을 할 때 고려사항 중 틀린 것은?

① 광색은 주광색에 가깝고, 유해 가스의 발생이 없어야 한다.
② 열의 발생이 적고, 폭발이나 발화의 위험이 없어야 한다.
③ 균등한 조도를 위해 직접조명이 되도록 해야 한다.
④ 충분한 조도를 위해 빛이 좌상방에서 비춰야 한다.

02 일반적으로 이 · 미용업소의 실내 쾌적 습도 범위로 가장 알맞은 것은?

① 10~20% ② 20~40%
③ 40~70% ④ 70~90%

03 자력으로 의료문제를 해결할 수 없는 생활무능력자 및 저소득층을 대상으로 공적으로 의료를 보장하는 제도는?

① 의료보험
② 의료보호
③ 실업보험
④ 연금보험

04 공중보건학의 범위 중 보건 관리 분야에 속하지 않는 사업은?

① 보건통계
② 사회보장제도
③ 보건행정
④ 산업보건

05 다음 중 수인성 감염병에 속하는 것은?

① 유행성 출혈열
② 성홍열
③ 세균성 이질
④ 탄저병

06 다음 중 감염병 유행의 3대 요소는?

① 병원체, 숙주, 환경
② 환경, 유전, 병원체
③ 숙주, 유전, 환경
④ 감수성, 환경, 병원체

07 솔라닌(Solanin)이 원인이 되는 식중독과 관계 깊은 것은?

① 버섯 ② 복어
③ 감자 ④ 조개

08 소독제를 사용할 때 주의사항이 아닌 것은?

① 취급방법
② 농도 표시
③ 소독제병의 세균오염
④ 알코올 사용

09 다음 중 금속제품 기구소독에 가장 적합하지 않은 것은?

① 알코올
② 역성비누
③ 승홍수
④ 크레졸수

10 다음 중 하수도 주위에 흔히 사용되는 소독제는?

① 생석회
② 포르말린
③ 역성비누
④ 과망간산칼륨

11 개달전염(介達傳染)과 무관한 것은?

① 의복
② 식품
③ 책상
④ 장난감

12 소독제를 수돗물로 희석하여 사용할 경우 가장 주의해야 할 점은?

① 물의 경도
② 물의 온도
③ 물의 취도
④ 물의 탁도

13 미생물의 발육과 그 작용을 제거하거나 정지시켜 음식물의 부패나 발효를 방지하는 것은?

① 방부 ② 소독
③ 살균 ④ 살충

14 물의 살균에 많이 이용되고 있으며 산화력이 강한 것은?

① 포름알데히드(Formaldehyde)
② 오존(O_3)
③ EO(Ethylene Oxide) 가스
④ 에탄올(Ethanol)

15 정상 피부와 비교하여 점막으로 이루어진 피부의 특징으로 옳지 않은 것은?

① 혀와 경구개를 제외한 입안의 점막은 과립층을 가지고 있다.
② 당김미세섬유사(Tonofilament)의 발달이 미약하다.
③ 미세융기가 잘 발달되어 있다.
④ 세포에 다량의 글리코겐이 존재한다.

16 성장기 어린이의 대사성 질환으로 비타민 D 결핍 시 뼈 발육에 변형을 일으키는 것은?

① 석회결석
② 골막파열증
③ 괴혈증
④ 구루병

17 다음 중 원발진에 해당하는 피부 변화는?

① 가피 ② 미란
③ 위축 ④ 구진

18 다음 중 기미의 생성 유발 요인이 아닌 것은?

① 유전적 요인
② 임신
③ 갱년기 장애
④ 갑상선 기능 저하

19 피부구조에서 지방세포가 주로 위치하고 있는 곳은?

① 각질층
② 진피
③ 피하조직
④ 투명층

20 자외선으로부터 어느 정도 피부를 보호하며 진피조직에 투여하면 피부주름과 처짐 현상에 가장 효과적인 것은?

① 콜라겐
② 멜라스틴
③ 무코다당류
④ 멜라닌

21 외인성 피부질환의 원인과 가장 거리가 먼 것은?

① 유전인자
② 산화
③ 피부건조
④ 자외선

22 법령상 위생교육에 대한 기준으로 ( ) 안에 적합한 것은?

> 공중위생관리법령상 위생교육을 받은 자가 위생교육을 받은 날부터 ( ) 이내에 위생교육을 받은 업종과 같은 업종의 영업을 하려는 경우에는 해당 영업에 대한 위생교육을 받은 것으로 본다.

① 2년 ② 2년 6월
③ 3년 ④ 3년 6월

23 손님에게 음란행위를 알선한 사람에 대한 관계행정기관의 장의 요청이 있는 때, 1차 위반에 대하여 행할 수 있는 행정처분으로 영업소와 업주에 대한 행정 처분 기준이 바르게 짝지어진 것은?

① 영업정지 1월 – 면허정지 1월
② 영업정지 1월 – 면허정지 2월
③ 영업정지 3월 – 면허정지 3월
④ 영업정지 2월 – 면허정지 2월

24 이 · 미용업 영업장 안의 조명도 기준은?

① 50룩스 이상
② 75룩스 이상
③ 100룩스 이상
④ 125룩스 이상

25 다음 중 이 · 미용업에 있어서 과태료 부과 대상이 아닌 사람은?

① 위생관리 의무를 지키지 아니한 자
② 영업소외의 장소에서 이용 또는 미용 업무를 행한 자
③ 보건복지부령이 정하는 중요사항을 변경하고도 변경 신고를 하지 아니한 자
④ 관계 공무원의 출입 · 검사를 거부 · 기피 · 방해한 자

26 미용사에게 금지되지 않는 업무는 무엇인가?

① 얼굴의 손질 및 화장을 행하는 업무
② 의료기기를 사용하는 피부관리 업무
③ 의약품을 사용하는 눈썹 손질 업무
④ 의약품을 사용하는 제모

27 시 · 도지사 또는 시장 · 군수 · 구청장은 공중위생관리상 필요하다고 인정하는 때에 공중위생영업자 등에 대하여 필요한 조치를 취할 수 있다. 이 조치에 해당하는 것은?

① 보고
② 청문
③ 감독
④ 협의

28 이 · 미용업 영업신고를 하면서 신고인이 확인에 동의하지 아니하는 때에 첨부하여야 하는 서류가 아닌 것은?(단, 신고인이 전자정부법에 따른 행정정보의 공동이용을 통한 확인에 동의하지 아니하는 경우임)

① 영업시설 및 설비개요서
② 교육필증
③ 이 · 미용사 자격증
④ 면허증

29 화장품법상 기능성 화장품에 속하지 않는 것은?

① 미백에 도움을 주는 제품
② 여드름 완화에 도움을 주는 제품
③ 주름개선에 도움을 주는 제품
④ 자외선으로부터 피부를 보호하는 데 도움을 주는 제품

30 여드름 피부에 맞는 화장품 성분으로 가장 거리가 먼 것은?

① 캠퍼(Camphor)
② 로즈마리 추출물
③ 알부틴
④ 하마멜리스

31 동물성 단백질의 일종으로 피부의 탄력 유지에 매우 중요한 역할을 하며 피부의 파열을 방지하는 스프링 역할을 하는 것은?

① 아줄렌
② 엘라스틴
③ 콜라겐
④ DNA

32 메이크업 화장품에 주로 사용되는 제조방법은?

① 유화
② 가용화
③ 겔화
④ 분산

33 보습제가 갖추어야 할 조건으로 틀린 것은?

① 다른 성분과 혼용성이 좋을 것
② 모공 수축을 위해 휘발성이 있을 것
③ 적절한 보습능력이 있을 것
④ 응고점이 낮을 것

34 식물의 꽃, 잎, 줄기, 뿌리, 씨, 과피, 수지 등에서 방향성이 높은 물질을 추출한 휘발성 오일은?

① 동물성 오일
② 에센셜 오일
③ 광물성 오일
④ 밍크 오일

35 화장품의 피부 흡수에 관한 설명으로 옳은 것은?

① 분자량이 적을수록 피부 흡수율이 높다.
② 수분이 많을수록 피부 흡수율이 높다.
③ 동물성 오일<식물성 오일<광물성 오일 순으로 피부 흡수력이 높다.
④ 크림류<로션류<화장수류 순으로 피부 흡수력이 높다.

36 손톱에 색소가 침착되거나 변색되는 것을 방지하고 네일 표면을 고르게 하여 네일 폴리시의 밀착성을 높이는 데 사용되는 네일 미용 화장품은?

① 톱코트
② 베이스코트
③ 폴리시 리무버
④ 큐티클 오일

37 손톱의 특성이 아닌 것은?

① 손톱은 피부의 일종이며, 머리카락과 같은 케라틴과 칼슘으로 만들어져 있다.
② 손톱의 손상으로 조갑이 탈락되고 회복되는 데는 6개월 정도 소요된다.
③ 손톱의 성장은 겨울보다 여름에 잘 자란다.
④ 엄지손톱의 성장이 가장 느리며, 중지 손톱이 가장 빠르다.

38 네일 에나멜을 도포하는 방법으로 손톱을 가늘어 보이게 하는 것은?

① 프리에지
② 루눌라
③ 프렌치
④ 프리 월

39 손톱이 나빠지는 후천적 요인이 아닌 것은?

① 잘못된 큐티클 푸셔와 큐티클 니퍼 사용에 의한 손상
② 손톱 강화제의 사용 빈도수
③ 과도한 스트레스
④ 잘못된 네일 파일링에 의한 손상

40 다음 중 하지의 신경에 속하지 않는 것은?

① 총비골 신경
② 액와신경
③ 복재신경
④ 배측신경

41 네일 재료에 대한 설명으로 적합하지 않은 것은?

① 네일 에나멜 시너 – 에나멜을 묽게 해 주기 위해 사용한다.
② 큐티클 오일 – 글리세린을 함유하고 있다.
③ 네일 블리치 – 20볼륨 과산화수소를 함유하고 있다.
④ 네일 보강제 – 자연 네일이 강한 고객에게 사용하면 효과적이다.

42 표피성 진균증 중 네일몰드는 습기, 열, 공기에 의해 균이 번식되어 발생한다. 이때 몰드가 발행한 수분 함유율이 옳게 표기된 것은?

① 2~5% ② 7~10%
③ 12~18% ④ 23~25%

43 다음 ( ) 안의 a와 b에 알맞은 단어를 바르게 짝지은 것은?

• (a)는 네일 폴리시 리무버나 아세톤을 담아 펌프식으로 편리하게 사용할 수 있다.
• (b)는 아크릴 리퀴드를 덜어 담아 사용할 수 있는 용기이다.

① a – 다크디시, b – 작은종지
② a – 디스펜서, b – 다크디시
③ a – 다크디시, b – 디스펜서
④ a – 디스펜서, b – 디펜디시

44 뼈의 기능이 아닌 것은?

① 지렛대 역할 ② 흡수기능
③ 보호 작용 ④ 무기질 저장

45 매니큐어 작업 시에 미관상 제거의 대상이 되는 손톱을 덮고 있는 각질세포는?

① 네일 큐티클(Nail Cuticle)
② 네일 플레이트(Nail Plate)
③ 네일 프리에지(Nail Free Edge)
④ 네일 그루브(Nail Groove)

46 고객을 응대할 때 네일 미용인의 자세로 틀린 것은?

① 고객에게 알맞은 서비스를 하여야 한다.
② 모든 고객은 공평하게 하여야 한다.
③ 진상고객은 단념하여야 한다.
④ 안전 규정을 준수하고 충실히 하여야 한다.

47 손톱의 역할 및 기능과 가장 거리가 먼 것은?

① 물건을 잡거나 성상을 구별하는 기능
② 작은 물건을 들어 올리는 기능
③ 방어와 공격의 기능
④ 몸을 지탱해주는 기능

48 매니큐어를 가장 잘 설명한 것은?

① 네일 에나멜을 바르는 것이다.
② 손톱 형태를 다듬고 색깔을 칠하는 것이다.
③ 손 매뉴얼테크닉과 네일 에나멜을 바르는 것이다.
④ 손톱 형태를 다듬고 큐티클 정리, 컬러링 등을 포함한 관리이다.

49 매니큐어의 유래에 관한 설명 중 틀린 것은?

① 중국은 특권층의 신분을 드러내기 위해 홍화를 손톱에 바르기 시작했다.
② 매니큐어는 고대 희랍어에서 유래된 말로 '마누'와 '큐라'의 합성어이다.
③ 17세기경 인도의 상류층 여성들은 손톱의 뿌리 부분에 신분을 나타내는 목적으로 문신을 했다.
④ 건강을 기원하는 주술적 의미에서 손톱에 빨간색을 물들이게 되었다.

50 골격근에 대한 설명으로 틀린 것은?

① 인체의 약 60%를 차지한다.
② 횡문근이라고도 한다.
③ 수의근이라고도 한다.
④ 대부분이 골격에 부착되어 있다.

51 발톱의 셰이프로 가장 적절한 것은?

① 라운드형
② 오발형
③ 스퀘어형
④ 아몬드형

52 아크릴 스컬프처 작업 시 손톱에 부착해 길이를 연장하는 데 받침대 역할을 하는 재료로 옳은 것은?

① 네일 폼
② 리퀴드
③ 모노머
④ 아크릴 파우더

53 **아크릴 네일 보수 과정 중 옳지 않은 것은?**

① 심하게 들뜬 부분은 네일 파일과 큐티클 니퍼를 적절히 사용하여 세심히 잘라내고 경계가 없도록 네일 파일링한다.
② 새로 자라난 손톱 부분에 에칭을 주고 네일 프라이머를 도포한다.
③ 적절한 양의 비드로 큐티클 부분에 자연스러운 라인을 만든다.
④ 새로 비드를 얹은 부위는 네일 파일링이 필요하지 않다.

54 **아크릴 네일의 설명으로 맞는 것은?**

① 두꺼운 손톱 구조로만 완성되며 다양한 형태는 만들 수 없다.
② 투톤 스컬프처인 프렌치 스컬프처에 적용할 수 없다.
③ 물어뜯는 손톱에 사용하여서는 안 된다.
④ 네일 폼을 사용하여 다양한 형태로 조형이 가능하다.

55 **네일 팁 접착 방법의 설명으로 틀린 것은?**

① 네일 팁 접착 시 자연 네일의 1/2 이상 덮지 않는다.
② 올바른 각도의 네일 팁 접착으로 공기가 들어가지 않도록 유의한다.
③ 손톱과 네일 팁 전체에 네일 프라이머를 도포한 후 접착한다.
④ 네일 팁을 접착할 때 5~10초 동안 누르면서 기다린 후 네일 팁의 양쪽 꼬리 부분을 살짝 눌러 준다.

56 **다른 셰이프보다 강한 느낌을 주며, 대회용으로 많이 사용되는 손톱의 셰이프는?**

① 오버 셰이프
② 라운드 셰이프
③ 스퀘어 셰이프
④ 아몬드형 셰이프

57 **페디큐어 작업 과정에서 베이스코트를 바르기 전 발가락이 서로 닿지 않게 하기 위해 사용되는 도구는?**

① 액티베이터
② 콘 커터
③ 네일 클리퍼
④ 토 세퍼레이터

58 **큐티클 정리 및 제거 시 필요한 도구로 알맞은 것은?**

① 네일 파일, 톱코트
② 라운드 패드, 큐티클 니퍼
③ 샌딩 블럭, 핑거볼
④ 큐티클 푸셔, 큐티클 니퍼

59 **습식 매니큐어 작업에 관한 설명 중 틀린 것은?**

① 베이스코트를 가능한 얇게 1회 전체에 도포한다.
② 벗겨짐을 방지하기 위해 도포한 네일 폴리시를 완전히 커버하여 톱코트를 도포한다.
③ 프리에지 부분까지 깔끔하게 도포한다.
④ 손톱의 길이 정리는 네일 클리퍼를 사용할 수 없다.

60 **UV 젤 네일 시술 시 리프팅이 일어나는 이유로 적절하지 않은 것은?**

① 네일의 유 · 수분기를 제거하지 않고 작업했다.
② 젤을 프리에지까지 도포하지 않았다.
③ 젤을 큐티클라인에 닿지 않게 작업했다.
④ 큐어링 시간을 잘 지키지 않았다.

기출문제 해설

해설

01 음영이나 눈부심이 생기지 않는 균등한 조도는 간접조명이다.

02 가장 쾌적한 습도 60%이고 쾌적 습도의 범위는 40~70%이다.

03 의료보호는 자력으로 의료문제를 해결할 수 없는 대상자들에게 공적으로 의료를 보장하는 제도이다.

04 산업 보건은 근로자의 안전과 보건을 유지 · 증진함을 목적으로 규정하고 있으며, 공중보건학의 보건 관리 개념이 아니다.

05 수인성 감염은 물에 의한 감염으로 장티푸스, 콜레라, 파라티푸스, 세균성 이질 등이 있다.

06 질병 발생의 3대 요소는 병인(병원체), 숙주, 환경이다.

07 감자는 식물성 식중독으로 솔라닌이 원인이다.

08 알코올 사용 자체가 주의사항이 될 수 없다.

09 승홍수는 금속을 부식시키는 성질을 가지고 있어 금속제품 소독에 적합하지 않다.

10 생석회는 저렴한 가격으로 하수도, 화장실 등 넓은 장소에 주로 사용된다.

11 개달전염은 환자가 사용하던 의복, 침구류, 수건, 완구, 책 등에 의해서 전염되는 것으로 식품으로는 전염되지 않는다.

12 경도는 물속에 함유되어 있는 경도의 유발물질에 의해 나타나는 물의 세기를 말하며, 소독제를 수돗물로 희석하여 사용할 경우 경도에 주의해야 한다.

13 방부는 증식과 성장을 억제하여 미생물의 부패나 발효를 방지하는 것이다.

14 오존은 반응성이 풍부하고 산화작용이 강하여 물에 살균제로 많이 이용된다.

15 과립층은 구강이나 눈꺼풀 뒷면 점막에는 존재하지 않는다.

16 비타민 D는 프로비타민이 자외선 조사에 의해 만들어지며 결핍되면 구루병과 골다공증이 발생한다.

17 원발진에는 반점, 홍반, 면포, 농포, 팽진, 구진, 소수포, 대수포, 결절, 종양, 낭종 등이 있다.

18 갑상선 기능 저하증은 우리 몸에서 필요로 하는 갑상선호르몬의 부족으로 인하여 나타나는 질환으로 기미 생성의 유발 요인과는 관련이 없다.

19 피하조직은 피부의 가장 아래층에 위치하며 진피에서 연결되어 섬유의 불규칙한 결합으로 수많은 지방세포로 구성되어 있다.

20 교원섬유(콜라겐)는 피부에서 주름을 담당하고 콜라겐이 부족하면 주름이 발생하기 쉽다.

21 유전인자는 유전적으로 발생하는 내인성 피부질환이다.

22 공중위생관리법령상 위생교육을 받은 자가 위생교육을 받은 날부터 2년 이내에 위생교육을 받은 업종과 같은 업종의 영업을 하려는 경우에는 해당 영업에 대한 위생교육을 받은 것으로 본다.

23 음란행위를 알선한 경우 영업소는 영업정지 3개월이며, 미용사는 면허정지 3개월이 부과된다.

24 이 · 미용업 영업장 안의 조명도는 75룩스 이상이 되도록 유지하여야 한다.

25 변경 신고를 하지 아니한 자는 벌금 대상이다.

26 미용사는 의료기기와 의약품을 사용하는 업무는 할 수 없다.

27 특별시장 · 광역시장 · 도지사 또는 시장 · 군수 · 구청장은 공중위생관리상 필요하다고 인정하는 때에는 공중위생영업자 및 공중이용시설의 소유자 등에 대하여 필요한 (보고)를 하게 하거나 소속 공무원으로 하여금 영업소 · 사무실 · 공중이용시설 등에 출입할 수 있다.

28 영업신고의 제출서류는 영업신고서, 영업시설 및 설비개요서, 면허증, 위생교육 필증(미리 교육을 받은 경우에만 해당)이다.

29 여드름 완화 제품은 기능성 화장품이 아니다.

30 알부틴은 멜라닌 활성을 도와주는 티로시나아제 효소의 작용을 억제하여 미백효과를 주는 성분으로 여드름 피부와는 거리가 멀다.

31 탄력섬유(엘라스틴)는 섬유아세포에서 생성되어 신축성이 강한 섬유단백질로 피부 탄력에 직접 관여하며, 화학물질에 대한 저항력이 강해 피부 파열을 방지하는 역할을 한다.

32 분산은 마스카라, 파운데이션 등 주로 메이크업 화장품에 주로 사용되는 제조방법이다.

33 보습제는 피부의 건조한 증상을 완화하는 수용성 물질로 흡착성이 높아 수분을 흡수하는 효과를 지니고 있으며 보습을 유지시키는 제품으로 휘발성이 없어야 한다.

34 에센셜 오일은 식물의 꽃이나 줄기, 잎, 열매, 뿌리 등 다양한 부위에서 추출한 휘발성이 있는 오일이다.

35 화장품은 분자량이 적을수록 피부 흡수율이 높다.

36 베이스코트는 네일에 색소 침착 방지와 네일 폴리시의 밀착성을 높이는 기능을 한다.

37 소지 손톱의 성장이 가장 느리며, 중지 손톱이 가장 빠르다.

38 프리 월은 손톱이 길고 가늘게 보이도록 하는 방법으로 손톱의 양쪽 옆면을 약 1mm 정도 남기고 도포하는 컬러링 기법이다.

39 손톱 강화제는 손톱의 후천적 손상을 예방한다.

40 액와신경은 겨드랑이 부위의 신경으로 삼각근과 소원근에 분포하는 상지에 신경이다.

41 네일 보강제는 자연 네일이 약한 고객에게 사용하면 효과적인 제품이다.

42 인조 네일을 작업할 때 네일 베드 사이에 습기가 들어가거나 인조 네일의 보수시기를 놓쳐 벌어진 틈으로 생육에 적합한 열과 습기로 인해 균이 번식되어 발생하며 23~25%의 수분을 함유하고 있다.

43 • (디스펜서)는 네일 폴리시 리무버나 아세톤을 담아 펌프식으로 편리하게 사용할 수 있다.
• (디펜디시)는 아크릴 리퀴드를 덜어 담아 사용할 수 있는 용기이다.

44 뼈는 흡수기능을 하지 않는다.

45 네일 큐티클은 손톱을 덮고 있는 각질세포로 매니큐어 작업 시에 미관상 제거할 수 있다.

46 진상고객이라도 최선을 다해 응대할 수 있도록 노력하는 것이 바람직하다.

47 몸을 지탱해주는 기능은 뼈의 기능이다.

48 매니큐어는 손톱의 형태를 다듬고 큐티클을 정리하고 컬러링 등을 포함한 손의 전체적인 관리이다.

49 매니큐어의 어원은 라틴어의 마누스와 큐라의 합성어이다.

50 골격근 뼈에 부착되어서 뼈의 움직임이나 힘을 만드는 근육으로 횡문근(가로무늬근)으로 자의적인 수의근이다.

51 발톱은 파고들어가는 것을 방지하기 위하여 스퀘어 형태로 다듬는 것이 가장 적절하다.

52 네일 폼은 아크릴 스컬프처 작업 시 길이를 연장하기 위한 받침대 역할을 한다.

53 새로 비드(아크릴 볼)를 얹은 부위에도 자연스럽게 연결되도록 네일 파일링을 해야 한다.

54 아크릴 네일은 다양한 형태로 만들 수 있고 프렌치 스컬프처와 물어뜯는 손톱에도 적용이 가능하다.

55 네일 팁 접착 시 네일 팁 부분에는 네일 프라이머를 도포하지 않는다.

56 스퀘어 셰이프는 강한 느낌을 주며, 대회에서 가장 많이 사용되는 손톱의 형태이다.

57 토 세퍼레이터는 발가락 분리개로 발가락이 서로 닿게 하지 않기 위해 장착하는 도구이다.

58 큐티클 푸셔와 큐티클 니퍼를 사용하여 큐티클 정리한다.

59 손톱의 길이를 정리할 때에는 네일 클리퍼를 사용할 수 있다.

60 젤을 큐티클라인에 닿지 않게 작업한 것은 리프팅이 일어나는 이유로 적절하지 않다.

정답

01 ③	02 ③	03 ②	04 ④	05 ③	06 ①	07 ③	08 ④	09 ③	10 ①	11 ②	12 ①
13 ①	14 ②	15 ①	16 ④	17 ④	18 ④	19 ③	20 ①	21 ①	22 ①	23 ③	24 ②
25 ③	26 ①	27 ①	28 ③	29 ②	30 ③	31 ②	32 ④	33 ②	34 ②	35 ①	36 ②
37 ④	38 ④	39 ②	40 ②	41 ④	42 ④	43 ④	44 ②	45 ①	46 ③	47 ④	48 ④
49 ②	50 ①	51 ③	52 ①	53 ④	54 ④	55 ③	56 ③	57 ④	58 ④	59 ④	60 ③

기출문제 2015년 7월 19일

01 결핵예방접종으로 사용하는 것은?

① DPT
② MMR
③ PPD
④ BCG

02 장티푸스, 결핵, 파상풍 등의 예방접종으로 얻어지는 면역은?

① 인공 능동면역
② 인공 수동면역
③ 자연 능동면역
④ 자연 수동면역

03 한 나라의 건강수준을 다른 국가들과 비교할 수 있는 지표로 세계보건기구가 제시한 것은?

① 인구증가율, 평균수명, 비례사망지수
② 비례사망지수, 조사망률, 평균수명
③ 평균수명, 조사망률, 국민소득
④ 의료시설, 평균수명, 주거상태

04 질병발생의 3대 요소는?

① 숙주, 환경, 병명
② 병인, 숙주, 환경
③ 숙주, 체력, 환경
④ 감정, 체력, 숙주

05 상수(上水)에서 대장균 검출의 주된 의의는?

① 소독상태가 불량하다.
② 환경위생 상태가 불량하다.
③ 오염의 지표가 된다.
④ 전염병 발생의 우려가 있다.

06 세계보건기구에서 정의하는 보건행정의 범위에 속하지 않는 것은?

① 산업행정
② 모자보건
③ 환경위생
④ 감염병관리

07 폐흡충 감염이 발생할 수 있는 경우는?

① 가재를 생식했을 때
② 우렁이를 생식했을 때
③ 은어를 생식했을 때
④ 소고기를 생식했을 때

08 미생물의 종류에 해당하지 않는 것은?

① 벼룩 ② 효모
③ 곰팡이 ④ 세균

09 계면활성제 중 가장 살균력이 강한 것은?

① 음이온성
② 양이온성
③ 비이온성
④ 양쪽이온성

10 재질에 관계없이 빗이나 브러시 등의 소독 방법으로 가장 적합한 것은?

① 70% 알코올 탈지면으로 닦는다.
② 고압증기 멸균기에 넣어 소독한다.
③ 락스액에 담근 후 씻어낸다.
④ 세제를 풀어 세척한 후 자외선 소독기에 넣는다.

11 물리적 소독법에 속하지 않는 것은?

① 건열 멸균법
② 고압증기 멸균법
③ 크레졸 소독법
④ 자비 소독법

12 소독제인 석탄산의 단점이라 할 수 없는 것은?

① 유기물 접촉 시 소독력이 약화된다.
② 피부에 자극성이 있다.
③ 금속에 부식성이 있다.
④ 독성과 취기가 강하다.

13 소독제의 구비조건에 해당하지 않는 것은?

① 높은 살균력을 가질 것
② 인체에 해가 없을 것
③ 저렴하고 구입과 사용이 간편할 것
④ 용해성이 낮을 것

14 미생물의 증식을 억제하는 영양의 고갈과 건조 등이 불리한 환경 속에서 생존하기 위하여 세균을 생성하는 것은?

① 아포 ② 협막
③ 세포벽 ④ 점질층

15 기계적 손상에 의한 피부질환이 아닌 것은?

① 굳은살 ② 티눈
③ 종양 ④ 욕창

16 표피와 진피의 경계선의 형태는?

① 직선 ② 사선
③ 물결상 ④ 점선

17 사람의 피부 표면은 주로 어떤 형태인가?

① 삼각 또는 마름모꼴의 다각형
② 삼각 또는 사각형
③ 삼각 또는 오각형
④ 사각 또는 오각형

18 다음 중 영양소와 그 최종 분해로 연결이 옳은 것은?

① 탄수화물 – 지방산
② 단백질 – 아미노산
③ 지방 – 포도당
④ 비타민 – 미네랄

19 건강한 피부를 유지하기 위한 방법이 아닌 것은?

① 적당한 수분을 항상 유지해 주어야 한다.
② 두꺼운 각질층은 제거해 주어야 한다.
③ 일광욕을 많이 해야 건강한 피부가 된다.
④ 충분한 수면과 영양을 공급해 주어야 한다.

20 백반증에 관한 내용 중 틀린 것은?

① 멜라닌 세포의 과다한 증식으로 일어난다.
② 백색 반점이 피부에 나타난다.
③ 후천적 탈색소 질환이다.
④ 원형, 타원형 또는 부정형의 흰색 반점이 나타난다.

21 자외선차단지수의 설명으로 옳지 않은 것은?

① SPF라 한다.
② SPF 1이란 대략 1시간을 의미한다.
③ 자외선의 강약에 따라 차단제의 효과 시간이 변한다.
④ 색소침착부위에는 가능하면 1년 내내 차단제를 사용하는 것이 좋다.

22 공중위생관리법상 이 · 미용업 영업장 안의 조명도는 얼마 이상이어야 하는가?

① 50룩스
② 75룩스
③ 100룩스
④ 125룩스

23 공중위생영업자가 영업소 폐쇄명령을 받고도 계속하여 영업을 하는 때에 대한 조치사항으로 옳은 것은?

① 당해 영업소가 위법한 영업소임을 알리는 게시물 등의 부착
② 당해 영업소의 출입자 통제
③ 당해 영업소의 출입금지구역 설정
④ 당해 영업소의 강제 폐쇄 집행

24 다음 중 이 · 미용사면허를 발급할 수 있는 사람만으로 짝지어진 것은?

㉠ 특별 · 광역시장	㉡ 도지사
㉢ 시장	㉣ 구청장
㉤ 군수	

① ㉠, ㉡　　② ㉠, ㉡, ㉢
③ ㉠, ㉡, ㉢, ㉣　　④ ㉢, ㉣, ㉤

25 이 · 미용업 영업신고를 하지 않고 영업을 한 자에 해당하는 벌칙기준은?

① 6월 이하의 징역 또는 100만 원 이하의 벌금
② 6월 이하의 징역 또는 300만 원 이하의 벌금
③ 1년 이하의 징역 또는 500만 원 이하의 벌금
④ 1년 이하의 징역 또는 1천만 원 이하의 벌금

26 공중위생관리법상 위생교육에 관한 설명으로 틀린 것은?

① 위생교육은 교육부장관이 허가한 단체가 실시할 수 있다.
② 공중위생영업의 신고를 하고자 하는 자는 원칙적으로 미리 위생교육을 받아야 한다.
③ 공중위생영업자는 매년 위생교육을 받아야 한다.
④ 위생교육을 받아야 하는 자 중 영업에 직접 종사하지 아니하거나 2 이상의 장소에서 영업을 하는 자는 종업원 중 영업장별로 공중위생에 관한 책임자를 지정하고 그 책임자로 하여금 위생교육을 받게 하여야 한다.

27 보건복지부장관 또는 시장 · 군수 · 구청장은 위반의 내용 · 정도가 경미하다고 인정되는 경우 과태료의 금액을 어느 범위에서 경감할 수 있는가?

① 과태료 금액의 4분의 1 범위
② 과태료 금액의 3분의 1 범위
③ 과태료 금액의 2분의 1 범위
④ 과태료의 금액은 경감할 수 없음

28 이 · 미용업자는 신고한 영업장 면적을 얼마 이상 증감하였을 때 변경신고를 하여야 하는가?

① 5분의 1 ② 4분의 1
③ 3분의 1 ④ 2분의 1

29 라벤더 에센셜 오일의 효능에 대한 설명으로 가장 거리가 먼 것은?

① 재생작용
② 화상 치유작용
③ 이완작용
④ 모유생성작용

30 SPF에 대한 설명으로 틀린 것은?

① Sun Protection Factor의 약자로서 자외선 차단지수라 불린다.
② 엄밀히 말하면 UV－B 방어효과를 나타내는 지수라고 볼 수 있다.
③ 오존층으로부터 자외선이 차단되는 정도를 알아보기 위한 목적으로 이용된다.
④ 자외선 차단제를 바른 피부에 최소한의 홍반을 일어나게 하는 데 필요한 자외선 양을 바르지 않은 피부에 최소한의 홍반을 일어나게 하는 데 필요한 자외선 양으로 나눈 값이다.

31 AHA에 대한 설명으로 옳은 것은?

① 물리적으로 각질을 제거하는 기능을 한다.
② 글리콜산은 사탕수수에 함유된 것으로 침투력이 좋다.
③ pH 3.5 이상에서 15% 농도가 각질제거의 가장 효과적이다.
④ AHA보다 안전성은 떨어지나 효과가 좋은 BHA가 많이 사용된다.

32 화장품의 분류에 관한 설명 중 틀린 것은?

① 샴푸, 헤어린스는 모발용 화장품에 속한다.
② 팩, 마사지 크림은 스페셜 화장품에 속한다.
③ 퍼퓸(Perfume), 오데코롱(Eau de Cologne)은 방향 화장품에 속한다.
④ 자외선차단제와 태닝 제품은 기능성 화장품에 속한다.

33 일반적으로 많이 사용하고 있는 화장수의 알코올 함유량은?

① 70% 전후
② 10% 전후
③ 30% 전후
④ 50% 전후

34 손을 대상으로 하는 제품 중 알콜을 주 베이스로 하며, 청결 및 소독을 주된 목적으로 하는 제품은?

① 핸드워시(Hand Wash)
② 세니타이저(Sanitizer)
③ 비누(Soap)
④ 핸드크림(Hand Cream)

35 피부의 미백을 돕는 데 사용되는 화장품 성분이 아닌 것은?

① 플라센타, 비타민 C
② 레몬추출물, 감초추출물
③ 코직산, 구연산
④ 캠퍼, 카모마일

36 다음 중 네일 팁의 재질이 아닌 것은?

① 아세테이트 ② 플라스틱
③ 아크릴 ④ 나일론

37 건강한 네일의 조건에 대한 설명으로 틀린 것은?

① 건강한 네일은 유연하고 탄력성이 좋아서 튼튼하다.
② 건강한 네일은 네일 베드에 단단히 잘 부착되어야 한다.
③ 건강한 네일은 연한 핑크빛을 띠며 내구력이 좋아야 한다.
④ 건강한 네일은 25~30%의 수분과 10%의 유분을 함유해야 한다.

38 네일 역사의 대한 설명으로 잘못 연결된 것은?

① 1930년대 – 인조 네일 개발
② 1950년대 – 페디큐어 등장
③ 1970년대 – 아몬드형 네일 유행
④ 1990년대 – 네일 시장의 급성장

39 네일숍에서 관리가 불가능한 손톱 병변에 해당하는 것은?

① 조갑박리증(오니코리시스)
② 조갑위축증(오니카트로피아)
③ 조갑비대증(오니콕시스)
④ 조갑익상편(테리지움)

40 손과 발의 뼈 구조에 대한 설명으로 틀린 것은?

① 한 손은 손목뼈 8개, 손바닥뼈 5개, 손가락 뼈 14개로 총 27개의 뼈로 구성되어 있다.
② 한 발은 발목뼈 7개, 발바닥뼈 5개, 발가락 뼈 14개로 총 26개의 뼈로 구성되어 있다.
③ 손목뼈는 손목을 구성하는 뼈로, 8개의 작고 다른 뼈들이 두 줄로 손목에 위치하고 있다.
④ 발목뼈는 몸의 무게를 지탱하는 5개의 길고 가는 뼈로 체중을 지탱하기 위해 튼튼하고 길다.

41 큐티클에 대한 설명으로 옳은 것은?

① 살아있는 각질 세포이다.
② 완전히 제거가 가능하다.
③ 네일 베드에서 자라 나온다.
④ 손톱 주위를 덮고 있다.

42 손톱의 구조에 대한 설명으로 가장 거리가 먼 것은?

① 네일 플레이트(조판)는 단단한 각질 구조물로 신경과 혈관이 없다.
② 네일 루트(조근)는 손톱이 자라나기 시작하는 곳이다.
③ 프리에지(자유연)는 손톱의 끝부분으로 네일 베드와 분리되어 있다.
④ 네일 베드(조상)는 네일 플레이트(조판) 위에 위치하며 손톱의 신진대사를 돕는다.

43 자율 신경에 대한 설명으로 틀린 것은?

① 복재신경 – 종아리 뒤 바깥쪽을 내려와 발뒤꿈치의 바깥쪽 뒤에 분포
② 배측신경 – 발등에 분포
③ 요골신경 – 손등의 외측과 요골에 분포
④ 수지골신경 – 손가락에 분포

44 '마누스(Manus)'와 '큐라(Cura)'라는 말에서 유래된 용어는?

① 네일 팁(Nail Tip)
② 매니큐어(Manicure)
③ 페디큐어(Pedicure)
④ 아크릴(Acrylic)

45 다음 중 조갑종렬증(오니코렉시스)에 관한 설명으로 옳은 것은?

① 손톱의 색이 푸르스름하게 변하는 증상이다.
② 멜라닌 색소가 착색되어 일어나는 증상이다.
③ 손톱이 갈라지거나 부서지는 증상이다.
④ 큐티클이 과잉 성장하여 네일 플레이트 위로 자라는 증상이다.

46 다음 중 고객관리카드의 작성 시 기록해야 할 내용과 가장 거리가 먼 것은?

① 손발의 질병 및 이상증상
② 작업 시 주의사항
③ 고객이 원하는 서비스의 종류 및 작업 내용
④ 고객의 학력 여부 및 가족사항

47 손목을 굽히고, 손가락을 구부리는 데 작용하는 근육은?

① 회내근 ② 회외근
③ 장근 ④ 굴근

48 네일의 구조에서 모세혈관, 림프 및 신경조직이 있는 부분은?

① 매트릭스
② 에포니키움
③ 큐티클
④ 네일 보디

49 다음 중 손톱 밑의 구조에 포함되지 않는 것은?

① 조반월(루눌라)
② 조모(매트릭스)
③ 조근(네일 루트)
④ 조상(네일 베드)

50 에포니키움과 관련한 설명으로 틀린 것은?

① 매트릭스를 보호한다.
② 에포니키움 위에는 큐티클이 존재한다.
③ 에포니키움 아래편은 끈적한 형질로 되어 있다.
④ 에포니키움의 부상은 영구적인 손상을 초래한다.

51 큐티클 푸셔로 큐티클을 밀어 올릴 때 가장 적합한 각도는?

① 15° ② 30°
③ 45° ④ 60°

52 팁 위드 랩 작업 시 사용하지 않는 재료는?

① 글루 드라이
② 실크
③ 젤 글루
④ 아크릴 파우더

53 컬러링의 설명으로 틀린 것은?

① 베이스코트는 네일 폴리시의 착색을 방지한다.
② 네일 폴리시 브러시의 각도는 90°로 잡는 것이 가장 적합하다.
③ 네일 폴리시는 얇게 바르는 것이 빨리 건조되고 색상이 오래 유지된다.
④ 톱코트는 네일 폴리시의 광택을 더해 주고 지속력을 높인다.

54 네일 종이 폼의 적용 설명으로 틀린 것은?

① 다양한 스컬프처 네일 작업 시에 사용한다.
② 자연스런 네일의 연장을 만들 수 있다.
③ 디자인 UV 젤 팁 오버레이 시에 사용한다.
④ 일회용이며 프렌치 스컬프처에 적용한다.

55 페디큐어 작업 순서로 가장 적합한 것은?

① 소독하기 – 네일 폴리시 지우기 – 발톱 형태 만들기 – 큐티클 오일 바르기 – 큐티클 정리하기
② 네일 폴리시 지우기 – 소독하기 – 발톱 표면 정리하기 – 큐티클 오일 바르기 – 큐티클 정리하기
③ 소독하기 – 발톱 표면 정리하기 – 네일 폴리시 지우기 – 발톱 형태 만들기 – 큐티클 정리하기
④ 네일 폴리시 지우기 – 소독하기 – 발톱 형태 만들기 – 큐티클 오일 바르기 – 큐티클 정리하기

56 프렌치 컬러링에 대한 설명으로 옳은 것은?

① 옐로 라인에 맞추어 완만한 U자 형태로 컬러링한다.
② 프리에지의 컬러링의 너비는 규격화되어 있다.
③ 프리에지의 컬러링 색상은 흰색으로 규정되어 있다.
④ 프리에지 부분만을 제외하고 컬러링한다.

57 아크릴 작업에서 핀칭(Pinching)을 하는 주된 이유는?

① 리프팅(Lifting) 방지에 도움이 된다.
② C 커브에 도움이 된다.
③ 하이 포인트 형성에 도움이 된다.
④ 에칭(Etching)에 도움이 된다.

58 아크릴 네일의 제거 방법으로 가장 적합한 것은?

① 드릴머신으로 갈아준다.
② 탈지면에 아세톤을 적셔 포일로 감싸 30분 정도 불린 후 오렌지 우드스틱으로 밀어서 떼어준다.
③ 100그릿의 네일 파일로 네일 파일링하여 제거한다.
④ 탈지면에 알코올을 적셔 포일로 감싸 30분 정도 불린 후 오렌지 우드스틱으로 밀어서 떼어준다.

59 **UV 젤의 특징이 아닌 것은?**

① 올리고머 형태의 분자구조를 가지고 있다.
② 톱 젤의 광택은 인조 네일 중 가장 좋다.
③ 젤은 농도에 따라 묽기가 약간씩 다르다.
④ UV 젤은 상온에서 경화가 가능하다.

60 **페디큐어 작업 시 굳은살을 제거하는 도구의 명칭은?**

① 큐티클 푸셔
② 토 세퍼레이터
③ 콘 커터
④ 네일 클리퍼

기출문제 해설

해설

01 결핵은 생후 4주 이내에 BCG 예방접종을 한다.

03 세계보건기구(WHO)에서 규정하는 건강지표 3가지는 비례사망지수, 조사망률, 평균수명이다.

05 대장균은 상수의 수질오염 분석 시 대표적인 생물학적 지표이다.

06 세계보건기구에서 정의하는 보건행정의 범위는 보건관계 기록의 보존, 환경위생과 감염병 관리, 모자보건과 보건간호이다.

07 폐흡충증(페디스토마증)은 다슬기, 가재, 게의 생식으로 인한 경구감염이 원인이다.

08 벼룩은 벼룩목에 속하는 곤충의 총칭이다.

09 양이온은 살균, 소독작용과 정전기 발생 억제하며 살균작용이 가장 강하다.

10 빗이나, 브러시 같은 플라스틱은 알코올 소독과 고압증기 멸균기 사용은 부적합하며 세척한 후 자외선 소독을 하는 것이 적합하다.

11 크레졸 소독법은 화학적 소독법이다.

12 석탄산은 유기물 접촉 시 소독력이 약화되지 않는다.

13 소독제의 구비조건은 안정성 및 용해성이 높아야 한다.

14 아포는 세균의 영양부족, 건조, 열 등의 증식 환경이 부적당한 경우 외부작용에 대한 저항력을 높이고 장기간 생존하기 위해 강하게 포자를 형성하는 것이다.

15 기계적 손상은 일반적으로는 외력이 가해져서 생기는 손상을 말하며 종양은 과잉 증식되는 세포의 집합으로 조직에 혼합된 고름과 피지가 축적된 상태를 말한다.

16 표피의 기저층은 진피와 경계에 있고 물결 형태으로 이루어져 있다.

17 피부 표면은 삼각 또는 마름모꼴의 다각형으로 이루어져 있다.

18 ① 탄수화물 – 포도당, ③ 지방 – 지방산과 글리세린이 옳은 연결이며, ④ 비타민은 최종분해 산물이 없다.

19 일광욕을 많이 하면 광노화 현상으로 피부가 거칠어지고 색소 침착이 발생할 수 있으므로 건강한 피부를 유지하는 방법이 아니다.

20 백반증은 후천성 피부 변화로 멜라닌 세포가 결핍되어 흰색의 반점이 생기는 증상이다.

21 SPF 1이라는 개념은 아무것도 바르지 않고 자외선 B에 노출되었을 때 피부자극이나 홍반이 생기지 않고 견딜 수 있는 시간 약 15분을 의미한다.

22 이 · 미용업 영업장 안의 조명도는 75룩스 이상이 되도록 유지하여야 한다.

23 영업소 폐쇄 명령을 받고도 계속하여 영업을 할 때 관계공무원이 취할 수 있는 조치는 당해 영업소가 위법한 업소임을 알리는 게시물을 부착하는 것이다.

24 이 · 미용사가 되고자 하는 자는 보건복지가족부령이 정하는 바에 의하여 시장 · 군수 · 구청장에게 면허를 발급받을 수 있다.

26 위생교육을 실시하는 단체는 보건복지부장관이 고시한다.

27 위반사항의 부주의나 오류 등으로 해당하는 경우에는 과태료 금액의 2분의 1 범위에서 금액을 줄일 수 있다.

28 신고한 영업장 면적의 1/3 이상을 증감한 경우 변경신고를 해야 한다.

29 라벤더 오일은 심리적 안정과 근육의 이완작용, 상처 치유와 화상 치유 등의 재생작용에 효과적이며 모유생성작용과는 거리가 멀다.

30 SPF는 UV – B의 차단효과를 표시하는 단위로 UV – B 방어효과를 나타내는 목적으로 이용된다.

31 아하(AHA)는 알파 히드록시산(Alpha hydroxy acid)의 약어로 글리콜산, 젖산, 사과산, 주석산, 구연산이 포함되어 있으며 글리콜산은 사탕수수에 함유된 것으로 침투력이 좋아 각질제거의 효과적이다.

32 팩, 마사지 크림은 기초 화장품에 속한다.

33 알코올은 소독작용이 있어 함량이 많으면 피부에 자극을 줄 수도 있어 일반적인 함유량이 10% 전후이다.

34 세니타이저는 손 · 발을 소독하는 제품으로 살균과 소독의 기능이 있으며 에탄올이 주성분이다.

35 캠퍼, 카모마일은 민감성 피부와 여드름 피부에 효과적인 성분이다.

36 네일 팁은 플라스틱, 나일론, 아세테이트 등의 재질로 만들어진다.

37 건강한 네일은 12~18%의 수분과 0.15~0.75%의 유분을 함유해야 한다.

38 끝이 뾰족한 아몬드형 네일의 유행은 1800년대에 있었다.

39 조갑박리증(오니코리시스)은 프리에지에서 발생하여 네일 보디가 네일 베드에서 점차 분리되어 루눌라까지 번지게 되는 증상으로 관리할 수 없다.

40 발목뼈는 발목을 구성하는 7개의 뼈로 몸의 체중을 지탱한다.

41 큐티클은 손톱 주위를 덮고 있는 죽은 각질이다.

42 네일 베드는 네일 플레이트 아래에 위치하며 손톱의 신진대사를 돕는다.

43 복재신경은 정강이 안쪽과 발등 안쪽의 피부를 다스린다.

44 매니큐어는 라틴어의 '마누스(Manus)'와 '큐라(Cura)'의 합성어로 '손 관리'라는 뜻이다.

45 조갑종렬증(오니코렉시스)은 네일 보디의 균열로 세로로 골이 파져 갈라지거나 부서지는 증상이다.

46 고객의 학력 여부 및 가족사항은 고객관리카드에 기록해야 할 내용과 거리가 멀다.

47 굴근은 굽힘근으로 관절을 구부리며 굴곡을 행하는 작용을 한다.

49 조근(네일 루트)은 손톱 자체의 구조이다.

50 에포니키움 아래에는 큐티클이 존재한다.

52 팁 위드 랩의 작업 시 주로 사용하는 네일 재료는 네일 접착제, 경화 촉진제(글루 드라이), 네일 랩, 필러 파우더이다.

53 네일 폴리시 브러시는 45°로 잡는 것이 가장 적합하다.

54 팁 오버레이 시에는 네일 폼 대신에 네일 팁을 사용하여 네일의 길이를 연장한다.

57 아크릴 네일 작업에서 핀칭(Pinching)을 하는 이유는 이상적인 C 커브를 만들기 위해서이다.

58 아크릴 네일은 아세톤으로 용해되기 때문에 포일로 감싸 불린 후 오렌지 우드스틱으로 밀어서 떼어준다. 용해 시간은 약 10~20분 정도가 적절하나 사전에 인조 네일의 두께를 제거하지 않은 경우에는 약 30분 정도도 가능할 수 있다.

59 UV 젤은 UV(자외선) 젤 램프기기에서 경화가 가능하다.

60 콘 커터는 페디큐어 작업 시 발뒤꿈치의 굳은살을 제거하는 용도로 사용한다.

정답

01 ④	02 ①	03 ②	04 ②	05 ③	06 ①	07 ①	08 ①	09 ②	10 ④	11 ③	12 ①
13 ④	14 ①	15 ③	16 ③	17 ①	18 ②	19 ③	20 ①	21 ②	22 ②	23 ①	24 ④
25 ④	26 ①	27 ③	28 ③	29 ④	30 ③	31 ②	32 ②	33 ②	34 ②	35 ④	36 ③
37 ④	38 ③	39 ①	40 ④	41 ④	42 ④	43 ①	44 ②	45 ③	46 ④	47 ④	48 ①
49 ③	50 ②	51 ③	52 ④	53 ②	54 ③	55 ①	56 ①	57 ②	58 ②	59 ④	60 ③

기출문제 2015년 10월 10일

01 영양소의 3대 작용으로 틀린 것은?

① 신체의 생리기능 조절
② 에너지 열량 감소
③ 신체의 조직 구성
④ 열량 공급 작용

02 다음 중 식물에게 가장 피해를 많이 줄 수 있는 기체는?

① 일산화탄소
② 이산화탄소
③ 탄화수소
④ 이산화황

03 ( ) 안에 들어갈 알맞은 것은?

> ( )(이)란 감염병 유행지역의 입국자에 대하여 감염병 감염이 의심되는 사람의 강제격리로서 "건강격리"라고도 한다.

① 검역
② 감금
③ 감시
④ 전파예방

04 감염병을 옮기는 질병과 그 매개곤충을 연결한 것으로 옳은 것은?

① 말라리아 – 진드기
② 발진티푸스 – 모기
③ 양충병(쯔쯔가무시) – 진드기
④ 일본뇌염 – 체체파리

05 사회보장의 종류에 따른 내용의 연결이 옳은 것은?

① 사회보험 – 기초생활보장, 의료보장
② 사회보험 – 소득보장, 의료보장
③ 공적 부조 – 기초생활보장, 보건의료서비스
④ 공적 부조 – 의료보장, 사회복지서비스

06 일명 도시형, 유입형이라고도 하며 생산층 인구가 전체 인구의 50% 이상이 되는 인구구성의 유형은?

① 별형(Star Form)
② 항아리형(Pot Form)
③ 농촌형(Quitar Form)
④ 종형(Bell Form)

07 다음 감염병 중 호흡기계 감염병에 속하는 것은?

① 발진티푸스
② 파라티푸스
③ 디프테리아
④ 황열

08 이 · 미용업소에서 공기 중 비말감염으로 가장 쉽게 옮겨질 수 있는 감염병은?

① 인플루엔자 ② 대장균
③ 뇌염 ④ 장티푸스

09 소독약의 살균력 지표로 가장 많이 이용되는 것은?

① 알코올
② 크레졸
③ 석탄산
④ 포름알데히드

10 소독제의 구비조건과 가장 거리가 먼 것은?

① 높은 살균력을 가질 것
② 인축에 해가 없어야 할 것
③ 저렴하고 구입과 사용이 간편할 것
④ 냄새가 강할 것

11 다음 소독방법 중 완전 멸균으로 가장 빠르고 효과적인 방법은?

① 유통증기법
② 간헐살균법
③ 고압증기법
④ 건열소독

12 인체에 질병을 일으키는 병원체 중 대체로 살아있는 세포에서만 증식하고 크기가 가장 작아 전자현미경으로만 관찰할 수 있는 것은?

① 구균 ② 간균
③ 바이러스 ④ 원생동물

13 다음 중 아포(포자)까지도 사멸시킬 수 있는 멸균 방법은?

① 자외선조사법
② 고압증기멸균법
③ PO(Propylene Oxide) 가스 멸균법
④ 자비소독법

14 이 · 미용업소 쓰레기통, 하수도 소독으로 효과적인 것은?

① 역성비누액, 승홍수
② 승홍수, 포르말린수
③ 생석회, 석회유
④ 역성비누액, 생석회

15 여드름을 유발하는 호르몬은?

① 인슐린(Insulin)
② 안드로겐(Androgen)
③ 에스트로겐(Estrogen)
④ 티록신(Thyroxine)

16 멜라닌 세포가 주로 위치하는 곳은?

① 각질층
② 기저층
③ 유극층
④ 망상층

17 사춘기 이후 성호르몬의 영향을 받아 분비되기 시작하는 땀샘으로 체취선이라고 하는 것은?

① 소한선
② 대한선
③ 갑상선
④ 피지선

18 일광화상의 주된 원인이 되는 자외선은?

① UV – A
② UV – B
③ UV – C
④ 가시광선

19 **노화 피부에 대한 전형적인 증세는?**

① 피지가 과다 분비되어 번들거린다.
② 항상 촉촉하고 매끈하다.
③ 수분이 80% 이상이다.
④ 유분과 수분이 부족하다.

20 **다음 중 뼈와 치아의 주성분이며, 결핍되면 혈액의 응고현상이 나타나는 영양소는?**

① 인(P)
② 요오드(I)
③ 칼슘(Ca)
④ 철분(Fe)

21 **피지, 각질세포, 박테리아가 서로 엉겨서 모공이 막힌 상태를 무엇이라 하는가?**

① 구진 ② 면포
③ 반점 ④ 결절

22 **보건복지부장관 또는 시장 · 군수 · 구청장이 과태료의 금액을 줄여줄 수 있는 경우에 해당하지 않는 것은?**

① 위반행위가 사소한 부주의로 인정되는 경우
② 위반의 내용 · 정도가 경미하다고 인정되는 경우
③ 개인적인 사정으로 과태료를 체납하고 있는 경우
④ 위반행위자가 법 위반상태를 시정하거나 해소하기 위해 노력한 것이 인정되는 경우

23 **면허의 정지명령을 받은 자가 반납한 면허증은 정지기간 동안 누가 보관하는가?**

① 관할 시 · 도지사
② 관할 시장 · 군수 · 구청장
③ 보건복지부장관
④ 관할 경찰서장

24 **공중위생업자가 매년 받아야 하는 위생교육 시간은?**

① 5시간 ② 4시간
③ 3시간 ④ 2시간

25 **다음 중 청문의 대상이 아닌 때는?**

① 면허취소 처분을 하고자 하는 때
② 면허정지 처분을 하고자 하는 때
③ 영업소폐쇄명령의 처분을 하고자 하는 때
④ 벌금으로 처벌하고자 하는 때

26 **신고를 하지 아니하고 영업소의 소재지를 변경한 때에 대한 1차 위반 시 행정처분 기준은?**

① 영업정지 1월
② 영업정지 6월
③ 영업정지 3월
④ 영업정지 2월

27 **이 · 미용업 영업신고 신청 시 필요한 구비서류에 해당하는 것은?**

① 이 · 미용사 자격증 원본
② 면허증 원본
③ 호적등본 및 주민등록등본
④ 건축물 대장

28 공중위생관리법상 이 · 미용 기구의 소독 기준 및 방법으로 틀린 것은?

① 건열멸균소독 : 섭씨 100℃ 이상의 건조한 열에 10분 이상 쐬어준다.
② 증기소독 : 섭씨 100℃ 이상의 습한 열에 20분 이상 쐬어준다.
③ 열탕소독 : 섭씨 100℃ 이상의 물속에서 10분 이상 끓여준다.
④ 석탄산수소독 : 석탄산수(석탄산 3%, 물 97%의 수용액)에 10분 이상 담가둔다.

29 다음 중 미백 기능과 가장 거리가 먼 것은?

① 비타민 C
② 코직산
③ 캠퍼
④ 감초

30 린스의 기능으로 틀린 것은?

① 정전기를 방지한다.
② 모발 표면을 보호한다.
③ 자연스러운 광택을 준다.
④ 세정력이 강하다.

31 화장수에 대한 설명 중 올바르지 않은 것은?

① 수렴화장수는 아스트린젠트라고 불린다.
② 수렴화장수는 지성, 복합성 피부에 효과적으로 사용된다.
③ 유연화장수는 건성 또는 노화 피부에 효과적으로 사용된다.
④ 유연화장수는 모공을 수축시켜 피부결을 섬세하게 정리해 준다.

32 화장품의 4대 요건에 속하지 않는 것은?

① 안전성 ② 안정성
③ 치유성 ④ 유효성

33 아줄렌(Azulene)은 어디에서 얻어지는가?

① 카모마일(Camomile)
② 로얄젤리(Royal Jelly)
③ 아르니카(Arnica)
④ 조류(Algae)

34 화장품 성분 중 기초화장품이나 메이크업 화장품에 널리 사용되는 고형의 유성 성분으로 화학적으로는 고급지방산에 고급알코올이 결합된 에스테르이며, 화장품의 굳기를 증가시켜주는 원료에 속하는 것은?

① 왁스(Wax)
② 폴리에틸렌글리콜(Polyethylene Glycol)
③ 피자마유(Caster Oil)
④ 바셀린(Vaseline)

35 향수에 대한 설명으로 옳은 것은?

① 퍼퓸(Perfume Extract) – 알코올 70%와 향수 원액을 30%를 포함하며, 향이 3일 정도 지속된다.
② 오드 퍼퓸(Eau de Perfume) – 알코올 95% 이상, 향수 원액 2~3%로 30분 정도 향이 지속된다.
③ 샤워 코롱(Shower Cologne) – 알코올 80%와 물 및 향수 원액 15%가 함유된 것으로 5시간 정도 향이 지속된다.
④ 헤어 토닉(Hair Tonic) – 알코올 85~95%와 향수 원액 8%가량이 함유된 것으로 향이 2~3시간 정도 지속된다.

36 네일숍(Shop)의 안전관리를 위한 대처방법으로 가장 적합하지 않은 것은?

① 화학물질을 사용할 때는 반드시 뚜껑이 있는 용기를 이용한다.
② 작업 시 마스크를 착용하여 가루의 흡입을 막는다.
③ 작업공간에서는 음식물이나 음료, 흡연을 금한다.
④ 가능하면 스프레이 형태의 화학물질을 사용한다.

37 손톱의 구조 중 조근에 대한 설명으로 가장 적합한 것은?

① 손톱 모양을 만든다.
② 연분홍의 반달모양이다.
③ 손톱이 자라기 시작하는 곳이다.
④ 손톱의 수분 공급을 담당한다.

38 네일 질환 중 교조증(오니코파지, Onychophagy)의 원인과 관리방법으로 가장 적합한 것은?

① 유전에 의하여 손톱의 끝이 두껍게 자라는 것이 원인으로 매니큐어나 페디큐어가 증상을 완화시킨다.
② 멜라닌 색소가 착색되어 일어나는 증상이 원인이며 손톱이 자라면서 없어지기도 한다.
③ 손톱을 심하게 물어뜯을 경우 원인이 되며 인조 손톱을 붙여서 보정할 수 있다.
④ 식습관이나 질병에서 비롯된 증상이 원인이며 부드러운 네일 파일을 사용하여 관리한다.

39 네일 미용관리 중 고객관리에 대한 응대로 지켜야 할 사항이 아닌 것은?

① 작업의 우선순위에 대한 논쟁을 막기 위해서 예약 고객을 우선으로 한다.
② 고객이 도착하기 전에 필요한 물건과 도구를 준비해야 한다.
③ 관리 중에는 고객과 대화를 나누지 않는다.
④ 고객에게 소지품과 옷 보관함을 제공하고 바뀌는 일이 없도록 한다.

40 다음 중 손톱의 역할과 가장 거리가 먼 것은?

① 손끝과 발끝을 외부 자극으로부터 보호한다.
② 미적 · 장식적 기능이 있다.
③ 방어와 공격의 기능이 있다.
④ 분비기능이 있다.

41 한국의 네일 미용 역사에 관한 설명 중 틀린 것은?

① 우리나라 네일 장식의 시작은 봉선화 꽃물을 들이던 것이라 할 수 있다.
② 한국의 네일 산업이 본격화되기 시작한 것은 1960년대 중반으로 미국과 일본의 영향으로 네일 산업이 급성장하면서 대중화되기 시작했다.
③ 1990년대부터 대중화되어 왔고, 1998년에는 민간자격증이 도입되었다.
④ 화장품 회사에서 다양한 색상의 네일 폴리시를 판매하면서 일반인들이 네일에 대한 관심을 갖기 시작했다.

42 다음 중 네일미용 관리가 가능한 경우는?

① 사상균증
② 조갑구만증
③ 조갑탈락증
④ 행 네일

43 화학물질로부터 자신과 고객을 보호하는 방법으로 틀린 것은?

① 화학물질은 피부에 닿아도 되기 때문에 신경 쓰지 않아도 된다.
② 통풍이 잘 되는 작업장에서 작업을 한다.
③ 공중 스프레이 제품보다 찍어 바르거나 솔로 바르는 제품을 선택한다.
④ 콘택트렌즈의 사용을 제한한다.

44 손가락과 손가락 사이가 붙지 않고 벌어지게 하는 외향에 작용하는 손등의 근육은?

① 외전근
② 내전근
③ 대립근
④ 회외근

45 고객관리에 대한 설명으로 옳은 것은?

① 피부 습진이 있는 고객은 처치를 하면서 서비스한다.
② 진한 메이크업을 하고 고객을 응대한다.
③ 네일 제품으로 인한 알레르기 반응이 생길 수 있으므로 원인이 되는 제품의 사용을 멈추도록 한다.
④ 문제성 피부를 지닌 고객에게 주어진 업무 수행을 자유롭게 한다.

46 네일미용의 역사에 대한 설명으로 틀린 것은?

① 최초의 네일미용은 기원전 3000년경에 이집트에서 시작되었다.
② 고대 이집트에서는 헤나를 이용하여 붉은 오렌지색으로 손톱을 물들였다.
③ 그리스에서는 달걀 흰자와 아라비아산 고무나무 수액을 섞어 손톱에 칠하였다.
④ 15세기 중국의 명 왕조에서는 흑색과 적색을 손톱에 칠하여 장식하였다.

47 손톱의 구조에서 자유연(프리에지) 밑 부분의 피부를 무엇이라 하는가?

① 하조피(하이포니키움)
② 조구(네일 그루브)
③ 큐티클
④ 조상연(페리오니키움)

48 다음 중 발의 근육에 해당하는 것은?

① 비복근
② 대퇴근
③ 장골근
④ 족배근

49 네일도구의 설명으로 틀린 것은?

① 큐티클 니퍼 : 네일 위에 거스러미가 생긴 살을 제거할 때 사용한다.
② 아크릴 브러시 : 아크릴 파우더로 볼을 만들어 인조 네일을 만들 때 사용한다.
③ 네일 클리퍼 : 네일 팁을 잘라 길이를 조절할 때 사용한다.
④ 아크릴 폼 : 네일 팁 없이 아크릴 파우더만을 가지고 네일을 연장할 때 사용하는 일종의 받침대 역할을 한다.

50 다음 중 손가락의 수지골 뼈의 명칭이 아닌 것은?

① 기절골
② 말절골
③ 중절골
④ 요골

51 네일 폴리시를 바르는 방법 중 손톱이 길고 가늘게 보이도록 하기 위해 양쪽 사이드 부위를 남겨두는 컬러링 방법은?

① 프리에지(Free Edge)
② 풀코트(Full Coat)
③ 슬림 라인(Slim Line)
④ 루눌라(Lunula)

52 UV – 젤 네일의 설명으로 옳지 않은 것은?

① 젤은 끈끈한 점성을 가지고 있다.
② 파우더와 믹스되었을 때 단단해진다.
③ 네일 리무버로 제거되지 않는다.
④ 투명도와 광택이 뛰어나다.

53 페디큐어의 작업 방법으로 맞는 것은?

① 파고드는 발톱의 예방을 위하여 발톱의 형태는 일자형으로 한다.
② 혈압이 높거나 심장병이 있는 고객은 마사지를 더 강하게 해 준다.
③ 모든 각질 제거에는 콘 커터를 사용하여 완벽하게 제거한다.
④ 발톱의 형태는 무조건 고객이 원하는 형태로 잡아준다.

54 습식 매니큐어 작업에 관한 설명으로 틀린 것은?

① 고객의 취향과 기호에 맞게 손톱의 형태를 다듬는다.
② 자연 손톱 파일링 시 한 방향으로 작업한다.
③ 손톱 질환이 심각할 경우 의사의 진료를 권한다.
④ 큐티클은 죽은 각질 피부이므로 반드시 모두 제거하는 것이 좋다.

55 페디 파일의 사용 방향으로 가장 적합한 것은?

① 바깥쪽에서 안쪽으로
② 왼쪽에서 오른쪽으로
③ 족문 방향으로
④ 사선 방향으로

56 네일 팁에 대한 설명으로 틀린 것은?

① 네일 팁 접착 시 손톱의 1/2 이상 커버해서는 안 된다.
② 네일 팁은 손톱의 크기에 너무 크거나 작지 않은 가장 잘 맞는 사이즈의 팁을 사용한다.
③ 웰 부분의 형태에 따라 풀 웰(Full Well)과 하프 웰(Half Well)이 있다.
④ 자연 손톱이 크고 납작한 경우 커브타입의 네일 팁이 좋다.

57 큐티클을 정리하는 도구의 명칭으로 가장 적합한 것은?

① 핑거볼 ② 큐티클 니퍼
③ 핀셋 ④ 네일 클리퍼

58 **팁 오버레이의 작업과정에 대한 설명으로 틀린 것은?**

① 네일 팁 접착 시 자연 손톱 길이의 1/2 이상 덮지 않는다.
② 자연 손톱이 넓은 경우, 좁게 보이기 위해 작은 사이즈의 네일 팁을 붙인다.
③ 네일 팁의 접착력을 높여주기 위해 자연 손톱의 에칭 작업을 한다.
④ 프리 네일 프라이머를 자연 손톱에만 도포한다.

59 **아크릴 작업 시 바르는 네일 프라이머에 대한 설명 중 틀린 것은?**

① 단백질을 화학작용으로 녹여준다.
② 아크릴 네일이 손톱에 잘 부착되도록 도와준다.
③ 피부에 닿으면 화상을 입힐 수 있다.
④ 충분한 양으로 여러 번 도포해야 한다.

60 **아크릴 네일의 보수 과정에 대한 설명으로 가장 거리가 먼 것은?**

① 들뜬 부분의 경계를 네일 파일링한다.
② 아크릴 표면이 단단하게 굳은 후에 파일링한다.
③ 새로 자라난 자연 손톱 부분에 네일 프라이머를 바른다.
④ 들뜬 부분에 오일 도포 후 큐티클을 정리한다.

기출문제 해설

해설

01 영양소의 3대 작용은 ㉠ 열량소 – 열량공급 작용, ㉡ 구성소 – 인체 조직구성 작용, ㉢ 조절소 – 인체 생리적 기능 조절작용이다.

02 이산화황(아황산가스)은 공기 중 0.003% 이상에서 식물을 고사한다.

04 ① 말라리아 – 모기, ② 발진티푸스 – 이, ④ 일본뇌염 – 모기

05 사회보험은 소득보장(산재 보험, 연금 보험, 고용 보험)과 의료보장(건강 보험, 산재 보험)의 기능을 갖는다.

06 별형은 도시지역, 인구 유입형으로 생산연령 인구가 증가하며 생산층 인구가 전체 인구의 1/2 이상인 형태이다.

07 디프테리아는 비말 핵이 먼지와 섞여 공기를 통해 감염되는 호흡기계 감염병이다.

08 인플루엔자는 이 · 미용업소에서 오염된 공기로 인하여 전파될 수 있는 비말감염이다.

10 소독제는 안정성 및 용해성이 높고 냄새가 없는 것이 좋다.

11 고압증기법은 100℃ 이상 고온의 수증기를 고압상태에서 기본 15파운드에서 20분 정도 가열하여 미생물과 아포까지 전부 사멸시킨다.

14 생석회는 저렴한 가격으로 하수도, 화장실 등 넓은 장소에 주로 사용된다.

15 테스토스테론과 안드로겐의 남성 호르몬은 여드름을 유발한다.

16 표피의 기저층은 피부 색상을 결정짓는 데 주요한 요인이 되는 멜라닌 세포가 주로 분포되어 있다.

17 대한선(아포크린한선)은 본래는 무색, 무취, 무균성이나 표피에 배출된 후 세균의 작용을 받아 부패하여 냄새가 나며 사춘기 이후에 주로 분비된다.

18 자외선 B(UV – B)는 진피의 상부에 도달하며 수포, 일광화상, 색소침착, 피부 홍반을 유발한다.

19 노화가 되면 피부의 유 · 수분 부족 현상이 일어난다.

20 칼슘(Ca)은 골격과 치아를 형성하며 결핍되면 혈액의 응고현상이 나타난다.

21 면포는 죽은 각질세포와 피지 덩어리가 표면으로 노출되지 않고 막혀 좁쌀보다 조금 큰 정도로 하얗게 튀어나와 있는 상태이다.

22 개인적인 사정으로 과태료를 체납하고 있는 위반 행위자는 과태료 경감대상이 아니다.

24 위생교육은 시장 · 군수 · 구청장이 실시하며, 위생교육은 매년 3시간으로 한다.

25 벌금은 일정 금액을 국가에 납부하게 하는 재산형으로 형벌의 일종이며 청문의 대상이 아니다.

26 신고를 하지 아니하고 영업소의 소재지를 변경한 때에는 1차 위반은 영업정지 1개월이다.

27 영업신고 시 제출서류는 영업신고서, 영업시설 및 설비개요서, 위생교육 필증(미리 교육을 받은 경우에만 해당), 면허증 원본(이 · 미용업 경우에만 한함)이다.

28 건열멸균소독은 섭씨 100℃ 이상의 건조한 열에 20분 이상 쐬어주어야 한다.

29 캠퍼는 민감성 피부와 여드름 피부에 효과적인 성분이다.

30 세정력이 있는 것은 샴푸이다.

31 수렴화장수는 모공을 수축시켜 피부결을 섬세하게 정리해준다.

32 화장품의 4대 요건은 안전성, 안정성, 사용성, 유효성이다.

33 아줄렌은 카모마일에서 추출한 오일로 진정작용, 살균, 소독과 함염증에 효과가 있다.

34 왁스는 고급 지방산에 고급 알코올이 결합된 에스테르를 의미하며 녹는점이 높아 화장품의 굳기를 조절, 광택을 부여하는 역할을 한다.

35 일반적인 퍼퓸은 15~30%의 향료를 함유하며 약 6~7시간 지속되나, 향료가 30% 함유된 경우는 향이 3일 정도 지속될 수 있다.

36 화학물질을 사용할 때에는 공중에 분사하지 않도록 하며 스프레이 형태보다 스포이트나 솔로 바르는 것을 선택한다.

37 조근(네일 루트)은 손톱이 자라기 시작하는 뿌리 부분이다.

38 교조증을 손톱을 심하게 물어뜯을 경우 원인이 되며 아크릴 네일로 보정하여 관리할 수 있다.

39 관리 중에도 고객과 대화를 나누어 고객의 요구를 듣고 응대해야 한다.

40 손톱은 분비기능을 하지 않는다.

41 미국과 일본의 영향으로 네일 산업이 급성장하면서 대중화되기 시작한 시기는 1900년대 중반이다.

42 행 네일은 손거스러미가 있는 상태를 말하며 네일 미용인이 관리할 수 있다.

43 화학물질은 피부에 닿지 않게 주의해서 사용해야 한다.

44 외전근(벌림근)은 관절을 벌리는 외향에 작용한다.

45 피부 습진이 있는 고객에게는 서비스할 수 없으며, 문제성 피부를 지닌 고객은 주의해야 한다.

46 중국에서는 달걀 흰자와 아라비아산 고무나무 수액을 섞어 손톱에 칠하였다.

47 하조피(하이포니키움)는 프리에지 아랫부분으로 돌출된 피부조직으로 박테리아와 이물질의 침입으로부터 네일을 보호하는 역할을 한다.

48 족배근은 발등의 근육이다.

49 네일 팁을 잘라 길이를 조절할 때는 팁 커터를 사용한다.

50 요골은 상지를 구성하는 뼈이다.

51 슬림 라인 또는 프리 월은 손톱이 길고 가늘게 보이도록 하는 방법으로 손톱의 양쪽 옆면을 남기고 도포하는 컬러링 기법이다.

52 UV – 젤 램프기기에 경화하면 단단해진다.

53 파고드는 발톱의 예방을 위하여 발톱을 스퀘어 형태로 만든다.

54 외부적으로 보이지 않는 큐티클은 매트릭스를 균으로부터 보호하는 역할을 하므로 완전히 제거할 수 없다.

55 페디 파일은 족문 방향으로 안쪽에서 바깥쪽으로 사용한다.

56 자연 손톱이 크고 납작한 경우 축소효과를 보이기 위해 끝이 좁아지는 내로 네일 팁을 적용하는 것이 적절하다.

57 큐티클 니퍼는 큐티클을 정리하는 도구이다.

58 자연 손톱이 넓은 경우, 좁게 보이기 위해 끝이 좁아지는 내로 네일 팁을 접착한다.

59 네일 프라이머는 소량으로 도포해야 한다.

60 아크릴 네일의 보수 시에는 큐티클 오일을 사용 하면 리프팅이 발생할 수 있으므로 큐티클 오일의 사용을 피하는 것이 적절하다.

정답

01 ②	02 ④	03 ①	04 ③	05 ②	06 ①	07 ③	08 ①	09 ③	10 ④	11 ③	12 ③
13 ②	14 ③	15 ②	16 ②	17 ②	18 ②	19 ④	20 ③	21 ②	22 ③	23 ②	24 ③
25 ④	26 ①	27 ②	28 ①	29 ③	30 ④	31 ④	32 ③	33 ①	34 ①	35 ①	36 ④
37 ③	38 ③	39 ③	40 ④	41 ②	42 ④	43 ①	44 ①	45 ③	46 ③	47 ①	48 ④
49 ③	50 ④	51 ③	52 ②	53 ①	54 ④	55 ③	56 ④	57 ②	58 ②	59 ④	60 ④

기출문제 2016년 1월 24일

01 야채를 고온에서 요리할 때 가장 파괴되기 쉬운 비타민은?

① 비타민 A ② 비타민 C
③ 비타민 D ④ 비타민 K

02 다음 중 병원소에 해당하지 않는 것은?

① 흙 ② 물
③ 가축 ④ 보균자

03 일반폐기물 처리방법 중 가장 위생적인 방법은?

① 매립법 ② 소각법
③ 투기법 ④ 비료화법

04 인구통계에서 5~9세 인구란?

① 만 4세 이상~만 8세 미만 인구
② 만 5세 이상~만 10세 미만 인구
③ 만 4세 이상~만 9세 미만 인구
④ 4세 이상~9세 이하 인구

05 모유수유에 대한 설명으로 옳지 않은 것은?

① 수유 전 산모의 손을 씻어 감염을 예방하여야 한다.
② 모유수유를 하면 배란을 촉진시켜 임신을 예방하는 효과가 없다.
③ 모유에는 림프구, 대식세포 등의 백혈구가 들어 있어 각종 감염으로부터 장을 보호하고 설사를 예방하는 데 큰 효과를 갖고 있다.
④ 초유는 영양가가 높고 면역체가 있으므로 아기에게 반드시 먹이도록 한다.

06 감염병 감염 후 얻어지는 면역의 종류는?

① 인공능동면역
② 인공수동면역
③ 자연능동면역
④ 자연수동면역

07 다음 중 출생 후 아기에게 가장 먼저 실시하게 되는 예방접종은?

① 파상풍 ② B형 간염
③ 홍역 ④ 폴리오

08 바이러스(Virus)의 특성으로 가장 거리가 먼 것은?

① 생체 내에서만 증식이 가능하다.
② 일반적으로 병원체 중에서 가장 작다.
③ 황열바이러스가 인간 질병 최초의 바이러스이다.
④ 항생제에 감수성이 있다.

09 소독제의 적정 농도로 틀린 것은?

① 석탄산 1~3%
② 승홍수 0.1%
③ 크레졸수 1~3%
④ 알코올 1~3%

10 병원성 · 비병원성 미생물 및 포자를 가진 미생물 모두를 사멸 또는 제거하는 것은?

① 소독 ② 멸균
③ 방부 ④ 정균

11 다음 중 이 · 미용업소에서 가장 쉽게 옮겨질 수 있는 질병은?

① 소아마비
② 뇌염
③ 비활동성 결핵
④ 전염성 안질

12 다음 중 음용수 소독에 사용되는 소독제는?

① 석탄산 ② 액체염소
③ 승홍 ④ 알코올

13 다음 중 미생물학의 대상에 속하지 않는 것은?

① 세균(Bacteria)
② 바이러스(Virus)
③ 원충(Protoza)
④ 원시동물

14 소독제의 사용 및 보존상의 주의점으로 틀린 것은?

① 일반적으로 소독제는 밀폐시켜 일광이 직사되지 않는 곳에 보존해야 한다.
② 부식과 상관이 없으므로 보관 장소의 제한이 없다.
③ 승홍이나 석탄산 같은 것은 인체에 유해하므로 특별히 주의 취급하여야 한다.
④ 염소제는 일광과 열에 의해 분해되지 않도록 냉암소에 보존하는 것이 좋다.

15 리보플라빈이라고도 하며, 녹색 채소류, 밀의 배아, 효모, 달걀, 우유 등에 함유되어 있고 결핍되면 피부염을 일으키는 것은?

① 비타민 B_2 ② 비타민 E
③ 비타민 K ④ 비타민 A

16 다음 태양광선 중 파장이 가장 짧은 것은?

① UV – A ② UV – B
③ UV – C ④ 가시광선

17 멜라닌 색소 결핍의 선천적 질환으로 쉽게 일광화상을 입는 피부병변은?

① 주근깨
② 기미
③ 백색증
④ 노인성 반점(검버섯)

18 진균에 의한 피부병변이 아닌 것은?

① 족부백선 ② 대상포진
③ 무좀 ④ 두부백선

19 피부에 대한 자외선의 영향으로 피부의 급성 반응과 가장 거리가 먼 것은?

① 홍반반응
② 화상
③ 비타민 D 합성
④ 광노화

20 얼굴에서 피지선이 가장 발달된 곳은?

① 이마 부분 ② 코 옆 부분
③ 턱 부분 ④ 뺨 부분

21 **에크린 땀샘(소한선)이 가장 많이 분포된 곳은?**

① 발바닥 ② 입술
③ 음부 ④ 유두

22 **이 · 미용 업소 내에 반드시 게시하지 않아도 무방한 것은?**

① 이 · 미용업 신고증
② 개설자의 면허증 원본
③ 최종지불요금표
④ 이 · 미용사 자격증

23 **다음 중 이 · 미용업의 시설 및 설비기준으로 옳은 것은?**

① 소독기, 자외선 살균기 등의 소독 장비를 갖추어야 한다.
② 영업소 안에는 별실, 기타 이와 유사한 시설을 설치할 수 있다.
③ 응접장소와 작업장소를 구획하는 경우에는 커튼, 칸막이 기타 이와 유사한 장애물의 설치가 가능하며 외부에서 내부를 확인할 수 없어야 한다.
④ 탈의실, 욕실, 욕조 내 샤워기를 설치하여야 한다.

24 **풍속 관련 법령 등 다른 법령에 의하여 관계행정기관장의 요청이 있을 때 공중위생영업자를 처벌할 수 있는 자는?**

① 시 · 도지사
② 시장 · 군수 · 구청장
③ 보건복지부장관
④ 행정자치부장관

25 **1차 위반 시의 행정처분이 면허취소가 아닌 것은?**

① 국가기술자격법에 따라 이 · 미용사 자격이 취소된 때
② 이중으로 면허를 취득한 때
③ 면허정지처분을 받고 그 정지기간 중 업무를 행한 때
④ 국가기술자격법에 의하여 이 · 미용사 자격 정지처분을 받을 때

26 **다음 중 영업소 외에서 이용 또는 미용업무를 할 수 있는 경우는?**

ㄱ. 중병에 걸려 영업소에 나올 수 없는 자의 경우
ㄴ. 혼례 기타 의식에 참여하는 자에 대한 경우
ㄷ. 이용장의 감독을 받은 보조원이 업무를 하는 경우
ㄹ. 미용사가 손님 유치를 위하여 통행이 빈번한 장소에서 업무를 하는 경우

① ㄷ ② ㄱ, ㄴ
③ ㄱ, ㄴ, ㄷ ④ ㄱ, ㄴ, ㄷ, ㄹ

27 **공중위생영업의 승계에 대한 설명으로 틀린 것은?**

① 공중위생영업자가 그 공중위생영업을 양도하거나 사망한 때 또는 법인의 합병이 있는 때에는 그 양수인 · 상속인 또는 합병 후 존속하는 법인이나 합병에 의하여 설립되는 법인은 그 공중위생영업자의 지위를 승계한다.
② 이용업 또는 미용업의 경우에는 규정에 의한 면허를 소지한 자에 한하여 공중위생영업자의 지위를 승계할 수 있다.

③ 민사집행법에 의한 경매, 채무자 회생 및 파산에 관한 법률에 의한 환가나 국세징수법 · 관세법 또는 지방세기본법에 의한 압류재산의 매각 그 밖에 이에 준하는 절차에 따라 공중위생영업 관련 시설 및 설비의 전부를 인수한 자는 이 법에 의한 그 공중위생영업자의 지위를 승계한다.
④ 공중위생영업자의 지위를 승계한 자는 1월 이내에 보건복지부령이 정하는 바에 따라 보건복지부장관에게 신고하여야 한다.

28 처분기준이 2백만 원 이하의 과태료가 아닌 것은?

① 규정을 위반하여 영업소 이외 장소에서 이 · 미용 업무를 행한 자
② 위생교육을 받지 아니한 자
③ 위생 관리 의무를 지키지 아니한 자
④ 관계 공무원의 출입 · 검사 · 기타 조치를 거부 · 방해 또는 기피한 자

29 향수의 부향률이 높은 순에서 낮은 순으로 바르게 정렬된 것은?

① 퍼퓸(Perfume) > 오데 퍼퓸(Eau de Perfume) > 오데 토일렛(Eau de Toilet) > 오데 코롱(Eau de Cologne)
② 퍼퓸(Perfume) > 오데 토일렛(Eau de Toilet) > 오데 퍼퓸(Eau de Perfume) > 오데 코롱(Eau de Cologne)
③ 오데 코롱(Eau de Cologne) > 오데 퍼퓸(Eau de Perfume) > 오데 토일렛(Eau de Toilet) > 퍼퓸(Perfume)
④ 오데 코롱(Eau de Cologne) > 오데 토일렛(Eau de Toilet) > 오데 퍼퓸(Eau de Perfume) > 퍼퓸(Perfume)

30 화장품의 요건 중 제품이 일정기간 동안 변질되거나 분리되지 않는 것을 의미하는 것은 무엇인가?

① 안전성
② 안정성
③ 사용성
④ 유효성

31 자외선 차단 성분의 기능이 아닌 것은?

① 노화를 막는다.
② 과색소를 막는다.
③ 일광화상을 막는다.
④ 미백작용을 한다.

32 다음 중 화장수의 역할이 아닌 것은?

① 피부의 수렴작용을 한다.
② 피부 노폐물의 분비를 촉진시킨다.
③ 각질층에 수분을 공급한다.
④ 피부의 pH 균형을 유지시킨다.

33 양모에서 추출한 동물성 왁스는?

① 라놀린
② 스쿠알렌
③ 레시틴
④ 리바이탈

34 **세정제(Cleanser)에 대한 설명으로 옳지 않은 것은?**

① 가능한 한 피부의 생리적 균형에 영향을 미치지 않는 제품을 사용하는 것이 바람직하다.
② 대부분의 비누는 알칼리성의 성질을 가지고 있어서 피부의 산 · 염기 균형에 영향을 미치게 된다.
③ 피부노화를 일으키는 활성산소로부터 피부를 보호하기 위해 비타민 C, 비타민 E를 사용한 기능성 세정제를 사용할 수도 있다.
④ 세정제는 피지선에서 분비되는 피지와 피부장벽의 구성요소인 지질성분을 제거하기 위하여 사용된다.

35 **바디샴푸(Body Shampoo)가 갖추어야 할 이상적인 성질과 가장 거리가 먼 것은?**

① 각질의 제거능력
② 적절한 세정력
③ 풍부한 거품과 거품의 지속성
④ 피부에 대한 높은 안정성

36 **네일 파일의 거칠기 정도를 구분하는 기준은?**

① 네일 파일의 두께
② 그릿(Grit) 숫자
③ 소프트(Soft) 숫자
④ 네일 파일의 길이

37 **부드럽고 가늘며 하얗게 되어 네일 끝이 굴곡진 상태의 증상으로 질병, 다이어트, 신경성 등에서 기인되는 네일 병변으로 옳은 것은?**

① 위축된 네일(Onychatrophia)
② 파란 네일(Onychocyanosis)
③ 달걀껍질 네일(Onychomalacia)
④ 거스러미 네일(Hang Nail)

38 **인체를 구성하는 생태학적 단계로 바르게 나열한 것은?**

① 세포 – 조직 – 기관 – 계통 – 인체
② 세포 – 기관 – 조직 – 계통 – 인체
③ 세포 – 계통 – 조직 – 기관 – 인체
④ 인체 – 계통 – 기관 – 세포 – 조직

39 **네일의 역사에 대한 설명으로 틀린 것은?**

① 최초의 네일관리는 기원전 3000년경에 이집트와 중국의 상류층에서 시작되었다.
② 고대 이집트에서는 헤나(Henna)라는 관목에서 빨간색과 오렌지색을 추출하였다.
③ 고대 이집트에서는 남자들도 네일관리를 하였다.
④ 네일관리는 지금까지 5000년에 걸쳐 변화되어 왔다.

40 **고객의 홈 케어 용도로 큐티클 오일을 사용 시 주된 사용 목적으로 옳은 것은?**

① 네일 표면에 광택을 주기 위해서
② 네일과 네일 주변의 피부에 트리트먼트 효과를 주기 위해서
③ 네일 표면에 변색과 오염을 방지하기 위해서
④ 찢어진 네일을 보강하기 위해서

41 네일 폴리시를 도포하는 방법 중 네일을 가늘어 보이게 하는 것은?

① 프리에지　　② 루눌라
③ 프렌치　　④ 프리 월

42 다음 중 네일의 병변과 그 원인의 연결이 잘못된 것은?

① 모반점(니버스) – 네일의 멜라닌색소 작용
② 과잉성장으로 두꺼운 네일 – 유전, 질병, 감염
③ 고랑 파인 네일 – 아연 결핍, 과도한 푸셔링, 순환계 이상
④ 붉거나 검붉은 네일 – 비타민, 레시틴 부족, 만성질환 등

43 매트릭스에 대한 설명 중 틀린 것은?

① 손 · 발톱의 세포가 생성되는 곳이다.
② 매트릭스의 세로 길이는 네일 플레이트의 두께를 결정한다.
③ 매트릭스의 가로 길이는 네일 베드의 길이를 결정한다.
④ 매트릭스는 네일 세포를 생성시키는데 필요한 산소를 모세혈관을 통해서 공급받는다.

44 다음 중 손의 중간근(중수근)에 속하는 것은?

① 엄지맞섬근(무지대립근)
② 엄지모음근(무지내전근)
③ 벌레근(충양근)
④ 작은원근(소원근)

45 다음 중 뼈의 구조가 아닌 것은?

① 골막　　② 골질
③ 골수　　④ 골 조직

46 건강한 네일의 조건으로 틀린 것은?

① 12~18%의 수분을 함유하여야 한다.
② 네일 베드에 단단히 부착되어 있어야 한다.
③ 루눌라(조반월)가 선명하고 커야 한다.
④ 유연성과 강도가 있어야 한다.

47 일반적인 손 · 발톱의 성장에 관한 설명 중 틀린 것은?

① 소지 손톱이 가장 빠르게 자란다.
② 여성보다 남성의 경우 성장 속도가 빠르다.
③ 여름철에 더 빨리 자란다.
④ 발톱의 성장 속도는 손톱의 성장 속도보다 1/2 정도 늦다.

48 다음 중 소독방법에 대한 설명으로 틀린 것은?

① 과산화수소 3%의 용액을 피부 상처의 소독에 사용한다.
② 포르말린 1~1.5%의 수용액을 도구 소독에 사용한다.
③ 크레졸 3%, 물 97%의 수용액을 도구 소독에 사용한다.
④ 알코올 30%의 용액을 손, 피부 상처에 사용한다.

49 한국 네일미용의 역사와 가장 거리가 먼 것은?

① 고려시대부터 주술적 의미로 시작하였다.
② 1990년대부터 네일 산업이 점차 대중화되어 갔다.
③ 1998년 민간자격시험 제도가 도입 및 시행되었다.
④ 상류층 여성들은 네일 뿌리부분에 문신 바늘로 색소를 주입하여 상류층임을 과시하였다.

50 네일 도구를 제대로 위생처리하지 않고 사용했을 때 생기는 질병으로 작업할 수 없는 네일의 병변은?

① 오니코렉시스(조갑종렬증)
② 오니키아(조갑염)
③ 에그셸 네일(조갑연화증)
④ 니버스(모반점)

51 젤 경화 시 발생하는 히팅 현상과 관련한 내용으로 가장 거리가 먼 것은?

① 네일이 얇거나 상처가 있을 경우에 히팅 현상이 나타날 수 있다.
② 젤 작업이 두껍게 되었을 경우에 히팅 현상이 나타날 수 있다.
③ 히팅 현상 발생 시 경화가 잘 되도록 잠시 참는다.
④ 젤 작업 시 얇게 여러 번 도포하고 경화하여 히팅 현상에 대처한다.

52 스마일 라인에 대한 설명 중 틀린 것은?

① 네일의 상태에 따라 라인의 깊이를 조절할 수 있다.
② 깨끗하고 선명한 라인을 만들어야 한다.
③ 좌우대칭의 밸런스보다 자연스러움을 강조해야 한다.
④ 빠른 시간에 작업해서 얼룩지지 않도록 해야 한다.

53 네일 프라이머의 특징이 아닌 것은?

① 아크릴 작업 시 자연 네일에 잘 부착되도록 돕는다.
② 피부에 닿으면 화상을 입힐 수 있다.
③ 자연 네일 표면의 단백질을 녹인다.
④ 알칼리 성분으로 자연 네일을 강하게 한다.

54 가장 기본적인 네일 관리법으로 손톱 형태 만들기, 큐티클 정리, 마사지, 컬러링 등을 포함하는 네일 관리법은?

① 습식 매니큐어 ② 페디아트
③ UV 젤 네일 ④ 아크릴 오버레이

55 다음 중 원톤 스컬프처 제거에 대한 설명으로 틀린 것은?

① 큐티클 니퍼로 뜯는 행위는 자연 네일에 손상을 주므로 피한다.
② 표면에 에칭을 주어 아크릴 제거가 수월하도록 한다.
③ 100% 아세톤을 사용하여 아크릴을 녹여준다.
④ 네일 파일링만으로 제거하는 것이 원칙이다.

56 페디큐어 과정에서 필요한 재료로 가장 거리가 먼 것은?

① 큐티클 니퍼
② 콘 커터
③ 액티베이터(경화 촉진제)
④ 토 세퍼레이터

57 자연 네일에 네일 팁을 붙일 때 유지하는 가장 적합한 각도는?

① 35°　　② 45°
③ 90°　　④ 95°

58 원톤 스컬프처의 완성 시 인조 네일의 아름다운 구조 설명으로 틀린 것은?

① 옆선이 네일의 사이드 월 부분과 자연스럽게 연결되어야 한다.
② 콘벡스와 콘케이브의 균형이 균일해야 한다.
③ 하이포인트의 위치가 스트레스 포인트 부근에 위치해야 한다.
④ 인조 네일의 길이는 길어야 아름답다.

59 네일 폼의 사용에 관한 설명으로 옳지 않은 것은?

① 측면에서 볼 때 네일 폼은 항상 20° 하향하도록 장착한다.
② 자연 네일과 네일 폼 사이가 벌어지지 않도록 장착한다.
③ 하이포니키움이 손상되지 않도록 주의하며 장착한다,
④ 네일 폼이 틀어지지 않도록 균형을 잘 조절하여 장착한다.

60 페디큐어의 정의로 옳은 것은?

① 발톱을 관리하는 것을 말한다.
② 발과 발톱을 관리, 손질하는 것을 말한다.
③ 발을 관리하는 것을 말한다.
④ 손상된 발톱을 교정하는 것을 말한다.

기출문제 해설

해설

01 비타민 C는 높은 열에 파괴되기 쉬운 영양소이다.

02 병원소는 병원체가 생활, 증식, 생존하는 곳으로 새로운 숙주에게 전파될 수 있는 장소에는 인간병원소, 동물병원소, 토양병원소가 있다. 물은 병원소에 해당하지 않는다.

03 소각법은 불에 태워서 없애는 것으로 위생적인 폐기물 처리방법이다.

04 5~9세 인구는 만 5세 이상에서 만 10세 미만의 인구를 말한다.

05 모유수유를 하면 젖 분비 호르몬이 분비되어 배란이 억제되고 임신을 예방하는 자연피임효과가 있다.

06 자연능동면역은 감염병 감염 후 형성되는 면역이다.

07 B형 간염은 아이가 태어나서 제일 먼저 하는 예방접종으로 출생 이후부터 3회(출생 후, 생후 1개월, 생후 6개월) 실시한다.

08 바이러스성 질환은 항생제 등 약물의 감수성이 없어 예방접종 및 감염원 접촉을 피하는 것이 최선의 예방방법이다.

09 알코올의 적정 농도는 70%이다.

10 멸균은 병원성, 비병원성 미생물 및 아포를 가진 것이 전부 사멸된 무균상태이다.

11 감염성 안질은 환자가 사용한 수건, 세면기 등에 의하여 감염되며 수건의 사용이 많은 이 · 미용업소에서 가장 쉽게 옮겨질 수 있는 질병이다.

12 염소는 음용수, 상수도, 하수도 소독에 사용된다.

13 원시동물은 고생대에 번성했던 원시적인 동물로 미생물학에 속하지 않는다.

14 소독제는 밀폐시켜 일광이 직사되지 않는 곳에 보존해야 하므로 보관 장소에 제한이 있다.

15 비타민 B_2는 리보플라빈이라고 하며 피부염증을 예방하는 효과가 있고 결핍 시 피부염, 피로, 과민 피부, 습진, 부스럼 등이 발생할 수 있다.

16 UV – C는 파장이 200~290nm로 태양광선 중 파장이 가장 짧다.

17 백색증(백피증)은 선천성 질환으로 멜라닌 세포 수는 정상이지만 멜라닌 합성에 필요한 티로시나아제의 이상으로 자외선에 대한 방어능력이 약화되어 쉽게 일광화상 등을 입을 수 있는 증상이다.

18 대상포진은 바이러스성 피부질환이다.

19 광노화는 바람, 공해, 자외선 등의 외부환경으로 일어나는 환경적 노화현상으로 급성 반응이 아닌 누적된 햇빛 노출로 야기되는 노화이다.

20 피지선은 코 주위에 가장 발달되어 있다.

21 에크린 땀샘(소한선)은 입술, 음부를 제외한 신체 전신에 분포하며 손바닥, 발바닥에 가장 많이 분포되어 있다.

24 시장 · 군수 · 구청장은 공중위생영업자가 풍속영업의 규제에 관한 법률 등을 위반하여 관계행정기관의 장의 요청이 있는 때에는 공중위생영업자를 처벌할 수 있다.

25 이 · 미용사자격 정지처분을 받을 때는 면허취소가 아닌 면허 정지이다.

26 영업소 외의 장소에서 행할 수 있는 경우는 다음과 같다.
① 질병이나 기타의 사유로 인하여 영업소에 나올 수 없는 자에 대하여 미용을 하는 경우
② 혼례 기타 의식에 참여하는 자에 대하여 그 의식 직전에 미용을 하는 경우
③ 「사회복지 사업법」 사회복지시설에서 봉사활동으로 이 · 미용을 하는 경우
④ 위의 세 가지 외에 특별한 사정이 있다고 시장 · 군수 · 구청장이 인정하는 경우

27 영업자의 지위를 승계하는 자는 1개월 이내에 보건복지부령이 정하는 바에 따라 시장 · 군수 · 구청장에게 신고한다.

28 관계 공무원의 출입 · 검사 · 기타 조치를 거부 · 방해 또는 기피한 자에게는 3백만 원 이하의 과태료가 부과된다.

29 향수의 부향률 단계에 따른 분류는 퍼퓸 > 오데 퍼퓸 > 오데 토일렛 > 오데 코롱 > 샤워 코롱 순이다.

30 안정성은 변질, 변색, 변취, 미생물의 오염이 없는 것을 의미한다.

31 미백작용은 미백화장품 성분의 기능이다.

32 유연화장수는 피부의 보습작용을 하며 수렴화장수는 노폐물 분비를 억제시켜 모공수축작용을 한다.

34 세정제는 피지선에서 분비되는 피지와 피부장벽의 구성요소인 지질성분을 보호하여 가능한 한 피부의 생리적 균형에 영향을 미치지 않아야 한다.

35 각질의 제거능력이 요구되는 화장품은 딥 클렌징 제품으로 바디샴푸와는 거리가 멀다.

36 그릿의 숫자는 네일 파일 위의 연마재 수를 의미하며 그릿 숫자는 네일 파일의 거칠기를 나타낸다.

37 조갑연화증(오니코말라시아)은 네일이 전체적으로 부드럽고 가늘며 하얗게 되어 네일 끝이 굴곡진 상태로 달걀껍질같이 얇고 벗겨지며 흰색을 띠는 증상이다.

40 큐티클 오일은 네일과 네일 주변 피부의 건조를 예방하기 위해 사용한다.

41 슬림 라인, 프리 월은 네일이 길고 가늘게 보이도록 하는 방법으로 네일의 양쪽 옆면을(약 1mm 정도) 남기고 도포하는 기법이다.

43 매트릭스의 크기는 네일 베드의 크기와 관련이 있다.

44 중간근(중수근)은 손 허리뼈 사이의 근육으로 벌레근(충양근)이 해당된다.

45 뼈는 골막, 골 조직, 골수강, 골수로 되어 있다.

46 루눌라(조반월)는 유백색의 반달 형태로 루눌라의 선명도와 크기는 건강한 네일의 조건과 관련이 없다.

47 중지 손톱이 가장 빠르게 자란다.

48 알코올 70%의 용액을 손, 피부 소독에 사용한다.

49 17세기 인도의 상류층 여성들은 네일 뿌리부분에 문신 바늘로 색소를 주입하여 상류층임을 과시하였다.

50 조갑염(오니키아)은 염증이 붉어지거나 부어올라 고름이 형성된 증상으로 위생처리가 되지 않은 네일 도구를 사용하여 감염되었을 때 발생할 수 있다.

51 젤 네일 작업 시 얇게 여러 번 도포하고 경화하여 히팅 현상에 대처하며 히팅 현상 발생 시 잠시 손을 빼고 천천히 경화하는 것이 효과적이다.

52 스마일 라인은 좌우대칭의 밸런스가 중요하다.

53 네일 프라이머는 일반적으로 산 성분으로 포함하고 있으며 네일 강화와는 관련이 없다.

54 습식 매니큐어는 손톱 형태 만들기, 큐티클 정리, 마사지, 컬러링 등을 포함하는 손 관리법이다.

55 원톤 스컬프처의 제거 시 네일 파일링만으로 제거하는 것이 원칙은 아니다.

56 기본적인 페디큐어 과정에서 액티베이터(경화 촉진제)는 필요하지 않다.

57 자연 네일에 네일 팁을 붙일 때는 45°의 각도로 붙여야 한다.

59 옆면에서도 네일 폼이 쳐지지 않게 네일과 연결이 자연스럽게 이어지도록 접착한다.

정답

01 ②	02 ②	03 ②	04 ②	05 ②	06 ③	07 ②	08 ④	09 ④	10 ②	11 ④	12 ②
13 ④	14 ②	15 ①	16 ③	17 ③	18 ②	19 ④	20 ②	21 ①	22 ④	23 ①	24 ②
25 ④	26 ②	27 ④	28 ④	29 ①	30 ②	31 ④	32 ②	33 ①	34 ④	35 ①	36 ②
37 ③	38 ①	39 ③	40 ②	41 ④	42 ④	43 ③	44 ③	45 ②	46 ③	47 ①	48 ④
49 ④	50 ②	51 ③	52 ③	53 ④	54 ①	55 ④	56 ③	57 ②	58 ④	59 ①	60 ②

NAILIST

이 책의 저자 소개

민 방 경 (대표저자)

- 한국네일산업연구소 소장
- NCS 국가직무능력표준 '네일미용' 개발위원

심 예 원 (네일개론)

- 서울예술실용전문학교 뷰티예술계열 학부장
- 한국네일협회 부회장

최 인 희 (화장품학)

- 대전과학기술대학교 뷰티디자인계열 메이크업 · 네일 디자인전공 겸임교수
- NCS 국가직무능력표준 '네일미용' 학습모듈 개발위원

설 은 희 (화장품학)

- 영산대학교 미용건강학과 초빙교수
- NCS 국가직무능력표준 '네일미용' 개발위원

김 재 철 (피부학)

- 서울종합예술실용학교 뷰티예술계열 외래교수
- 안산대학교 뷰티아트과 조교수역임

이 희 정 (피부학)

- 성결대학교 미용학과 외래교수
- NCS 국가직무능력표준 '네일미용' 개발위원

김 동 미 (공중보건학)

- 성결대학교 평생교육원 미용학과 외래교수
- 사단법인 대한네일미용업 중앙회 이사

손 정 아 (네일미용기술)

- 세종대학교 향장뷰티산업학과 외래교수
- 남서울대학교 뷰티보건학과 외래교수

김 옥 인 (공중보건학)

- 동덕여대대학원 미용보건학과 시간강사
- 동원대 뷰티디자인과 네일 시간강사

김 혜 영 (네일미용기술)

가온뷰티아카데미 네일 강사

센스텔라 교육팀장

적중 미용사(네일) 필기 이론+핵심문제

발행일 / 2015년 3월 20일 초판발행
2018년 1월 20일 3차 개정
2020년 1월 20일 4차 개정

저 자 / 민 방 경, 심 예 원, 최 인 희, 설 은 희, 김 재 철
이 희 정, 김 동 미, 손 정 아, 김 옥 인, 김 혜 영

발행인 / 정 용 수
발행처 / 예문사
주 소 / 경기도 파주시 직지길 460(출판도시) 도서출판 예문사
T E L / 031) 955 – 0550
F A X / 031) 955 – 0660
등록번호 / 11 – 76호

• 예문사 홈페이지 http : //www.yeamoonsa.com

정가 : 29,000원

ISBN 978-89-274-3323-1 13590

이 도서의 국립중앙도서관 출판예정도서목록(CIP)은 서지정보유통지원 시스템 홈페이지(http://seoji.nl.go.kr)와 국가자료공동목록시스템 (http://www.nl.go.kr/kolisnet) 에서 이용하실 수 있습니다.
(CIP제어번호 : CIP2019040062)